草原沙葱萤叶甲发生规律、成灾机制及绿色防控技术的研究

庞保平 李 玲 马红悦 等 著

中国农业科学技术出版社

图书在版编目（CIP）数据

草原沙葱萤叶甲发生规律、成灾机制及绿色防控技术的研究／庞保平等著. -- 北京：中国农业科学技术出版社，2025.3. --ISBN 978-7-5116-7295-7

Ⅰ.S433.5

中国国家版本馆CIP数据核字第2025WY1749号

责任编辑　李冠桥
责任校对　王　彦
责任印制　姜义伟　王思文

出　版　者	中国农业科学技术出版社
	北京市中关村南大街12号　邮编：100081
电　　　话	（010）82106632（编辑室）　（010）82106624（发行部）
	（010）82109709（读者服务部）
网　　　址	https://castp.caas.cn
经　销　者	各地新华书店
印　刷　者	北京捷迅佳彩印刷有限公司
开　　　本	185 mm×260 mm　1/16
印　　　张	23.75　彩插　1面
字　　　数	593千字
版　　　次	2025年3月第1版　2025年3月第1次印刷
定　　　价	120.00元

◄ 版权所有·翻印必究 ►

《草原沙葱萤叶甲发生规律、成灾机制及绿色防控技术的研究》著者名单

主 著：庞保平　李　玲　马红悦

参 著：段天凤　王海超　李艳艳

　　　　单艳敏　谭　瑶　韩海斌

内容简介

沙葱萤叶甲是近年来在内蒙古草原猖獗发生的新害虫，严重影响内蒙古草原畜牧业的健康发展和我国北方生态安全。本书根据著者多年来的研究成果撰写而成，共分6章，包括沙葱萤叶甲的生活史与发生规律、抗寒性及其机理、成虫夏滞育调控的分子机理、变态发育调控的分子机制、化学感受系统和绿色防控技术的研究等。

本书可供从事昆虫学、植物保护学、草原保护学的科研、教学及农业技术推广人员使用。

前　言

沙葱萤叶甲 *Galeruca daurica* (Joannis) 属鞘翅目、叶甲科、萤叶甲亚科，是一种近年来在内蒙古草原上猖獗发生的新害虫，从 2009 年开始在内蒙古草原上突然大面积暴发成灾，发生范围从 2009 年锡林郭勒盟的镶黄旗、苏尼特左旗、锡林浩特市和阿巴嘎旗 4 地，目前已迅速扩大到锡林郭勒盟（镶黄旗、苏尼特左旗、苏尼特右旗、锡林浩特市、阿巴嘎旗、东乌珠穆沁旗、正镶白旗和二连浩特市）、呼伦贝尔市（新巴尔虎左旗和新巴尔虎右旗）、乌兰察布市（四子王旗和察哈尔右翼后旗）、巴彦淖尔市（乌拉特中旗、乌拉特后旗和磴口县）、阿拉善盟（阿拉善右旗）、鄂尔多斯市（杭锦旗、鄂托克旗、鄂托克前旗、乌审旗）、包头市（达尔罕茂明安联合旗）以及呼和浩特市（武川县）8 个盟市的 20 多个旗县。2010—2023 年累计为害面积和严重为害面积分别为 606.47 万 hm^2 和 304.74 万 hm^2，最高密度达到 3400 头$/m^2$。成虫和幼虫均能为害，但以幼虫为害为主，幼虫趋于片状分布，在为害边际 1~2m 宽幅内高密度聚集，并以 3~5m/d 的速度从丘陵草原顶部向四周逐渐蔓延，导致为害面积逐步增大，为害程度逐渐加重。在内蒙古草原，幼虫最早于 4 月上中旬开始孵化，孵化高峰为 4 月下旬至 5 月上旬，此时牧草刚刚返青，幼虫啃食牧草后，葱属植物地上部分荡然无存，草原一片枯黄，与未遭受为害的草场形成鲜明的"分界"，对畜牧业生产和农牧民生活造成了严重影响。

沙葱萤叶甲发生为害地区均为分布有沙葱、多根葱及野韭等葱属植物的退化草原和荒漠草原，该类地区本身植被稀疏、土壤沙化严重、生产力低下。近年来，由于该虫的发生为害，不仅严重影响当地的畜牧业发展、降低牧民收入，而且使草地退化更加严重，生态环境日益恶化。同时，沙葱萤叶甲发生为害也对近年来在内蒙古、新疆、甘肃、宁夏等地蓬勃兴起的沙葱种植产业化发展带来了潜在的威胁。然而，由于该虫在 2009 年才开始暴发成灾，国内外对沙葱萤叶甲的生活史、发生规律及成灾机制几乎一无所知，给监测预警和防治工作带来了很大困难。由于不能准确预测和发现幼虫的孵化，错过了防治的最佳时期，即使采取了防治措施，仍然造成了严重损失。因此，从 2010 年起，著者先后在国家公益性行业（农业）科研专项"草原虫害监测预警及防控技术研究与示范"、国家自然科学基金项目"内蒙古草原沙葱萤叶甲发生规律及抗寒性的研究"、"沙葱萤叶甲成虫夏滞育分子机理的研究"、"沙葱萤叶甲嗅觉受体的功能研究"、内蒙古 2019 年度高等学校青年科技英才计划"CRISPR/Cas9 技术应用于沙葱萤叶甲抗寒相关基因功能的研究"、内蒙古自然科学基金项目"MicroRNA let-7 在沙葱萤叶甲成虫夏滞育中的调控作用"、"十四五"国家重点研发计划"天然草原重要病虫害演替规律与全程绿色防控技术体系集成示范"及内蒙古直属高校基本科研业务费优秀青年科学基金培育项目"沙葱萤叶甲味觉受体基因的鉴定及功能研究"等项目资助下，重点围绕沙葱萤叶甲发生规律、成灾机制、绿色防控资源筛选、防治技术研究开展工作，逐步形成一套适宜于沙葱萤叶甲不同发生区域、不同发生程度的防治技术体系，为沙葱萤叶甲的防控提供重要技术支撑。

本书是根据著者多年研究成果撰写而成，共分6章，分工如下：庞保平负责第一章的撰写工作；韩海斌负责第二章第1~4节、第三章第1~2节的撰写工作；李艳艳负责第四章第1节、第六章的撰写工作；单艳敏负责第二章第5~8节的撰写工作；谭瑶负责第二章第9节的撰写工作；马红悦负责第三章第3~5节的撰写工作；段天凤负责第三章第6节、第7节（一、二、五、六）的撰写工作；王海超负责第三章第7节（三、四、七、八、九、十）、第四章第2~3节的撰写工作；李玲负责第五章的撰写工作。全书由庞保平审校与定稿。书中彩图请通过扫描封底二维码获得。

虽然著者多年从事沙葱萤叶甲发生规律、成灾机制及防控技术的研究工作，但由于时间仓促，加上著者水平有限，疏漏和不足之处在所难免，恳请各位专家和广大读者批评指正。

著 者
2024年11月

目 录

第一章 沙葱萤叶甲的生活史与发生规律 ························· 1
 第一节 沙葱萤叶甲的形态特征、生活史与生活习性 ················ 1
  一、形态特征 ·· 1
  二、生活史 ·· 2
  三、生活习性 ·· 3
 第二节 寄主植物对沙葱萤叶甲取食及生长发育的影响 ·············· 4
  一、3种主要寄主植物对沙葱萤叶甲发育历期的影响 ············· 4
  二、3种主要寄主植物对沙葱萤叶甲幼虫取食量的影响 ··········· 4
  三、3种主要寄主植物对沙葱萤叶甲幼虫存活率的影响 ··········· 5
  四、13种供试植物对沙葱萤叶甲幼虫存活率的影响 ············· 5
 第三节 温度对沙葱萤叶甲生长发育及存活的影响 ·················· 7
  一、温度对沙葱萤叶甲幼虫和蛹生长发育及存活的影响 ··········· 7
  二、温度对沙葱萤叶甲越冬卵滞育解除及滞育后胚胎发育的影响 ·· 11
  三、温度对沙葱萤叶甲越冬卵存活和发育的影响 ················ 14
  四、湿度对沙葱萤叶甲卵孵化率及幼虫和蛹死亡率的影响 ········ 18
 第四节 沙葱萤叶甲种群遗传多样性及遗传分化 ···················· 19
  一、基于转录组数据高通量发掘沙葱萤叶甲微卫星引物 ·········· 19
  二、沙葱萤叶甲种群遗传多样性的微卫星分析 ·················· 21
  三、基于线粒体 *COI* 基因序列的沙葱萤叶甲种群遗传多样性及遗传分化 ·· 26

第二章 沙葱萤叶甲的抗寒性及其机理 ···························· 31
 第一节 沙葱萤叶甲的过冷却能力与抗寒性 ························ 31
  一、沙葱萤叶甲不同发育阶段过冷却点的比较 ·················· 31
  二、沙葱萤叶甲卵过冷却点的动态变化 ························ 31
  三、致死温度 ·· 32
  四、致死时间 ·· 33
 第二节 低温胁迫对沙葱萤叶甲幼虫过冷却能力及生长发育的影响 ···· 34
  一、短时低温胁迫对沙葱萤叶甲幼虫过冷却点的影响 ············ 34
  二、低温胁迫对沙葱萤叶甲幼虫发育历期的影响 ················ 35
  三、低温胁迫对沙葱萤叶甲幼虫死亡率的影响 ·················· 35
 第三节 低温对沙葱萤叶甲越冬卵存活和发育的影响 ················ 36
  一、沙葱萤叶甲越冬卵的致死温度 ····························· 36

二、沙葱萤叶甲越冬卵的致死时间 ··· 37
三、低温处理强度对沙葱萤叶甲越冬卵发育历期的影响 ······················ 38
四、低温处理时间对沙葱萤叶甲越冬卵发育历期的影响 ······················ 38

第四节　沙葱萤叶甲体内生化物质含量与抗寒性的关系 ···························· 39
一、沙葱萤叶甲体内含水量及其与过冷却点的关系 ······························ 39
二、沙葱萤叶甲体内脂肪含量及其与过冷却点的关系 ··························· 41
三、沙葱萤叶甲体内氨基酸含量及其与过冷却点的关系 ······················· 43
四、沙葱萤叶甲虫体内小分子抗寒物质含量及与过冷却点的关系 ········· 44

第五节　沙葱萤叶甲对温度胁迫响应的转录组学分析 ································ 45
一、测序及生物信息学分析 ··· 45
二、沙葱萤叶甲温度胁迫差异表达基因筛选及分析 ······························ 48

第六节　沙葱萤叶甲丝氨酸蛋白酶基因 GdSP 的克隆及对温度胁迫的响应 ···· 55
一、沙葱萤叶甲丝氨酸蛋白酶基因的克隆与序列分析 ··························· 55
二、沙葱萤叶甲丝氨酸蛋白酶同源比对和系统进化分析 ······················· 57
三、沙葱萤叶甲 GdSP 在不同温度胁迫下的表达分析 ··························· 58

第七节　沙葱萤叶甲表皮蛋白基因 GdAbd 的克隆及对温度胁迫的响应 ······· 60
一、沙葱萤叶甲表皮蛋白基因的克隆与序列分析 ································· 60
二、沙葱萤叶甲表皮蛋白基因的同源比对和系统进化分析 ···················· 61
三、沙葱萤叶甲表皮蛋白基因在不同温度胁迫下的表达分析 ················ 61

第八节　沙葱萤叶甲海藻糖合成相关酶与抗寒性的关系 ··························· 62
一、沙葱萤叶甲海藻糖磷酸酶基因 GdTPP 的克隆及对温度胁迫的响应 ·· 62
二、沙葱萤叶甲海藻糖合成酶基因 GdTPS 的克隆及对温度胁迫的响应 ·· 66

第九节　沙葱萤叶甲热激蛋白与抗寒性的关系 ··· 70
一、沙葱萤叶甲热激蛋白基因 GdHsp70 的克隆与表达模式分析 ············ 70
二、沙葱萤叶甲 Hsp10 和 Hsp60 的克隆及表达分析 ···························· 73
三、沙葱萤叶甲 GdHsp70-1 和 GdHsp70-2 的克隆及表达模式分析 ········ 82
四、RNAi 介导的 GdHsp60 和 GdHsp70 基因沉默对沙葱萤叶甲抗寒性的影响 ··· 88

第三章　沙葱萤叶甲成虫夏滞育调控的分子机理 ··· 93
第一节　沙葱萤叶甲成虫夏滞育期间糖类、蛋白及脂肪含量的变化 ··········· 94
一、沙葱萤叶甲成虫滞育不同阶段的含水量和脂肪含量 ······················· 94
二、沙葱萤叶甲成虫滞育不同阶段的总糖、海藻糖及糖原含量 ············· 94
三、沙葱萤叶甲成虫越夏不同阶段的总蛋白含量 ································· 95

第二节　沙葱萤叶甲成虫夏滞育的转录组学分析 ····································· 95
一、测序结果与序列组装 ·· 95
二、Unigene 注释 ·· 97
三、不同滞育阶段基因表达谱分析 ·· 97
四、差异基因 GO、KEGG 富集分析 ··· 98
五、定量验证 ··· 100

第三节　沙葱萤叶甲成虫夏滞育的蛋白组学分析 ··································· 100

一、定性质控分析 ··· 100
二、蛋白质 iTRAQ 鉴定 ··· 102
三、差异表达蛋白定量分析 ·· 103
四、差异蛋白 GO 分析 ··· 105
五、差异蛋白 KEGG 分析 ·· 107

第四节 沙葱萤叶甲成虫夏滞育相关基因的克隆与表达分析 ················· 110
一、保幼激素结合蛋白基因 *GdJHBP* 的克隆及表达分析 ·················· 110
二、海藻糖酶基因 *GdTre1* 的克隆与表达分析 ······························ 113
三、热激蛋白基因 *GdHsp10a* 的克隆与表达分析 ··························· 117
四、JH 信号通路相关基因的鉴定与表达分析 ································ 121
五、己糖激酶基因 *GdHK* 的克隆与表达分析 ······························· 133
六、核糖体蛋白基因 *GdRpS3a* 的克隆与表达分析 ························· 138
七、蜕皮激素受体 *EcR* 基因的克隆与表达分析 ···························· 141
八、脂蛋白受体 *LpR* 基因的克隆与表达分析 ······························ 143

第五节 保幼激素对沙葱萤叶甲成虫夏滞育调控的分子机理 ················ 144
一、沙葱萤叶甲对保幼激素响应的转录组学分析 ···························· 144
二、保幼激素对沙葱萤叶甲 JH 信号通路相关基因及滞育的影响 ········· 156
三、RNAi 沉默 *GdMet* 对沙葱萤叶甲成虫滞育的影响 ····················· 162

第六节 蜕皮激素对沙葱萤叶甲成虫夏滞育调控的分子机理 ················ 165
一、沙葱萤叶甲对 20-羟基蜕皮酮（20E）响应的转录组学分析 ·········· 165
二、20E 对沙葱萤叶甲成虫滞育及其相关基因的影响 ······················ 170
三、RNAi 沉默 *GdEcR*、*GdLpR* 和 *GdHR3* 对沙葱萤叶甲成虫滞育的影响 ··· 172

第七节 MicroRNA 在沙葱萤叶甲成虫夏滞育中的调控作用及其机理 ······· 178
一、沙葱萤叶甲成虫不同滞育阶段的小 RNA 测序及 miRNA 鉴定 ······· 178
二、沙葱萤叶甲成虫不同滞育阶段差异表达 miRNA 分析 ················· 187
三、沙葱萤叶甲成虫对 20E 响应的小 RNA 测序分析 ······················ 196
四、沙葱萤叶甲 miRNA 内参基因的筛选 ····································· 202
五、*Let-7-5p* 靶向 *Kr-h1* 调控沙葱萤叶甲的生殖滞育 ····················· 209
六、*miR-2765-3p* 靶向 *FoxO* 调控沙葱萤叶甲的生殖滞育 ················· 216
七、*miR-285* 靶向 *Br-C* 调控沙葱萤叶甲的生殖滞育 ······················ 225
八、*miR-7-5p* 靶向 *MARK2* 调控沙葱萤叶甲的生殖滞育 ················· 229
九、*miR-277-3p* 靶向 α-*Man*-Ⅱ 调控沙葱萤叶甲的生殖滞育 ············· 234
十、*miR-281-5p* 靶向 *PCDP-2* 调控沙葱萤叶甲的生殖滞育 ··············· 240

第四章 沙葱萤叶甲变态发育调控的分子机制 ······································ 245
第一节 四种钙结合蛋白基因的鉴定及在沙葱萤叶甲生长发育中的作用 ··· 246
一、沙葱萤叶甲钙结合蛋白基因的鉴定与分析 ······························ 246
二、沙葱萤叶甲钙结合蛋白系统进化树构建 ································· 247
三、沙葱萤叶甲钙结合蛋白基因在成虫不同发育时期的表达分析 ········ 248
四、沙葱萤叶甲钙结合蛋白在不同温度胁迫下的表达分析 ················ 249

五、四种钙结合蛋白基因的功能 249
第二节　miR-285对沙葱萤叶甲变态发育的调控作用及其分子机制 253
一、miR-285和Br-C在沙葱萤叶甲生长发育过程中的表达谱 253
二、在幼虫期miR-285调控Br-C表达和变态发育 254
三、干扰Br-C对变态发育及其相关基因表达的影响 256
四、激素影响幼虫中miR-285和Br-C的表达 257
第三节　miR-285对沙葱萤叶甲变态发育的调控作用及其分子机制 258
一、miR-7-5p和MARK2沙葱萤叶甲生长发育过程中的表达模式 258
二、幼虫期miR-7-5p调控MARK2表达和变态发育 259
三、幼虫期干扰MARK2对变态的影响 262
四、激素影响miR-7-5p和MARK2的表达 263

第五章　沙葱萤叶甲的化学感受系统 264
第一节　沙葱萤叶甲触角感器的扫描电镜观察 264
一、沙葱萤叶甲触角基本形态特征 264
二、沙葱萤叶甲触角感器类型、特征及分布情况 264
第二节　沙葱萤叶甲化学感受蛋白基因的鉴定及生物信息学分析 266
一、气味结合蛋白基因的鉴定与分析 266
二、化学感受蛋白基因的鉴定与分析 273
三、嗅觉受体基因的鉴定与分析 276
四、感觉神经元膜蛋白基因的鉴定与分析 278
五、味觉受体基因的鉴定与分析 281
第三节　沙葱萤叶甲化学感受相关蛋白基因的表达谱分析 288
一、气味结合蛋白基因的表达谱分析 288
二、化学感受蛋白基因的表达谱分析 293
三、嗅觉受体基因的表达谱分析 294
四、味觉受体的表达谱分析 301
第四节　沙葱萤叶甲嗅觉相关基因的分子克隆和原核表达 306
一、嗅觉相关蛋白基因的cDNA全长克隆 306
二、嗅觉相关蛋白的诱导表达与纯化 309
三、蛋白浓度测定 310
第五节　沙葱萤叶甲嗅觉相关蛋白与寄主植物挥发物的结合特性及触角电位反应 311
一、沙葱挥发物成分分析 311
二、沙葱萤叶甲对沙葱挥发物的触角电位反应 313
三、重组蛋白与1-NPN的结合常数测定 314
四、气味配体与重组蛋白的竞争结合分析 319
第六节　沙葱萤叶甲嗅觉相关基因的RNA干扰效应 321
一、RNA干扰后对嗅觉相关靶标基因表达水平的影响 321
二、嗅觉相关靶标基因干扰后对寄主挥发物的EAG反应 322

  三、RNA 干扰后对虫体挥发物的 EAG 反应 ································· 325
 第七节 沙葱萤叶甲对寄主植物代谢物响应的转录组学分析 ·················· 327
  一、测序数据统计 ··· 327
  二、基因集中差异表达基因数量统计 ···································· 328
  三、基因差异表达分析 ··· 328

第六章 沙葱萤叶甲绿色防控技术的研究 ·································· 340
 第一节 沙葱萤叶甲生防真菌的筛选与评价 ································ 340
  一、沙葱萤叶甲致病白僵菌的分离与鉴定 ································ 340
  二、球孢白僵菌对沙葱萤叶甲的致病力测定 ····························· 340
  三、沙葱萤叶甲对球孢白僵菌侵染响应的转录组学分析 ·················· 344
  四、环境因素对球孢白僵菌生长及产孢量的影响 ························ 356
  五、球孢白僵菌粉剂制备与防效测定 ···································· 359
 第二节 绿僵菌与杀虫剂混用对沙葱萤叶甲的室内杀虫效果 ·················· 360
  一、3 种杀虫剂对沙葱萤叶甲 3 龄幼虫的毒力 ··························· 360
  二、3 种杀虫剂对金龟子绿僵菌分生孢子萌发的影响 ···················· 360
  三、菌药混用室内杀虫效果生物测定 ···································· 361
 第三节 植物源杀虫剂对沙葱萤叶甲的室内毒力测定及田间防效 ·············· 362
  一、室内毒力测定 ··· 362
  二、田间药效试验 ··· 363

参考文献 ·· 364

第一章 沙葱萤叶甲的生活史与发生规律

研究沙葱萤叶甲的生活史与发生规律是开展监测预警、制定防控策略及技术的基础。本章主要内容包括沙葱萤叶甲形态特征、生活史、生活习性、温湿度和寄主植物对沙葱萤叶甲生长发育及存活的影响,以及种群遗传多样性及分化。

第一节 沙葱萤叶甲的形态特征、生活史与生活习性

一、形态特征

卵:沙葱萤叶甲的卵初产为淡黄色,后逐渐变为金黄色,呈椭圆形,体积微小,不易分辨。长约1.3mm,宽约1.1mm。表面为均匀的坑状。室内观察初产时的卵呈淡黄色,经过一段时间颜色逐渐加深。产卵多呈块状存在。

幼虫:萤叶甲幼虫共分3龄,1龄头壳宽为0.74~0.81mm,2龄头壳宽为1.45~1.57mm,3龄头壳宽为2.08~2.13mm。初孵化的幼虫淡黄色,随龄数变化体色逐渐变为黑色。体躯呈长形,初孵幼虫长约3.15mm,2龄幼虫长约5.98mm,3龄幼虫长约11.21mm。体表具有毛瘤和刚毛,头部具上下颚,腹节有较深的横褶。胸部共3节,各具1对足,腹部共10节,前5节较胸部略微膨胀,后3节较胸部略微缩小,腹末端呈近圆形。爬行时腹部末端摩擦前行,幼虫化蛹时体躯缩成"U"形。

蛹:为离蛹,体长约为3.81mm,体宽约为2.62mm,初化蛹为淡黄色,后渐变为金黄色,由3龄幼虫蜕皮形成。体表分布不均匀的刚毛,复眼黑褐色,具上下颚。触角从复眼之间向外伸出,包裹住前中足,前、中足外露,后足大部分被后翅部所覆盖,触角及足的末端呈黑褐色。前后翅位于体躯两侧,前翅附在后翅上。前端为前胸背板,后胸背板大部分可见。腹部共7节,1~5节各有气门1对。土茧为近圆形,虫体末端常附着蜕皮。常见于动物粪便及石块下。

成虫:体长约为7.49mm,体宽约为5.95mm,长卵形,雌虫体型略大于雄虫,羽化初期虫体为淡黄色,逐渐变为乌金色,具光泽,头、前胸背板呈黑褐色,前胸背板横宽,长宽之比约为3:1,表面拱突,上覆瘤突,小盾片呈倒三角形,无刻点。鞘翅缘褶及小盾片为黑色。鞘翅由内向外排列5条黑色条纹,第三、第四条短于其他3条。每个鞘翅基部有近椭圆形黄斑,端背片上有一条黄色纵纹,具极细刻点。触角为体长的0.5倍,线状。触角11节,柄节最长梗节最短,7~11节较2~5节稍粗。咀嚼式口器,头部形式为下口式。复眼较大,卵圆形,明显突出。足、腹面中、后胸黑色。腹部共5节,初羽化的成虫腹部末端遮盖于鞘翅内,取食生活一段时间以后腹部逐渐膨大,腹末端外露于鞘翅,

越夏期间收缩于鞘翅。雌虫腹末端为椭圆形，有一条"一"字形裂口，交配后腹部膨胀变大。雄虫末端亦为椭圆形，腹板末端呈两个波峰状凸起（图1-1）。

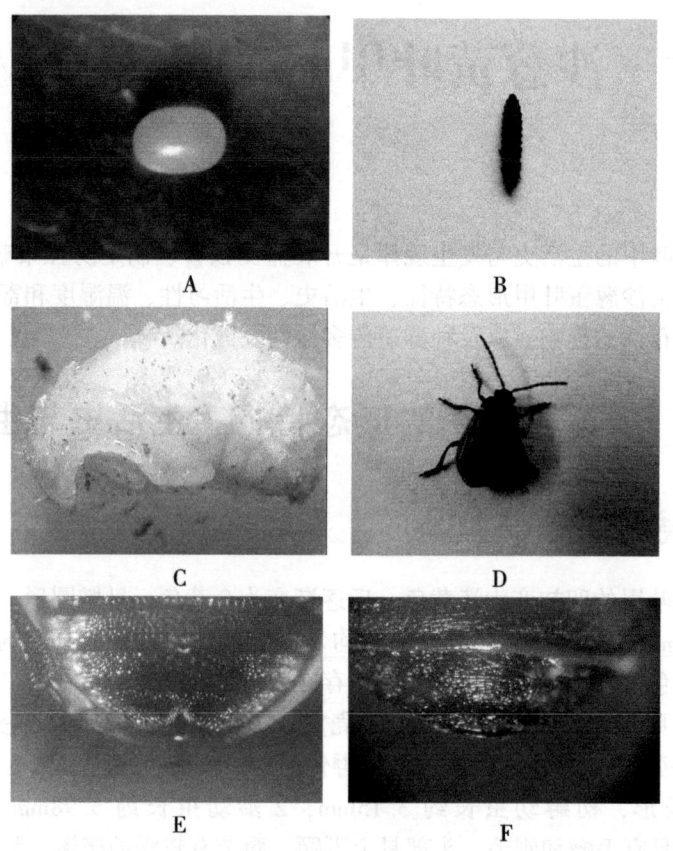

A—卵；B—幼虫；C—蛹；D—成虫；E—雄成虫腹部末端；F—雌成虫腹部末端。
图1-1 沙葱萤叶甲的形态特征（见书后彩图）

二、生活史

由田间调查结合室内饲养可知，在锡林浩特地区，沙葱萤叶甲1年发生1代，以卵在牛粪及石块下越冬，翌年4月中旬开始孵化，越冬卵的孵化时间不一致，跨度较大，初孵幼虫大量取食新鲜的沙葱、野韭菜等葱属百合科植物来补充营养。5月随气温逐渐上升、降水量增大及沙葱萤叶甲食料充足等原因，幼虫基数迅速扩大。到5月下旬老熟幼虫开始建造土室化蛹，蛹的发生从5月下旬一直持续到7月上旬。6月中旬成虫开始羽化，刚羽化成虫大量取食以补充营养，随后进入蛰伏期越夏。8月下旬雌雄成虫开始交配产卵，其间取食量较大。至9月下旬成虫基本在草原消失，个别成虫见于牛粪及草垫下。每年受气候、光照等综合因素影响，各代发生情况也有所不同。降水与温度是其中影响较大的气候因子，在卵期及幼虫期，气候因子对寄主植物的生长影响巨大，尤其是调查地属温带半干旱大陆性气候，充足的雨水量对草场建群植物的返青至关重要（表1-1）。

表 1-1　沙葱萤叶甲的年生活史

1—3月	4月			5月			6月			7月			8月			9月			10—12月
	上	中	下	上	中	下	上	中	下	上	中	下	上	中	下	上	中	下	
=	=	=	=	=	=	=													
		△	△	△	△	△	△	△											
						◇	◇	◇	◇	◇	◇								
								◎	◎	◎	◎	◎	◎	◎	◎	◎	◎	◎	
																	=	=	= = =

注：= 为越冬卵，△ 为幼虫，◇ 为蛹，◎ 为成虫。

三、生活习性

卵期： 沙葱萤叶甲以卵越冬，卵主要产于牛粪、草垫或石块下，越冬卵多结成块状。平均产卵量为 40~50 粒，越冬卵抗逆性较强，虫卵外壳初产为淡黄色后变为金黄色，较硬，翌年当气温及湿度适合时，越冬卵开始孵化，孵化时初孵幼虫破壳而出。在室内，由于卵越冬时间较长且湿度不适的原因，极易生长霜霉，孵化率较低。

幼虫期： 幼虫共分 3 龄，随龄期增大取食量也随之增加。幼虫期仅取食葱属百合科植物，室内试验以其他寄主喂养基本无取食现象，直至死亡。沙葱萤叶甲喜取食较嫩的叶茎，取食野韭菜时沿叶面边缘啃食，寄主为沙葱、多根葱时，啃食植物叶茎。该虫幼虫期危害严重，可将沙葱等百合科植物地上部分取食殆尽，仅剩根茬。取食过后多附在植物根部。幼虫在 10:00 后较活跃，气温较高时常躲在寄主根丛间。该虫喜湿，在湿度大的根系间存在量大。沙葱萤叶甲具有较强爬行能力，当寄主食物缺少时，有群体迁移现象。幼虫具有假死性，幼虫在寄主植物上有群集性。

蛹期： 沙葱萤叶甲的蛹为离蛹，老熟幼虫停止取食后，在牛粪及石块下结土室，虫体呈"U"形，体表分布不均匀的刚毛，初化蛹为淡黄色，后渐变为金黄色，室温下，蛹期为 7~10d。化蛹末期虫体各部体征逐渐明显，直至羽化。

成虫期： 沙葱萤叶甲在 6 月中旬开始羽化，雌虫体型略大于雄虫，羽化初期虫体为淡黄色，逐渐变为乌金色，具光泽，鞘翅体壁逐渐变硬，羽化初期成虫大量取食，危害葱属百合科植物，腹部逐渐膨大。7 月上旬进入蛰伏期，在牛粪、石块下及芨芨草等丛生植物根部越夏，成虫在寄主上有群集性，整个成虫期为 4 个月，夏季高温，沙葱萤叶甲发生滞育现象。8 月下旬再次取食补充营养，据室内观察，24℃条件下，成虫取食 5~9d 后开始交配产卵。雌雄可多次交尾，雌虫一生产卵 1~2 次直至死亡。交尾时雄虫前足附在雌虫背上，交配时间为 50~90min。交尾后 3~6d 开始产卵，卵形为近椭圆形，常产于牛粪及石块下，每次产卵为 37~80 粒。成虫仅取食葱属百合科植物，其他寄主未发现有被取食现象，成虫食量大，但取食周期较短且在夏季发生滞育，总取食量低于幼虫期。

第二节 寄主植物对沙葱萤叶甲取食及生长发育的影响

一、3 种主要寄主植物对沙葱萤叶甲发育历期的影响

由表 1-2 可知，3 种主要寄主植物对沙葱萤叶甲各龄幼虫和蛹期存在极显著的影响（$P<0.01$）。取食沙葱时，幼虫和蛹的发育历期最短，分别为 24.27d 和 6.61d；其次为野韭，分别为 27.87d 和 7.40d；取食多根葱时，幼虫和蛹发育历期最长，分别为 33.13d 和 8.43d。说明沙葱最适合沙葱萤叶甲幼虫和蛹的生长发育，其次为野韭，最次为多根葱。

表 1-2　沙葱萤叶甲在不同寄主上的发育历期　　　　　　单位：d

寄主植物	1 龄幼虫	2 龄幼虫	3 龄幼虫	1~3 龄幼虫	蛹
沙葱（Allium mongolium）	6.13±0.83a	4.47±0.64a	13.67±1.23ab	24.27±1.67a	6.61±0.70a
野韭（Allium ramosum）	7.33±0.72b	6.46±1.25b	14.07±1.39b	27.87±1.99b	7.40±0.69b
多根葱（Allium polyrhizum）	8.67±1.23c	7.93±0.80c	16.53±1.41c	33.13±2.03c	8.43±1.07c
F	26.35	52.41	19.98	82.21	11.44
P	<0.0001	<0.0001	<0.0001	<0.0001	0.0003

注：表中数据为平均数±标准误，同列数据后不同字母表示差异显著（LSD 法）。下同。

二、3 种主要寄主植物对沙葱萤叶甲幼虫取食量的影响

由表 1-3 可知，供试的 3 种主要寄主植物对沙葱萤叶甲各龄期取食量有极显著影响（$P<0.01$）。取食沙葱时，取食量最小，整个幼虫期取食量为 393.76mg（鲜重）；其次为野韭菜（442.51mg）；对多根葱的取食量最大，为 496.09mg。3 龄幼虫取食量最大，占整个幼虫期食量的 63.45%~67.46%，约为 2 龄幼虫的 3 倍，1 龄幼虫的 5 倍。综合发育历期和存活率的试验结果，说明供试的 3 种寄主植物中，沙葱最适合沙葱萤叶甲幼虫的生长发育和存活，其次为野韭，然后是多根葱。

表 1-3　沙葱萤叶甲幼虫在不同寄主上的取食量　　　　　　单位：mg

寄主植物	1 龄幼虫	2 龄幼虫	3 龄幼虫	1~3 龄幼虫
沙葱（Allium mongolium）	61.82±5.15ac	81.88±9.39a	250.06±18.50a	393.76±19.86a
野韭（Allium ramosum）	49.08±3.52b	94.87±7.34b	298.55±19.99b	442.51±20.39b
多根葱（Allium polyrhizum）	62.68±4.58c	112.05±12.38c	321.36±24.02c	496.09±19.38c
F	29.01	23.25	30.15	66.29
P	<0.0001	<0.0001	<0.0001	<0.0001

三、3 种主要寄主植物对沙葱萤叶甲幼虫存活率的影响

由图 1-2 可知，取食沙葱、野韭及多根葱时，各龄幼虫存活率在不同寄主植物间差异均不显著。随着龄期的增加，幼虫存活率下降。

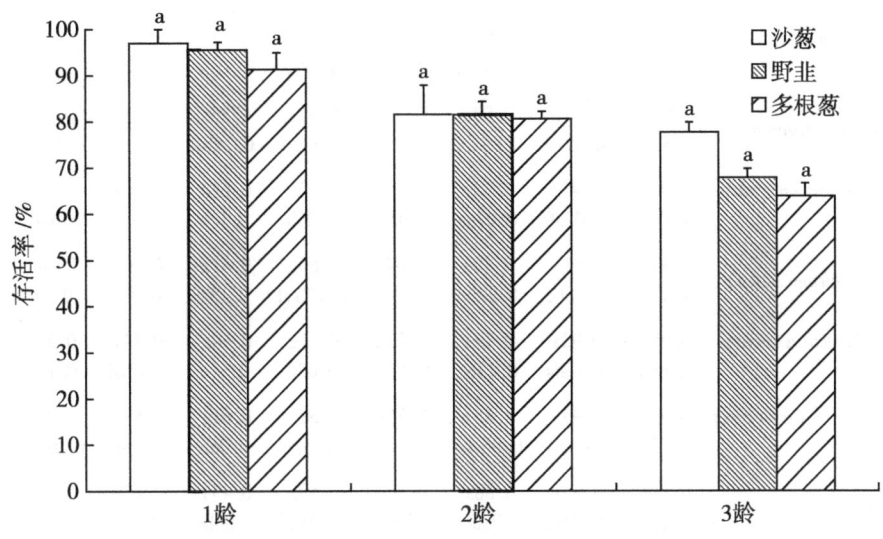

图 1-2 沙葱萤叶甲幼虫在不同寄主上的存活率

四、13 种供试植物对沙葱萤叶甲幼虫存活率的影响

由表 1-4 可知，喂食第 1 天供试植物对沙葱萤叶甲幼虫存活率影响不显著，但从第 2 天开始直至试验结束，供试植物对沙葱萤叶甲幼虫存活率具有显著影响（$P<0.05$）。喂以沙葱、野韭和多根葱 3 种寄主植物的幼虫存活率，从第 2 天开始显著地高于空白对照（不喂食），从第 4 天开始显著高于其他供试植物和空白对照（$P<0.05$）。从第 3 天开始，除了沙葱、野韭和多根葱 3 种葱属植物外，幼虫在其他 10 种供试植物上的存活率均与空白对照差异不显著，并且在试验过程中发现，上述 10 种供试植物中除冰草嫩茎被少量取食外，其他 9 种植物上无明显的取食痕迹。说明在 13 种供试植物中，只有沙葱、野韭和多根葱 3 种葱属植物是沙葱萤叶甲幼虫的寄主植物。另外，饥饿 6d 后幼虫平均存活率仍达 49%，13d 后才全部死亡，表明沙葱萤叶甲幼虫耐饥性较强。

表 1-4 沙葱萤叶甲幼虫在不同供试植物上的存活率

供试植物	时间/d								
	1	2	3	4	5	6	7	8	9
空白对照	0.99±0.02a	0.88±0.07c	0.80±0.04bc	0.68±0.11cd	0.60±0.11bcd	0.49±0.06bc	0.40±0.04d	0.39±0.02bcde	0.28±0.00bcde
克氏针茅（Stipa krylovii）	0.99±0.02a	0.88±0.04c	0.75±0.06c	0.71±0.06cd	0.56±0.07cd	0.51±0.10bc	0.37±0.05bc	0.33±0.02cdef	0.27±0.13bcde

（续表）

供试植物	时间/d								
	1	2	3	4	5	6	7	8	9
羊草（*Leymus chinensis*）	0.97±0.02a	0.88±0.04c	0.87±0.02abc	0.72±0.04cd	0.51±0.04d	0.48±0.04bc	0.35±0.06d	0.33±0.08cdef	0.23±0.02def
芨芨草（*Achnatherum splendens*）	0.99±0.02a	0.97±0.02ab	0.92±0.04ab	0.84±0.04bc	0.72±0.08bc	0.61±0.08b	0.55±0.14bc	0.47±0.12bc	0.41±0.18b
冰草（*Agropyron cristatum*）	0.99±0.02a	0.97±0.02ab	0.89±0.08abc	0.79±0.10cd	0.72±0.14bc	0.56±0.14bc	0.47±0.14bcd	0.44±0.12bcd	0.33±0.09bcd
小叶锦鸡（*Caragana microphylla*）	1.00±0.00a	0.97±0.02ab	0.92±0.07ab	0.83±0.02cd	0.73±0.05b	0.61±0.10b	0.56±0.07b	0.48±0.04b	0.40±0.04bc
紫花苜蓿（*Medicago sativa*）	0.97±0.05a	0.91±0.10bc	0.80±0.22bc	0.67±0.19d	0.60±0.17bcd	0.41±0.13c	0.36±0.08d	0.24±0.11f	0.13±0.02ef
大籽蒿（*Arthemisia sieversiana*）	0.95±0.06a	0.92±0.07abc	0.77±0.13bc	0.77±0.17cd	0.51±0.08d	0.44±0.11c	0.43±0.12cd	0.25±0.10ef	0.11±0.08f
无芒隐子草（*Cleistogenes songorica*）	0.99±0.02a	0.95±0.02abc	0.85±0.06abc	0.76±0.04cd	0.69±0.05bc	0.61±0.06b	0.59±0.08b	0.43±0.08bcd	0.39±0.06bc
冷蒿（*Arthemisia frigida*）	0.97±0.02a	0.93±0.05abc	0.88±0.07abc	0.76±0.08cd	0.59±0.13bcd	0.49±0.06bc	0.40±0.00d	0.32±0.04def	0.25±0.00cdef
猪毛菜（*Salsola collina*）	0.96±0.04a	0.93±0.02abc	0.87±0.02abc	0.73±0.06cd	0.63±0.06bcd	0.52±0.04bc	0.41±0.05d	0.36±0.1bcdef	0.23±0.12bcde
沙葱（*Allium mongolium*）	1.00±0.00a	1.00±0.00a	1.00±0.00a	0.99±0.02ab	0.97±0.02a	0.96±0.00a	0.96±0.00a	0.95±0.02a	0.91±0.02a
野韭（*Allium ramosum*）	1.00±0.00a	1.00±0.00a	0.97±0.02a	0.99±0.02ab	0.99±0.02a	0.99±0.02a	0.97±0.02a	0.97±0.02a	0.95±0.05a
多根葱（*Allium polyrhizum*）	1.00±0.00a	1.00±0.00a	1.00±0.00a	1.00±0.00a	1.00±0.00a	0.99±0.02a	0.97±0.02a	0.97±0.02a	0.96±0.04a
F	0.97	3.08	2.95	5.16	10.59	19.05	32.39	36.61	38.79
P	0.5000	0.0061	0.0081	0.0001	<0.0001	<0.0001	<0.0001	<0.0001	<0.0001

供试植物	时间/d								
	10	11	12	13	14	15	16	17	18
空白对照	0.16±0.07cde	0.09±0.09cde	0.03±0.05d	0.01±0.02f	0.00±0.00d	0.00±0.00e	0.00±0.00d	0.00±0.00d	0.00±0.00d
克氏针茅（*S. krylovii*）	0.17±0.09cde	0.08±0.07cde	0.03±0.05d	0.00±0.00f	0.00±0.00d	0.00±0.00e	0.00±0.00d	0.00±0.00d	0.00±0.00d
羊草（*L. chinensis*）	0.07±0.05e	0.03±0.02e	0.01±0.02d	0.00±0.00f	0.00±0.00d	0.00±0.00e	0.00±0.00d	0.00±0.00d	0.00±0.00d
芨芨草（*A. splendens*）	0.29±0.19bc	0.27±0.16b	0.23±0.13b	0.17±0.08c	0.12±0.08c	0.07±0.05d	0.04±0.04d	0.01±0.02d	0.00±0.00d

(续表)

供试植物	时间/d								
	10	11	12	13	14	15	16	17	18
冰草（A. cristatum）	0.25±0.02bc	0.20±0.07bc	0.17±0.05bc	0.08±0.04def	0.05±0.06cd	0.04±0.04ed	0.01±0.02d	0.00±0.00d	0.00±0.00d
小叶锦鸡（C. microphylla）	0.36±0.08b	0.27±0.06b	0.17±0.02bcd	0.13±0.02cd	0.09±0.02c	0.07±0.02d	0.03±0.02d	0.01±0.02d	0.00±0.00d
紫花苜蓿（M. sativa）	0.11±0.02de	0.05±0.02de	0.04±0.04d	0.01±0.02f	0.00±0.00d	0.00±0.00e	0.00±0.00d	0.00±0.00d	0.00±0.00d
大籽蒿（A. sieversiana）	0.08±0.07e	0.05±0.02de	0.01±0.02d	0.00±0.00f	0.00±0.00d	0.00±0.00e	0.00±0.00d	0.00±0.00d	0.00±0.00d
无芒隐子草（C. songorica）	0.32±0.00b	0.24±0.04b	0.21±0.06bc	0.12±0.04cde	0.08±0.04cd	0.01±0.02ed	0.00±0.00d	0.00±0.00d	0.00±0.00d
冷蒿（A. frigida）	0.17±0.02cde	0.11±0.05cde	0.07±0.02d	0.04±0.04ef	0.01±0.02d	0.00±0.00e	0.00±0.00d	0.00±0.00d	0.00±0.00d
猪毛菜（S. collina）	0.23±0.06bcd	0.16±0.04bcd	0.12±0.07cd	0.07±0.08def	0.01±0.02d	0.00±0.00e	0.00±0.00d	0.00±0.00d	0.00±0.00d
沙葱（A. mongolium）	0.91±0.02a	0.88±0.04a	0.85±0.02a	0.81±0.05b	0.80±0.04b	0.77±0.06b	0.73±0.02b	0.73±0.02b	0.68±0.07b
野韭（A. ramosum）	0.95±0.05a	0.95±0.05a	0.95±0.05a	0.95±0.05a	0.92±0.08a	0.91±0.06a	0.89±0.06a	0.85±0.06a	0.80±0.04a
多根葱（A. polyrhizum）	0.92±0.08a	0.89±0.09a	0.87±0.08a	0.83±0.06b	0.73±0.06b	0.71±0.02c	0.67±0.09c	0.59±0.08c	0.59±0.08c
F	55.95	70.51	111.41	179.72	191.55	367.79	288.35	333.11	276.59
P	<0.0001	<0.0001	<0.0001	<0.0001	<0.0001	<0.0001	<0.0001	<0.0001	<0.0001

第三节 温度对沙葱萤叶甲生长发育及存活的影响

一、温度对沙葱萤叶甲幼虫和蛹生长发育及存活的影响

（一）不同恒温条件下沙葱萤叶甲幼虫和蛹的发育历期

从饲养得到的结果（表1-5、图1-3）可以看出，在21~33℃恒温范围内，沙葱萤叶甲的发育历期随温度的升高而缩短，随温度的降低而延长，在相同温度条件下，幼虫期的叶甲随龄期的增加其发育历期逐渐增长，3龄期叶甲的发育历期最长。在33℃条件下，沙葱萤叶甲的发育历期最短，发育速率最快。

表1-5 不同恒温条件下沙葱萤叶甲幼虫和蛹的发育历期　　　　　　　　单位：d

龄期	温度			
	21℃	25℃	29℃	33℃
1龄	8.90±0.31a	7.23±0.14b	6.80±0.17b	6.1±0.21c
2龄	9.59±0.42a	7.12±0.26b	6.76±0.34b	5.47±0.27c
3龄	16.33±0.40a	14.47±0.68b	12.87±0.66b	10.60±0.50c
幼虫期	30.33±0.85a	27.83±0.96b	26.25±0.85bc	25.25±0.41c
蛹	10.93±0.33a	7.33±0.21b	5.87±0.19c	5.33±0.34c

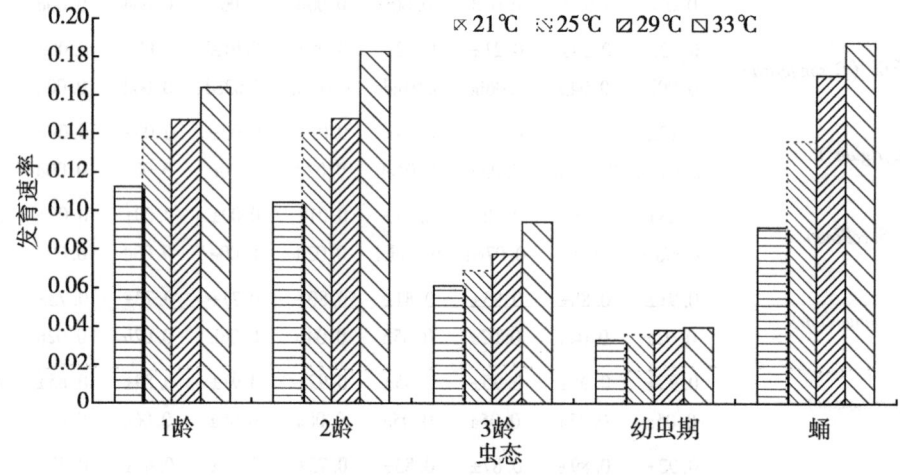

图1-3 不同温度下沙葱萤叶甲幼虫和蛹的发育速率

(二) 不同恒温条件下沙葱萤叶甲幼虫和蛹的发育起点温度和有效积温

根据表1-6沙葱萤叶甲幼虫期及蛹期发育起点温度 C 和有效积温 K 可以看出，沙葱萤叶甲1龄时的发育起点温度最高为6.30℃，沙葱萤叶甲2龄的发育起点温度最低为4.59℃，整个幼虫期的发育起点温度高于蛹期的9.47℃。叶甲幼虫1龄期所需有效积温为237.9℃·d，幼虫3龄期时所需有效积温为357.8℃·d，占幼虫期比例大。蛹期所需有效积温低于幼虫期，为119.6℃·d。用Logitic曲线拟合沙葱萤叶甲发育速率（V），得出温度（T）与叶甲各虫态发育速率（V）的关系见表1-7，1龄 $V=0.1805/[1+EXP(2.3675-0.1380T)]$，$R^2=0.9772$；2龄 $V=0.3081/[1+EXP(2.3044-0.0802T)]$，$R^2=0.9469$；3龄 $V=41.6536/[1+EXP(7.3100-0.0365T)]$，$R^2=0.983$；幼虫 $V=0.042437/[1+EXP(1.2108-0.1166T)]$，$R^2=1$；蛹 $V=0.2015/[1+EXP(5.0960-0.2337T)]$，$R^2=0.999$。

表1-6 不同恒温条件下沙葱萤叶甲幼虫和蛹的发育起点温度和有效积温

虫期	C/℃	K/（℃·d）	线性回归方程
1龄	6.30±1.34	237.9±21.34	$V=0.0042T-0.0265$

(续表)

虫期	$C/℃$	$K/(℃·d)$	线性回归方程
2龄	4.59±1.12	156.3±9.35	$V=0.0064T-0.0294$
3龄	11.20±10.77	357.8±28.95	$V=0.0028T-0.0313$
幼虫期	13.75±1.34	745.9±64.86	$V=0.0013T-0.0184$
蛹	9.47±1.01	119.6±7.05	$V=0.0084T-0.0792$

表1-7 不同恒温条件下沙葱萤叶甲幼虫和蛹的 Logitic 曲线

龄期	Logitic 曲线	R^2	P值
1龄	$V=0.1805/[1+EXP(2.3675-0.1380T)]$	0.9772	0.1509
2龄	$V=0.3081/[1+EXP(2.3044-0.0803T)]$	0.9469	0.2304
3龄	$V=41.6536/[1+EXP(7.3100-0.0365T)]$	0.9830	0.1303
幼虫期	$V=0.0424/[1+EXP(1.2108-0.1166T)]$	1.0000**	0.0022
蛹	$V=0.2015/[1+EXP(5.0960-0.2337T)]$	0.9999**	0.0088

注：** 表示关系系数在 $P<0.01$ 水平下差异极显著。下同。

(三) 不同恒温条件下沙葱萤叶甲的产卵量

从表1-8可知，温度对沙葱萤叶甲雌虫产卵量有显著影响（$P<0.05$）。在17~29℃范围内，产卵量依次为51.25粒、69.75粒、83.00粒、102.75粒、95.00粒、76.75粒和42.00粒。在23℃条件下雌虫产卵量最大，较低或较高的温度影响雌虫的产卵。

表1-8 不同恒温条件下沙葱萤叶甲的产卵量　　　　单位：粒

温度	重复				平均值
	1	2	3	4	
17℃	57	45	60	43	51.25de
19℃	76	49	70	84	69.75cd
21℃	80	69	95	88	83.00abc
23℃	101	80	120	110	102.75a
25℃	110	70	106	94	95.00ab
27℃	87	74	67	79	76.75bc
29℃	22	40	59	47	42.00e

(四) 不同变温条件下沙葱萤叶甲幼虫和蛹的发育历期

从表1-9可知，温度对沙葱萤叶甲幼虫和蛹的发育历期有显著的影响（1龄幼虫：$F=39.506$，$P=0.0001$；2龄幼虫：$F=49.223$，$P=0.0001$；3龄幼虫：$F=25.263$，$P=0.0001$；总幼虫期：$F=26.864$，$P=0.0001$；蛹：$F=139.816$，$P=0.0001$）。在所设温度

范围内,温度越高沙葱萤叶甲的发育历期越短;在相同温度区间内,3龄幼虫发育历期高于1龄和2龄,3龄幼虫的发育历期最长,占整个幼虫期较大比例。在20~32℃条件下,沙葱萤叶甲的发育历期最短,发育速率最快。

表1-9 在不同变温条件下沙葱萤叶甲幼虫和蛹的发育历期 单位:d

发育阶段	8~20℃	11~23℃	14~26℃	17~29℃	20~32℃
1龄	11.00±0.77a	8.00±0.31b	7.82±0.32b	5.89±0.20c	4.92±0.24c
2龄	13.44±0.94a	8.88±0.29b	7.11±0.46bc	5.13±0.24cd	4.63±0.22d
3龄	23.18±1.57a	16.17±0.85b	12.88±0.67bc	10.13±0.55c	9.17±0.40c
幼虫期	46.42±1.89a	33.06±0.96b	26.50±1.27c	21.38±0.86cd	17.83±0.60d
蛹期	16.89±0.31a	12.00±0.24b	9.75±0.53c	7.29±0.29d	5.83±0.40d

(五)沙葱萤叶甲在变温条件下幼虫和蛹的发育起点温度和有效积温

从表1-10可知,1龄幼虫的发育起点温度最低为5.04℃,2龄幼虫最高为8.84℃;2龄幼虫所需的有效积温最低为81.97℃·d,整个幼虫期的发育起点温度为7.44℃。叶甲幼虫所需有效积温为344.82℃·d,幼虫3龄期时所需有效积温为178.57℃·d,占幼虫期比例大。蛹期所需有效积温低于幼虫期,为113.52℃·d。

表1-10 沙葱萤叶甲在变温条件下幼虫和蛹的发育起点温度和有效积温

发育阶段	发育起点温度 C/℃	有效积温 K/(℃·d)	线性回归方程
1龄	5.04	111.11	$V=0.0090T-0.0454$
2龄	8.84	81.97	$V=0.0122T-0.1078$
3龄	7.16	178.57	$V=0.0056T-0.0400$
幼虫期	7.44	344.82	$V=0.0029T-0.0216$
蛹	8.48	113.52	$V=0.0088T-0.0747$

(六)不同变温条件下沙葱萤叶甲幼虫和蛹发育速率与温度的关系

用Logistic曲线拟合沙葱萤叶甲发育速率(V),得出温度(T)与叶甲各虫态发育速率(V)的关系(表1-11)。沙葱萤叶甲各龄幼虫和蛹的发育速率随温度的升高而加快,Logistic曲线很好地拟合了沙葱萤叶甲各龄幼虫和蛹的发育速率与温度的关系。

表1-11 不同变温条件下沙葱萤叶甲幼虫和蛹的Logistic曲线的参数估计

发育阶段	Logistic曲线	R^2	P值
1龄	$V=32.5362/[1+EXP(6.8037-0.0642T)]$	0.9682*	0.0318
2龄	$V=0.2796/[1+EXP(3.8790-0.1909T)]$	0.9891*	0.0109
3龄	$V=0.1336/[1+EXP(3.5811-0.1893T)]$	0.9964**	0.0036

（续表）

发育阶段	Logistic 曲线	R^2	P 值
幼虫期	$V=0.1738/[1+EXP(4.6987-0.2161T)]$	0.9663^*	0.0337
蛹	$V=0.5121/[1+EXP(3.6736-0.1107T)]$	0.9975^{**}	0.0025

注：*表示关系系数在 $P<0.05$ 水平下差异显著。下同。

（七）不同变温条件下沙葱萤叶甲幼虫和蛹的存活率

由表1-12可以看出，沙葱萤叶甲随温度的升高，其幼虫期的存活率降低。蛹期的存活率都在80.00%以上，存活率高于幼虫期。相同温度内各幼虫期内，1龄幼虫的存活率最高，2龄幼虫的存活率最低。

表1-12 在不同变温条件下沙葱萤叶甲的存活率　　　　单位：%

发育阶段	8~20℃	11~23℃	14~26℃	17~29℃	20~32℃
1龄	73.33	59.15	66.10	68.54	75.38
2龄	54.55	57.14	47.37	24.59	38.78
3龄	61.11	75.00	44.44	53.33	31.58
幼虫期	63.00	63.77	52.64	48.82	48.58
蛹期	81.82	83.33	100.00	87.50	100.00

二、温度对沙葱萤叶甲越冬卵滞育解除及滞育后胚胎发育的影响

（一）不同温度及不同时期沙葱萤叶甲越冬卵的孵化率

试验设计见表1-13，不同温度及不同时期沙葱萤叶甲越冬卵的孵化率比较结果见表1-14。不同时期、不同低温驯化时间及不同温度处理间孵化率均存在显著差异（低温驯化时间：$F=113.55$，$P<0.0001$；温度：$F=31.46$，$P<0.0001$）。

表1-13 温度对沙葱萤叶甲越冬卵滞育解除及滞育后胚胎发育的试验设计

试验	转入5℃日期	转入不同温度日期	备注
1	—	2014年10月27日	自然变温处理30d
2	2014年9月27日	2014年10月27日	5℃低温处理30d
3	—	2014年11月27日	自然变温处理60d
4	2014年10月27日	2014年11月27日	自然变温处理30d+5℃低温处理30d
5	2014年9月27日	2014年11月27日	5℃低温处理60d

表 1-14　不同温度下沙葱萤叶甲越冬卵的孵化率　　　　　　　　　单位：%

试验	温度				
	15℃	17℃	21℃	25℃	29℃
1	—	34.43±3.76bC	43.66±5.50aC	10.93±2.10dC	19.64±4.80cC
2	—	65.68±4.07cB	85.59±6.69bB	86.61±5.57bB	95.84±4.70aA
3	—	68.96±5.07cB	88.52±5.48bB	96.41±2.84aA	95.33±4.03aA
4	—	76.31±4.68bAB	95.39±3.54aA	95.57±3.30aA	95.77±1.90aA
5	—	81.23±6.04cA	93.30±5.13abA	95.57±3.59aA	88.70±3.72bcB

注：数据为平均数±标准误；同行不同小写字母表示同一试验不同温度处理间差异显著（$P<0.05$）；同列不同大写字母表示同一温度不同试验间差异显著（$P<0.05$）；下表同。

15℃的处理中，沙葱萤叶甲越冬卵均未孵化；试验 1（自然变温 30d）中，所有温度条件下的孵化率均未到达 50%，在 21℃条件下沙葱萤叶甲越冬卵的孵化率为最高的 43.66%，其次为 17℃条件下的 34.43%，显著高于 25℃条件下的孵化率的 10.93%以及 29℃条件下的 19.64%，说明试验 1 中在较低温度（17℃、21℃）条件下促进了沙葱萤叶甲越冬卵滞育的解除。试验 1 中任一温度条件下的孵化率均显著低于其余 4 个试验中同等温度条件下的孵化率，其中试验 2（低温驯化 30d）中 29℃条件下，沙葱萤叶甲越冬卵的孵化率达到了最高的 95.84%，显著高于 25℃条件下的 86.61%、21℃条件下的 85.59%以及 17℃条件下的 65.68%；试验 3（自然变温 60d）中，孵化率在各温度条件下的孵化率也有大幅提高（68.96%~96.41%）及试验 4（自然变温 30d+低温驯化 30d）中的（76.31%~95.77%）与试验 2（低温驯化 30d）表现出了相同的规律：孵化率均随温度的升高而升高。而试验 5（低温驯化 60d）中，孵化率在 25℃条件下为最高的 95.57%，显著高于 29℃条件下的 88.70%及 17℃条件下的 81.23%。这些结果表明，在室外绝大部分沙葱萤叶甲越冬卵在 10 月 27 日之前达不到滞育解除的温度要求；而在 11 月 27 日大部分沙葱萤叶甲越冬卵已经解除滞育；以及 5℃低温处理可以大幅促进沙葱萤叶甲越冬卵滞育的解除。在所有实验中 15℃下没有越冬卵孵化，表明 15℃低于了沙葱萤叶甲越冬卵的滞育解除的温度。

（二）不同温度及不同时期沙葱萤叶甲卵的发育历期及发育速率

沙葱萤叶甲越冬卵块 5 个试验的发育历期比较结果见表 1-15。不同时期、不同低温驯化时间处理间及不同温度处理间均存在显著差异（低温驯化时间：$F=9.691$，$P=0.001$；温度：$F=114.003$，$P<0.0001$）。15℃所有时期的越冬卵均未孵化；5 个试验中各温度条件下的发育历期均存在显著差异（$P<0.0001$），均表现为发育历期随着温度的升高而降低。

表 1-15　不同温度下沙葱萤叶甲越冬卵的发育历期　　　　　　　　单位：d

试验	温度				
	15℃	17℃	21℃	25℃	29℃
1	—	96.01±2.19aA	49.72±0.57bA	30.00±2.98cA	24.05±1.52dA

(续表)

试验	温度				
	15℃	17℃	21℃	25℃	29℃
2	—	85.07±1.21aB	42.03±1.12bB	14.36±0.40cD	10.94±0.26dB
3	—	65.84±1.17aC	35.31±0.78bC	21.71±0.33cB	6.55±0.08dC
4	—	67.21±1.12aC	19.42±0.41bE	19.02±0.53bC	6.41±0.52cC
5	—	64.50±1.17aC	23.92±1.04bD	12.81±0.59cD	7.50±0.29dC

在低温驯化0d的2个试验中，试验1（自然变温30d）处理的各温度条件下的发育历期均显著高于试验3（自然变温60d）处理的各温度条件下的发育历期（$P<0.0001$）；低温驯化30d的各处理间，试验2（自然变温0d）处理的各温度条件下的发育历期同样均显著高于试验4（自然变温30d）处理的各温度条件下的发育历期（$P<0.0001$）。试验2（低温驯化30d）处理的沙葱萤叶甲越冬卵在各温度条件下的发育历期均显著低于试验1（低温驯化0d）在各温度条件下的发育历期（$P<0.0001$）。试验3、试验4、试验5三个试验中的沙葱萤叶甲越冬卵在各温度条件下的发育历期除在较低温度（17℃）和较高温度（29℃）条件下无显著差异，其他温度条件下均存在显著差异（$P<0.0001$）。从以上结果可以看出，高温条件下可以缩短沙葱萤叶甲越冬卵的发育历期；试验2（低温驯化30d）经低温处理的越冬卵的发育历期相比自然条件下的发育历期有明显缩短。这说明长时间的5℃低温处理可以加快沙葱萤叶甲越冬卵滞育的解除；自然变温条件下60d与自然变温条件下30d、5℃低温处理30d条件下对沙葱萤叶甲越冬卵的发育有相同的影响效果。

沙葱萤叶甲越冬卵块5个试验的发育速率的比较结果见图1-4。5个试验条件下的发育速率均随温度升高而升高。沙葱萤叶甲越冬卵在试验4（低温驯化30d）中的较高温度（29℃）条件下越冬卵发育速率最大，试验1（自然变温30d）中较低温度（17℃）条件下的越冬卵发育速率最小。

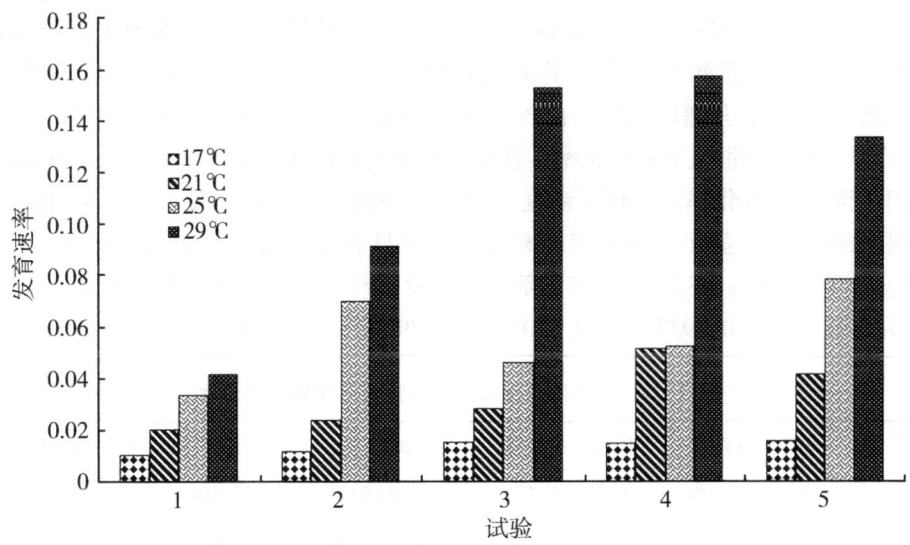

图1-4 在不同温度条件下沙葱萤叶甲越冬卵的发育速率

（三）沙葱萤叶甲越冬卵的发育起点温度和有效积温

所有5个试验中17~29℃条件下的发育起点温度和有效积温列于表1-16。从线性回归方程的参数估计得到发育起点温度范围为13.0~17.3℃以及有效积温的范围为92.6~370.4℃·d。由于线性回归方程在试验3和试验4（$P>0.05$）中没有很好地描述温度与发育速率之间的关系以及试验1中沙葱萤叶甲越冬卵的孵化率太低，所以试验1、试验3、试验4中对于沙葱萤叶甲越冬卵的发育起点温度及有效积温的参数估计并不可靠。因此，根据试验2、试验5的参数估计，沙葱萤叶甲越冬卵的发育起点温度的范围应该为16.2℃，所需的有效积温范围在103.1~140.9℃·d。

表1-16　不同温度下沙葱萤叶甲越冬卵的发育起点温度和有效积温

试验	指标				
	发育起点温度 C/℃	有效积温 K/(℃·d)	R^2	F	P
1	13.0	370.4	0.9930	283.88	0.0035
2	16.2	140.9	0.9553	42.72	0.0226
3	17.3	92.6	0.7847	7.29	0.1141
4	16.5	94.3	0.8135	8.72	0.0981
5	16.2	103.1	0.9727	71.38	0.0137

三、温度对沙葱萤叶甲越冬卵存活和发育的影响

（一）变温和恒温条件下沙葱萤叶甲卵的孵化率

从表1-17可知，不同变温和恒温条件下沙葱萤叶甲卵的孵化率存在显著的差异（$P<0.05$）。在变温条件下，18/30（25）℃条件下孵化率最高为95.40%，8/20（15）℃条件下孵化率最低为60.09%；在温度8/20（15）℃、22/34（29）℃条件下的孵化率显著低于10/22（17）℃、14/26（21）℃和18/30（25）℃。在恒温条件下，在15℃的低温条件下虫卵均未孵化就全部死亡，孵化率从较低温度（17℃）的67.74%增加到最高温度（29℃）的97.94%，呈递增趋势。在较低的平均温度下（15℃、17℃和21℃），虫卵在变温下的孵化率快于恒温下的孵化率，在较高的平均温度下（25℃和29℃），恒温下的孵化率高于变温下的孵化率。在较低温度（17℃）条件下与较高温度（29℃）条件下，变温与恒温条件下沙葱萤叶甲越冬卵的孵化率存在显著差异（$t=3.8560$、$P=0.0128$；$t=8.7193$、$P=0.0008$）；在21℃及25℃条件下，变温与恒温条件下沙葱萤叶甲越冬卵的孵化率差异不显著（$t=0.7937$、$P=0.4503$；$t=1.2938$、$P=0.2318$）。

表1-17　在不同温度条件下沙葱萤叶甲卵的孵化率　　　　　　　　单位：%

指标	8/20（15）℃	10/22（17）℃	14/26（21）℃	18/30（25）℃	22/34（29）℃
变温	60.09±9.97b	89.05±8.67a	91.15±6.26a	95.40±4.12a	62.43±4.04b
恒温	—	67.74±5.26b	89.24±6.04a	97.02±4.55a	97.94±4.51a

（续表）

指标	8/20 (15)℃	10/22 (17)℃	14/26 (21)℃	18/30 (25)℃	22/34 (29)℃
t	—	3.8560	0.7937	1.2938	8.7193
P	—	0.0128	0.4503	0.2318	0.0008

注：8/20 表示最低温度/最高温度。下同。

由图 1-5 至图 1-8 可以看出，在较低温度下（17℃），无论是变温还是恒温条件下，虫卵从处理到开始孵化所需要的时间均较长。在变温条件下越冬卵相对于恒温条件下先开始孵化，为第 31 天开始，在第 49 天累计孵化率达到 50%，68d 后不再孵化；而在恒温条件下越冬卵从第 41 天开始，在第 69 天孵化率达到 50%，91d 后不再孵化。从开始孵化到孵化结束的任意一天变温条件下的累计孵化率均高于恒温条件下的累计孵化率，最终的累计孵化率变温条件下显著高于恒温条件下。

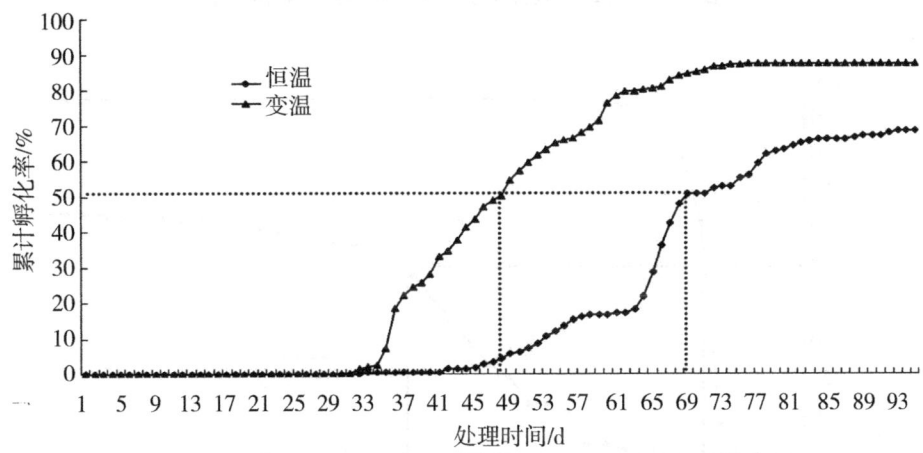

图 1-5　在 17℃ 条件下沙葱萤叶甲卵的累计孵化率

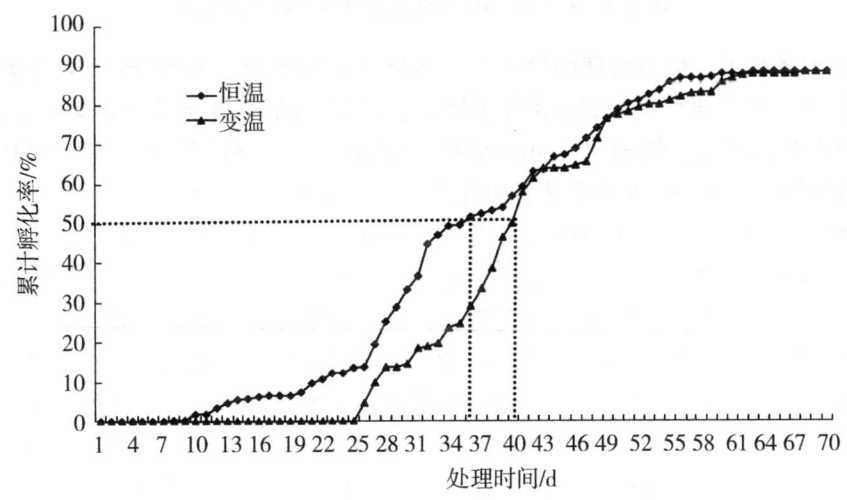

图 1-6　在 21℃ 条件下沙葱萤叶甲卵的累计孵化率

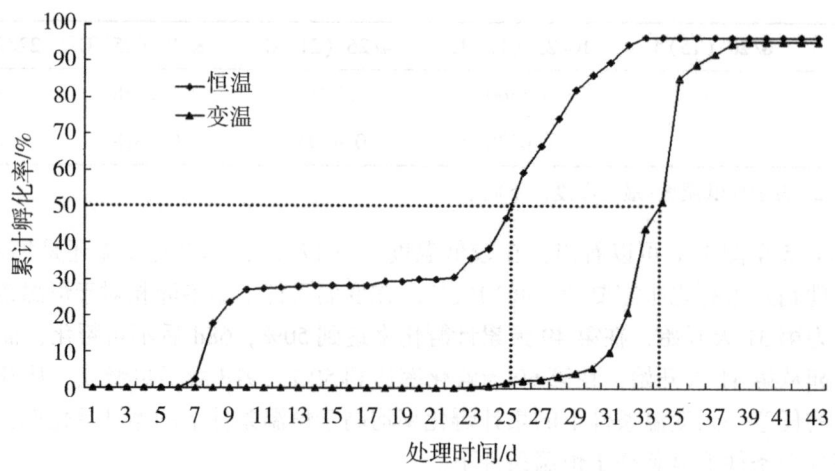

图 1-7 在 25℃条件下沙葱萤叶甲卵的累计孵化率

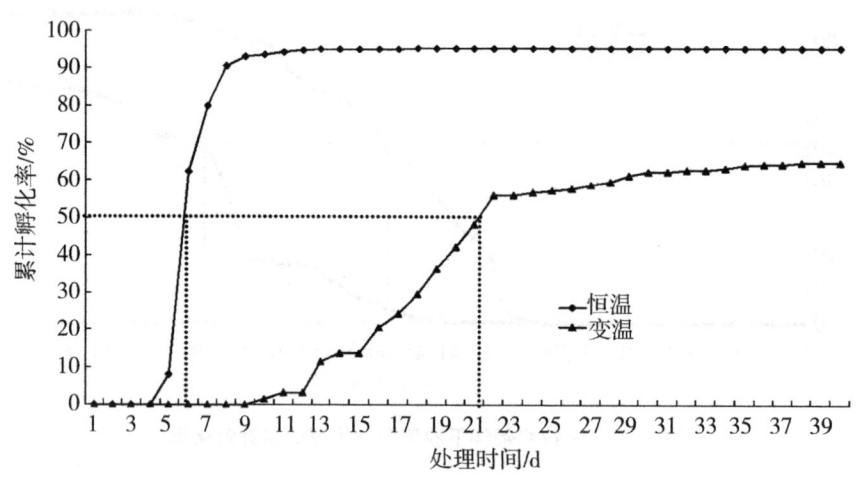

图 1-8 在 29℃条件下沙葱萤叶甲卵的累计孵化率

在 21℃条件下，恒温处理的第 9 天越冬卵先开始孵化，在第 25 天累计孵化率达到 50%，第 58 天后不再孵化，变温条件下则是在处理后的第 25 天才开始孵化，在第 34 天累计孵化率达到 50%，第 61 天后不再孵化，恒温和变温条件下每天的累计孵化率相对于其他温度处理差异最小，最终的累计孵化率无显著差异。

在 25℃条件下，恒温处理的第 6 天越冬卵先开始孵化，在第 25 天累计孵化率达到 50%，第 30 天后不再孵化，变温条件下则是在处理后的第 23 天才开始孵化，在第 34 天累计孵化率达到 50%，第 38 天后不再孵化，最终的累计孵化率无显著差异，但是从开始孵化到孵化结束的任意一天恒温条件下的累计孵化率均高于变温条件下的累计孵化率。

在较高温度条件下（29℃），无论是变温还是恒温条件下，虫卵从处理到开始孵化所需要的时间均较短，在恒温条件下，越冬卵相对于变温条件下先开始孵化为第 4 天开始，在第 6 天累计孵化率达到 50%，第 11 天后不再孵化，而在变温条件下越冬卵从第 9 天开始，在第 21 天累计孵化率达到 50%，第 36 天后不再孵化，从开始孵化到孵化结束的任意一天恒温条件下的累计孵化率均高于变温条件下的累计孵化率,孵化结束后,恒温条件下的累计孵化率显著高于变温条件下的累计孵化率。

(二) 变温和恒温条件下沙葱萤叶甲越冬卵的发育历期及发育速率

从表1-18可知,不同变温和恒温条件下沙葱萤叶甲越冬卵的发育历期存在显著的差异($P<0.05$)。在各变温和恒温条件下,低温条件下(15℃和17℃)发育历期显著长于高温条件下发育历期。在变温条件下,从较低温度(平均17℃)的47.43d缩短至最高温度(平均29℃)的19.28d;在恒温条件下,在15℃的低温条件下虫卵均未孵化就全部死亡,从较低温度(17℃)的65.83d缩短到最高温度(29℃)的6.55d。在所有温度组合条件下(17℃、21℃、25℃和29℃),t测验比较相同温度变温与恒温条件下沙葱萤叶甲越冬卵的发育历期均存在显著差异($P<0.05$)。

表1-18 在恒温和变温条件下沙葱萤叶甲越冬卵的发育历期 单位:d

指标	8/20(15)℃	10/22(17)℃	14/26(21)℃	18/30(25)℃	22/34(29)℃
变温	44.11±1.6b	47.43±2.2a	40.17±3.3c	33.68±3.6d	19.28±4.9e
恒温	—	65.83±5.2a	35.31±3.5b	21.71±1.5c	6.55±0.4d
t	—	32.37	4.62	78.56	25.88
P	—	0.0000	0.0094	0.0001	0.0001

从图1-9可以看出,不同变温和恒温条件下沙葱萤叶甲越冬卵的发育速率存在显著的差异($P<0.05$)。在较低的平均温度下(17℃),虫卵在变温下的发育速率低于恒温下的发育速率,在较高的平均温度下(21℃、25℃、29℃),恒温下的发育速率均高于变温下的发育速率。

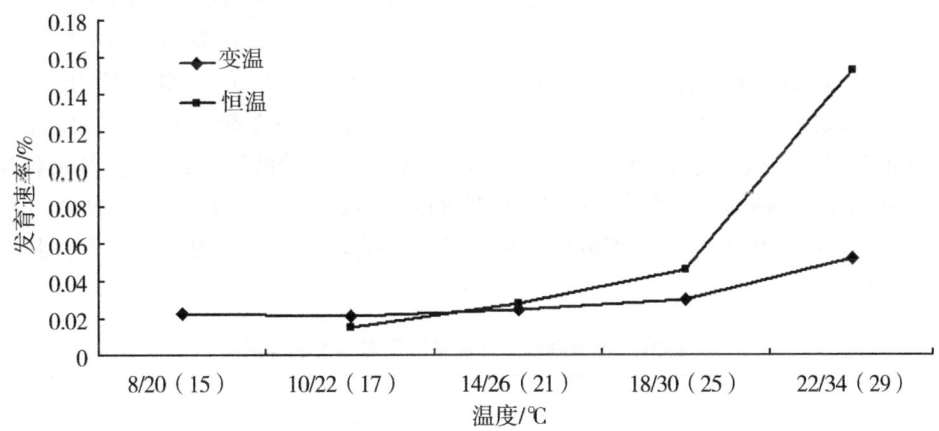

图1-9 在变温和恒温条件下沙葱萤叶甲越冬卵的发育速率

(三) 沙葱萤叶甲越冬卵的发育起点温度和有效积温

用Logitic模型拟合沙葱萤叶甲发育速率(V),得出温度(T)与叶甲越冬卵发育速率(V)的关系(表1-19),变温$V=29.2217/[1+\text{EXP}(3.7824-184.5385T)]$,$R^2=$

0.9275；恒温 $V=29.0368/\,[1+\mathrm{EXP}\,(0.3821-47.6697T)\,]$，$R^2=1$。

表1-19　在变温和恒温条件下沙葱萤叶甲卵的发育速率与温度关系模型的参数估计

温度	Logistic 模型		
	回归方程		决定系数 R^2
变温	$V=29.2217/\,[1+\mathrm{EXP}\,(3.7824-184.5385T)\,]$		0.9275
恒温	$V=29.0368/\,[1+\mathrm{EXP}\,(0.3821-47.6697T)\,]$		1.0000

从表1-20可知，沙葱萤叶甲越冬卵在变温条件下的发育起点温度为9.47℃，所需的有效积温为397.23℃·d。沙葱萤叶甲越冬卵在恒温条件下的发育起点温度为18.58℃，所需的有效积温最低为72.94℃·d，变温下得出的发育起点温度低于恒温，而有效积温是变温下远大于恒温。

表1-20　不同温度下沙葱萤叶甲的发育起点温度和有效积温

温度	线性模型		
	发育起点温度/℃	有效积温/（℃·d）	决定系数 R^2
变温	9.47±4.06	397.23±126.48	0.7668
恒温	18.58±2.20	72.94±27.02	0.7846

四、湿度对沙葱萤叶甲卵孵化率及幼虫和蛹死亡率的影响

采用饱和盐法控制湿度。由表1-21可以看出，湿度对沙葱萤叶甲卵孵化率及蛹的存活率有显著影响，对幼虫的存活率影响不显著（卵：$F=9.8170$，$P=0.0047$**；幼虫：$F=3.1130$，$P=0.0885>0.05$；蛹：$F=9.8650$，$P=0.0046$**）。沙葱萤叶甲卵的孵化率在相对湿度为89.34%时达到最大为98.65%，在相对湿度为53.82%时孵化率最低为69.60%。在试验湿度范围内，随着湿度的升高，卵的孵化率逐渐增大；幼虫的存活率在53.82%相对湿度时最高为60.00%，在89.34%相对湿度时最低为31.67%，其余各相对湿度均达50%以上。蛹期存活率在53.82%相对湿度时达最高为91.41%，在89.34%相对湿度时存活率最低为46.82%。与卵的孵化率相反，在试验湿度范围内湿度越大，其幼虫和蛹的存活率越低。

表1-21　不同湿度下沙葱萤叶甲各虫态的存活率　　　　单位:%

指标	相对湿度			
	53.82%	83.77%	85.32%	89.34%
孵化率	69.60±5.80b	94.66±3.23a	93.76±5.03a	98.65±1.35a
幼虫存活率	60.00±7.64a	50.00±10.41a	56.67±6.01a	31.67±1.67a
蛹存活率	91.41±0.99a	72.01±6.91ab	66.38±6.17ab	46.82±7.05b

第四节　沙葱萤叶甲种群遗传多样性及遗传分化

一、基于转录组数据高通量发掘沙葱萤叶甲微卫星引物

（一）沙葱萤叶甲转录组中SSR（简单重复序列）位点的分布特点

利用软件 MISA 对沙葱萤叶甲转录组中 72352 条 unigenes 的数据进行搜索，共找到 3880 个 SSR 位点，分布在 3277 条 unigenes 中，发生频率（含有 SSR 的 unigene 数量与总 unigene 数量之比）为 4.53%。其中 2790 条 unigenes 序列只含有 1 个 SSR 位点，含 2 个及以上 SSR 位点的 unigene 序列有 487 条，以复合型形式存在的 SSR 序列数目为 128 条，SSR 的分布频率（SSR 个数与总 unigene 数量比）为 5.36%。这些 SSR 基序包含 1~5bp 的串联重复序列。

在沙葱萤叶甲转录组数据中，SSR 基序的重复类型占 SSR 总数的最多的是单核苷酸重复，占 80.85%；其次是三核苷酸重复，占 SSR 总数的 11.08%；再次是二核苷酸重复，占 SSR 总数的 7.37%；四核苷酸和五核苷酸重复的含量很少，分别占 SSR 总数的 0.67% 和 0.03%（表 1-22）。沙葱萤叶甲转录组 SSR 重复单元的重复次数分布在 5~24 次。单核苷酸重复次数分布在 10~24 次，二核苷酸重复次数分布在 6~12 次，三核苷酸重复次数分布在 5~10 次，四核苷酸重复次数分布在 5~7 次，五核苷酸重复只有 1 个（重复 5 次），其中重复次数最多的为 10 次，占 39.05%。

表 1-22　基于重复单元数目中 SSRs 在沙葱萤叶甲转录组中的出现频率

重复类型	重复数/个											合计/条	百分比/%
	5次	6次	7次	8次	9次	10次	11次	12次	13次	14次	15次	>15次		
单核苷酸	—	—	—	—	—	1489	300	141	76	74	102	955	3137	80.85
二核苷酸	—	136	56	22	12	25	32	3					286	7.37
三核苷酸	306	84	31	6	2	1							430	11.08
四核苷酸	22	3	1	—	—	—							26	0.67
五核苷酸	1												1	0.03
总计	329	223	88	28	14	1515	332	144	76	74	102	955	3880	—
百分比/%	8.48	5.75	2.27	0.72	0.36	39.05	8.56	3.71	1.96	1.91	2.63	24.61	—	—

从不同 SSR 基序出现频率来看（表 1-23），单核苷酸重复中主要是 A/T 基序，占总量的 77.76%；C/G 基序占 3.09%；其他基序百分比超过 1% 的只有 AC/GT、AG/CT、AT/AT、AAG/CTT、AAT/ATT 和 ATC/ATG，其比例分别为 2.06%、1.93%、3.30%、2.35%、4.20% 和 1.91%。二核苷酸中 CG/CG 基序最少，占二核苷酸 SSR 总数的 1.05%。SSR 基序长度因核苷酸类型的不同而互异，最长为 30bp 的三核苷酸 AAT/ATT，最短为 10bp 的单核苷酸。

表1-23 基于基序类型中SSRs在沙葱萤叶甲转录组中的出现频率

SSR基序	重复数/个											合计/条	百分比/%
	5次	6次	7次	8次	9次	10次	11次	12次	13次	14次	15次	>15次		
A/T	—	—	—	—	—	1438	271	124	72	69	98	945	3017	77.76
C/G	—	—	—	—	—	51	29	17	4	5	4	10	120	3.09
AC/GT	—	30	16	8	6	7	12	1	—	—	—	—	80	2.06
AG/CT	—	27	18	6	2	8	12	—	—	—	—	—	75	1.93
AT/AT	—	76	22	8	4	10	8	—	—	—	—	—	128	3.30
CG/CG	—	3	—	—	—	—	—	—	—	—	—	—	3	0.08
AAC/GTT	27	5	4	—	—	—	—	—	—	—	—	—	36	0.93
AAG/CTT	72	15	4	—	—	—	—	—	—	—	—	—	91	2.35
AAT/ATT	112	32	16	2	—	1	—	—	—	—	—	—	163	4.20
ACC/GGT	11	1	1	—	—	—	—	—	—	—	—	—	13	0.34
ACT/AGT	16	7	1	—	—	—	—	—	—	—	—	—	24	0.62
AGC/CTG	10	3	—	—	1	—	—	—	—	—	—	—	14	0.36
AGG/CCT	7	—	1	1	1	—	—	—	—	—	—	—	10	0.26
ATC/ATG	46	21	4	3	—	—	—	—	—	—	—	—	74	1.91
CCG/CGG	5	—	—	—	—	—	—	—	—	—	—	—	5	0.13
AAAG/CTTT	1	—	—	—	—	—	—	—	—	—	—	—	1	0.03
AAAT/ATTT	14	3	—	—	—	—	—	—	—	—	—	—	17	0.44
AGAT/ATCT	5	—	1	—	—	—	—	—	—	—	—	—	6	0.15
AACC/TTGG	1	—	—	—	—	—	—	—	—	—	—	—	1	0.03
GCTG/CGAC	1	—	—	—	—	—	—	—	—	—	—	—	1	0.03
ATGGT/TACCA	1	—	—	—	—	—	—	—	—	—	—	—	1	0.03

(二) 沙葱萤叶甲SSR引物设计

基于筛选的SSRs，运用Primer 3软件进行引物的批量设计，按照已设置好的参数，共有1814个unigenes成功设计引物，共设计出2160对引物。随机挑选10对引物对沙葱萤叶甲DNA进行扩增（表1-24），结果显示，10对引物全部扩增成功，并且与预期目的片段大小基本一致（图1-10）。本研究成功扩增了随机挑选的10对沙葱萤叶甲SSR引物，是对基于转录组数据高通量发掘微卫星的肯定，其多态性的高低有待于进一步的试验评估。

表1-24 SSR引物的特征

编号	Unigene ID	引物序列	产物大小/bp	基序和重复数/个	PCR扩增
1	13895	F：TTATCCCTTTTGAGAGGGGC R：AATGGCAACAAAAAGGATCG	186	(TCA) 5	S

（续表）

编号	Unigene ID	引物序列	产物大小/bp	基序和重复数/个	PCR扩增
2	34555	F：AAGTCAAGCACAATGGCTCC R：CCTTCCTTCAACCATAAACCA	191	(TAT) 6	S
3	17915	F：TGGCAATACAGCGAAAAATG R：TGGTGCTTTATGGGTAAGCC	109	(A) 10	S
4	44579	F：AATCCTCAAGAGTGCCAAGG R：TAGGCTGGTAGTTCTGGCGT	227	(T) 12	S
5	45381	F：ACCGTTACAGGCGTAGGTTG R：AGTCCAGAGGCAGACCAAGA	171	(CT) 8	S
6	47935	F：AAAACTCCAGGAACTGGCCT R：CGGCAATGCAGAGTCAACTA	263	(TGC) 5	S
7	48192	F：GCCCTAATTGTGATCGTGCT R：TTGTTCAGCTGTTCCCCAAT	185	(TGA) 5	S
8	51033	F：GGGCCGATTTATTGTCGTATT R：GGCTGCAAAAGCTACTCCTG	200	(TATT) 5	S
9	53170	F：TCGGTTAGCTTTTCCCACAC R：CGGTAACGCGTTTGAAGATA	165	(TCA) 5	S
10	73889	F：TGGCTCCTTAAAGAATAGTGCAG R：TTCTGATAGGGACGGGTTTG	135	(AC) 7	S

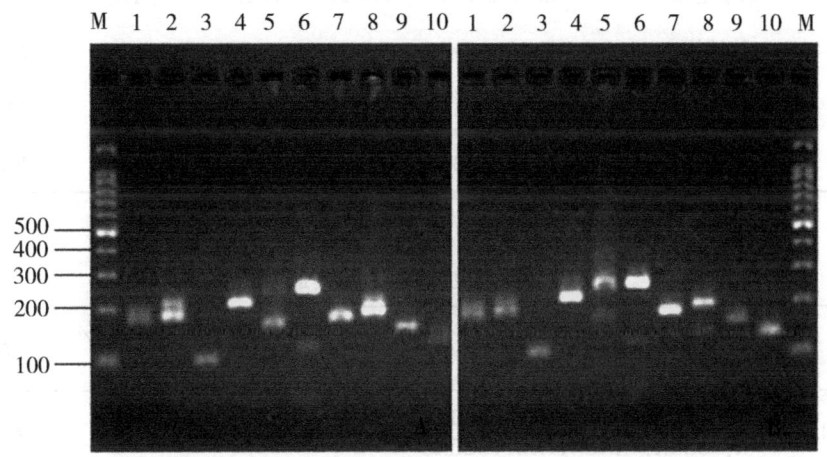

图1-10 沙葱萤叶甲转录组10个微卫星位点扩增电泳图

注：A和B为两个沙葱萤叶甲个体重复；M为DNA分子量标准物；1~10为引物。

二、沙葱萤叶甲种群遗传多样性的微卫星分析

（一）沙葱萤叶甲在8个微卫星位点的遗传多样性

采集信息和引物信息分别见表1-25和表1-26。从表1-27可知，8个位点的等位基

因数在8~18,有效等位基因数在7.1850~16.0388,Shannon信息指数为2.5898~5.6086,多态信息含量为0.6760~0.8985,在Mv-MS11位点上的基因多样性最丰富,在Ls-B129位点上的基因多样性最低,但均大于0.5,说明本研究所选用的8个微卫星位点均为高度多态性位点。观察杂合度在0.1328~0.4567,平均值为0.2666;期望杂合度0.2672~0.5284,平均值为0.4095;Nei氏期望杂合度在0.2652~0.4790,平均值为0.3974。8个位点的期望杂合度均大于观察杂合度,说明种群以纯合子为主,杂合子较缺失。

8个种群扩增出的等位基因数为78~92,新巴尔虎右旗种群最少,鄂托克旗种群最多;有效等位基因数为67.9833~79.5807,新巴尔虎右旗种群最少,鄂托克旗种群最多。观察杂合度为0.2892~0.3396,平均为0.3069;期望杂合度为0.2094~0.3474,平均为0.2317;Nei氏期望杂合度为0.1908~0.3322,平均为0.2170。平均期望杂合度较低(<0.3),说明沙葱萤叶甲种群内遗传多样性较低。

表1-25 内蒙古沙葱萤叶甲不同地理种群样品的采集信息

种群代码	采集地点	地理坐标	海拔/m	采集日期
XQ	新巴尔虎右旗	48°15′16″N,117°17′20″E	552	2014-5-9
XS	锡林浩特市	43°54′53.07″N,115°39′13.19″E	1069	2014-5-19
AQ	阿巴嘎旗	44°13′10.07″N,114°4′0.05″E	1001	2014-4-15
SY	苏尼特右旗	42°17′10.4″N,113°31′23.51″E	1267	2014-4-28
SQ	四子王旗	42°15′29.54″N,111°29′36.44″E	1303	2014-5-25
HJ	杭锦旗	39°52′18″N,108°28′56″E	1293	2014-5-21
EQ	鄂托克旗	39°14′10″N,107°39′38″E	1272	2014-5-21
HQ	镶黄旗	42°24′36″N,113°49′58″E	1193	2014-5-28

表1-26 微卫星引物序列及其退火温度

位点	引物序列(5′—3′)	重复单元	退火温火/℃	序列号
Mv-MS11	F:AAGATTTTTAAGCGATGATA R:CCGATTAACATTACTTCCCAG	$(TG)_{11}$	48~55	AY575862
Ls-B129	F:AACAGGATGACGATAACGTC R:CGCTAAATTCTGGGAATCTAT	$(TC)_{14}$	48~55	EU293881
Ls-A121	F:AACAAAGTGTATGCCAATGTC R:GGCAAATGGAGTAATTTCC	$(TG)_{19}$	48~55	EU854473
Ls-A115	F:GAAACATCCAGAAGGAACAGAG R:AAGTAATAAGGCGGCACAATAG	$(GT)_{11}$	48~55	EU293878

（续表）

位点	引物序列（5′—3′）	重复单元	退火温火/℃	序列号
Dba05	F: GCTGAGGAGGCTTATGTC R: CAATGGAGGTTGGCTATT	(GAT)$_6$	48~55	EF524280
Dba08	F: CTTCTTCCGATGCTTCTTC R: CGAGTATGTGGCGAGTTC	(TACA)$_7$	48~55	EF524283
Dviz12	F: CCTATGTCCAGCAGTAGACG R: AAACCTCCCGAGTAACCTATT	(GGA)$_5$ (TGA)$_{13}$	48~55	EF524287
Dviz13	F: CCGTTAGGAGTGTGGATG R: CCGTTATGCGAGGTTCTA	(ATG)$_8$	48~55	EF524288

（二）沙葱萤叶甲种群间的遗传分化

沙葱萤叶甲8个微卫星位点的 F-statistics 分析表明（表1-27），种群间遗传分化系数（F_{ST}）均值为 0.3113>0.15，说明种群间遗传分化程度高。种群间基因流平均值为 0.7497<1，说明各种群之间基因交流较少，遗传分化程度大。

表1-27 沙葱萤叶甲在8个微卫星位点的遗传多样性

位点	等位基因数（Na）	有效等位基因数（Ne）	Shannon信息指数（I）	观察杂合度（Ho）	期望杂合度（He）	Nei氏期望杂合度（H）	多态信息含量（PIC）
Dviz13	10	9.2796	3.2276	0.4567	0.5284	0.4547	0.7760
Dba08	11	9.9034	3.0967	0.3253	0.3616	0.3585	0.7607
Dviz12	12	11.5375	4.0304	0.3078	0.4834	0.4790	0.8985
Dba05	8	7.3798	2.5898	0.0352	0.4591	0.4556	0.8177
Ls-A115	18	15.2758	5.1560	0.1871	0.3979	0.3916	0.7317
Ls-A121	13	11.0438	3.5201	0.2785	0.3430	0.3415	0.6834
Ls-B129	10	7.1850	2.0749	0.1328	0.2672	0.2652	0.7440
Mv-MS11	18	16.0388	5.6086	0.4096	0.4353	0.4330	0.6760
平均值	12.5	10.9555	3.6630	0.2666	0.4095	0.3974	0.7610

为了进一步比较不同种群之间遗传分化的程度，在表1-28中列出了8个种群间的遗传距离和遗传相似度。遗传距离和遗传相似度反映了不同地理种群间亲缘关系的远近，2个种群间亲缘关系越近，遗传距离越小，遗传相似度越大，反之亦然。沙葱萤叶甲不同种群间的遗传距离在 0.1011~0.2830，杭锦旗和鄂托克旗种群间遗传距离最小（0.1011），杭锦旗和新巴尔虎右旗种群间遗传距离最大（0.2830）。遗传相似度在 0.7535~0.9038，杭锦旗和新巴尔虎右旗种群间遗传相似度最小（0.7535），杭锦旗和鄂托克旗种群间遗传相似度最大（0.9038）（表1-29、表1-30）。

表 1-28 沙葱萤叶甲 8 个地理种群的遗传变异统计

种群代码	等位基因数（Na）	有效等位基因数（Ne）	观察杂合度（Ho）	期望杂合度（He）	Nei 氏期望杂合度（H）
AQ	86	75.3311±0.0535	0.3003±0.0421	0.2104±0.0295	0.1928±0.0270
SY	85	74.8374±0.0535	0.3044±0.0426	0.2094±0.0293	0.1937±0.0271
EQ	92	79.5807±0.0509	0.2892±0.0401	0.3474±0.0262	0.3322±0.0251
HQ	88	76.4665±0.0527	0.3034±0.0425	0.2105±0.0295	0.1908±0.0267
HJ	84	73.1422±0.0544	0.3063±0.0429	0.2152±0.0301	0.2025±0.0284
SQ	81	71.2058±0.0575	0.3227±0.0452	0.2214±0.0310	0.2103±0.0294
XS	87	79.0273±0.0568	0.3396±0.0476	0.2249±0.0315	0.2087±0.0292
XQ	78	67.9833±0.0530	0.2895±0.0405	0.2147±0.0301	0.2047±0.0287
平均值	85.13	74.6968±1.4696	0.3069±0.0063	0.2317±0.0178	0.2170±0.0178

注：表中数据为平均值±标准误。

表 1-29 F-statistics 统计分析结果以及基因流

位点	群体内近交系数（F_{IS}）	群体总近交系数（F_{IT}）	群体间分化系数（F_{ST}）	基因流（Nm）
Dviz13	0.1907	0.2832	0.1689	1.2302
Dba08	-0.4096	0.1440	0.3582	0.4479
Dviz12	0.1007	0.4894	0.4116	0.3574
Dba05	0.8600	0.9306	0.5113	0.2389
Ls-A115	0.3136	0.4787	0.4294	0.3322
Ls-A121	0.1534	0.2243	0.1244	1.7596
Ls-B129	0.3702	0.4494	0.2889	0.6154
Mv-MS11	-0.0257	0.1229	0.1975	1.0158
平均值	0.1942	0.3903	0.3113	0.7497

表 1-30 沙葱萤叶甲不同地理种群间的遗传距离和遗传相似系数

种群代码	XQ	HQ	SQ	SY	AQ	HJ	XS	EQ
XQ	—	0.8269	0.7751	0.8641	0.8294	0.7535	0.7697	0.7661
HQ	0.1901	—	0.8615	0.8848	0.8383	0.7552	0.8176	0.7556
SQ	0.2548	0.1491	—	0.8540	0.8392	0.8223	0.8499	0.7752
SY	0.1460	0.1224	0.1579	—	0.8324	0.8012	0.8411	0.8075
AQ	0.1871	0.1763	0.1754	0.1835	—	0.8145	0.8531	0.7804
HJ	0.2830	0.2808	0.1956	0.2216	0.2051	—	0.8285	0.9038
XS	0.2618	0.2014	0.1627	0.1730	0.1589	0.1881	—	0.7801
EQ	0.2664	0.2803	0.2546	0.2138	0.2480	0.1011	0.2484	—

表1-30对角线上方为遗传相似度系数,对角线下方为遗传距离。

(三) 沙葱萤叶甲种群的聚类分析

应用Popgene软件计算出Nei氏无偏遗传距离,再应用Mega软件对沙葱萤叶甲的8个种群进行聚类分析（UPGMA法）,如图1-11所示。8个不同地点的沙葱萤叶甲种群分为3支：镶黄旗、苏尼特右旗、四子王旗、阿巴嘎旗和锡林浩特市种群遗传距离较近,聚为一个分支；杭锦旗种群与鄂托克旗种群聚为一支；新巴尔虎右旗种群与其他种群遗传距离均较远,单独成为一支。

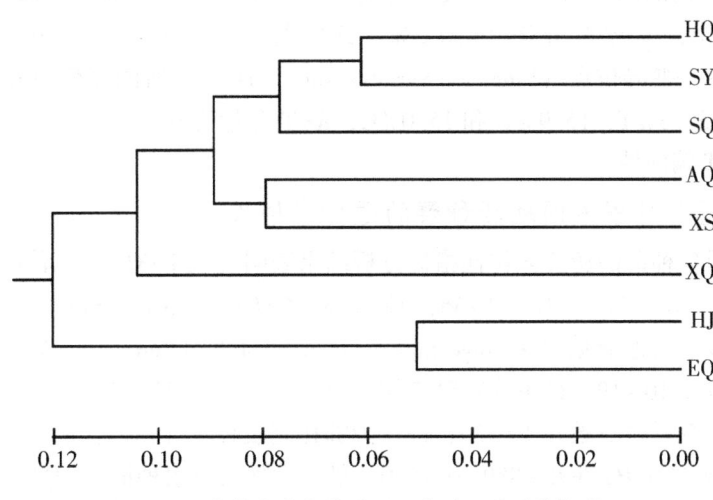

图1-11 内蒙古沙葱萤叶甲8个地理种群的聚类图

(四) 遗传距离与地理距离间的相关性分析

如图1-12所示,应用TFPGA软件分析不同地理种群的遗传距离和地理距离的关系,得出回归方程为$y=4369.8x-387.91$,相关系数$r=0.7035$（$P=0.002<0.01$）。由此可见,沙葱萤叶甲不同地理种群间的遗传距离与其地理距离呈极显著正相关。

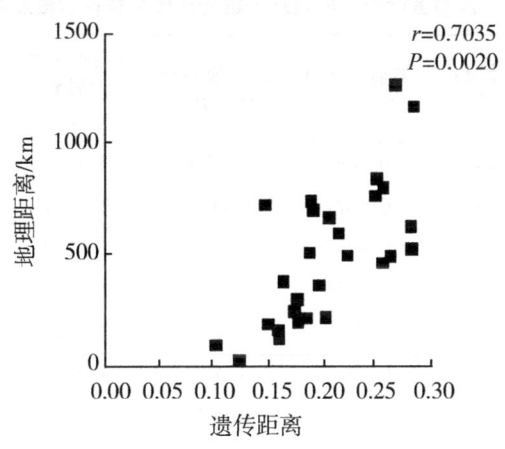

图1-12 沙葱萤叶甲8个种群间遗传距离与地理距离的回归分析

三、基于线粒体 *COI* 基因序列的沙葱萤叶甲种群遗传多样性及遗传分化

(一) 沙葱萤叶甲 *COI* 基因的碱基组成及序列分析

以沙葱萤叶甲的基因组 DNA 为模板进行 PCR 扩增，通过试验得到 8 个地理种群 197 头沙葱萤叶甲的测序结果，经拼接校对，最后获得 417bp 基因序列，与 GeneBank 上已发表的沙葱萤叶甲 *COI* 序列 (GeneBank 登录号：KR025478) 一致性高达 99%，确认为目的片段，均没有碱基的缺失和插入，其中保守位点 (Conserved sites) 374 个，变异位点 (Variable) 43 个，变异百分率为 10.3%，其中简约信息位点 (Parsimony informative sites) 25 个，单一变异位点 (Singleton variable sites) 18 个。所测序列中 *COI* 基因碱基组成为 31.9%A，37.3%T，15.9%G 和 15.0%C，A+T 含量为 69.1%，G+C 含量为 30.9%，具有明显的 A/T 偏向性。

(二) 沙葱萤叶甲不同地理种群的遗传多样性

沙葱萤叶甲各种群的遗传多样性指标分析结果表明 (表 1-31)，总种群单倍型多样性 (Haplotype diversity, Hd) 为 0.9466，核苷酸多样性 (Nucleotide diversity, Pi) 为 0.0078，核苷酸平均差异数 (Average number of nucleotide differences, K) 为 3.2707。各种群的单倍型数在 10~19，最少为阿巴嘎旗种群 (AQ)，最多为四子王旗 (SQ) 和镶黄旗种群 (HQ)；变异位点数在 10~20，最少为鄂托克旗种群 (EQ)，最多为四子王旗种群 (SQ)；单倍型多样性 Hd 在 0.8889~0.9600，最低为阿巴嘎旗种群 (AQ)，最高为四子王旗种群 (SQ)；核苷酸多样性 Pi 在 0.0068~0.0086，最低为鄂托克旗种群 (EQ)，最高为阿巴嘎旗种群 (AQ)；核苷酸平均差异数在 2.8167~3.5906，最小为鄂托克旗种群 (EQ)，最大为阿巴嘎旗种群 (AQ)。Tajima's D 检测结果可知 (表 1-31)，总种群的 Tajima's D 值为-1.6300，结果不显著 (0.05<P<0.10)，表明沙葱萤叶甲种群的 *COI* 序列符合中性理论。

表 1-31 沙葱萤叶甲不同地理种群的遗传多样性指数及中性检测

种群代码	单倍型数 (n)	变异位点数 (S)	单倍型多样性 (Hd)	核苷酸多样性 (Pi)	核苷酸平均差异数 (K)	中性检验 Tajima's D	中性检测显著性
AQ	10	14	0.8889	0.0086	3.5906	-0.3843	P>0.10
SY	13	13	0.9421	0.0069	2.8737	-0.7827	P>0.10
EQ	11	10	0.9417	0.0068	2.8167	-0.5678	P>0.10
HJ	15	13	0.9356	0.0075	3.1149	-0.3956	P>0.10
SQ	19	20	0.9600	0.0083	3.4615	-1.3365	P>0.10
HQ	19	15	0.9381	0.0077	3.2254	-0.5379	P>0.10
XS	15	15	0.8892	0.0071	2.9606	-0.7628	P>0.10
XQ	14	14	0.9571	0.0082	3.4286	-0.4301	P>0.10
总种群	62	43	0.9466	0.0078	3.2707	-1.6300	0.10>P>0.05

（三）沙葱萤叶甲不同地理种群的遗传分化分析

Fst 表示群体间的分化程度，在 -1 ~ 1，Fst 值越大表示 2 个群体的分化程度越高（Hudson et al.，1992）。根据 DnaSP 5.0 计算的结果表明（表 1-32），总群体固定系数（Fst）为 0.0315，基因流 Nm 为 15.37，种群间 Fst 在 -0.0169 ~ 0.1061，平均值为 0.0305。只有苏尼特右旗（SY）与阿巴嘎旗（AQ）和锡林浩特市（XS）种群间有显著的遗传分化，而其他种群间没有显著的遗传分化。上述结果说明，沙葱萤叶甲不同地理种群间遗传分化程度低，基因交流明显。

表 1-32 沙葱萤叶甲不同地理种群间遗传分化系数（Fst）（下三角）和基因流（Nm）（上三角）

种群代码	AQ	SY	EQ	HJ	SQ	HQ	XS	XQ
AQ		4.2125	21.0889	10.5108	18.8874	21.6141	7142.3571	16.4090
SY	0.1061**		5.7956	4.7676	51.9659	54.0256	4.6467	35.7057
EQ	0.0232	0.0794		inf	41.6853	32.3515	inf	7.4101
HJ	0.0454	0.0949	-0.0169		13.4743	12.8511	100.5101	5.0574
SQ	0.0258	0.0095	0.0107	0.0358		inf	24.7781	inf
HQ	0.0226	0.0092	0.0152	0.0375	-0.0079		35.9432	inf
XS	0.0001	0.0972**	-0.0146	0.0049	0.0198	0.0137		8.3496
XQ	0.0296	0.0138	0.0632	0.0899	-0.0011	-0.0085	0.0565	

注：** 表示 $0.001<P<0.01$；inf 表示无穷大。

沙葱萤叶甲不同地理种群线粒体 COI 基因的 AMOVA 分析结果显示（表 1-33），沙葱萤叶甲变异主要来自个体间，种群间的变异所占的比例非常小（3.66%），而种群内的遗传变异占 96.34%，差异显著（$0.001<P<0.01$），说明 8 个沙葱萤叶甲地理种群间的遗传变异主要来自种群内部，而种群间遗传变异程度很低。

表 1-33 沙葱萤叶甲不同地理种群线粒体 COI 基因的分子变异分析（AMOVA）

变异来源	自由度 $d.f$	离差平方和	变异组成	变异比例/%
种群间	7	19.177	0.06050	3.66
种群内	189	301.355	1.59447	96.34
总变异	196	320.533	1.65497	—

（四）沙葱萤叶甲不同地理种群的单倍型分析

在 197 条沙葱萤叶甲 COI 序列中，共检测出 62 个单倍型，分别命名为 H1 ~ H62（GenBank 登录号：KU057704 ~ KU057765）（表 1-34）。其中共享单倍型 21 个，独享单倍型 41 个，单倍型 H7 和 H8 是各种群共享的主体单倍型，可认为这两个单倍型是较为原始的、能够适应环境变化并在种群中稳定存在的优势单倍型。单倍型 H4、H6 和 H10 独享于阿巴嘎旗种群（AQ），单倍型 H15、H17 和 H19 独享于苏尼特右旗种群（SY），单倍型 H21 和 H23 ~ H25 独享于鄂托克旗种群（EQ），单倍型 H26、H27、H29 和 H31 独享于杭锦旗种群（HJ），单倍型 H34 ~ H36 和 H39 ~ H44 独享于四子王旗种群（SQ），单倍型

H45~H52独享于镶黄旗种群（HQ），单倍型H53~H57独享于锡林浩特市种群（XS），单倍型H58~H62独享于新巴尔虎右旗种群（XQ）。这些独立存在于各地理种群的独享单倍型则说明各地理种群存在着一定基因交流的同时，也具有一定程度上的遗传分化。

表1-34 沙葱萤叶甲不同地理种群 *COI* 基因单倍型分布

种群代码	单倍型分布（h）
AQ	H1, H2（4）, H3（5）, **H4**, H5, **H6**, H7（3）, H8, H9, **H10**
SY	H3, H7, H8（4）, H9, H11（2）, H12（2）, H13, H14（2）, **H15**, **H16**, **H17**, **H18**, **H19**
EQ	H1（3）, H7, H8, H9, H11, H20（3）, **H21**, **H22**, **H23**, H24（2）, **H25**
HJ	H1（2）, H7（5）, H8, H9, H12（3）, H14, H16, H20（2）, H22, **H26**（5）, **H27**, H28（2）, H29（2）, H30（2）, **H31**
SQ	H3, H7（5）, H8, H13, H14（2）, H20, **H32**, **H33**, **H34**, **H35**, **H36**, **H37**, **H38**, **H39**, **H40**（2）, **H41**, **H42**, **H43**, **H44**
HQ	H1, H2, H3（2）, H7（7）, H8（4）, H12（4）, H14（3）, H18, H22（2）, H28, H32（2）, **H45**, **H46**, **H47**, **H48**, **H49**, **H50**, **H51**, **H52**
XS	H3（2）, H5, H7（9）, H8（2）, H9, H11, H14（4）, H30, H33, H37, **H53**, **H54**, **H55**（2）, **H56**, **H57**
XQ	H3（3）, H7（2）, H8（2）, H12（3）, H13, H14（2）, H20, H32, H38, **H58**, **H59**, **H60**, **H61**, **H62**

注：加粗单倍型为独享单倍型。

单倍型网络（图1-13）总体呈现星状分布图，通过单倍型网络图可清晰地看出各单倍型在各地理种群的分布情况及单倍型之间的演化关系。共享单倍型相互散布在不同的地理种群中，未形成明显的系统地理结构，62个单倍型没有按照地理分布形成明显的族群。

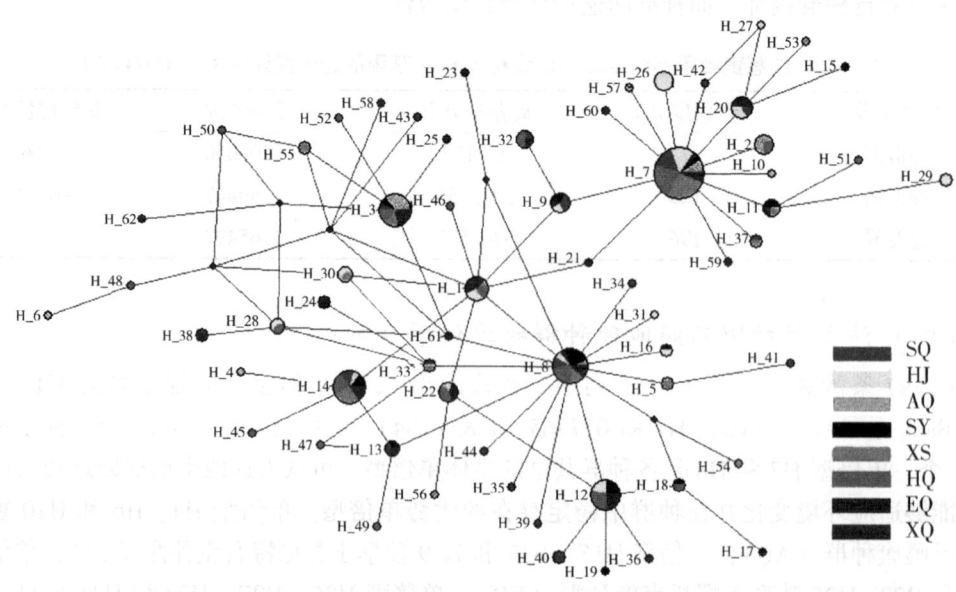

图1-13 沙葱萤叶甲线粒体 *COI* 基因各单倍型的中介网络图

注：圆面积代表单倍型出现的频率，彩色扇形面积代表各样品种群在同一单倍型中所占的比例。

(五) 沙葱萤叶甲不同地理种群系统发育树

Kimura2-Paramter 模型分析沙葱萤叶甲不同地理种群的 COI 序列计算种群间遗传距离（表1-35），不同地理种群间的遗传距离在 0.007~0.008，遗传距离相差较小。应用 Mantel 相关性检验表明（图1-14），种群间遗传距离和地理距离之间未呈现出显著的相关性（$r=0.1079$，$P=0.3560>0.05$），说明沙葱萤叶甲不同地理种群间的遗传分化不是由地理距离远近决定的。采用遗传距离基于 UPGMA 法构建沙葱萤叶甲不同地理种群的系统树（图1-15），系统发育树并未反映出与地理位置相关的信息，未形成明显的系统地理结构。

表1-35 沙葱萤叶甲不同地理种群间的遗传距离

种群代码	AQ	SY	EQ	HJ	SQ	HQ	XS
SY	0.009						
EQ	0.008	0.007					
HJ	0.009	0.008	0.007				
SQ	0.009	0.008	0.008	0.008			
HQ	0.008	0.007	0.007	0.008	0.008		
XS	0.008	0.008	0.007	0.007	0.008	0.008	
XQ	0.009	0.008	0.008	0.009	0.008	0.008	0.008

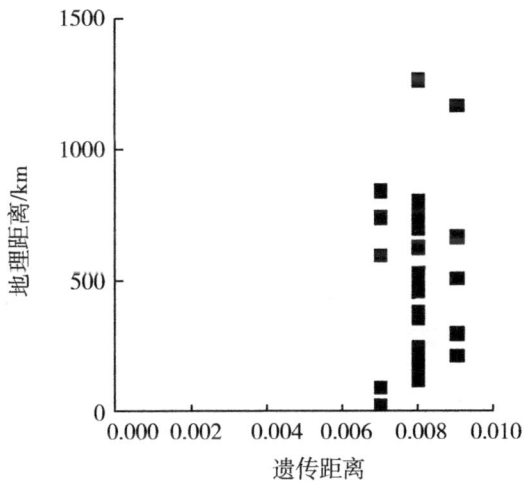

图1-14 沙葱萤叶甲不同地理种群的遗传距离与地理距离的 Mantel 检验

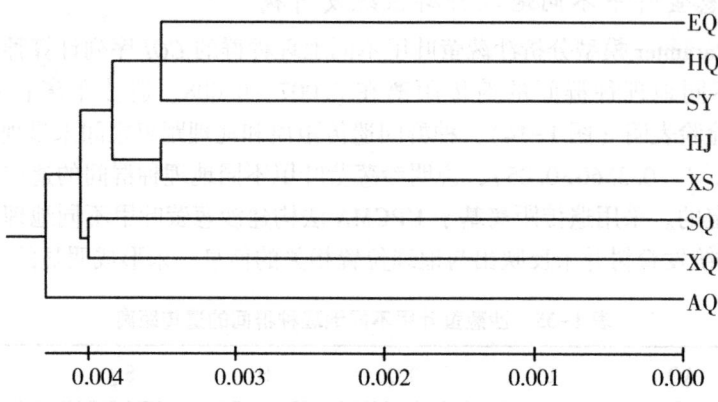

图 1-15　基于 UPGMA 法构建的沙葱萤叶甲不同地理种群的聚类图

第二章 沙葱萤叶甲的抗寒性及其机理

温度是影响昆虫地理分布和扩散的重要因素之一。适宜的温度是昆虫正常生长发育的必要条件,温度过高或过低都会对昆虫的生长发育产生不利影响。温度胁迫是指生物对正常生存温度之外的温度反应,包括低温胁迫和高温胁迫。昆虫在适应进化过程中,极端温度的长期选择使其群体获得对环境胁迫的抵抗力,并得以保持和遗传,最终使该昆虫在物种竞争和适应过程中得以生存和繁衍种群,这是具有决定意义的。昆虫的抗寒能力是昆虫体内生理、生化适应的结果,是由外界栖息环境所引发的各种相关物质的变化。抗寒能力主要的影响因子包括:个体发育阶段、季节气温变化、遗传因素、营养条件、低温暴露时间、光周期、地理环境和位置(海拔高度)以及低温驯化等。昆虫抗寒能力的强弱对其翌年的发生数量、地理分布以及生活史起到决定性作用。因此,了解昆虫耐寒性及其机理对揭示害虫成灾机制及其监测预警具有极其重要的作用。本章主要内容包括沙葱萤叶甲的过冷却能力与抗寒性、低温胁迫对沙葱萤叶甲幼虫过冷却能力及生长发育的影响、低温对沙葱萤叶甲越冬卵存活和发育的影响、沙葱萤叶甲体内生化物质含量与抗寒性的关系、沙葱萤叶甲对温度胁迫响应的转录组学分析以及抗寒性相关基因的克隆及其功能研究。

第一节 沙葱萤叶甲的过冷却能力与抗寒性

一、沙葱萤叶甲不同发育阶段过冷却点的比较

为明确沙葱萤叶甲不同发育阶段的抗寒性,测定了各发育阶段的过冷却点。结果表明(图2-1),沙葱萤叶甲不同发育阶段的过冷却点存在极显著的差异($F_{5,426}=195.81$,$P<0.001$)。过冷却点从低到高依次为卵($-29.8℃±0.88℃$)、1龄幼虫($-14.6℃±0.16℃$)、2龄幼虫($-13.3℃±0.25℃$)、蛹($-12.1℃±0.26℃$)和3龄幼虫($-10.2℃±0.23℃$)或成虫($-9.0℃±0.20℃$)。个体最低值出现在越冬卵中,为$-36.7℃$;最高值出现在3龄幼虫中,为$-5.0℃$。

二、沙葱萤叶甲卵过冷却点的动态变化

为明确不同季节越冬卵的抗寒性,在不同季节测定了卵的过冷却点。结果表明(图2-2),不同季节卵的过冷却点存在极显著差异($F_{5,239}=30.159$,$P<0.001$)。其中12月卵的过冷却点最低($-32.4℃±0.47℃$),其次为1月($-30.8℃±0.45℃$),再次为9月($-30.3℃±0.49℃$)、10月($-29.8℃±0.29℃$)和11月($-30.2℃±0.40℃$),最高为2

月（-25.9℃±0.31℃）。

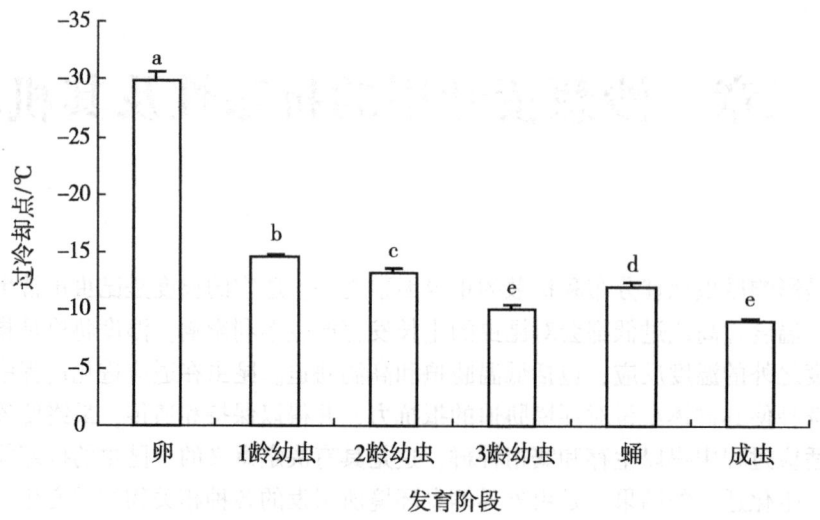

图 2-1　沙葱萤叶甲不同发育阶段过冷却点的比较

注：数据为平均值±标准误；不同字母表示不同发育阶段之间过冷却点差异显著（LSD 法，$P<0.05$）。下同。

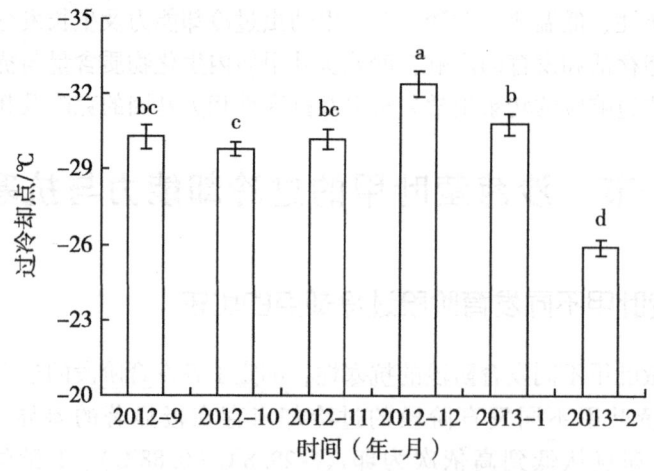

图 2-2　沙葱萤叶甲卵过冷却点的变化动态

三、致死温度

为比较不同龄期幼虫的抗寒能力，在室内测定了各龄幼虫在不同低温处理下的存活率。结果表明（表 2-1），各龄幼虫低温存活率随处理温度的降低呈显著下降趋势（1 龄幼虫：$F_{5,22}=63.62$，$P<0.001$；2 龄幼虫：$F_{5,22}=227.51$，$P<0.001$；3 龄幼虫：$F_{5,15}=52.92$，$P<0.001$），且温度低于 -10℃ 以后，幼虫存活率均小于 50%。除 25℃ 常温对照（$P=1.0000$）和 -8℃（$P=0.3964$）处理外，在其他低温处理下各龄幼虫存活率存在显著差异（$P<0.05$），通常 1 龄>2 龄>3 龄。应用 Weibull 模型很好地描述了幼虫存活率与低温处理的关系，并计算出低温处理2h后，致死10%、50%和90%的温度（表2-2）。从表2-2可知，50%致死温度（Ltemp50）从低到高依次为1龄、2龄和3龄幼虫，说明随着龄期的增加，幼虫的抗寒能力减弱。

表2-1 沙葱萤叶甲幼虫在不同低温处理下的存活率   单位:%

龄期	处理温度					
	25℃	-6℃	-8℃	-10℃	-12℃	-14℃
1	100.00±0.00Aa	997.66±1.36Aa	70.25±5.26Ab	50.00±40.80Ac	32.59±6.16Ad	5.00±2.04Ae
2	100.00±0.00Aa	95.75±1.65Aa	60.86±5.22Ab	41.91±3.39ABc	10.00±2.23Bd	0.00±0.00Be
3	100.00±0.00Aa	85.00±2.07Ba	51.50±17.13Ab	33.33±3.33Bb	0.00±0.00Cc	0.00±0.00Bc

表2-2 沙葱萤叶甲幼虫的致死温度

龄期	a	b	c	R^2	致死温度/℃		
					Ltemp10	Ltemp50	Ltemp90
1	19.44±9.57	10.38±9.75	3.53±3.74	0.9823**	-6.29	-10.08	-13.95
2	16.43±6.12	8.12±6.24	3.40±3.03	0.9870**	-6.05	-9.14	-12.24
3	13.37±1.21	5.76±1.29	2.13±0.67	0.8499**	-4.84	-8.52	-11.37

注：a、b和c为模型参数，下同。

四、致死时间

为比较不同龄期幼虫的抗寒能力，在室内测定了各龄幼虫在-5℃低温下不同处理时间的存活率。结果表明（表2-3），各龄幼虫在-5℃低温下处理不同时间的存活率间存在极显著差异（1龄幼虫：$F_{6,28}=49.39$，$P<0.001$；2龄幼虫：$F_{6,30}=20.23$，$P<0.001$；3龄幼虫：$F_{3,31}=71.33$，$P<0.001$），随着处理时间的延长，存活率逐渐降低。与对照（0d）相比，1龄和2龄幼虫处理1d后存活率显著下降（$P<0.05$），而3龄幼虫处理0.5d后即显著下降（$P<0.01$）。1龄和2龄幼虫在-5℃低温下处理4d后，死亡率超过50%，而3龄处理2d后，死亡率就超过50%。除低温处理第8天（$P=0.7449$）外，不同龄期幼虫存活率在其他处理时间均存在显著差异（$P<0.05$），在同一处理时间，1龄和2龄幼虫存活率大于3龄幼虫。应用Probit Analysis很好地描述了幼虫存活率与处理时间的关系，并计算出在-5℃低温处理下，致死10%、50%和90%所需的时间（表2-4）。从表2-4可知，在-5℃低温下50%致死时间（Ltime50）从大到小依次为1龄、2龄和3龄幼虫，这也进一步说明随着幼虫龄期的增加，幼虫的抗寒能力减弱。

表2-3 沙葱萤叶甲幼虫低温处理不同时间的存活率 单位:%

龄期	处理时间						
	0d	0.5d	1d	2d	4d	6d	8d
1	100.00±0.00Aa	96.87±1.35Aa	80.56±2.86Ab	69.76±6.61Ab	51.00±5.57Ac	32.57±8.09Ad	7.61±3.91Ae
2	96.76±2.03ABa	94.70±2.02Aa	72.17±8.66Ab	67.42±7.57Ab	46.32±8.92Ac	24.00±11.66Ad	5.11±2.51Ad
3	95.75±1.65Ba	77.53±2.07Bb	52.14±2.64Bc	28.25±6.06Bd	20.00±6.52Bde	9.18±2.68Bef	2.70±1.11Af

表2-4 沙葱萤叶甲幼虫的致死时间

龄期	a	b	R^2	致死时间/d		
				Ltime10	Ltime50	Ltime90
1	1.86±0.67	0.49±0.16	0.6514*	0.68	3.84	8.28
2	2.68±0.38	0.70±0.09	0.9206**	0.69	3.80	6.99
3	1.55±0.53	0.68±0.13	0.8499**	0.94	2.28	5.51

第二节 低温胁迫对沙葱萤叶甲幼虫过冷却能力及生长发育的影响

一、短时低温胁迫对沙葱萤叶甲幼虫过冷却点的影响

由图2-3可知,短时低温胁迫对1龄幼虫的过冷却点存在极显著的影响($F_{2,150}$=8.22,P=0.0004),其中在-10℃下处理2h后的过冷却点显著低于对照,而在-6℃下处理2h后与对照无显著性差异。经低温胁迫存活的1龄幼虫在25℃下继续饲养至蜕皮为2龄幼虫,测得的过冷却点与对照均无显著差异($F_{2,106}$=1.27,P=0.2859>0.05)。说明低温胁迫对沙葱萤叶甲幼虫过冷却能力的影响与低温强度有关,温度越低,影响越大,同时对过冷却能力的提高具有一定的时效性。

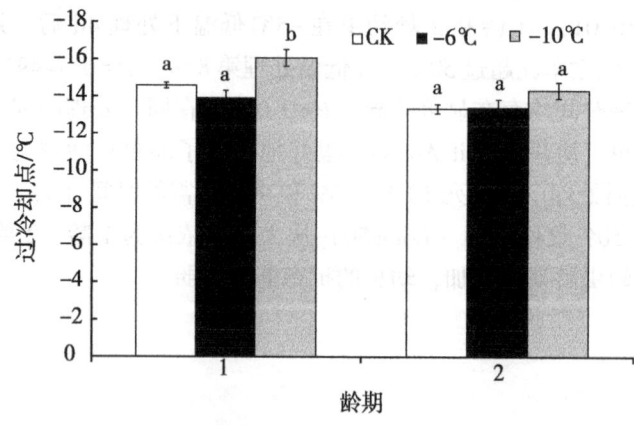

图2-3 在低温胁迫下沙葱萤叶甲对照、1龄和2龄幼虫过冷却点的影响

二、低温胁迫对沙葱萤叶甲幼虫发育历期的影响

从表2-5可知,沙葱萤叶甲1龄幼虫经历不同低温处理后,1龄和2龄幼虫发育历期和幼虫总发育历期与对照相比均显著延长(1龄:$F_{(6,291)}=103.97$,$P<0.0001$;2龄:$F_{(6,245)}=3.25$,$P=0.0047<0.01$;幼虫总历期:$F_{(6,189)}=30.42$,$P<0.0001$);蛹历期与对照相比差异不显著($F_{(6,182)}=0.60$,$P=0.7323>0.05$);低温胁迫对3龄幼虫发育历期有显著影响($F_{(6,190)}=4.88$,$P=0.0001$),短时低温胁迫(2h)对3龄幼虫发育历期无显著影响,而较长时间(2~6d)h和较低温度(-5℃)处理却显著缩短了3龄幼虫发育历期,但0℃处理对3龄幼虫发育历期影响不显著。从表2-5还可以看出,在低温胁迫时间相同的情况下,胁迫温度越低,影响越大;在低温胁迫温度相同的情况下,时间越长,影响越大。例如,在低温处理2d或6d的情况下,-5℃处理的幼虫总历期显著长于0℃处理;在-5℃或0℃处理的情况下,处理6d的幼虫总历期显著长于2d处理。

表2-5 沙葱萤叶甲幼虫经低温胁迫后发育历期的比较 单位:d

低温处理		1龄幼虫	2龄幼虫	3龄幼虫	1~3龄幼虫	蛹
对照组	25℃	5.78±0.30e	6.34±0.20c	14.21±0.40ab	26.93±0.47d	7.03±0.12a
处理1组	-6℃/2h	6.79±0.24d	7.62±0.18ab	14.79±0.43a	28.68±0.45c	7.06±0.04a
	-12℃/2h	8.24±0.34c	7.88±0.61a	15.00±0.48a	29.67±0.95c	6.93±0.07a
处理2组	-5℃/2d	8.94±0.35c	7.62±0.32ab	12.91±0.46c	29.86±0.81c	6.95±0.11a
	-5℃/6d	14.36±0.49a	7.67±0.44a	12.83±0.44c	35.50±0.66a	6.89±0.16a
处理3组	0℃/2d	7.25±0.16d	6.77±0.30bc	13.27±0.23bc	26.89±0.42d	7.00±0.03a
	0℃/6d	13.23±0.31b	7.59±0.29ab	13.22±0.29bc	33.26±0.49b	6.92±0.06a

三、低温胁迫对沙葱萤叶甲幼虫死亡率的影响

1龄幼虫经低温胁迫后存活幼虫的后期死亡率见表2-6。低温胁迫对后期1龄和2龄幼虫死亡率存在显著的影响[1龄:$F_{(6,14)}=3.91$,$P=0.0167<0.05$;2龄:$F_{(6,14)}=3.97$,$P=0.0173<0.05$],但对3龄幼虫和蛹的死亡率影响不显著[3龄:$F_{(6,14)}=0.94$,$P=0.4949>0.05$;蛹:$F_{(6,14)}=0.69$,$P=0.6641>0.05$]。从表2-6还可以看出,通常低温胁迫时间相同的情况下,胁迫温度越低,对后续1龄幼虫死亡率影响越大;低温胁迫温度相同,时间越长,后续1龄幼虫死亡率影响越大。例如,在低温处理2d的情况下,-5℃处理的后续幼虫死亡率显著高于0℃处理;在0℃处理的情况下,处理6d的后续1龄和2龄幼虫死亡率显著高于2d处理。

表2-6 经低温胁迫后沙葱萤叶甲幼虫后期死亡率的比较 单位:%

低温处理		1龄幼虫	2龄幼虫	3龄幼虫	蛹
对照组	25℃	3.73±5.66b	17.61±1.74bc	0.00±0.00a	0.00±0.00a

(续表)

低温处理		1龄幼虫	2龄幼虫	3龄幼虫	蛹
处理1组	-6℃/2h	9.62±4.62b	23.77±1.89ab	3.49±5.39a	0.88±5.37a
	-12℃/2h	28.06±3.04a	36.64±2.48a	0.00±0.00a	2.37±8.85a
处理2组	-5℃/2d	19.38±5.94a	26.58±5.42ab	0.95±5.59a	0.00±0.00a
	-5℃/6d	27.30±3.91a	29.98±3.39ab	0.00±0.00a	0.00±0.00a
处理3组	0℃/2d	2.61±4.68b	10.68±2.10c	0.67±4.68a	0.00±0.00a
	0℃/6d	20.24±4.60a	26.30±2.18ab	1.44±6.90a	1.44±6.90a

第三节 低温对沙葱萤叶甲越冬卵存活和发育的影响

一、沙葱萤叶甲越冬卵的致死温度

为明确沙葱萤叶甲越冬卵的抗寒能力，在室内测定了越冬卵在不同低温处理下的存活率。结果表明（表2-7），低温对越冬卵存活率有显著的影响，低温存活率随处理温度的降低呈显著下降趋势（$F=58.96$，$P<0.0001$），而低温处理时间12h与24h间无显著差异（$F=3.02$，$P=0.1259$），-39℃下卵全部被冻死。在低温处理12h的情况下，温度≥-30℃以上时，其存活率与常温对照差异不显著（$P>0.05$）；而当温度≤-33℃时，卵存活率显著低于常温对照（$P<0.05$）。在低温处理24h的情况下，温度≥-27℃时，其存活率与常温对照差异不显著（$P>0.05$）；而当温度≤-30℃时，卵存活率显著低于常温对照（$P<0.05$）。应用Logistic模型很好地描述了卵存活率与低温处理温度的关系，并分别计算出低温处理12h和24h后，致死10%、50%和90%的温度（表2-8）。从表2-8可知，沙葱萤叶甲越冬卵的致死中温度（LT_{50}）较低，分别为-33.08℃（12h）和-32.13℃（24h），这说明沙葱萤叶甲越冬卵具有强的抗寒能力。

表2-7 沙葱萤叶甲卵经不同低温处理后的存活率　　　　　单位：%

处理时间/h	温度							
	25℃	-18℃	-21℃	-24℃	-27℃	-30℃	-33℃	-36℃
12	94.06±6.34a	92.54±6.38a	95.76±1.91a	97.51±0.40a	91.07±2.66a	89.64±7.77a	44.29±32.58b	22.69±11.63b
24	94.06±6.34a	95.21±3.86ab	94.26±4.10ab	94.76±0.70ab	92.72±5.11ab	80.04±14.26b	35.03±15.85c	4.96±6.47d

表2-8 沙葱萤叶甲卵的致死温度

处理时间/h	a	b	R^2	致死温度/℃		
				LT_{10}	LT_{50}	LT_{90}
12	-16.54±3.01	0.50±0.09	0.9577**	-28.69	-33.08	-37.47

(续表)

处理时间/h	a	b	R^2	致死温度/℃		
				LT_{10}	LT_{50}	LT_{90}
24	−20.24±2.77	0.63±0.09	0.9845**	−28.64	−32.13	−35.61

注：a 和 b 为模型参数；双星号表示 $P<0.01$ 的统计显著性。下表同。

二、沙葱萤叶甲越冬卵的致死时间

为明确低温处理时间对沙葱萤叶甲越冬卵存活率的影响，在室内测定了越冬卵在−30℃低温下不同处理时间的存活率。结果表明（图2-4），低温处理时间对沙葱萤叶甲越冬卵的存活率有极显著的影响（$F=35.38$，$P<0.0001$），沙葱萤叶甲越冬卵存活率随着处理时间的延长而逐渐降低。−30℃低温处理30d以上时，沙葱萤叶甲越冬卵的存活率显著低于对照（0d）。应用Logistic模型描述沙葱萤叶甲越冬卵存活率与处理时间的关系可计算出在−30℃低温条件下，致死10%、50%和90%所需的时间（表2-9）。从表2-9可知，沙葱萤叶甲越冬卵在−30℃低温条件下的致死中时间（Lt_{50}）为33.33d，这进一步说明沙葱萤叶甲越冬卵的抗寒性很强。

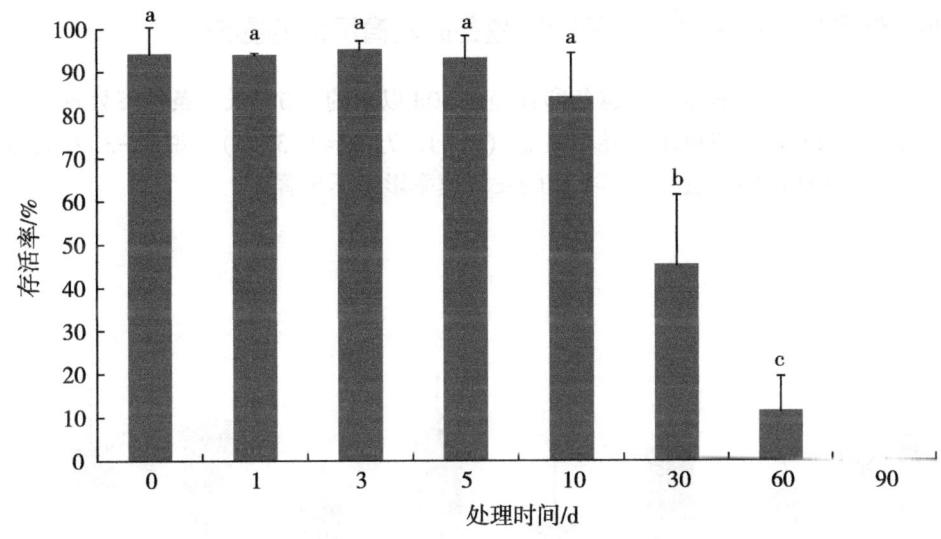

图2-4 沙葱萤叶甲卵−30℃低温处理不同时间的存活率

表2-9 沙葱萤叶甲卵在−30℃下的致死时间

a	b	R^2	致死时间/d		
			Lt_{10}	Lt_{50}	Lt_{90}
−2.73±0.22	−0.09±0.01	0.9901**	5.92	33.33	54.74

三、低温处理强度对沙葱萤叶甲越冬卵发育历期的影响

从表 2-10 可知，低温处理强度对沙葱萤叶甲越冬卵后续发育历期有极显著的影响（$F=9.14$，$P=0.0046<0.01$），而处理 12h 与处理 24h 间差异不显著（$F=4.25$，$P=0.0782>0.05$）。在-36℃低温条件下处理 12h 后，存活卵的发育历期与未经低温处理的对照相比显著延长（$P<0.01$），而≥-33℃低温条件下处理 12h 对发育历期影响不显著（$P>0.05$）。在≤-33℃低温条件下处理 24h 后，存活卵的发育历期与未经低温处理的对照相比显著延长（$P<0.05$），而≥-30℃低温条件下处理 24h 后对发育历期没有显著影响（$P>0.05$）。上述结果表明，高强度低温可显著降低沙葱萤叶甲越冬卵的发育速率。

表 2-10　沙葱萤叶甲卵经不同低温处理后在 25℃下的发育历期　　单位：d

处理时间/h	发育历期							
	25℃	-18℃	-21℃	-24℃	-27℃	-30℃	-33℃	-36℃
12	18.42±3.73b	22.37±8.04b	17.68±2.67b	17.99±1.01b	21.57±1.05b	20.50±3.65b	22.55±3.11b	33.08±4.22a
24	18.42±3.73c	24.31±0.52bc	18.98±1.11c	23.83±3.70bc	19.99±4.45c	22.32±2.33bc	26.91±3.68b	35.14±6.75a

四、低温处理时间对沙葱萤叶甲越冬卵发育历期的影响

从图 2-5 可知，沙葱萤叶甲越冬卵在经过 30d 以内的-30℃低温条件下处理后，其后续发育历期与未处理对照相比差异不显著（$F=1.17$，$P=0.3743$）。说明-30℃低温条件下处理不超过 30d 对沙葱萤叶甲越冬卵的发育速率影响不显著。

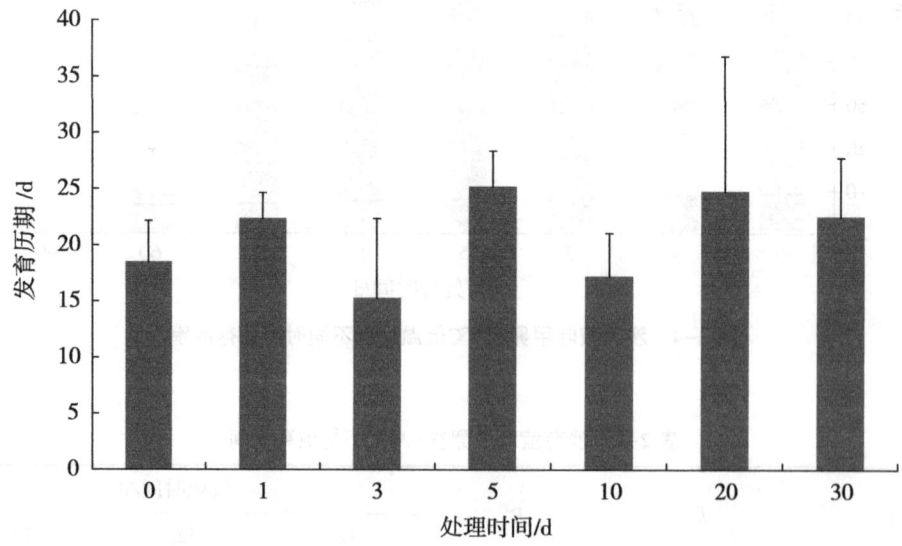

图 2-5　沙葱萤叶甲卵经-30℃低温处理不同时间后在 25℃下的发育历期

第四节 沙葱萤叶甲体内生化物质含量与抗寒性的关系

一、沙葱萤叶甲体内含水量及其与过冷却点的关系

（一）沙葱萤叶甲不同虫态体内含水量的变化

沙葱萤叶甲各不同虫态体内含水量的变化情况如图2-6所示。结果表明，不同虫态虫体含水量呈极显著性变化（$F_{5,86}=24.06$，$P<0.0001$），含水量由大到小依次为：2龄幼虫（78.53%）＞3龄幼虫（78.14%）＞蛹（77.58%）＞1龄幼虫（77.52%）＞卵（69.10%）＞成虫（64.95%），其中，卵和成虫显著低于各龄幼虫和蛹，显著水平均为（$F_{5,86}=24.06$，$P<0.0001$），而成虫的含水量显著低于卵的含水量（$P=0.0375$）。

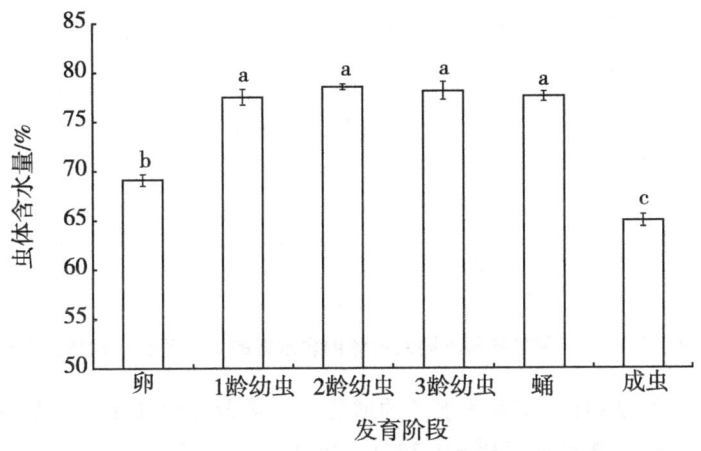

图2-6 沙葱萤叶甲不同虫态虫体内含水量的变化动态（均值±标准误）

将虫体含水量（x）与过冷却点（SCP）（y）进行相关性分析：$R^2=0.0679$，$P>0.05$，说明沙葱萤叶甲不同虫态的过冷却点随着虫体含水量的增加而升高，过冷却点与虫体内含水量呈正相关，但相关关系不显著（图2-7）。

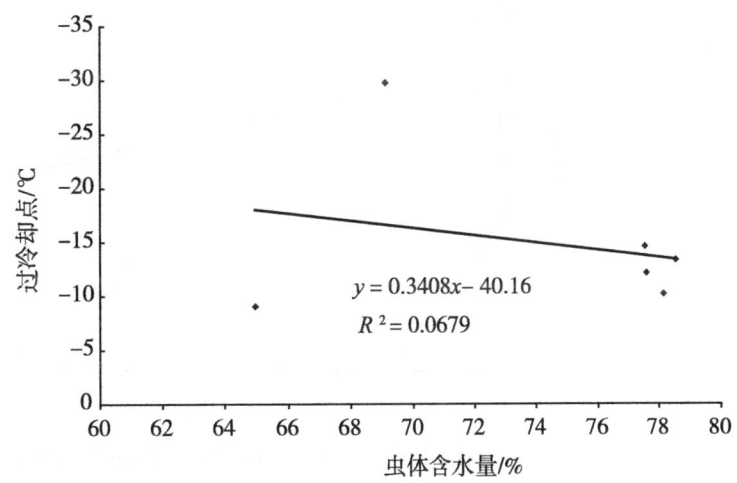

图2-7 沙葱萤叶甲不同虫态虫体内含水量与过冷却点的关系

(二) 沙葱萤叶甲越冬卵不同月份体内含水量的变化

沙葱萤叶甲越冬卵体内含水量呈现出明显的季节性变化（图2-8），即与越冬前后气温的升降变化趋势一致，但不显著（$F_{5,12}=2.16$，$P>0.05$）。越冬卵体内含水量由10月（越冬前期）的71.52%下降到12月（越冬期）的63.98%，之后到翌年1月又开始增加至71.01%。图2-8表明，2012年12月（越冬期）卵的含水量显著低于2012年11月（越冬前期）和2013年1月（越冬后期），显著水平分别为：$P=0.0208$、$P=0.0307$，与越冬前后气温变化趋势相同。

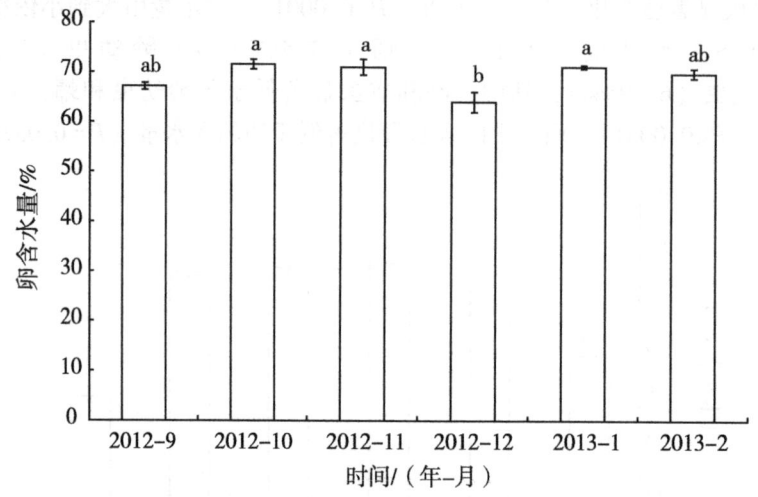

图2-8 沙葱萤叶甲越冬卵不同月份体内含水量的变化动态（均值±标准误）

经相关分析（图2-9），随着含水量的增加，沙葱萤叶甲卵不同月份的过冷却点有升高的趋势，但未达到显著水平（$R^2=0.3861$，$P>0.05$）。

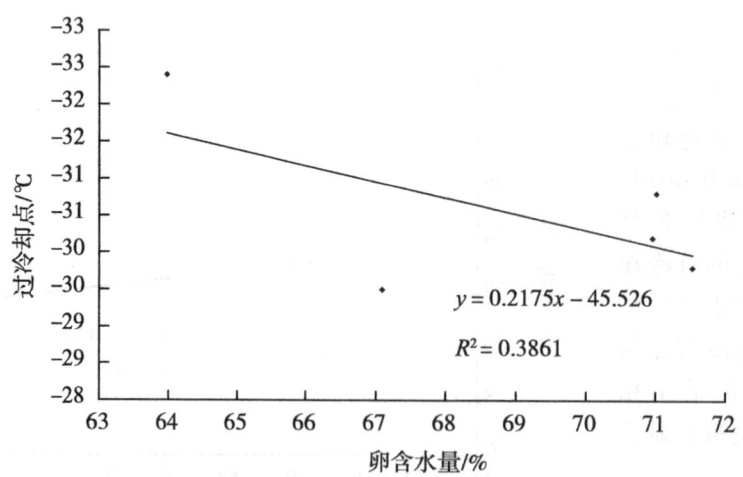

图2-9 沙葱萤叶甲不同月份越冬卵含水量与过冷却点的关系

二、沙葱萤叶甲体内脂肪含量及其与过冷却点的关系

(一) 沙葱萤叶甲不同虫态体内脂肪含量的变化动态

由图 2-10 可知，沙葱萤叶甲在整个发育过程中不同虫态体内总脂肪含量有一定的变化，但未达到显著水平（$F_{5,61}=2.02$，$P>0.05$）。卵的总脂肪含量为 10.08%，高于其他虫态，其中显著高于 1 龄幼虫（$P=0.0274$）和蛹（$P=0.0125$）的总脂肪含量；蛹体内总脂肪含量最低，为 8.36%。

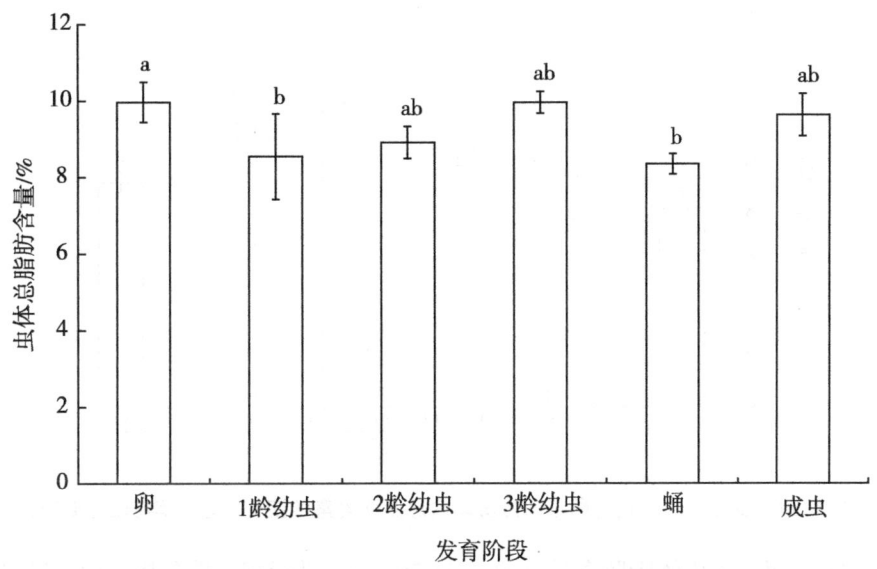

图 2-10 沙葱萤叶甲不同虫态体内总脂肪含量的变化动态（均值±标准误）

经相关分析（图 2-11），随着脂肪含量的增加，沙葱萤叶甲虫体的过冷却点有降低的趋势，但未达到显著水平（$R^2=0.0934$，$P>0.05$）。

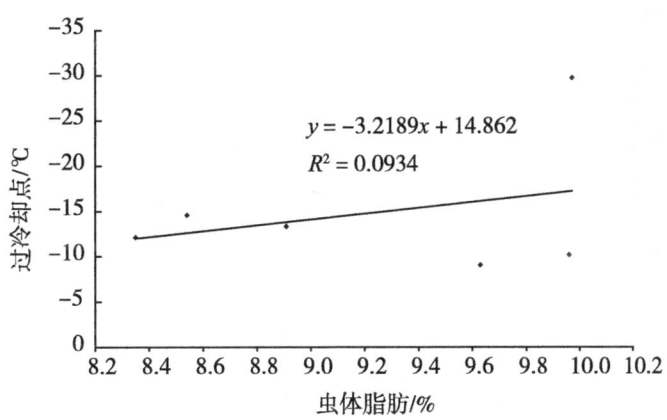

图 2-11 沙葱萤叶甲不同虫态虫体内总脂肪含量与过冷却点的关系

（二）沙葱萤叶甲越冬卵不同月份体内总脂肪含量的变化动态

由图 2-12 可知，沙葱萤叶甲越冬卵在不同月份体内总脂肪含量变化显著（$F_{5,12}$ = 5.55，$P<0.05$），并随气温的变化呈现先上升后下降的规律，随着气温的降低，其脂肪含量升高，在越冬期（2012 年 12 月）达到最高，为 13.16%；随着气温的上升，其体内脂肪含量下降，在越冬后期达到 9.32%。越冬期（2012 年 12 月）显著高于越冬前（2012 年 11 月）和越冬后（2013 年 2 月）体内总脂肪含量，显著水平分别为：$P = 0.0372$、$P = 0.0117$。

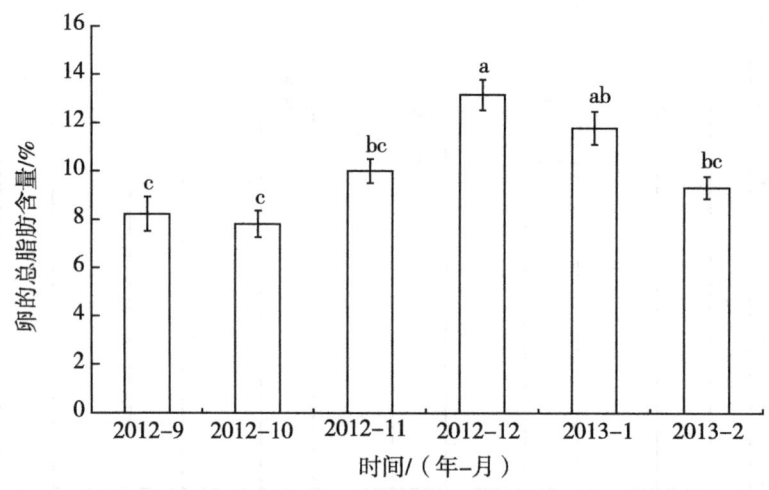

图 2-12 沙葱萤叶甲越冬卵不同月份体内总脂肪含量的变化动态（均值±标准误）

图 2-13 表明，将虫体脂肪含量（x）与 SCP（y）进行相关性分析，沙葱萤叶甲不同月份的过冷却点与卵内总脂肪含量的变化有关，随着脂肪含量的增加，虫体的过冷却点有降低的趋势，并达到显著水平（$R^2 = 0.8801$，$P<0.05$）。

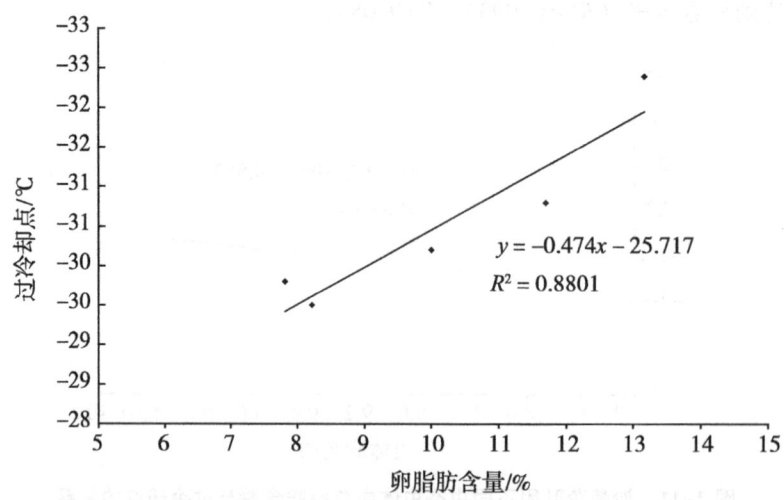

图 2-13 沙葱萤叶甲不同月份越冬卵总脂肪含量与过冷却点的关系

三、沙葱萤叶甲体内氨基酸含量及其与过冷却点的关系

分别测定了 3 龄幼虫、蛹、成虫的 17 种氨基酸含量,结果如表 2-11 所示。谷氨酸在 3 个虫态含量均最高,分别占总含量的比例为:3 龄幼虫 14.48%,蛹 11.97%,成虫 12.65%;3 龄幼虫期(SCP:-10.2℃)到蛹期(SCP:-12.1℃)氨基酸含量显著增加的有:组氨酸、酪氨酸、赖氨酸、脯氨酸;蛹期(SCP:-12.1℃)到成虫期(SCP:-12.1℃),体内氨基酸含量显著降低的有:丙氨酸、酪氨酸、谷氨酸、苏氨酸、苯丙氨酸。

表 2-11 沙葱萤叶甲 3 龄幼虫、蛹、成虫虫体内氨基酸含量　　　单位:mg/100mg

总氨基酸(mg/100mg 样品)	3 龄幼虫	蛹	成虫
Asp(天门冬氨酸)	4.1233±0.1112a	4.1695±0.0392a	3.9047±0.1034a
Thr(苏氨酸)	2.0777±0.0214a	2.0703±0.0107a	1.8992±0.0464b
Ser(丝氨酸)	2.3150±0.0705a	2.3150±0.0152a	2.2738±0.0554a
Glu(谷氨酸)	5.9730±0.1585a	6.2842±0.0654a	5.4823±0.1723b
Gly(甘氨酸)	2.3383±0.0510a	2.2758±0.0367b	3.3553±0.0907a
Ala(丙氨酸)	2.4408±0.0590a	2.6580±0.0159b	2.9430±0.0711c
Cys(胱氨酸)	0.5428±0.0127b	0.5208±0.0059b	0.6172±0.0116a
Val(缬氨酸)	2.7900±0.0412a	2.8808±0.0143a	3.4155±0.3359a
Met(蛋氨酸)	1.0582±0.0101b	1.1110±0.0154b	1.8923±0.0437a
Ile(异亮氨酸)	2.0995±0.0230a	2.0715±0.0292a	2.0710±0.0623a
Leu(亮氨酸)	3.3098±0.0382a	3.4398±0.0391a	3.4750±0.0892a
Tyr(酪氨酸)	1.8930±0.1176b	2.3572±0.0262a	1.7502±0.0687b
Phe(苯丙氨酸)	1.9910±0.0289a	1.9957±0.0182a	1.7585±0.0482b
Lys(赖氨酸)	2.5110±0.1140b	2.8003±0.0180a	2.7685±0.0904ab
His(组氨酸)	1.1487±0.0458b	1.3925±0.0135a	1.2935±0.0355a
Arg(精氨酸)	2.1502±0.0523a	2.2920±0.0233a	2.1505±0.0624a
Pro(脯氨酸)	1.9800±0.0671b	2.1895±0.0428a	2.2552±0.0547a
总和	40.7332±0.7273a	42.7990±0.3002a	43.3055±1.3345a

为明确沙葱萤叶甲体内氨基酸含量与过冷却点是否存在相关性,分别测定了 3 龄幼虫、蛹、成虫的虫体氨基酸含量。由表 2-12 可知,3 龄幼虫和成虫随着过冷却点的升高虫体个别氨基酸含量均有显著负相关性,其中,3 龄幼虫虫体丙氨酸和组氨酸含量与过冷却点的负相关性极显著($P<0.01$,$R=0.9900$),天门冬氨酸、酪氨酸、精氨酸含量与过冷却点负相关性显著($P<0.05$,$R=0.9500$),成虫虫体内谷氨酸、丙氨酸、亮氨酸含量达到显著;然而,蛹虫体内氨基酸含量与过冷却点相关性均不显著。

表 2-12 沙葱萤叶甲 3 龄幼虫、蛹、成虫虫体氨基酸含量与过冷却点的相关性

氨基酸类别	3 龄幼虫	蛹	成虫
Asp	-0.9804*	-0.5810	-0.9010
Thr	-0.7250	-0.6121	-0.8929
Ser	-0.9287	0.1122	-0.7875
Glu	0.3071	-0.1529	-0.9753*
Gly	-0.9386	-0.7978	-0.8271
Ala	-0.9988**	-0.3712	-0.9747*
Cys	0.8351	-0.8906	-0.6878
Val	-0.7788	-0.0107	-0.8768
Met	-0.7958	0.7349	0.7360
Ile	-0.2430	-0.7438	-0.9196
Leu	-0.9189	-0.3396	-0.9500*
Tyr	-0.9839*	0.4803	-0.8763
Phe	0.2273	-0.5112	-0.8965
Lys	-0.9084	0.0354	-0.8013
His	-0.9992**	-0.6125	-0.7343
Arg	-0.9547*	-0.3466	-0.9092
Pro	-0.7061	-0.4941	-0.7778
总氨基酸	-0.9033	-0.4508	-0.8964

四、沙葱萤叶甲虫体内小分子抗寒物质含量及与过冷却点的关系

为明确小分子抗寒物质与过冷却点之间的关系，分别测定了各个虫态的小分子抗寒物质含量（表 2-13）。在沙葱萤叶甲各虫态小分子含量较高的有葡萄糖（29.65~285.61μg/g）、山梨醇（62.36~404.84μg/g）和甘油（56.43~857.06μg/g），海藻糖（15.54~216.18μg/g）、甘露醇（2.55~46.45μg/g）、果糖（14.20~64.16μg/g）、肌醇（25.23~129.44μg/g）含量较低；各虫态过冷却点由低到高为卵、1 龄幼虫、2 龄幼虫、蛹、3 龄幼虫、成虫。小分子含量变化由高到低变化的有甘油、山梨醇，其中山梨醇的含量与过冷却点呈现的是显著的负相关关系（$P<0.05$，$R=-0.8325$），甘油呈现极显著负相关（$P<0.01$，$R=-0.9254$）；由低到高变化的有海藻糖、甘露醇、肌醇、葡萄糖，其中只有葡萄糖的含量与过冷却点呈现的是极显著的正相关（$P<0.01$，$R=0.9921$）。

表 2-13 沙葱萤叶甲虫体内小分子物质与过冷却点的相关性

小分子种类	卵	1 龄幼虫	2 龄幼虫	3 龄幼虫	蛹	成虫	R
海藻糖/（μg/g）	—	—	15.54	216.18	182.61	102.69	0.8609

（续表）

小分子种类	卵	1龄幼虫	2龄幼虫	3龄幼虫	蛹	成虫	R
甘露醇/（μg/g）	5.83	7.54	14.36	—	46.45	2.55	0.6837
葡萄糖/（μg/g）	29.65	285.18	122.75	285.61	271.00	124.12	0.9921**
果糖/（μg/g）	34.15	—	20.37	64.16	14.20	30.41	0.5373
肌醇/（μg/g）	54.09	60.66	25.23	129.44	33.84	72.56	0.5663
山梨醇/（μg/g）	293.64	229.72	62.36	404.84	278.78	84.96	-0.8325*
甘油/（μg/g）	857.06	550.48	68.34	117.98	105.08	56.43	-0.9254**
SCP/℃	-29.8	-14.6	-13.3	-10.2	-12.1	-9.0	

第五节　沙葱萤叶甲对温度胁迫响应的转录组学分析

一、测序及生物信息学分析

（一）Illumina测序以及组装

经过测序质量控制，共得到32.67Gb clean data，各样品Q30碱基百分比均高于85.75%（表2-14）。沙葱萤叶甲2龄幼虫转录组共得到30915046 reads片段，包含了6243989628个核苷酸。使用Trinity软件组装，获得22732768个contigs。使用配对末端连接，根据序列相似性聚类分析，22732768个contigs进一步组装成142994条transcripts和72352条unigenes，平均长度分别为1110bp和793bp，transcripts与unigenes的N50分别为2109和1527，组装完整性较高，具体的统计信息见表2-15。

表2-14　测序数据评估统计

ID	Read Number	Base Number	GC Content/%	Q30/%
T1	22608068	4566091023	39.88	86.02
T2	23408328	4727743651	39.68	86.68
T3	26955963	5444270854	39.08	86.64
T4	29062927	5869901456	37.87	85.93
T5	30915046	6243989628	39.05	86.19
T6	28783263	5813287652	40.60	85.75

注：ID表示样品的编号；Read Number表示clean data中pair-end Reads总数；Base Number表示clean data总碱基数；GC Content表示clean data GC含量，即clean data中G和C两种碱基占总碱基的百分比；Q30表示clean data质量值大于或等于30的碱基所占的百分比。

表 2-15 组装结果统计

Length Range/nt	Contig/个	Transcript/个	Unigene/个
00~300	22681373（99.77%）	38530（26.95%）	27381（37.84%）
300~500	21026（0.09%）	28856（20.18%）	17174（23.74%）
500~1000	14495（0.06%）	27892（19.51%）	12382（17.11%）
1000~2000	9302（0.04%）	25060（17.53%）	8784（12.14%）
2000+	6571（0.03%）	22652（15.84%）	6630（9.16%）
Total Number	22732768	142994	72352
Total Length	892103854	158655520	57401073
N50 Length	40	2109	1527
Mean Length	39.24	1109.53	793.36

（二）生物信息学分析

本研究通过选择 BLAST 参数 E-value 不大于 10^{-5}，最终获得 31513 个有注释信息的 unigenes（表 2-16）。

表 2-16 Unigene 注释统计　　　　　　　　　　单位：个

Annotated databases	Unigene	≥300nt	≥1000nt
COG	7520	6654	4272
GO	11707	9652	5866
KEGG	5736	5150	3359
Swiss-Prot	17478	15429	9798
nr	30995	24880	13004
All	31513	25158	13036

注：Annotated databases 表示各功能数据库；Unigene 表示注释到该数据库的 Unigene 数；≥300nt 表示注释到该数据库的长度大于 300 个碱基的 Unigene 数；≥1000nt 表示注释到该数据库的长度大于 1000 个碱基的 Unigene 数。

1. GO 分类

沙葱萤叶甲转录组中共有 11707 条 unigenes 在 GO 分类中被分别划分到细胞组分、分子功能和生物过程三大类的 58 个功能组中（图 2-14）。其中细胞组分中，较大功能组是细胞部分和细胞；分子功能中，较大功能组是结合和催化活性；生物过程中，较大功能组是代谢过程和细胞过程。

2. COG 分类

本研究将 unigene 和 COG 数据库进行了比对，预测 unigene 可能的功能，同时也对其功能进行了分类统计，共有 7520 条 unigenes 在 COG 数据库中得到了注释，同时被分到 25 个功能组中（图 2-15）。

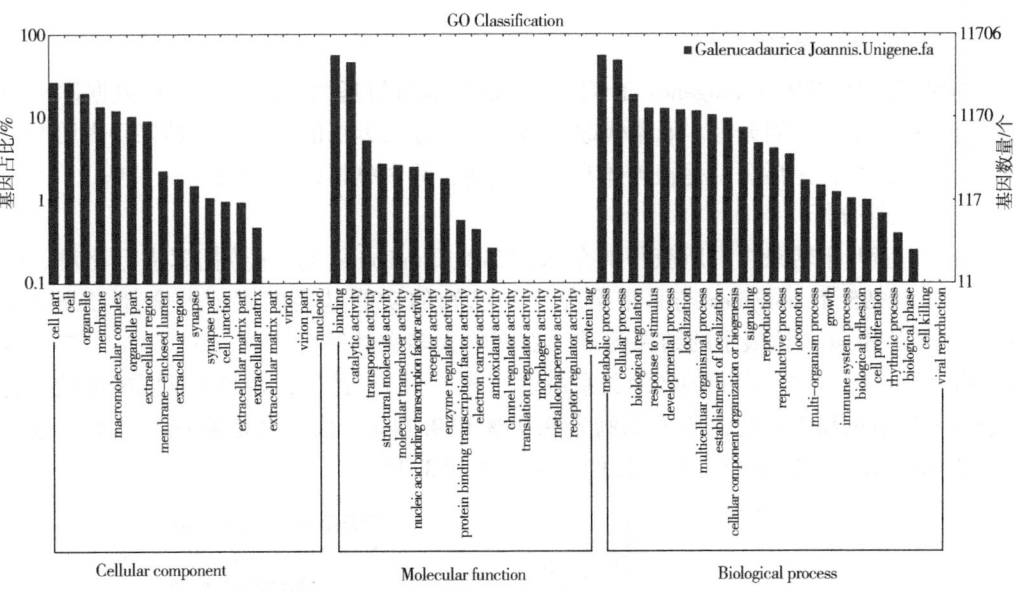

图 2-14 转录组 Unigene GO 功能分类

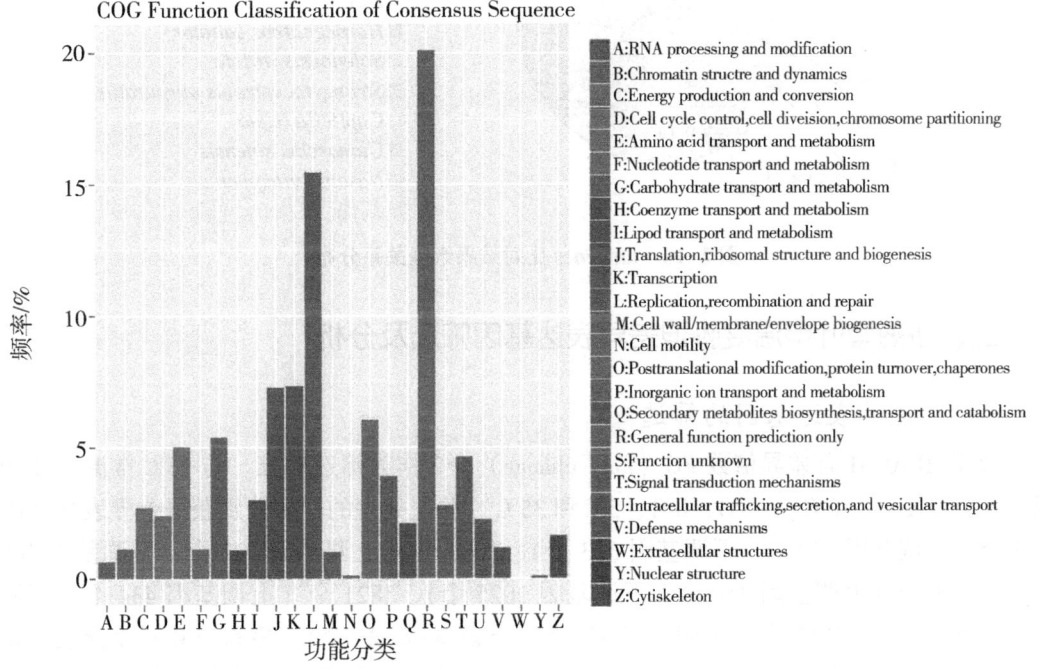

图 2-15 转录组 unigene COG 功能分类

从图 2-15 中均可以看出，unigene 的 COG 功能种类非常全面，包含了绝大多数的生命活动，一般功能预测是最大功能组，约占总体 26.74%；其次是复制、重组和修复约占总体 20.56%；转录约占总体 9.75%；最小的功能组是细胞运动和细胞核结构，分别约占总体 0.15%和 0.13%；抗性相关的防御机制约占总体 1.56%；其他种类的基因表达数量各有不同。

3. KEGG 功能注释

本研究共有 5736 个 unigenes 在 KEGG（京都基因与基因组百科全书）数据库中得到注释，这些 unigenes 划分为 176 条代谢通路，其中有 4.24% 的基因注释结果是内质网蛋白加工，数量最多，之后分别是核糖体和嘌呤代谢，约占整体的 4.22% 和 4.11%。

4. 同源性分析

将沙葱萤叶甲转录组中所获得的全部 31513 条 unigenes 与 Nr 数据库进行比对。结果表明，有 30995 条 unigenes 与目前数据库中已知的功能基因匹配，占全部 Unigenes 的 98.36%。以 Blast E 值最小的结果为准，发现绝大多数的基因序列（36.54%）与赤拟谷盗具有强烈的同源性，它们的亲缘关系最近（图2-16）。此外，亲缘关系匹配度较高的昆虫还有山松甲虫和豌豆蚜，所占比例为 9.95% 和 9.14%，接下来是家蚕和佛罗里达弓背蚁（*Camponotus floridanus*），所占比例为 5.03% 和 3.34%。

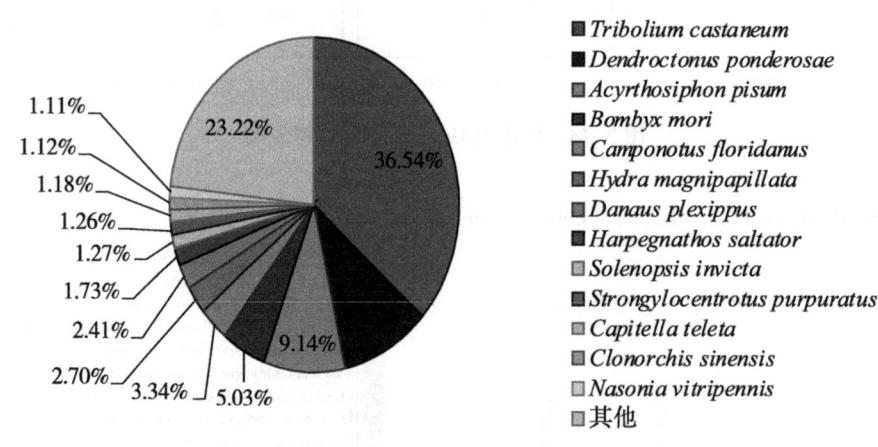

图 2-16　unigenes 比对结果亲缘关系分布

二、沙葱萤叶甲温度胁迫差异表达基因筛选及分析

（一）差异表达基因的筛选

将 FDR<0.01 且差异倍数 FC（Fold change）≥2 作为筛选标准。与 25℃ 常温对照相比，5 个温度（-10℃，-5℃，0℃，5℃ 和 35℃）胁迫处理的样品分别获得差异表达基因 882 个（上调基因 539 个、下调基因 343 个）、1053 个（上调基因 493 个、下调基因 560 个）、1441 个（上调基因 416 个、下调基因 1025 个）、1821 个（上调基因 434 个、下调基因 1387 个）和 1265 个（上调基因 344 个、下调基因 921 个），冷胁迫共同差异表达基因 323 个（上调基因 142 个、下调基因 181 个），高低温胁迫共同差异表达基因 53 个（上调基因 26 个、下调基因 27 个）（表 2-17）。

表 2-17　差异表达基因数目统计　　　　　　　　　　　　　　　　　单位：个

差异基因比对	差异基因	上调	下调
T5_vs_T1	882	539	343

(续表)

差异基因比对	差异基因	上调	下调
T5_vs_T2	1053	493	560
T5_vs_T3	1441	416	1025
T5_vs_T4	1821	434	1387
T5_vs_T6	1265	344	921
冷胁迫共同表达	323	142	181
高、低温胁迫共同表达	53	26	27

(二) 注释差异表达基因的筛选

5个温度胁迫处理的样品分别获得功能注释差异表达基因718个（上调基因448个、下调基因270个）、865个（上调基因418个、下调基因447个）、1142个（上调基因365个、下调基因777个）、1474个（上调基因332个、下调基因1142个）和1063个（上调基因239个、下调基因824个），冷胁迫共同差异表达基因268个（上调基因128个、下调基因140个）个，高、低温胁迫共同差异表达基因38个（上调基因18个、下调基因20个）。依据基因在不同样品中的表达量，进行差异表达分析，对获得的差异表达基因进行功能注释，各差异表达基因及其注释到的基因数量统计见表2-18。

表2-18 注释的差异表达基因数量统计　　　　单位：个

差异基因比对	注释基因数量	COG	GO	KEGG	Swiss-Prot	NR
T5_vs_T1	718	188	257	80	545	690
T5_vs_T2	865	215	323	101	635	842
T5_vs_T3	1142	281	443	149	798	1127
T5_vs_T4	1474	395	607	222	1069	1457
T5_vs_T6	1063	418	442	311	929	1033
冷胁迫共同表达	268	53	95	33	199	262
高、低温胁迫共同表达	38	6	11	3	31	32

(三) 35℃高温处理差异表达基因功能注释和富集分析

1. 差异表达基因GO功能富集

与25℃对照相比，35℃高温处理获得差异表达基因1265个（上调基因344个，下调基因921个），其中442个（34.94%）（上调基因76个，下调基因366个）在GO数据库中得到注释（图2-17）。根据GO分类，上调基因，生物过程的依赖RNA的DNA复制（GO：0006278）、DNA代谢过程（GO：0006259）、大分子代谢过程（GO：0043170）和初级代谢过程（GO：0044238）显著富集；分子功能的催化活性（GO：0003824）、结合（GO：0005488）、核酸结合（GO：0003676）和RNA结合（GO：0003723）显著富集；

细胞组分的细胞核（GO：0005634）、膜有机组成部分（GO：0016021）和核小体（GO：0000786）富集显著。

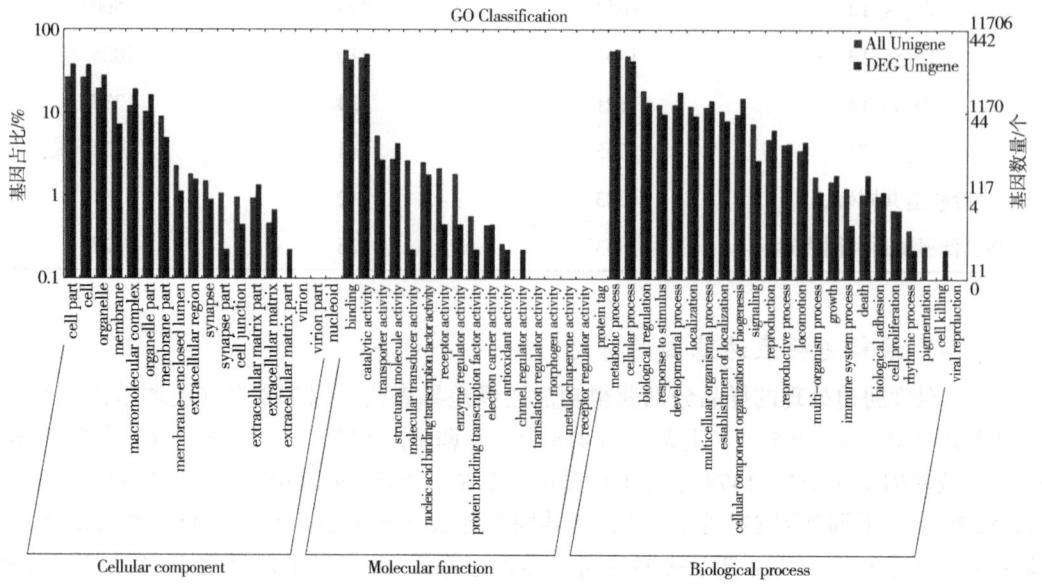

图 2-17　35℃高温处理差异表达基因 GO 功能注释

下调基因主要富集在生物过程的代谢过程（GO：0008152）、神经形成（GO：0022008）和出生或卵孵化胚胎发育终止（GO：0009792），分子功能的 ATP 结合（GO：0005524）、结合（GO：0005488）和水解酶活性（GO：0016787），细胞组分的细胞核（GO：0005634）、细胞内（GO：0005622）、微管相关复合体（GO：0005875）和核糖核蛋白复合体（GO：0030529）。

2. 差异表达基因 COG 分类

在 COG 的 25 个功能组中，翻译、核糖体结构和生物合成基因表达数量最多，其次是一般功能预测、复制、重组和修复、碳水化合物转运和代谢、转录和脂质转运和代谢（图 2-18）。

3. 差异表达基因 KEGG 注释及富集分析

KEGG 分析表明，35℃ 高温处理差异表达基因核糖体（ko03010）、RNA 转运（ko03013）、剪接体（ko03040）和真核生物核糖体的生物合成（ko03008）显著富集（图 2-19）。

（四）冷胁迫共同差异表达基因功能注释和富集分析

1. 差异表达基因 GO 功能富集

冷胁迫共同差异表达基因 323 个（上调基因 142 个、下调基因 181 个），其中 95 个（29.41%）（上调基因 41 个、下调基因 54 个）在 GO 数据库中得到注释（图 2-20）。根据 GO 分类，冷胁迫上调基因，生物过程的核苷代谢过程（GO：0009116）、单一有机体代谢过程（GO：0044710）和脂类代谢过程（GO：0006629）显著富集；分子功能的氧化还原酶活性（GO：0016491）、表皮结构成分（GO：0042302）和结合（Binding）（GO：

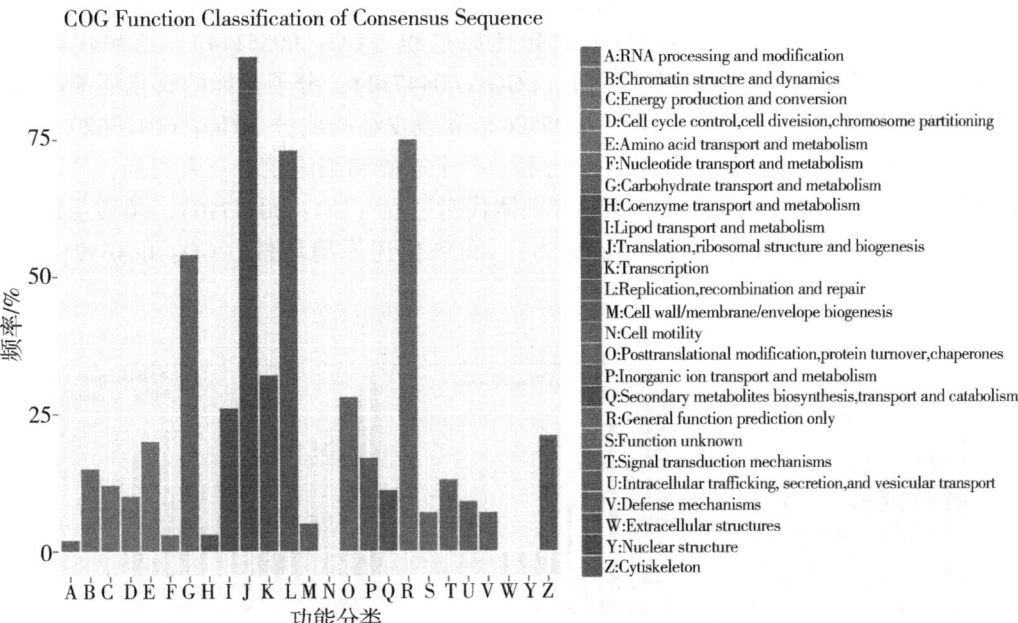

图 2-18　35℃高温处理差异表达基因 COG 聚类分析

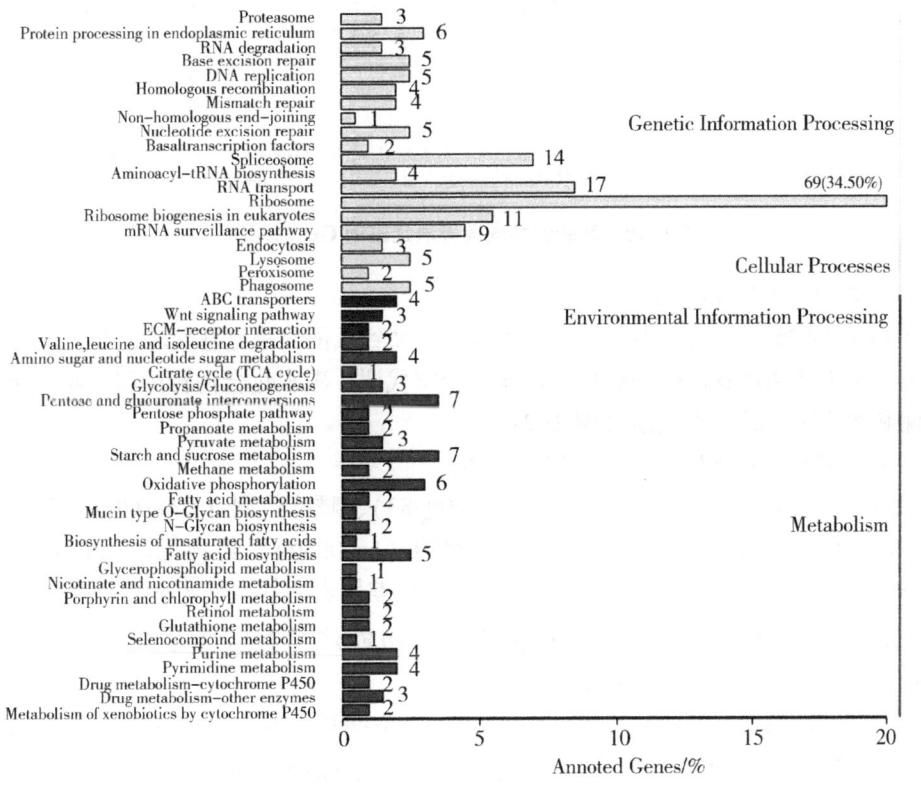

图 2-19　35℃高温处理差异表达基因 KEGG 分析

0005488）显著富集；上调基因，细胞组分中只有胞外区（GO：0005576）富集显著。

下调基因主要富集在生物过程的氧化还原过程（GO：0055114）、乙醇代谢过程（GO：0006066）和单一有机体代谢过程（GO：0044710），分子功能的氧化还原酶活性（GO：0016491）、铁离子结合（GO：0005506）和表皮结构成分（GO：0042302），细胞组分的胞外区（GO：0005576）。在生物过程、分子功能和细胞组分三大类别，同时上调和下调的差异表达基因显著富集于单一有机体代谢过程（GO：0044710）、角质层结构成分（GO：0042302）、结合（GO：0005488）、和氧化还原酶活性（GO：0016491，GO：0016614）。

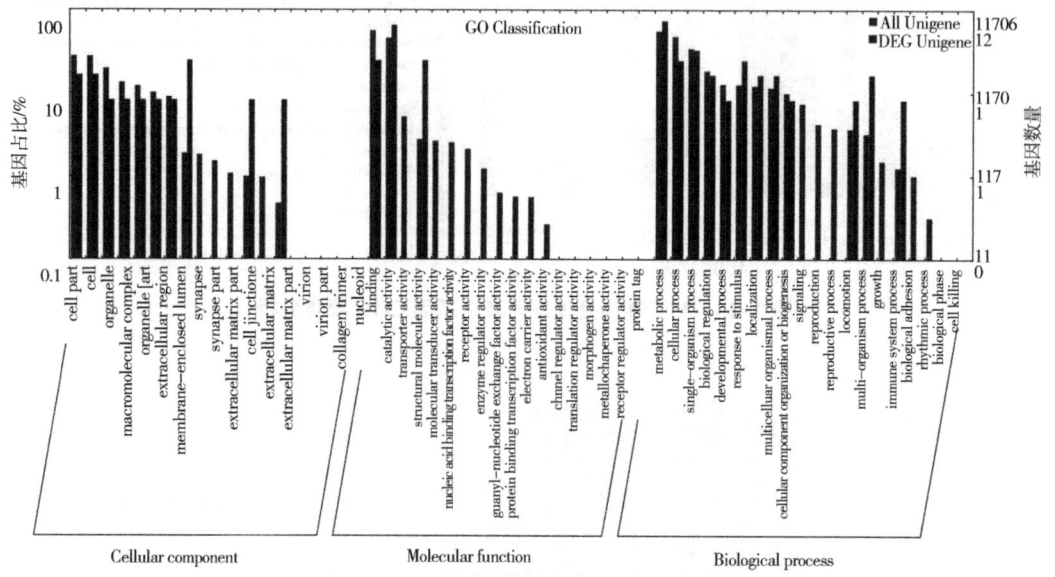

图 2-20　冷胁迫共同差异表达基因 GO 功能注释

2. 差异表达基因 COG 分类

在 COG 的 25 个功能组中，基因表达数量由高到低依次是氨基酸转运和代谢、一般功能预测、次生代谢产物的生物合成、运输和分解代谢、碳水化合物转运和代谢、脂质转运和代谢和无机离子转运和代谢（图 2-21）。

3. 差异表达基因 KEGG 注释及富集分析

KEGG 分析表明，药物代谢-其他酶（ko00983）、嘌呤代谢（ko00230）、淀粉和蔗糖代谢（ko00500）、外源物代谢-细胞色素 P450（ko00980）、药物代谢-细胞色素 P450（ko00982）和脂肪酸生物合成（ko00061）冷胁迫差异表达基因显著富集（图 2-22）。

（五）高、低温胁迫共同差异表达基因功能注释和富集分析

1. 差异表达基因 GO 功能富集

高、低温胁迫获得共同差异表达基因 53 个（上调基因 26 个、下调基因 27 个），其中 11 个（20.75%）（上调基因 7 个、下调基因 4 个）在 GO 数据库中得到注释（图 2-23）。根据 GO 分类，温度胁迫获得上调基因，生物过程的跨膜运输（GO：0055085）、核苷代谢过程（GO：0009116）、糖异生（GO：0006094）、侧抑制（GO：0046331）、单一有机

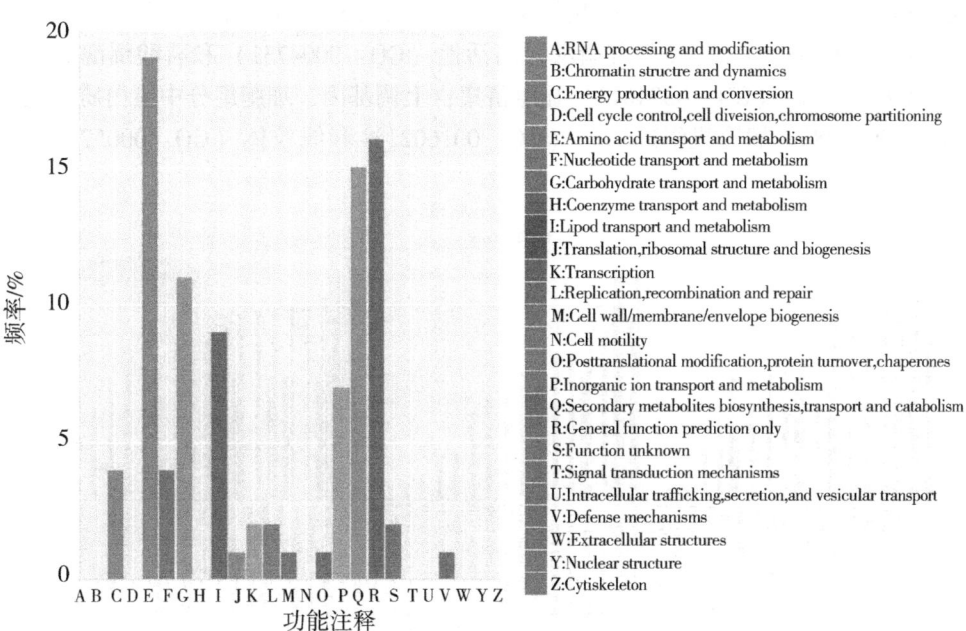

图 2-21　冷胁迫共同差异表达基因 COG 聚类分析

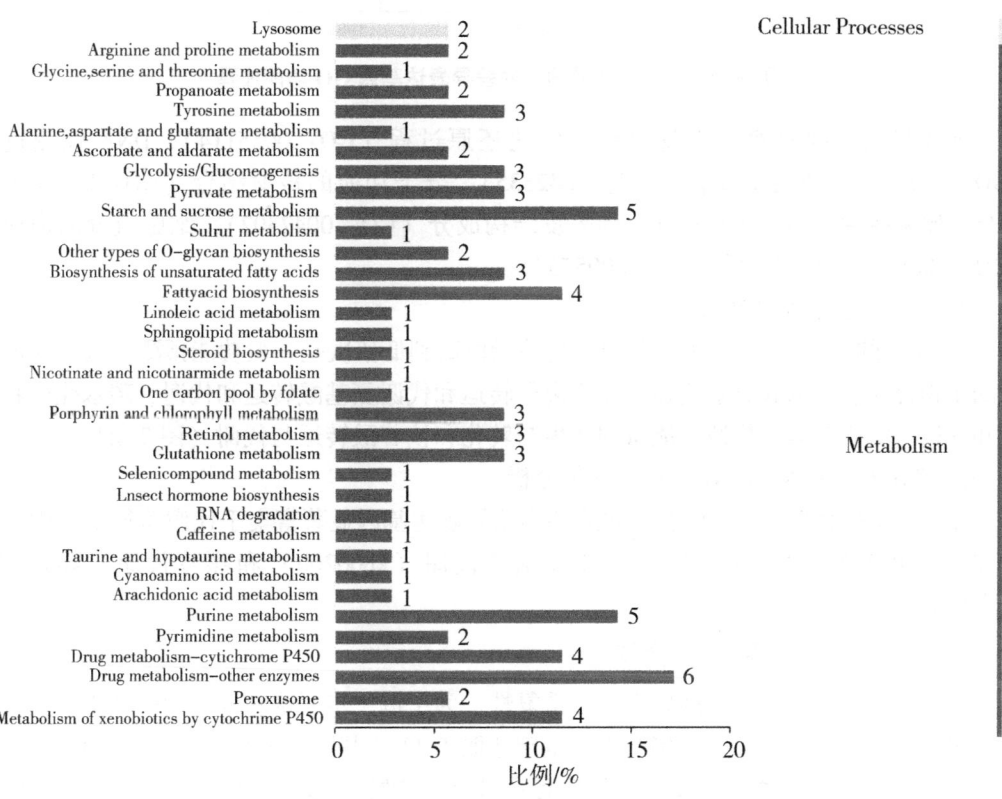

图 2-22　冷胁迫共同差异表达基因 KEGG 分析

体代谢过程（GO：0044710）和甲基化作用（GO：0032259）显著富集；分子功能的裂解酶活性（GO：0016829）、嘌呤核苷磷酸化酶活性（GO：0004731）和磷酸烯醇式丙酮酸羧化酶（GTP）活性（GO：0004613）显著富集；上调基因，细胞组分中蛋白质细胞外基质（GO：0005578）、膜有机组成部分（GO：0016021）和线粒体（GO：0005739）富集显著。

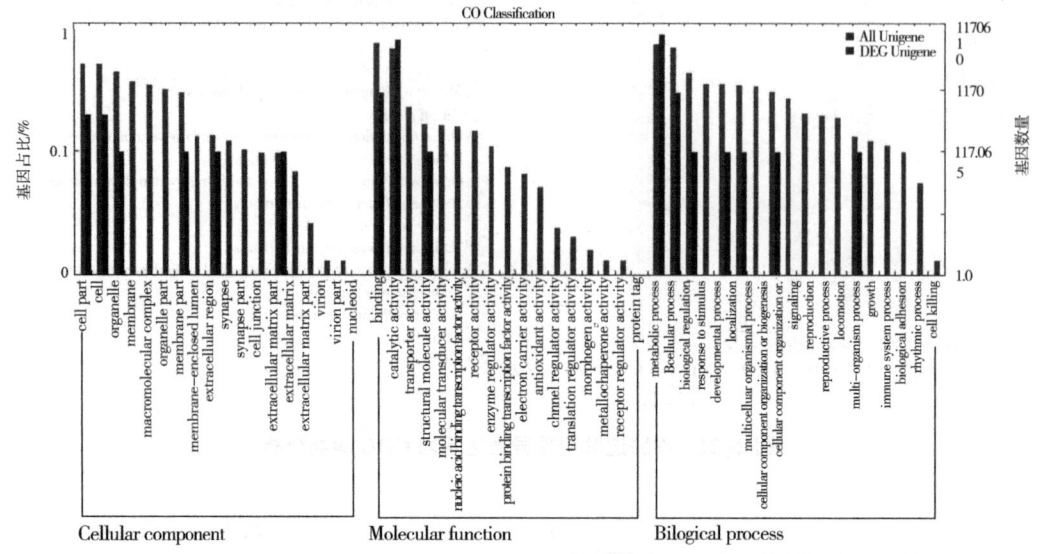

图 2-23　高、低温胁迫共同差异表达基因 GO 功能注释

下调基因主要富集在生物过程的氧化还原过程（GO：0055114）、DNA 代谢过程（GO：0006259）和表皮发育（GO：0042335），分子功能的核酸结合（GO：0003676）、氧化还原酶活性（GO：0016491）和表皮结构成分（GO：0042302），细胞组分的内质网（GO：0005783）和细胞质（GO：0005737）。

2. 差异表达基因 COG 分类

在 COG 的 25 个功能组中，基因表达数量由高到低依次是一般功能预测、次生代谢产物的生物合成、运输和分解代谢、无机离子转运和代谢氨基酸转运和代谢、碳水化合物转运和代谢、脂质转运和代谢、能量的产生与转化和核苷酸转运与代谢（图 2-24）。

3. 差异表达基因 KEGG 注释及富集分析

KEGG 分析表明，高、低温度胁迫共同差异表达基因显著富集于代谢路径中的丙酮酸代谢（ko00620）、甘氨酸、丝氨酸和苏氨酸代谢（ko00260）和嘌呤代谢（ko00230）（图 2-25）。

（六）差异表达基因的验证

转录组测序具有较高的准确性和可重复性，为了进一步明确转录组测序结果中基因的表达水平，本试验以转录组拼接结果为基础选取了 11 个基因，进行实时荧光定量 PCR 验证。11 对引物溶解曲线显示每条序列都有且只有一个特异峰，表明扩增后没有二聚体和非特异性产物形成，也表明本试验设计的 11 对引物都具有很好的特异性，符合定量 PCR 试验要求。根据溶解曲线所得的各基因 CT 值，相关性分析表明 11 条序列中有 9 条序列的

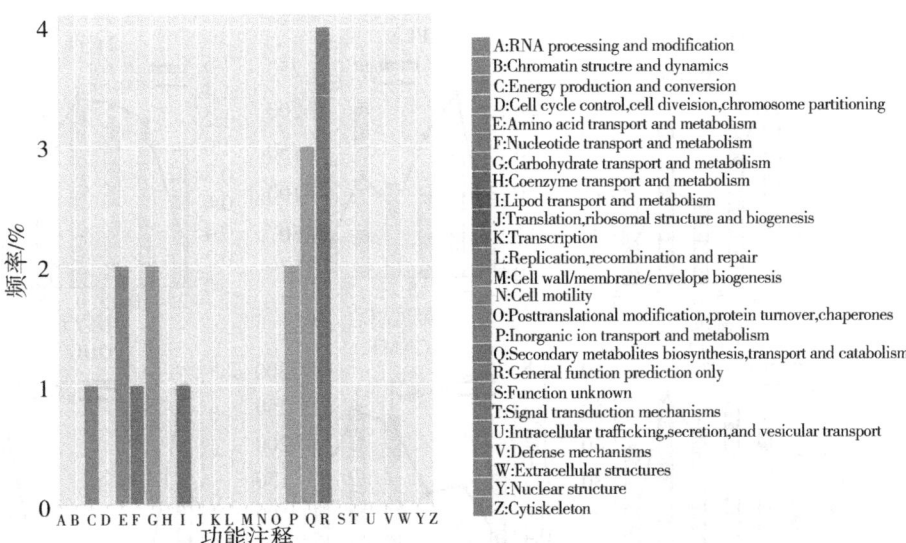

图 2-24　高、低温胁迫共同差异表达基因 COG 聚类分析

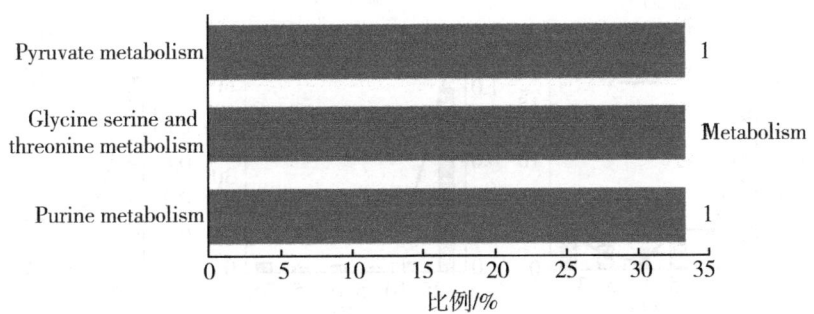

图 2-25　高、低温胁迫共同差异表达基因 KEGG 功能注释

RT-qPCR 结果与测序表达结果显著相关（$P<0.05$）（图 2-26），说明本测序组装结果可靠，可用于进一步研究。

第六节　沙葱萤叶甲丝氨酸蛋白酶基因 *GdSP* 的克隆及对温度胁迫的响应

一、沙葱萤叶甲丝氨酸蛋白酶基因的克隆与序列分析

根据本试验室已测转录组中筛选出的沙葱萤叶甲丝氨酸蛋白酶基因序列信息，设计 PCR 引物扩增出中间片段大小为 968bp，所得测序结果与转录组数据库中该基因序列信息完全一致。3′RACE 扩增反应得到的片段大小为 229bp。5′RACE 扩增反应得到 169bp 的片段。测序结果经比对分析表明：两个扩增片段与预期目的片段相符，根据已有重叠序列分别将 3 个片段拼接，获得了一个新的沙葱萤叶甲丝氨酸蛋白酶基因的 cDNA 序列，命名为 *GdSP*（GenBank 登录号：MG797556）。以引物 GdSP-F1 和 GdSP-R1 扩增得到 969bp 全长

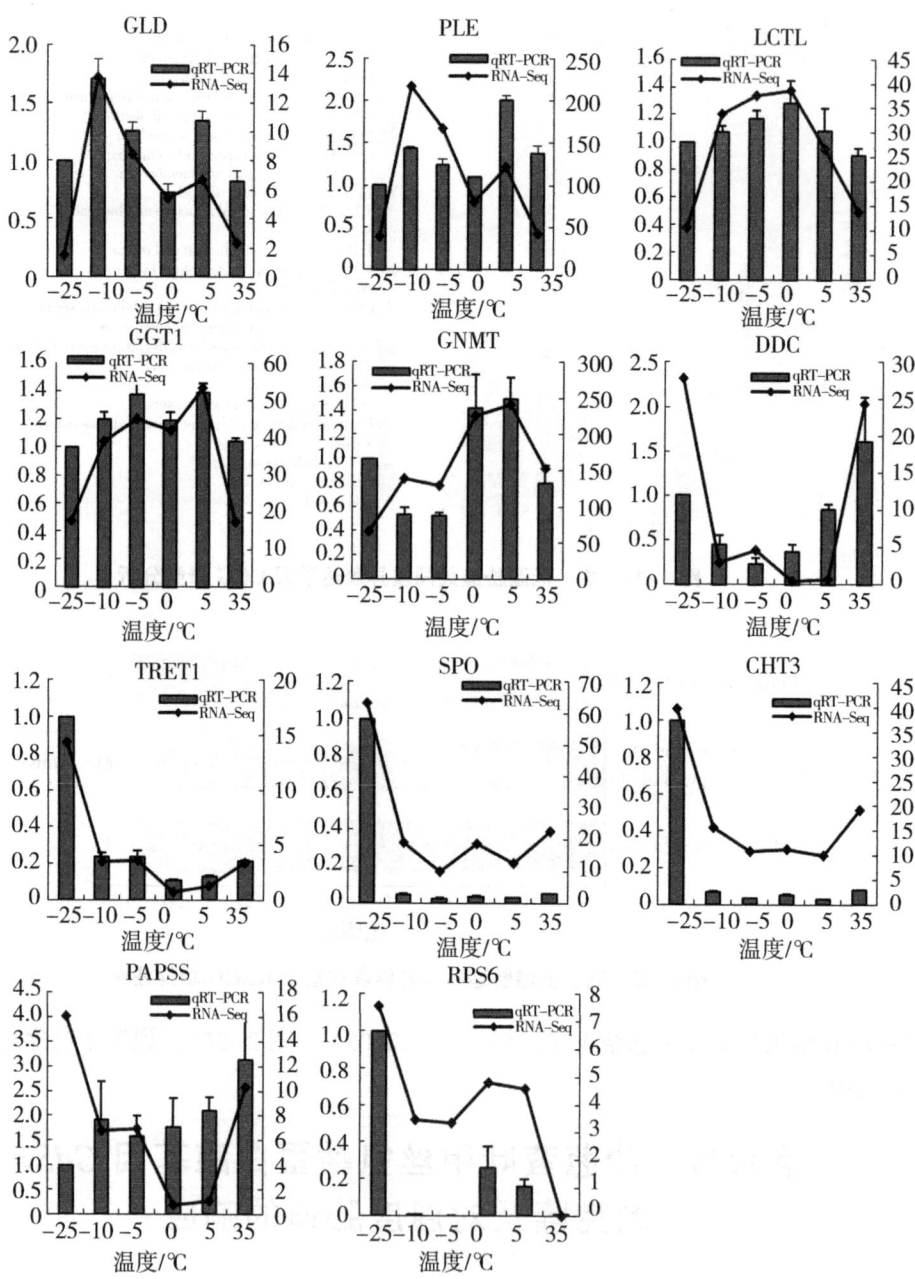

图 2-26 差异表达基因的 RT-qPCR 验证

注：坐标轴左侧为实时荧光定量 qRT-PCR 值，右侧为 RNA-Seq 值。

开放阅读框（ORF），该基因 cDNA 全长 1110 bp，含有 42bp 和 99bp 的 5'和 3'非编码区（图 2-27）。该基因编码 322 个氨基酸，包含 poly（A）尾；无信号肽，有 1 个跨膜结构。由 *GdSP* 基因推导的蛋白质分子式为 $C_{1570}H_{2446}N_{418}O_{477}S_{19}$，分子量为 35.41kDa，等电点为 5.61。蛋白质结构域分析表明，*GdSP* 有一个保守功能区，*GdSP* 的氨基酸序列具有明显的丝氨酸蛋白酶的特征，即氨基酸序列中具有保守的 HDS 催化三联体活性位点，含有 3 对半胱氨酸残基，分别位于第98位与第114位、第242位与第259位及第268位与第299位，这6个保守的半胱氨酸残基组成3对二硫键，从而保证蛋白质三级结构的稳定。运用ExPASy Proteomics Tools中的GOR4预测 *GdSP* 二级结构，结果表明 *GdSP* 有25个α-螺旋、106个延伸链和191个无规则卷曲，分别占7.76%、32.92%和59.32%。

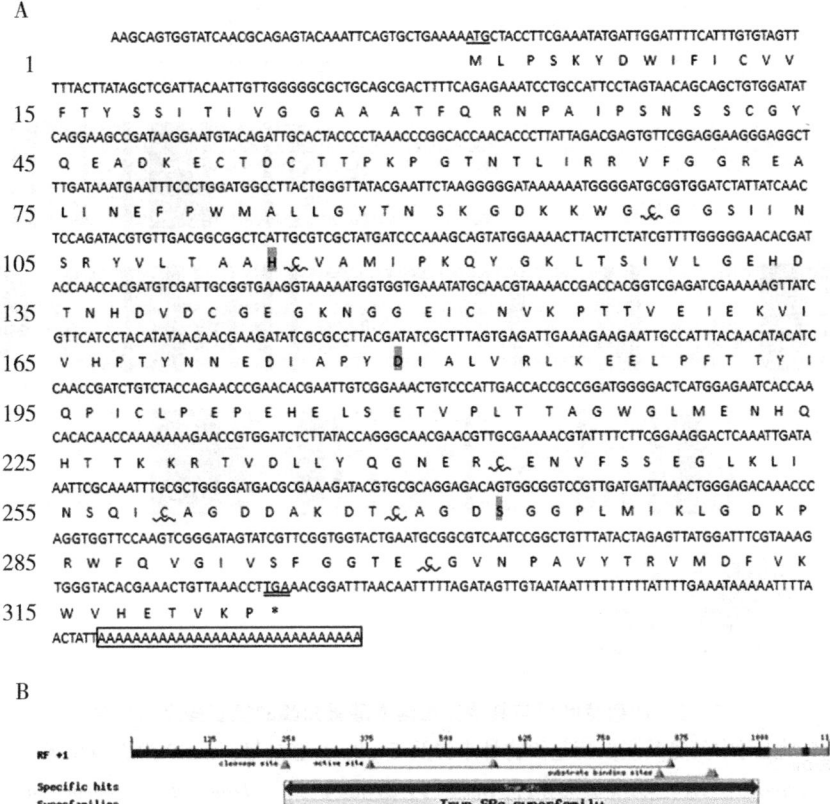

图2-27 沙葱萤叶甲 *GdSP* 的核苷酸序列及其推导的氨基酸序列（A）及序列包含的保守功能域（B）
注：翻译起始密码子为下划线所示；终止密码子用双下划线表示；Poly A在实线方框内显示；活性中心灰色背景；二硫键为波浪线所示。

二、沙葱萤叶甲丝氨酸蛋白酶同源比对和系统进化分析

将本研究获得的沙葱萤叶甲丝氨酸蛋白酶基因的cDNA序列推导出的氨基酸序列（322个氨基酸），利用Blast同源性搜索结果，对选取包括沙葱萤叶甲在内的6种昆虫的丝氨酸蛋白酶氨基酸序列进行比对。结果表明，沙葱萤叶甲丝氨酸蛋白酶的氨基酸序列与光肩星天牛（*Anoplophora glabripennis* SP）（GenBank登录号：XP_018563884.1）的一致性最高，为30.53%；其次是山松甲虫（*Dendroctonus ponderosae* SP）（GenBank登录号：XP_019753987.1）、大红葬甲（*Nicrophorus vespilloides* SP）（GenBank登录号：XP_017777054.1）、马铃薯叶甲（*Leptinotarsa decemlineata* SP）（GenBank登录号：XP_023025567.1）和赤拟谷盗（*Tribolium castaneum* SP）（GenBank登录号：EEZ99203.2），其氨基酸一致性分别为30.05%、29.56%、28.35%和21.37%（图2-28）。

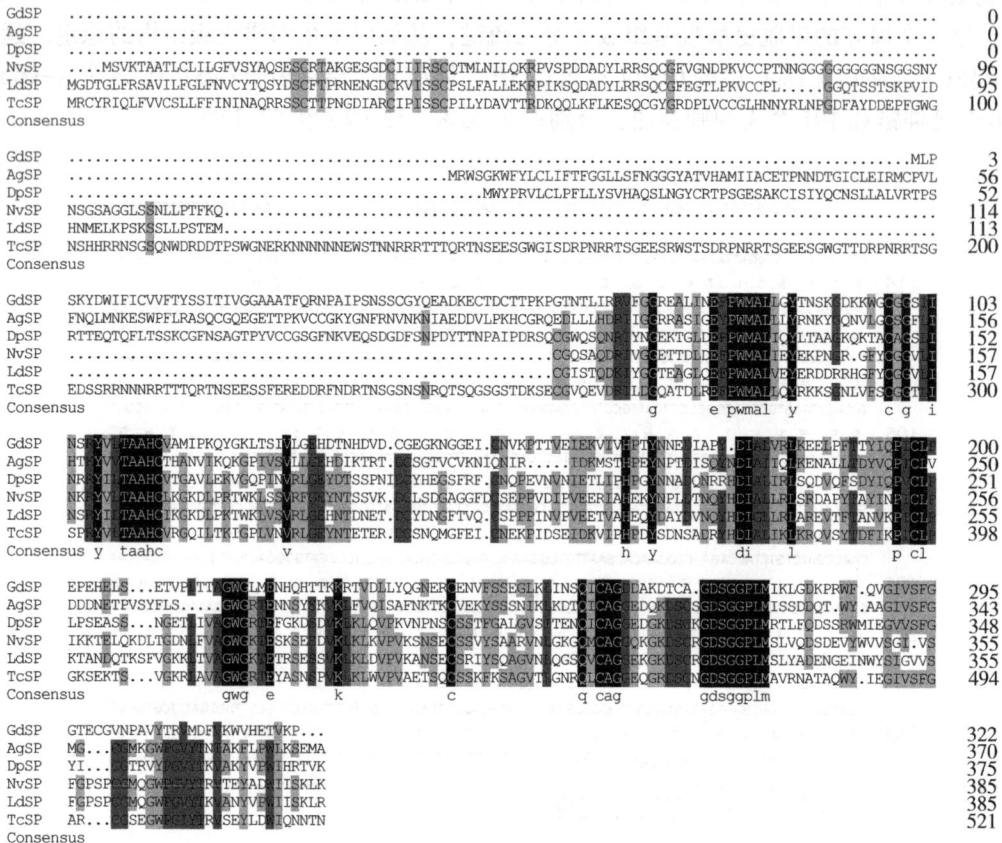

图2-28 沙葱萤叶甲与其他昆虫丝氨酸蛋白酶的氨基酸序列比对

注：序列比对中丝氨酸蛋白酶基因物种来源及GenBank登录号：AgSP为光肩星天牛（*Anoplophora glabripennis*），XP_018563884.1；DpSP为山松甲虫（*Dendroctonus ponderosae*），XP_019753987.1；NvSP为大红葬甲（*Nicrophorus vespilloides*），XP_017777054.1；LdSP为马铃薯叶甲（*Leptinotarsa decemlineata*），XP_023025567.1；TaSP为赤拟谷盗（*Tribolium castaneum*），EEZ99203.2；consensus为共有序列。

采用从美国国家生物技术信息中心（NCBI）数据库中搜索到已知的丝氨酸蛋白酶氨基酸序列，构建系统进化树（图2-29）。结果表明，*GdSP*的氨基酸序列与鞘翅目光肩星天牛（*Anoplophora glabripennis*）（GenBank登录号：XP_018563884.1）亲缘关系最近，而与其他非鞘翅目丝氨酸蛋白酶的亲缘关系较远。系统进化分析表明沙葱萤叶甲*GdSP*在鞘翅目昆虫中具有相对保守的进化特性。

三、沙葱萤叶甲*GdSP*在不同温度胁迫下的表达分析

采用实时荧光定量PCR技术检测不同温度胁迫后沙葱萤叶甲2龄幼虫*GdSP* mRNA的相对表达量变化（图2-30）。结果表明，沙葱萤叶甲2龄幼虫经不同温度胁迫处理1h后，未回温处理间*GdSP*表达量差异不显著（$P>0.05$），但回温30min处理间差异显著（$P<0.05$），冷胁迫处理温度从-10℃上升至5℃，*GdSP*表达量呈明显上升趋势；高温胁迫

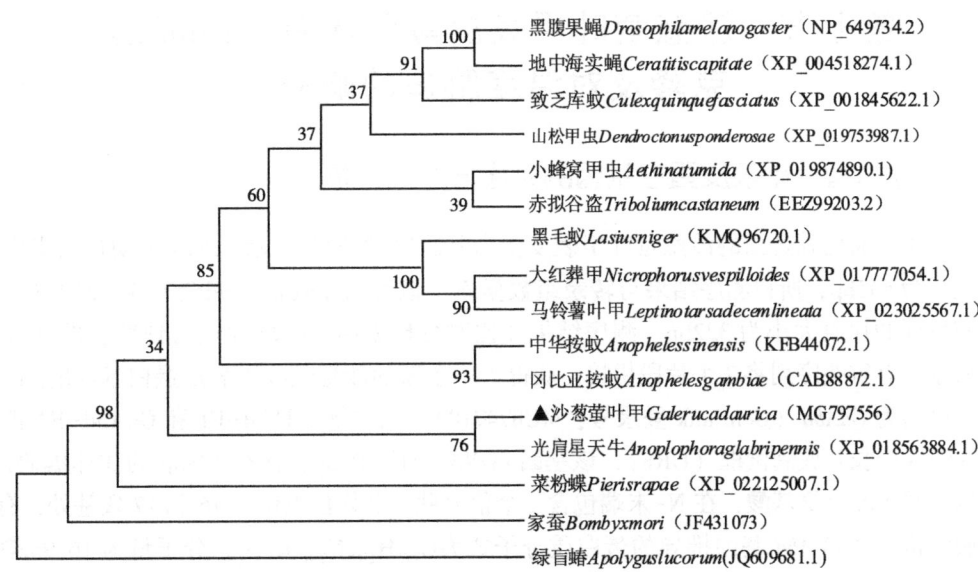

图 2-29　沙葱萤叶甲和其他昆虫丝氨酸蛋白酶氨基酸序列构建的系统发育树

（35℃）1h、回温 30min 后，$GdSP$ 表达量显著高于 25℃（对照）（$P<0.05$）。在相同的胁迫温度下，回温处理 $GdSP$ 表达量均高于未回温处理的表达量，但只有 0℃、5℃和 35℃处理差异达到显著水平（$P<0.05$）。

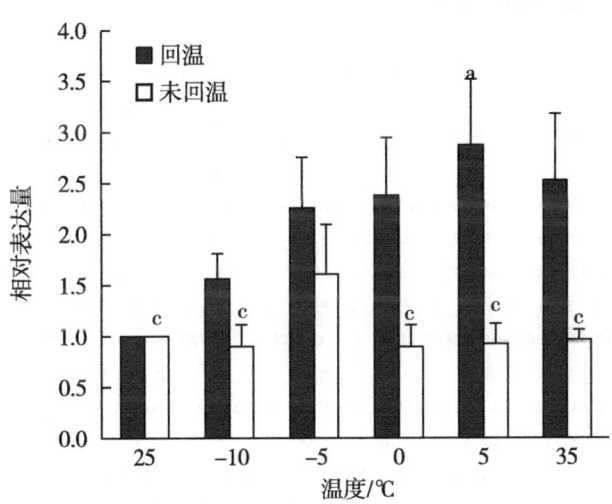

图 2-30　沙葱萤叶甲 $GdSP$ 在不同温度处理下的表达量

第七节　沙葱萤叶甲表皮蛋白基因 *GdAbd* 的克隆及对温度胁迫的响应

一、沙葱萤叶甲表皮蛋白基因的克隆与序列分析

根据本试验已筛选出的沙葱萤叶甲表皮蛋白基因序列信息，设计 PCR 引物扩增出中间片段大小为 645bp，所得测序结果与转录组数据库中该基因序列信息完全一致。3′RACE 扩增反应得到的片段大小为 322bp。测序结果经比对分析表明，扩增片段与预期目的片段相符，根据已有重叠序列将 2 个片段拼接，获得了一个新的沙葱萤叶甲表皮蛋白基因的 cDNA 序列，命名为 *GdAbd*（GenBank 登录号：MG874710）。以引物 GdAbd-F1 和 GdAbd-R1 扩增得到 477bp 全长开放阅读框（ORF），该基因 cDNA 全长 708bp，含有 128bp 的 3′非编码区。该基因编码 158 个氨基酸，在 N-末端包含 1 个信号肽，剪切位点位于 16 和 17 残基处；有 1 个跨膜结构。由 *GdAbd* 基因推导的蛋白质分子式为 $C_{747}H_{1168}N_{208}O_{241}S_2$，分子量为 16.98kDa，等电点为 4.26，为疏水性蛋白质，不稳定系数为 29.40。

蛋白质结构域分析表明，*GdAbd* 基因翻译后的氨基酸序列具有典型的 CPR 蛋白质家族功能结构域，即氨基酸序列中具有几丁质结合域 ChtBD4，属于 RR-2 亚族，包含 66 个氨基酸（位于 57~122 位）（图 2-31）。运用 ExPASy Proteomics Tools 中的 GOR4 预测 *GdAbd* 二级结构，结果表明，*GdAbd* 具有 38 个 α-螺旋、25 个延伸链和 95 个无规则卷曲，分别占 24.05%、15.82% 和 60.13%。

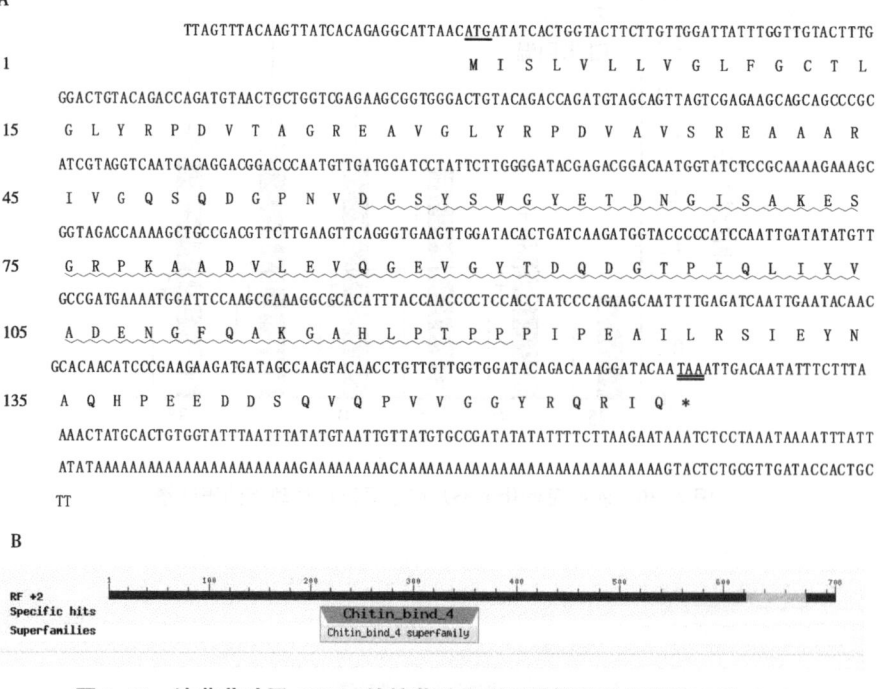

图 2-31　沙葱萤叶甲 *GdAbd* 的核苷酸序列及其推导的氨基酸序列（A）及序列包含的保守功能域（B）

注：翻译起始密码子为下划线所示；终止密码子用双下划线表示；RR-2 为波浪线所示。

二、沙葱萤叶甲表皮蛋白基因的同源比对和系统进化分析

将本研究获得的沙葱萤叶甲表皮蛋白基因的 cDNA 序列，推导出氨基酸序列（158 个氨基酸），利用 Blast 同源性搜索结果，对选取包括沙葱萤叶甲在内的 7 种昆虫的表皮蛋白氨基酸序列进行比对。结果表明，沙葱萤叶甲表皮蛋白 *GdAbd* 的氨基酸序列与马铃薯甲虫（*Leptinotarsa decemlineata* SgAbd-4）（GenBank 登录号：XP_023021425.1）表皮蛋白的一致性最高，一致性为 50.63%，其次是光肩星天牛（*Anoplophora glabripennis*，SgAbd-2）（GenBank 登录号：XP_018575897.1）、小蜂窝甲虫（*Aethina tumida*，SgAbd-4）（GenBank 登录号：XP_019867105.1）、山松甲虫（*Dendroctonus ponderosae*，SgAbd-2）（GenBank 登录号：XP_019757202.1）、似牛嗡蜣螂（*Onthophagus taurus*，Abd-4）（GenBank 登录号：XP_022909082.1）和大红葬甲（*Nicrophorus vespilloides*，SgAbd-1）（GenBank 登录号：XP_017785768.1），其氨基酸一致性分别为 43.67%、41.10%、38.65%、37.65%和 35.40%（图 2-32）。

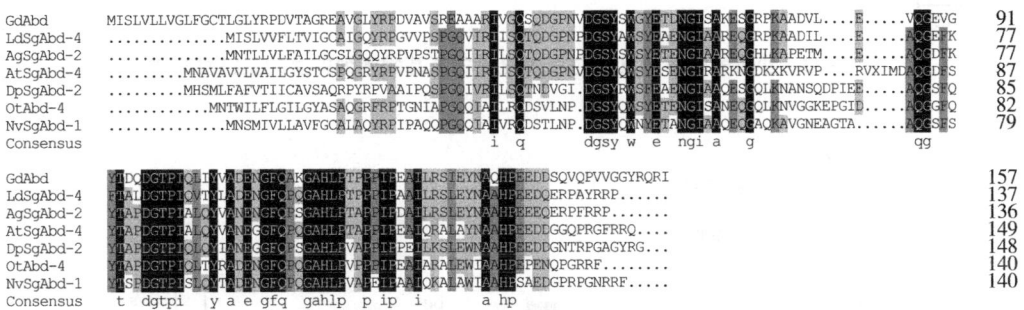

图 2-32 沙葱萤叶甲与其他昆虫表皮蛋白基因的氨基酸序列比对

注：序列比对中表皮蛋白基因物种来源及 GenBank 登录号：LdSgAbd-4 为马铃薯甲虫 *Leptinotarsa decemlineata*，XP_023021425.1；AgSgAbd-2 为光肩星天牛 *Anoplophora glabripennis*，XP_018575897.1；AtSgAbd-4 为小蜂窝甲虫 *Aethina tumida*，XP_019867105.1；DpSgAbd-2 为山松甲虫 *Dendroctonus ponderosae*，XP_019757202.1；OtAbd-4 为似牛嗡蜣螂 *Onthophagus taurus*，XP_022909082.1；NvSgAbd-1 为大红葬甲 *Nicrophorus vespilloides*，XP_017785768.1；consensus 为共有序列。

采用从 NCBI 数据库中搜索到已知的表皮蛋白氨基酸序列，构建系统进化树（图 2-33）。结果表明，同一目昆虫表皮蛋白首先聚在一起，说明昆虫表皮蛋白进化较为保守。沙葱萤叶甲 *GdAbd* 首先与马铃薯甲虫（*Leptinotarsa decemlineata*，SgAbd-4）聚为一支，然后与其他鞘翅目昆虫表皮蛋白聚为一支，最后与其他非鞘翅目昆虫表皮蛋白相聚。说明沙葱萤叶甲与马铃薯甲虫亲缘关系最近。

三、沙葱萤叶甲表皮蛋白基因在不同温度胁迫下的表达分析

采用实时荧光定量 PCR 技术检测不同温度胁迫后沙葱萤叶甲 2 龄幼虫 *GdAbd* mRNA 的相对表达量变化（图 2-34）。结果表明，沙葱萤叶甲 2 龄幼虫经不同温度胁迫处理 1h，然后在 25℃下回温 30min 后，其相对表达量依次为 1.78、1.97、1.62、1.11 和 1.30，与 25℃对

照相比，3个低温处理（-10℃、-5℃和0℃）诱导 *GdAbd* 显著上调表达（$P<0.05$），但5℃低温和35℃高温处理差异不显著；未回温处理的情况下，*GdAbd* 仅在35℃高温胁迫下时显著上调表达（$P<0.05$），-10~5℃低温胁迫未能诱导其差异表达（$P>0.05$）。

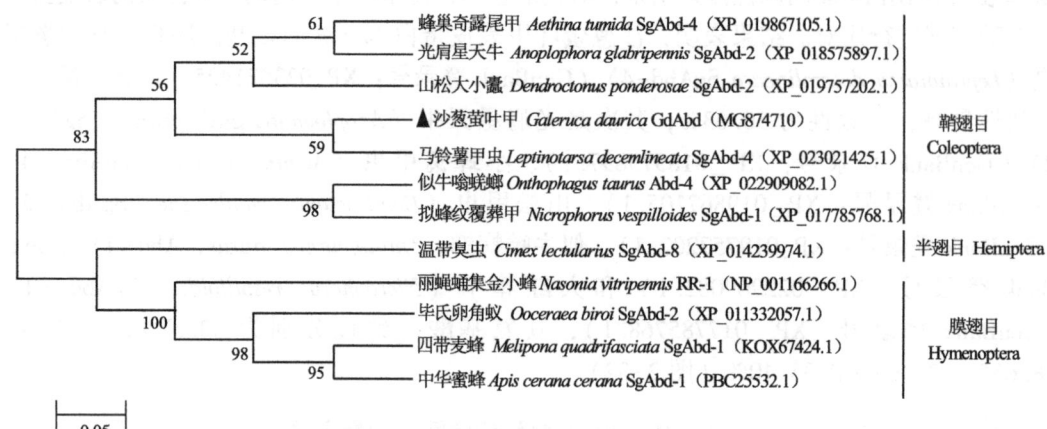

图2-33 沙葱萤叶甲和其他昆虫表皮蛋白氨基酸序列构建的系统发育树

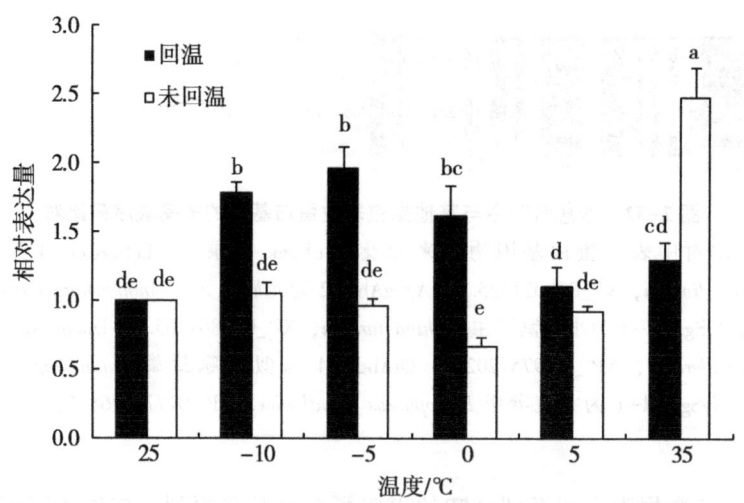

图2-34 沙葱萤叶甲 *GdAbd* 在不同温度处理下的表达量

第八节 沙葱萤叶甲海藻糖合成相关酶与抗寒性的关系

一、沙葱萤叶甲海藻糖磷酸酶基因 *GdTPP* 的克隆及对温度胁迫的响应

（一）沙葱萤叶甲 *TPP* 基因的克隆及序列分析

根据前期沙葱萤叶甲幼虫转录组获得的 *TPP* 基因核苷酸序列信息，通过 PCR 扩增，

1.5%琼脂糖凝胶电泳分析,得到该基因的片段,进行胶回收测序后,其大小为1077bp。5′-RACE 巢式 PCR 扩增最终产物经 1.5%琼脂糖凝胶电泳进行分析,出现一条与预计相近的特异性条带,测序后得到一条295bp。测序比对表明该片段属于海藻糖磷酸酶的一部分,将这2个片段序列用 DNAMAN 软件拼接起来得到该基因的全长 cDNA 1372bp 序列,以 *TPP-F2* 和 *TPP-R2* 引物扩增得到包含 ORF 在内的片段 1321bp。推断该基因 cDNA 全长 1372bp,并将其命名为 *GdTPP*（GenBank 登录号：MG431210）,ORF 全长864bp,编码287个氨基酸（图 2-35）。

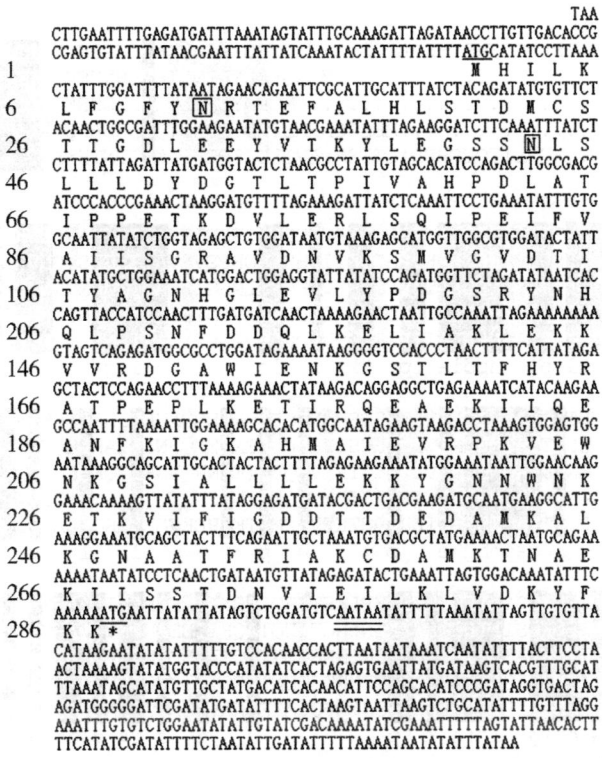

图 2-35 沙葱萤叶甲 *GdTPP* 的核苷酸序列和推导的氨基酸序列

注：图中起始密码子、终止密码子用下划线标出,经典 poly（A）加尾信号用"="标出,糖基化位点加框标出。

生物信息学分析结果表明,*GdTPP* 编码的蛋白预测分子量为 32.32kDa,等电点（pI）6.19；无信号肽,无跨膜区；蛋白质亚细胞定位预测该蛋白位于细胞质中；NetOGlyc 分析发现,*GdTPP* 具有 1 个 O-糖基化位点；NetNGlyc 预测显示,*GdTPP* 包含 2N-糖基化位点,分别位于第11、第43位氨基酸（图 2-35）；KinasePhos 在线软件分析表明,*GdTPP* 具有 5 个磷酸位点,其中丝氨酸（S）磷酸位点有 1 个（S78）,酪氨酸（Y）磷酸位点 1 个（Y33）,苏氨酸（T）磷酸位点 3 个（T55、T167、T237）；运用 Ex-PASy Proteomics Tools 中的 GOR4 预测 *GdTPP* 二级结构,结果表明,*GdTPP* 有 111 个 α-螺旋（alpha helix）、54 个（extended strand）β-折叠和 122 个无规则卷曲（random coil）,各占 38.68%、18.82%和42.51%。

(二) 沙葱萤叶甲 *GdTPP* 同源比对及系统进化分析

利用 *GdTPP* 推测所得氨基酸序列在 GenBank 数据库中搜索昆虫 *TPP* 序列并比对分析，结果表明沙葱萤叶甲 *GdTPP* 与马铃薯甲虫（*Leptinotarsa decemlineata*）TPP（GenBank 登录号：ARI45063.1）氨基酸序列一致性最高，为 68%；其次是光肩星天牛（*Anoplophora glabripennis*）TPP（GenBank 登录号：XP_018577974.1）、山松大小蠹（*Dendroctonus ponderosae*）TPP（GenBank 登录号：XP_019761750.1）和赤拟谷盗（*Tribolium castaneum*）TPP（GenBank 登录号：XP_015834855.1），其氨基酸一致性分别为 66%、66% 和 53%（图 2-36）。

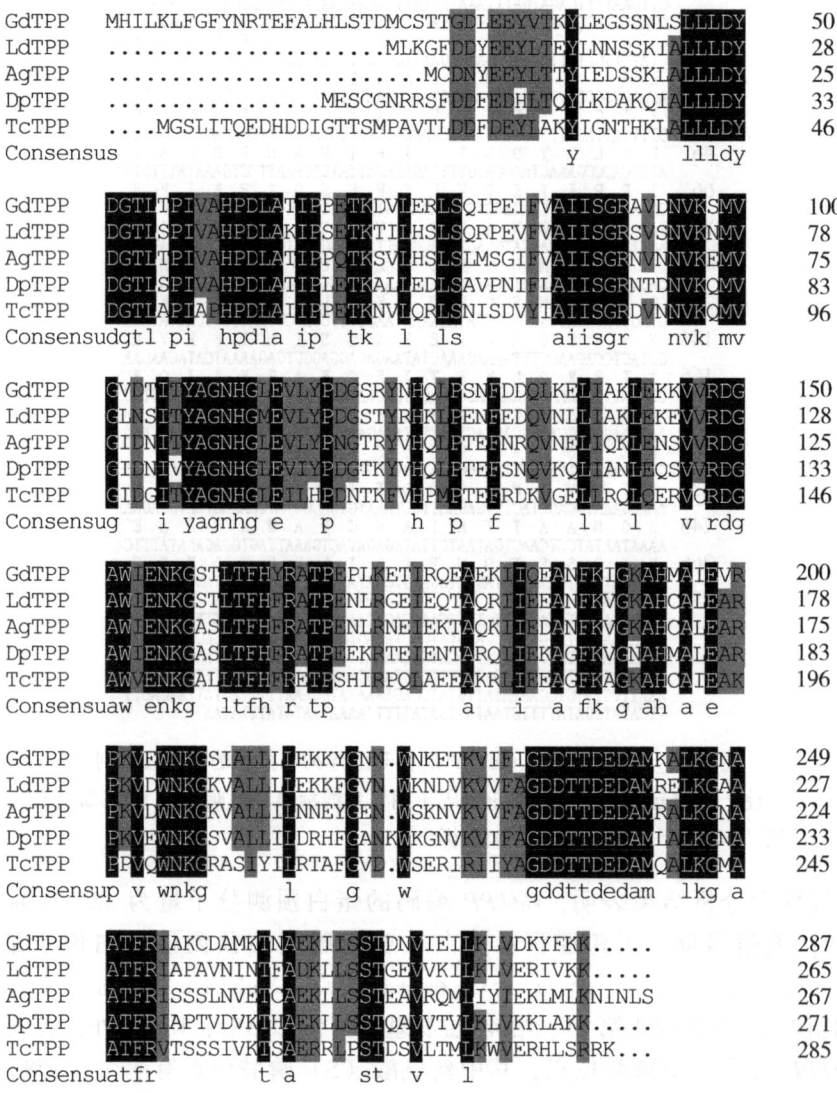

图 2-36 沙葱萤叶甲与其他昆虫同源 TPP 氨基酸序列比对

注：TPP 序列来源及 GenBank 登录号：GdTPP 为沙葱萤叶甲 *Galeruca daurica*，MG431210；LdTPP 为马铃薯甲虫 *Leptinotarsa decemlineata*，ARI45063.1；AgTPP 为光肩星天牛 *Anoplophora glabripennis*，XP_018577974.1；DpTPP 为山松大小蠹 *Dendroctonus ponderosae*，XP_019761750.1；TcTPP 为赤拟谷盗 *Tribolium castaneum*，XP_015834855.1。

采用从NCBI数据库中搜索到已知的*TPP*氨基酸序列，选择13种代表性昆虫的TPP构建系统进化树。结果表明，13种昆虫中同一目昆虫的TPP首先聚为一支。沙葱萤叶甲TPP与其他鞘翅目昆虫的TPP位于同一分支，其中，沙葱萤叶甲TPP与同为鞘翅目的马铃薯甲虫*L. decemlineata*（GenBank登录号：ARI45063.1）TPP的亲缘关系最近，与其他鞘翅目昆虫TPP的关系较近，而与非鞘翅目昆虫TPP的关系较远（图2-37）。分子进化分析表明，沙葱萤叶甲*GdTPP*在鞘翅目昆虫中具有相对保守的进化特性。

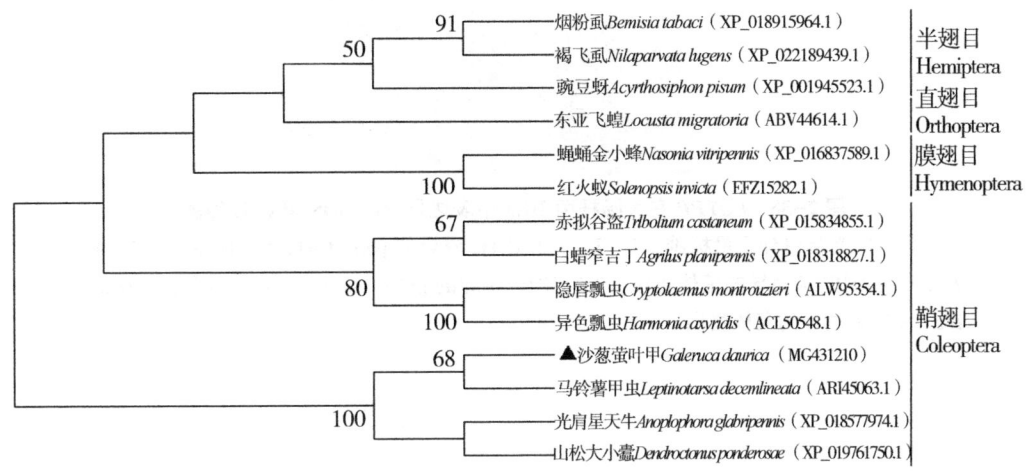

图2-37 沙葱萤叶甲和其他物种TPP氨基酸序列构建的系统发育树

注：采用MEGA 6.0软件的邻接发（Neighbor-Joining, NJ）构建昆虫海藻糖磷酸酶发育树，括号内为基因GenBank登录号；重复运行1000次，分支上的数字表示置信度；沙葱萤叶甲海藻糖磷酸酶用三角形标记。

（三）沙葱萤叶甲*GdTPP*基因的原核表达

将*GdTPP*基因经酶切、连接形成重组质粒pET-GdTPP，并转化感受态大肠杆菌DH5α，筛选阳性克隆，提取质粒并进行双酶切验证，将鉴定正确的表达质粒转化大肠杆菌BL21（DE3），经浓度为1mmol/L的IPTG诱导4~5h。SDS-PAGE电泳分析表明（图2-38），含有*GdTPP*的细菌在IPTG诱导下表达了一条大约32.3kDa的特异蛋白条带，与推测的大小一致，而未诱导的重组表达载体及对照组的空载体未产生该特异条带。结果表明，GdTPP蛋白在大肠杆菌内成功表达。

（四）沙葱萤叶甲*GdTPP*在不同温度胁迫下的表达量分析

采用实时荧光定量PCR技术检测不同温度胁迫后沙葱萤叶甲2龄幼虫*GdTPP* mRNA的相对表达量变化。结果表明，当温度低于25℃对照时，随着温度的下降，*GdTPP*的表达量逐渐上升，在-10℃时达到最高值，为对照的1.86倍（$P<0.05$），然后下降；当温度高于25℃对照时，*GdTPP*的表达量随着温度的升高而上升，在40℃时的表达量为对照组的1.68倍（$P<0.05$）（图2-39）。

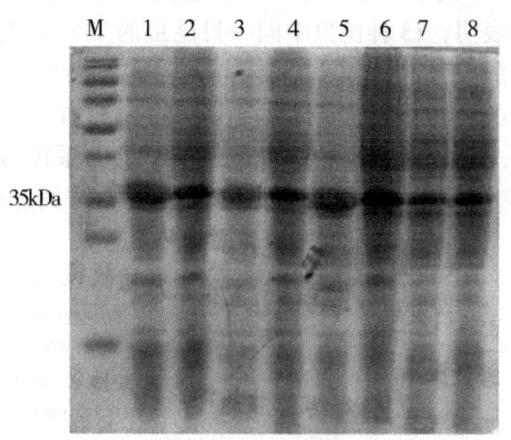

图 2-38　*GdTPP* 在大肠杆菌 DE3 中表达蛋白的 SDS-PAGE 检测

注：M 为蛋白分子量标准；1, 3, 5 为 IPTG 诱导的 pET-GdTPP 菌体蛋白；2, 4, 6 为 pET-GdTPP 未诱导的菌体蛋白；7 为 IPTG 诱导的 pET-28a（+）菌体蛋白；8 为 pET-28a（+）未诱导的菌体蛋白。

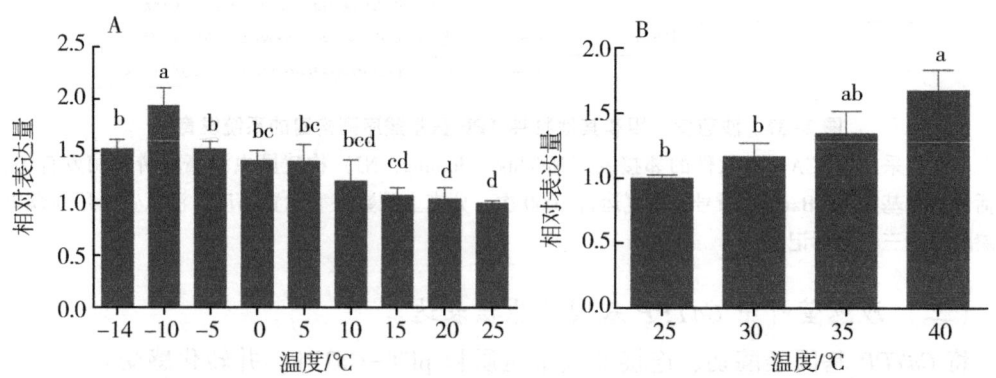

图 2-39　*GdTPP* 在沙葱萤叶甲 2 龄幼虫不同温度胁迫下的相对表达量

注：A 为低温胁迫；B 为高温胁迫。

二、沙葱萤叶甲海藻糖合成酶基因 *GdTPS* 的克隆及对温度胁迫的响应

（一）沙葱萤叶甲 *TPS* 基因的克隆及序列分析

根据前期沙葱萤叶甲幼虫转录组获得的 *TPS* 基因核苷酸序列信息，设计 PCR 引物进行 RT-PCR 扩增，经 1.5% 琼脂糖凝胶电泳分析，得到该基因的中间片段，进行胶回收测序后，其大小为 2373bp。5′RACE 巢式 PCR 扩增最终产物经 1.5% 琼脂糖凝胶电泳进行分析，出现一条与预计相近的特异性条带，测序后得到一条 278bp。经 3′RACE 扩增后，得到片段大小约 334bp 的特异性条带，包含一个 mRNA 末端。测序比对表明这两个片段都属于海藻糖合成酶的一部分，将这 3 个片段序列用 DNAMAN 软件拼接起来，获得长度为 2706bp 的全长 cDNA 序列，以引物 TPS-F2 和 TPS-R2 扩增得到 2496bp 全长开放阅读框

(ORF)。该基因编码 831 个氨基酸，包含 poly（A）尾，命名为 *GdTPS*。

生物信息学分析结果表明，*GdTPS* 编码 831 个氨基酸，蛋白预测分子量为 94.05kDa，等电点（pI）6.82；无信号肽，无跨膜区；蛋白质亚细胞定位预测该蛋白位于细胞质中；NetOGlyc 分析发现，GdTPS 具有 9 个 O-糖基化位点；NetNGlyc 预测显示，GdTPS 包含 3 个 N-糖基化位点，分别位于第 135、第 583 和第 824 位氨基酸（图 2-40A）；Kinase Phos 在线软件分析表明，*GdTPS* 具有 12 个磷酸位点，其中丝氨酸（S）磷酸位点有 4 个（S63、S774、S795 和 S805），酪氨酸（Y）磷酸位点 3 个（Y365、Y537 和 Y541），苏氨酸（T）磷酸位点 5 个（T24、T106、T416、T476 和 T741）；蛋白质结构域分析表明，GdTPS 有两个保守功能区：TPS（第 40~509 位氨基酸，E=0e+00）和 TPP（第 547~787 位氨基酸，E=4.05e-36）（图 2-40B）。运用 ExPASy Proteomics Tools 中的 GOR4 预测 GdTPS 二级结构，结果表明 GdTPS 有 277 个 α-螺旋（alpha helix）、158 个延伸链（extended strand）和 396 个无规则卷曲（random coil），各占 33.33%、19.01% 和 47.65%。

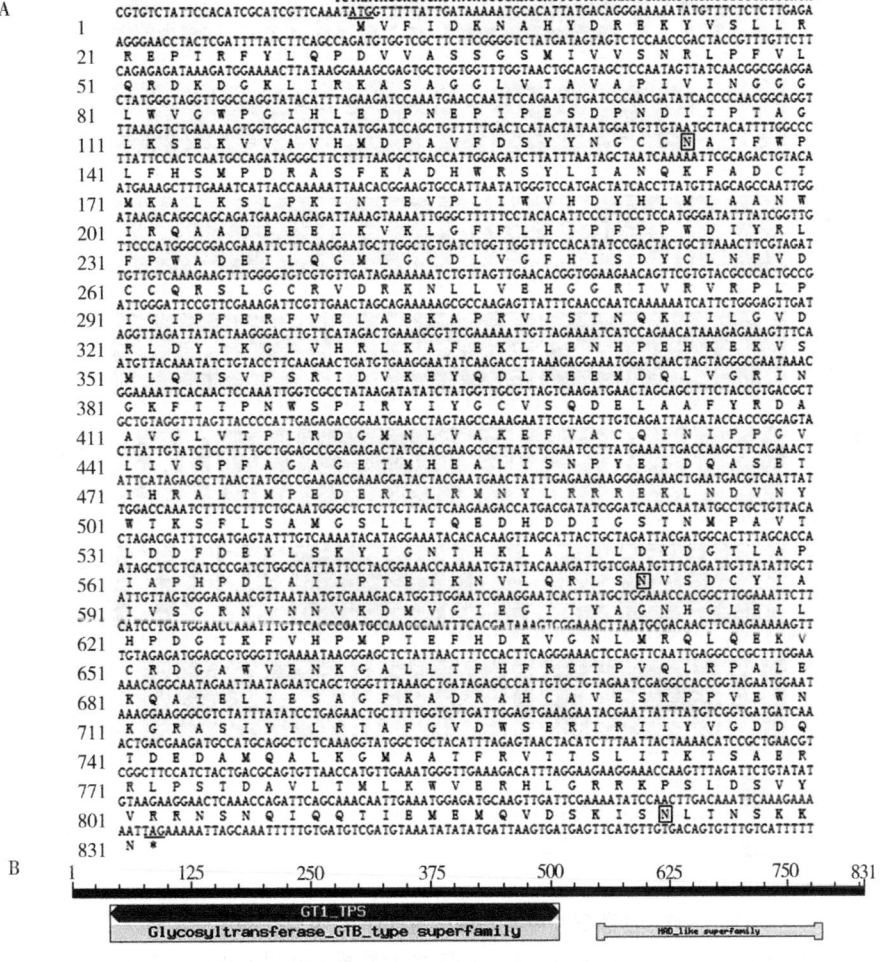

图 2-40　沙葱萤叶甲 *GdTPS* 的核苷酸序列和推导的氨基酸序列（A）及其编码蛋白的保守功能域（B）

(图中起始密码子、终止密码子用下划线标出，糖基化位点加框标出)

(二) 沙葱萤叶甲 GdTPS 同源比对及系统进化分析

利用 *GdTPS* 推测所得氨基酸序列在 GenBank 数据库中搜索昆虫 TPS 序列并比对分析。结果表明,沙葱萤叶甲 TPS 与马铃薯甲虫 (*Leptinotarsa decemlineata*) TPS (GenBank 登录号:AOT99586.1) 氨基酸序列一致性最高,为 88%;其次是赤拟谷盗 (*Tribolium castaneum*) TPS (GenBank 登录号:EFA02222.2)、山松大小蠹 (*Dendroctonus ponderosae*) TPS (GenBank 登录号:XP_019761749.1) 和红斑尼葬甲 (*Nicrophorus vespilloides*) TPS (GenBank 登录号:XP_017769006.1),其氨基酸序列一致性分别为 86%、84% 和 82% (图 2-41)。

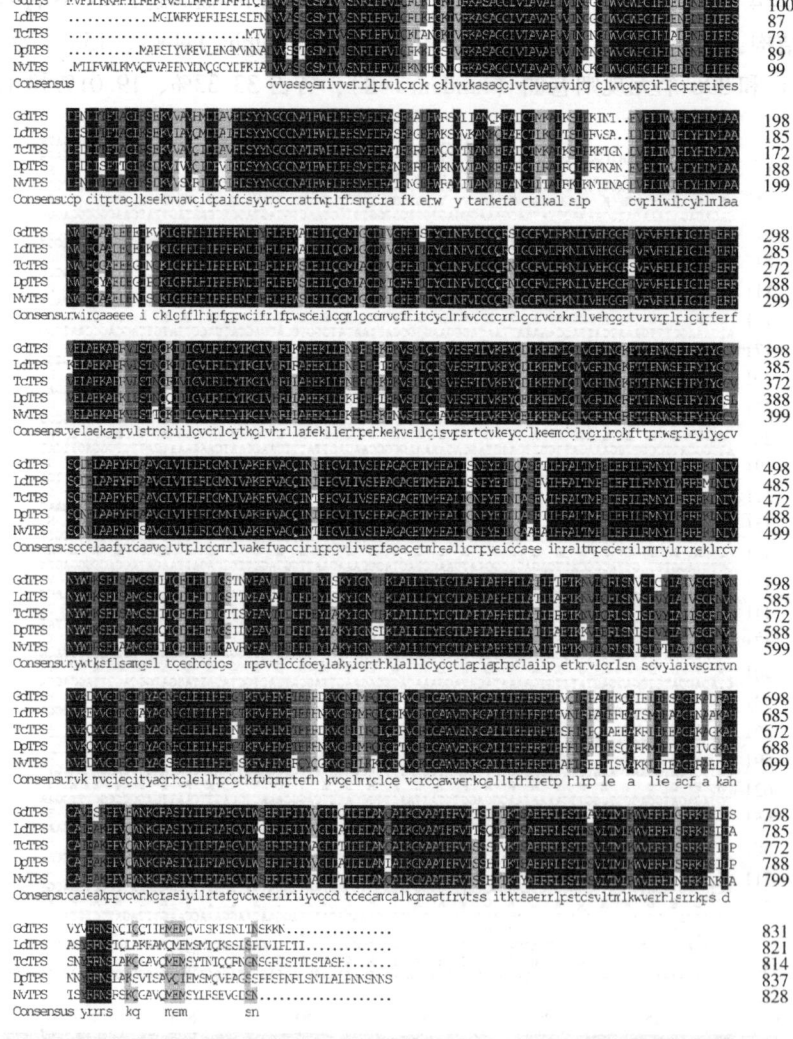

图 2-41 沙葱萤叶甲与其他昆虫同源 TPS 氨基酸序列比对

注:TPS 序列来源及 GenBank 登录号:GdTPS 为沙葱萤叶甲 *Galeruca daurica*,KY460114;LdTPS:马铃薯甲虫 *Leptinotarsa decemlineata*,AOT99586.1;TcTPS 为赤拟谷盗 *Tribolium castaneum*,EFA02222.2;DpTPS 为山松大小蠹 *Dendroctonus ponderosae*,XP_019761749.1;NvTPS 为红斑尼葬甲 *Nicrophorus vespilloides*,XP_017769006.1。

采用从 NCBI 数据库中搜索到已知的 TPS 氨基酸序列，选择了代表性的 15 种不同昆虫的 TPS，进行构建系统进化树，以中国对虾（F. chinensis）的同源序列（GenBank 登录号：ACD74843）为外群进行系统进化分析。结果表明，15 种昆虫的 TPS 可分为 4 个分支：昆虫纲的鞘翅目、双翅目、膜翅目和甲壳纲的十足目。沙葱萤叶甲 TPS 与其他鞘翅目昆虫的 TPS 位于同一分支，其中，沙葱萤叶甲 TPS 与同为鞘翅目的马铃薯甲虫（L. decemlineata）TPS（GenBank 登录号：AOT99586.1）和光肩星天牛（A. glabripennis）TPS（GenBank 登录号：XP_018574670.1）的亲缘关系最近，与其他鞘翅目昆虫 TPS 的关系较近，而与非鞘翅目昆虫 TPS 的关系较远（图 2-42）。分子进化树表明沙葱萤叶甲 TPS 在鞘翅目昆虫中具有相对保守的进化特性。

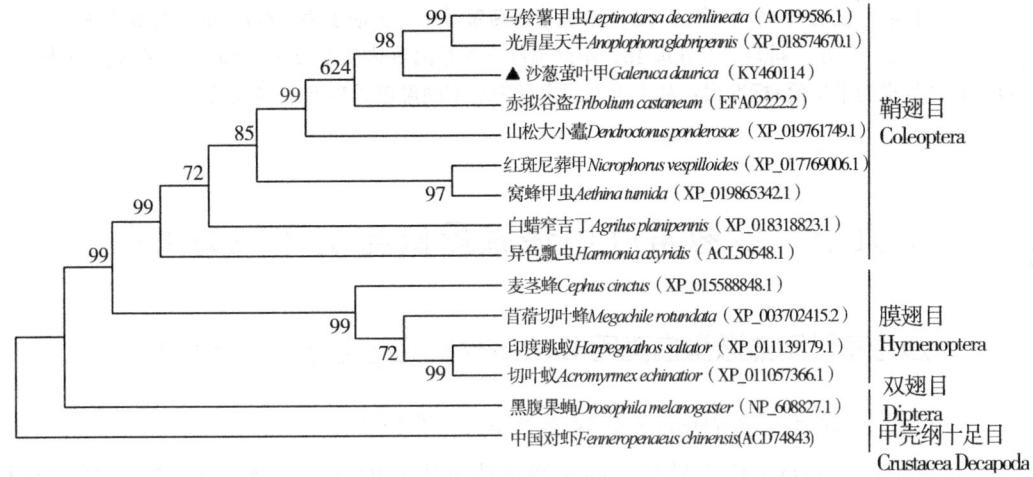

图 2-42 基于沙葱萤叶甲和其他物种 TPS 氨基酸序列构建的系统发育树

注：采用 MEGA 6.0 软件的邻接法（neighbor-joining, NJ）构建昆虫海藻糖合成酶发育树，括号内为 TPS 的 GenBank 登录号；重复运行 1000 次，分支上的数字表示置信度；沙葱萤叶甲海藻糖合成酶用三角形标记。

（三）GdTPS 在不同温度胁迫下的表达量

采用实时荧光定量 PCR 技术检测不同温度胁迫后沙葱萤叶甲 2 龄幼虫 GdTPS mRNA 的相对表达量变化。结果表明，当温度低于 25℃（对照）时，随着温度的下降，GdTPS 的表达量逐渐上升，在 -10℃ 时达到最高值，为对照的 2.22 倍（$P<0.01$），然后下降（图 2-43A）；当温度高于 25℃ 对照时，GdTPS 的表达量随着温度的升高而上升，在 40℃ 时的表达量为对照组的 1.58 倍（$P<0.01$）（图 2-43B）。

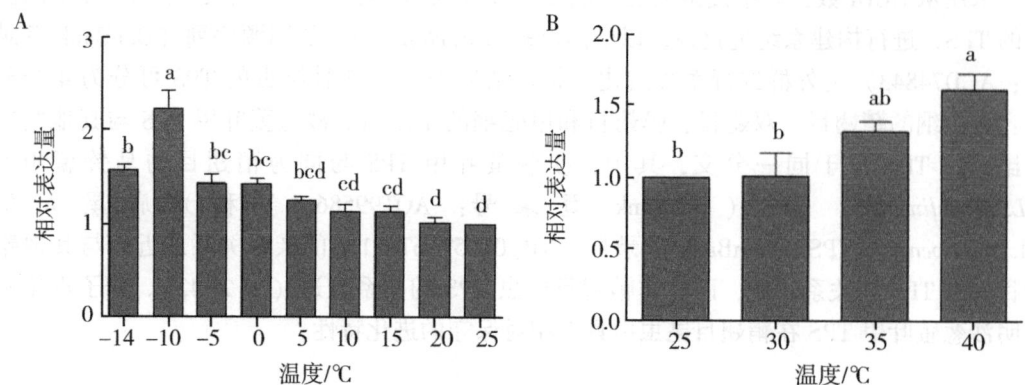

图2-43 低温（A）和高温（B）胁迫下沙葱萤叶甲2龄幼虫中 *GdTPS* 的相对表达量

注：2龄幼虫在不同温度下处理1h。不同温度下的基因表达量以25℃（CK）下的表达量为基准。柱高数据为平均值±标准误；柱上不同写字母表示不同温度处理间差异显著（$P<0.05$，Turkey法）。

第九节　沙葱萤叶甲热激蛋白与抗寒性的关系

一、沙葱萤叶甲热激蛋白基因 *GdHsp70* 的克隆与表达模式分析

（一）沙葱萤叶甲 *GdHsp70* 基因克隆与序列分析

以沙葱萤叶甲 cDNA 作为模板，一对特异性引物 GdHsp70-f 及 GdHsp70-r 扩增获得150bp 的特异性条带，序列比对后发现其核苷酸序列与其他昆虫的 *Hsp70* 序列有高度相似性。根据这条片段分别设计 3′和 5′引物进行 RACE 扩增全长序列。根据中间序列，分别扩增获得了 1686bp 的 3′端和 822bp 的 5′端序列，经拼接后获得 2340bp 的全长序列，命名为 *GdHsp70*（GenBank 登录号：KY460462）。*GdHsp70* 基因开放阅读框（ORF）长 1899bp，编码 632 个氨基酸，3′非翻译区为 306bp，包含 polyA 尾巴，具有加尾信号 AATAA。编码蛋白质分子量为 70.12kDa，等电点（pI）为 4.79。无跨膜区，无信号肽。GdHsp70 蛋白质具有 Hsp70 蛋白质家族特征序列：IDLGTTYS（第 9~16 位氨基酸），IFDLGGGTFDVSLL（第 197~209 位氨基酸），IVLVGGSTRIPKVQQ（第 334~348 位氨基酸），在第 131~138 位氨基酸处有 1 个 ATP-GTP 结合位点，内质网特征元件 RDEL（第 629~632 位氨基酸）（图 2-44）。蛋白质亚细胞定位预测该蛋白主要位于细胞质内。二级结构预测表明，GdHsp70 蛋白的 α-螺旋（alpha helix）、延伸链（extended strand）、无规则卷曲（random coil）的比例分别为 30.9%、22.5% 和 47.1%。以牛的 Heat shock cognate hsc70（aa1-554）蛋白质（SMTL ID：1yuw.1）为模型预测 GdHsp70 蛋白的 3D 结构为同源 Hsp70，相似性为 72.5%。

（二）沙葱萤叶甲 GdHsp70 同源比对及系统进化分析

用 GdHsp70 推导出的氨基酸序列在 GenBank 上进行 BlastP 比对分析，显示与其他已知的 *Hsp70* 基因有较高的同源性。为检测 GdHsp70 的保守性及不同物种间的 Hsp70 的亲

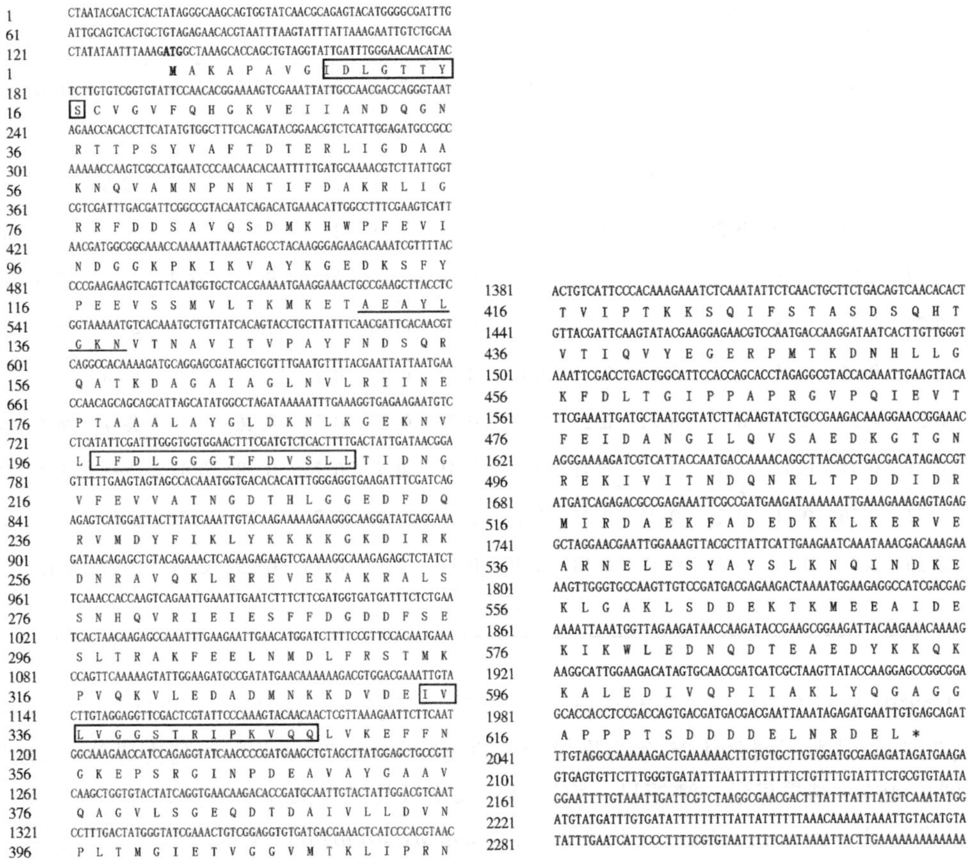

```
1    CTAATACGACTCACTATAGGGCAAGCAGTGGTATCAACGCAGAGTACATGGGGCGATTTG
61   ATTGCAGTCACTGCTGTAGAGAACACGTAATTTAAGTATTTATTAAAGAATTGTCTGCAA
121  CTATATAAATTTAAAGATGGCTAAAGCACCAGCTGTAGGTATTGATTTGGGAACAACATAC
1            M  A  K  A  P  A  V  G  I  D  L  G  T  T  Y
181  TCTTGTGTCGGTGTATTCCAACACGGAAAAGTCGAAATTATTGCCAACGACCAGGGTAAT
16           S  C  V  G  V  F  Q  H  G  K  V  E  I  I  A  N  D  Q  G  N
241  AGAACCACCTTCATATGTGGCTTTCACAGATACGGACGTCATTGGAGATGCCGCC
36           R  T  T  P  S  Y  V  A  F  T  D  T  E  R  L  I  G  D  A  A
301  AAAAACCAAGTCGCCATGAATCCCAACACACAATTTGATGCAAAGCGTCTTATTGGT
56           K  N  Q  V  A  M  N  P  N  N  T  I  F  D  A  K  R  L  I  G
361  CGTCGATTTGACGATTCGGCCGTACAATCAGACATGAAATGGCCTTTCGAAGTTATC
76           R  R  F  D  D  S  A  V  Q  S  D  M  K  H  W  P  F  E  V  I
421  AACGATGGCGGCAAACCAAAAATTAAAGTAGCCTACAAGGGAGAAGACAAATCGTTTTAC
96           N  D  G  G  K  P  K  I  K  V  A  Y  K  G  E  D  K  S  F  Y
481  CCCGAAGAGGTCTCGTCGATGGTGCTCACAAAGATGAAGGAAACGGCAGAGGCTTATCTG
116          P  E  E  V  S  S  M  V  L  T  K  M  K  E  T  A  E  A  Y  L
541  GGTAAAAATGTCACAAATGCTGTTATAGTACCTGCTTATTTCAACGATTCACACGT
136          G  K  N  V  T  N  A  V  I  T  V  P  A  Y  F  N  D  S  Q  R
601  CAGGCCCAAAAGATGCAGGAGCGATACGTCGGTCTGAACGTTCGAATTATTAATGAA
156          Q  A  T  K  D  A  G  A  I  A  G  L  N  V  R  I  I  N  E
661  CCAACAGCAGCATTAGCATATGGGCTAGATAAAAATTTGAAAGGTGAAGAGAAGAATGTC
176          P  T  A  A  A  L  A  Y  G  L  D  K  N  L  K  G  E  K  N  V
721  CTCTATATTTGATTTGGGTGGTGGAACTTTCGATGTCTCACTTTTGACTATTGATAACGGA
196          L  I  F  D  L  G  G  G  T  F  D  V  S  L  L  T  I  D  N  G
781  GTTTTTGAAGTTGTTGCTACCAACGGAGATACACATTTGGGAGGTGAAGATTTCGATCAG
216          V  F  E  V  V  A  T  N  G  D  T  H  L  G  G  E  D  F  D  Q
841  AGAGTCATGGATTACTTTATCAAATTGTACAGAAAAAAGAAGGGCAAGGATATCAAA
236          R  V  M  D  Y  F  I  K  L  Y  K  K  K  K  G  K  D  I  R  K
901  GATAACAGACGTGTACAGAAACTCAGAAGAGAAGTCGAAAAGGCAAAAGAGCTCTATCT
256          D  N  R  A  V  Q  K  L  R  R  E  V  E  K  A  K  R  A  L  S
961  TCCAACCATCAAGTCAGAATTGAAATAGAATCCTTCTTCGATGGCGATGATTTTCCGAA
276          S  N  H  Q  V  R  I  E  I  E  S  F  F  D  G  D  D  F  S  E
1021 TCACTAACAAGAGCCAAATTTGAAGAATTGAACATGGATCTTTTCCGTTCCACAATGAAA
296          S  L  T  R  A  K  F  E  E  L  N  M  D  L  F  R  S  T  M  K
1081 CCAGTTCAAAAGGTTCTTGAAGATGCAGATATGAACAAAAAGACGTGGACGAAATTGTA
316          P  V  Q  K  V  L  E  D  A  D  M  N  K  K  D  V  D  E  I  V
1141 CTTGTAGGAGGTTCGACTCGTATTCCCAAAGTACAACTCGTTAAAGAATTCTTCAAT
336          L  V  G  G  S  T  R  I  P  K  V  Q  L  V  K  E  F  F  N
1201 GGCAAAGAACCATCCAGAGGTATCAACCCCGATGAAGCTGTAGCCTATGGCGCCGTT
356          G  K  E  P  S  R  G  I  N  P  D  E  A  V  A  Y  G  A  A  V
1261 CAAGCTGGTGTACTTAGCGAAGAACAGACACCAGATGCTATTGTACTATTGGATGTCAAT
376          Q  A  G  V  L  S  G  E  Q  D  T  D  A  I  V  L  L  D  V  N
1321 CCTTTGACTATGGGTATCGAAACTGTCGGAGGTGTGATGACGAAACTCATCCCACGTAAC
396          P  L  T  M  G  I  E  T  V  G  G  V  M  T  K  L  I  P  R  N

1381 ACTGTCATTCCCACAAAGAAATCTCAAATATTCTCAACTGCTTCTGACAGTCAACACACT
416          T  V  I  P  T  K  K  S  Q  I  F  S  T  A  S  D  S  Q  H  T
1441 GTTACGATTCAAGTATACGAAGGAGAACGTCCAATGACCAAGGATAATCATCTGTTGGGT
436          V  T  I  Q  V  Y  E  G  E  R  P  M  T  K  D  N  H  L  L  G
1501 AAATTCGACCTGACTGGCATTCCACCAGCACCAGGGCGTACCACAAATTGAAGTTACA
456          K  F  D  L  T  G  I  P  P  A  P  R  G  V  P  Q  I  E  V  T
1561 TTCGAAATTGATGCTAATGGTATCTTACAAGTATCGCCGAAGACAAAGGAACCGGAAAC
476          F  E  I  D  A  N  G  I  L  Q  V  S  A  E  D  K  G  T  G  N
1621 AGGGAAAAGATCGTCATTACCAATGACCAAAACAGGCTTACACCTGACGACATAGACCGT
496          R  E  K  I  V  T  N  D  Q  N  R  L  T  P  D  D  I  D  R
1681 ATGATCAGAGACGCCGAGAAATTCGCCGATGAAGATAAAAAATTGAAAGAAGAGTAGAG
516          M  I  R  D  A  E  K  F  A  D  E  D  K  K  L  K  E  R  V  E
1741 GCTAGGAACGAATTGGAAAGTTACGCTTATTCATTGAAGCAATCAAATAAACGACAAAGAA
536          A  R  N  E  L  E  S  Y  A  Y  S  L  K  N  Q  I  N  D  K  E
1801 AAGTTGGGTGCCAAGTTGTCCGATGACGAAGAAGCTAAAATGGAAGAGGCCATCGACGAG
556          K  L  G  A  K  L  S  D  D  E  K  T  K  M  E  E  A  I  D  E
1861 AAAATTAAATGGTTAGAAGATAACCAAGATACCGAAGCGGAAGATTACAAGAACAAAAG
576          K  I  K  W  L  E  D  N  Q  D  T  E  A  E  D  Y  K  K  Q  K
1921 AAGGCATTGAAGACATAGTCCAACCGATCATCGCTAAGTTATACCAAGGAGCCGGCGGA
596          K  A  L  E  D  I  V  Q  P  I  I  A  K  L  Y  Q  G  A  G  G
1981 GCACCACCTCCGACCAGTGACGATGACGAATTTAAATAGAGATGAATTGTGAGCAGAT
616          A  P  P  T  S  D  D  D  D  E  L  N  R  D  E  L  *
2041 TTGTAGGCCAAAAAGACTGAAAAAACTTGTGTGCTTGTGGATGCGAGAGATAAGAAGA
2101 GTGAGTGTTCTTTGGGTGATATTTAATTTTTTTTCTGTTTTGTATTTCTGCGTGTAATA
2161 GGAATTTTGTAAATTGATTCGTCTAAGGCGAACGACTTTATTTATTTATGTCAAATATGT
2221 ATGATGATTTGTGATATTTTTTATTATTTTTAAACAAAAATAAATTGTACATGTTA
2281 TATTTGAATCATTCCCTTTTCGTGTATTTTTCAATAAAATTACTTGAAAAAAAAAAA
```

图 2-44 沙葱萤叶甲 *GdHsp70* 基因的碱基序列及其推导的氨基酸序列

注：起始密码子 ATG 用粗体标出，终止密码子 TGA 用星号标出。方框中为 Hsp70 家族签名序列，下划线部分表示 ATP~GTP 结合位点。

缘关系，从 NCBI 的 GenBank 中下载了 13 种昆虫以及 1 种农业螨类的 Hsp70 氨基酸序列，与推导出的 GdHsp70 氨基酸序列进行同源性分析。结果显示（表 2-19），除马铃薯叶甲（*Leptinotarsa decemlineata*）Hsp70 外，沙葱萤叶甲 GdHsp70 与其他昆虫种 Hsp70 氨基酸序列一致性均超过 60%，同源距离在 0.38 以下。

表 2-19 沙葱萤叶甲与其他昆虫种 Hsp70 氨基酸序列比对

	同源矩阵														
	1	2	3	4	5	6	7	8	9	10	11	12	13	14	15
1	—	62.2	63.3	63.0	63.5	63.0	69.1	63.3	68.0	25.8	68.3	62.6	78.9	63.1	64.4
2	0.38	—	86.1	79.5	82.7	80.2	73.5	85.2	73.8	24.2	75.5	80.5	59.0	84.1	87.1
3	0.37	0.14	—	80.4	80.7	79.1	73.4	90.5	74.5	25.0	75.3	79.3	58.5	89.5	93.3
4	0.37	0.21	0.20	—	78.5	80.9	74.7	79.3	75.4	23.5	76.1	78.6	58.4	78.7	80.3

(续表)

						同源矩阵									
5	0.36	0.17	0.19	0.22	—	78.0	74.6	81.6	74.8	25.2	75.3	78.9	58.7	78.4	81.4
6	0.37	0.20	0.21	0.19	0.22	—	72.7	78.8	74.0	24.4	73.5	76.7	58.9	77.2	81.6
7	0.31	0.27	0.27	0.25	0.25	0.27	—	71.9	91.9	24.9	91.4	72.5	62.8	73.4	74.1
8	0.37	0.15	0.10	0.21	0.18	0.21	0.28	—	72.8	25.3	73.3	79.4	58.8	85.9	89.4
9	0.32	0.26	0.26	0.25	0.25	0.26	0.08	0.27	—	24.5	93.3	73.3	62.7	73.8	75.2
10	0.74	0.76	0.75	0.77	0.75	0.76	0.75	0.75	0.76	—	25.0	25.1	24.4	23.9	24.1
11	0.32	0.25	0.25	0.24	0.25	0.26	0.09	0.27	0.07	0.75	—	73.9	61.8	74.5	75.1
12	0.37	0.20	0.21	0.21	0.21	0.23	0.28	0.21	0.27	0.26	0.26	—	58.7	78.5	78.8
13	0.21	0.41	0.42	0.42	0.42	0.41	0.37	0.41	0.7	0.76	0.38	0.41	—	59.5	59.8
14	0.37	0.16	0.11	0.21	0.22	0.23	0.27	0.14	0.26	0.76	0.26	0.22	0.41	—	88.4
15	0.36	0.13	0.07	0.20	0.19	0.18	0.26	0.11	0.25	0.76	0.21	0.40	0.12	—	
						距离矩阵									

从 NCBI 数据库中搜索来自鳞翅目、膜翅目、双翅目、鞘翅目、半翅目及蛛形纲螨类的 Hsp70 的氨基酸序列总计 25 条与推导的沙葱萤叶甲 Hsp70 氨基酸序列构建 NJ 系统进化树（图 2-45）。结果显示，鳞翅目、膜翅目、双翅目及螨类都分别单独聚为一个分支；半翅目的烟粉虱（*Bemisia tabaci*）、灰飞虱（*Laodelphax striatella*）及褐飞虱（*Nilaparvata lugens*）分别单独聚为一支，但种之间亲缘关系较远；鞘翅目异色瓢虫（*Harmonia axyridis*）与花绒寄甲（*Dastarcus helophoroides*）聚在一起，与其他鞘翅目昆虫亲缘关系较远；而沙葱萤叶甲与同属鞘翅目的马铃薯叶甲（*Leptinotarsa decemlineata*）聚为一支，与同一目的大猿叶甲（*Colaphellus bowringii*）、中华豆芫菁（*Epicauta chinensis*）亲缘关系很近。聚类结果表明，沙葱萤叶甲 Hsp70 蛋白序列与分类学关系上较为接近的物种的同源蛋白间有较高的相似度。

（三）*GdHsp70* 基因的表达模式分析

沙葱萤叶甲 *GdHsp70* 在成虫不同部位表达量存在极显著差异（$F = 62.04$；$df = 2$；$P<0.01$），其中胸部表达量最高（4.21），其次腹部（2.13），最低为头部（1.00）（图 2-46A）。*GdHsp70* 表达量在不同发育阶段存在极显著差异（$F = 27.42$；$df = 6$；$P<0.01$），其中在卵期表达量远高于其他发育阶段，其次为 1 龄幼虫，其他发育阶段间差异不显著（图 2-46B）。

沙葱萤叶甲 2 龄幼虫经不同温度处理 1h，*GdHsp70* 表达量存在极显著差异（$F=312.08$；$df=9$；$P<0.01$），-10℃低温处理远高于其他温度处理，相对表达量达 6.47 倍；除-14℃处理与 5℃处理无显著差异外，其他温度处理下的表达量均显著高于 5℃下的表达量（图 2-47A）。沙葱萤叶甲卵在 0℃下处理不同时间后，与不处理对照（0min）相比，*GdHsp70* 表达量均有所升高（$F=27.42$；$df=6$；$P<0.01$），但只有 0℃下 1h 处理表达量显著高于不处理对

照（36倍）外，其他处理与不处理对照差异未达到显著水平（图2-47B）。

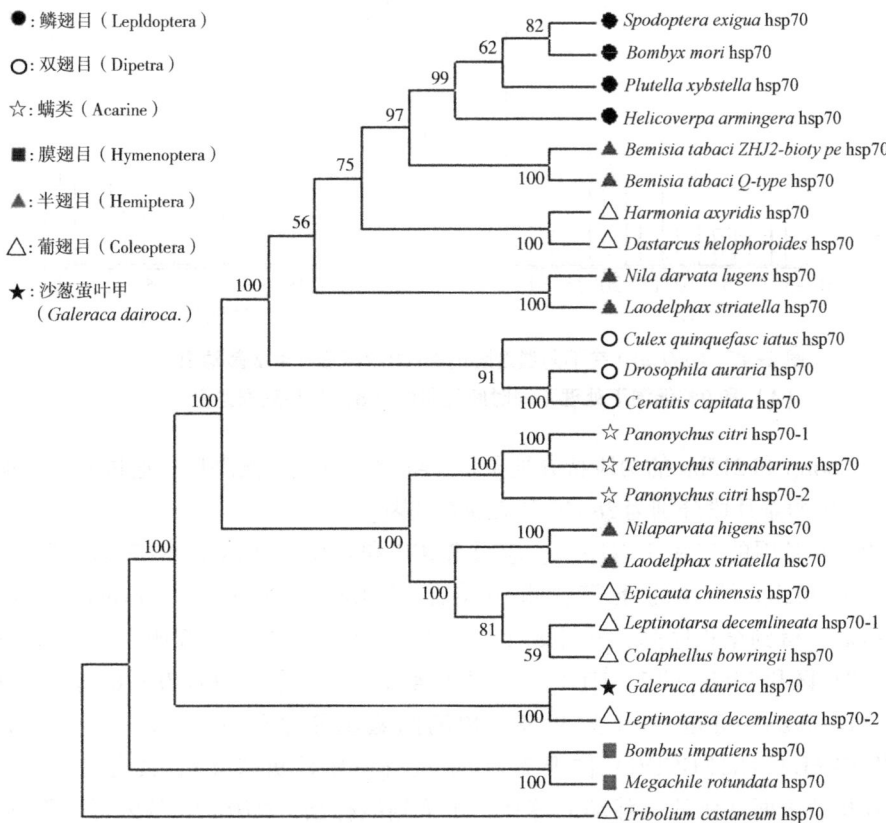

图2-45　沙葱萤叶甲和其他昆虫基于热激蛋白Hsp70序列的系统进化树

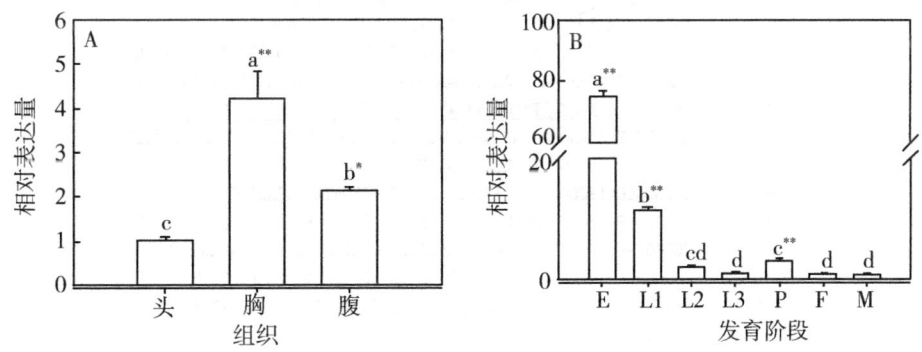

图2-46　GdHsp70在沙葱萤叶甲成虫不同组织中（A）和不同发育阶段（B）的表达模式

二、沙葱萤叶甲Hsp10和Hsp60的克隆及表达分析

（一）沙葱萤叶甲GdHsp10和GdHsp60基因的克隆与序列分析

在使用GdHsp10-f、GdHsp10-r和GdHsp60-f、GdHsp60-r两对特异性引物进行扩增

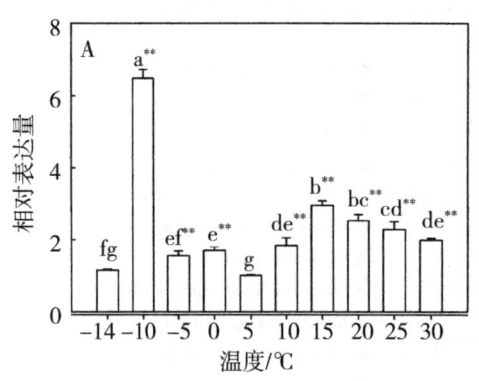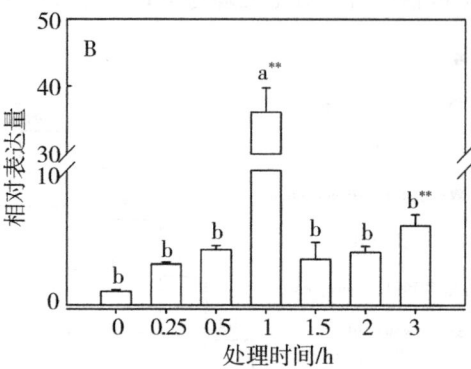

图 2-47 *GdHsp70* 在不同温度胁迫 1h 的沙葱萤叶甲 2 龄幼虫
（A）和 0℃低温下处理不同时间的卵中（B）的相对表达量

后，分别得到 206bp 和 215bp 的两段特异性条带，纯化、克隆、测序后，通过 GenBank 上 Blastn 比对，鉴定两条片段分别为 *Hsp10* 和 *Hsp60* 基因。

为获得 *Hsp10* 基因的 3′和 5′端序列，应用 RACE 和半巢式 PCR 技术扩增两端，分别得到 525bp 和 402bp 的目的条带。测序结果经 DNAMAN V6.0（Lynnon Biosoft, Canada）拼接后，得到全长序列，共计 822bp，包含 315bp 的 ORF，编码 104 个氨基酸，219bp 的 5′-UTR 区和 378bp 的 3′-UTR 区（图 2-48），将其命名为 *GdHsp10* 基因。预测的分子量为 11.34kDa，等电点 pI 为 9.58。预测的氨基酸序列 hsp10/cpn10 信号标签（LVPLFDRILIKKFEATTKTKGGIVI）位于 7~31bp 处（图中标灰部分），具有与分子伴侣复合物最大亚单位表面互作的可移动的茎环，用下划线标出。*GdHsp10* 基因提交至 NCBI 数据库，并获得 GenBank 登录号（登录号为 KY460464）。

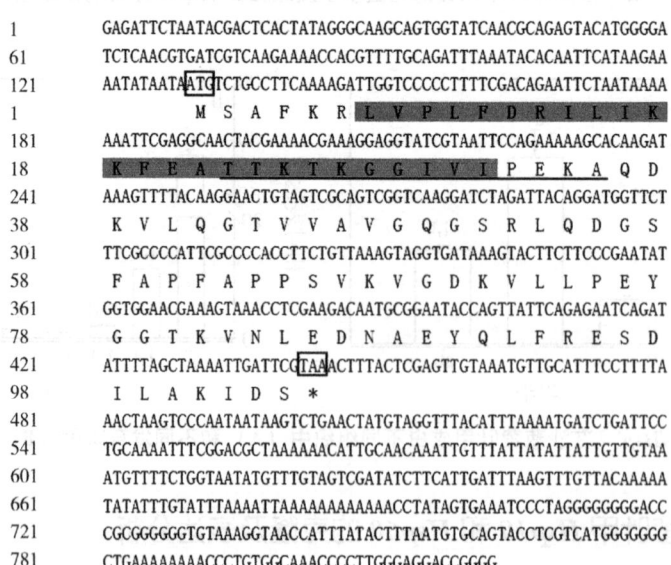

图 2-48 *GdHsp10* cDNA 的核苷酸序列及推导出的氨基酸序列

注：推断出的氨基酸序列在核苷酸序列下方，起始密码子和终止密码子用盒型表示，分子伴侣 hsp10/cpn10 标签用灰色标出，预测的可移动的茎环用下划线表示。

Hsp60 基因的 3′和 5′端序列，应用 RACE 和半巢式 PCR 技术获得 2017bp 和 658bp 的目的条带，测序拼接后，得到全长为 2365bp 的 *GdHsp60*，包括：159bp 的 5′-UTR 区和 484bp 的 3′-UTR 区，包含 1722 bp 的 ORF，编码 573 个氨基酸（图 2-49），将其命名为 GdHsp60。预测的分子量为 61.15kDa，等电点（pI）为 5.17。典型的线粒体 Hsp60 信号标签位于第 430~441 位上，用灰色标出，ATP-结合元件用下划线标出。此外，C-末端的 GGM 重复序列用波浪线标出。在 3′-UTR 区上，一个预测的多聚腺苷酸信号位于 1919~1923 处。*GdHsp60* 基因的 GenBank 登录号为 KY460463。

```
1     CTAATACGACTCACTATAGGGCAAGCAGTGGTATCAACGCAGAGTACATGGGGTATCAAC
61    GCAGAGTACATGGGGATAGAAAGAAGTGTCGCGTCTCGTGTTGCCGGTCTGCAGAATTTT
121   AATAAAAAATTGTAATTAAATTCGAATTATACTAAAAGATGTATCGTCTACCCAGCACT
1                                              M  Y  R  L  P  S  T
181   GTGCGCTCTTTGGCCCTCCGCAAAGCCCAACAATATAATCAAATTCAAAGATGGTACGCC
8      V  R  S  L  A  L  R  K  A  Q  Q  Y  N  Q  I  Q  R  W  Y  A
241   AAAGATGTGAGGTTCGGATCAGAGGTCAGAGCTCTCATGCTCCAGGGGGTTGATGTTCTA
28     K  D  V  R  F  G  S  E  V  R  A  L  M  L  Q  G  V  D  V  L
301   GCTGATGCAGTAGCTGTGACGATGGGACCAAAGGGCCGAAATGTAATTTTTGAACAATCA
48     A  D  A  V  A  V  T  M  G  P  K  G  R  N  V  I  F  E  Q  S
361   TGGGGCTCACCAAAAATTACCAAAGATGGAGTTACAGTTGCTAAAGGGGTAGAACTAAAA
68     W  G  S  P  K  I  T  K  D  G  V  T  V  A  K  G  V  E  L  K
421   GATAAAATTCCAGAACATTGGAGCCAGGTTGGTGCAAGATGTTGCTAACAATACAAATGAA
88     D  K  F  Q  N  I  G  A  R  L  V  Q  D  V  A  N  N  T  N  E
481   GAGGCAGGTGATGGTACTACAACAGCTACGGTTTTGGCTCGTTCTATTGCCAAAGAAGGA
108    E  A  G  D  G  T  T  T  A  T  V  L  A  R  S  I  A  K  E  G
541   TTTGAGAATCTTGGAAAAGGAGCCAATCCAGTTGAAATTCGTAAAGGTATCATTATGGCC
128    F  E  N  L  G  K  G  A  N  P  V  E  I  R  K  G  I  I  M  A
601   GTTGAGGTAATCACAAAAGCTCTAAAGAACCTTTCCAAACCCGTTACTACTCCTGAAGAG
148    V  E  V  I  T  K  A  L  K  N  L  S  K  P  V  T  T  P  E  E
661   ATCTGCCAAGTCGCCACTATTTCCGCCAATGGTGACGTTCAGTTGGAAATCTCATTGCT
168    I  C  Q  V  A  T  I  S  A  N  G  D  S  S  V  G  N  L  I  A
721   GATGCCATGAAGAGGGTTGGTAAAGAAGGTGTCATCACTGTTAAAGATGGTAAAACACTT
188    D  A  M  K  R  V  G  K  E  G  V  I  T  V  K  D  G  K  T  L
781   AACGACGAATTAGAAATCATCGAAGGAATGAAATTTGACAGAGGCTACATCTCACCTTAC
208    N  D  E  L  E  I  I  E  G  M  K  F  D  R  G  Y  I  S  P  Y
841   TTTGTCAACACAACTAAAGGTGCCAAAGTTGAATACCAAGATGCTCTAATTTTATTAAGC
228    F  V  N  T  T  K  G  A  K  V  E  Y  Q  D  A  L  I  L  L  S
901   GAAAAGAAATCTCATCTGTTCAAAGCATTGTACCTGCTTTGGAATTAGCAAATGCACAA
248    E  K  K  I  S  S  V  Q  S  I  V  P  A  L  E  L  A  N  A  Q
961   AGAAAACCACTTATAATCATCGCTGAGGATGTTGACGGAGAAGCCTTGACCACTCTTGTA
268    R  K  P  L  I  I  I  A  E  D  V  D  G  E  A  L  T  T  L  V
1021  GTCAATAGACTTCGCATTGGATTACAAATTGCTGCTGTCAAAGCTCCAGGATTTGGTGAC
288    V  N  R  L  R  I  G  L  Q  I  A  A  V  K  A  P  G  F  G  D
1081  AATAGAAAGGCTACCCTCCAAGATATTGCAATAGCCACTGGTGGTATTGTATTTGGAGAT
308    N  R  K  A  T  L  Q  D  I  A  I  A  T  G  G  I  V  F  G  D
1141  GACGCTAACATTGTCAAATTGGAAGATGTCAAATTATCCGATCTCGGTCAAACTGGCGAA
328    D  A  N  I  V  K  L  E  D  V  K  L  S  D  L  G  Q  T  G  E
1201  ATCGTAATAACCAAGGACGACACTCTAATTTTAAAGGGTAAAGGTAAAAAAGATGACATC
348    I  V  I  T  K  D  D  T  L  I  L  K  G  K  G  K  K  D  D  I
1261  GATAGAAGAGCAGAACAAATTAGAGATCAAATCGATCACCAACGTCCAGAATATGAAAAA
368    D  R  R  A  E  Q  I  R  D  Q  I  D  T  T  T  S  E  Y  E  K
1321  GAAAAACTACAAGAACGTCTTCGCTAGATTGGCGTCCGGTGTTGCCTTATTGAAAGTAGGA
388    E  K  L  Q  E  R  L  A  R  L  A  S  G  V  A  L  L  K  V  G
```

```
1381  GGTAGCAGCGAAGTGGAAGTAAATGAGAAAAAAGACAGAGTAACCGATGCTTTGAATGCA
408     G  S  S  E  V  E  V  N  E  K  K  D  R  V  T  D  A  L  N  A
1441  ACAAGGGCAGCTATTGAAGAAGGTATTGTTCCTGGAGGTGGCACAGCTCTTTTGAGATGT
428     T  R  A  A  I  E  E  G  I  V  P  G  G  G  T  A  L  L  R  C
1501  AGCAGCAGCTTAGATGAAATTAAACCTGCTAACAAAGACCAAGAAGTTGGTATTCAAATT
448     S  S  S  L  D  E  I  K  P  A  N  K  D  Q  E  V  G  I  Q  I
1561  GTAAAAAGGGCTCTTAAAGTACCTTGCATGACAATTGCTGCTAATGCAGGTGTTGATGGT
468     V  K  R  A  L  K  V  P  C  M  T  I  A  A  N  A  G  V  D  G
1621  GCAGCTGTAGTAGCCAAAGTTGAACAACATAGTGGAGACTATGGCTATGATGCTCTTAAC
488     A  A  V  V  A  K  V  E  Q  H  S  G  D  Y  G  Y  D  A  L  N
1681  AACGAATATGTAAATATGTTTGAACGAGGAATCATCGATCCTACAAAAGTTGTTAGAACT
508     N  E  Y  V  N  M  F  E  R  G  I  I  D  P  T  K  V  V  R  T
1741  GCACTTGTAGACGCTTCAGGAGTAGCTTCTCTCTTGACAACAGCTGAAGCCGTTATCACG
528     A  L  V  D  A  S  G  V  A  S  L  L  T  T  A  E  A  V  I  T
1801  GATATACCTAAAGAAGACGTTCCAGTTCCAACTGGTATGGGTGGAATGGGCGGTATGGGA
548     D  I  P  K  E  D  V  P  V  P  T  G  M  G  G  M  G  G  M  G
1861  GGCATGGAGGAATGATGTAAACGTAATTCTTCCCATACATGAACTGTTAAACAGTTAAA
568     G  M  G  G  M     M  *
1921  TAAACTCAGTGATTGCCTCGCAAAGGCAAAGCAAATGCGTCTGTCAAAAAAGTTCCATT
1981  TTCGTCTTTGACAGACACGAGTGTTTTTTTAGTTAACATTTAATTATTTTGCTACCAGA
2041  ATTCGTGTGTAGTGTTATTATATGTAACACGAATTGAAAATTTGTGTGAATGAGAAATTG
2101  TAAGTTTCGCATATGGCGGTCGAAGGTGGTTTTTTCGTAGATGGTACTTTGAGTGTTGTT
2161  TGGGGAATCCTCTTTGGTCGCCGAACTGATCTGCATTTAAATCCTAAAGAATGTTTGAAT
2221  ATAGTTTTAATGACTCTCAAATGTACCTATATTGTTATAAATATATTGTTATGTAACTTT
2281  CTAAAAAAAAAAAAAAAAAAAAAAAAAAAAAGTACTCTGCGTTGATACCACTGCTTGCC
2341  CTATAGTGAGTCGTATTAGAATCGA
```

图 2-49 *GdHsp60* cDNA 的核苷酸序列及推导出的氨基酸序列

注：推断出的氨基酸序列在核苷酸序列下方，起始密码子和终止密码子用盒形表示，典型的线粒体 Hsp60 标签用灰色标出，ATP-结合元件用下划线标出，C 端典型的 GGM 重复序列元件用波浪线标出。

（二）沙葱萤叶甲 GdHsp10 和 GdHsp60 的同源比对及系统进化分析

应用 Blastn 比对，*GdHsp10* 和 *GdHsp60* 基因与已知物种的 Hsp10 和 Hsp60 有较高的同源性。GdHsp10 的氨基酸序列与其他昆虫种的 Hsp10 显示出较高的一致性：小蜜蜂（*Apis florae*）（67.3%）、家蚕（*Bombyx mori*）（71.3%）、家蝇（*Musca domestica*）（59.4%），3 个脊椎动物斑节对虾（*Penaeus monodon*）（57.0%）、斑马鱼（*Danio rerio*）（59.0%）及人（*Homo sapiens*）（59.0%）（图 2-50）。GdHsp60 的氨基酸序列与其他昆虫种的 Hsp60 显示出较高的一致性：赤拟谷盗（*Tribolium castaneum*）（90.4%）、丽蛹金小蜂（*Nasonia vitripennis*）（81.3%）、意大利蜂（*Apis mellifera*）（80.2%）、家蚕（*Bombyx mori*）（79.2%）、小菜蛾（*Plutella xylostella*）（79.2%）、家蝇（*Musca domestica*）（78.7%）和桃蚜（*Myzus persicae*）（73.8%）（图 2-51）。

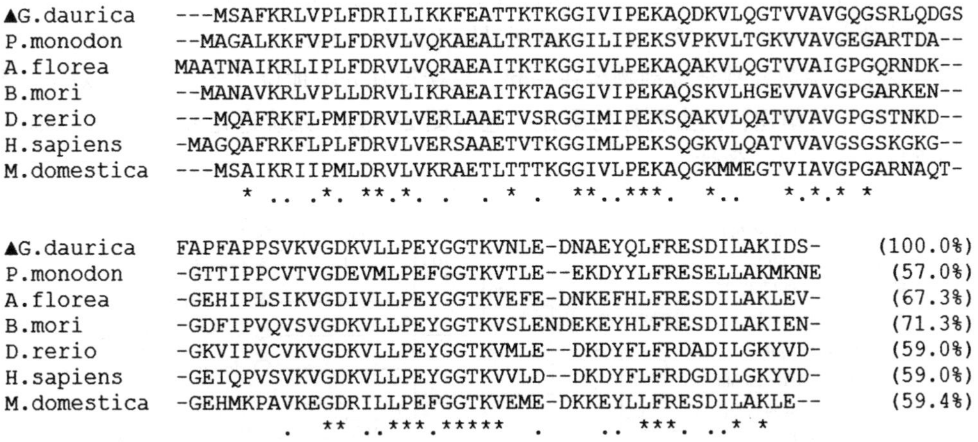

```
▲G.daurica    ---MSAFKRLVPLFDRILIKKFEATTKTKGGIVIPEKAQDKVLQGTVVAVGQGSRLQDGS
P.monodon     --MAGALKKFVPLFDRVLVQKAEALTRTAKGILIPEKSVPKVLTGKVVAVGEGARTDA--
A.florea      MAATNAIKRLIPLFDRVLVQGILPEGGIVLPEKAQAKVLQGTVVAIGPGQRNDK--
B.mori        --MANAVKFLVPLLDRVLIKRAEAITKTAGGIVIPEKAQSKVLHGEVVAVGPGARKEN--
D.rerio       ---MQAFRKFLPMFDRVLVERLAAETVSRGGIMIPEKSQAKVLQATVVAVGPGSTNKD--
H.sapiens     -MAGQAFRKFLPLFDRVLVERSAAETVTKGGIMLPEKSQGKVLQATVVAVGSGSKGKG--
M.domestica   ---MSAIKRIIPMLDRVLVKRAETLTTTKGGIVLPEKAQGKMMEGTVIAVGPGARNAQT-
                  .  ..  **.*. .   ** . ..  *..***. **  . **.*. .**

▲G.daurica    FAPFAPPSVKVGDKVLLPEYGGTKVNLE-DNAEYQLFRESDILAKIDS-    (100.0%)
P.monodon     -GTTIPPCVTVGDEVMLPEFGGTKVTLE--EKDYYLFRESELLAKMKNE    (57.0%)
A.florea      -GEHIPLSIKVGDIVLLPEYGGTKVEFE-DNKEFHLFRESDILAKLEV-    (67.3%)
B.mori        -GDFIPVQVSVGDKVLLPEYGGTKVSLENDEKEYHLFRESDILAKIEN-    (71.3%)
D.rerio       -GKVIPVCVKVGDKVLLPEYGGTKVMLE--DKDYFLFRDADILGKYVD-    (59.0%)
H.sapiens     -GEIQPVSVKVGDKVLLPEYGGTKVVLD--DKDYFLFRDGDILGKYVD-    (59.0%)
M.domestica   -GEHMKPAVKEGDRILLPEFGGTKVEME-DKKEYLLFRESDILAKLE--    (59.4%)
               .   **  . ***.* ***.***** .     .*** . . *.  .
```

图 2-50　GdHsp10 氨基酸序列与其他昆虫种 Hsp10 的序列比对

注：所有蛋白质同一的与相似的氨基酸残基用星号在下方标出，GdHsp10 与其他氨基酸序列的相似度在序列末端的括号内标出。物种名称和 GenBank 登录号：沙葱萤叶甲 *Galeruca daurica*（KY460464）；斑节对虾 *Penaeus monodon*（KT001212.1）；小蜜蜂 *Apis florea*（XM_01245356.1）；家蚕 *Bombyx mori*（XM_004932889.2）；斑马鱼 *Danio rerio*（NM_131526.1）；人 *Homo sapiens*（NM_002157.2）；家蝇 *Musca domestica*（XM_005175857.3）。

图 2-51　GdHsp60 氨基酸序列与其他昆虫种 Hsp60 的序列比对

注：所有蛋白质同一的与相似的氨基酸残基用星号在下方标出，GdHsp10 与其他氨基酸序列的相似度在序列末端的括号内标出。物种名称和 GenBank 登录号：沙葱萤叶甲 *Galeruca daurica*（KY460463）；赤拟谷盗 *Tribolium castaneum*（XM_966537.4）；小蜜蜂 *Apis mellifera*（XM_3392899.6）；家蚕 *Bombyx mori*（XM_004923900.2）；家蝇 *Musca domestica*（XM_005179343.3）；桃蚜 *Myzus persicae*（AJ250348.1）；丽蝇金小蜂 *Nasonia vitripennis*（XM_003427885.3）；小菜蛾 *Plutella xylostella*（KM215269.1）。

我们分别下载了22条和23条不同物种的Hsp10与Hsp60序列，用来构建系统进化树。对于沙葱萤叶甲的Hsp10，更多与鳞翅目昆虫聚在一起，这一分支又与双翅目、膜翅目聚在一支上，少数几种脊椎动物聚在一起，更接近其分类地位（图2-52）。对于沙葱萤叶甲的Hsp60，与鞘翅目昆虫更好的聚在一起（图2-53），系统进化分析显示出Hsp60的进化与物种的进化呈一致性。

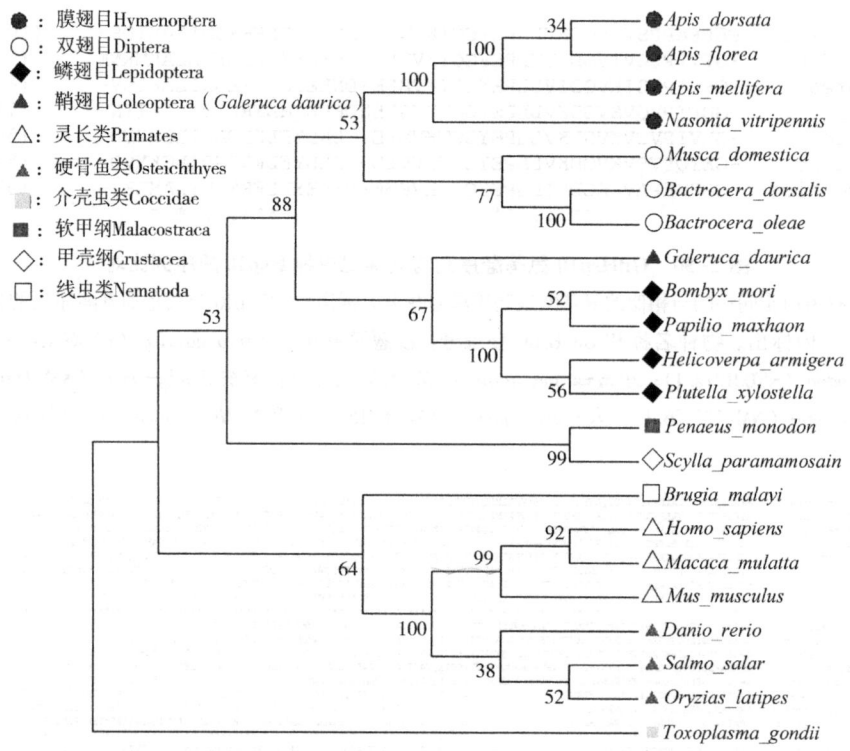

图2-52　沙葱萤叶甲和其他昆虫基于热激蛋白Hsp10序列的系统进化树

注：沙葱萤叶甲Hsp10与其他种Hsp10的氨基酸序列用ClustalW排列；系统进化树用MEGA5.0的邻近法生成。物种名称和GenBank登录号：大蜜蜂 *Apis dorsata*（XM_006622720.1）；小蜜蜂 *Apis florae*（XM_01245356.1）；西方蜜蜂 *Apis mellifera*（XM_624907.4）；丽蝇金小蜂 *Nasonia vitripennis*（XM_00159992.4）；家蚕 *Bombyx mori*（XM_004932889.2）；金凤蝶 *Papilio machaon*（XM_014506630.1）；棉铃虫 *Helicoverpa armigera*（KC689791.1）；小菜蛾 *Plutella xylostella*（XM_011556418.1）；桔小实蝇 *Bactrocera dorsalis*（XM_011201618.2）；家蝇 *Musca domestica*（XM_005175857.3）；橄榄实蝇 *Bactrocera oleae*（XM_014241027.1）；人 *Homo sapiens*（NM_002157.2）；猕猴 *Macaca mulatta*（XM_001100531）；小家鼠 *Mus musculus*（NM_008303.4）；鲑鱼 *Salmo salar*（NM_001139672.1）；斑马鱼 *Danio rerio*（NM_131526.1）；青鳉 *Oryzias latipes*（NM_001104762.1）；斑节对虾 *Penaeus monodon*（KT001212.1）；拟穴青蟹 *Scylla paramamosain*（AGI74966.1）；刚地弓形虫 *Toxoplasma gondii*（AY644772.1）；马来丝虫 *Brugia malayi*（XM_001902716.1）；沙葱萤叶甲 *Galeruca daurica*（KY460464）。

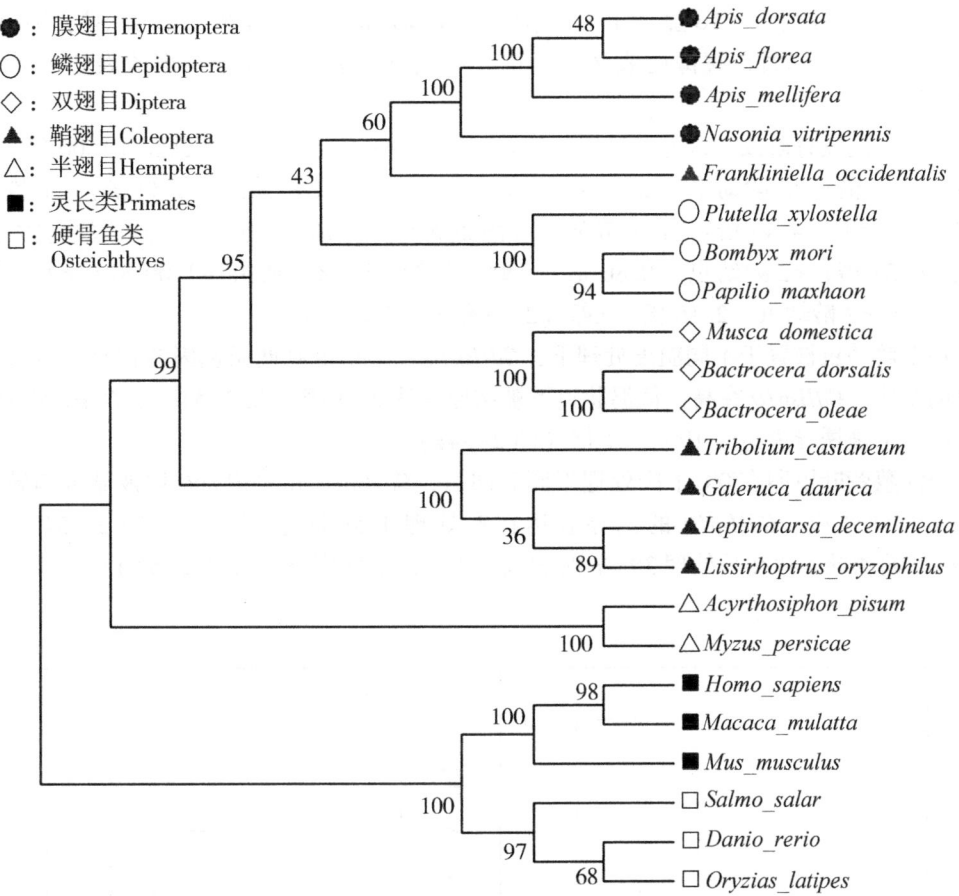

图 2-53 沙葱萤叶甲和其他昆虫基于热激蛋白 Hsp60 序列的系统进化树

注：沙葱萤叶甲 Hsp60 与其他种 Hsp60 的氨基酸序列用 ClustalW 排列；系统进化树用 MEGA 5.0 的邻近法生成。物种名称和 GenBank 登录号：大蜜蜂 *Apis dorsata*（XM_006622721.1）；小蜜蜂 *Apis florea*（XM_003691238.2）；西方蜜蜂 *Apis mellifera*（XM_3392899.6）；丽蝇金小蜂 *Nasonia vitripennis*（XM_003427885.3）；家蚕 *Bombyx mori*（XM_004923900.2）；金凤蝶 *Papilio machaon*（XM_014505853.1）；小菜蛾 *Plutella xylostella*（KM215269.1）；桔小实蝇 *Bactrocera dorsalis*（NM_001317412.1）；家蝇 *Musca domestica*（XM_005179343.3）；橄榄实蝇 *Bactrocera oleae*（XM_014238382.1）；赤拟谷盗 *Tribolium castaneum*（XM_966537.4）；马铃薯甲虫 *Leptinotarsa decemlineata*（KC556801.1）；沙葱萤叶甲 *Galeruca daurica*（KY460463）；稻水象甲 *Lissorhoptrus oryzophilus*（KC620435.1）；西花蓟马 *Frankliniella occidentalis*（JX967580.1）；桃蚜 *Myzus persicae*（AJ250348.1）；豌豆长管蚜 *Acyrthosiphon pisum*（XM_008180647.2）；人 *Homo sapiens*（ABB01006.1）；猕猴 *Macaca mulatta*（NM_034607.3）；小家鼠 *Mus musculus*（AF137008）；鲑鱼 *Salmo salar*（ACN1137.01）；斑马鱼 *Danio rerio*（BC068415.1）；青鳉 *Oryzias latipes*（XM_004086882.2）。

(三) 沙葱萤叶甲 *GdHsp10* 和 *GdHsp60* 的表达分析

图 2-54A 及图 2-54B 显示了 *GdHsp10* 和 *GdHsp60* 在沙葱萤叶甲成虫不同部位的表达情况，这两个基因在腹部的表达量远高于在胸部的表达，高于头部的表达，且差异显著。

对于不同发育阶段的沙葱萤叶甲，*GdHsp10* 的相对表达量为：雄成虫（1.00 倍）<雌成虫（1.25 倍）<3 龄幼虫（2.02 倍）<蛹（2.77 倍）<2 龄幼虫（2.82 倍）<1 龄幼虫（4.19 倍）<卵（4.43 倍），且差异显著（图 2-54C）。*GdHsp60* 基因的相对表达量为：雌成虫（0.53 倍）<2 龄幼虫（0.80 倍）<蛹（0.82 倍）<雄成虫（1.00 倍）<1 龄幼虫（1.60 倍）<2 龄幼虫（2.16 倍）<卵（2.68 倍）（图 2-54D）。

在 2 龄幼虫被置于不同温度处理下，*GdHsp10* 和 *GdHsp60* 两条基因的相对表达量都有显著的变化。*GdHsp10* 在高、低温胁迫下被诱导表达 2~3 倍（图 2-54E），*GdHsp60* 在高、低温胁迫下被诱导表达 3.19~5.81 倍（图 2-54F）。

当沙葱萤叶甲卵在 0℃ 下冷处理不同时间后，*GdHsp10* 和 *GdHsp60* 均被显著诱导，并呈现出时间效应。*GdHsp10* 的诱导表达在被处理 1.5h 时达到最大（图 2-54G），而 *GdHsp60* 的诱导表达在被处理 30min 时达到最大，之后缓慢下降（图 2-54H）。

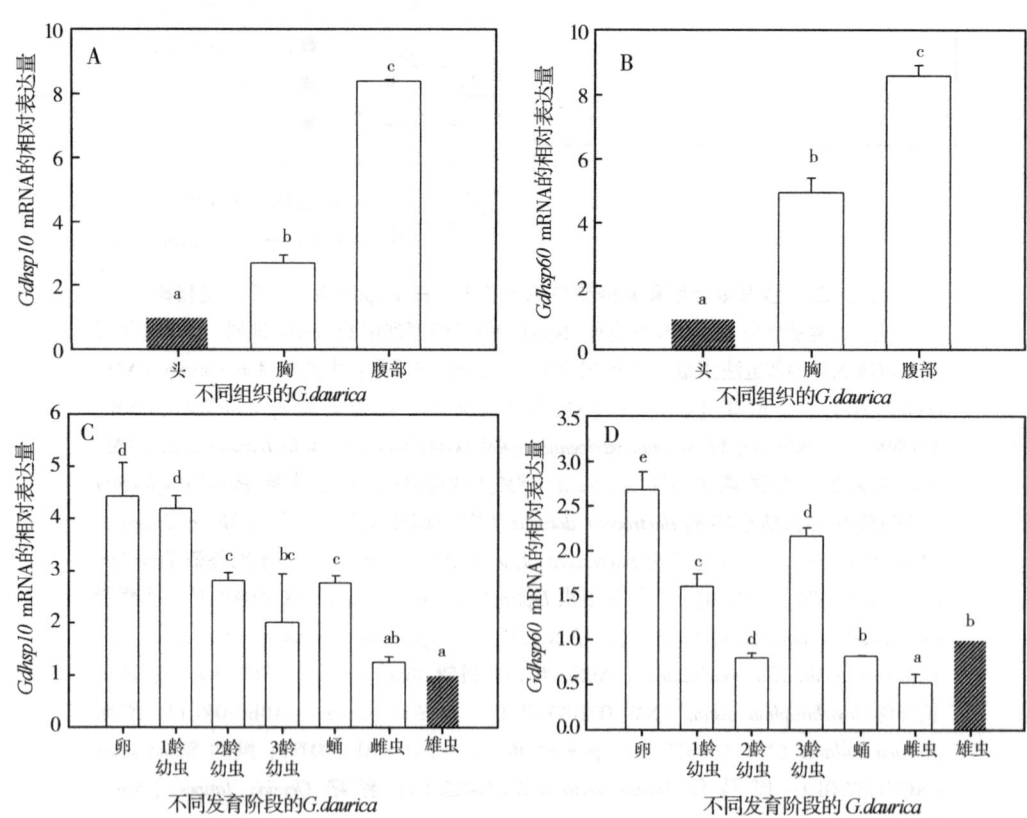

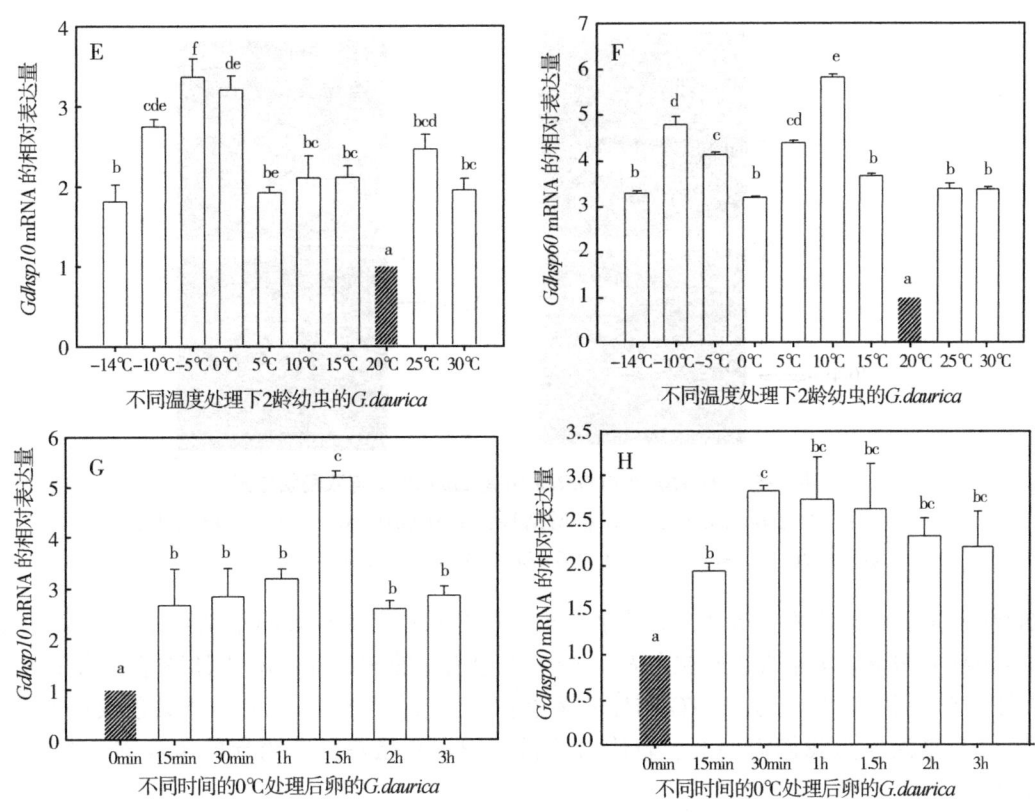

图 2-54 *GdHsp10* 和 *GdHsp60* 的表达谱

注：（A）*Gdhsp10* 在不同组织中的表达量；（B）*GdHsp60* 在不同组织中的表达量；（C）*Gdhsp10* 不同发育阶段的表达量；（D）*GdHsp60* 不同发育阶段的表达量；（E）*Gdhsp10* 在 2 龄沙葱萤叶甲幼虫受到不同温度处理后的表达量；（F）*GdHsp60* 在 2 龄沙葱萤叶甲幼虫受到不同温度处理后的表达量；（G）*Gdhsp10* 在沙葱萤叶甲卵受到 0℃ 低温处理后的表达量；（H）*GdHsp60* 在沙葱萤叶甲卵受到 0℃ 低温处理后的表达量；mRNA 的相对表达量以琥珀酸脱氢酶复合体亚基 A 抗体（SDHA）作为内参基因，斜杠柱表示对照，$P<0.05$ 被认为差异显著，胡须柱代表平均值±标准差。

（四）沙葱萤叶甲 *GdHsp10* 和 *GdHsp60* 的原核表达载体构建

普通 PCR 扩增出 *GdHsp10* 和 *GdHsp60* 基因清晰的目的片段（图 2-55A，图 2-55B）。分别用 *Bam* H I 和 *Xho* I 酶切原核表达载体 pET-28a 和含有目的片段的 pMD19-T 载体，分别回收纯化表达载体和 *GdHsp10* 和 *GdHsp60* 基因片段，用 T4 连接酶将目标基因定向连接至载体 pET-28a 上，进行转化。挑选白色单菌落接种至 LB 培养基上培养，过夜后提取质粒 DNA，获得的阳性克隆双酶切后，电泳检测（图 2-55C，图 2-55D）。将获得的阳性克隆子送至北京六合华大测序公司测序。测序结果显示，*GdHsp10* 的基因序列正确，可进行体外表达研究。*GdHsp60* 的基因序列缺失 300bp，未能进入下一步的重组表达。

（五）*GdHsp10* 基因在大肠杆菌中的表达

将获得的重组质粒转入大肠杆菌 BL21 中，得到 pET-*GdHsp10* 在 37℃ 下、终浓度为 1mmol/L 的 IPTG 下诱导表达的蛋白，分别取诱导、未诱导及转化空载体的菌液，经

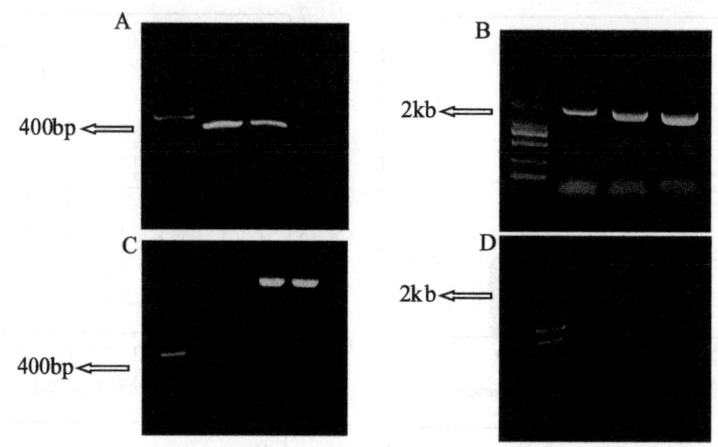

图 2-55 *GdHsp10* 和 *GdHsp60* 基因的 PCR 与双酶切结果

注：A 为 *GdHsp10* 的 PCR 扩增结果；B 为 *GdHsp60* 的 PCR 扩增结果；C 为 *GdHsp10* 的双酶切结果；D 为 *GdHsp10* 的双酶切结果。

12000r/min 离心后弃去上清液，灭菌水重悬后加 buffer 煮沸 5~8min，离心取上清液进行 SDS-PAGE 电泳。重组表达质粒在 E. coli BL21 中表达的 SDS-PAGE 电泳图谱见图 2-56。从图 2-56 可以看出，经过 IPTG 诱导的菌液在分子量近 15kDa 处有一条染色较深的带，按分子量推测应为我们需要的、表达出的目的 Hsp10 蛋白，未诱导的菌液则无此特异条带。

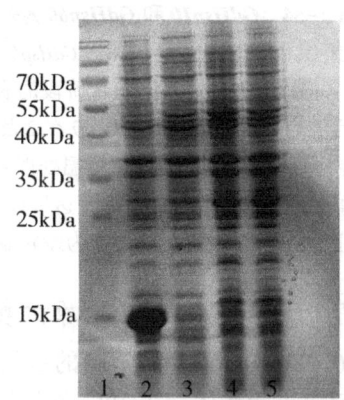

1—蛋白质 Marker；2—诱导 pET-*GdHsp10* 产物；3—未诱导 pET-*GdHsp10* 产物；4—空载体诱导产物；5—空载体未诱导产物。

图 2-56 重组表达质粒在 E. coli BL21 中表达的 SDS-PAGE 电泳图谱

三、沙葱萤叶甲 *GdHsp70-1* 和 *GdHsp70-2* 的克隆及表达模式分析

（一）沙葱萤叶甲 *GdHsp70-1* 和 *GdHsp70-2* 基因的克隆与序列分析

以沙葱萤叶甲的 *GdHsp70-1* 基因作为模板，通过中心片段克隆及 cDNA 末端快速扩增技术，扩增获得 130bp 的 5′端序列和一段 683bp 未知序列，通过测序及同源性鉴定，认为

该序列属于 *GdHsp70-1* 的剪接异构体，命名为 *GdHsp70-2*（GenBank 登录号为：MZ853083）。*GdHsp70-2* 基因全长 2410bp，开放阅读框（Open Reading Frame，ORF）长 1974bp，5′非翻译区为 130bp，3′非翻译区为 306bp，包含 PolyA 尾巴；编码 657 个氨基酸，蛋白质分子量为 72.90kDa，等电点（pI）为 5.07；无跨膜区，5′端含有信号肽区域，位于第 1~54 位残基（ATGAGGTTATATC TAAGTT TTGGTTGTGCTGCTGCTCTTAGCCAGCGTC CTGGCT），蛋白质亚细胞定位预测 *GdHsp70-2* 主要位于细胞质内；具有 3 个 HSP70 家族特征序列，分别位于第 9~16 位残基（IDLGTTYS），第 197~209 位残基（IFDLGGGTFDVSLL），第 334~348 位残基（IVLVGGSTRIPKVQQ），含有一个内质网特征元件，位于第 629~632 位残基（RDEL）（图 2-57）。

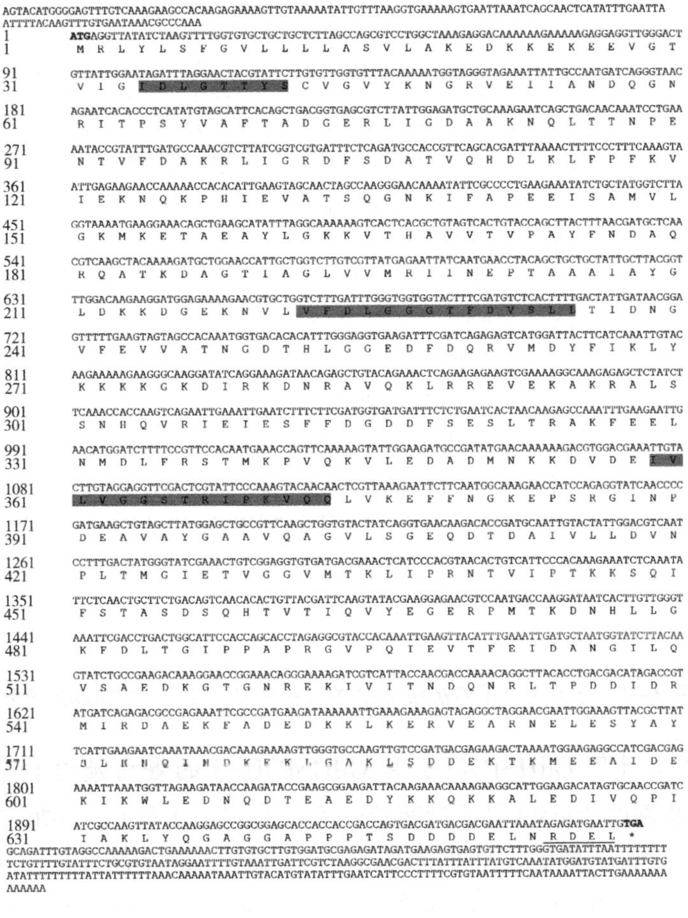

图 2-57 沙葱萤叶甲 *GdHsp70-2* 的碱基序列及其推导的氨基酸序列

以沙葱萤叶甲转录组数据中一条注释为 *Hsp70* 的基因作为模板，通过中心片段克隆及 cDNA 末端快速扩增技术，克隆获得沙葱萤叶甲 *GdHsp70-3*（GenBank 登录号为：OK585088），其基因全长为 2242bp，包含 131bp 的 5′端序列和一段 170bp 的 3′端序列，开放阅读框（ORF）长 1941bp，编码 646 个氨基酸，蛋白质分子量为 71.11kDa，等电点（pI）为 5.59；未预测到跨膜区与信号肽，蛋白质亚细胞定位预测 *GdHsp70-3* 主要位于细胞核与细胞质基质内；具有 3 个 HSP70 家族特征序列，分别位于第 9~16 位残基（IDL-

GTTYS)，第 197～210 位残基（IFDLGGGTFDVSLL），第 335～349 位残基（IVLVGG-STRIPKVQQ）（图 2-58）。

```
GAGTATATTTGAATAAAGCGAATAGTAAACAAGCAAGTTATATATAGATATTATAGTCAAGTGCATTATTTATAAGTTTAATATAAATTCAGCGAAGTTA
AAGTATTTACAAGTGAATTAAAATCAAGAAA
1       ATGGTTAAAGCTCCAGCAATTGGTATTGATTTGGGTACCACATACTCTTGTGTTGGTGTGGCAGCACGGAAAAGTTGAAATAATTGCC
1        M  V  K  A  P  A  I  G  I D L G T T Y S  C  V  G  V  W  Q  H  G  K  V  E  I  I  A
91      AACGATCAAGGAAATAGGACAACTTCCAAGTTATGTGGCTTTCACAGATACAGAGCGTCTCTTGGGAGACGCGGCGAAAAATCAAGTCGCT
31       N  D  Q  G  N  R  T  T  P  S  Y  V  A  F  T  D  T  E  R  L  L  G  D  A  A  K  N  Q  V  A
181     ATGAATCCCAGCAATACAGTTTTCGATGCAAAACGTCTTATTGGAAGAAAATACGATGATCCAAAAATTCAACAAGACATTCAACACTGG
61       M  N  P  S  N  T  V  F  D  A  K  R  L  I  G  R  K  Y  D  D  P  K  I  Q  Q  D  I  Q  H  W
271     CCATTCAAAGTGGTTAACGATTGTGGTAAGCCTAAAATACAAGTAGAACACAAAGGAGAACGAAAAACATTTGCTCCTGAAGAAATTAGT
91       P  F  K  V  V  N  D  C  G  K  P  K  I  Q  V  E  H  K  G  E  R  K  T  F  A  P  E  E  I  S
361     TCAATGGTGCTAACAAAAATGAAAGAACTGCAGAAGCTTATTTGGGAACCTCAGTTAGAGATGCTGTTATCACCGTACCAGCTTATTC
121      S  M  V  L  T  K  M  K  E  T  A  E  A  Y  L  G  T  S  V  R  D  A  V  I  T  V  P  A  Y  F
451     AACGATTCACAGAGACAAGCAACTAAAGATGCAGGTGCGATACTGGTTTGAATGTTTTACGAATTATAATGAACCAACAGCAGCA
151      N  D  S  Q  R  Q  A  T  K  D  A  G  A  I  A  G  L  N  V  L  R  I  I  N  E  P  T  A  A
541     TTAGCATATGGCCTAGACAAAAATTTGAAAGGTGAGAAGAATGTCCTCATATTCGATTTGGGTGGTGGAACTTTCGATGTATCCATTTTA
181      L  A  Y  G  L  D  K  N  L  K  G  E  K  N  V  L I F D L G G G T F D V S L L
631     ACAATAGATGAAGGTTCCTTATTCGAAGTAAGAGCAACAGCAGGTGATACCCATTTAGGAGGAGAAGACTTCGATAACAGATTAGTGAAT
211      T  I  D  E  G  S  L  F  E  V  R  A  T  A  G  D  T  H  L  G  G  E  D  F  D  N  R  L  V  N
721     CATTTTGCTGAAGAATTTAAAAGGAAATTTAGAAAGGATATAAAGAGTAATCCAAGAGCACTTCGAAGGCTAAGAACTGCTGCAGAAAGA
241      H  F  A  E  E  F  K  R  K  F  R  K  D  I  K  S  N  P  R  A  L  R  R  L  R  T  A  A  E  R
811     GCTAAACGAACGTTATCATCTAGTTCTGAAGCCACTATTGAAATTGATGCACTTTTTGAAGGTATTGATTTCTATACAAAAATTAGCAGA
271      A  K  R  T  L  S  S  S  S  E  A  T  I  E  I  D  A  L  F  E  G  I  D  F  Y  T  K  I  S  R
901     GCAAGATTTGAAGAACTGTGTTCTGATTTATTCAGAGGAACACTCCATCCAGTTGAAAAGGCTTTAAACGATGCTAAAATGGATAAAGGA
301      A  R  F  E  E  L  C  S  D  L  F  R  G  T  L  H  P  V  E  K  A  L  N  D  A  K  M  D  K  G
991     CAAATTCACGATATAGTACTTGTTGGAGGTTCTACAAGAATTCCAAAAATTCAACAGCTACTTCAAAACTACTTCAATGGAAAATCTTTG
331      Q  I  H  D  I V L V G G S T R I P K I Q Q  L  L  Q  N  Y  F  N  G  K  S  L
1081    AACTTATCCATCAATCCAGATGAAGCTGTAGCATATGGTGCCGCTGTTCAAGCAGCAGTTCTGAGTGGTGAATCCGATTCCAAATTCAA
361      N  L  S  I  N  P  D  E  A  V  A  G  A  A  V  Q  A  A  V  L  S  G  E  S  D  S  K  I  Q
1171    GATGTTTTATTGGTTGATGTAACTCCACTTTTCCCTTGGTATTGAACAGCAGGAGGAGTTATGACGAAAATCATCGAAAGAAATGCAAGA
391      D  V  L  L  V  D  V  T  P  L  S  L  G  I  E  T  A  G  G  V  M  T  K  I  I  E  R  N  A  R
1261    ATTCCATGCAAACAAACACAGACATTTACTACCTATGCAGATAATCAACCAGCAGTCACAATTCAAGTATTCGAAGGTGAAAGAGCCATG
421      I  P  C  K  Q  T  Q  T  F  T  T  Y  A  D  N  Q  P  A  V  T  I  Q  V  F  E  G  E  R  A  M
1351    ACAAAAGATAATAATATGCTAGGAACTTTCGATTTGACTGGCATTCCTCCTGCACCTCGTGGAGTTCCAAAAATTGAAGTTACTTTCGAT
451      T  K  D  N  N  M  L  G  T  F  D  L  T  G  I  P  P  A  P  R  G  V  P  K  I  E  V  T  F  D
1441    TTAGATGCAAACGGTATATTAAATGTTTCTGCCAAAGATACAAGTTCTGGAAATTCCAATATCACAATCAAAAATGATAAGGGACGT
481      L  D  A  N  G  I  L  N  V  S  A  K  D  T  S  S  G  N  S  R  N  I  T  I  K  N  D  K  G  R
1531    CTCTCACAAAAAGATATCGACAGATGGTTTCCAGAAGCTGAAAAAATATAAGGAAGAGGATGAACGCAGACAGAAAATCGCTGCTAGA
511      L  S  Q  K  D  I  D  R  M  V  S  E  A  E  K  Y  K  E  E  D  E  R  Q  R  Q  K  I  A  A  R
1621    AATCAATTGGAAGGTTATATTTTCCAACTAAAACAAGCTATCCAAGATTGTGGAGACAAACTATCATCCGAAGTATGCTGTATCGTTGAA
541      N  Q  L  E  G  Y  I  F  Q  L  K  Q  A  I  Q  D  C  G  D  K  L  S  S  E  D  K  S  V  I  E
1711    AATGAATGTAGACTGTTTAAAATGGTTAGACAGCAACACTTTGGCTGATAAAGAAGAGTACGAAGAAAAAACAGAAAGATTTAACTAAA
571      N  E  C  D  S  C  L  K  W  L  D  S  N  T  L  A  D  K  E  E  Y  E  E  K  Q  K  D  L  T  K
1801    GTATGGTAGTCCTATTATGGCCAAATTATACCAGGGACATCAAATAATAGTCAATTTCGGGTGGAATGCCAAGTGGCTGTGGTCAACAA
601      V  C  S  P  I  M  A  K  L  Y  Q  G  H  Q  N  N  S  Q  F  S  G  G  M  P  S  G  Q  Q
1891    GCAGGTGGATTGGAGGAAGACAGGGTCCAACAATTGAAGAAGTTGATTAA
631      A  G  G  F  G  R  Q  G  P  T  I  E  E  V  D  *
ATCTAGTCAGATCTCATATGTTTTGATAAAGACTGATTTTTGTACATAATATTTATTGTTTTGTATATTACAAATAAATTGTTATTTTTATACA
AAAAAAAAAAAAAAAAAAAAAGTACTCTGCGTTGATACCACTGCTTGCCCTATAGTGAGTCGTAT
```

图 2-58　沙葱萤叶甲 *GdHsp70-2* 的碱基序列及其推导的氨基酸序列

（二）沙葱萤叶甲 GdHSP70-2 和 GdHSP70-3 的蛋白质结构分析

利用在线分析网站 SOPMA 预测沙葱萤叶甲 GdHsp70-2 与 GdHsp70-3 的蛋白质二级结构，GdHSP70-2 中 α-螺旋（Alpha helix）占 43.23%，β-折叠（Beta turn）占 7.61%，无规则卷曲（Random coil）占 30.59%，延伸链（Extended strand）占 18.57%；GdHSP70-3 中 α-螺旋占 41.18%，β-折叠占 6.97%，无规则卷曲占 33.28%，延伸链占 18.58%。应用 SWISS-MODEL 工具建模，预测了沙葱萤叶甲 GdHSP70-2 与 GdHSP70-3 的蛋白三维结构。GdHSP70-2 以牛热激同源蛋白 HSC70（aa1-554）E213A/D214A 突变体的晶体结构（SMTL ID：7o6r.1.A）为模板建模，相似性为 66.48%（图 2-59A）；GdHSP70-3 以牛热激同源蛋白 hsc70（aa1-554）E213A/D214A 的晶体结构为模板建模（SMTL ID：4fl9.1.A），相似性为 78.16%。并且 GdHSP70-2 与 GdHSP70-3 的三维结构高度一致（图 2-59B），均由 N 端 ATPase 功能域和 C 端底物结合功能域所组成。

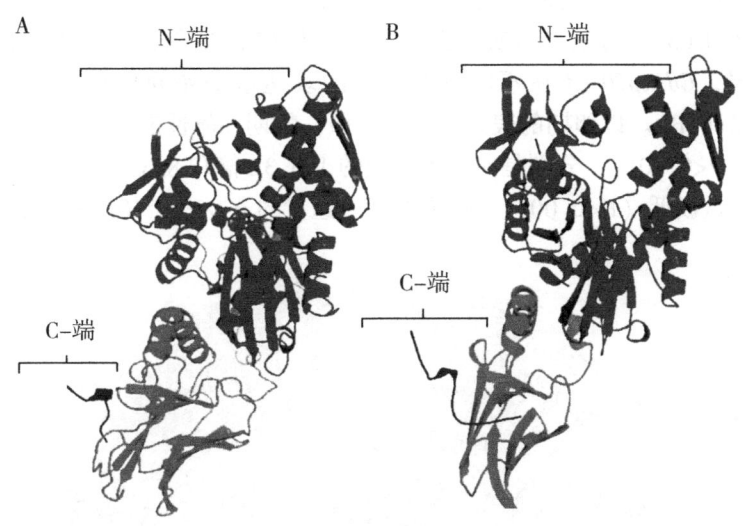

图 2-59 沙葱萤叶甲 GdHsp70-2（A）与 GdHSP70-3（B）的三维结构预测模型

(三) 沙葱萤叶甲 *GdHsp70-2*、*GdHsp70-3* 基因组 DNA 的结构分析

为检测不同昆虫种间 HSP70 的亲缘关系，将推导出的沙葱萤叶甲 GdHSP70-2 和 GdHSP70-3 氨基酸序列，与 NCBI 数据库中不同目昆虫的 HSP70 氨基酸序列共同构建 NJ 系统进化树。如图 2-60 所示，GdHSP70-2 和 GdHSP70-1 位于同一分支，GdHSP70-2 与同为鞘翅目的松墨天牛（*Monochamus alternatus*）HSC70（GenBank 登录号：QTA73204.1）亲缘关系最近，氨基酸序列相似性为 91.58%；而 GdHSP70-3 属于另一分支，与玉米根萤叶甲（*Diabrotica virgifera virgifera*）DvirHSP70-2（GenBank 登录号：XP_028129506.1）亲缘关系最近，氨基酸序列相似性为 88.77%。已测得的 3 条沙葱萤叶甲 Hsp70 的氨基酸序列一致性为 79.21%，且 HSP70 家族标签序列在不同昆虫种中高度一致（图 2-61）。

根据已经获得的 *GdHsp70-2*、*GdHsp70-3* 基因 cDNA 序列，设计引物进行基因组全长扩增，获得了 *GdHsp70-2*、*GdHsp70-3* 的 DNA 序列，经分析发现 *GdHsp70-2* 基因含有两段内含子插入（图 2-61），分别位于开放阅读框 996~1060 位碱基（GTTAGTTCACAAG AAACTTTAATATTTTAAA CTCGTTATTTACGATTTTATTAATTTATTTTAG）与 1337~1397 位碱基（GTAAGTTATTAC AATAAAAAAGTTTTTGTACAA AAAAACTAATTTAATTCTTA-ATTTCAG），A+T 含量分别为 81% 与 83%。而 *GdHsp70-3* 基因不含内含子，如图 2-61 所示，其中大多数 *Hsp70* 基因同样不含有内含子序列。

为了进一步了解昆虫 *Hsp70* 基因家族成员之间的进化关系，在基因组系统发育分析的基础上对其基因结构进行比较。图 2-62 显示了 Hsp70 可以分为 4 组，均具有较高的自展值，已测得的 3 条沙葱萤叶甲 Hsp70 序列均属于同一分支，其中 GdHsp70-2 与 GdHsp70-1 亲缘关系最近，而 GdHsp70-3 与玉米根萤叶甲 DvHsp70-2（GenBank 登录号：XM_028273705.1）亲缘关系最近。

(四) 沙葱萤叶甲 *GdHsp70-2*、*GdHsp70-3* 在不同发育阶段的表达量

沙葱萤叶甲 *GdHsp70-2* 在不同发育阶段的表达水平差异显著（$F = 231.59$；$P <$

0.05)（图 2-63A）。以卵期的表达量作为对照，2 龄幼虫和蛹期的表达量显著高于其他发育阶段（$P<0.05$），分别是卵期表达量的 7.48 倍和 7.75 倍，而其他各龄期的表达量不存在显著差异。*GdHsp70-3* 在不同发育阶段的表达水平差异极显著（$F = 657.09$；$P < 0.001$）（图 2-63B）。以卵期的表达量作为对照，蛹期和雌性成虫中的表达量显著高于其他发育阶段（$P<0.001$），分别是卵期表达量的 115.32 倍和 8.35 倍，而 1 龄、2 龄、3 龄幼虫阶段表达量极低（$P<0.001$），仅为卵期表达量的 4.09%、10.45%、5.80%。

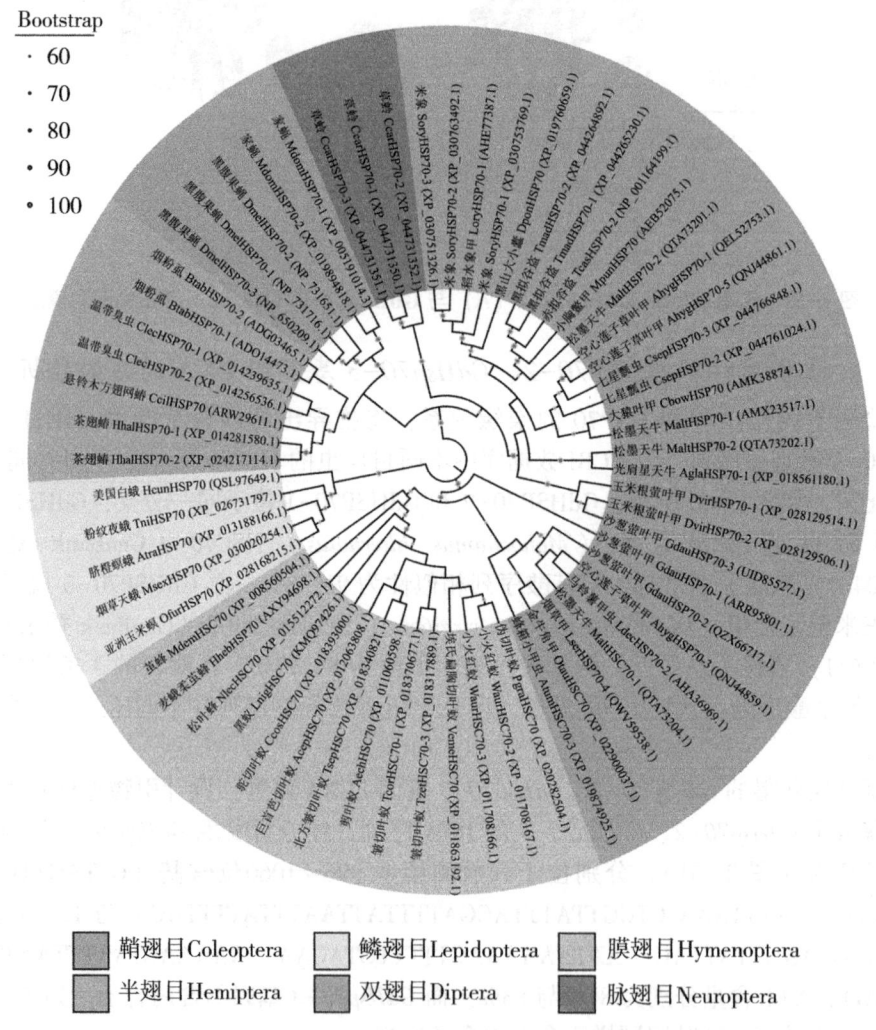

图 2-60 基于昆虫 HSP70 与沙葱萤叶甲 HSP70 的氨基酸序列构建的系统进化树

（五）沙葱萤叶甲 *GdHsp70-2*、*GdHsp70-3* 在不同发育阶段的表达量

沙葱萤叶甲 *GdHsp70-2* 在成虫不同部位的表达量存在极显著差异（$F = 66.49$；$P < 0.001$）（图 2-64A），翅部的表达量明显高于其他部位，其次为胸部与腹部，分别为头部表达量的 2.03 倍、1.54 倍与 1.53 倍；各部位 *GdHsp70-3* 的表达量也有极显著性差异（$F = 288.26$；$P<0.001$）（图 2-64B），其中足部的表达量最高，为头部表达量的 2.28 倍，腹部表达量最低，仅为头部表达量的 52.91%，其他部位表达量差异不显著（图 2-64B）。

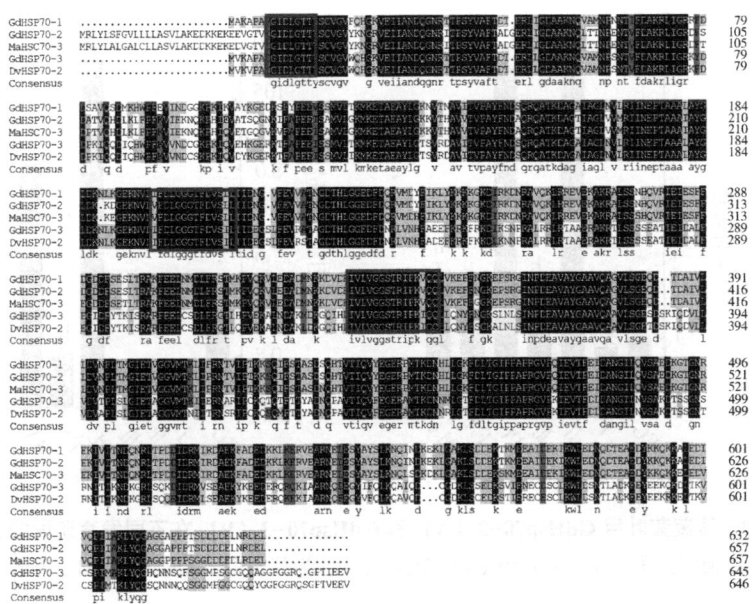

图 2-61 基于 HSP70 与沙葱萤叶甲 HSP70 的氨基酸序列比对分析

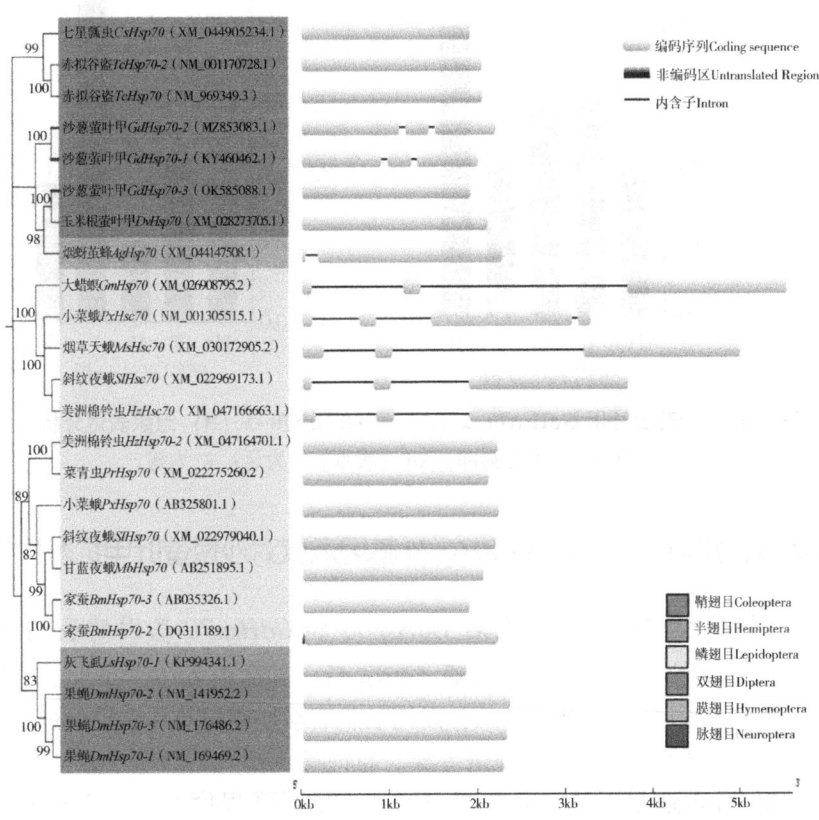

图 2-62 沙葱萤叶甲等昆虫 *Hsp70* 基因的系统发育关系及基因结构分析

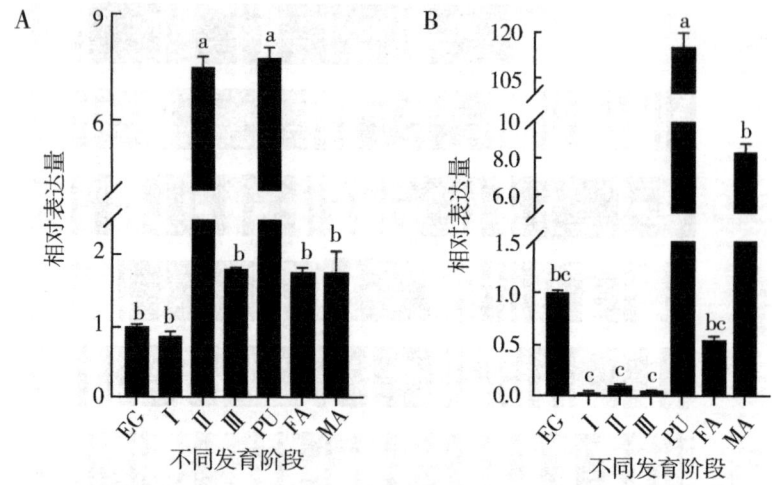

图 2-63 沙葱萤叶甲 GdHsp70-2（A）和 GdHsp70-3（B）在不同发育阶段的表达谱
注：EG 为卵；Ⅰ~Ⅲ：分别为 1~3 龄幼虫；PU 为蛹；FA 为雌成虫；MA 为雄成虫。

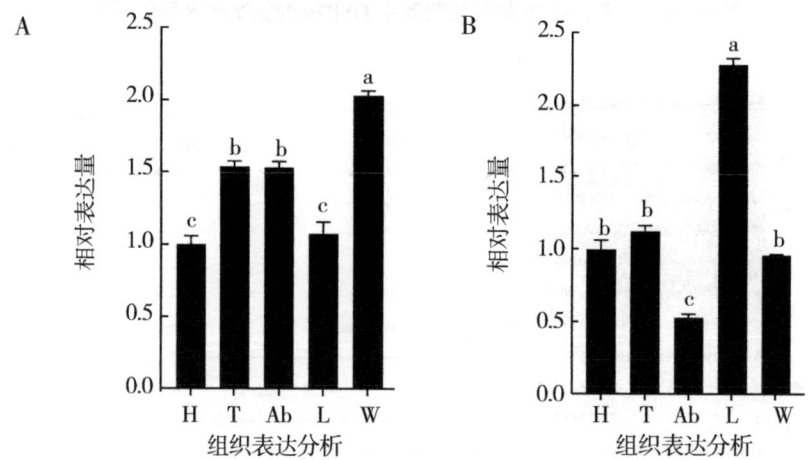

图 2-64 沙葱萤叶甲 GdHsp70-2（A）和 GdHsp70-3（B）组织表达分析
注：H 为头部；T 为胸部，Ab 为腹部；L 为足；W 为翅。

四、RNAi 介导的 *GdHsp60* 和 *GdHsp70* 基因沉默对沙葱萤叶甲抗寒性的影响

（一）沙葱萤叶甲饲喂 ds*RNA* 后 *GdHsp60* 和 *GdHsp70* 基因的表达水平

应用 q-PCR 检测沙葱萤叶甲幼虫饲喂 dsRNA 后，其体内 *GdHsp60*、*GdHsp70* 基因的表达量变化，如图 2-65 所示。结果显示，以饲喂蒸馏水处理的叶片和浸泡过 ds*GFP* 的叶片处理作为对照，对照组之间不存在显著差异。与饲喂 ds*GFP* 的对照组相比，1 龄幼虫饲喂 ds*Gdhsp60* 12h 后表达量下降，差异极显著，48h 下降程度最高，表达水平降低了 76.07%（$P<0.01$）（图 2-65A），72h 时表达量有所恢复（$P=0.06$）；饲喂 ds*Gdhsp70*，24h 表达水平降至最低，降低了 59.54%（$P<0.05$），72h 后恢复至正常水平（$P=$

0.90)（图2-65B）。沙葱萤叶甲2龄幼虫饲喂ds*Gdhsp60* 24h后，*GdHsp60*基因表达量显著下降，在36h后表达量最低，降低了34.00%（$P<0.05$），之后开始恢复（图2-65C）；ds*Gdhsp70*饲喂12h后，体内的*GdHsp70*基因表达量降至最低，显著降低了83.49%（$P<0.05$），在72h时完全恢复（图2-65D）。由此可知，饲喂ds*Gdhsp60*和ds*Gdhsp70*均能够有效降低沙葱萤叶甲1、2龄幼虫体内靶标基因的表达水平。

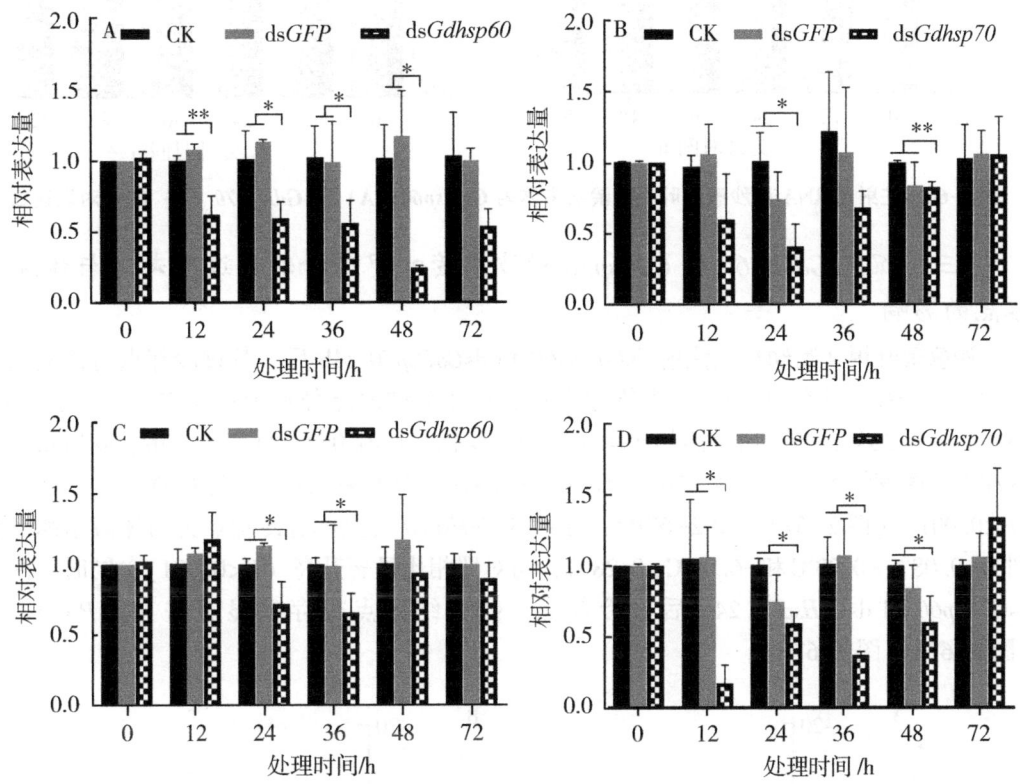

图2-65 沙葱萤叶甲饲喂dsRNA后沙葱萤叶甲1龄幼虫*GdHsp60*（A），*GdHsp70*（B），2龄幼虫*GdHsp60*（C）及*GdHsp70*（D）的相对表达量

（二）注射dsRNA后*GdHsp60*和*GdHsp70*基因的表达水平

应用q-PCR检测沙葱萤叶甲2龄幼虫在分别注射ds*Gdhsp60*、ds*Gdhsp70*后，其体内*GdHsp60*、*GdHsp70*基因的表达量变化。图2-66所示，注射12h后，沙葱萤叶甲2龄幼虫体内的*GdHsp60*、*GdHsp70*基因表达量均极显著降低，在24h表达水平均降至最低，分别降低了84.15%和92.38%（$P<0.01$）；随着时间延长，两个基因的表达量逐步上升，其中注射ds*Gdhsp60* 36h后基因表达量虽有所上升，但与对照相比仍存在极显著差异（$P<0.01$）；而*GdHsp70*基因表达量在注射48h后基本恢复到正常水平（$P=0.78$）。由此可知，注射ds*Gdhsp60*和ds*Gdhsp70*均能够显著降低沙葱萤叶甲幼虫体内相应靶标基因的表达水平。

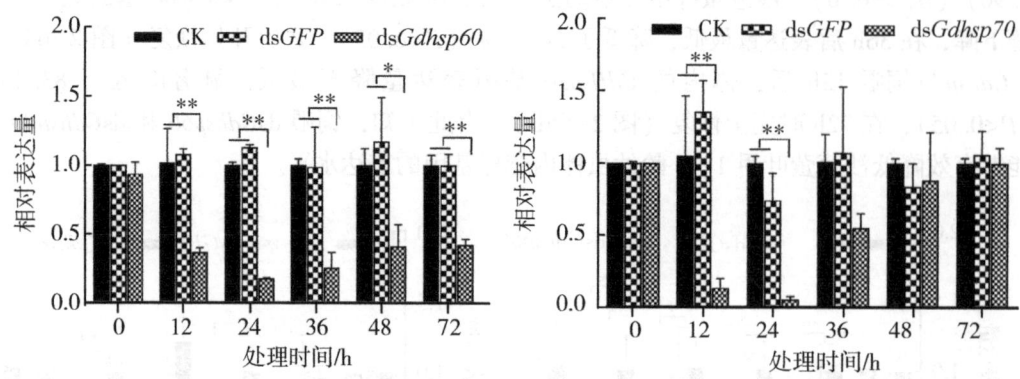

图 2-66 注射 dsRNA 后沙葱萤叶甲 2 龄幼虫体内 *GdHsp60*（A）和 *GdHsp70*（B）的相对表达量

（三）沉默 *GdHsp60* 和 *GdHsp70* 对沙葱萤叶甲 2 龄幼虫过冷却点与体液结冰点的影响

沙葱萤叶甲 2 龄幼虫在注射 ds*GdHsp60* 和 ds*GdHsp70* 24h 后，其过冷却点与体液结冰点均显著升高。注射 ds*GFP* 后虫体过冷却点与体液结冰点分别为 -14.71℃±0.11℃ 和 -13.94℃±0.90℃，与空白对照相比均无显著性变化（$P>0.05$）。注射 ds*GdHsp60* 后虫体过冷却点与体液结冰点分别为 -10.56℃±0.42℃ 和 -7.66℃±0.56℃，与对照相比显著升高（$P<0.001$）（图 2-67A、图 2-67B）；注射 ds*GdHsp70* 后虫体过冷却点为与体液结冰点分别为 -9.08℃±0.23℃ 和 -6.09℃±0.28℃，与对照相比显著升高（$P<0.001$）；同时，注射 ds*GdHsp60* 和 ds*GdHsp70* 24h 后过冷却点，体液结冰点也存在显著差异（$P<0.05$）（图 2-67A、图 2-67B）。

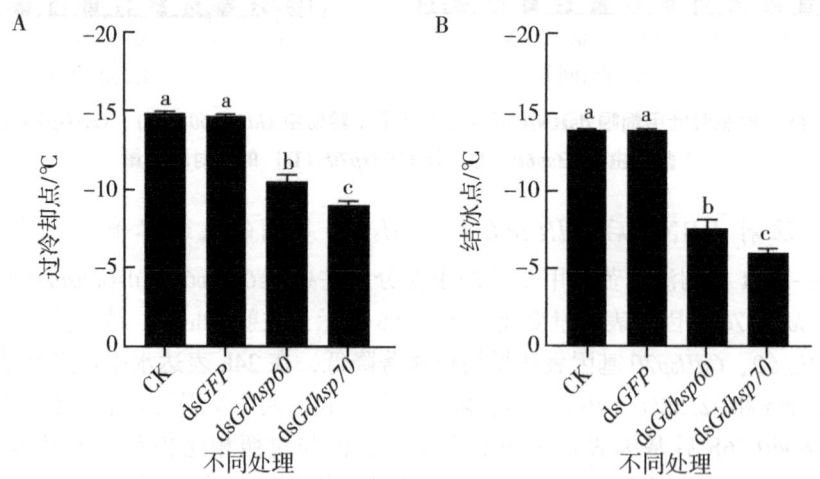

图 2-67 RNAi 对沙葱萤叶甲 2 龄幼虫过冷却点（A）和结冰点（B）的影响

（四）沉默 *GdHsp60* 和 *GdHsp70* 对沙葱萤叶甲 2 龄幼虫 Ltime50 和 Ltemp50 的影响

为验证分别沉默 *GdHsp60* 和 *GdHsp70* 后是否降低了沙葱萤叶甲幼虫的抗寒能力，室内测定了沙葱萤叶甲 2 龄幼虫在注射 dsRNA 后在不同低温处理下的存活率。结果表明（图 2-68A），幼虫低温存活率随处理温度的降低呈显著下降趋势（CK：$F_{5,29}=247.98$，$P<0.001$；注射 dsGFP：$F_{5,29}=259.08$，$P<0.001$；注射 ds$GdHsp60$：$F_{5,29}=192.02$，$P<0.001$；注射 ds$GdHsp70$：$F_{5,29}=308.91$，$P<0.001$）。除 25℃ 常温处理外，在各低温处理下处理组存活率均显著低于对照组（$P<0.05$）。应用 SPSS 回归分析（Logistic regression）很好地描述了死亡率与低温处理的关系，经计算不同低温处理沙葱萤叶甲 2 龄幼虫 2h 后，试验组与对照组致死中温度 Ltemp$_{50}$ 分别为：CK 为 $-10.57℃$（$-10.89\sim-10.17℃$）、dsGFP 为 $-10.63℃$（$-11.03\sim-10.24℃$）、ds$GdHsp60$ 为 $-8.33℃$（$-8.73\sim-7.91℃$）和 ds$GdHsp70$ 为 $-8.21℃$（$-8.62\sim-7.79℃$）（表 2-20）。

通过室内测定沙葱萤叶甲 2 龄幼虫注射 dsRNA 后在 $-5℃$ 低温处理不同时间后的存活率，比较沉默 $GdHsp60$、$GdHsp70$ 对抗寒能力的影响。结果表明（图 2-68B），各组幼虫在 $-5℃$ 低温处理不同时间下，存活率存在极显著差异（CK：$F_{6,34}=292.68$，$P<0.001$；注射 dsGFP：$F_{6,34}=354.75$，$P<0.001$；注射 ds$GdHsp60$：$F_{6,34}=474.07$，$P<0.001$；注射 ds-$GdHsp70$：$F_{6,34}=347.66$，$P<0.001$），随着处理时间的延长，存活率逐渐降低。对照组幼虫处理 24h 后存活率显著下降（$P<0.05$），而试验组幼虫处理 12h 后即显著下降（$P<0.05$）。对照组幼虫在 $-5℃$ 低温下处理 87.13h 后，死亡率开始超过 50%，而试验组 49h 后，死亡率均超过 50%。除低温处理 0h 外，试验组与对照组处理幼虫存活率在其他处理时间均存在显著差异（$P<0.05$）。SPSS 回归分析（Logistic regression）很好地描述了死亡率与处理时间的关系，经计算在 $-5℃$ 低温处理下，试验组与对照组致死中时间（Ltime$_{50}$）95% 置信区间分别为：CK 为 87.92h（79.18~96.87h）、dsGFP 为 87.13h（78.41~96.07h）、ds$GdHsp60$ 为 49.25h（41.26~57.31h）、ds$GdHsp70$ 为 52.21h（44.18~60.22h）（表 2-21），这说明沉默 $GdHsp$60、$GdHsp$70 均会降低幼虫在短时间对极端低温的耐受能力。

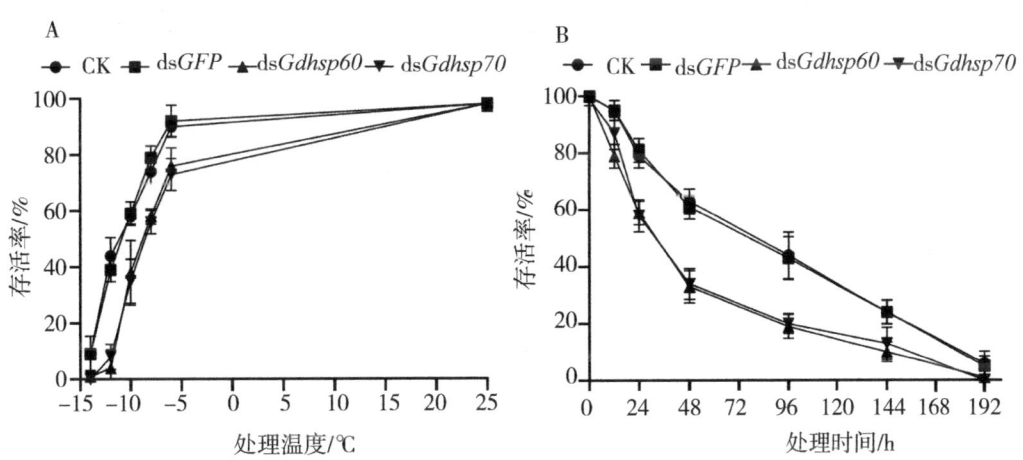

图 2-68 RNAi 对沙葱萤叶甲 2 龄幼虫在不同低温下处理 2h 后（A）和 $-5℃$ 处理不同时间（B）存活率的影响

表 2-20　RNAi 后沙葱萤叶甲 2 龄幼虫的不同致死温度

不同处理	截距	R^2	P 值	$Ltemp_{50}$/℃	95%置信区间		$Ltemp_{90}$/℃	95%置信区间	
					下限	上限		下限	上限
CK	-5.839	0.9610	<0.001	-10.57	-10.98	-10.17	-14.54	-15.12	-14.29
ds*GFP*	-5.876	0.9729	<0.001	-10.63	-11.03	-10.24	-14.61	-15.19	-14.10
ds*GdHsp60*	-4.601	0.9387	<0.001	-8.33	-8.73	-7.91	-12.30	-12.83	-11.82
ds*GdHsp70*	-4.536	0.9658	<0.001	-8.21	-8.62	-7.79	-12.18	-12.71	-11.71

表 2-21　RNAi 后沙葱萤叶甲 2 龄幼虫-5℃低温处理的不同致死时间

不同处理	截距	R^2	P 值	$Ltime_{50}$/h	95%置信区间		$Ltime_{90}$/h	95%置信区间	
					下限	上限		下限	上限
CK	-2.578	0.8724	<0.001	87.92	79.18	96.87	162.85	151.78	175.29
ds*GFP*	-2.555	0.8745	<0.001	87.13	78.41	96.07	162.07	151.02	174.49
ds*GdHsp60*	-1.444	0.9558	<0.001	49.25	41.26	57.31	124.19	114.14	135.45
ds*GdHsp70*	-1.531	0.9466	<0.001	52.21	44.18	60.22	127.15	117.01	138.52

第三章 沙葱萤叶甲成虫夏滞育调控的分子机理

昆虫是地球上最繁盛的物种，通过行为上（迁飞）或生理上（休眠或滞育）躲避不良的环境条件。滞育是昆虫生长发育及繁殖暂时停止的状态，在昆虫一生中起着重要的作用。一是度过不良环境，维持种和个体生存；二是为了群体发育整齐，增强雌雄个体间交配的概率，以利产生更多的后代，保证"种"的繁衍。因此，昆虫滞育及其机理的研究一直是昆虫学研究的热点之一。目前，昆虫滞育调控分子机理的研究已成为昆虫滞育研究的热点。特别是近年来随着高通量测序技术的快速发展及成本的下降，转录组测序（RNA-Seq）已应用于昆虫滞育分子机理的研究，发现在昆虫中基因表达的变化驱动了滞育进程。然而，调控滞育启动、维持及结束的许多细节仍然不清楚，其中非编码 RNA 如何调控滞育知之甚少。MicroRNA（miRNA）是一类广泛存在于真核生物中长度约为 22nt 的小分子非编码 RNA，通过抑制靶基因的翻译过程或降解靶基因的 mRNA，在转录后水平上调控基因表达。目前研究表明，miRNA 在昆虫中广泛存在，在调节昆虫变态与生殖中起着重要作用。Reynolds 等（2013）首次发现编码参与 miRNA 起源与功能蛋白的基因在麻蝇（*Sarcophaga bullata*）滞育维持期差异表达，进一步研究发现 10 条 miRNA 在蛹滞育期间差异表达，标靶预测表明这些 miRNA 可能调控发育、抗胁迫及新陈代谢。Batz 等（2017）在白线斑蚊（*Aedes albopictus*）中发现 152 条 miRNA，其中 7 条在滞育维持期差异表达，这些差异表达的 miRNA 预测的标靶包括影响与滞育维持相关过程的基因，这些过程包括蜕皮激素调节、脂类代谢、发育调节及免疫反应。通常认为保幼激素缺乏是导致成虫（生殖）滞育的主要原因。德国小蠊（*Blattella germanica*）的 *miR-2* 能够抑制保幼激素早期响应因子 *Krüppel-homolog 1*（*Kr-h1*）的表达，飞蝗（*Locusta migratoria*）的 *let-7* 和 *miR-278* 也可调控 *Kr-h1* 的表达，而且一些 miRNA 与体内保幼激素滴度的变化相关。在果蝇中，miRNA *bantam* 功能的缺失促进了保幼激素酸甲基转移酶（*JHAMT*）的表达，而 *bantam* 的过表达抑制了 *JHAMT* 的表达，也降低了保幼激素（JH）的含量。因此，miRNA 可能在昆虫滞育调控中也起着重要作用。然而，目前 miRNA 对昆虫滞育调控作用的研究才刚刚开始，了解得还很不够。

沙葱萤叶甲以成虫滞育越夏、以卵滞育越冬，并且成虫夏滞育为专性滞育。夏滞育是盛夏季节前物候条件诱导的包括一系列编码过程导致的昆虫生长发育停顿状态，是长期进化的结果。目前已在 12 个目约 180 种昆虫中发现夏滞育现象。然而，一直以来对昆虫滞育及其机理的研究多是针对冬季兼性滞育昆虫，专性夏滞育及其调控机理的研究却很少。因此，沙葱萤叶甲成为研究昆虫专性夏滞育及其调控机理的理想材料。本章主要内容包括沙葱萤叶甲成虫夏滞育期间糖类、蛋白及脂肪含量的变化、沙葱萤叶甲成虫夏滞育的转录组学分析、沙葱萤叶甲成虫夏滞育的蛋白组学分析、沙葱萤叶甲成虫夏滞育相关基因的克隆与表达分析、保幼激素和蜕皮激素对沙葱萤叶甲成虫夏滞育调控的分子机理以及MicroRNA在沙葱萤叶甲成虫夏滞育中的调控作用及其机理。

第一节　沙葱萤叶甲成虫夏滞育期间糖类、蛋白及脂肪含量的变化

一、沙葱萤叶甲成虫滞育不同阶段的含水量和脂肪含量

从图3-1可知，在沙葱萤叶甲成虫滞育不同阶段，虫体脂肪含量（$F=153.76$，$P<0.001$）和含水量（$F=31.62$，$P<0.001$）存在极显著差异。滞育期间含水量（61.50%~67.20%）显著低于滞育前（77.47%）和滞育后（75.29%~76.65%），而脂肪含量在滞育后显著低于滞育前和滞育期。在滞育期间（羽化后7~60d）含水量无显著差异（$P>0.05$），而脂肪含量在刚进入滞育期（羽化后7d）时最高（64.79%），随后逐渐下降，滞育后达最低值，羽化后80d和100d分别为11.66%和11.48%。

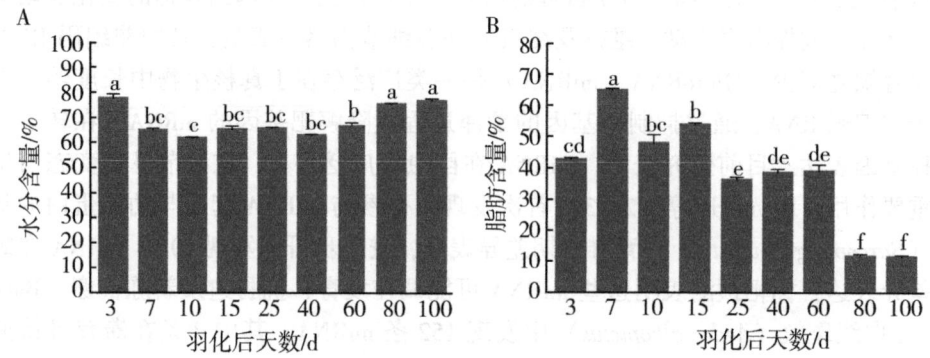

图3-1　滞育不同阶段沙葱萤叶甲成虫体内的含水量（A）和脂肪含量（B）
注：滞育前：成虫羽化后3d；滞育期：成虫羽化后7d、10d、15d、25d、40d和60d；滞育后：成虫羽化后80和100d；图中数值为平均值±标准误，柱上不同字母代表差异显著（Tukey氏检验，$P<0.05$）。下图同。

二、沙葱萤叶甲成虫滞育不同阶段的总糖、海藻糖及糖原含量

从图3-2可知，总糖含量在滞育期（18.77~21.14μg/mg）极显著低于滞育前（26.81μg/mg）和滞育后（26.41~26.85μg/mg）（$F=15.22$，$P<0.001$），而糖原含量正好相反（滞育前：8.43μg/mg；滞育后：5.91~6.14μg/mg；滞育期：10.18~11.58μg/mg），并且总糖和糖原含量在滞育期间（羽化后7~60d）无显著差异（$P>0.05$）。海藻糖含量在沙葱萤叶甲成虫滞育不同阶段变化较大，滞育前（羽化后3d）海藻糖含量高达23.75μg/mg，急剧下降至羽化后7d和10d的11.12μg/mg和11.58μg/mg，5d后又恢复至滞育前的水平，又经过10d后（羽化后25d）突然降至最低水平（2.66μg/mg），滞育期末（羽化后60d）再次上升至最高水平（26.51μg/mg），滞育后（羽化后80d）又急剧下

降至 11.11μg/mg，然后又回升至 17.56μg/mg。

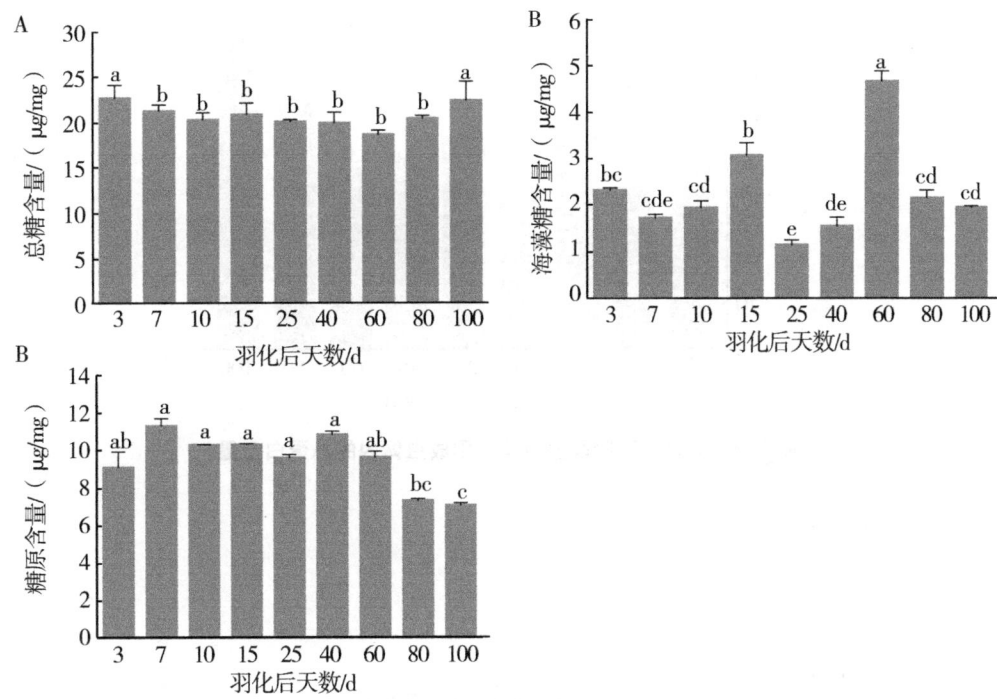

图 3-2　越夏不同阶段沙葱萤叶甲成虫体内的总糖（A）、海藻糖（B）和糖原（C）含量

三、沙葱萤叶甲成虫越夏不同阶段的总蛋白含量

从图 3-3 可知，沙葱萤叶甲成虫总蛋白含量在滞育前（63.17μg/mg）和滞育后（59.53~64.93μg/mg）极显著高于滞育期（39.82~52.54μg/mg）（$F=41.58$，$P<0.001$），且滞育前和滞育后无显著差异（$P>0.05$），进入滞育期后（羽化后 7~60d）总蛋白含量有逐渐下降的趋势。

第二节　沙葱萤叶甲成虫夏滞育的转录组学分析

一、测序结果与序列组装

经过测序平台上机测序后，根据测序结果控制，共从 9 个样品中筛出 202770198 clean reads，获得总碱基数为 51084099992，各样品 Q30 碱基百分比均≥88.27%，GC 含量变幅为 36.96%~38.02%。对测序产生的 clean reads 利用 Trinity 处理，为使转录本结果更完整，更有利于后续数据分析，随后对测序样本进行拼接、组装，共得到 82292 条 Unigenes，总长度 64481764nt，平均长度 783.57nt，N50 长度为 1545nt；长度大都位于 200~1000bp，占 79.31%，1000~2000bp 及 2000bp 以上的最少，为 20.69%。随着 Unigene 组装长度增加，数量呈下降趋势，趋势较为平缓，表明序列组装结果较好（图 3-4、表 3-1）。

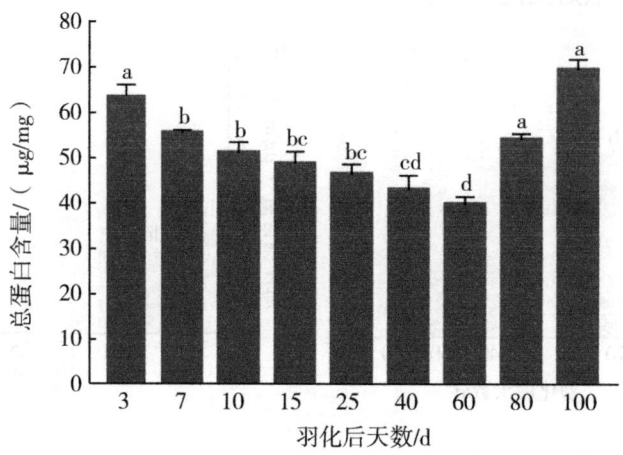

图3-3 滞育不同阶段沙葱萤叶甲成虫体内的总蛋白含量

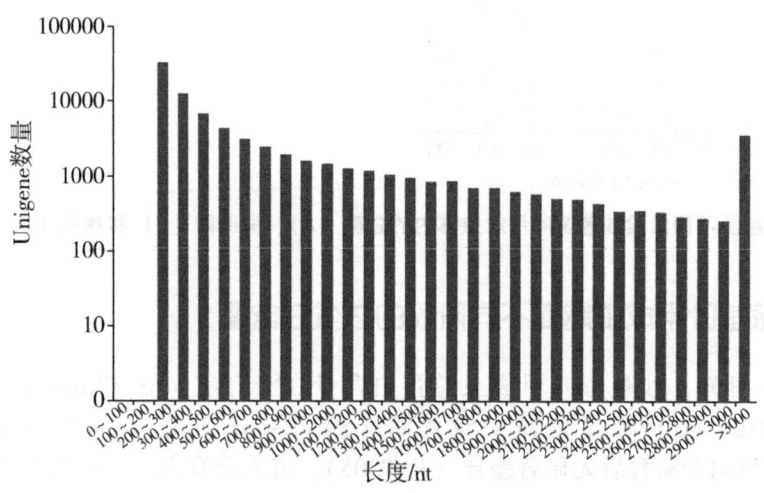

图3-4 Unigenes 长度分布图

表3-1 沙葱萤叶甲 RNA-Seq 信息汇总

	项目	数值
	Clean reads 总数/个	202770198
	总碱基数	51084099992
	Q30 百分比/%	≥88.27
测序	GC 含量变幅/%	36.96~38.02
	Unigene 数量/条	82292
	Unigene 长度/bp	64481764
	Unigene N50/bp	1545
	Unigene 平均长度/bp	783.57

(续表)

项目		数值
基因注释	Nr/个	35442（98.1%）
	Swiss-prot/个	16030（44.4%）
	Pfam/个	17904（49.6%）
	KEGG/个	6740（18.7%、200个代谢通路）
	COG/个	8338（23.1%）
	KOG/个	16332（45.2%）
	GO/个	11371（31.5%、55个类别）
	All/个	36127（43.9% of 82292 Unigene）
GO功能富集	生物过程	20
	细胞成分	17
	细胞部分	18

二、Unigene注释

通过将组装好的Unigenes与各个数据库比对，最终36127个Unigenes获得了注释信息。其中，35442个（98.1%）注释到Nr库，16030个（44.4%）注释到Swiss-prot库，17904个（49.6%）注释到Pfam库，6740个（18.7%）注释到KEGG库，富集到200个通路，8338个（23.1%）注释到COG库，16332个（45.2%）注释到KOG库，11371个（31.5%）注释到GO库，富集到55个类别，归属为三大类（表3-2）。

根据Nr数据库的注释结果，对Unigenes的E值、相似性和物种分布做出了统计，在E值分布中，E值为$1E^{-50} \sim 1E^{-5}$数量最大，为22528个，占比为63.56%；其次是$1E^{-100} \sim 1E^{-50}$，为4937个，占比为13.93%，二者所占比例之和高达77.49%；E值为$0 \sim 1E^{-150}$所占比例最小，为3.07%（图3-5A）。在相似性分布中，相似性小于40%～60%的最多，为15706个，占比为44%；其次为20%～40%，为9931个，占比为28%；60%～80%为6720个，占19.00%；所占比例最小的为80%～100%，为2987个，占9%（图3-5B）。在物种分布中，排在前7位的分别为赤拟谷盗（*Tribolium castaneum*）11902个，占34%；山松甲虫（*Dendroctonus ponderosae*）3589个，占10%；豌豆蚜（*Acyrthosiphon pisum*）2898个，占8%；红火蚁（*Solenopsis invicta*）1584个，占4.0%；隆头蛛（*Stegodyphus mimosarum*）1109个、柑橘木虱（*Diaphorina citri*）985个、家蚕975个，各占3.0%（图3-5C）。

三、不同滞育阶段基因表达谱分析

差异分析结果显示，在滞育前—滞育期中共发现差异基因3099个，上调基因2576个，下调523个；在滞育期—滞育后期中则发现81个差异基因，上调基因68个，下调13个（表3-3）。

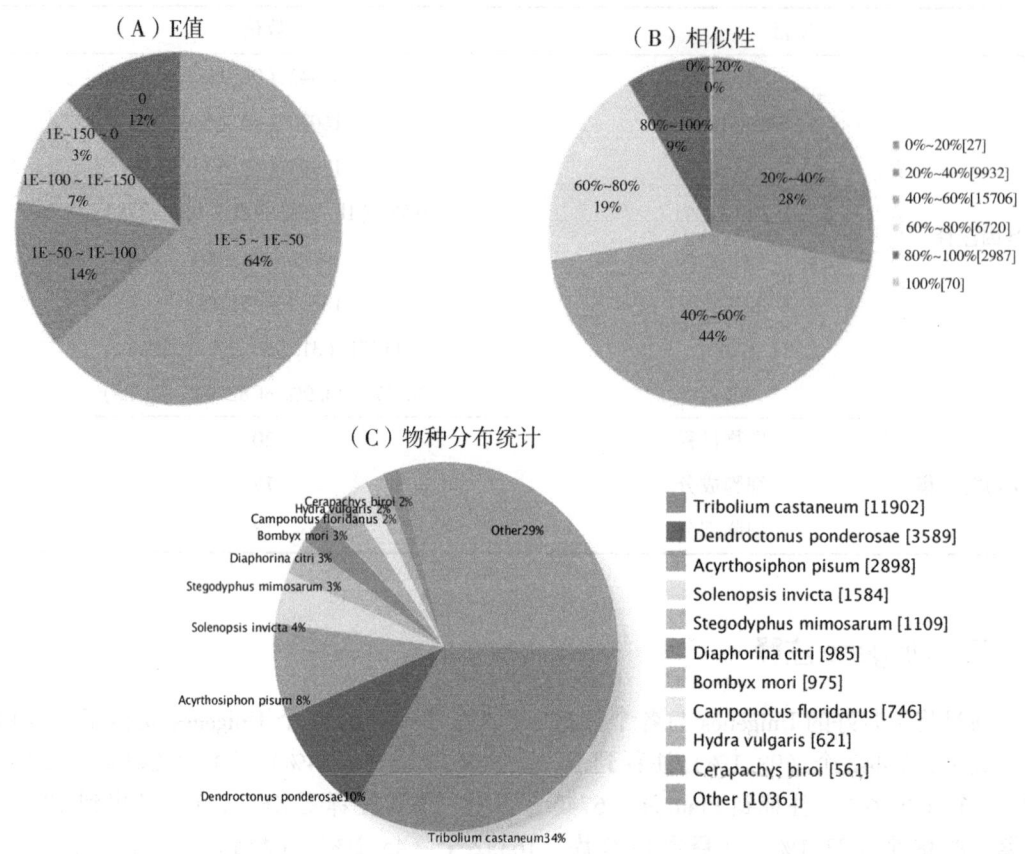

图 3-5 Unigenes Nr 注释的 E 值、相似性和物种分布统计

表 3-2 不同滞育阶段差异表达基因　　　　　　　　　　　　单位：个

表达情况	滞育前对比滞育期	滞育对比滞育后
上调	2576	68
下调	523	13
总数	3099	81

四、差异基因 GO、KEGG 富集分析

为了将鉴定得到的差异基因富集到特定功能类别、探索转录组学数据背后暗含的生物学意义，分别对滞育与滞育前、滞育后配对进行差异分析。结果表明，滞育前—滞育期中差异基因的 GO 功能富集主要集中于新陈代谢、碳水化合物代谢、脂肪代谢、固有性免疫应答、信号转导、糖异生及几丁质代谢等过程（图 3-6），分布于泛素介导的蛋白质水解、氧化磷酸化、糖酵解/糖异生、三羧酸循环、脂肪酸生物合成和线粒体脂肪酸伸长等代谢通路（图 3-7）。

在滞育前—滞育后中差异基因的 GO 功能富集主要集中于脂肪生物合成、脂肪代谢调控和细胞脂肪代谢等过程（图 3-8），分布于脂肪酸合成、RNA 降解和花生四烯酸代谢等 3 个代谢通路。

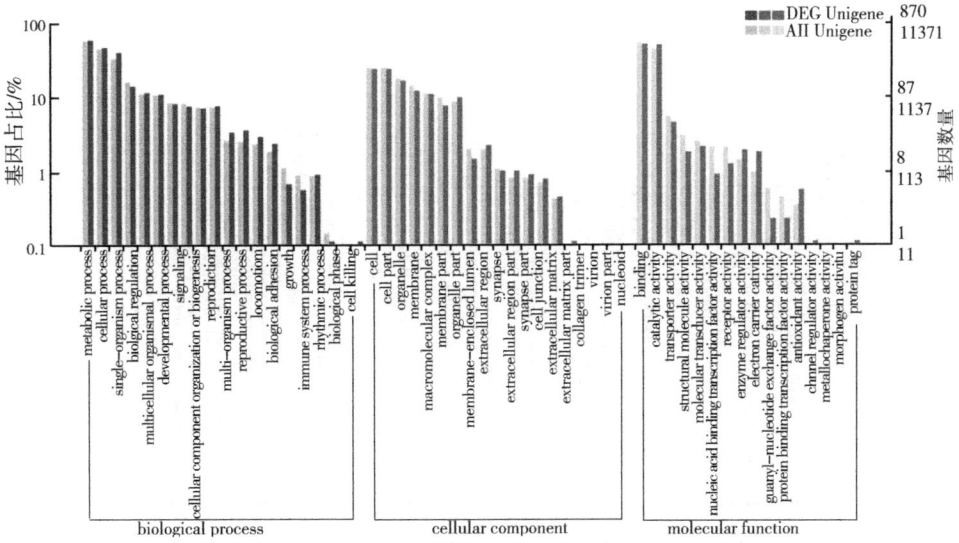

图 3-6　滞育前—滞育期差异基因的 GO 功能富集分析

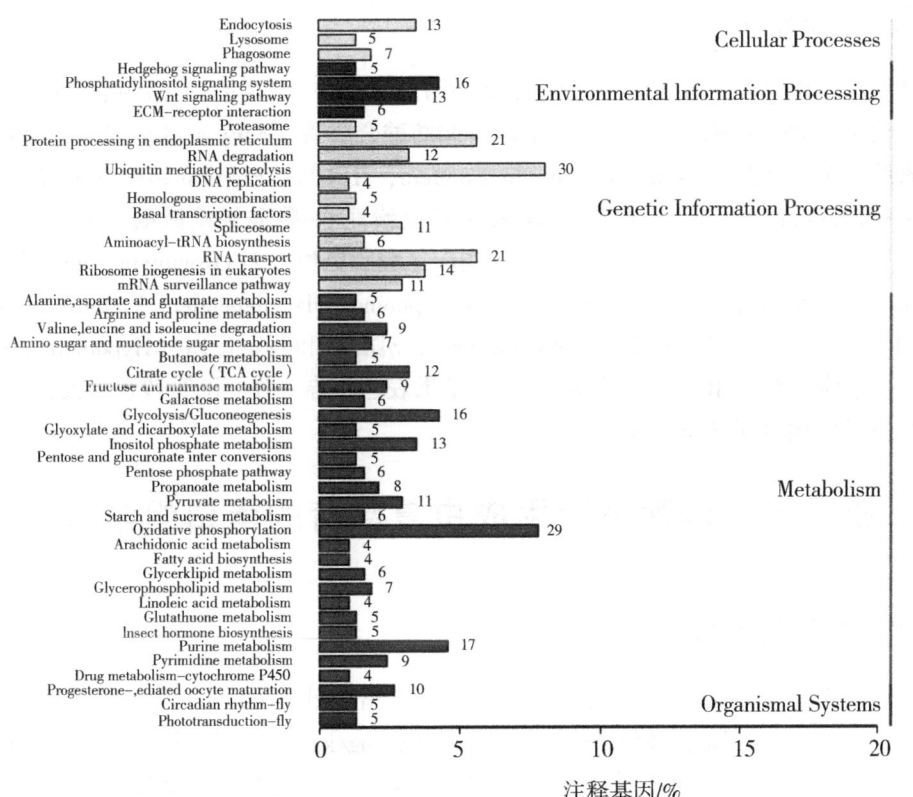

图 3-7　滞育前—滞育期差异基因的 KEGG 代谢通路富集分析

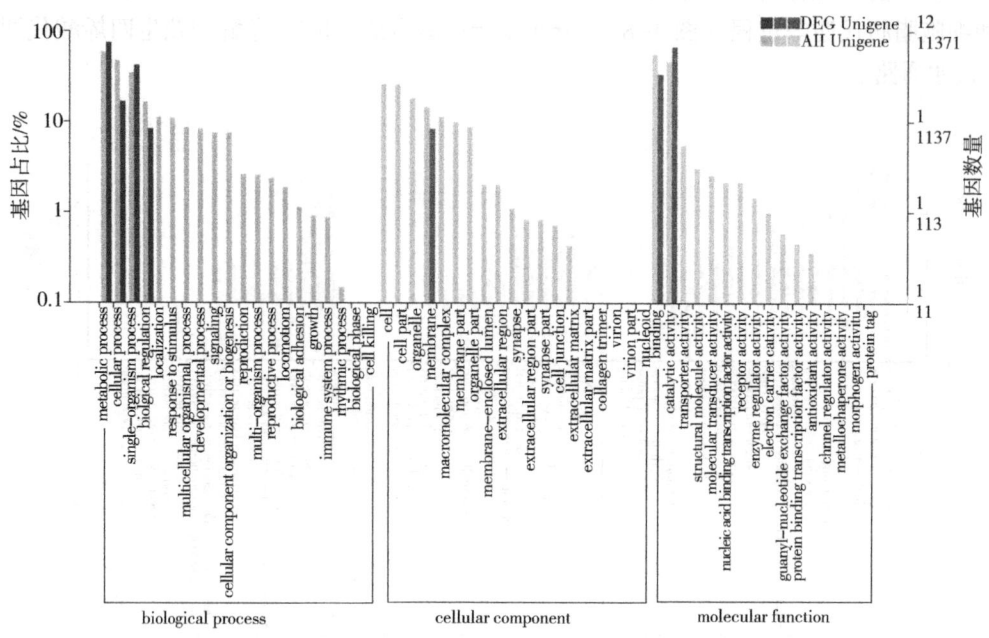

图 3-8 滞育前—滞育后差异基因的 GO 功能富集分析

五、定量验证

依据转录组差异分析结果，选取 11 个基因进行 qRT-PCR 验证，包括气味结合蛋白、热激蛋白 10、海藻糖酶（Trehalase，Tre）、脂肪酸合成酶（Fatty acid synthase，FAS）、保幼激素结合蛋白（Juvenile hormone binding protein，JHBP）、Enkurin 结构域蛋白（Enkurin domain-containing protein，EDP）、三磷酸腺苷依赖性 6-磷酸果糖激酶（ATP-dependent 6-phosphofructokinase，ATP-6-PFK）、α-酮戊二酸脱氢酶（2-Oxoglutarate dehydrogenase，2-OGD）、三磷酸依赖性肌醇激酶（3-Phosphoinositide-dependent Protein Kinase，3-PDPK）、山梨醇脱氢酶（Sorbitol dehydrogenase，SDH）和假定蛋白（Hypothetical protein，HP）。从总体上看，qRT-PCR 和 RNA-Seq 结果表达趋势一致，说明转录组数据组装质量高，可用于后续研究（图 3-9）。

第三节 沙葱萤叶甲成虫夏滞育的蛋白组学分析

一、定性质控分析

对质谱精确度的稳定性进行了评估，对于高精度的 Orbitrap，通常质量精度范围在 ±10.0mg/kg 以内，本试验的质量准确范围在 3.0~10.0mg/kg，在可信范围之内（图 3-10）。

对蛋白组数据进行质控分析，发现高可信结果与不可信结果、反库结果分离的较开，量较多，说明质谱鉴定结果较好，如图 3-11 所示。

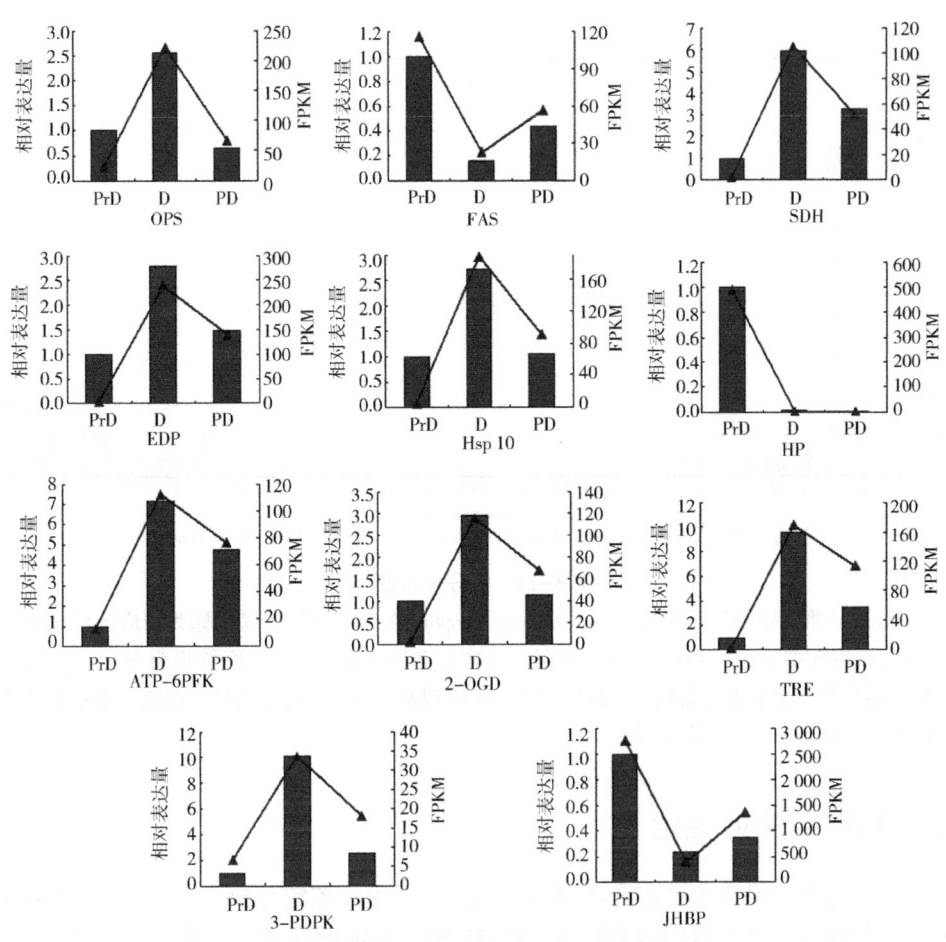

图 3-9 差异基因 qRT-PCR 验证

注：PrD 为羽化后 3d；D 为羽化后 40d；PD 为羽化后 90d；qRT-PCR 结果以柱形图表示，相对表达量为左侧坐标轴；转录组结果以折线图表示，FPKM 为右侧坐标轴。

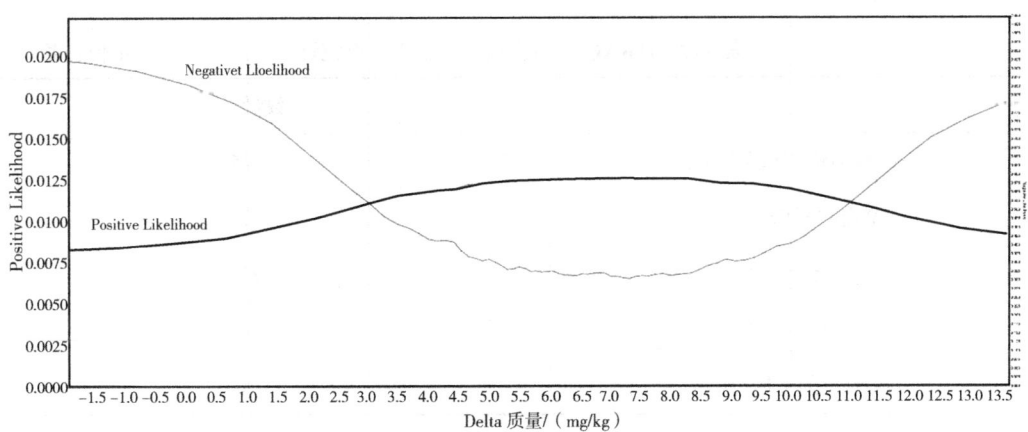

图 3-10 质谱准确度评估图

注：深色曲线代表可靠结果的偏差分布，浅色曲线代表错误结果的偏差分布。

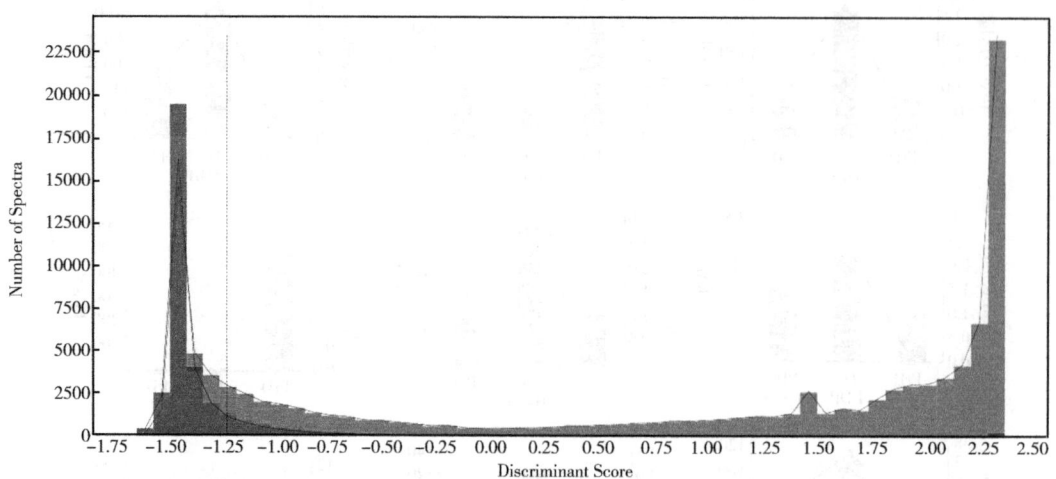

图 3-11 得分分布图

注：Scaffold 将实验结果转换成统一的 Peptide Prophet 作为横坐标，纵坐标为相应的鉴定谱图数来显示当前质控标准下谱图得分的分布情况。其中绿色为 Decoy，即反库结果得分分布，蓝色为 Target 库搜索中低得分的不可信结果，红色为 Target 库搜索中高可信得分结果。虚线所指示的位置为相应的肽段 PeptideProphet 可信度阈值。

二、蛋白质 iTRAQ 鉴定

通过对沙葱萤叶甲成虫夏滞育不同阶段的蛋白质组学鉴定分析，在 1% 图谱 FDR 的过滤标准下，共得到二级质谱图谱总数为 323625 条，鉴定到的图谱总数为 92723 条，其中特异性图谱 26988 条，特异性肽段 18425 条，共鉴定到 2838 个蛋白质（表3-3）。鉴定的肽段中，长度为 8 个氨基酸的肽段最多，大多数肽段的长度在 7~32 个氨基酸，如图 3-12、图 3-13 所示。

表 3-3　iTRAQ 蛋白质组学的鉴定结果统计　　　　单位：条

组名	数量
二级质谱图谱总数量	323625
鉴定的图谱总数量	92723
特有图谱总数量	26988
特有肽段序列数量	18425
鉴定的蛋白质总数量	2383

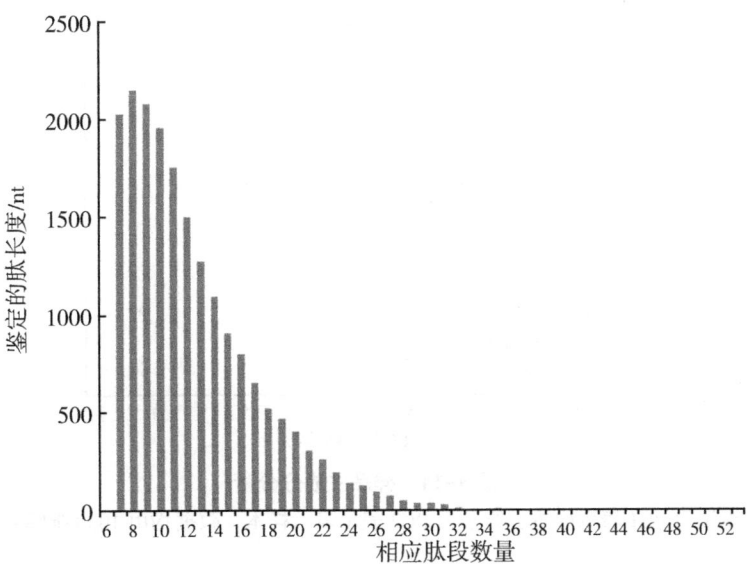

图 3-12 肽段长度分布图

三、差异表达蛋白定量分析

iTRAQ 定量通过 Scaffold Q+ 软件计算分析,当 FC>1.3 且 $P<0.05$ 时,确定为差异表达蛋白上调,当 FC<0.77 且 $P<0.05$ 时,确定为差异表达蛋白下调,共鉴定到 257 个差异表达蛋白(Differentially expressed proteins,DEPs)。在 D/PD 比较组合中,共鉴定到 139 个 DEPs,其中 82 个上调,57 个下调;在 TD/D 比较组合中,共鉴定到 118 个 DEPs,其中 84 个上调,34 个下调,如图 3-13 所示。此外,将差异表达蛋白质的氨基酸序列提交至 NCBI 非冗余数据库(Nr)比较并识别同源性最高的蛋白质进行注释(E 值为 1e-5)。

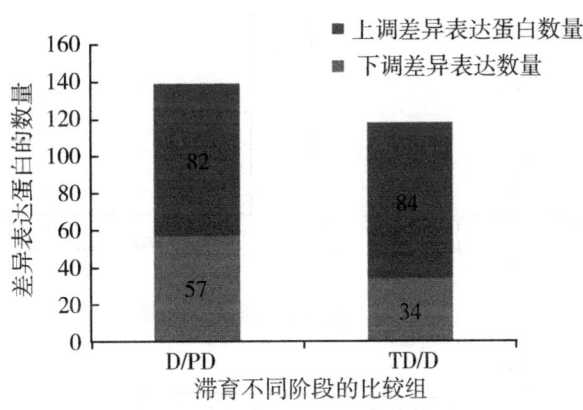

图 3-13 差异表达蛋白结果统计

1. 主成分分析(Principal component analysis,PCA)

对蛋白质组数据进行降维分析,计算蛋白质表达量的主成分。结果显示,除 D-1 外,每个发育阶段的 3 个生物学重复性较好,如图 3-14 所示。

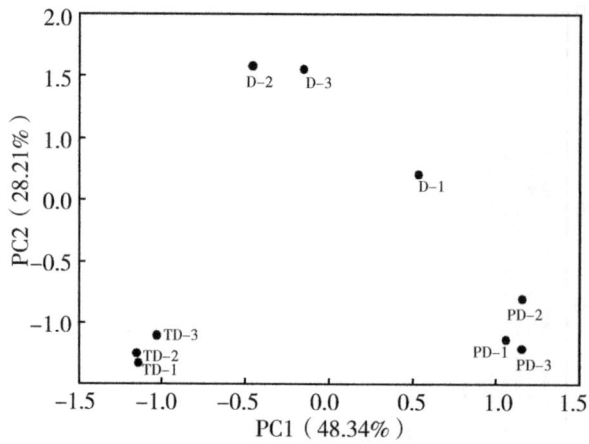

图3-14 样品主成分分析

注：横轴为PC1表示样本，纵轴为PC2表示表示样本，数据均由1000维降到2维。

2. DEPs火山图

火山图可以直接反应总体蛋白质的表达情况，以 FC 的 $\log_2$ 值为横坐标，以 P 值的 $-\log_{10}$ 变化值为纵坐标，根据显著性变化的阈值为分界线，红点为上调的DEPs，绿点为下调的DEPs，蓝点为没有差异表达的蛋白质，两条红色虚线代表筛选条件，如图3-15所示。

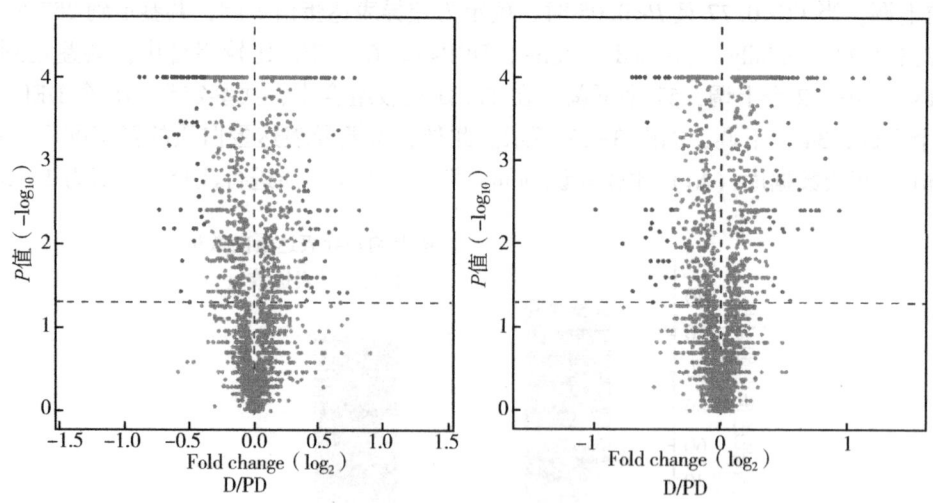

图3-15 差异表达蛋白火山图

3. 差异蛋白层聚类分析

对每个样品的蛋白质相对含量进行层聚类分析，如图3-16所示。聚类分析结果显示，D/PD和TD/D比较组中，基因总体的表达模式与对照存在很大差异，样本间的重复性较好。

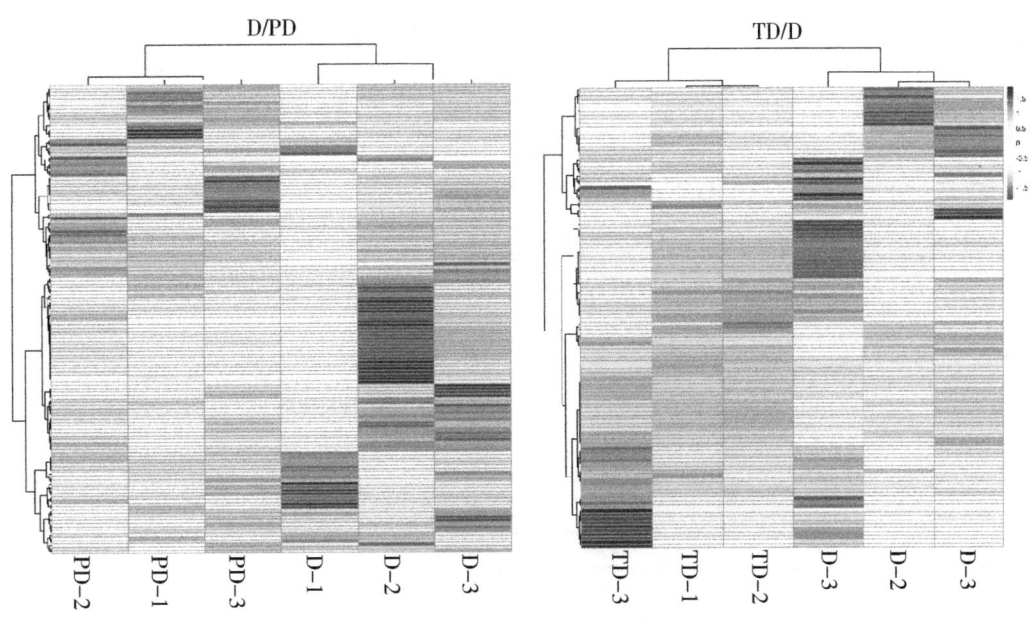

图 3-16 差异表达蛋白聚类热图

注：颜色深浅表示肽段或者蛋白质表达量的大小，横轴方向对肽段或蛋白质进行聚类分析，聚类枝越短则代表相似性越高；纵轴方向对样本进行聚类分析。

四、差异蛋白 GO 分析

为进一步揭示沙葱萤叶甲成虫夏滞育不同阶段蛋白质功能类群的变化，对 D/PD 和 TD/D 两个比较组的 DEPs 进行基因本体（Gene Ontology，GO）注释分析。结果显示，在 D/PD 比较组中，鉴定到的 139 个 DEPs 共分为三大类 30 个 GO 类别。在生物过程（Biological Process，BP）类别中，细胞过程（Cellular process）所占比例最多，其次是细胞氮化合物代谢过程（Cellular nitrogen compound metabolic process）和氮化合物代谢过程（Nitrogen compound metabolic process）；在分子功能（Molecular Function，MF）类别中，主要分布在核糖体的结构组成（Structural constituent of ribosome）、结构分子活性（Structural molecule activity）和核苷三磷酸活性（Nucleoside-triphosphatase activity）；在细胞组分（Cellular Component，CC）类别中，细胞组分（Cell part）和细胞（Cell）两个类别所占比例最多，其次是细胞质（Cytoplasm）。在 TD/D 比较组中，鉴定到的 118 个 DEPs 共分为三大类 30 个 GO 类别。在生物过程类别中，初级代谢过程（Primary metabolic process）和有机物代谢过程（Organic substance metabolic process）所占比例最多，其次是单有机体过程（Single-organism process）；在分子功能类别中，催化活性（Catalytic activity）所占比例最多，其次是肽酶活性（Peptidase activity）和外肽酶活性（Exopeptidase activity）；在细胞组分（Cellular Component，CC）类别中，胞内（Intracellular）所占比例最多，其次是高尔基体部分（Golgi apparatus part）和微管（Microtubule）（图 3-17）。

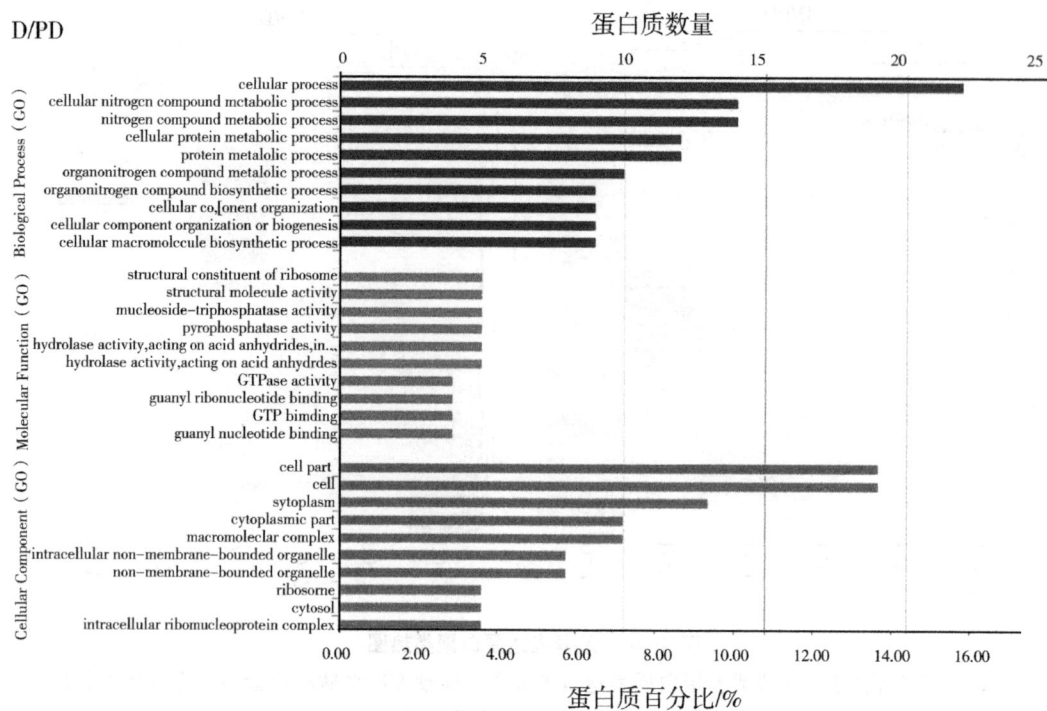

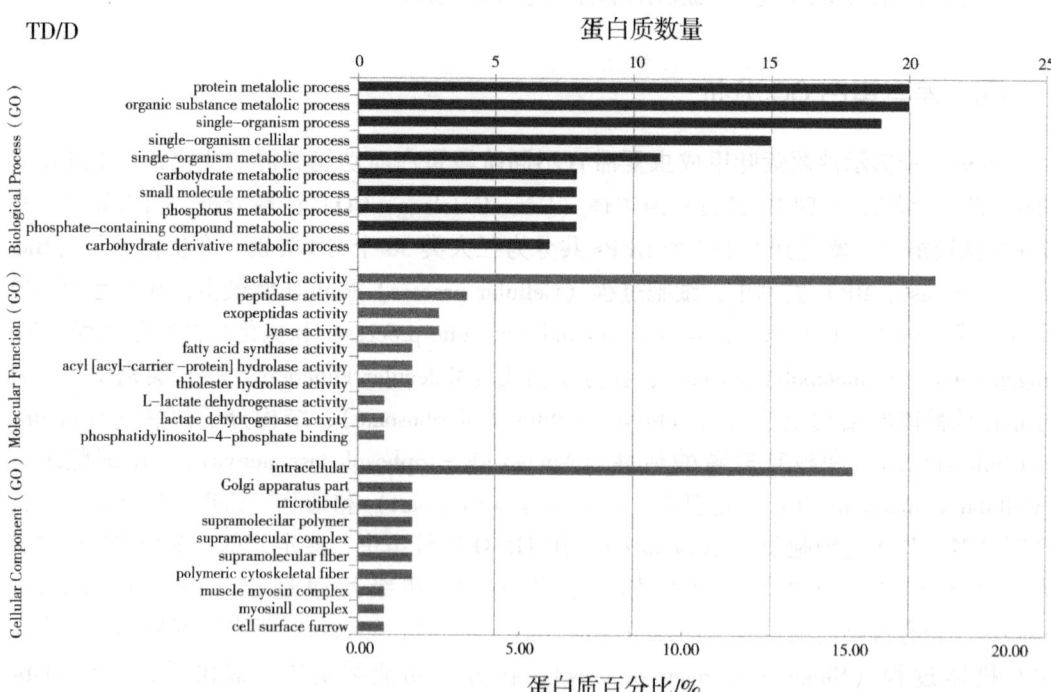

图 3-17 差异表达蛋白 GO 分析

五、差异蛋白 KEGG 分析

为进一步探究 DEPs 参与的生物学功能，对 DEPs 参与的代谢通路进行 KEGG（Kyoto Encyclopedia of Genes and Genomes）富集分析。KEGG 富集分析显示，D/PD 比较组的 DEPs 共富集在 36 条通路上，其中有 5 条通路显著富集（$P<0.05$），包括吞噬体（Phagosome）、内质网中的蛋白质加工（Protein processing in endoplasmic reticulum）、溶酶体（Lysosome）、核糖体（Ribosome）和寿命调节-多物种（Longevity regulating pathway - multiple species）代谢通路。TD/D 比较组的 DEPs 共富集在 44 条通路上，其中有 7 条通路显著富集（$P<0.05$），包括糖酵解/糖异生（Glycolysis/Gluconeogenesis）、碳代谢（Carbon metabolism）、吞噬体（Phagosome）、精氨酸和脯氨酸代谢（Arginine and proline metabolism）、氨基酸生物合成（Biosynthesis of amino acids）、脂肪酸生物合成（Fatty acid biosynthesis）和磷酸戊糖通路（Pentose phosphate pathway）代谢通路（表 3-4）。此外，我们发现，吞噬体通路在 D/PD 和 TD/D 两个比较组中均显著富集，说明该通路可能在沙葱萤叶甲成虫夏滞育中起着重要作用

表 3-4　差异蛋白 KEGG 富集通路分析

编号 ID	通路	差异基因数	背景基因数	P 值
	D/PD			
1	Phagosome	6	68	0.0002
2	Protein processing in endoplasmic reticulum	6	136	0.0063
3	Lysosome	6	146	0.0087
4	Ribosome	5	129	0.0204
5	Longevity regulating pathway-multiple species	3	56	0.0319
6	Non-homologous end-joining	1	10	0.1224
7	RNA degradation	2	60	0.1656
8	Amino sugar and nucleotide sugar metabolism	2	61	0.1698
9	RNA transport	3	123	0.1854
10	Endocytosis	3	132	0.2127
11	Protein export	1	21	0.2300
12	Mismatch repair	1	22	0.2392
13	Phototransduction - fly	1	23	0.2482
14	Homologous recombination	1	25	0.2659
15	Base excision repair	1	26	0.2746

(续表)

编号 ID	通路	差异基因数	背景基因数	P 值
16	Alanine, aspartate and glutamate metabolism	1	32	0.3246
17	Arginine and proline metabolism	1	34	0.3406
18	Carbon metabolism	2	102	0.3480
19	Pyruvate metabolism	1	36	0.3561
20	DNA replication	1	38	0.3713
21	Nucleotide excision repair	1	39	0.3788
22	TGF-beta signaling pathway	1	41	0.3934
23	Spliceosome	2	115	0.4032
24	Glycolysis / Gluconeogenesis	1	43	0.4077
25	Phosphatidylinositol signaling system	1	47	0.4354
26	Glutathione metabolism	1	62	0.5282
27	Biosynthesis of amino acids	1	63	0.5338
28	mRNA surveillance pathway	1	67	0.5557
29	Drug metabolism - cytochrome P450	1	68	0.5610
30	Metabolism of xenobiotics by cytochrome P450	1	71	0.5765
31	mTOR signaling pathway	1	88	0.6548
32	MAPK signaling pathway - fly	1	93	0.6750
33	Peroxisome	1	98	0.6940
34	Oxidative phosphorylation	1	115	0.7508
35	Purine metabolism	1	142	0.8203
36	Metabolic pathways	7	936	0.9430
TD/D				
1	Glycolysis / Gluconeogenesis+G23A3A2: D35	7	43	0.0000
2	Carbon metabolism	7	102	0.0030
3	Phagosome	5	68	0.0091
4	Arginine and proline metabolism	3	34	0.0270
5	Biosynthesis of amino acids	4	63	0.0302
6	Fatty acid biosynthesis	2	14	0.0316
7	Pentose phosphate pathway	2	18	0.0478
8	Glutathione metabolism	3	62	0.1069

（续表）

编号 ID	通路	差异基因数	背景基因数	P 值
9	Fructose and mannose metabolism	2	30	0.1090
10	Lysosome	5	146	0.1280
11	Pyruvate metabolism	2	36	0.1445
12	Sulfur metabolism	1	9	0.1634
13	Metabolic pathways	21	936	0.1674
14	Mucin type O-Glycan biosynthesis	1	10	0.1782
15	Non-homologous end-joining	1	10	0.1782
16	Ribosome	4	129	0.2080
17	Pantothenate and CoA biosynthesis	1	15	0.2484
18	Fatty acid metabolism	2	54	0.2602
19	Longevity regulating pathway-multiple species	2	56	0.2734
20	Apoptosis - multiple species	1	19	0.3003
21	Amino sugar and nucleotide sugar metabolism	2	61	0.3062
22	Starch and sucrose metabolism	2	60	0.3582
23	Arachidonic acid metabolism	1	24	0.3601
24	beta-Alanine metabolism	1	24	0.3601
25	Propanoate metabolism	1	24	0.3601
26	Ether lipid metabolism	1	25	0.3715
27	Homologous recombination	1	25	0.3715
28	Galactose metabolism	1	26	0.3826
29	Protein processing in endoplasmic reticulum	3	136	0.4471
30	Cysteine and methionine metabolism	1	33	0.4554
31	Glycine, serine and threonine metabolism	1	33	0.4554
32	N-Glycan biosynthesis	1	40	0.5196
33	Proteasome	1	40	0.5196
34	TGF-beta signaling pathway	1	41	0.5282
35	Apoptosis - fly	1	49	0.5913
36	Oxidative phosphorylation	2	115	0.6170
37	Spliceosome	2	115	0.6170

(续表)

编号 ID	通路	差异基因数	背景基因数	P 值
38	Hippo signaling pathway – fly	1	53	0.6197
39	Drug metabolism – other enzymes	1	60	0.6647
40	RNA degradation	1	60	0.6647
41	Endocytosis	2	132	0.6904
42	Pyrimidine metabolism	1	87	0.7940
43	mTOR signaling pathway	1	88	0.7977
44	RNA transport	1	123	0.8928

第四节 沙葱萤叶甲成虫夏滞育相关基因的克隆与表达分析

一、保幼激素结合蛋白基因 GdJHBP 的克隆及表达分析

(一) GdJHBP 的克隆及生物信息学分析

根据本试验室组装的沙葱萤叶甲转录组 GdJHBP 基因序列信息，设计引物扩增出中间片段大小为 755bp，测序结果与转录组数据库中该基因的序列一致。经 5′RACE 的巢式扩增反应，得到 139bp 的片段。经 3′RACE 的巢式扩增反应，得到 281bp 的片段。测序结果经比对后表明这 2 个片段均为所需目的片段，根据重叠区域将 3 部分片段拼接，得到 GdJHBP 基因的 cDNA 全长序列。

沙葱萤叶甲 GdJHBP 基因的 cDNA 全长为 826bp（GenBank 登录号：MG460309），其中开放阅读框长 714bp，编码 237 个氨基酸，编码蛋白区左翼 5′非编码区长度为 41bp，编码蛋白区右翼 3′非编码区长度为 71bp，包含 ploy（A）尾巴（图 3-18A）。

生物信息学分析表明，沙葱萤叶甲 GdJHBP 蛋白的分子量 26.58kDa，理论预测等电点为 4.37。蛋白质结构与分析结果表明，GdJHBP 的氨基酸序列的 JHBP 超家族的保守功能域位于第 27~189 位氨基酸（图 3-18B）；SignalP4.1Server 预测结果显示，GdJHBP 在 N 端包含一个长为 18 个氨基酸残基（MFLFKVFTILSLALLARG）的信号肽；TMHMM 软件分析蛋白跨膜区域结果表明，GdJHBP 蛋白不含跨膜结构。

(二) GdJHBP 的同源性比对及系统发育关系分析

利用 GdJHBP 编码的氨基酸序列去搜索其他昆虫的 JHBP 氨基酸序列比对分析。序列比对结果显示（图 3-19），沙葱萤叶甲 GdJHBP 氨基酸序列与其他昆虫 JHBP 的氨基酸序列一致性较低。GdJHBP 与同为鞘翅目的马铃薯甲虫（*Leptinotarsa decemlineata*）JHBP3p2 和棕榈象（*Rhynchophorus ferrugineus*）JHBP 氨基酸序列一致性最高，均为 30%，其次为马铃薯甲虫 JHBP5p2 和马铃薯甲虫 JHBP5p1，氨基酸序列一致性分别为 29% 和 28%。

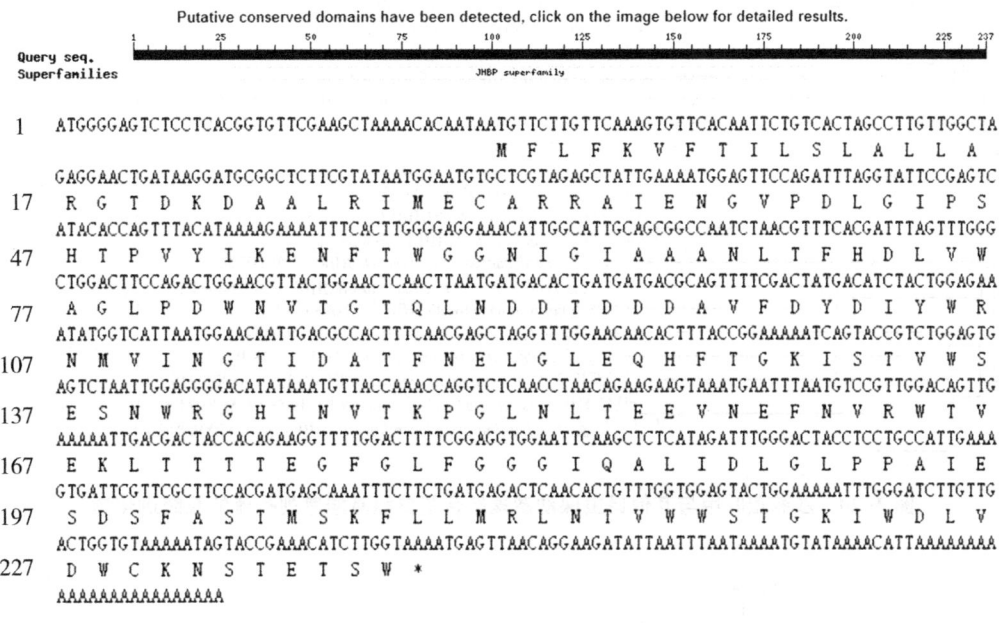

**图 3-18 沙葱萤叶甲 *GdJHBP* 基因的核苷酸及推导的编码氨基酸序列
（A）及序列包含的保守功能域（B）**

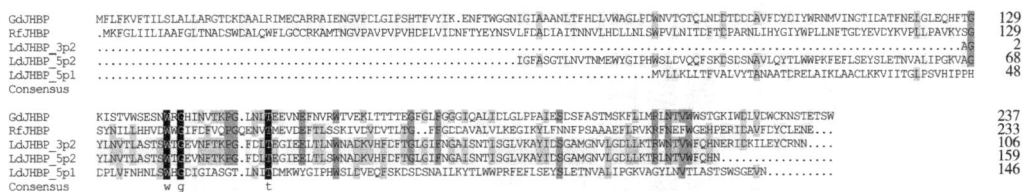

图 3-19 沙葱萤叶甲 *GdJHBP* 与其他昆虫 *JHBP* 基因的氨基酸序列比对

通过 NCBI 搜索其他目昆虫已上传的保幼激素结合蛋白的氨基酸序列与沙葱萤叶甲 GdJHBP 序列信息结合，构建系统进化树。结果显示（图 3-20），其他目昆虫的细胞质、血淋巴和细胞核 JHBP 分别聚为一支。GdJHBP 首先与同属鞘翅目的棕榈象（*Rhynchophorus ferrugineus*）血淋巴 hJHBP 聚在一起，然后与马铃薯甲虫 3 条未知类型的 JHBP 序列聚为一支，说明沙葱萤叶甲 GdJHBP 与棕榈象和马铃薯甲虫 JHBP 的亲缘关系最近。

（三）*GdJHBP* 发育阶段和组织特异性表达

RT-qPCR 分析表明（图 3-21），*GdJHBP* 在沙葱萤叶甲不同发育阶段均有表达，且存在显著差异（$P<0.05$）。其中，在 1 龄和 2 龄幼虫中表达量最高，其次为 3 龄幼虫，在卵和蛹中的表达量最低；在成虫期，*GdJHBP* 表达量在滞育前（羽化 3d）较高，进入滞育（羽化 7d）以后，表达量显著下降并维持在较低的水平，羽化 40d 以后随着成虫发育，表达量又逐渐升高，滞育解除（羽化后 100d）后，表达量显著上升，但远低于幼虫期的表达量。从图 3-22 可知，*GdJHBP* 在沙葱萤叶甲成虫头、胸和腹部均有表达，但在胸和

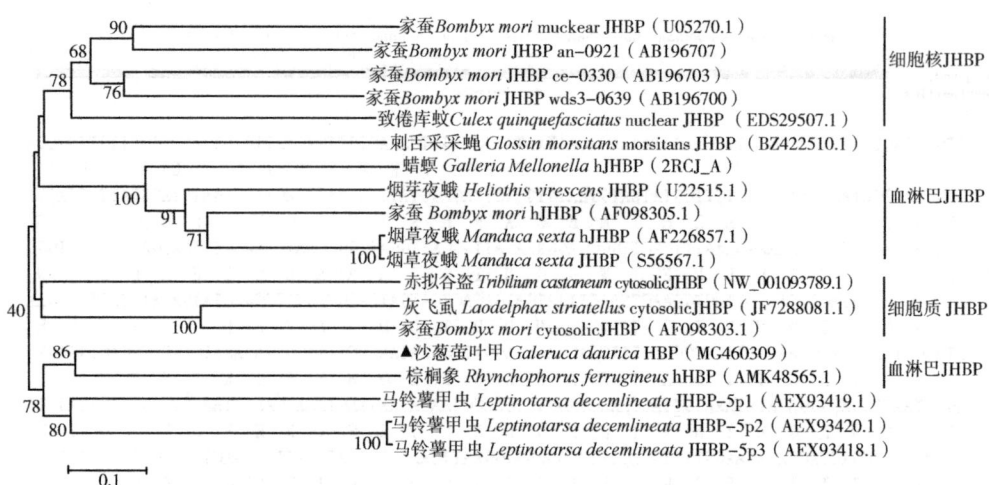

图3-20 沙葱萤叶甲与其他昆虫保幼激素结合蛋白氨基酸序列构建的系统进化树

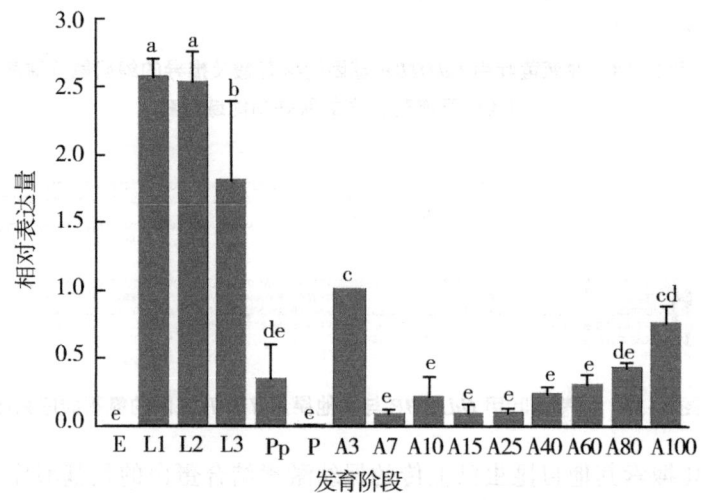

图3-21 *JHBP*在沙葱萤叶甲不同发育阶段的表达量

注：E为卵Egg；L1~L3为1~3龄幼虫；Pp为预蛹；P为蛹；A3~A100为成虫羽化后天数。图中数据为平均数±标准误，柱上标有不同字母表示差异显著（$P<0.05$）。下图同。

腹部的表达量远高于头部。

（四）高温对 *GdJHBP* 表达的影响

从图3-23可知，沙葱萤叶甲成虫在高温胁迫下处理1h后，*GdJHBP*表达量显著上升（$P<0.05$），且随温度升高而呈现上升的趋势，35℃时达到最高值，而后略有下降且差异显著（$P<0.05$）。

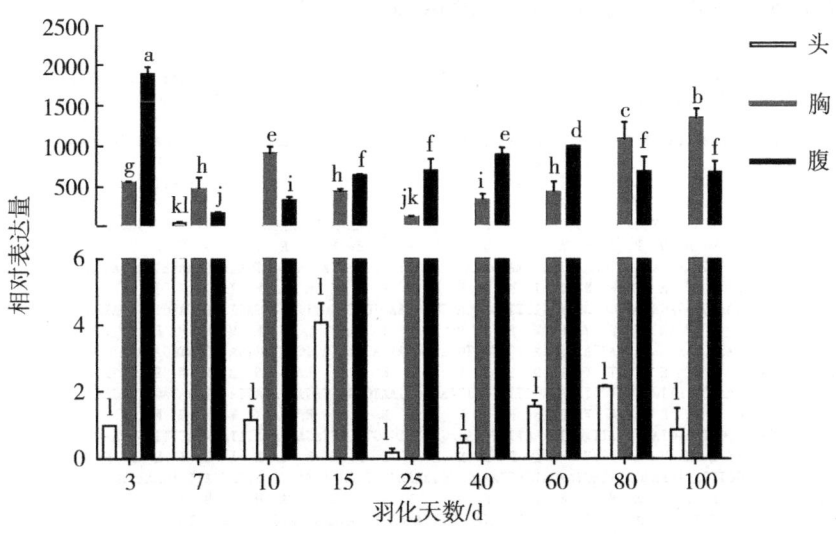

图 3-22 *GdJHBP* 在沙葱萤叶甲成虫不同组织中的表达量

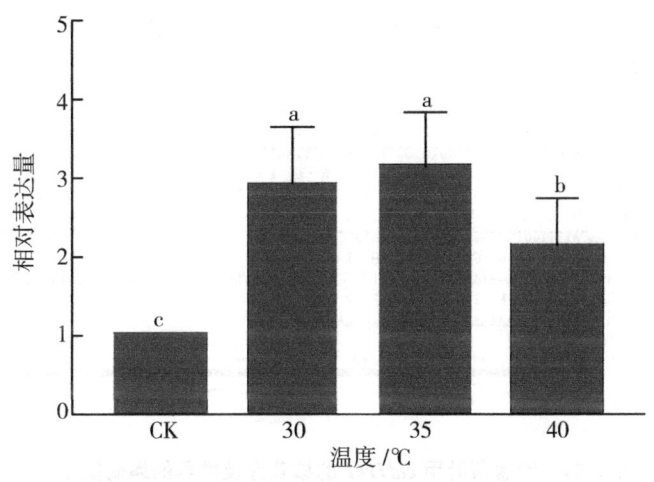

图 3-23 *JHBP* 在不同温度下的表达量

二、海藻糖酶基因 *GdTre1* 的克隆与表达分析

(一)沙葱萤叶甲海藻糖酶基因的克隆及序列分析

根据本试验室已测转录组中筛选出的沙葱萤叶甲海藻糖酶基因序列信息,设计 PCR 引物扩增出中间片段大小为 1726 bp,所得测序结果与转录组数据库中该基因序列信息完全一致。经 5′RACE 的第二轮的巢式扩增反应,得到的片段大小为 483bp。经 3′RACE 的巢式扩增反应,得到 241bp 的片段。测序结果经比对分析后表明:两个扩增片段与预期目的片段相符,根据已有重叠序列分别将 3 个片段拼接,获得沙葱萤叶甲海藻糖酶基因的 cDNA 的全长序列为 1933 bp,其中,开放阅读框长为 1704 bp,编码 567 个氨基酸,编码蛋白区左翼 5′UTR 长度为 138bp,编码蛋白区右翼 3′UTR 长度为 91bp,包含 ploy(A)尾

巴，并命名为 *GdTre1*（GenBank 登录号：MG460307）（图 3-24）。

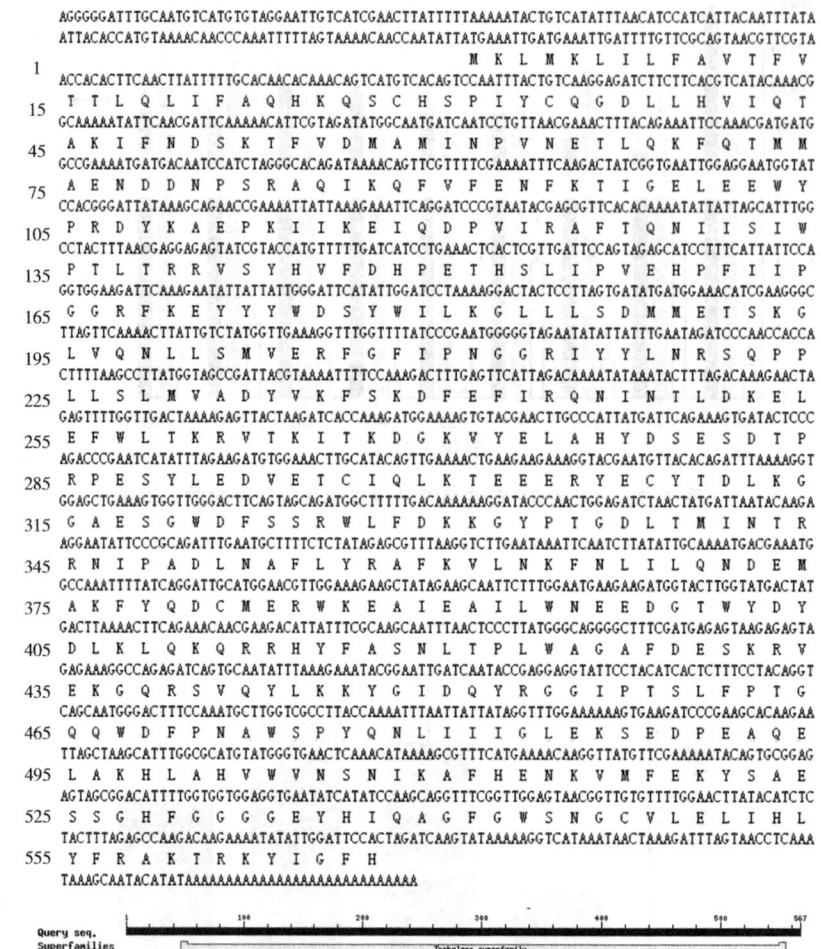

**图 3-24　沙葱萤叶甲 *GdTre1* 的核苷酸及推导的编码氨基酸序列
（A）及序列包含的保守功能域（B）**

生物信息学分析表明，沙葱萤叶甲 *GdTre1* 编码的蛋白的分子量为 66.56kDa，理论预测等电点为 6.62。蛋白结构域预测表明，GdTre1 有海藻糖酶超基因家族典型的功能结构域；SignalP 4.1 Server 预测结果显示，GdTre1 在 N 端包含一个长为 22 个氨基酸残基（MKLMKLILFAVTFVTTLQLIFA）的信号肽；TMHMM 软件分析蛋白跨膜区域结果表明，GdTre1 酶蛋白不含跨膜结构。

（二）GdTre1 的同源比对和系统发育关系分析

利用 *GdTre1* 编码的氨基酸序列去搜索其他昆虫的海藻糖酶氨基酸序列比对分析（图 3-25），结果发现 GdTre1 与同为鞘翅目的马铃薯甲虫（*Leptinotarsa decemlineata*）Tre 1b（GenBank 登录号：AOT99588.1）的同源性最高，氨基酸一致性为 70.25%；其次为马铃薯甲虫 Tre 1a（GenBank 登录号：AOT99587.1）、黄粉虫（*Tenebrio molitor*）Tre1

(GenBank 登录号：AGO32658.1)、亚洲玉米螟（*Ostrinia furnacalis*）Tre1（GenBank 登录号：ANY30160.1）及稻纵卷叶螟（*Cnaphalocrocis medinalis*）Tre1（GenBank 登录号：ALF03966.1），氨基酸一致性分别为 49.21%、49.03%、45% 和 44%。

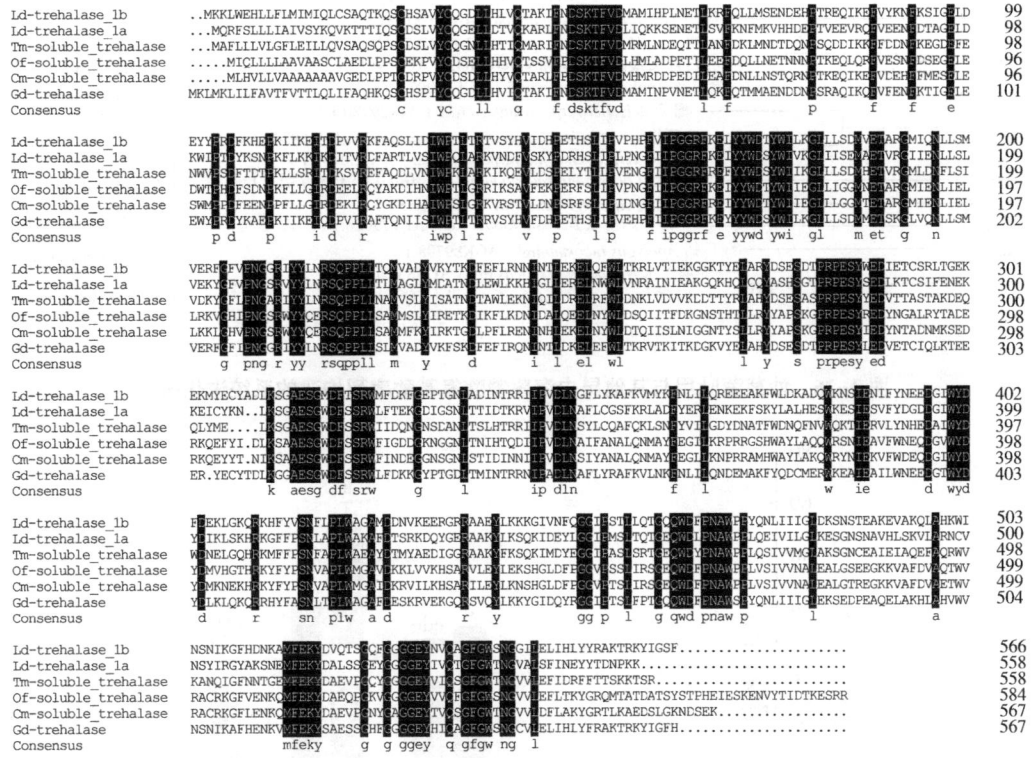

图 3-25　沙葱萤叶甲 *GdTre1* 与其他昆虫 *Tre* 基因的氨基酸序列比对

利用从 NCBI 数据库中搜索得到的其他昆虫已知海藻糖酶的氨基酸序列信息构建系统进化树。结果显示（图 3-26），沙葱萤叶甲 GdTre1 与其他鞘翅目昆虫的可溶性海藻糖酶聚为一支，其他昆虫的膜结合型海藻糖酶聚为另一支；沙葱萤叶甲海藻糖酶与马铃薯甲虫的海藻糖酶亲缘关系最近，而与其他非鞘翅目海藻糖酶的亲缘关系较远。表明海藻糖酶在鞘翅目昆虫和其他目昆虫中均具有相对保守的进化关系。

（三）*GdTre1* 在沙葱萤叶甲不同发育阶段的表达分析

采用 RT-qPCR 方法对沙葱萤叶甲 *GdTre1* 在不同发育阶段的相对表达量进行了测定。结果表明（图 3-27），在昆虫的整个发育阶段，*GdTre1* 均有表达，且在不同发育阶段间存在显著差异（$P<0.05$），其中卵期和成虫大部分发育阶段 *GdTre1* 表达量显著高于幼虫、预蛹及蛹等发育阶段的表达量。

（四）沙葱萤叶甲成虫不同发育阶段海藻糖酶活性的测定

从图 3-28 可知，海藻糖酶活性在沙葱萤叶甲成虫不同发育时期存在显著差异（$P<0.05$），海藻糖酶活性在 25d 时活性最高，在 3d、15d 和 60d 活性最低，与 *GdTre1* 表达量相一致。

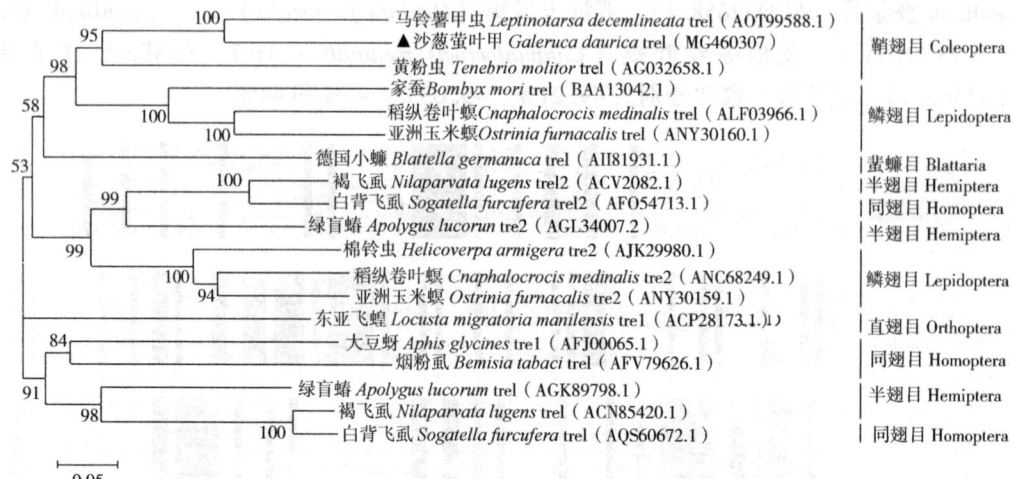

图 3-26 沙葱萤叶甲与其他昆虫海藻糖酶氨基酸序列构建的系统进化树

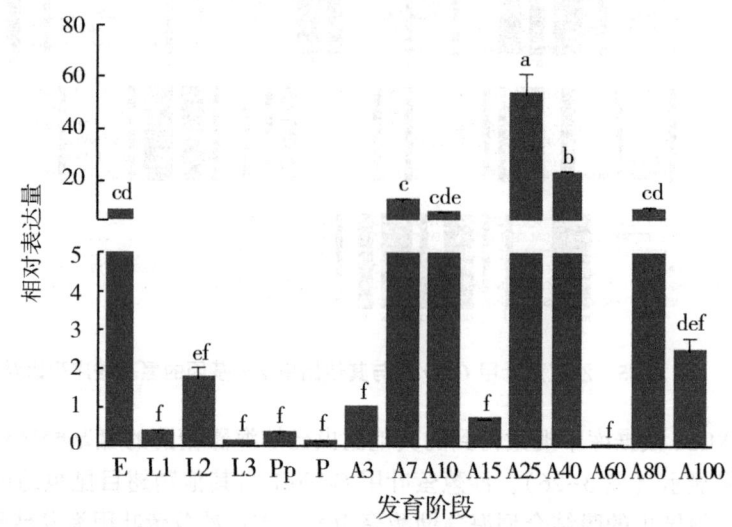

图 3-27 沙葱萤叶甲不同发育阶段 *GdTre1* 的表达量

（五）*GdTre1* 在沙葱萤叶甲成虫不同发育阶段的组织表达分析

RT-qPCR 检测结果表明（图 3-29），*GdTre1* 在成虫羽化后不同时期头、胸和腹间的相对表达量存在显著差异（$P<0.05$），多数时期腹部表达量最高，其次胸部，最低为头部。成虫羽化后第 25、第 40、第 80 和第 100 天，*GdTre1* 在各组织中的表达量显著高于其他时期的表达量。

（六）温度胁迫对 *GdTre1* 表达的影响

从图 3-30 可知，沙葱萤叶甲成虫在不同温度下处理 1h 后，*GdTre1* 表达量存在显著差异（$P<0.05$），且有随着温度的升高而呈现上升的趋势，30℃时达到最高值，然后略有下降，但差异不显著。

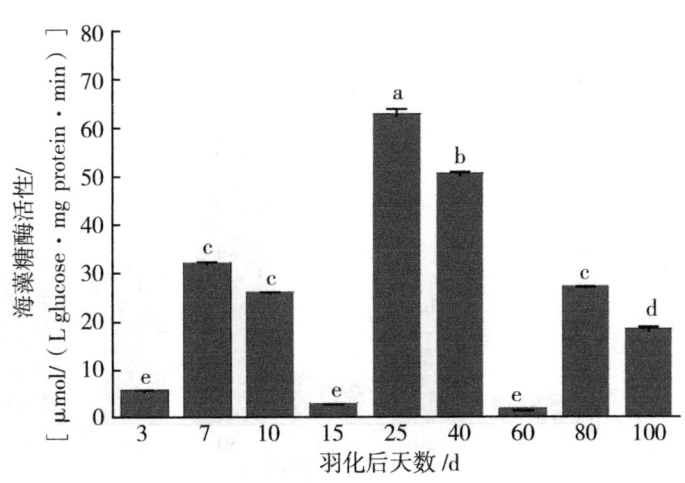

图 3-28 沙葱萤叶甲成虫不同发育阶段海藻糖酶的活性

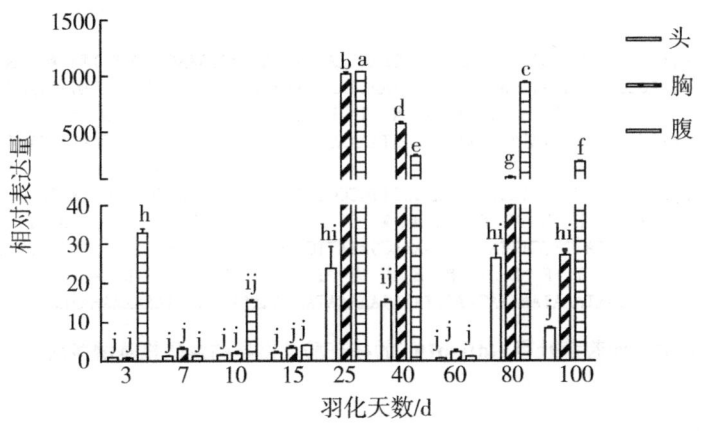

图 3-29 *GdTre1* 在沙葱萤叶甲成虫不同发育时期的组织表达谱

三、热激蛋白基因 *GdHsp10a* 的克隆与表达分析

（一）沙葱萤叶甲 *Hsp10a* 基因的克隆及序列分析

通过 RT-PCR 技术，利用本实验室转录组序列信息，设计特异性引物扩增出片段大小为 340bp，经测序验证，序列信息与转录组完全一致。经 5′RACE 扩增反应扩增得到 300bp 的片段。经 3′RACE 扩增反应扩增得到 320bp 的片段。目的基因及 5′和 3′序列经测序比对验证后表明均为预期的片段，将 3 部分进行拼接，得到 *Hsp10* 基因的 cDNA 的全长序列，并命名为 *Gdhsp10a*（GenBank 登录号：MG460308）。该基因 cDNA 全长为 526bp，开放阅读框长为 333bp，编码 110 个氨基酸，编码蛋白区左翼 5′非编码区长度为 98bp，编码蛋白区右翼 3′非编码区长度为 95bp，包含 ploy（A）尾（图 3-31）。沙葱萤叶甲 GdHsp10a 编码蛋白的分子量为 11.97kDa，理论预测等电点为 9.74，无信号肽，不含跨膜结构。

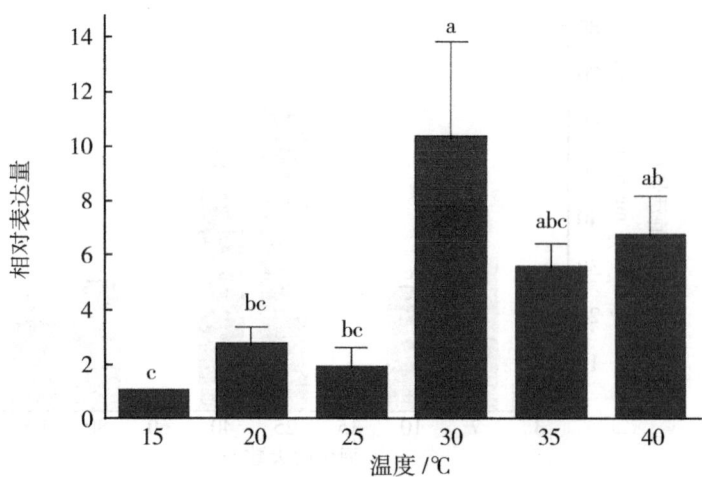

图 3-30 沙葱萤叶甲 *GdTre1* 在不同温度处理下的表达量

```
       ATGGGGAGTCTAGTCGTAAGTGAAACGTCAAATAAAATCTGTCAATCAATTTCTAATATCGAACTTTGTGTTATATAAAGAAAACCCACG
       TTTTAGTAATGTCTGCTGTGCCGAAAATAGCCACGGCTATTAAAATTAAGAAAATAGTACCCGTTGATGAACAGAGTACTGATTAAAAAAG
   1     M  S  A  V  P  K  I  A  T  A  I  K  I  K  K  I  V  P  L  M  N  R  V  L  I  K  K
       CCGAAGCGGAGACTCAAACCAAGGGAGGTATAGTATTACCGGATAAAACGAAAGTTAAACTACAAAAAGGCACAGTTCTCGCCGTAGGAC
  28     A  E  A  E  T  Q  T  K  G  G  I  V  L  P  D  K  T  K  V  K  L  Q  K  G  T  V  L  A  V  G
       CTGGTAATAAAACCGATACCGGACATGTAGTACCGGTTAATGTTTGCCCCGGAGACGAAGTCATTCTAGCCGATTACGGCGGTACCAGAA
  58     P  G  N  K  T  D  T  G  H  V  V  P  V  N  V  C  P  G  D  E  V  I  L  A  D  Y  G  G  T  R
       TCGAATTAGATAAAGACGAAGTTTATTTCCTTTATAGAGAAAACGAAATTCTAGCCAAACTGAAAGATTGAATGAATTATATTTATCGTA
  88     I  E  L  D  K  D  E  V  Y  F  L  Y  R  E  N  E  I  L  A  K  L  K  D  *
       TTTCACCTGTAATGTTTTATTTGATAAATAAATACATTTTATAGAAAAATAAAAAATAAAAAAAAAAAAAAAAAAA
```

图 3-31 沙葱萤叶甲 GdHsp10a 的核苷酸及推导的编码氨基酸序列

(二) 沙葱萤叶甲 Hsp10a 同源比对和系统进化分析

利用 *Gdhsp10a* 编码的氨基酸序列在 GenBank 数据库中搜索其他昆虫的 Hsp10 序列并比对分析 (图 3-33)。结果表明, GdHsp10a 与同属鞘翅目的光肩星天牛 (*Anoplophora glabripennis*) 及中欧山松大小蠹 (*Dendroctonus ponderosae*) 氨基酸序列一致性最高, 分别达到 53.15% 和 52.68%, 而与膜翅目的弓背蚁则为 48.18%。

图 3-32 沙葱萤叶甲与其他昆虫 Hsp10 氨基酸序列比对

注: 黑色阴影标示为一致的氨基酸。AgHsp10 为光肩星天牛 (XP_018567272.1); DpHsp10 为中欧山松大小蠹 (XP_019767997.1); CfHsp10 为佛罗里达弓背蚁 (XP_011261971.1); GdHsp10a 为沙葱萤叶甲 Hsp10a (MG460308); Consensus 为共有序列。

在 NCBI 中的 GenBank 数据库中上搜索部分鞘翅目和其他目昆虫 HSP10 的氨基酸序列构建系统进化树 (图 3-33)。结果表明, 除赤拟谷盗 TcHSP10 外, 同一目昆虫的 Hsp10

聚在一起；沙葱萤叶甲 GdHsp10 首先与同为鞘翅目的光肩星天牛 AgHsp10 聚为一支，然后与中欧山松大小蠹 DpHsp10 聚为一大类。

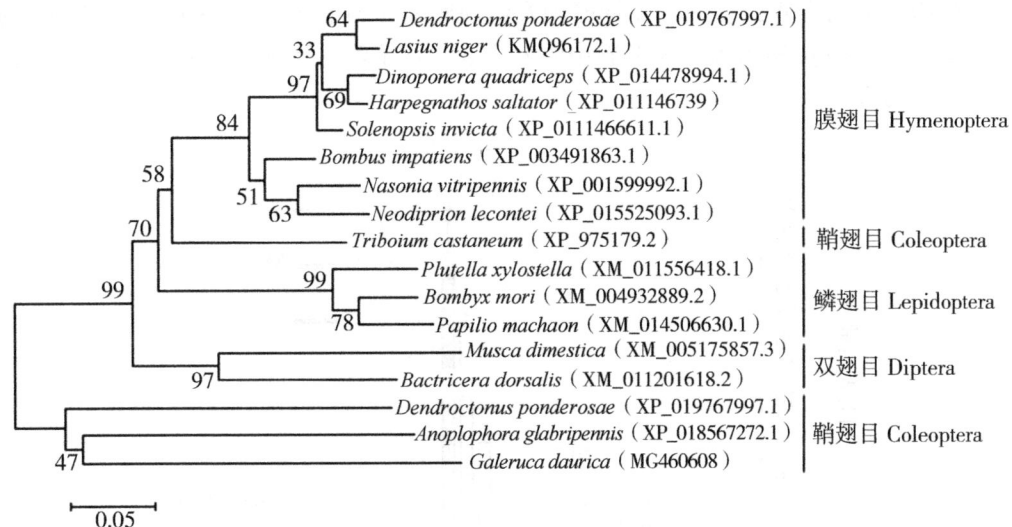

图 3-33　沙葱萤叶甲与其他昆虫 Hsp10 氨基酸序列构建的系统进化树

（三）*Gdhsp10a* 在沙葱萤叶甲不同发育阶段的表达谱

RT-qPCR 检测结果表明（图 3-34），在沙葱萤叶甲的整个发育阶段，*Gdhsp10a* 均有表达，而且卵和成虫期的表达量显著高于幼虫、预蛹和蛹期（$P<0.05$），幼虫、预蛹和蛹期的表达量最低且差异不显著（$P>0.05$）。成虫羽化后 *Gdhsp10a* 表达量开始逐渐上升，第 15 天略有下降，第 25 天时突然上升至最高峰，第 40 天急剧下降后又逐渐回升。

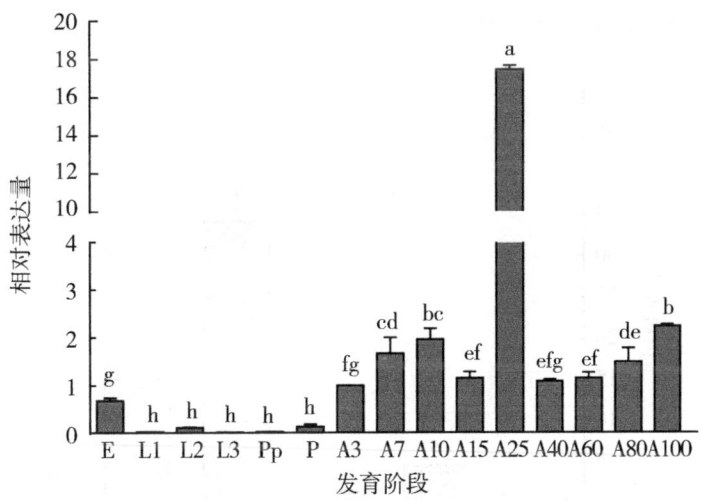

图 3-34　沙葱萤叶甲不同发育阶段 *GdHsp10a* 的表达量

（四）在沙葱萤叶甲成虫不同组织部位的表达谱

从图3-35可知，在沙葱萤叶甲成虫整个发育过程中，*Gdhsp10a*在头、胸和腹部均有表达，但除了羽化后第25天外，不同时期及组织间差异均不显著（$P>0.05$）。在成虫羽化后第25天，*Gdhsp10a*在头、胸和腹中的表达量差异显著，且腹部表达量最高，其次为胸部，最低为头部。

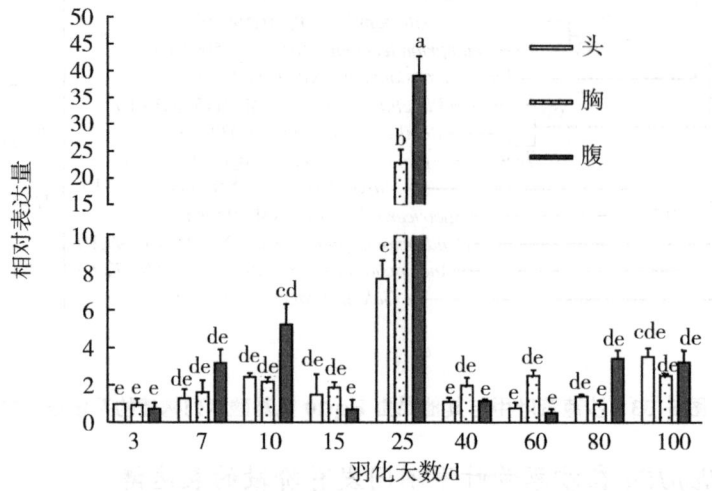

图3-35　*Gdhsp10a*在沙葱萤叶甲成虫不同发育时期的组织表达谱

（五）在不同温度下的表达谱

由图3-36可知，温度对*Gdhsp10a*的表达量有显著影响（$P<0.05$），在30℃下表达量最高，是15℃（对照）的34.2倍；其次为35℃，为对照的15倍；在15℃、20℃、25℃及40℃下，差异不显著（$P>0.05$）。

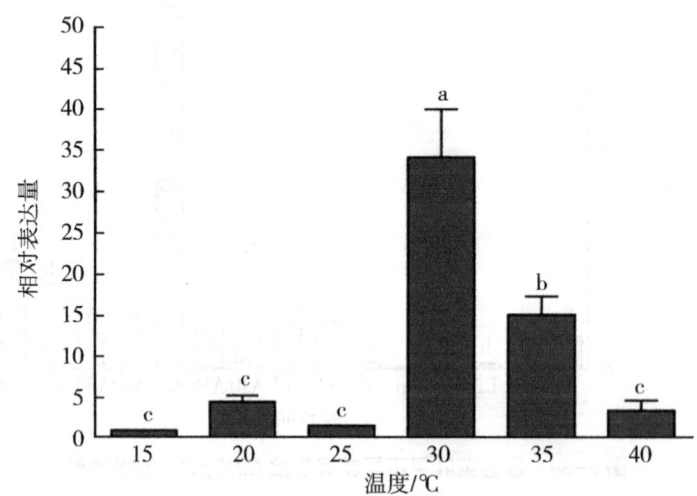

图3-36　沙葱萤叶甲*GdHsp10a*在不同温度下的表达量

四、JH 信号通路相关基因的鉴定与表达分析

（一）Met 序列及表达模式分析

沙葱萤叶甲 *GdMet* 基因的 ORF 长为 1584bp（GenBank 登录号：MW148409），编码 527 个氨基酸。GdMet 编码蛋白质的预测分子量（Mw）为 60.08kDa，理论等电点（pI）值为 6.59，无信号肽序列和跨膜结构域（表3-5）。GdMet 具有典型的 b-HLH-PAS 蛋白家族的保守结构域，包括 b-HLH、PAS-A 和 PAS-B。多重氨基酸序列比对发现 GdMet 与松墨天牛（*Monochamus alternatus*）MaMet 的氨基酸序列一致性最高，为 55.01%（图3-37）。系统进化树结果显示沙葱萤叶甲 GdMet 与松墨天牛 MaMet 和马铃薯甲虫 LdMet 进化关系近且聚为一类，其中与松墨天牛亲缘关系最近（图3-38）。

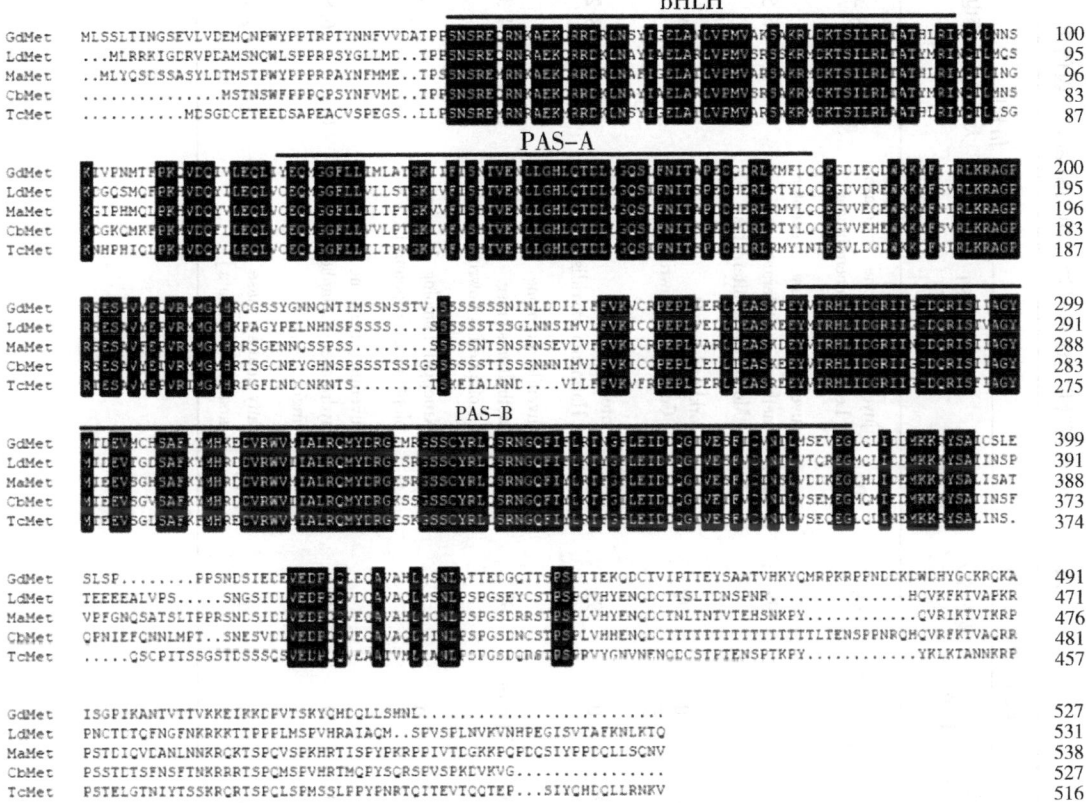

图 3-37　沙葱萤叶甲 GdMet 氨基酸序列比对

注：MaMet 为松墨天牛 *Monochamus alternatus*（ANZ54968.1）；LdMet 为马铃薯甲虫 *Leptinotarsa decemlineata*（AKG92748.1）；CbMet 为大猿甲虫 *Colaphellus bowringi*（AMK38170.1）；TcMet 为赤拟谷盗 *Tribolium castaneum*（NP_001092812.1）。

表 3-5 沙葱萤叶甲 JH 信号通路相关基因的一般信息

同源蛋白 Genk Bank 编号	最佳 BlastX 比对					信号肽 大小/aa	等电点	分子量/kDa	ORF 长度/bp	GenBank 登录号	基因名称
	氨基酸序列一致性/%	E 值	分值	BLAST 注释	覆盖率/%						
XP_023019058.1	48.21	2E-173	509	juvenile hormone esterase [Leptinotarsa decemlineata]	98	—	6.40	59.0109	1569	MW148408	*GdJHE*
ANZ54968.1	61.54	0	626	juvenile hormone receptor methoprene-tolerant [Monochamus alternatus]	98	—	6.59	60.0860	1584	MW148409	*GdMet*
AMK38871.1	78.8	0	422	forkhead box O [Colaphellus bowringi]	99	—	4.48	33.7761	951	MW148410	*GdFOXO*
APR62727.1	53.33	0	1935	vitellogenin 1 [Harmonia axyridis]	99	16	8.24	206.0078	5400	MW148411	*GdVg*
QNT17933.1	49.28	7E-14	74.7	juvenile hormone acid O-methyltransferase [Colaphellus bowringi]	93	—	4.36	8.3901	222	MW148412	*GdJHAMT*
XP_018575408.1	78.24	0	670	Krueppel homolog 1 [Anoplophora glabripennis]	99	—	8.76	54.5083	1464	MW148413	*GdKr-h1*
QHB21919.1	71.59	0	669	juvenile hormone epoxide hydrolase [Colaphellus bowringi]	97	16	6.85	52.3955	1368	MW148414	*GdJHEH*
XP_023019448.1	46.96	0	1923	fatty acid synthase [Leptinotarsa decemlineata]	99	—	5.39	229.3823	6162	MN628295	*GdFAS*

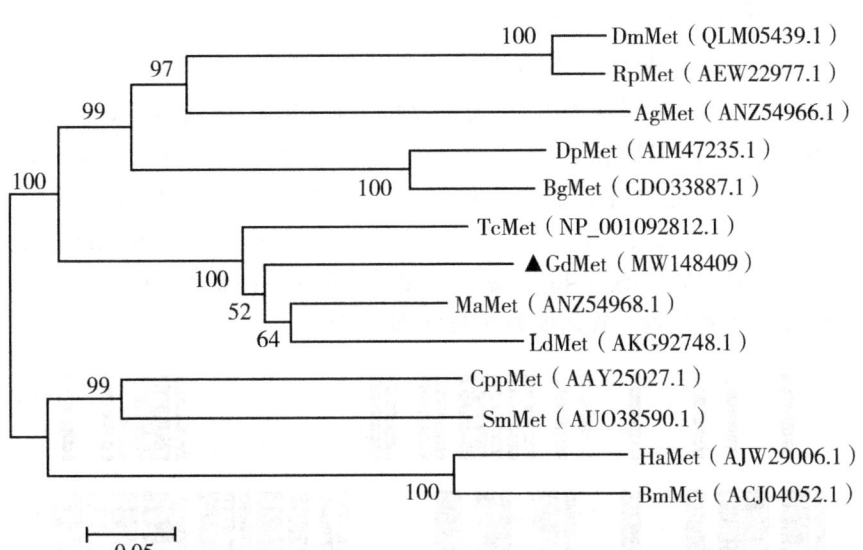

图3-38 沙葱萤叶甲与其他昆虫Met氨基酸序列的系统发育树

注：MaMet 为松墨天牛 *Monochamus alternatus*；LdMet 为马铃薯甲虫 *Leptinotarsa decemlineata*；TcMet 为赤拟谷盗 *Tribolium castaneum*；DpMet 为太平洋折翅蠊 *Diploptera punctata*；BgMet 为德国小蠊 *Blattella germanica*；AgMet 为棉蚜 *Aphis gossypii*；RpMet 为长虹猎蝽 *Rhodnius prolixus*；CppMet 为尖音库蚊 *Culex pipiens pipiens*；SmMet 为麦红吸浆虫 *Sitodiplosis mosellana*；HmMet 为棉铃虫 *Helicoverpa armigera*；BmMet 为家蚕 *Bombyx mori*。

GdMet 在成虫不同滞育阶段的表达模式见图3-39。结果表明 *GdMet* 在各个滞育阶段均表达。以成虫羽化1d的表达量为对照（下同），发现 *GdMet* 表达水平在1~7日龄呈上调趋势，在7日龄时达到最高值；7~15日龄呈快速下调表达，直至40日龄均维持在较低的表达水平；40日龄后表达量为缓慢上调趋势。综上所述，*GdMet* 在沙葱萤叶甲成虫不同滞育阶段的表达水平呈滞育前上调表达；滞育期下调表达且维持

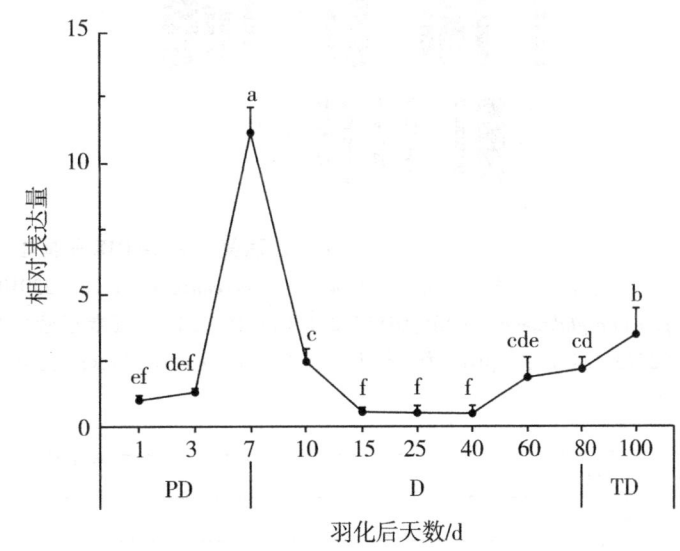

图3-39 *GdMet* 在不同滞育阶段的表达模式

注：PD代表滞育前；D代表滞育期；TD代表滞育后；误差线表示3个生物学重复的标准误差。不同字母表示差异显著（Duncan氏检验，$P<0.05$），下同。

较低表达水平；滞育后缓慢上调表达。

（二）JHE 序列及表达模式分析

沙葱萤叶甲 *GdJHE* 基因的 ORF 长为 1569bp（GenBank 登录号：MW148408），编码 522 个氨基酸。GdJHE 编码蛋白质的预测分子量（Mw）为 59.01kDa，理论等电点（pI）值为 6.40，无信号肽序列和跨膜结构域（表 3-5）。多重氨基酸序列比对发现 GdJHE 与同为鞘翅目的玉米根萤叶甲（*Diabrotica virgifera virgifera*）DvvJHE 的氨基酸序列一致性最高，为 44.74%（图 3-40）。系统进化树结果显示沙葱萤叶甲 GdJHE 与玉米根萤叶甲 DvvJHE 亲缘关系最近，置信度为 69%（图 3-41）。

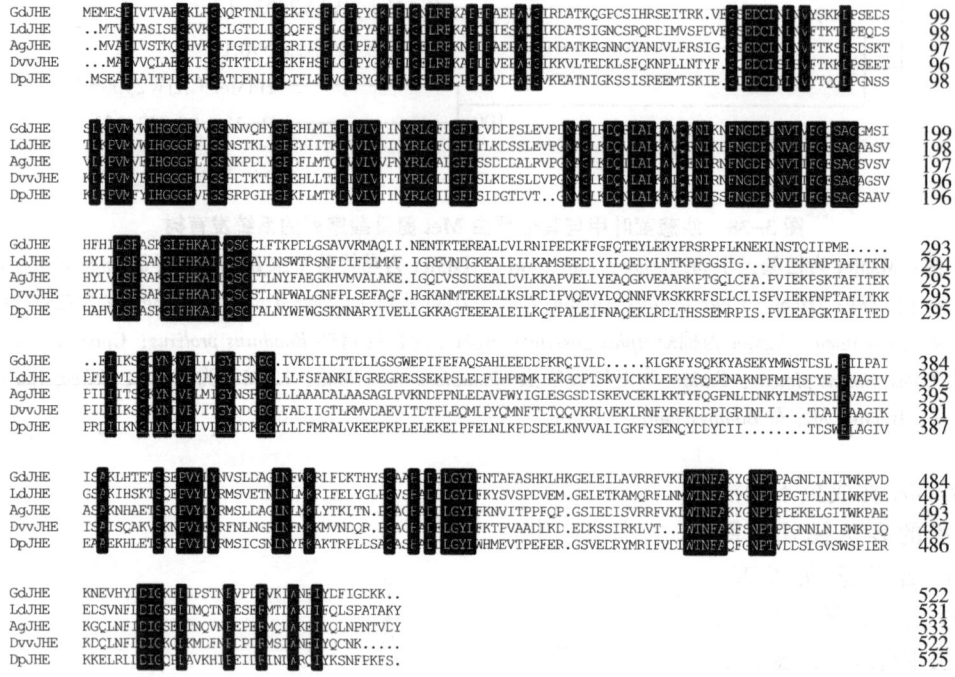

图 3-40　沙葱萤叶甲 GdJHE 氨基酸序列比对

注：LdJHE 为马铃薯甲虫 *Leptinotarsa decemlineata*（XP_023019058.1）；AgJHE 为光肩星天牛 *Anoplophora glabripennis*（XP_018575281.1）；DvvJHE 为玉米根萤叶甲 *Diabrotica virgifera virgifera*（XP_028136134.1）；DpJHE 为山松大小蠹 *Dendroctonus ponderosae*（XP_019756256.1），下同。

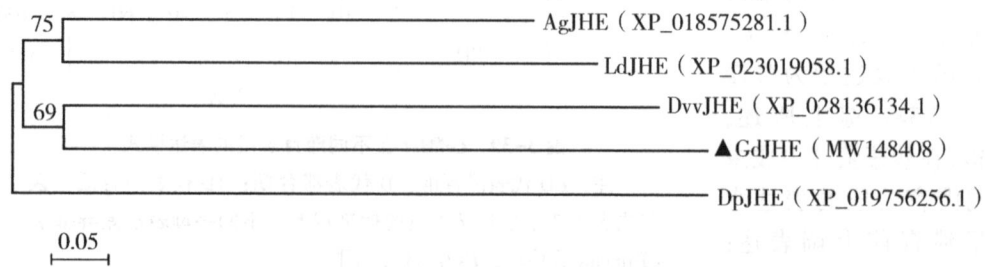

图 3-41　沙葱萤叶甲与其他昆虫的 JHE 氨基酸序列的系统发育树

GdJHE 在成虫不同滞育阶段的表达模式见图 3-42。在沙葱萤叶甲的成虫不同滞育阶段，*GdJHE* 均有表达。在 1~7 日龄 *GdJHE* 的表达趋势呈上调，在 7 日龄达到最高值；7 日龄后 *GdJHE* 表达水平逐渐下调，并在 60 日龄达到最低值，直到 100 日龄一直维持在低表达水平。综上所述，*GdJHE* 在沙葱萤叶甲成虫不同滞育阶段的表达水平呈滞育前上调表达；滞育期显著下调表达且在 25 日

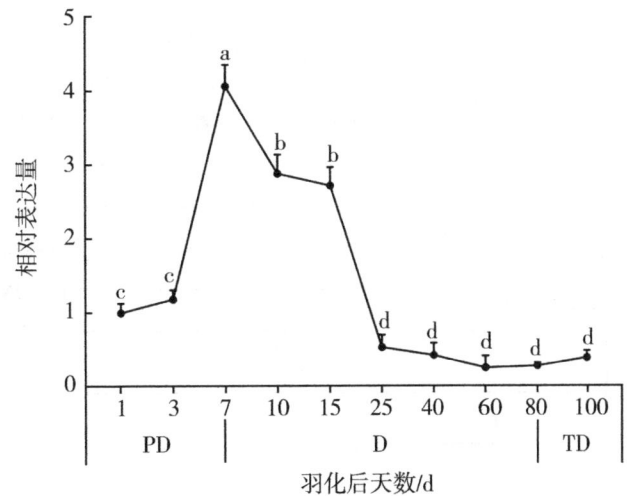

图 3-42 *GdJHE* 在不同滞育阶段的表达模式

龄后一直维持较低表达水平；滞育后仍维持较低表达水平。

（三）FOXO 序列及表达模式分析

沙葱萤叶甲 *GdFOXO* 基因的 ORF 长为 951bp（GenBank 登录号：MW148410），编码 316 个氨基酸。GdFOXO 编码蛋白质的预测分子量（Mw）为 33.77kDa，理论等电点（pI）值为 4.48，无信号肽序列和跨膜结构域。多重氨基酸序列比对发现 GdFOXO 与同为鞘翅目的马铃薯甲虫 LdFOXO 一致性最高为 64.38%（图 3-43）。系统进化树结果显示沙葱萤叶甲 GdFOXO 与马铃薯甲虫 LdFOXO 和大猿甲虫 CbFOXO 亲缘关系最近且聚类为一类，其中与马铃薯甲虫的关系最近（图 3-44）。

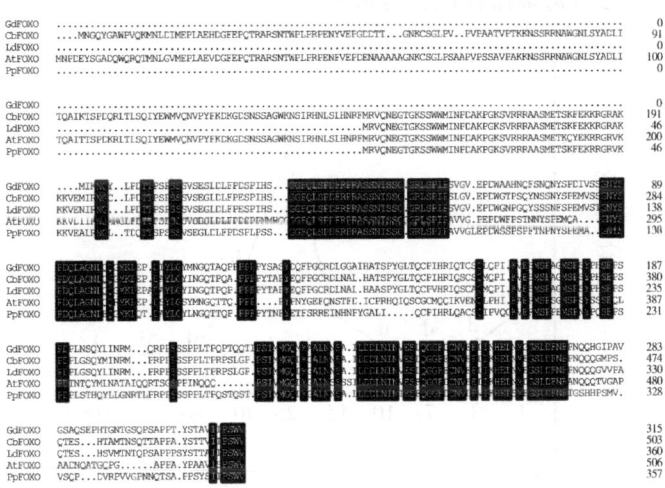

图 3-43 沙葱萤叶甲 GdFOXO 氨基酸序列比对

注：CbFOXO 为大猿甲虫 *Colaphellus bowringi*（AMK38871.1）；LdFOXO 为马铃薯甲虫 *Leptinotarsa decemlineata*（XP_023011902.1）；AtFOXO 为蜂箱奇露尾甲 *Aethina tumida*（XP_019875325.1）；PpFOXO 为萤火虫 *Photinus pyralis*（XP_031337482.1）。

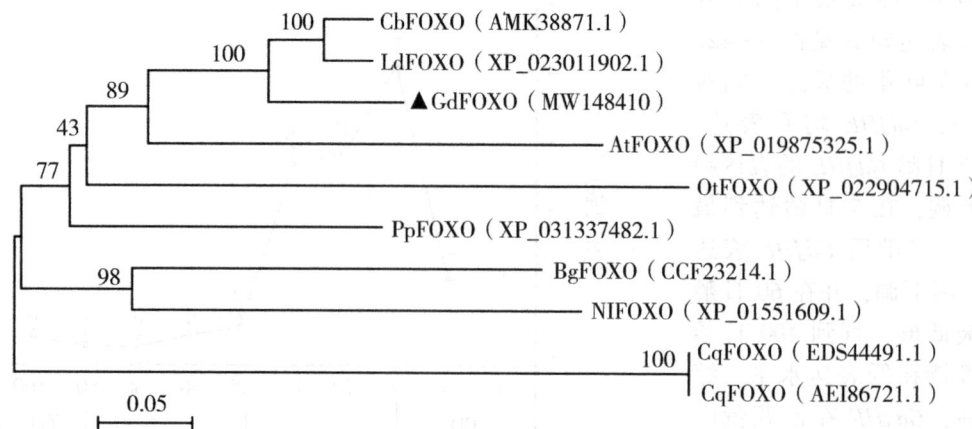

图 3-44 沙葱萤叶甲与其他昆虫的 FOXO 氨基酸序列的系统发育树

注：CbFOXO 为大猿甲虫 *Colaphellus bowringi*；LdFOXO 为马铃薯甲虫 *Leptinotarsa decemlineata*；AtFOXO 为蜂箱奇露尾甲 *Aethina tumida*；PpFOXO 为萤火虫 *Photinus pyralis*；OtFOXO 为牛头嗡蜣螂 *Onthophagus taurus*；BgFOXO 为德国小蠊 *Blattella germanica*；NlFOXO 为红头松叶蜂 *Neodiprion lecontei*；CqFOXO 为致倦库蚊 *Culex quinquefasciatus*；CpFOXO 为尖音库蚊 *Culex pipiens*。

GdFOXO 在成虫不同滞育阶段的表达模式见图 3-45。在沙葱萤叶甲的成虫不同滞育阶段，*GdFOXO* 均有表达。在 1~15 日龄表达趋势较为稳定，无明显变化。在 25 日龄显著上调表达且达到最高值；25~60 日龄 *GdFOXO* 显著下调表达，在 60 日龄达到最低值，而后其表达量趋势较为平缓。综上所述，*GdFOXO* 在沙葱萤叶甲成虫不同滞育阶段的表达水平呈滞育前下调表达（不显著）；滞育期在 25 日龄表达丰度最高，随后下调表达并维持较低表达水平；滞育后仍维持较低表达水平。

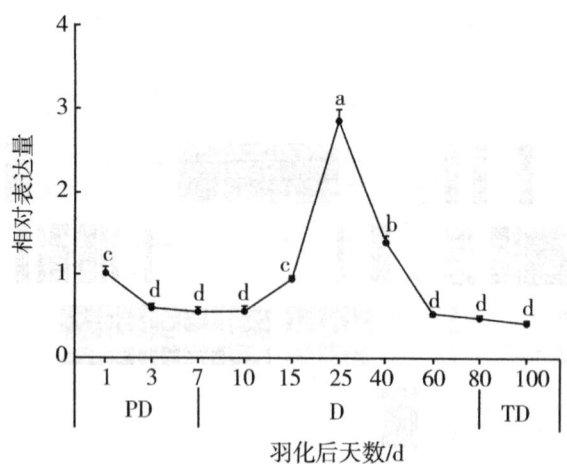

图 3-45 *GdFOXO* 在不同滞育阶段的表达模式

（四）Vg 序列及表达模式分析

沙葱萤叶甲 *GdVg* 基因的 ORF 长为 5400 bp（GenBank 登录号：MW148411），编码

1799个氨基酸。GdVg编码蛋白质的预测分子量（Mw）为206.00kDa，理论等电点（pI）值为8.24，GdVg在N端具有长为16个氨基酸的信号肽，不含跨膜结构域。多重氨基酸序列比对发现GdVg与异色瓢虫（*Harmonia axyridis*）HaVg一致性最高为51.38%（图3-46）。系统进化树结果显示沙葱萤叶甲GdVg与异色瓢虫HaVg亲缘关系最近，聚类为一支，置信度为100%（图3-47）。

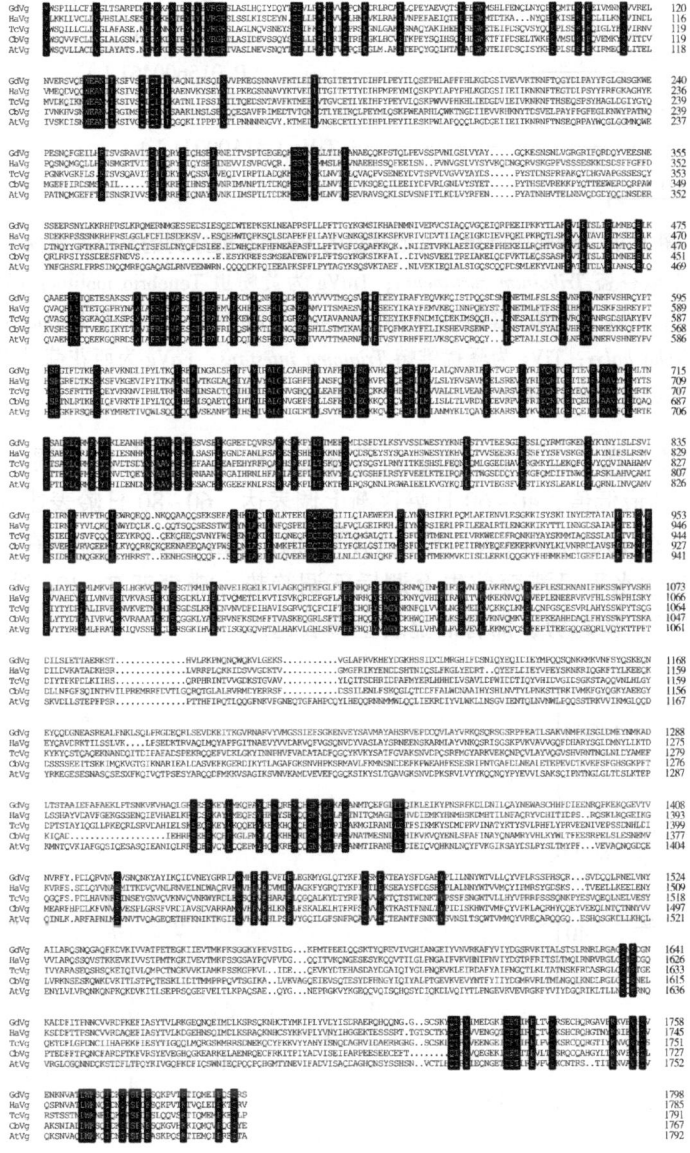

图3-46 沙葱萤叶甲GdVg氨基酸序列比对

注：HaVg为异色瓢虫 *Harmonia axyridis*（APR62727.1）；TcVg为赤拟谷盗 *Tribolium castaneum*（XP_971398.1）；CbVg为大猿甲虫 *Colaphellus bowringi*（AMK38869.1）；AtVg为蜂箱奇露尾甲 *Aethina tumida*（XP_019880306.1）。

*GdVg*在成虫不同滞育阶段的表达模式见图3-48。在沙葱萤叶甲的成虫不同滞育阶

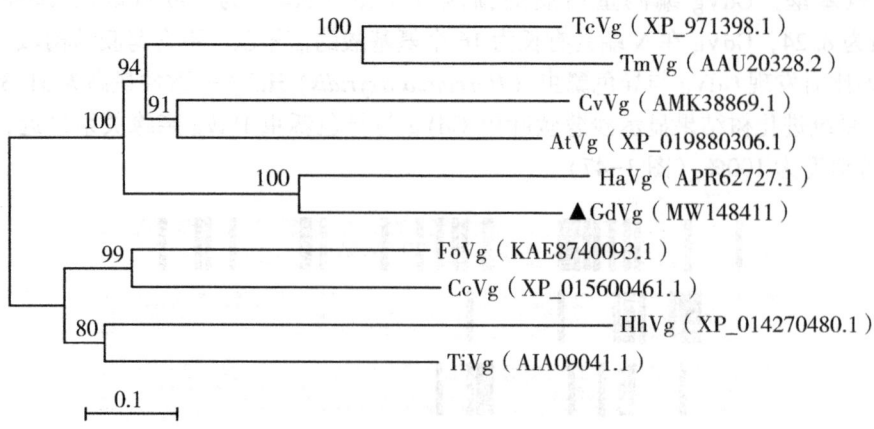

图 3-47 沙葱萤叶甲与其他昆虫的 Vg 氨基酸序列的系统发育树

注：TcVg 为赤拟谷盗 Tribolium castaneum；TmVg 为黄粉虫 Tenebrio molitor；CbVg 为大猿甲虫 Colaphellus bowringi；AtVg 为蜂箱奇露尾甲 Aethina tumida；HaVg 为异色瓢虫 Harmonia axyridis；HhVg 为茶翅蝽 Halyomorpha halys；TiVg 为骚扰锥蝽 Triatoma infestans；FoVg 为西花蓟马 Frankliniella occidentalis；CcVg 为北美麦茎蜂 Cephus cinctus。

段，GdVg 均有表达。在 1~3 日龄 GdVg 上调表达，3~40 日龄持续下调表达，在 15 日龄时 GdVg 表达量达到最低值；40~60 日龄逐渐上调表达，60~80 日龄表达量下降；80 日龄后显著上调表达，在 100 日龄时表达量达到最高值。综上所述，GdVg 在沙葱萤叶甲成虫不同滞育阶段的表达水平呈滞育前先上调后下调趋势；滞育期 7~40d 维持在较低水平，40~80d 呈先上调后下调趋势；滞育后显著上调表达。

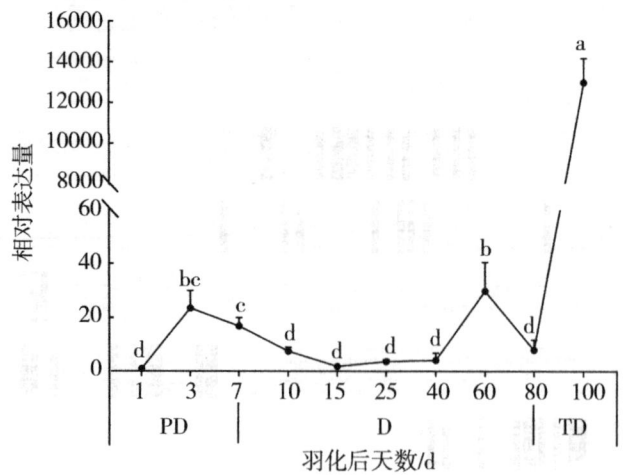

图 3-48 GdVg 在不同滞育阶段的表达模式

（五）JHAMT 序列及表达模式分析

沙葱萤叶甲 GdJHAMT 基因的 ORF 长为 222bp（GenBank 登录号：MW148412），编码 73 个氨基酸。GdJHAMT 编码蛋白质的预测分子量（Mw）为 8.39kDa，理论等电点（pI）值为 4.36，无信号肽序列和跨膜结构域。多重氨基酸序列比对发现，GdJHAMT 与马铃薯甲虫的LdJHAMT氨基酸序列同源性最高为31.05%（图3-49）。系统进化树结果显示沙葱萤叶甲GdJHAMT与玉米根萤叶甲CvvJHAMT的亲缘关系最近，聚类为一支，置信度为94%（图3-50）。

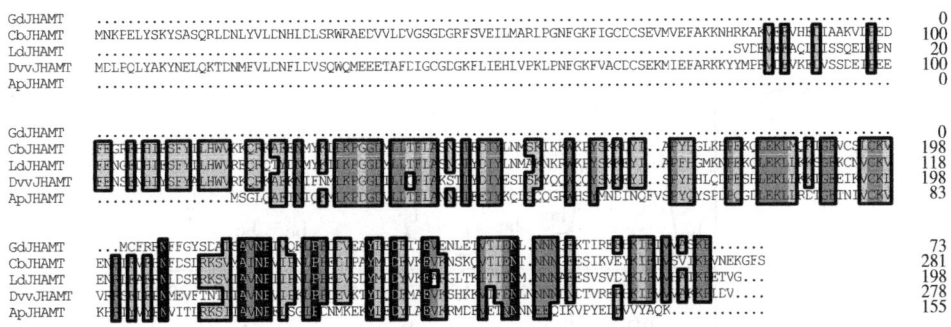

图3-49 沙葱萤叶甲GdJHAMT氨基酸序列比对

注：CbJHAMT为大猿甲虫 *Colaphellus bowringi*（QNT17933.1）；LdJHAMT为马铃薯甲虫 *Leptinotarsa decemlineata*（AIW62336.1）；DvvJHAMT为玉米根萤叶甲 *Diabrotica virgifera virgifera*（XP_028135028.1）；ApJHAMT为白蜡窄吉丁 *Agrilus planipennis*（XP_025831792.1）。

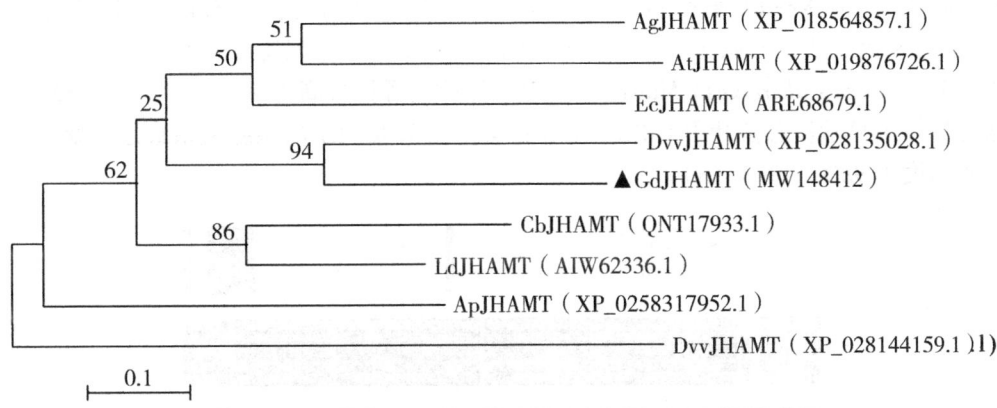

图3-50 沙葱萤叶甲与其他昆虫的JHAMT氨基酸序列的系统发育树

注：AgJHAMT为光肩星天牛 *Anoplophora glabripennis*；AJHAMT为蜂箱奇露尾甲 *Aethina tumida*；EcJHAMT为中华豆芫菁 *Epicauta chinensis*；DvvJHAMT为玉米根萤叶甲 *Diabrotica virgifera virgifera*；CbJHAMT为大猿甲虫 *Colaphellus bowringi*；LdJHAMT为马铃薯甲虫 *Leptinotarsa decemlineata*；ApJHAMT为白蜡窄吉丁 *Agrilus planipennis*。

*GdJHAMT*在成虫不同滞育阶段的表达模式见图3-51。在沙葱萤叶甲的成虫不同滞育阶段，*GdJHAMT*均有表达。*GdJHAMT*在1~3d显著上调表达，3d表达量达到最大值，3d后显著下调表达；7~80d维持在较低的表达水平；80~100d缓慢上调表达。综上所述，*GdJHAMT*在沙葱萤叶甲成虫不同滞育阶段的表达水平呈滞育前期先上调后下调表达；滞育期维持较低表达水平；滞育后期仍维持较低表达水平。

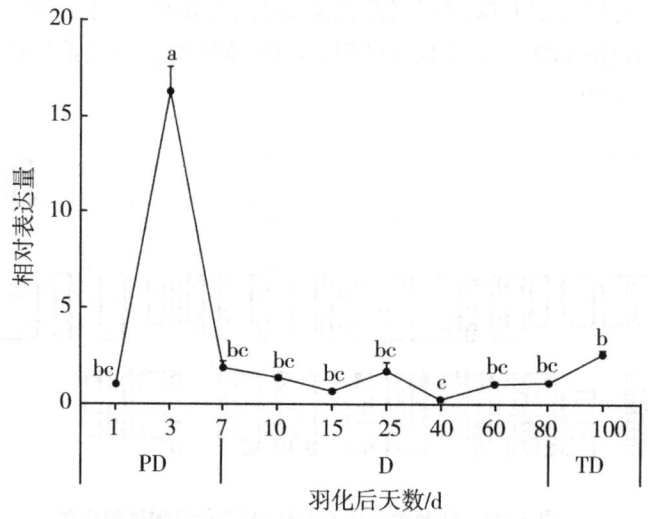

图 3-51　*GdJHAMT* 在不同滞育阶段的表达模式

（六）Kr-h1 序列及表达模式分析

沙葱萤叶甲 *GdKr-h1* 基因的 ORF 长为 1464 bp（GenBank 登录号：MW148413），编码 487 个氨基酸。GdKr-h1 编码蛋白质的预测分子量（Mw）为 54.50kDa，理论等电点（pI）值为 8.76，无信号肽序列和跨膜结构域。多重氨基酸序列比对发现 GdKr-h1 与松墨天牛（*Monochamus alternatus*）MaKr-h1 氨基酸序列同源性最高为 76.20%（图 3-52）。系统进化树结果显示沙葱萤叶甲 GdKr-h1 马铃薯甲虫 LdKr-h1 的亲缘关系最近，聚类为一支，置信度为 98%（图 3-53）。

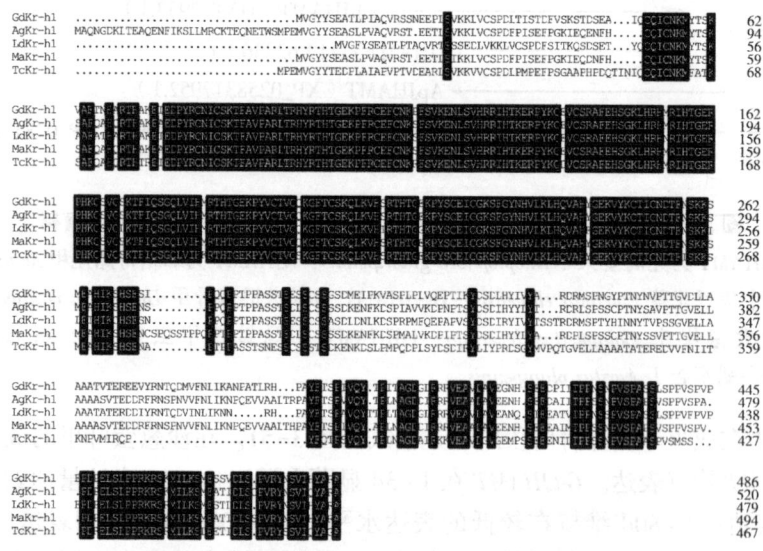

图 3-52　沙葱萤叶甲 GdKr-h1 氨基酸序列比对

注：AgKr-h1 为光肩星天牛 *Anoplophora glabripennis*（XP_018575408.1）；MaKr-h1 为松墨天牛 *Monochamus alternatus*（ANW09587.1）；LdKr-h1 为马铃薯甲虫 *Leptinotarsa decemlineata*（AGT57869.1）；TcKr-h1 为赤拟谷盗 *Tribolium castaneum*（NP_001129235.1）。

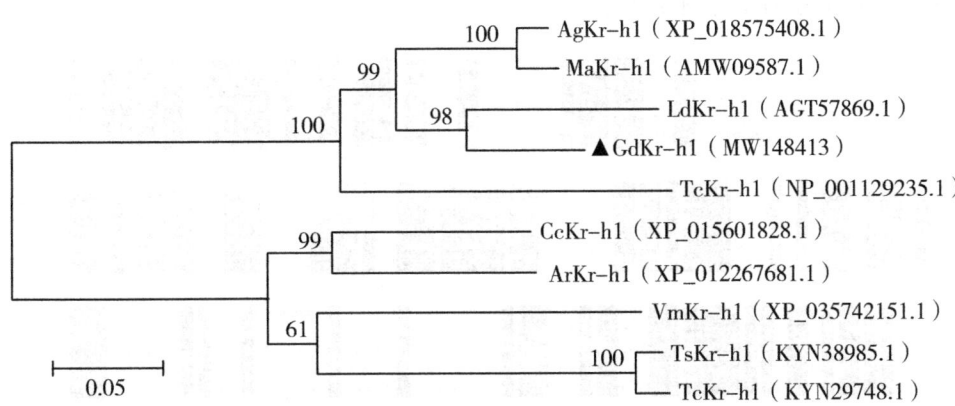

图 3-53　沙葱萤叶甲与其他昆虫的 Kr-h1 氨基酸序列的系统发育树

注：AgKr-h1 为光肩星天牛 *Anoplophora glabripennis*；MaKr-h1 为松墨天牛 *Monochamus alternatus*；LdKr-h1 为马铃薯甲虫 *Leptinotarsa decemlineata*；TcKr-h1 为赤拟谷盗 *Tribolium castaneum*；CcKr-h1 为北美麦茎蜂 *Cephus cinctus*；ArKr-h1 为黄翅菜叶蜂 *Athalia rosae*；VmKr-h1 为中国大虎头蜂 *Vespa mandarinia*；TsKr-h1 为北方皱切叶蚁 *Trachymyrmex septentrionalis*；TcKr-h1 为蚂蚁 *Trachymyrmex cornetzi*。

GdKr-h1 在成虫不同滞育阶段的表达模式见图 3-54。在沙葱萤叶甲的成虫不同滞育阶段，*GdKr-h1* 均有表达。*GdKr-h1* 在 1~3 日龄显著上调表达，3 日龄时表达量达到最大值，3d 后显著下调表达；7~40 日龄维持在较低的表达水平；40~100 日龄缓慢上调表达。综上所述，*GdKr-h1* 在沙葱萤叶甲成虫不同滞育阶段的表达水平呈滞育前先上调后下调表达；滞育期维持较低表达水平；滞育后缓慢上调表达。

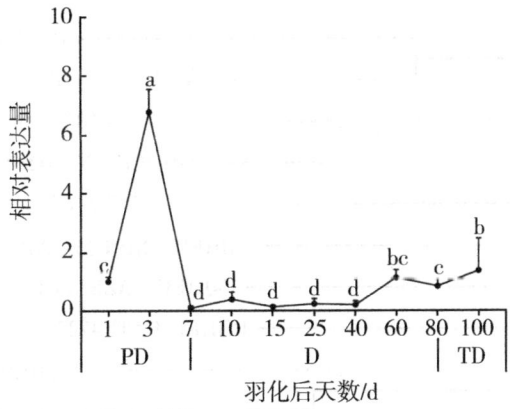

图 3-54　*GdKr-h1* 在不同滞育阶段的表达模式

（七）JHEH 序列及表达模式分析

沙葱萤叶甲 *GdJHEH* 基因的 ORF 长为 1368 bp（GenBank 登录号：MW148414），编码 455 个氨基酸。GdJHEH 编码蛋白质的预测分子量（Mw）为 52.39kDa，理论等电点（pI）值为 6.85，GdJHEH 具有长为 16 个氨基酸的信号肽，无跨膜结构域。多重氨基酸序列比对发现 GdJHEH 与大猿甲虫 MaJHEH 氨基酸序列同源性最高为 69.30%（图 3-55）。系统进化树结果显示沙葱萤叶甲 GdJHEH 与玉米根萤叶甲 DvvJHEH 的亲缘关系最近，聚类为一支，置信度为97%（图3-56）。

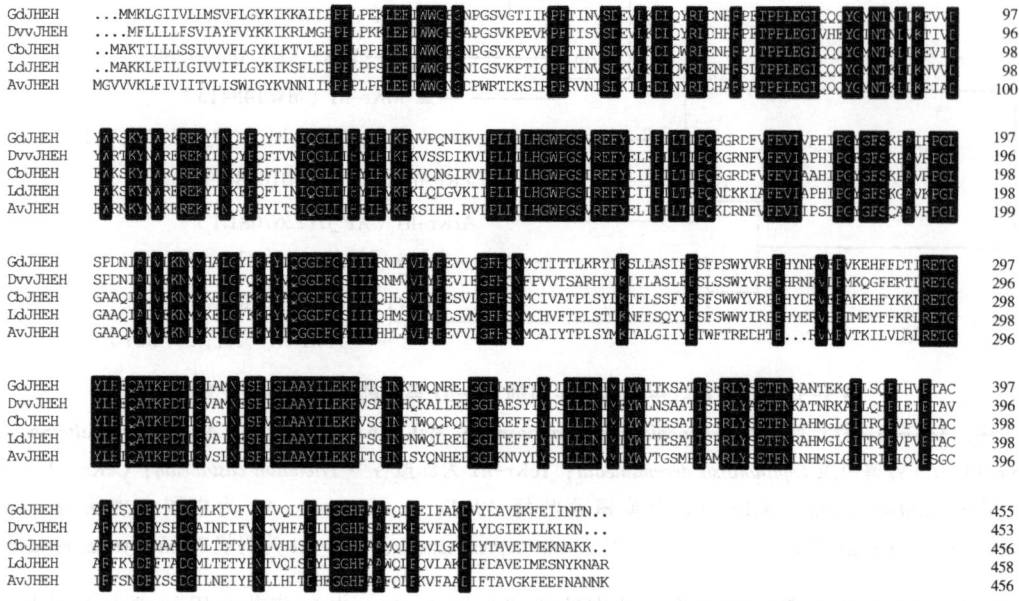

图3-55 沙葱萤叶甲GdJHEH氨基酸序列比对

注：DvvJHEH为玉米根萤叶甲 *Diabrotica virgifera virgifera*（XP_028142133.1）；CbJHEH为大猿甲虫 *Colaphellus bowringi*（QHB21919.1）；LdJHEH为马铃薯甲虫 *Leptinotarsa decemlineata*（XP_023018371.1）；AvJHEH为蓝舰拟步甲 *Asbolus verrucosus*（RZC34646.1）。

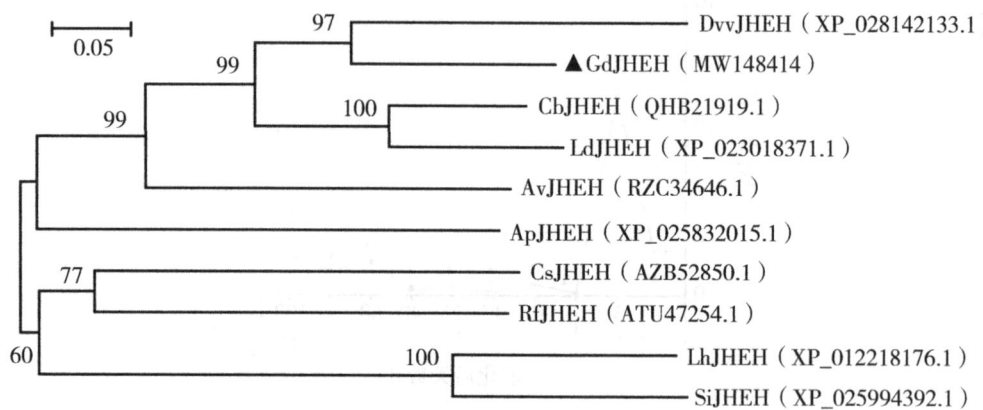

图3-56 沙葱萤叶甲与其他昆虫的JHEH氨基酸序列的系统发育树

注：DvvJHEH为玉米根萤叶甲 *Diabrotica virgifera virgifera*；CbJHEH为大猿甲虫 *Colaphellus bowringi*；LdJHEH为马铃薯甲虫 *Leptinotarsa decemlineata*；AvJHEH为蓝舰拟步甲 *Asbolus verrucosus*；ApJHEH为白蜡窄吉丁 *Agrilus planipennis*；CsJHEH为七星瓢虫 *Coccinella septempunctata*；RfJHEH为红棕象甲 *Rhynchophorus ferrugineus*；LhJHEH为阿根廷蚁 *Linepithema humile*；SiJHEH为红火蚁 *Solenopsis invicta*。

GdJHEH 在成虫不同滞育阶段的表达模式见图3-57。在沙葱萤叶甲的成虫不同滞育

阶段，*GdJHEH* 均有表达。*GdJHEH* 在 1~7 日龄显著下调表达，7~10 日龄显著上调表达，10~80 日龄缓慢下调表达；80~100 日龄呈上调表达趋势。综上所述，*GdJHEH* 在沙葱萤叶甲成虫不同滞育阶段的表达水平呈滞育前显著下调表达；滞育期呈先上调后下调表达趋势；滞育后显著上调表达。

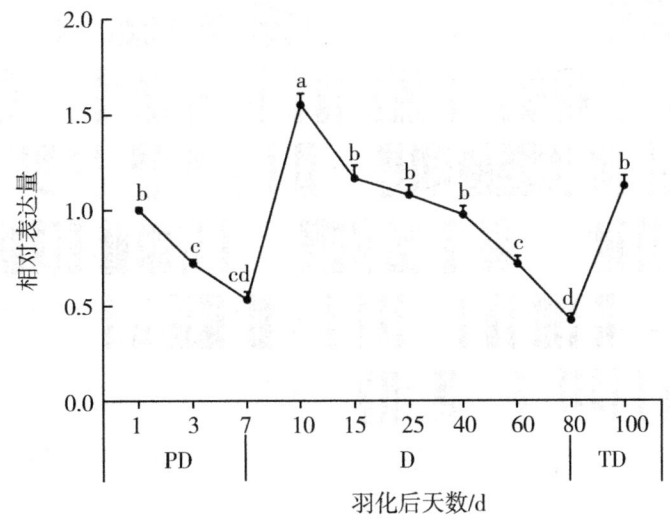

图 3-57 *GdJHEH* 在不同滞育阶段的表达模式

（八）FAS 序列及表达模式分析

沙葱萤叶甲 *GdFAS* 基因的 ORF 长为 6162bp（GenBank 登录号：MN628295），编码 2053 个氨基酸。GdFAS 编码蛋白质的预测分子量（Mw）为 229.38kDa，理论等电点（pI）值为 5.39，无信号肽序列和跨膜结构域。多重氨基酸序列比对发现 GdFAS 与马铃薯甲虫 LdFAS 氨基酸序列同源性最高为 69.30%（图 3-58）。系统进化树结果显示沙葱萤叶甲 GdFAS 与马铃薯甲虫 LdFAS 的亲缘关系最近，聚类为一支，置信度为 100%（图 3-59）。

GdFAS 在成虫不同滞育阶段的表达模式见图 3-60。在沙葱萤叶甲的成虫不同滞育阶段，*GdFAS* 均有表达。*GdFAS* 在 1~3d 下调表达，3~7d 上调表达，7~40d 显著下调表达；40~80d 呈上调表达趋势；80~100d 下调表达。综上所述，*GdFAS* 在沙葱萤叶甲成虫不同滞育阶段的表达水平呈滞育前先下调后上调趋势；滞育期呈先下调后上调表达趋势；滞育后显著下调表达。

五、己糖激酶基因 *GdHK* 的克隆与表达分析

（一）沙葱萤叶甲己糖激酶基因的克隆及序列分析

根据组装的沙葱萤叶甲转录组数据获得己糖激酶基因片段，通过 RACE 技术扩增克隆了沙葱萤叶甲己糖激酶基因的 cDNA 全长序列，GenBank 登录号为 MN638805，全长为 1699bp，其中 5′非编码区（Untranslated region，UTR）长度为 107bp，3′UTR 长度为 113bp（图 3-61）。开放阅读框长为 1479bp，编码 492 个氨基酸，GdHK 编码的蛋白质分子量为

图 3-58 沙葱萤叶甲 GdFAS 氨基酸序列比对

注：LdFAS 为马铃薯甲虫 *Leptinotarsa decemlineata*（XP_023019448.1）；ApFAS 为白蜡窄吉丁 *Agrilus planipennis*（XP_018336014.1）；CbFAS 为大猿甲虫 *Colaphellus bowringi*（AOA60273.1）；TcFAS 为赤拟谷盗 *Tribolium castaneum*。

53.24kDa，等电点为 4.17，无信号肽和跨膜结构。

（二）沙葱萤叶甲己糖激酶的序列比对

沙葱萤叶甲己糖激酶的氨基酸序列（GenBank 登录号为 MN638805）与玉米根萤叶甲己糖

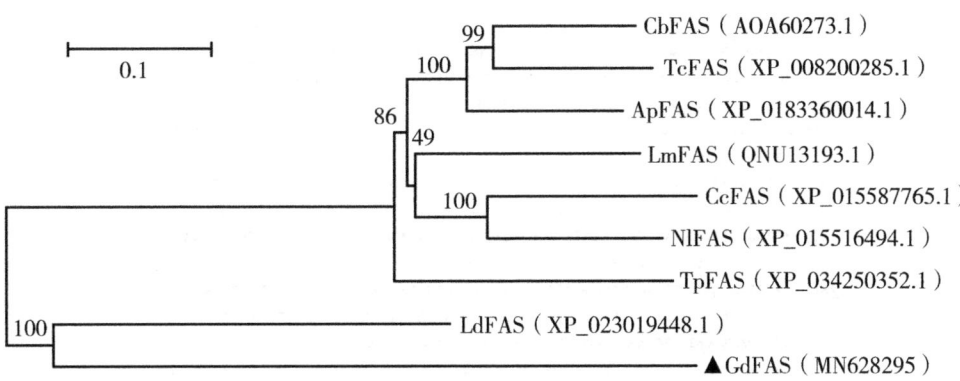

图 3-59　沙葱萤叶甲与其他昆虫的 FAS 氨基酸序列的系统发育树

注：CbFAS 为大猿甲虫 *Colaphellus bowringi*；LdFAS 为马铃薯甲虫 *Leptinotarsa decemlineata*；TcFAS 为赤拟谷盗 *Tribolium castaneum*；ApFAS 为白蜡窄吉丁 *Agrilus planipennis*；LmFAS 为东亚飞蝗 *Locusta migratoria*；CcFAS 为北美麦茎蜂 *Cephus cinctus*；NlFAS 为红头松叶蜂 *Neodiprion lecontei*；TpFAS 为棕榈蓟马 *Thrips palmi*。

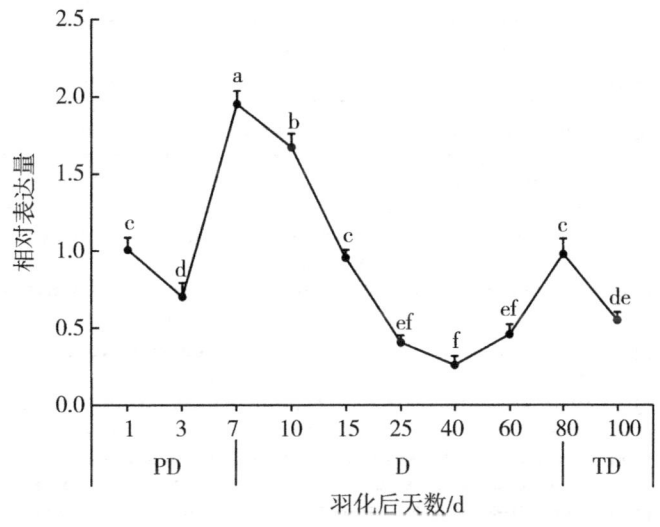

图 3-60　*GdFAS* 在不同滞育阶段的表达模式

激酶氨基酸序列（GenBank 登录号为 XP_028135991.1）的一致性最高，为 65.42%，与马铃薯甲虫（GenBank 登录号为 XP_023018710.1）、赤拟谷盗（GenBank 登录号为 XP_008201716.1）、光肩星天牛（*Anoplophora glabripennis*）（GenBank 登录号为 XP_018569738.1）、山松大小蠹（*Dendroctonus ponderosae*）（GenBank 登录号为 XP_019760185.1）、蜂箱奇露尾甲（*Aethina tumida*）（GenBank 登录号为 XP_019866322.1）、米象（*Sitophilus oryzae*）（GenBank 登录号为 XP_030755563.1）及蓝舰拟步甲（*Asbolus verrucosus*）（GenBank 登录号为 RZC34887.1）的氨基酸序列一致性分别为 58.94%、56.50%、56.19%、53.75%、52.91%、52.88% 和 48.17%（图 3-62）。

```
                                    ATGGGGAAGTAAGTAGACTATGGTTT
     GACATAATTGTCAAACAATTCTGATACATAAAAATTTCCAAATTTTTTGTATACAATAACCAATAAAGTTTCCAAATTCCA
1    ATG TCC TCT TGC AAA AGC GAA ACT TGT AAT CCA CAT CTC CGT GAA GTA ATA CCA GCA AGA
      M   S   S   C   K   S   E   T   C   N   P   H   L   R   T   A   E   V   I   P   A   R
70   GAA GAA TTG AAA GAA AAA TGT GGA GAA CTT ATC ATA ACA GAA GAC CAA ATG CAA ACA TAT ATG AAA TCA
      E   E   L   K   E   K   C   G   E   L   I   I   T   E   D   Q   M   Q   T   Y   M   K   S
140  TTT CTA GAA AAT ATT GAA CGA GGA CTG GGA AAA GAT ACT AAC CCG GAT TCA ATT GTT AAA TGT TTC CCA
      F   L   E   N   I   E   R   G   L   G   K   D   T   N   P   D   S   I   V   K   C   F   P
210  ACA TAT GTT CAA AAC TTG CCC GAT GGA ACG GAG TCT GGA AAA TAC CTT GCT TTA GAT CTA GGT GGA AGT
      T   Y   V   Q   N   L   P   D   G   T   E   S   G   K   Y   L   A   L   D   L   G   G   S
280  AAT TTT AGA GTT CTT ATG GTA GAG ATT GCA AAC AAA GCG TAT ACA ATG GAT CAA AAA GTC TTC AGT ATA
      N   F   R   V   L   M   V   E   I   A   N   K   A   Y   T   M   D   Q   K   V   F   S   I
350  TCA GAG GAA ATA ATG ACA GGA CCC GGT GAA AGT CTA TTT GAT TTC ATA GCT GAA TGT TTA GCA GAT TAT
      S   E   E   I   M   T   G   P   G   E   S   L   F   D   F   I   A   E   C   L   A   D   Y
420  ACT ACA GAG AAG GGG GTC AGC AAC GAT AAT CTT CCC TTA GGC TTC ACA TTT AGT TTT CCA TTA GAA CAA
      T   T   E   K   G   V   S   N   D   N   L   P   L   G   F   T   F   S   F   P   L   E   Q
490  AAA GGT CTT AAG GTA GGG ATC CTC GAA CGG TGG ACC AAA GGA TTC AAC TGC GAT GGG GTA ATA GGT GAG
      K   G   L   K   V   G   I   L   E   R   W   T   K   G   F   N   C   D   G   V   I   G   E
560  AAC GTG GTC CAA CTT TTG GAA GAT GCT ATA ACC AGA CGG GGA GAT ATT CAG ATA AAC GTA GCT GCT GTT
      N   V   V   Q   L   L   E   D   A   I   T   R   R   G   D   I   Q   I   N   V   A   A   V
630  GTT AAC GAC ACC ACT GGT ACT TTA ATG GCA TGC GCT TTT AAA GAT CCG GAT TGC AAA ATA GGC CTC ATA
      V   N   D   T   T   G   T   L   M   A   C   A   F   K   D   P   D   C   K   I   G   L   I
700  GTT GGT ACT GGT ACC AAT GGT TGC TAT GTA GAA AAG CAA AAT GCG AAC GCT GAA CTA TTC GAT GAA CCA GAT
      V   G   T   G   T   N   G   C   Y   V   E   K   Q   A   N   A   E   L   F   D   E   P   D
770  ACA GGT ACT GGT ATT GTT ATC ATA AAT TTA GAA TCT GGT GCG TTT GGT GAT GAT GGT GCT TTG GAC TTT
      T   G   T   G   I   V   I   I   N   L   E   S   G   A   F   G   D   D   G   A   L   D   F
840  TGT CGC ACA CAG TAC GAT ATA GAT GTT GAT GAA GCT TCC ATT AAT CCT GGT AGA CAG TTA CAC GAA AAG
      C   R   T   Q   Y   D   I   D   V   D   E   A   S   I   N   P   G   R   Q   L   H   E   K
910  ATG ATA TCA GGG ATG TAT ATG GGA GAA CTT GTT AGA TTG GCA GCT GTT AGA TTT ACT AAT GAA GGT ATC
      M   I   S   G   M   Y   M   G   E   L   V   R   L   A   A   V   R   F   T   N   E   G   I
980  ATG TTC GGG GGC ACA CTT TCA GAT GAT TTC AAT ACC CCT CAT ACA TTC GAA ACT AAG TTT GTT TCG GAA
      M   F   G   G   T   L   S   D   D   F   N   T   P   H   T   F   E   T   K   F   V   S   E
1050 ATA GAG TCA GAC CCA CCA GGC ACT TTC ACT AAA GTT AAA GAA ATT TGT GAT AGC TTA GGA ATG ACA GAT
      I   E   S   D   P   P   G   T   F   T   K   V   K   E   I   C   D   S   L   G   M   T   D
1120 GCT ACC GAA CAA GAT CAT CTC GAT CTC AAA TAC CTG TGT CAA TGT TTT TCG ACA AGA GCT GCC GTA TTA
      A   T   E   Q   D   H   L   D   L   K   Y   L   C   Q   C   F   S   T   R   A   A   V   L
1260 ACT CTA TAT AAA AAT CAT CCA CAT TTC CAT GAC ATT ATA ATG CGA ACA CTC CCA AAA CTT CTT GAA CCA
      T   L   Y   K   N   H   P   H   F   H   D   I   I   M   R   T   L   P   K   L   L   E   P
1330 GAT CCC TAC ACA TGT AAA GTA ATG TTA TCA GAA GAT GGT AGT GGT ATA GGA GCA GCC TTA ATA GCT GCA
      D   P   Y   T   C   K   V   M   L   S   E   D   G   S   G   I   G   A   A   L   I   A   A
1400 GTG GCA GCC AAA GGT TCT GAA GGA GGT GGC GAA GGA GGT GGT GAA GGT GGT GAA GAA GGT GGT
      V   A   A   K   G   S   E   G   G   G   E   E   G   G   E   E   G   G   E   E   G   G
1470 GAA GGA GGT GGT GAA GGT GAA GCT GAA GGT TAA TGATGGATAAATTTTCTATATACCATTGGGTATAATTTG
      E   G   G   G   E   G   E   A   E   G   *
     AATTCAACTGATTCTGACATTCTAATAAATATTTTGGTAAACCAAAAAAAAAAAAAAAAAAAAAAAA
```

图 3-61　沙葱萤叶甲己糖激酶的核苷酸序列及推导的氨基酸序列

注：ATG 为起始密码子；* 为终止密码子。

（三）沙葱萤叶甲己糖激酶的系统进化分析

沙葱萤叶甲己糖激酶首先与玉米根萤叶甲的己糖激酶聚在一起，置信度为100%；然后与光肩星天牛聚为一支；最后与马铃薯甲虫聚为一大分支（图3-63）。

（四）不同发育阶段中沙葱萤叶甲己糖激酶基因的表达

不同发育阶段沙葱萤叶甲 *GdHK* 基因均有表达且差异显著（$P<0.05$）。在卵期、幼虫期、预蛹和蛹期相对表达量均较低，但之间差异不显著；*GdHK* 基因相对表达量在成虫

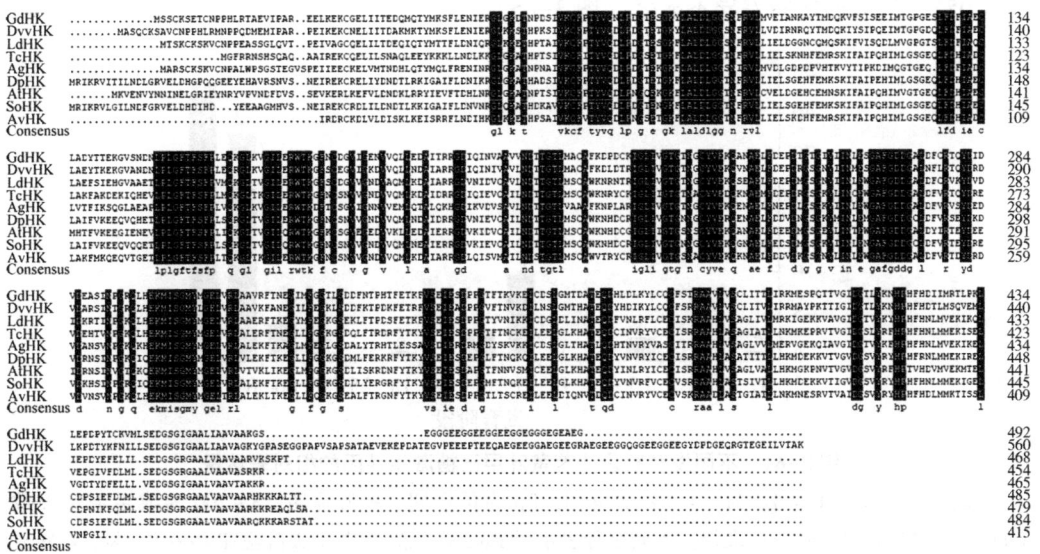

图 3-62　沙葱萤叶甲与其他鞘翅目昆虫己糖激酶氨基酸序列的比对

注：GdHK、DvvHK、LdHK、TcHK、AgHK、DpHK、AtHK、SoHK 和 AvHK 分别为沙葱萤叶甲、玉米根萤叶甲、马铃薯甲虫、赤拟谷盗、光肩星天牛、山松大小蠹、蜂箱奇露尾甲、米象和蓝舰拟步甲己糖激酶。

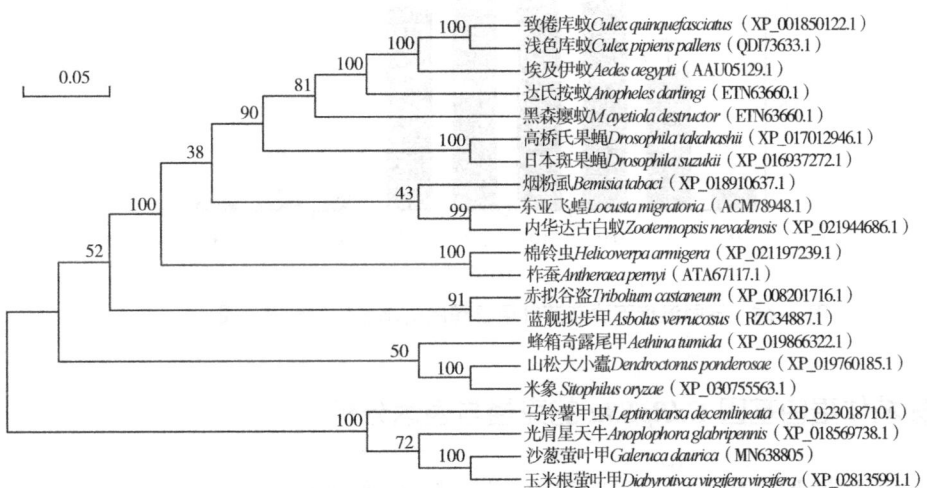

图 3-63　沙葱萤叶甲与其他昆虫己糖激酶基因的系统发育树

羽化后 3d 显著上升（$P<0.05$），约为卵期的 10 倍；羽化 7d 后，成虫进入夏滞育，相对表达量显著下降（$P<0.05$），然后在整个滞育期均维持在较低水平；羽化 80d 后，滞育解除，相对表达量急剧上升至最高值，为卵期的 40~50 倍（图 3-64）。

（五）不同温度下沙葱萤叶甲己糖激酶基因的表达

在 0~40℃范围内，随处理温度的升高沙葱萤叶甲成虫 *GdHK* 基因相对表达量呈先上升后下降的趋势变化，其中 10~25℃时 *GdHK* 基因相对表达量显著高于其他温度的 *GdHK* 基因相对表达量（$P<0.05$）；低于 5℃或高于 25℃时 *GdHK* 基因相对表达量显著下降

（$P<0.05$），但它们之间差异不显著（图 3-65）。

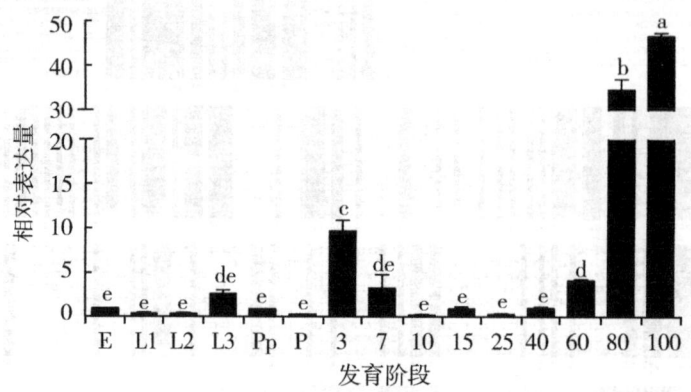

图 3-64　不同发育阶段沙葱萤叶甲己糖激酶基因的相对表达量

注：E 为卵期；L1~L3 为 1~3 龄幼虫期；Pp 为预蛹期；P 为蛹期；3~100 为成虫羽化天数（d）。图中数据为平均数±标准误。不同字母表示经 Duncan 氏新复极差法检验在 $P<0.05$ 水平差异显著，下同。

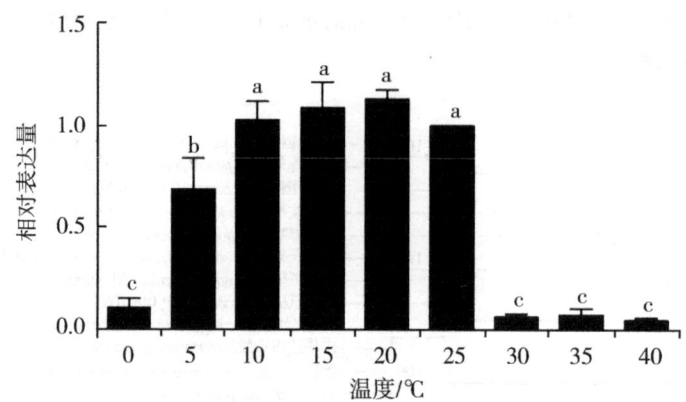

图 3-65　不同温度下沙葱萤叶甲己糖激酶基因的相对表达量

六、核糖体蛋白基因 *GdRpS3a* 的克隆与表达分析

（一）沙葱萤叶甲 *RpS3a* 的 cDNA 全长克隆及序列分析

根据沙葱萤叶甲转录组数据，筛选注释为沙葱萤叶甲 *RpS3a* 的基因序列，设计引物进行中间片段的 PCR 扩增，获得目的片段的大小为 690bp，所得测序结果与转录组数据库中的序列信息完全一致。在 3′和 5′RACE 中分别获得 350bp 和 170bp 两个片段，通过序列拼接及测序验证得到 *RpS3a* 的 cDNA 全长序列，命名为 *GdRpS3a*（GenBank 登录号为：MN660144）。*GdRpS3a* 的全长为 800bp，ORF 为 687bp，共编码 228 个氨基酸，5′非编码区（UTR）长度为 58bp，3′UTR 长度为 55bp；具有核糖体蛋白 S3a 家族的保守功能域（图 3-66）。推测的编码蛋白分子量为 25.63kDa，预测等电点（pI）为 10.53。SignaIP 4.1 Server 预测结果显示该蛋白无信号肽。TMHMM 在线软件分析蛋白质跨膜区域结果表

明，GdRpS3a 不含跨膜结构。

图 3-66　沙葱萤叶甲 GdRpS3a 的核苷酸序列及其推导的氨基酸序列

（二）沙葱萤叶甲 GdRpS3a 的同源序列对比及系统进化分析

利用 NCBI Blast 同源性搜索，得到其他 8 个同为鞘翅目物种的 RpS3a 序列，利用 DNAMAN 软件进行氨基酸序列比对。结果显示，沙葱萤叶甲 RpS3a 的氨基酸序列与同一亚科的玉米根萤叶甲 RpS3a 的一致性最高，为 54.10%；其次是马铃薯甲虫和光肩星天牛，同为 52.99%。此外，白杨叶甲、蜂箱奇露尾甲、米象、山松大小蠹、赤拟谷盗的氨基酸一致性分别为 49.44%、49.25%、43.98%、42.32% 和 41.20%（图 3-67）。

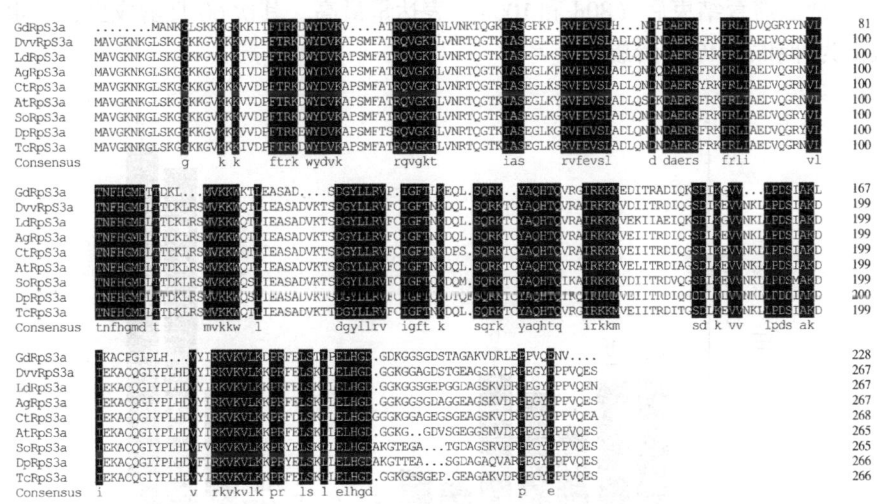

图 3-67　沙葱萤叶甲与其他昆虫 RpS3a 的氨基酸序列比对

注：RpS3a 基因来源种及 GeneBank 登录号：DvvRpS3a 为玉米根萤叶甲 *Diabrotica virgifera virgifera*（XP_028147150.1）；LdRpS3a 为马铃薯甲虫 *Leptinotarsa decemlineata*（XP_023012581.1）；AgRpS3a 为光肩星天牛 *Anoplophora glabripenni*（XP_018574215.1）；CtRpS3a 为白杨叶甲 *Chrysomela tremula*（ACY71306.1）；AtRpS3a 为蜂箱奇露尾甲 *Aethina tumida*（XP_019874748.1）；SoRpS3a 为米象 *Sitophilus oryzae*（XP_030752980.1）；DpRpS3a 为山松大小蠹 *Dendroctonus ponderosae*（XP_019769603.1）；TcRpS3a 为赤拟谷盗 *Tribolium castaneum*（XP_968064.1）。

所建立的系统发育树表明（图3-68）：沙葱萤叶甲 RpS3a 与玉米根萤叶甲的 RpS3a 亲缘关系最近，首先聚为一分支，置信度为83%；然后与同为叶甲科的马铃薯甲虫聚为一分支，在一定程度上反映其亲缘关系。

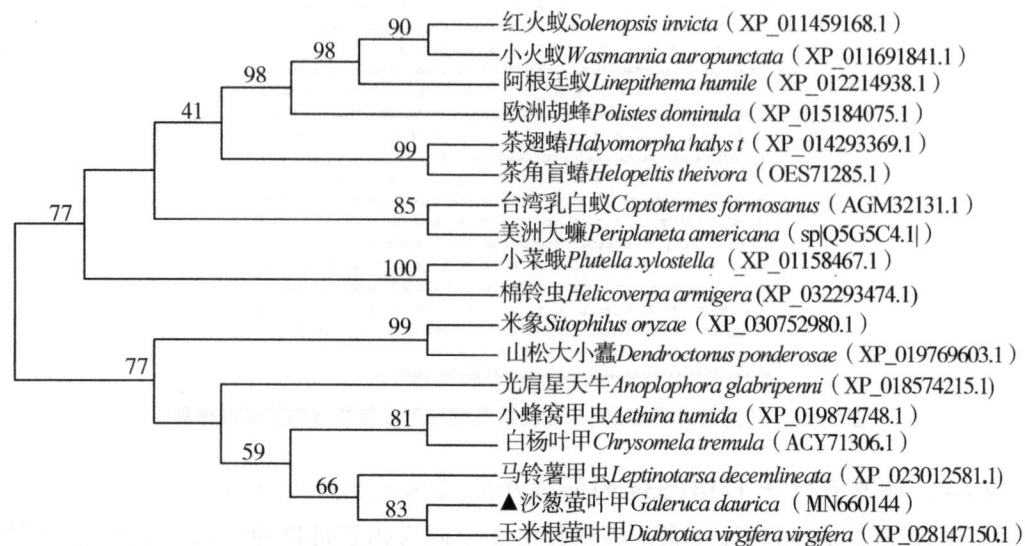

图3-68　基于氨基酸序列构建沙葱萤叶甲与其他昆虫 RpS3a 的系统发育树

（三）沙葱萤叶甲 RpS3a 在不同发育阶段的表达模式

由图3-69可知，RpS3a 在沙葱萤叶甲的不同发育阶段均有表达，且存在显著差异（$P<0.05$）。成虫滞育结束后（80d 和 100d）表达量最高，其次60日龄成虫、幼虫、预蛹和蛹，最低为卵和3~40日龄成虫。

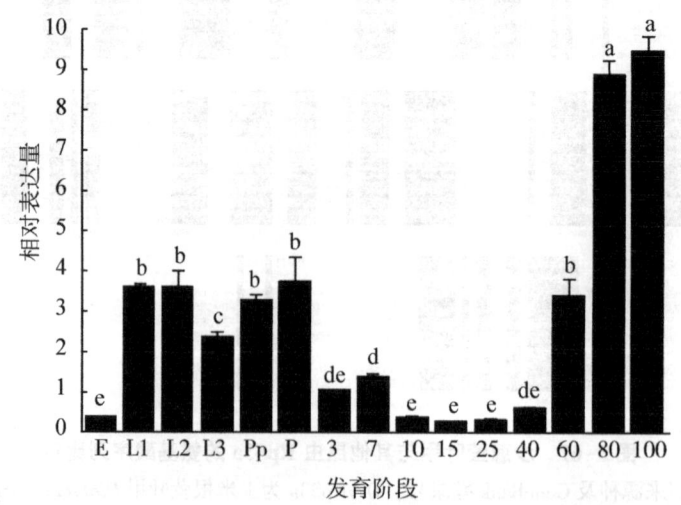

图3-69　*GdRpS3a* 在沙葱萤叶甲不同发育阶段的表达水平

注：E 为卵；L1~L3 为 1~3 龄幼虫；Pp 为预蛹；P 为蛹；3~100 为成虫羽化天数（d）。图中数值为平均值±标准误；柱上不同小写字母表示差异显著（Duncan 氏多重检验，$P<0.05$）。

(四) 不同温度下沙葱萤叶甲 RpS3a 的表达模式

由图 3-70 可知，沙葱萤叶甲成虫经不同温度处理 1h 后，GdRpS3a 的相对表达量存在显著差异（$P<0.05$），其中 30℃ 下表达量最高，约为常温对照 25℃ 的 10 倍；其次为 15℃，约为对照的 6 倍；最低为 0℃ 和 25℃；其他温度处理间表达量差异不显著（$P>0.05$）。

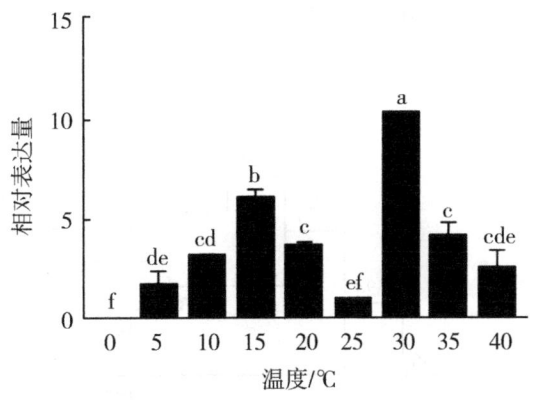

图 3-70 沙葱萤叶甲 GdRpS3a 在不同温度下的表达水平

七、蜕皮激素受体 EcR 基因的克隆与表达分析

(一) EcR 序列分析

沙葱萤叶甲 GdEcR 的基因 ORF 长度为 1704bp（GenBank 登录号：OR637365），编码 567 个氨基酸。使用 NCBI Blast 同源性搜索，得到了其他 9 个同为鞘翅目物种的 EcR 序列，利用 DNAMAN 软件进行氨基酸序列比对。结果显示，沙葱萤叶甲 EcR 的氨基酸序列与同一科的圆齿跳甲 EcR 的一致性最高，为 95.09%；其次是玉米根萤叶甲，为 90.83%。此外，与大猿叶虫、光肩星天牛、松褐天牛、马铃薯甲虫、赤拟谷盗、蜂房小甲虫、二十八星瓢虫的氨基酸一致性分别为 75.22%、75.61%、73.87%、71.48%、73.54%、74.52% 和 70.98%（图 3-71）。

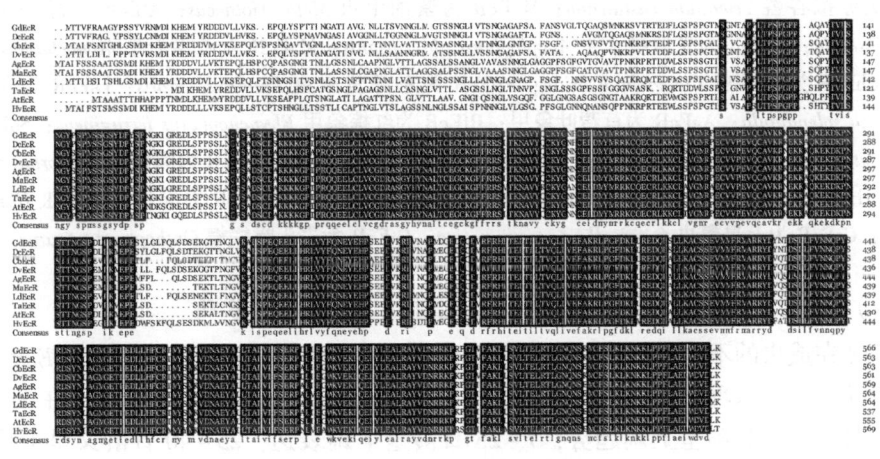

图 3-71 沙葱萤叶甲 GdEcR 氨基酸序列比对

注：DcEcR 为圆齿跳甲 *Diorhabda carinulata*（XP_057654933.1）；CbEcR 为大猿叶虫 *Colaphellus bowringi*（AHF52925.1）；DvEcR 为玉米根萤叶甲 *Diabrotica virgifera virgifera*（XP_028128297.1）；AgEcR 为光肩星天牛 *Anoplophora glabripennis*（XP_018560850.1）；MaEcR 为松褐天牛 *Monochamus alternatus*（AEY63780.1）；LdEcR 为马铃薯甲虫 *Leptinotarsa decemlineata*（QBH70333.1）；TcEcR 为赤拟谷盗 *Tribolium castaneum*（KYB25531.1）；ATEcR 为蜂房小甲虫 *Aethina tumida*（XP_049823434.1）；HvEcR 为二十八星瓢虫 *Henosepilachna vigintioctopunctata*（BAP15926.1）。

所建立的系统发育树表明（图3-72），沙葱萤叶甲 EcR 与圆齿跳甲 *DcEcR* 的亲缘关系最为相近，置信度为90%。

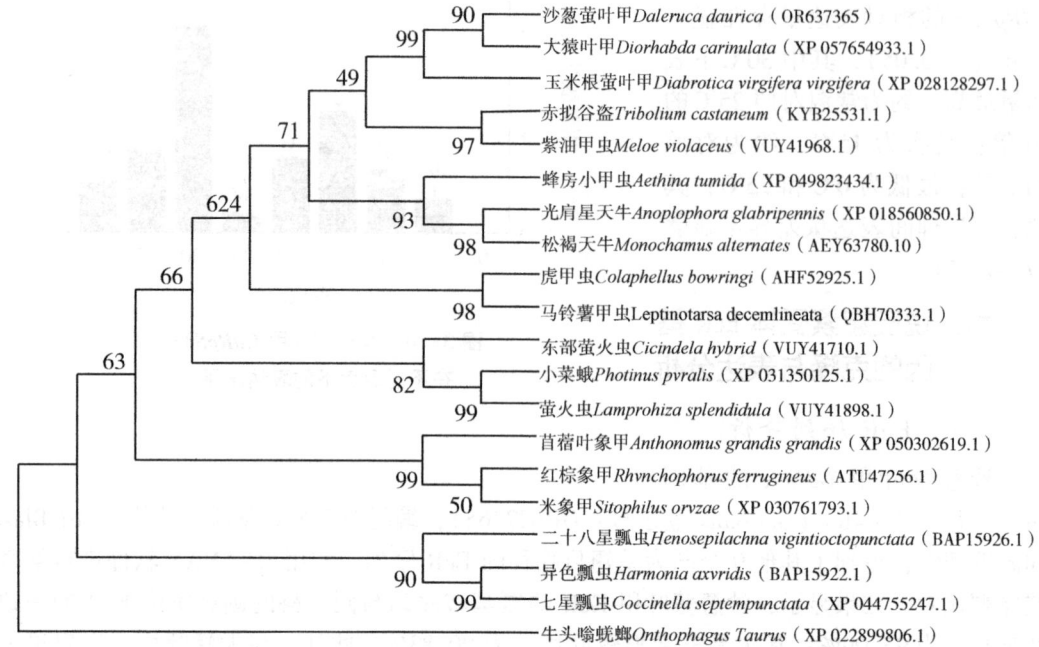

图3-72 沙葱萤叶甲与其他昆虫的 EcR 氨基酸序列的系统发育树

注：CbEcR 为大猿甲虫 *Colaphellus bowringi*；LdEcR 为马铃薯甲虫 *Leptinotarsa decemlineata*；TcEcR 为赤拟谷盗 *Tribolium castaneum*；MvEcR 为紫油甲虫 *Meloe violaceus*；AtEcR 为蜂房小甲虫 *Aethina tumida*；AgEcR 为光肩星天牛 *Anoplophora glabripennis*；MaEcR 为松褐天牛 *Monochamus alternatus*；ChEcR 为虎甲虫 *Cicindela hybrida*；PpEcR 为东部萤火虫 *Photinus pyralis*；LsEcR 为萤火虫 *Lamprohiza splendidula*；AgEcR 为苜蓿叶象甲 *Rhynchophorus ferrugineus*；SoEcR 为米象甲 *Sitophilus oryzae*；DvEcR 为玉米根萤叶甲 *Diabrotica virgifera*；DcEcR 为圆齿跳甲 *Diorhabda carinulata*；HvEcR 为二十八星瓢虫 *Henosepilachna vigintioctopunctata*；Ha EcR 为异色瓢虫幼虫 *Harmonia axyridis*；CsEcR 为七星瓢虫 *Coccinella septempunctata*；OtEcR 为牛头嗡蜣螂 *Onthophagus taurus*。

（二）EcR 在沙葱萤叶甲成虫不同发育阶段的表达分析

GdEcR 在成虫的不同发育阶段的表达模式如图3-73所示。结果表明，*GdEcR* 在各个阶段均表达。以成虫羽化1d的表达量为对照（下同），发现 *GdEcR* 表达水平在1~3日龄呈下调趋势，3~7日龄呈上调趋势，7~25日龄呈下调表达，25~40日龄又呈上调趋势，40~60日龄呈现快速下调趋势，直至60日龄均维持在较低的表达水平。综上所述，*GdEcR* 在沙葱萤叶甲成虫不同发育时期的表达水平呈滞育前（羽化后1~7d）上调表达，滞育初期至中期（羽化后7~40d）先下调后上调，滞育中后期（羽化后40~80d）快速下调，并在滞育结束后持续一个较低的表达水平。

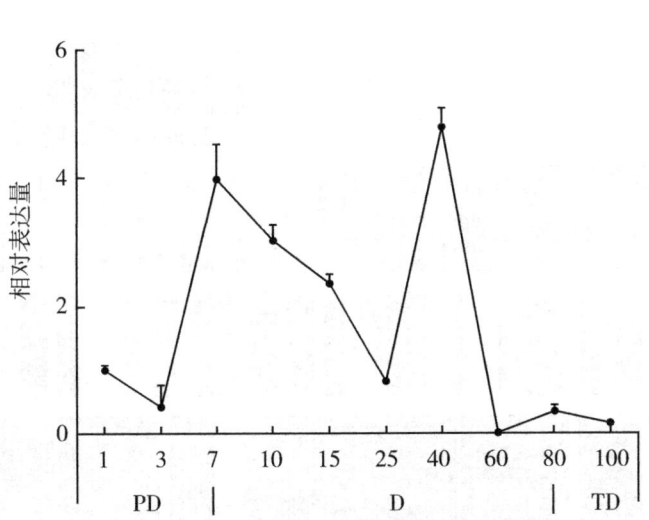

图 3-73 *GdEcR* 在不同滞育阶段的表达模式

注：PD 代表滞育前期；D 代表滞育期；TD 代表滞育后期；误差线代表 3 个生物学重复的标准误差。

八、脂蛋白受体 *LpR* 基因的克隆与表达分析

（一）LpR 序列分析

沙葱萤叶甲 *GdLpR* 的基因 ORF 长度为 2589bp（GenBank 登录号：OR637366），编码 862 个氨基酸。使用 NCBI Blast 同源性搜索，得到了其他 9 个同为鞘翅目物种的 LpR 序列，利用 DNAMAN 软件进行氨基酸序列比对。结果显示，沙葱萤叶甲 LpR 的氨基酸序列与同一科的跗粗角萤叶甲 LpR 的一致性最高，为 96.99%；其次是玉米根叶甲，为 86.52%。此外，马铃薯甲虫、光肩星天牛、小黑粉甲、赤拟谷盗、蜂房小甲虫、东部萤火虫、牛头嗡蜣螂的氨基酸一致性分别为 77.43%、72.02%、71.94%、66.77%、66.56%、65.62% 和 67.40%（图 3-74）。

所建立的系统发育树表明（图 3-75），沙葱萤叶甲 LpR 与跗粗角萤叶甲 DsLpR 的亲缘关系最为相近，置信度为 99%。

（二）LpR 在沙葱萤叶甲成虫不同发育阶段的表达分析

从图 3-74 可知，*GdLpR* 在成虫各个阶段均表达。以成虫羽化 1d 的表达量为对照，发现 *GdLpR* 表达水平在成虫羽化后 1~7d 呈上调趋势，7~15d 呈下调趋势，15~60d 呈上调趋势，60~80d 又呈下调趋势，80d 之后略有上调。综上所述，*GdLpR* 在沙葱萤叶甲成虫不同发育时期的表达水平呈滞育前上调表达，滞育期先下调后上调，滞育后期快速下调，滞育结束后略有上调表达。

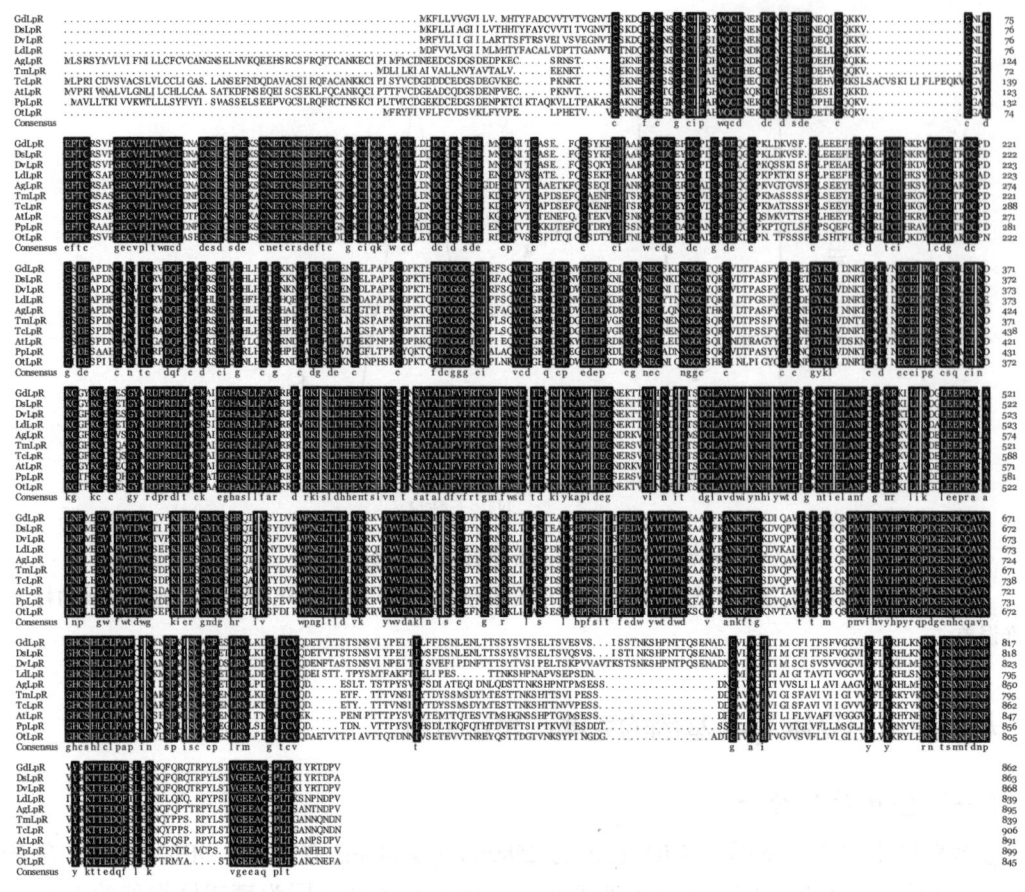

图3-74 沙葱萤叶甲 *GdLpR* 氨基酸序列比对

注：DsLpR 为跗粗角萤叶甲 *Diorhabda sublineata*（XP_056645097.1）；DvLpR 为玉米根叶甲 *Diabrotica virgifera*（XP_050519308.1）；LdLpR 为马铃薯甲虫 *Leptinotarsa decemlineata*（XP_023015081.1）；AgLpR 为光肩星天牛 *Anoplophora glabripennis*（XP_018566692.1）；TmLpR 为小黑粉甲 *Tribolium madens*（XP_044256263.1）；TcLpR 为赤拟谷盗 *Tribolium castaneum*（XP_015839883.1）；AtLpR 为蜂房小甲虫 *Aethina tumida*（XP_019865728.1）；PpLpR 为东部萤火虫 *Photinus pyralis*（XP_031335812.1）；OtLpR 为牛头嗡蜣螂 *Onthophagus taurus*（XP_022915300.1）。

第五节 保幼激素对沙葱萤叶甲成虫夏滞育调控的分子机理

一、沙葱萤叶甲对保幼激素响应的转录组学分析

（一）转录组测序及 *de novo* 组装

保幼激素类似物处理沙葱萤叶甲成虫的转录组测序共2个比较组（CKa vs Ta 和 CKb vs Tb），完成12个样本的测序，共获得73.06Gb 高质量 Reads（Clean Data），各样品 Clean Data 均达到5.82Gb，Q30 碱基百分比在94.38%及以上（表3-6）。原始数据提交到 NCBI 数据库，

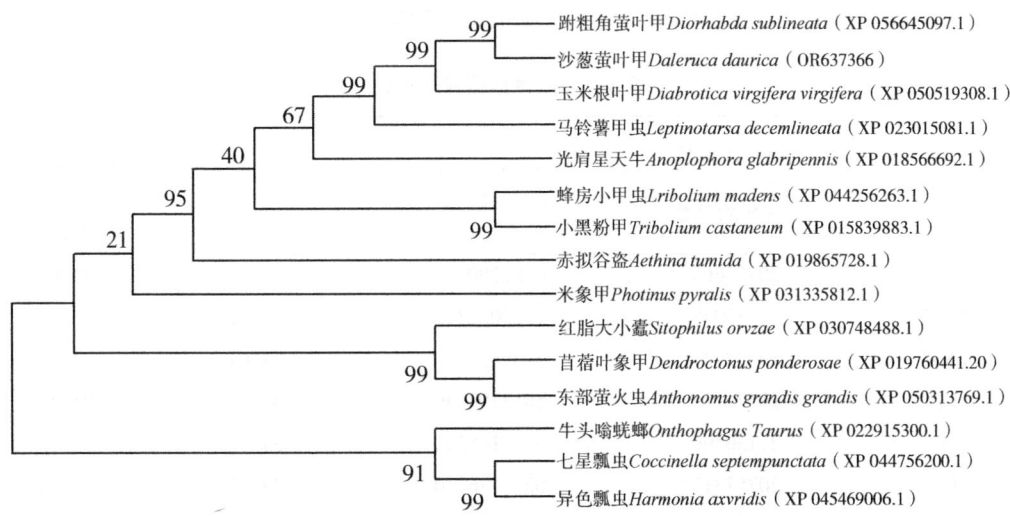

图 3-75　沙葱萤叶甲与其他昆虫的 LpR 氨基酸序列的系统发育树

注：DsLpR 为跚粗角萤叶甲 *Diorhabda sublineata*；DvLpR 为玉米根叶甲 *Diabrotica virgifera*；LdLpR 为马铃薯甲虫 *Leptinotarsa decemlineata*；AgLpR 为光肩星天牛 *Anoplophora glabripennis*；AtLpR 为蜂房小甲虫 *Aethina tumida*；TmLpR 为小黑粉甲 *Tribolium madens*；TcLpR 为赤拟谷盗 *Tribolium castaneum*；SoLpR 为米象甲 *Sitophilus oryzae*；DpLpR 为红脂大小蠹 *Dendroctonus ponderosae*；AgLpR 为苜蓿叶象甲 *Anthonomus grandis*；PpLpR 为东部萤火虫 *Photinus pyralis*；OtLpR 为牛头嗡蜣螂 *Onthophagus taurus*；CsLpR 为七星瓢虫 *Coccinella septempunctata*；HaLpR 为异色瓢虫 *Harmonia axyridis*。

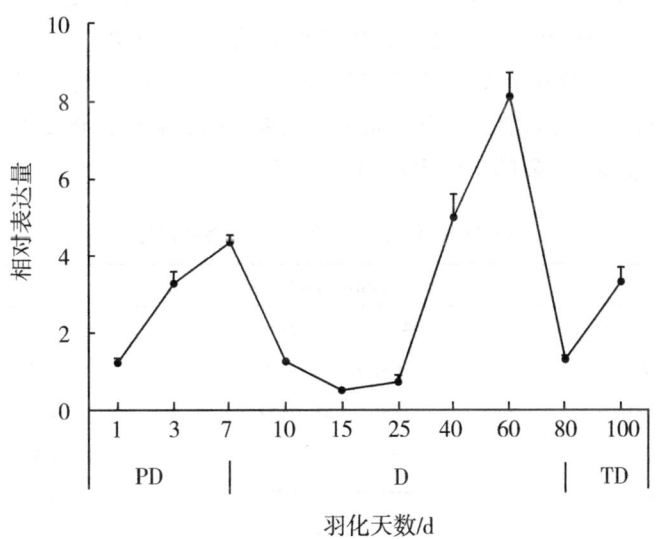

图 3-76　*GdLpR* 在沙葱萤叶甲成虫不同发育阶段的表达模式

SRA 登录号为 project number：PRJNA673066。BioSample number：CKa1（SRR12927937）、CKa2（SRR12927936）、CKa3（SRR12927933）、Ta1（SRR12927932）、Ta2（SRR12927931）、Ta3

(SRR12927930)、CKb1（SRR1292729）、CKb2（SRR12927928）、CKb3（SRR12927927）、Tb1（SRR12927926）、Tb2（SRR12927935）、Tb3（SRR12927934）。

表 3-6　测序数据评估统计

样品名	Clean Data 中 pair-end Reasd 的总数	Clean Data 的总碱基数	Clean Data 中 GC 含量/%	Clean Data 质量值≥30 的碱基百分比/%
CKa1	20707669	6181390036	38.03	94.97
CKa2	21453048	6413036316	37.87	95.21
CKa3	19593447	5859528298	37.64	94.87
Ta1	19474135	5818707330	37.33	95.28
Ta2	21130599	6317145380	37.12	95.17
Ta3	20757317	6211776970	37.52	94.38
CKb1	19988626	5978089596	37.86	94.82
CKb2	20876068	6242639694	37.86	95.13
CKb3	19747779	5904608714	37.57	95.06
Tb1	20318135	6081477928	37.32	94.40
Tb2	20743272	6207111438	37.37	95.10
Tb3	19508409	5841582314	37.65	94.56

de novo 组装结果如表 3-7 所示，共得到 87236 条 Unigenes，长度在 1kb 以上的 Unigenes 有 19705 条，Unigenes 的 N50 为 1677。其中，长度在 200~300bp 的共有 33372 个，约占 Unigenes 总数的 38.25%；长度在 300~500bp 的共有 19686 个，约占 Unigenes 总数的 22.57%；长度在 500~1000bp 的共有 14473 个，约占 Unigenes 总数的 16.59%；长度在 1000~2000bp 的共有 10851 个，约占 Unigenes 总数的 12.44%；长度大于 2000 bp 的共有 8854 个，约占 Unigenes 总数的 10.15%（图 3-77）。

表 3-7　沙葱萤叶甲 *de novo* 组装概述

Length Range/nt	Transcript/个	Unigene/个
200~300	47415（23.36%）	33372（38.25%）
300~500	36330（17.90%）	19686（22.57%）
500~1000	38955（19.19%）	14473（16.59%）
1000~2000	40004（19.71%）	10851（12.44%）
2000+	40270（19.84%）	8854（10.15%）
总数	202974	87236
总长度	260183935	73114549
N50 长度	2378	1677
平均长度	1281.86	838.12

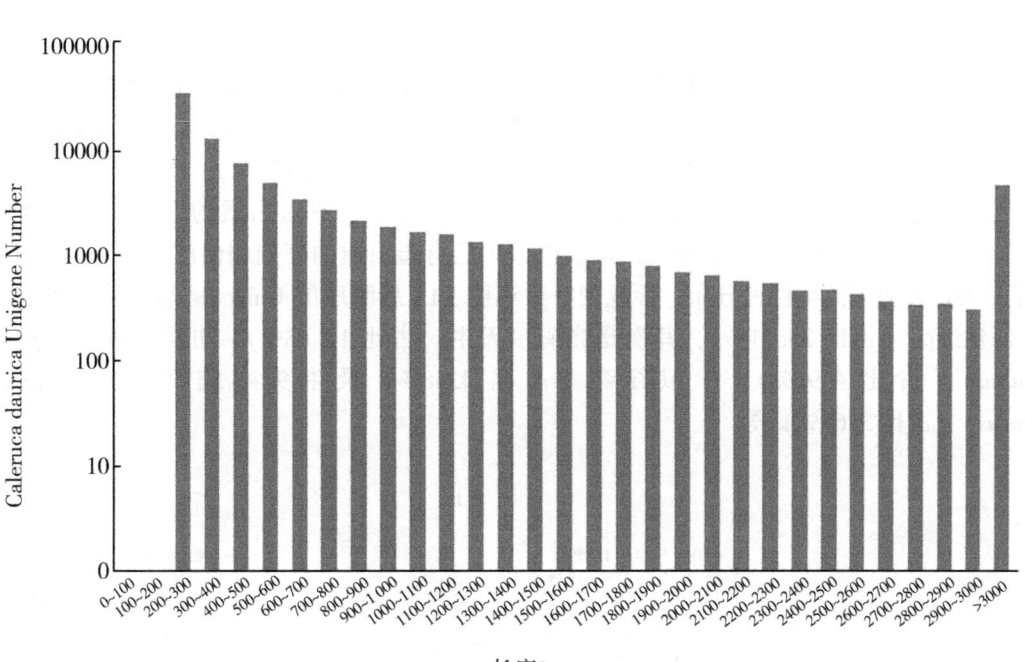

图 3-77 Unigenes 长度分布

（二）Unigene 功能注释

将获得的 Unigene 与 Nr、COG、GO、KEGG、KOG、Pfam、Swiss-prot 及 eggNOG 数据库进行比对，设置阈值 E 值 ≤ $1E^{-5}$。共有 35510 条 Unigenes 得到注释信息。其中，Nr 中有 34585 条（97.39%）、COG 中有 5646 条（15.90%）、GO 中有 10315 条（29.05%）、KEGG 中有到 8688 条（24.47%）、KOG 中有 14088 条（39.67%）、Pfam 中有 16860 条（47.48%）、Swiss-prot 中有 11877 条（33.45%）、eggNOG 中有 26701 条（71.19%）（表 3-8）。

表 3-8 Unigene 注释统计

注释数据库	数量	300≤长度<1000	长度≥1000
Nr_Annotation	34585	12125	15763
COG_Annotation	5646	1236	4168
GO_Annotation	10315	2947	5932
KEGG_Annotation	8688	2358	5721
KOG_Annotation	14088	3869	8969
Pfam_Annotation	16860	4595	11030
Swissprot_Annotation	11877	3102	7852
eggNOG_Annotation	26701	8580	14030
All_Annotated	35510	12597	15895

(三) Nr 数据库注释

Nr 数据库的注释结果如图 3-78 所示。图 3-78A 表明 E 值分布，有 52.44% 的 Unigenes 与 Nr 数据库中已有蛋白质序列具有较强的同源性（E 值<$1E^{-30}$），有 26.58% 的 Unigenes 与 Nr 数据库中已有蛋白质序列具有很强的同源性（E 值<$1E^{-100}$）。图 3-78B 表明了序列相似度分布，有 34.52% 的 Unigenes 与 Nr 数据库中已有蛋白质的序列相似度达到 60%，其中有 3.69% 的 Unigenes 与 Nr 数据库中已有蛋白质的序列相似度高达 90% 以上。图 3-78C 表明了同源性种分布，沙葱萤叶甲注射 JHA 后测序的 Unigenes 与马铃薯甲虫的同源性最高（占比 20.31%），其次是光肩星天牛（占比 18.68%）、柑橘凤蝶（*Papillio xuthus*）（占比 4.92%）、赤拟谷盗（占比 4.38%）及牛头嗡蜣螂（*Onthophagus taurus*）（占比 3.68%）等。

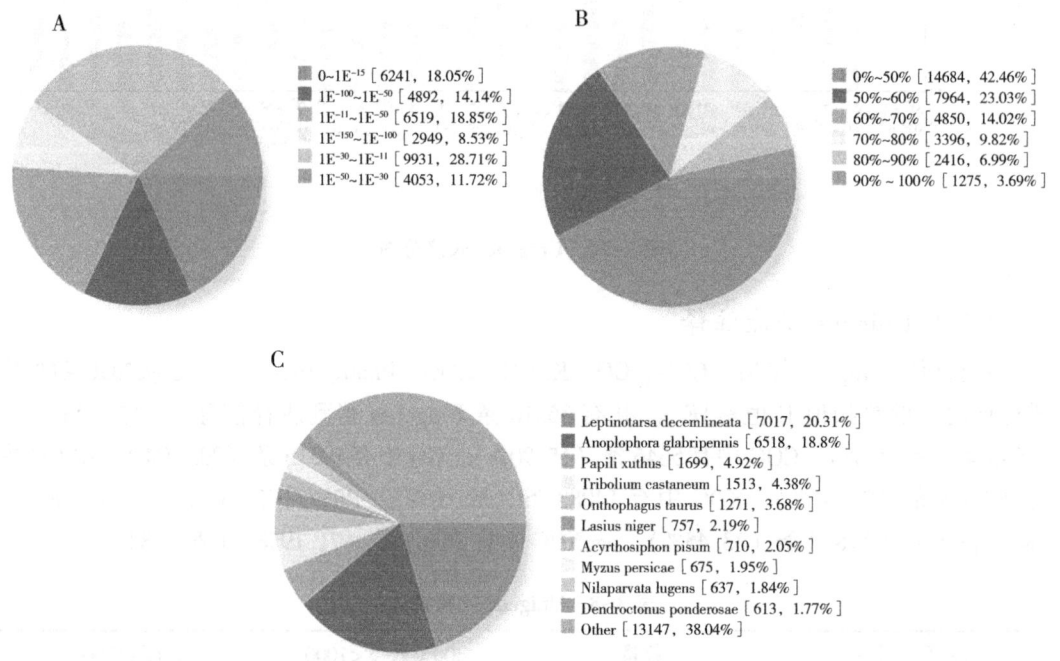

图 3-78 沙葱萤叶甲 Unigenes 的 E 值分布（A）、相似度分布（B）及物种分布（C）

(四) COG 数据库注释

将 Unigenes 与 COG 数据库进行比对分析，5646 条 Unigenes 注释到 24 个功能组，主要包括一般功能预测（R: General function prediction only）；翻译、核糖体结构和生物发生（J: Translation, ribosomal structure and biogenesis）；翻译后修饰、蛋白转换和伴侣（O: Posttranslational modification, protein turnover, chaperones）；碳水化合物运输和代谢（G: Carbohydrate transport and metabolism）；信号传导机制（T: Signal transduction mechanisms）；脂质的运输和代谢（I: Lipid transport and metabolism）；复制、传导和修复（L: Replication, recombination and repair）等（图 3-79）。

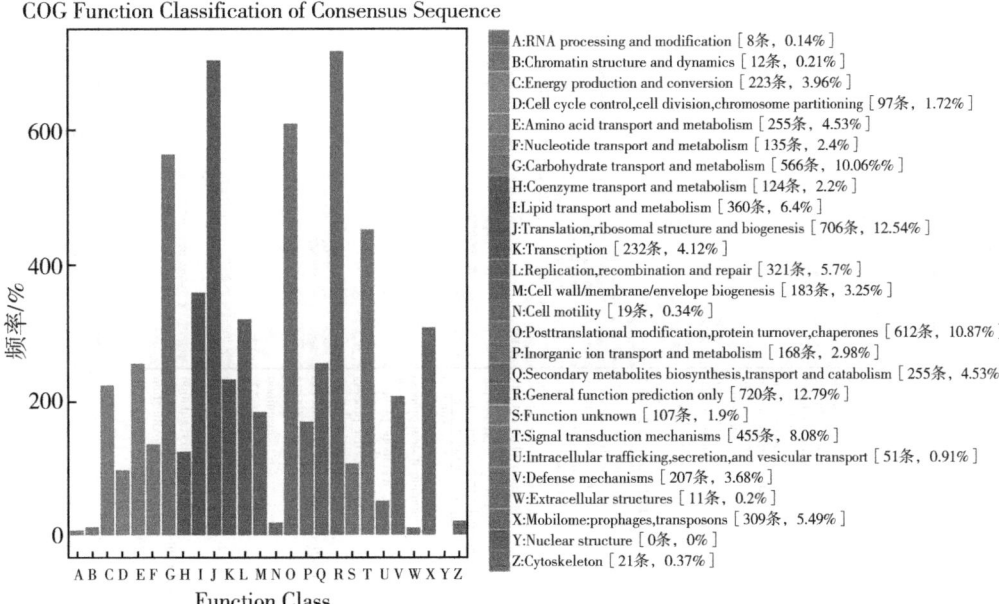

图 3-79 COG 数据库功能注释分布图

（五）GO 数据库注释

将 Unigenes 与 GO 数据库进行比对分析，10315 条 Unigenes 注释到三大分类的 45 个亚类中（图 3-80）。在细胞组分分类中，细胞（Cell）（2617 条，25.37%）、膜（Membrane）（2610 条，25.30%）和细胞组分（Cell part）（2595 条，25.16%）占比最多。在分子功能分类中，结合（Binding）（5138 条，49.81%）、催化活性（Catalytic activity）（4164 条，40.37%）和转录因子活性（Transporter activity）（496 条，4.8%）占比最多。在生物学过程分类中，代谢过程（Metabolic process）（4172 条，40.46%）、细胞过程（Cellular process）（4171 条，40.44%）和单生物过程（Single-organism process）（1972 条，19.12%）占比最多。

（六）KEGG 数据库注释

KEGG 数据库功能注释结果如表 3-9 所示。8688 条 Unigenes 映射至 234 个 KEGG 通路，其中 259 条 Unigenes 注释到核糖体（Ribosome）通路上；221 条 Unigenes 注释到嘌呤代谢（Purine metabolism）通路上；218 条 Unigenes 注释到剪接体（Spliceosome）通路上；199 条 Unigenes 注释到内质网中蛋白质处理（Protein processing in endoplasmic reticulum）通路上；187 条 Unigenes 注释到 RNA 转运（RNA transport）通路上；175 条 Unigenes 注释到内吞作用通路上（Endocytosis）；172 条 Unigenes 注释到碳代谢（Carbon metabolism）通路上；165 条 Unigenes 注释到嘧啶代谢（Pyrimidine metabolism）通路上等。

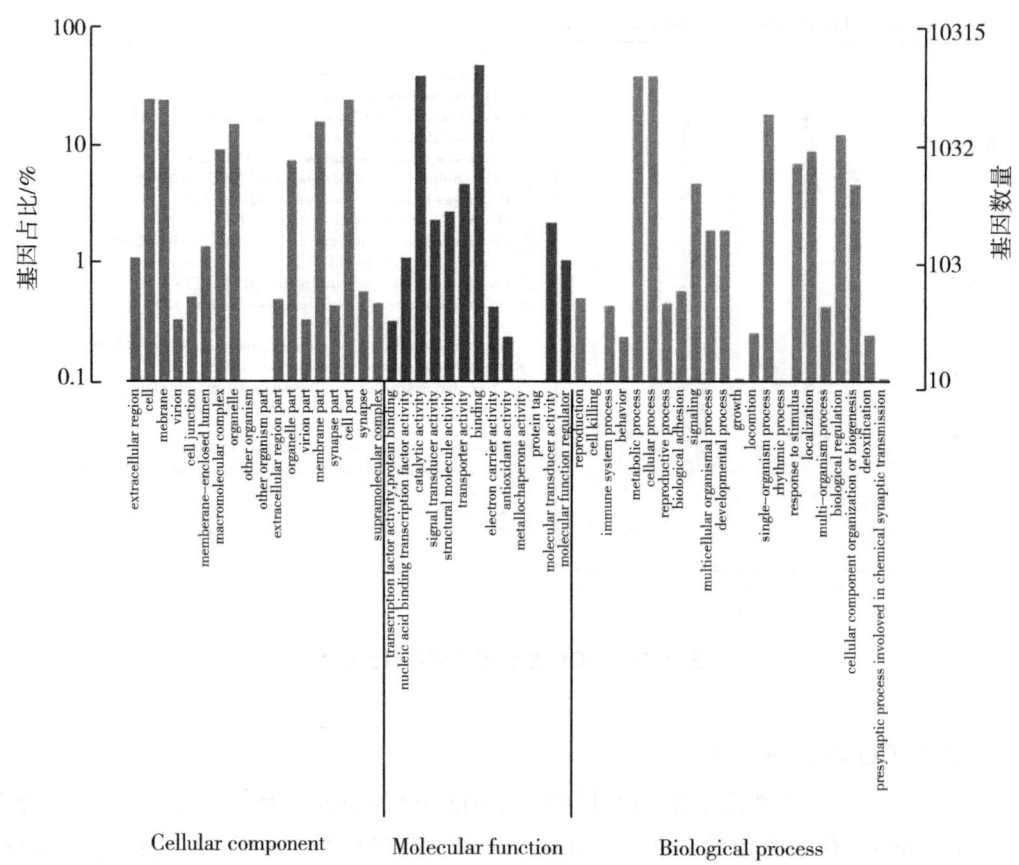

图 3-80　GO 数据库功能注释分布

表 3-9　KEGG 代谢通路分布情况

代谢通路	通路代码	数量
核糖体	ko03010	259
嘌呤代谢	ko00230	221
剪接体	ko03040	218
内质网中蛋白质处理	ko04141	199
RNA 转运	ko03013	187
内吞作用	ko04144	175
碳代谢	ko01200	172
嘧啶代谢	ko00240	165
泛素介导的蛋白质水解	ko04120	160

(续表)

代谢通路	通路代码	数量
溶酶体	ko04142	151
氧化磷酸化	ko00190	148
真核生物中核糖体的生物发生	ko03008	144
吞噬体	ko04145	121
mRNA 检测通路	ko03015	117
mTOR 信号通路	ko04150	117
MAPK 信号通路	ko04013	108
氨基酸的生物合成	ko01230	103
过氧化物酶体	ko04146	103
Wnt 信号通路	Ko04310	100
RNA 降解	ko03018	99

注：仅列出注释数量较多的前 20 个 KEGG 代谢通路。

（七）差异表达基因分析

使用 DESeq2 进行样本间 Unigenes 的差异表达分析，筛选 CKa vs Ta 和 CKb vs Tb 两个比较组间差异表达基因（Differentially Expressed Gene，DEG），设置阈值为 FDR<0.05 且差异倍数 FC（Fold Change）≥1.5。其中，CKa vs Ta 比较组之间共有 310 个 DEGs，包括上调基因 203 个和下调基因 107 个；CKb vs Tb 比较组之间共有 598 个 DEGs，包括上调基因 240 个和下调基因 358 个（图 3-81）。

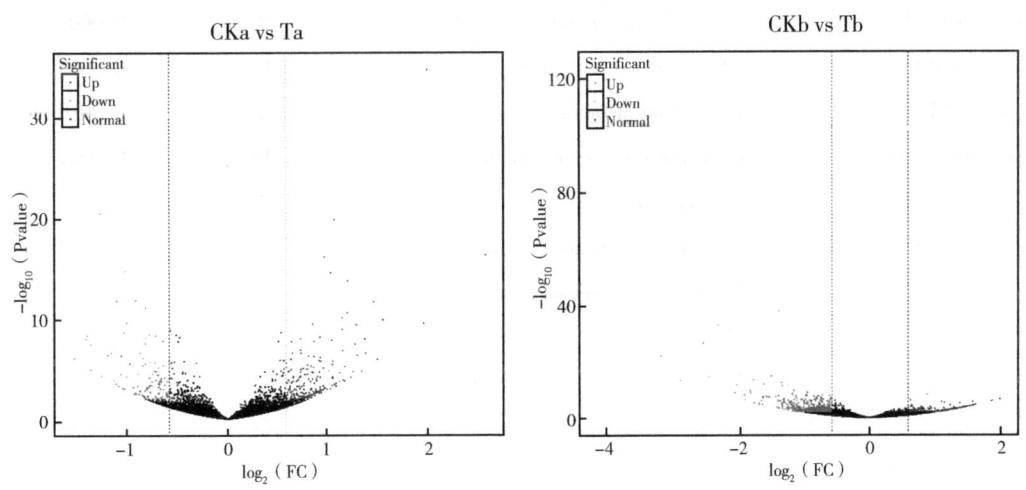

图 3-81 差异表达基因火山图

(八) 差异表达基因 GO 功能富集

对 CKa vs Ta 比较组的 310 个 DEGs 进行 GO 富集分析（表 3-10），共有 107 个 DEGs 映射到 634 个 GO 条目，包括生物过程（Biological Process，BP）349 条，分子功能（Cellular Component，CC）68 条、细胞组分（Molecular Function，MF）217 条，其中显著富集（$P<0.05$）的 GO 条目有 65 条，主要包括 BP 组别：DNA 整合（DNA integration）、DNA 代谢过程（DNA metabolic process）、翻译（Translation）、氧化还原过程（Oxidation-reduction process）、阳离子跨膜转运（Cation transmembrane transport）等；CC 组别：胞内细胞腔（Intracellular organelle lumen）、线粒体部分（Mitochondrial part）和细胞质（Cytoplasm）等；MF 组别：核酸结合（Nucleic acid binding）、氧化还原酶活性（Oxidoreductase activity）和 G 蛋白偶联受体活性（G-protein coupled receptor activity）等。

对 CKb vs Tb 比较组的 598 个 DEGs 进行 GO 富集分析（表 3-10），共有 198 个 DEGs 映射到 958 个 GO 条目，包括生物过程（Biological Process，BP）600 条，分子功能（Cellular Component，CC）82 条、细胞组分（Molecular Function，MF）276 条，其中显著富集（$P<0.05$）的 GO 条目有 125 条，主要包括 BP 组别：DNA 代谢过程（DNA metabolic process）、翻译（Translation）和氧化还原过程（Oxidation-reduction process）等；CC 组别：核糖体（Ribosome）、核糖体亚单位（Ribosomal subunit）和胞内细胞腔（Intracellular organelle lumen）等；MF 组别：核糖体结构组分（Structural constituent of ribosome）、核酸结合（Nucleic acid binding）和氧化还原酶（Oxidoreductase activity）等。

表 3-10 差异表达基因的 GO 富集分析

GO 条目	GO 注释	类型	P 值
CKa vs Ta			
GO：0015074	DNA integration	BP	0.0000
GO：0006259	DNA metabolic process	BP	0.0000
GO：0006412	Translation	BP	0.0001
GO：0055114	Oxidation-reduction process	BP	0.0008
GO：0098655	Cation transmembrane transport	BP	0.0030
GO：0007186	G-protein coupled receptor signaling pathway	BP	0.0041
GO：0046034	ATP metabolic process	BP	0.0058
GO：0090304	Nucleic acid metabolic process	BP	0.0067
GO：0044767	Single-organism developmental process	BP	0.0069
GO：0044707	Single-multicellular organism process	BP	0.0072
GO：0006520	Cellular amino acid metabolic process	BP	0.0106
GO：0070013	Intracellular organelle lumen	CC	0.0039
GO：0044429	Mitochondrial part	CC	0.0043
GO：0005737	Cytoplasm	CC	0.0050
GO：0003676	Nucleic acid binding	MF	0.0000

(续表)

GO 条目	GO 注释	类型	P 值
GO：0016491	Oxidoreductase activity	MF	0.0003
GO：0004930	G-protein coupled receptor activity	MF	0.0008
GO：0042802	Identical protein binding	MF	0.0027
GO：0003677	DNA binding	MF	0.0080
GO：0019202	Amino acid kinase activity	MF	0.0097
	CKb vs Tb		
GO：0006259	DNA metabolic process	BP	0.0000
GO：0006412	Translation	BP	0.0001
GO：0055114	Oxidation-reduction process	BP	0.0020
GO：0042255	Ribosome assembly	BP	0.0029
GO：0098655	Cation transmembrane transport	BP	0.0045
GO：0008380	RNA splicing	BP	0.0056
GO：0090304	Nucleic acid metabolic process	BP	0.0060
GO：0044767	Single-organism developmental process	BP	0.0061
GO：0005840	Ribosome	CC	0.0000
GO：0044391	Ribosomal subunit	CC	0.0010
GO：0070013	Intracellular organelle lumen	CC	0.0039
GO：0044429	Mitochondrial part	CC	0.0045
GO：0003735	Structural constituent of ribosome	MF	0.0000
GO：0003676	Nucleic acid binding	MF	0.0000
GO：0016491	Oxidoreductase activity	MF	0.0003
GO：0042302	Structural constituent of cuticle	MF	0.0003
GO：0008810	Cellulase activity	MF	0.0021
GO：0004930	G-protein coupled receptor activity	MF	0.0030
GO：0042802	Identical protein binding	MF	0.0033
GO：0019843	rRNA binding	MF	0.0038

注：仅列出 P 值最小的前 20 个 GO 条目。

(九) 差异表达基因 KEGG 通路富集

KEGG 代谢通路富集能够深入了解 DEGs 的功能，分析其主要参与的通路，了解 DEGs 之间的相互作用关系。在 CKa vs Ta 比较组中，有 97 个 DEGs 在 KEGG 通路中得到富集，共涉及 68 条通路，其中显著富集的通路有 10 条（$P<0.05$），包括甘油磷脂代谢（Glycerophospholipid metabolism）、半乳糖代谢（Galactose metabolism）、溶酶体（Lysosome）、精氨酸和脯氨酸代谢（Arginine and proline metabolism）、络氨酸代谢（Tyrosine metabolism）、凋亡-多物种（Apoptosis - multiple species）、戊糖和葡萄糖醛酸的相互转化（Pentose and glucuronate interconversions）、醚类脂代谢（Ether lipid metabolism）、脂肪酸代

谢（Lipoic acid metabolism）和凋亡-蝇类（Apoptosis - fly）（图 3-82）。

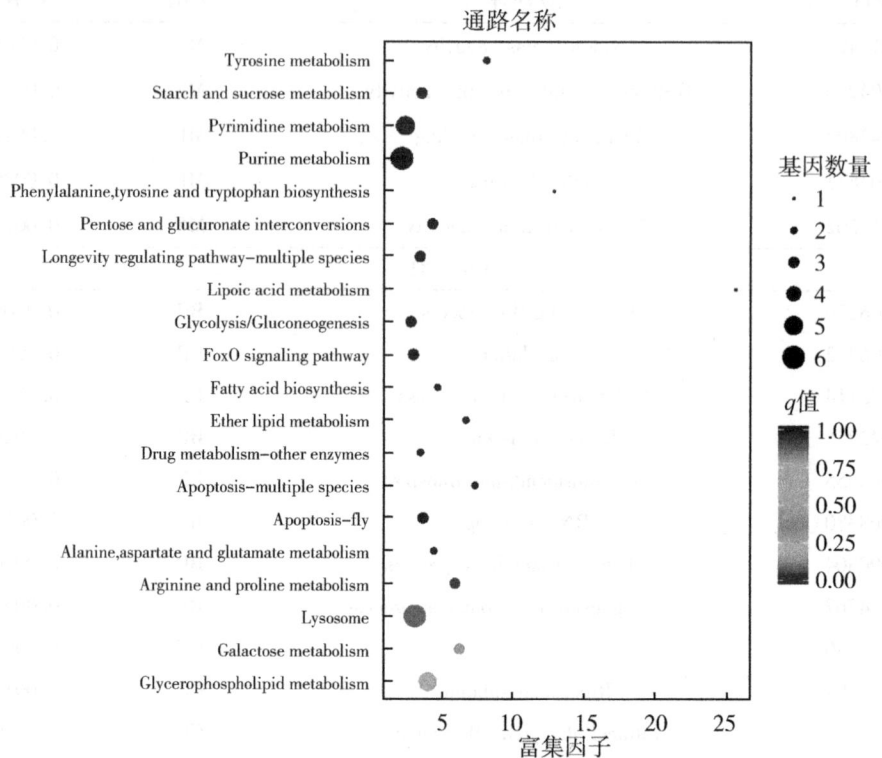

图 3-82　CKa vs Ta 比较组中差异表达基因的 KEGG 富集通路

注：y 轴表示通路名称，x 轴表示富集因子，富集因子越大表示 DEGs 在该通路的富集水平越显著，q 值为多重假设检验校正后的 P 值，图片仅显示 q 值最小的前 20 个通路，下同。

在 CKb vs Tb 比较组中，有 194 个 DEGs 在 KEGG 通路中得到富集，共涉及 86 条通路，其中显著富集的通路有 18 条（$P<0.05$），包括药物代谢-细胞色素 P450（Drug metabolism - cytochrome P450）、细胞色素 P450 对异种生物的代谢（Metabolism of xenobiotics by cytochrome P450）、牛磺酸和亚牛磺酸代谢（Taurine and hypotaurine metabolism）、戊糖和葡糖糖醛酸的相互转化（Pentose and glucuronate interconversions）、谷胱甘肽代谢（Glutathione metabolism）、叶酸的一个碳池（One carbon pool by folate）、溶酶体（Lysosome）、药物代谢-其他酶（Drug metabolism - other enzymes）、抗坏血酸和醛酸代谢（Ascorbate and aldarate metabolism）、糖胺聚糖降解（Glycosaminoglycan degradation）、单纯疱疹感染（Herpes simplex infection）、其他聚糖降解（Other glycan degradation）、昆虫激素合成（Insect hormone biosynthesis）、淀粉和蔗糖代谢（Starch and sucrose metabolism）、卟啉与叶绿素代谢（Orphyrin and chlorophyll metabolism）、半胱氨酸和蛋氨酸代谢（Cysteine and methionine metabolism）、组氨酸代谢（Histidine metabolism）和基础转录因子（Basal transcription factors）（图 3-83）。

（十）差异表达基因的 qPCR 验证

为验证 RNA-Seq 的结果，我们选择 8 个差异表达基因进行验证。结果显示 8 个差异

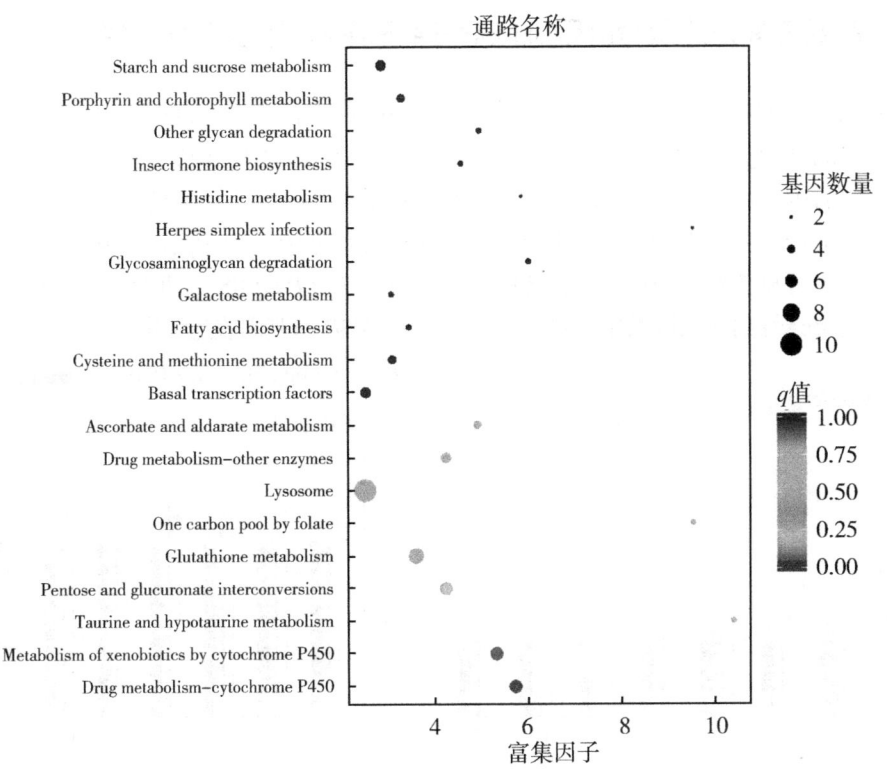

图 3-83　CKb vs Tb 比较组中差异表达基因的 KEGG 富集通路

表达基因的表达趋势与 RNA-Seq 一致，表明转录组测序数据可靠（图 3-84）。

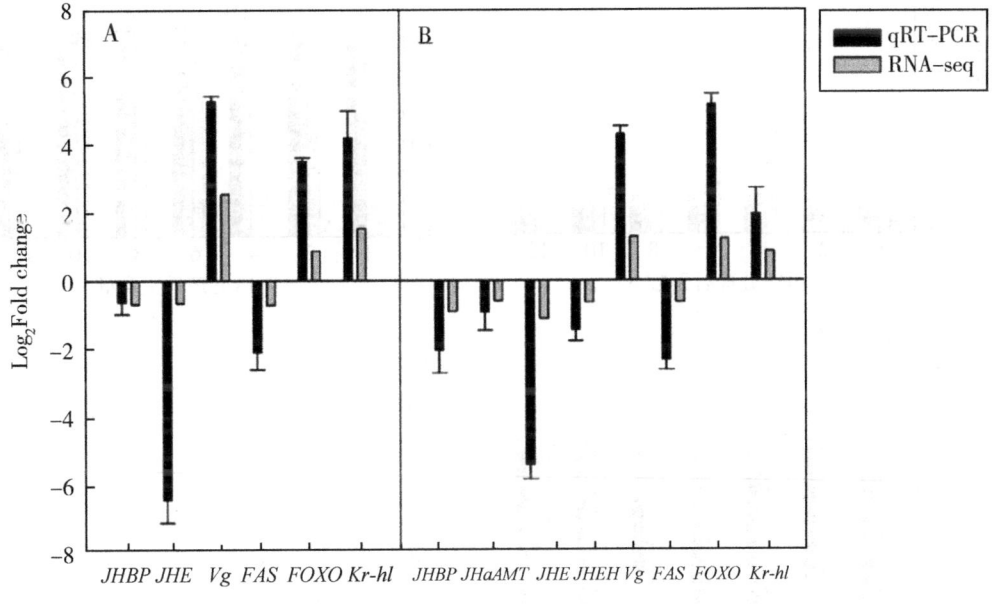

图 3-84　qPCR 验证 RNA-Seq 数据

二、保幼激素对沙葱萤叶甲 JH 信号通路相关基因及滞育的影响

（一）JHA 对羽化 3d 沙葱萤叶甲 JH 信号通路相关基因的影响

外源保幼激素类似物 JHA（Methoprene）处理羽化 3d 沙葱萤叶甲成虫对 *GdMet*、*GdJHBP*、*GdJHAMT*、*GdJHE*、*GdJHEH*、*GdVg*、*GdFAS*、*GdFOXO* 和 *GdKr-h1* 基因的表达影响如图 3-85 所示。qPCR 分析表明，除 *GdJHAMT* 基因以外，两种浓度的 JHA（1.0μg/μL 和 2.5μg/μL）处理羽化 3d 成虫可显著影响 JH 信号通路相关基因的表达（$P<0.05$）。此外，qPCR 数据表明 DMSO 对照组与未注射对照组无显著差异，说明溶剂 DMSO 对基因表达无影响。

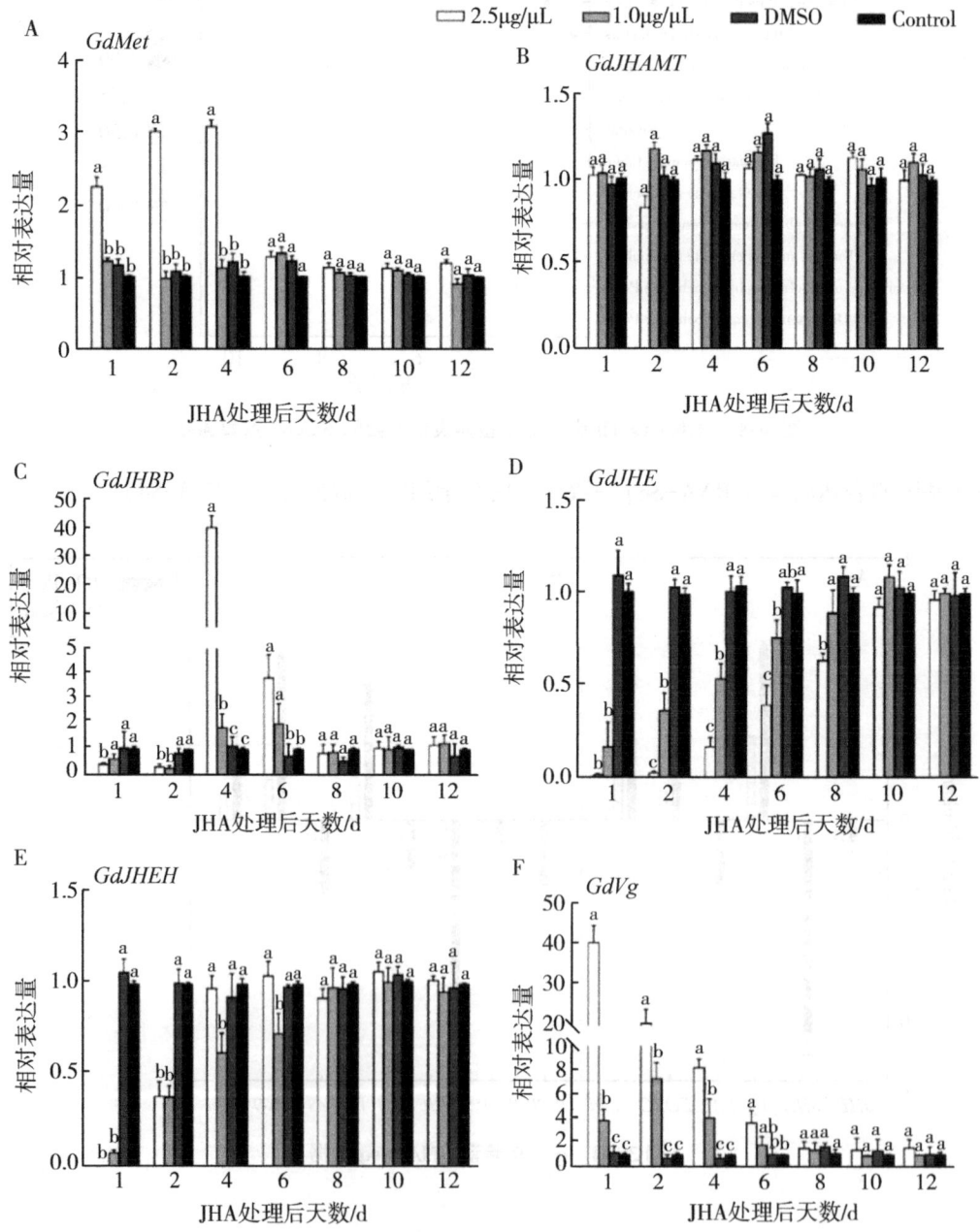

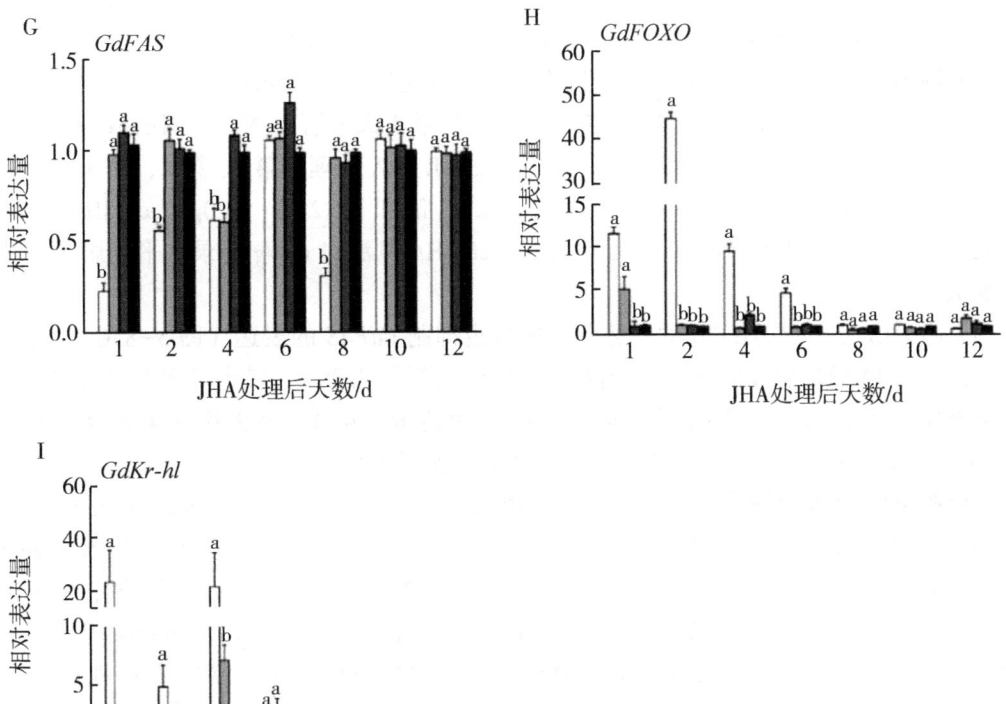

图 3-85 羽化 3d 施用 JHA 后 JH 信号相关基因的表达谱

与 DMSO 对照相比，低浓度 JHA（1.0μg/μL）对 *GdMet* 的转录表达没有显著影响。*GdMet* 的表达量水平在高浓度 JHA（2.5μg/μL）处理后第 1、第 2 和第 4 天显著上调，上调倍数分别为 1.93 倍、2.79 倍和 2.55 倍，第 4 天后与对照组无显著差异（图 3-85A）。

两种浓度 JHA 处理后 *GdJHAMT* 的表达水平与对照组均无显著差异（图 3-85B）。

GdJHBP 的表达量在 1.0μg/μL JHA 处理后第 1 天和第 2 天分别下调了 40.23% 和 70.76%，在第 4 天和第 6 天显著上调，上调倍数为 1.65 倍和 2.73 倍；*GdJHBP* 的表达量在 2.5μg/μL JHA 处理后第 1 天和第 2 天下调了 61.75% 和 66.11%，在第 4 天和第 6 天显著上调，上调倍数为 36.11 倍和 5.18 倍。两种浓度 JHA 刺激对 *GdJHBP* 表达量的影响维持到第 6 天（图 3-85C）。

外源 JHA 处理初羽化 3d 的沙葱萤叶甲成虫抑制 *GdJHE* 的转录水平（图 3-85D）。*GdJHE* 的表达量在 1.0μg/μL JHA 处理后第 1、第 2、第 4 和第 6 天分别下调了 84.78%、64.85%、47.11% 和 26.52%；在 2.5μg/μL JHA 处理第 1、第 2、第 4、第 6 和第 8 显著下调了 98.72%、97.58%、83.65%、62.07% 和 41.94%。1.0μg/μL JHA 处理组 *GdJHE* 的表达量水平在第 4 天后与对照组无显著差异，2.5μg/μL JHA 处理组 *GdJHE* 的表达量在第 8 天后与对照组无显著差异。

外源 JHA 处理初羽化 3d 的沙葱萤叶甲成虫抑制 *GdJHEH* 的转录水平（图 3-85E）。其中 1.0μg/μL JHA 处理后第 1、第 2、第 4 和 6 天的 *GdJHEH* 表达量分别下调 93.45%、62.47%、33.02% 和 26.05%；2.5μg/μL JHA 处理后 *GdJHEH* 的表达量在第 1 天和第 2 天

显著下调了99.84%和62.17%。1.0μg/μL JHA刺激对 *GdJHEH* 的转录水平的影响维持到第6天，2.5μg/μL JHA刺激对 *GdJHEH* 的转录水平的影响仅维持到第2天。

外源JHA处理初羽化3d的沙葱萤叶甲成虫可促进 *GdVg* 的表达（图3-85F）。*GdVg* 的转录水平在1.0μg/μL JHA处理后第1、第2和第4天显著上调，上调倍数为3.24倍、10.20倍和5.76倍；*GdVg* 的转录水平在2.5μg/μL JHA处理后第1、第2、第4和6天显著上调，上调倍数为11.00倍、41.16倍、4.19倍和4.12倍；1.0μg/μL JHA刺激对 *GdVg* 转录水平的影响维持到第4天，2.5μg/μL JHA刺激对 *GdVg* 转录水平的影响持续到第6天。

外源JHA处理初羽化3d的沙葱萤叶甲成虫抑制 *GdFAS* 的表达（图3-85G）。其中在1.0μg/μL JHA处理后 *GdFAS* 表达量仅在第4天下调了44.08%，其余时间点与对照组均无显著差异；在2.5μg/μL JHA处理后 *GdFAS* 的表达量在第1、第2和第4天分别下调了79.16%、44.64%和43.29%，在第6天与对照组无显著差异，而在第8天下调了68.23%。

外源JHA处理初羽化3d的沙葱萤叶甲成虫可促进 *GdFOXO* 的表达（图3-85H）。1.0μg/μL JHA处理对 *GdFOXO* 表达量的影响仅在第1天有效果，上调倍数为4.99倍；*GdFOXO* 的表达量在2.5μg/μL JHA处理后第1、第2、第4和第6天显著上调，上调倍数为34.44倍、29.01倍、11.59倍和3.54倍；1.0μg/μL JHA刺激对 *GdFOXO* 转录水平的影响仅在第1天有效果，2.5μg/μL JHA刺激对 *GdFOXO* 转录水平的影响则持续到第6天。

外源JHA处理初羽化3d的沙葱萤叶甲成虫促进 *GdKr-h1* 的表达（图3-85I）。1.0μg/μL JHA处理对 *GdKr-h1* 表达量的影响仅在第4天显著上调，上调倍数为5.87倍，其余时间点与对照组均无差异；*GdKr-h1* 的表达量在2.5μg/μL JHA处理后第1、第2和第4天显著上调，上调倍数为25.96倍、4.51倍和18.87倍；1.0μg/μL JHA刺激对 *GdKr-h1* 转录水平的影响仅在第4天有效果，2.5μg/μL JHA刺激对 *GdFOXO* 转录水平的影响则持续到第4天。

（二）JHA对羽化5d沙葱萤叶甲JH信号通路相关基因的影响

沙葱萤叶甲成虫羽化后5d施用JHA对JH通路基因表达的影响与成年羽化后3d的结果相似，其中除了 *GdJHAMT* 基因，*GdJHAMT* 的表达量在2.5μg/μL JHA处理后第1天和第2天显著下调了88.78%和46.61%（图3-86）。

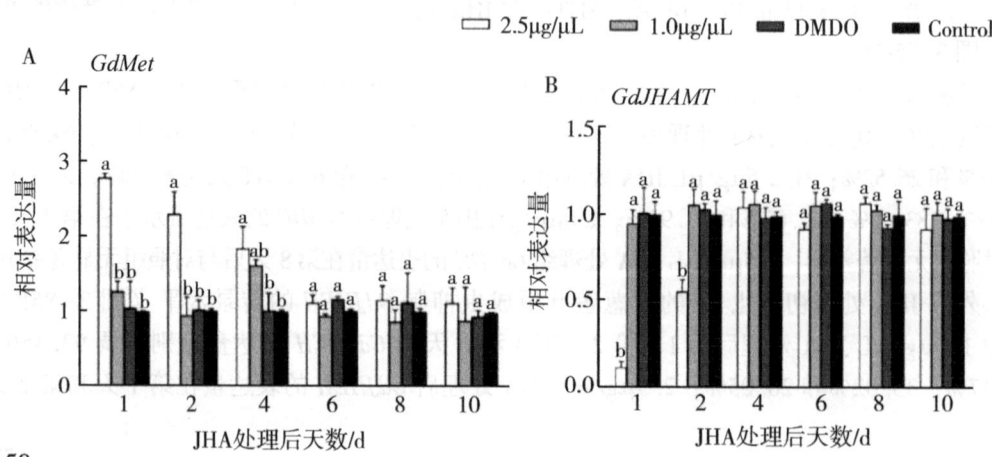

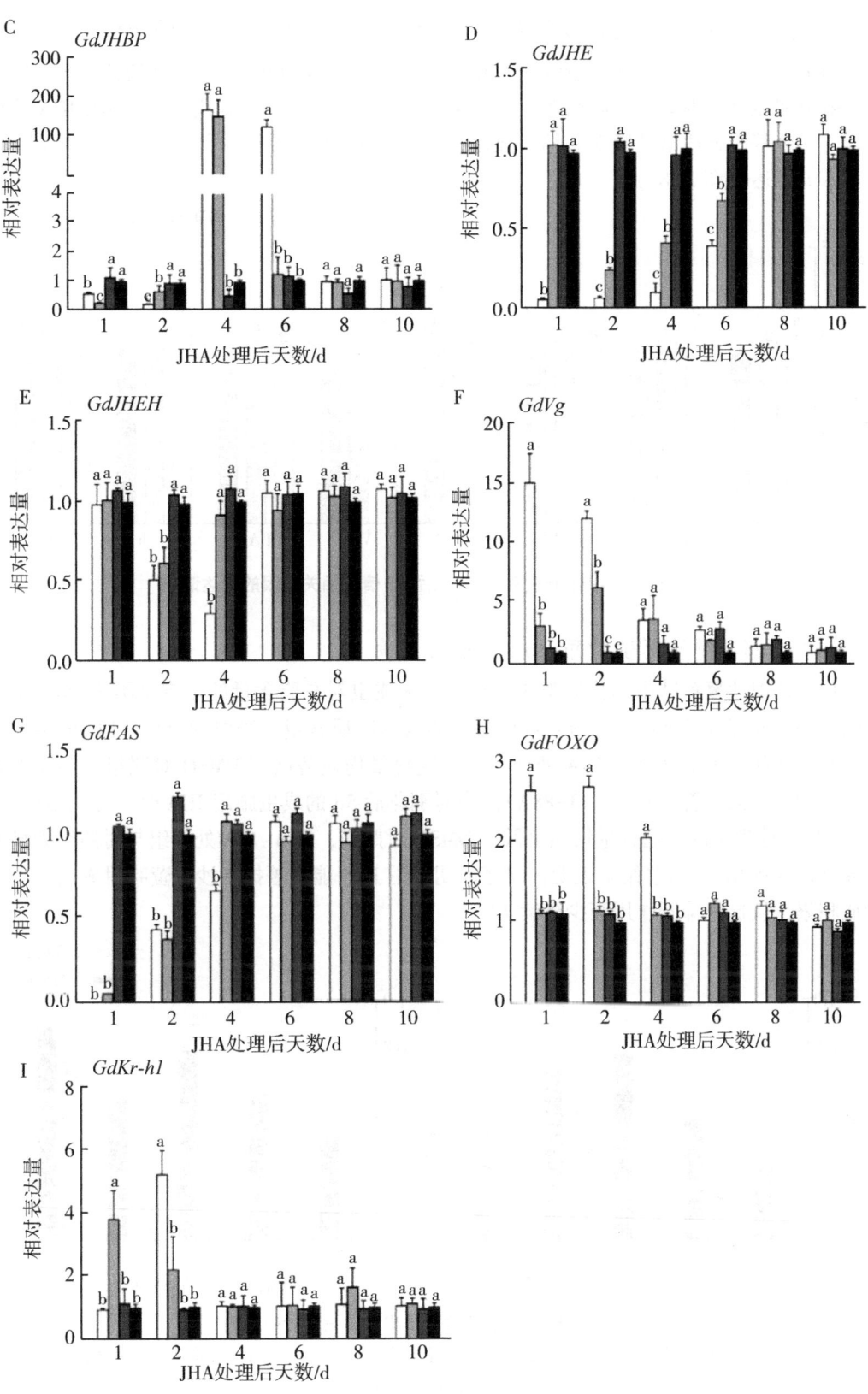

图 3-86 羽化 5d 施用 JHA 后 JH 信号相关基因的表达谱

（三）JHA 对羽化 15d 沙葱萤叶甲 JH 信号通路相关基因的影响

由上述结果可知，高浓度 JHA（2.5μg/μL）对沙葱萤叶甲成虫的 JH 通路相关基因表达影响更加显著，因此，我们选择在滞育期（成年羽化后 15d）施用 2.5μg/μL JHA 检测对以上 9 个基因表达谱的影响。结果显示，2.5μg/μL JHA 的施用并不会显著影响以上 9 个基因的表达（图 3-87）。

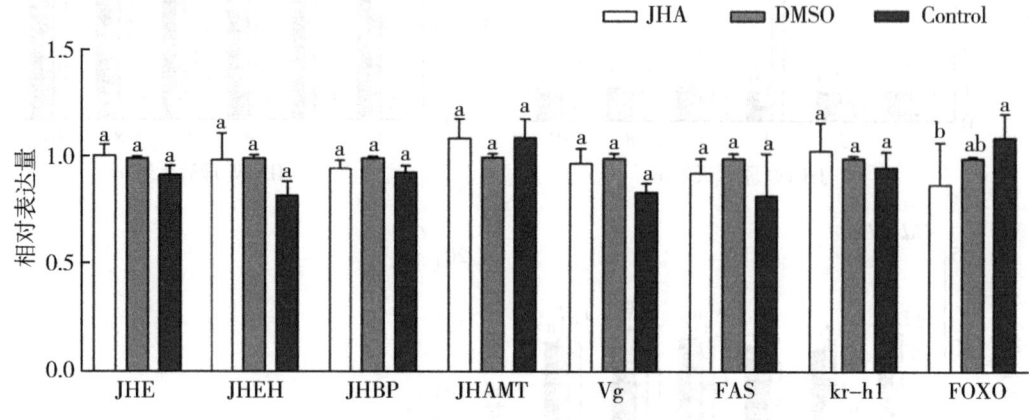

图 3-87　羽化 15d 施用 JHA 后 JH 信号相关基因的表达谱

（四）JHA 对沙葱萤叶甲总脂含量的影响

JHA 处理沙葱萤叶甲羽化后第 3 天和第 5 天成虫对总脂含量的影响见图 3-88。结果表明，JHA 处理可显著影响沙葱萤叶甲成虫体内的脂质含量。当对羽化后 3d 的成虫施用 JHA 时，处理后第 1~6 天，JHA 处理组的总脂含量均显著低于 DMSO 对照组，第 8 天处理组与对照组无显著差异（图 3-88A）。当对羽化后 5d 的成虫施用 JHA 时，处理后第 1~4 天，JHA 处理组的总脂含量均显著低于 DMSO 对照组，第 6~8 天处理组与对照组无显著差异（图 3-88B）。这些结果表明，滞育前期施用 JHA 能显著抑制沙葱萤叶甲成虫体内的脂质积累，且这种抑制作用至少持续 4d。

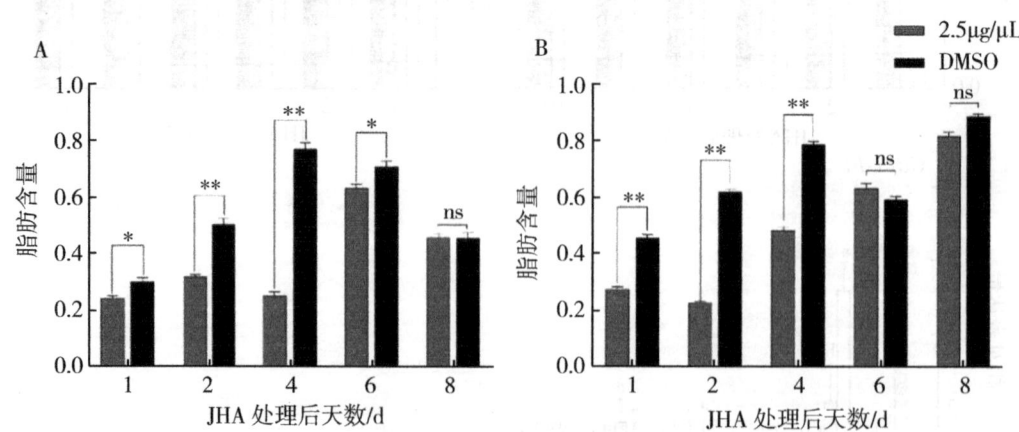

图 3-88　JHA 对沙葱萤叶甲成虫总脂含量的影响

注：(A) 成虫羽化后 3d 施用 JHA；(B) 成虫羽化后 5d 施用 JHA。数据表示为均值±SE，ns 表示显著差异（* $P< 0.05$，** $P< 0.01$，Student' t-test）。

（五）JHA 对沙葱萤叶甲成虫滞育的影响

为了研究 JHA 对沙葱萤叶甲成虫滞育的影响，分别在羽化后第 3、第 5 和第 15 天对沙葱萤叶甲成虫进行两种浓度的 Methoprene（2.5 μg/μL 和 1.0 μg/μL）局部施用。结果表明，JHA 处理羽化第 3 天和第 5 天的成虫会显著影响其发育（图 3-89），而第 15 天则没有影响。羽化后第 3 天施用 2.5 μg/μL JHA、1.0 μg/μL JHA、溶剂对照和空白对照的滞育率分别在羽化后第 12.90 天、第 11.10 天、第 8.34 天和第 7.84 天达到 50%。2.5 μg/μL JHA 和 1.0 μg/μL JHA 处理组与溶剂对照相比，当滞育率达到 50% 时分别延迟了 4.56d 和 2.76d（图 3-89A）。羽化后第 5 天施用 2.5 μg/μL JHA、1.0 μg/μL JHA、溶剂对照和空白对照的滞育率分别在羽化后第 14.30 天、第 12.90 天、第 8.88 天和第 7.72 天达到 50%。2.5 μg/μL JHA 和 1.0 μg/μL JHA 处理组与溶剂对照相比，当滞育率达到 50% 时分别延迟了 5.42d 和 4.02d（图 3-89B）。然而，羽化后第 15 天施用 JHA，所有处理组的个体仍保持滞育状态。综上所述，在沙葱萤叶甲滞育前期（羽化后第 3 天和第 5 天）应用 JHA 可显著推迟其滞育起始，而在沙葱萤叶甲滞育期间（羽化后第 15 天）应用 JHA 对滞育的发生没有影响。

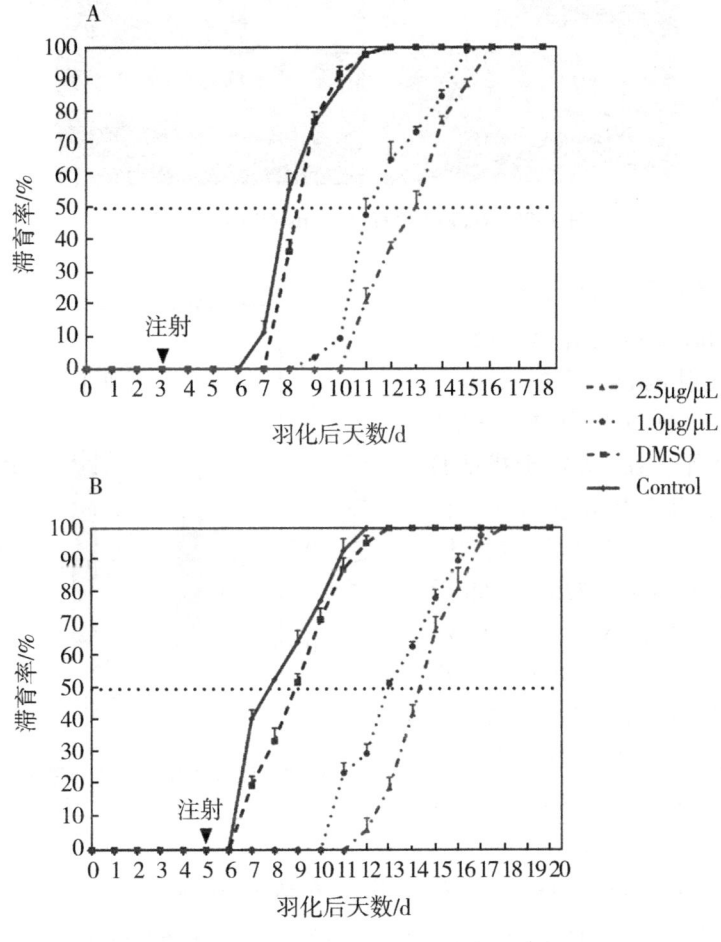

图 3-89 JHA 对沙葱萤叶甲成虫滞育率的影响

注：(A) 成虫羽化后 3d 施用 JHA；(B) 成虫羽化后 5d 施用 JHA。

三、RNAi 沉默 *GdMet* 对沙葱萤叶甲成虫滞育的影响

(一) dsRNA 的合成

根据 *GdMet* 基因和 *GFP* 基因序列设计 dsRNA 特异性引物,以目的片段的质粒作为模板合成 dsRNA。利用 1.5% 琼脂糖凝胶电泳检测分析,结果显示 dsRNA 目的条带单一、大小正确且质量符合进一步试验要求(图 3-90)。

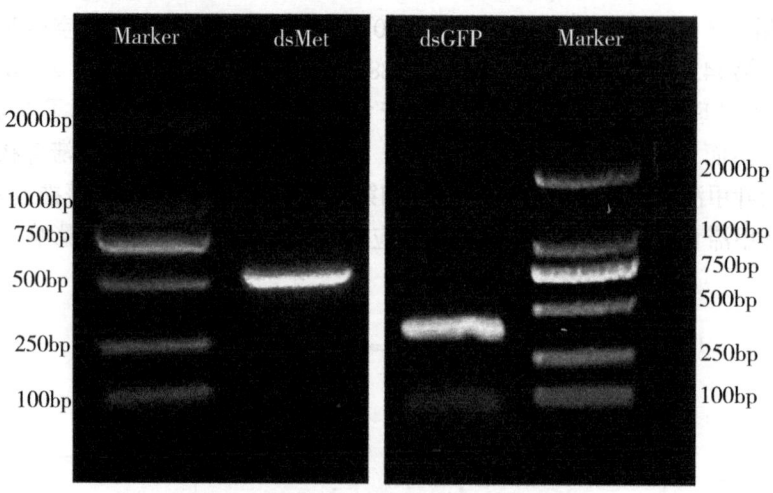

图 3-90 *GdMet* 和 *GFP* 的 dsRNA 凝胶电泳

(二) *GdMet* 基因的沉默效率

为检测 *GdMet* 基因的 RNAi 沉默效率,分别收集注射 dsRNA 后 24h、48h、72h 及 96h 的沙葱萤叶甲成虫检测 *GdMet* 的表达水平。在 RNAi 干扰试验中,我们设置了 dsGFP 和空白(不注射)两组对照。与 dsGFP 对照组相比,*GdMet* 在注射 24h、48h、72h 和 96h 后的沉默效率分别为 53.91%、84.11%、74.94% 和 25.32%。与 dsGFP 对照组比,处理组在 48h 时沉默效率最佳,在 96h 时沉默效率与对照组无显著性差异(图 3-91)。表明 *GdMet* 的 RNAi 沉默效果可靠,可用于进一步试验。

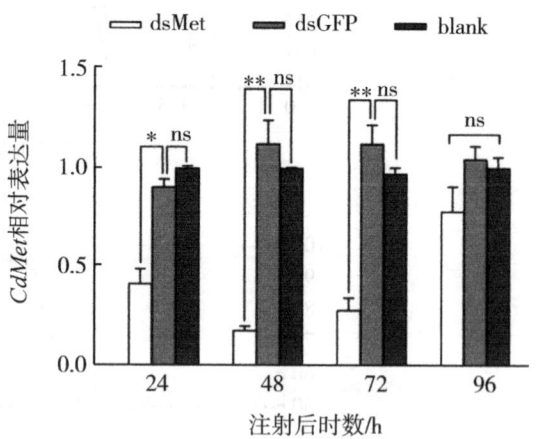

图 3-91 沙葱萤叶甲 *GdMet* 基因的沉默效率

(三) 沉默 *GdMet* 对 JH 通路相关基因表达的影响

通过 qPCR 检测了 RNAi 干扰 *GdMet* 基因的沉默效率,选择最佳沉默效率为 48h 时,检测沉默 *GdMet* 对 JH 通路相关基因表达的影响(图 3-92)。注射 dsGFP 的阴性对照与未注射的空白对照没有显著差异,因此,阴性对照可靠。在注射 dsMet 48h 后,与对照组 dsGFP 相

比，*GdJHBP*、*GdJHE*、*GdKr-h1* 和 *GdVg* 的转录水平均显著被抑制（$P<0.05$），相对表达量分别下调了 49.83%、86.71%、92.13% 和 96.34%；*GdFAS* 的转录水平显著上调（$P<0.05$），相对表达量上调至 dsGFP 对照组的 3.46 倍。此外，沉默 *GdMet* 48h 后，*GdJHAMT*、*GdJHEH* 和 *GdFOXO* 的表达量与对照组无显著差异。虽然沉默 *GdMet* 对 *GdJHAMT* 和 *GdJHEH* 基因的表达量水平没有统计学意义，但从图中依然可以看出 *GdJHAMT* 和 *GdJHEH* 的表达被抑制。上述结果表明，*GdMet* 基因的敲低会影响 JH 信号通路相关基因的表达量水平，意味着 *GdMet* 基因参与了沙葱萤叶甲成虫夏滞育的 JH 信号通路分子调控。

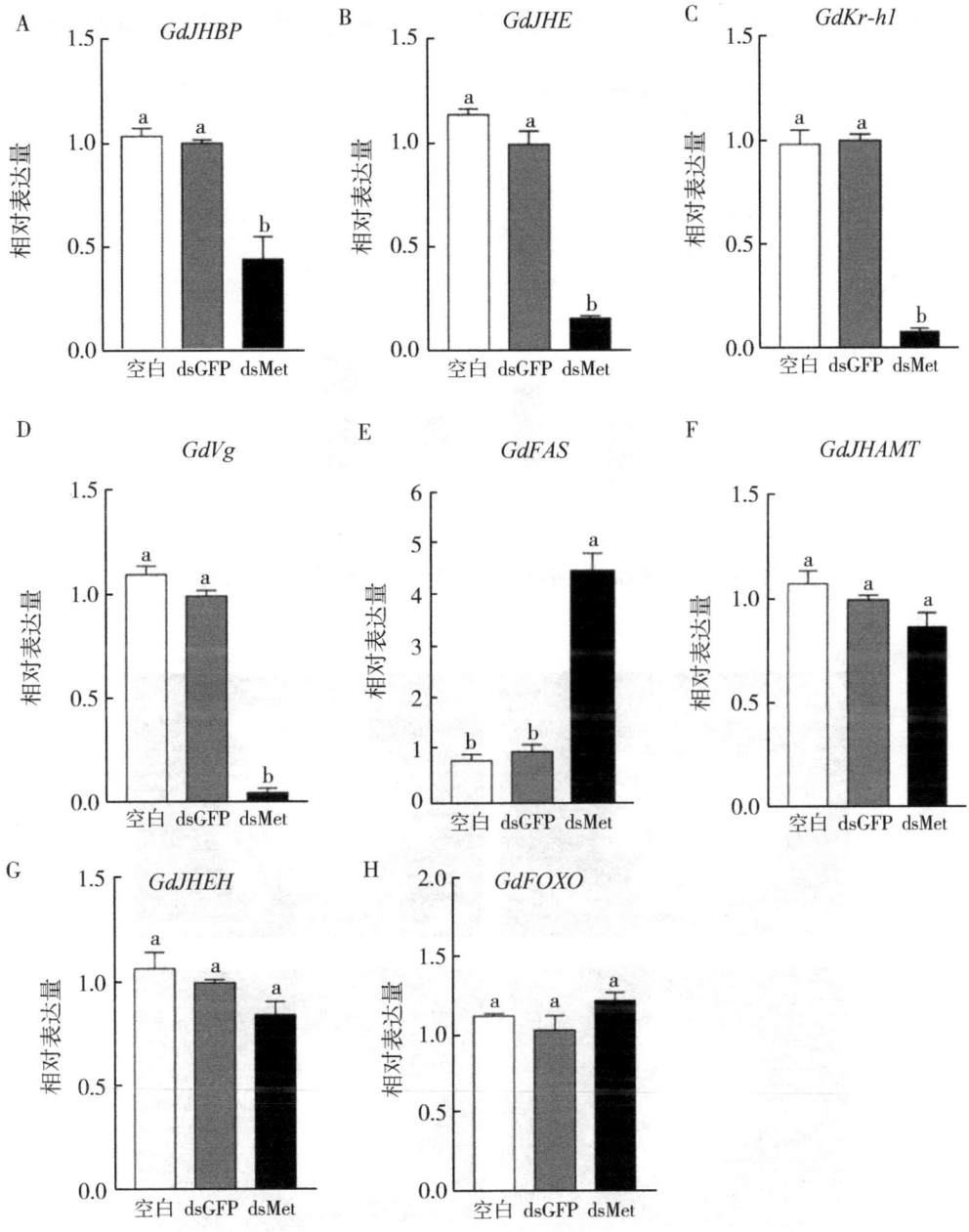

图 3-92 沉默 *GdMet* 基因对 JH 信号通路相关基因表达的影响

(四) 沉默 *GdMet* 对沙葱萤叶甲总脂含量的影响

本试验在沉默沙葱萤叶甲成虫 *GdMet* 基因后对总脂含量进行测定，并观察注射 48h 和 72h 后脂肪体的发育情况。总脂含量测定结果如图 3-93 所示，与注射 dsGFP 对照组相比，沉默 *GdMet* 24h 和 48h 后，试虫的总脂含量无显著性差异；沉默 *GdMet* 72h 后，试虫的总脂含量极显著上调（t-test，$P<0.01$）；沉默 *GdMet* 96h 后，试虫的总脂含量显著上调（t-test，$P<0.05$）。脂肪体的显微照片结果发现，与 dsGFP 对照相比，注射 dsMet 48h 和 72h 后，成虫的脂肪体明显增多且膨大（图 3-94）。说明沉默 *GdMet* 可以促进脂质的积累和脂肪体的发育，这暗示 *GdMet* 介导的 JH 通路可能调控沙葱萤叶甲滞育前期的脂质积累。

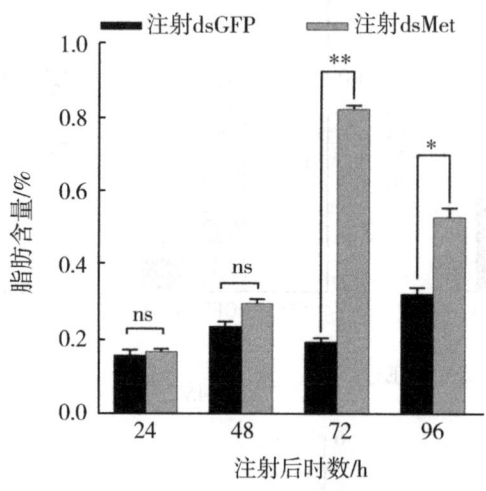

图 3-93 沉默 *GdMet* 基因对沙葱萤叶甲总脂质含量的影响

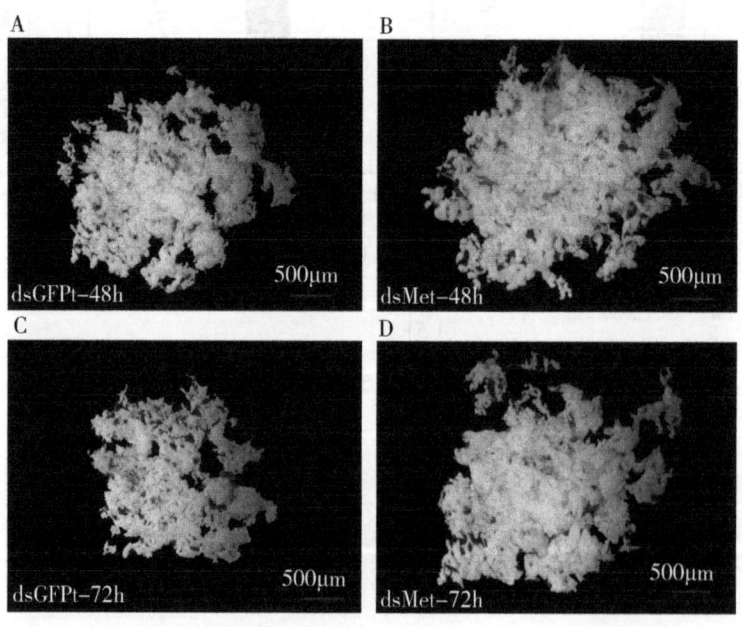

图 3-94 沉默 *GdMet* 基因 48h 和 72h 后脂肪体的形态

(五) 沉默 GdMet 对沙葱萤叶甲成虫滞育的影响

从图3-95可知,注射dsMet的成虫在第2天以后开始发生滞育,随着注射天数的增加累计滞育率逐步增多;而注射dsGFP的成虫在第4天以后开始发生滞育;未注射的成虫在第5天以后开始发生滞育。滞育率达到50%时的时间,注射dsMet处理是第4.04天,分别比注射dsGFP和未注射处理的第7.14天和第7.79天提前3.1d和3.75d,说明沉默 GdMet 可使沙葱萤叶甲个体提前约3d进入滞育。因此,GdMet 介导的JH信号可调控沙葱萤叶甲成虫滞育的发生。

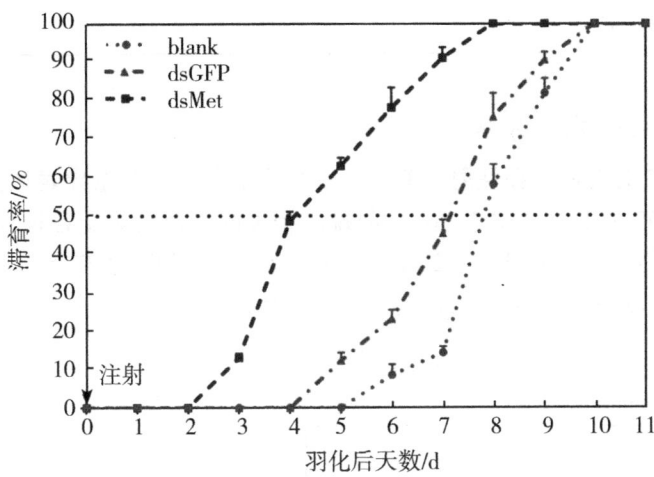

图3-95 沉默 GdMet 基因对沙葱萤叶甲成虫滞育发生率的影响

第六节 蜕皮激素对沙葱萤叶甲成虫夏滞育调控的分子机理

一、沙葱萤叶甲对20-羟基蜕皮酮(20E)响应的转录组学分析

(一) 转录组测序分析

本研究对沙葱萤叶甲成虫6个样本进行了转录组测序,共获得36.99Gb的clean data,转录组原始数据已经上传至NCBI的SRA数据库(登录号:PRJNA781682),各样本clean data为5.71~7.08Gb,G+C含量为36.54%~37.91%,Q30碱基比例为93.04%~93.46%;共获得80313条unigene,平均长度为958bp,N50为1491bp,表明测序组装结果准确可靠,可用于进一步分析(表3-11)。

表3-11 沙葱萤叶甲成虫转录组数据库 unigene 数据统计

Unigene 长度/bp	总数/条	比例/%
300~500	38028	47.35
500~1000	21440	26.69

(续表)

Unigene 长度/bp	总数/条	比例/%
1000~2000	12093	15.06
>2000	8752	10.90
总数	80313	
总长度/bp	76958980	
N50 长度/bp	1491	
平均长度/bp	958	

（二）差异表达基因分析

以注射 DMSO 为对照，在注射 20E 48h 后共鉴定到 201 个差异表达基因（DEG），其中 106 个上调和 95 个下调（图 3-96）。与蜕皮相关的以及富集于各种代谢途径的主要差异表达基因列于表 3-12。从表 3-12 可知，20E 极大地促进了表皮蛋白基因 *Cuticle protein 7* 的表达，上调幅度超过 2500 倍；同时，抑制了保幼激素结合蛋白基因 *JHBP* 的表达，下降幅度近 10 倍。

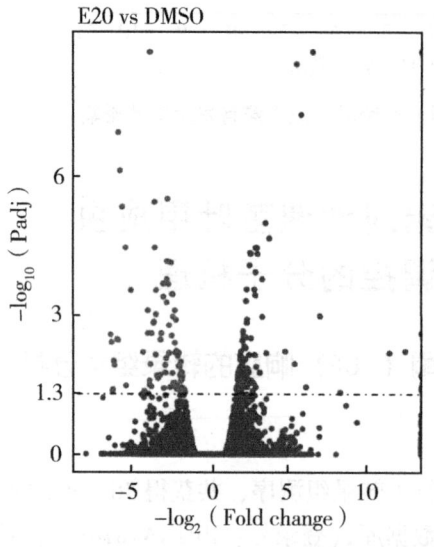

图 3-96　沙葱萤叶甲成虫注射 20E 后差异表达基因的火山图

表 3-12　20E 处理沙葱萤叶甲成虫后的主要差异表达基因

基因代码	20E (FPKM)	DMSO (FPKM)	$\log_2$ (FC)	FDR	功能注释
TRINITY_DN128_c0_g1	2362.92	0.93	11.3170	0.0064	Cuticle protein 7
TRINITY_DN27512_c0_g1	3312.96	432.51	2.9373	0.0127	Beta-ureidopropionase

(续表)

基因代码	20E (FPKM)	DMSO (FPKM)	$\log_2$ (FC)	FDR	功能注释
TRINITY_DN27236_c0_g4	135.05	23.90	2.4984	0.0070	P450Cytochrome P450 412a1
TRINITY_DN30429_c3_g1	166.16	35.84	2.2128	0.0232	Chitinase
TRINITY_DN30171_c0_g1	1389.88	309.40	2.1674	0.0173	Ionotropic receptor 1
TRINITY_DN33231_c0_g1	454.27	109.66	2.0505	0.0117	Acylphosphatase-2
TRINITY_DN33786_c0_g1	739.54	203.28	1.8632	0.0235	Ionotropic receptor 6
TRINITY_DN27887_c0_g1	4112.21	12494.96	-1.6034	0.0456	Chitin-binding protein
TRINITY_DN37448_c1_g1	1401.94	4410.41	-1.6535	0.0400	Esterase
TRINITY_DN32847_c0_g1	354.55	1126.75	-1.6681	0.0400	Beta-mannosidase-like
TRINITY_DN37302_c2_g1	1490.67	4763.89	-1.6762	0.0489	Sphingomyelin phosphodiesterase-like
TRINITY_DN36120_c0_g1	1283.14	4399.68	-1.7777	0.0365	Long-chain-fattyacid—CoA ligase 4 isoform X10
TRINITY_DN30601_c1_g1	10855.68	40186.92	-1.8883	0.0099	Chitin deacetylase 1
TRINITY_DN32156_c0_g4	2687.06	10897.74	-2.0199	0.0063	Cathepsin L-like proteinase
TRINITY_DN27738_c1_g1	99.32	410.16	-2.0460	0.0122	Glucose-6-phosphate 1-epimerase
TRINITY_DN25485_c0_g1	165.67	701.41	-2.0820	0.0074	Lactosylceramide 4-alpha-galactosyltransferase
TRINITY_DN35149_c0_g1	59.44	283.72	-2.2549	0.0063	Atypical protein kinase Cisoform X2
TRINITY_DN29414_c0_g1	52.91	257.77	-2.2846	0.0038	Nutrient amino acid trasporter 2
TRINITY_DN32059_c0_g1	37.74	235.28	-2.6404	0.0016	Facilitated trehalose transporter Tret1-2homolog-like protein
TRINITY_DN28306_c0_g1	75.93	513.55	-2.7578	0.0001	Prostatic acid phosphatase
TRINITY_DN34686_c1_g1	27.52	301.71	-3.4544	0.0070	Juvenile hormone bindingprotein

(三) 差异表达基因的 GO 富集分析

GO 富集分析表明，47 个差异表达功能基因 (DEG) 富集到 353 条 GO term，其中生物学过程 178 条、细胞组分 55 条及分子功能 120 条。富集程度最高的前 5 条 GO term 分别为生物学过程：蛋白-生色团连接 (Protein-chromophore linkage)、视觉感知 (Visual perception)、光刺激感知 (Sensory perception of light stimulus)、光传导 (Phototransduction) 和外部刺激探测 (Detection of external stimulus)；细胞组分：LUBAC 复合体 (LUBAC complex)、胞外区域部分 (Extracellular region part)、肌钙蛋白复合体

(Troponin complex)、横纹肌细纤维（Striated muscle thin filament）和肌丝（Myofilament）；分子功能：光受体活性（Photoreceptor activity）、G蛋白耦合受体活性（G protein-coupled receptor activity）、酰基磷酸酶活性（Acylphosphatase activity）、神经肽Y受体活性（Neuropeptide Y receptor activity）和神经肽受体活性（Neuropeptide receptor activity）。富集程度最高的前30条GO term见图3-97。

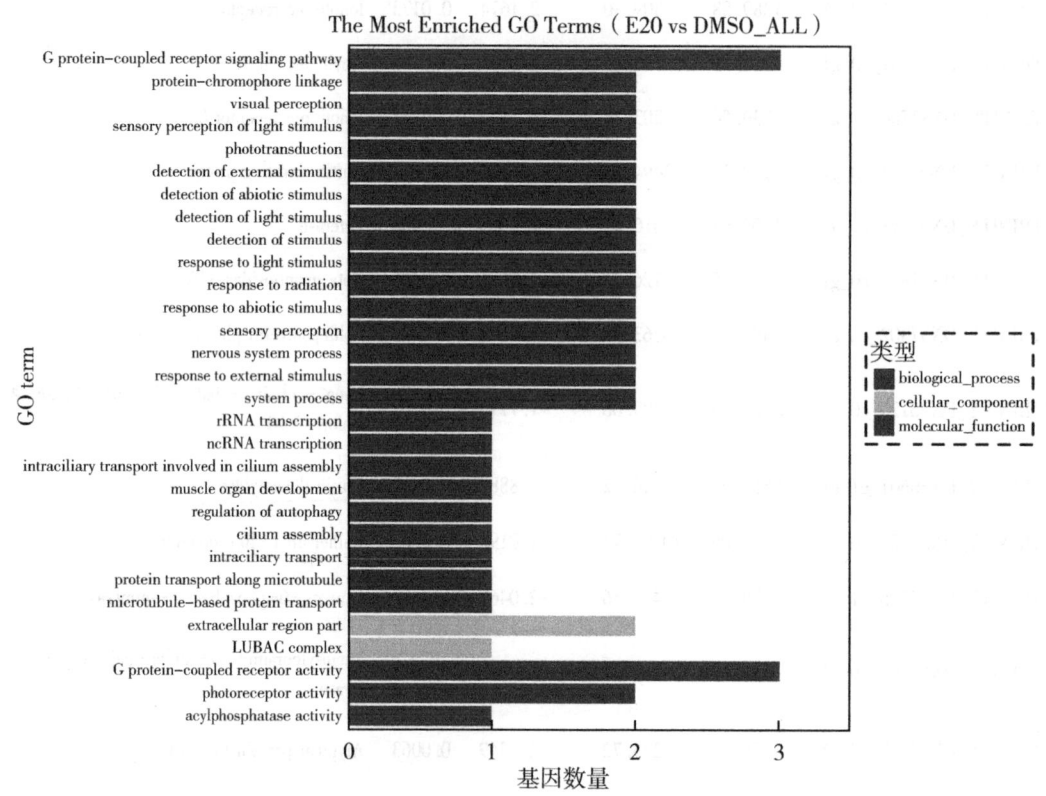

图3-97 沙葱萤叶甲成虫注射20E后差异基因的GO富集分析

（四）差异表达基因的KEGG富集分析

KEGG富集分析表明（图3-98），14个差异表达功能基因富集于21条KEGG通路，其中显著富集（$P<0.05$）通路包括核黄素代谢（Riboflavin metabolism）、溶酶体（Lysosome）和泛酸与乙酰辅酶A合成（Pantothenate and CoA biosynthesis）通路；富集差异基因数最多的（11DEG）为代谢通路（Metabolic pathways），其次为溶酶体通路（5DEG）。

（五）差异表达基因的qPCR验证

根据转录组差异表达基因分析结果，选取11条差异表达基因进行qPCR验证。结果表明（图3-99），11条差异表达基因的qPCR和RNA-Seq表达趋势完全一致，说明本试验转录组测序结果可靠，可用于进一步研究。

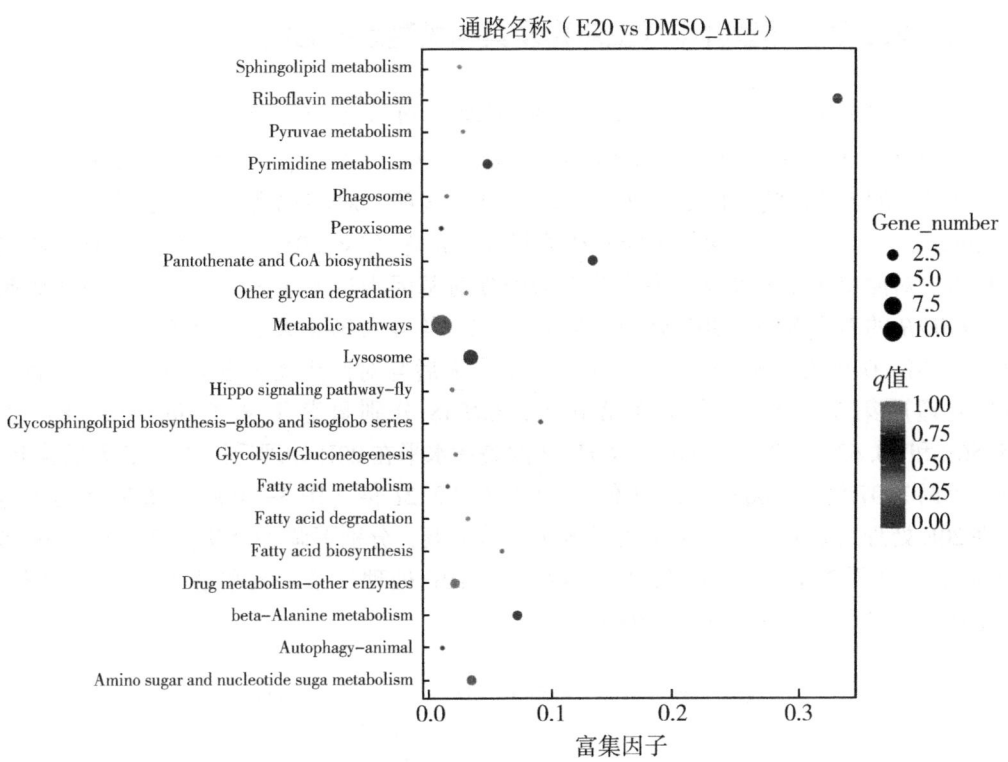

图 3-98　沙葱萤叶甲成虫注射 20E 后差异表达基因的 KEGG 富集分析

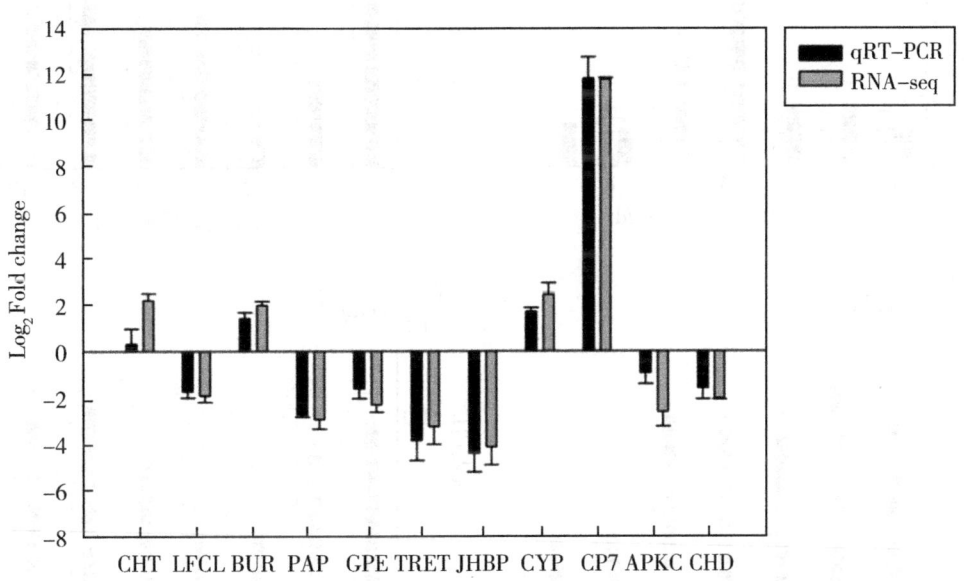

图 3-99　沙葱萤叶甲成虫注射 20E 后差异表达基因 RNA-Seq 数据的 qPCR 验证

二、20E 对沙葱萤叶甲成虫滞育及其相关基因的影响

(一) 20E 对沙葱萤叶甲成虫滞育相关基因的影响

向羽化当天沙葱萤叶甲雌虫体外注射 20E 分析 *GdEcR*、*GdFAS*、*GdHR3*、*GdVg* 和 *GdLpR* 基因的表达影响（图 3-100）。qPCR 结果表明，对羽化当天的雌虫体外注射 2μL（2.5μg/μL）的 20E 可显著影响滞育相关基因的表达（$P<0.05$）；而 DMSO 对照组与未注射的空白对照组无显著差异，说明溶剂 DMSO 对基因表达无显著影响。与 DMSO 对照相比，*GdEcR* 的表达水平在 20E 处理后第 1、第 2、第 4 及第 6 天显著上调，上调倍数分别为 0.78 倍、0.88 倍、4.96 倍和 2.17 倍，第 6 天后与对照组无显著差异（图 3-100A）。20E 处理后第 1、第 2、第 4 和第 6 天，*GdFAS* 分别显著下调了 56.44%、84.10%、18.56% 和 23.62%（图 3-100B）。*GdHR3* 的表达水平在 20E 处理后第 0.5～6 天显著上调，分别上调 2.07 倍、2.66 倍、2.11 倍、1.90 倍和 2.21 倍（图 3-100C）。*GdLpR* 的表达水平在 20E 处理后第 1、第 2、第 4 和第 6 天显著下调，分别下调 23.5%、58.75%、68.92% 和 30.79%（图 3-100D）。*GdVg* 的表达水平在 20E 处理后第 1 天和第 2 天显著上调，分别上调 7.2 倍和 2.36 倍（图 3-100E）。

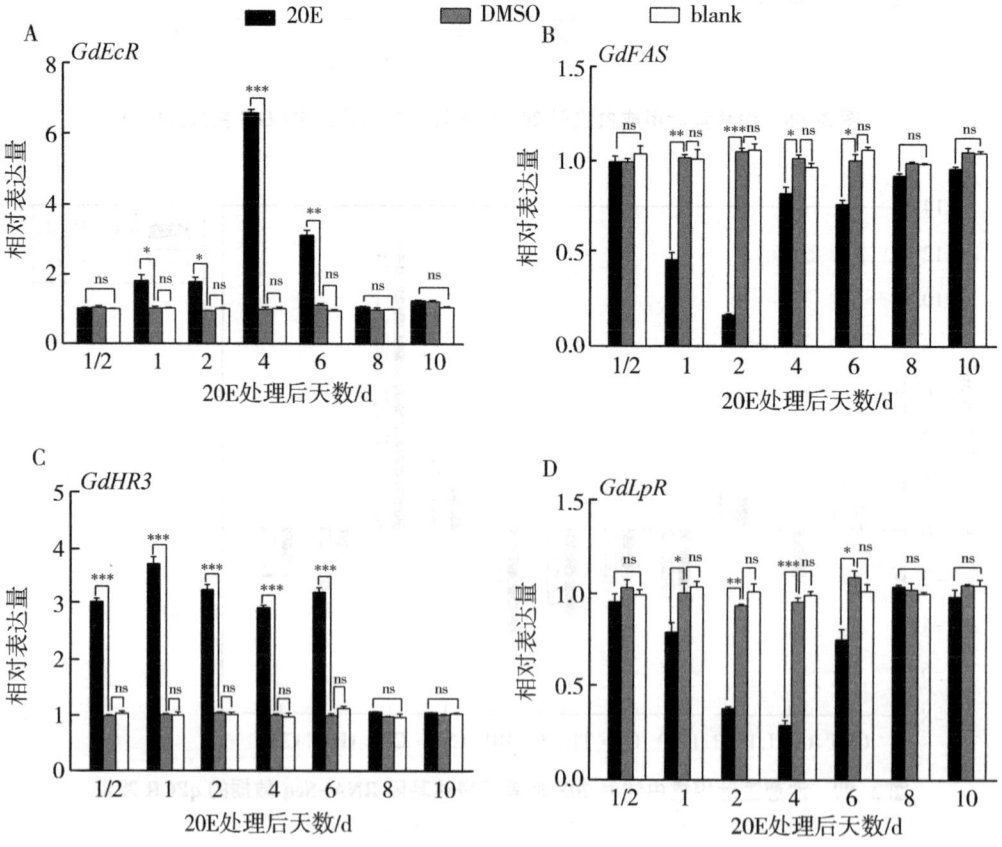

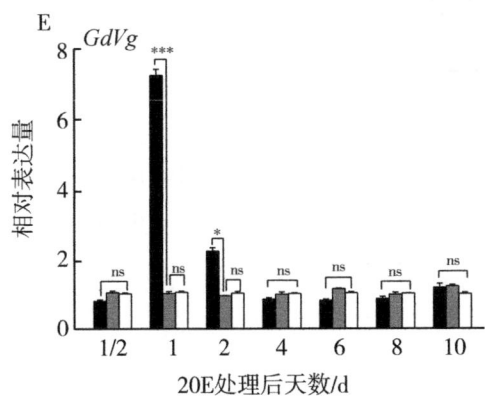

图 3-100　羽化当天施用 20E 后滞育相关基因的表达谱

(二) 20E 对沙葱萤叶甲总脂含量的影响

从图 3-101 可知，20E 处理可显著影响沙葱萤叶甲成虫体内的总脂含量，而 DMSO 对照组与未注射的空白对照组无显著差异，说明溶剂 DMSO 对总脂含量无显著影响。当对羽化当天的雌虫施用 20E 后，处理后第 1～6 天，20E 处理组的总脂含量均显著低于 DMSO 对照组，第 8 天处理组与对照组无显著差异，第 4 天差异最明显，其对总脂含量的影响可持续 6d。

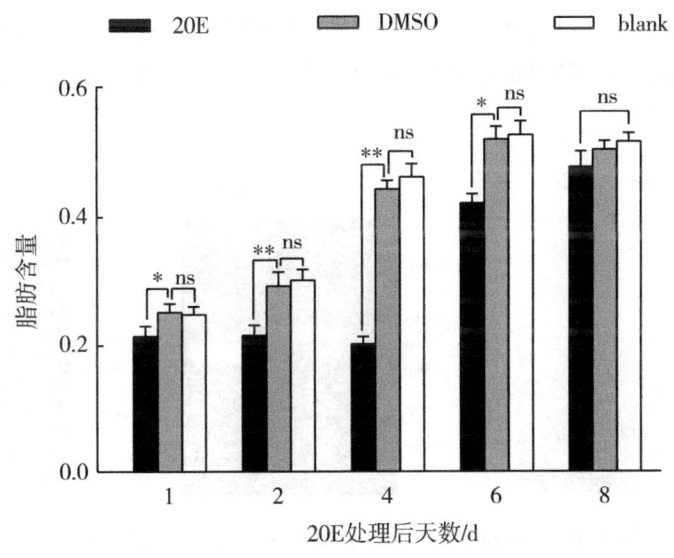

图 3-101　20E 对沙葱萤叶甲成虫总脂含量的影响

(三) 20E 对沙葱萤叶甲成虫滞育发生率的影响

为验证 20E 对沙葱萤叶甲成虫滞育的影响，向羽化当天雌虫体内注射 20E 溶液。结果表明，20E 处理羽化当天的雌性成虫的溶剂对照和空白对照的滞育率分别在羽化后第 8.69 天和第 9.57 天达到 50%，20E 处理组当滞育率达到 50% 时是羽化后第 10.4 天，与溶剂对照和空白对照相比，分别延迟了 1.71d 和 0.83d（图 3-102）。

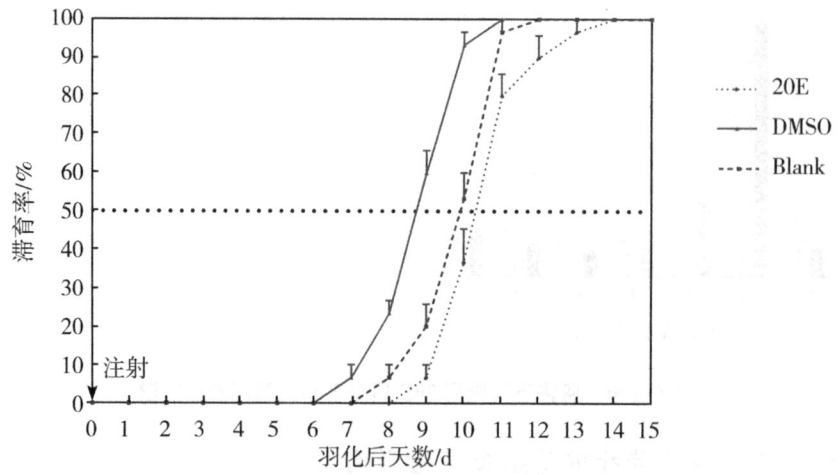

图 3-102 20E 对沙葱萤叶甲成虫滞育率的影响

三、RNAi 沉默 *GdEcR*、*GdLpR* 和 *GdHR3* 对沙葱萤叶甲成虫滞育的影响

（一）dsRNA 的合成

根据 *GdEcR*（图 3-103A）、*GdLpR*（图 3-103B）、*GdHR3*（图 3-103C）基因和 *GFP* 基因序列设计 dsRNA 特异性引物，以目的片段的质粒作为模板合成 dsRNA。利用 1.5% 琼脂糖凝胶电泳检测分析，结果显示 dsRNA 目的条带单一、大小正确且质量符合进一步试验要求（图 3-103）。

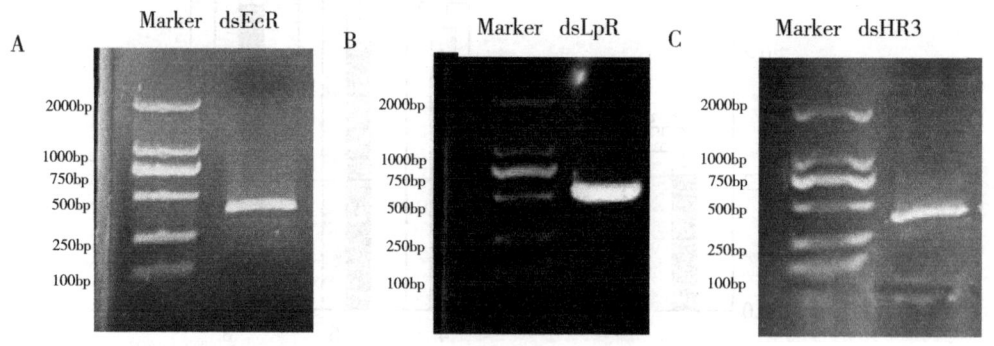

图 3-103 *GdEcR*、*GdHR3* 和 *GdLpR* 的 dsRNA 凝胶电泳

（二）干扰 *GdEcR*、*GdLpR* 和 *GdHR3* 基因的沉默效率

为了检测 *GdECR*、*GdLpR* 及 *GdHR3* 基因的 RNAi 沉默效率，分别收集注射 dsRNA 后 24h、48h、72h 及 96h 的沙葱萤叶甲成虫检测 *GdEcR*、*GdHR3* 及 *GdLpR* 的表达水平。在 RNAi 干扰试验中，设置了 ds*GFP* 和空白（不注射）两组对照。与 ds*GFP* 对照组相比，*GdEcR* 在注射 24h、48h、72h 和 96h 后的沉默效率分别为 50.05%、85.69%、76.13% 和 21.78%。与 ds*GFP* 对照组比，处理组在 48h 时沉默效率最佳，48h 和 72h 有显著差异，

在96h时沉默效率与对照组无显著性差异（图3-104A）。

与dsGFP对照组相比，GdLpR在注射24h、48h、72h和96h后的沉默效率分别为35.96%、83.24%、41.23%和11.82%。与dsGFP对照组比，处理组在48h时沉默效率最佳，48h有显著差异，在96h时沉默效率与对照组无显著性差异（图3-104B）。

与dsGFP对照组相比，GdHR3在注射24h、48h、72h和96h后的沉默效率分别为40.12%、62.92%、48.34%和15.58%。与dsGFP对照组比，处理组在48h时沉默效率最佳，48h有显著差异，在96h时沉默效率与对照组无显著性差异（图3-104C）。

以上研究结果表明，GdEcR、GdLpR和GdHR3的RNAi沉默效果可靠，可用于进一步试验。

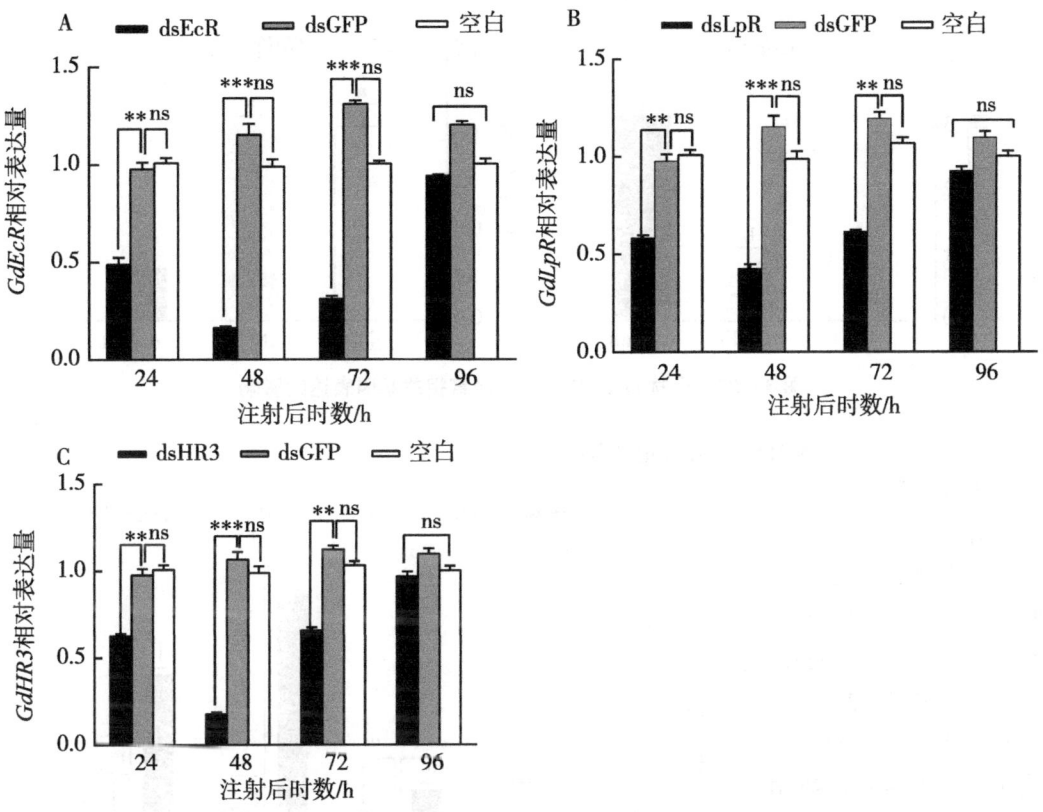

图3-104 沙葱萤叶甲 GdEcR、GdLpR 和 GdHR3 基因的沉默效率

（三）干扰GdEcR对滞育相关基因、总脂肪含量以及滞育发生的影响

1. 干扰 GdEcR 对滞育相关基因的影响

通过qPCR检测了RNAi干扰 GdEcR 的沉默效率，选择最佳沉默效率为48h时，检测沉默 GdEcR 对滞育相关基因的影响。结果如图3-105所示，注射dsGFP的阴性对照与未注射的空白对照没有显著差异，说明阴性对照可靠。在注射dsEcR 48h后，与对照组dsGFP相比，GdLpR、GdHR3和GdFAS的表达水平均显著上调（$P<0.05$），相对表达量分别上调了3.52倍、4.33倍和1.91倍；GdVg显著下调了73.47%（$P<0.05$）。上述结果表明，GdEcR 基因的敲低会影响几个有关滞育相关基因的表达量水平，意味着 GdEcR 基因

参与了沙葱萤叶甲成虫生殖滞育的信号通路分子调控。

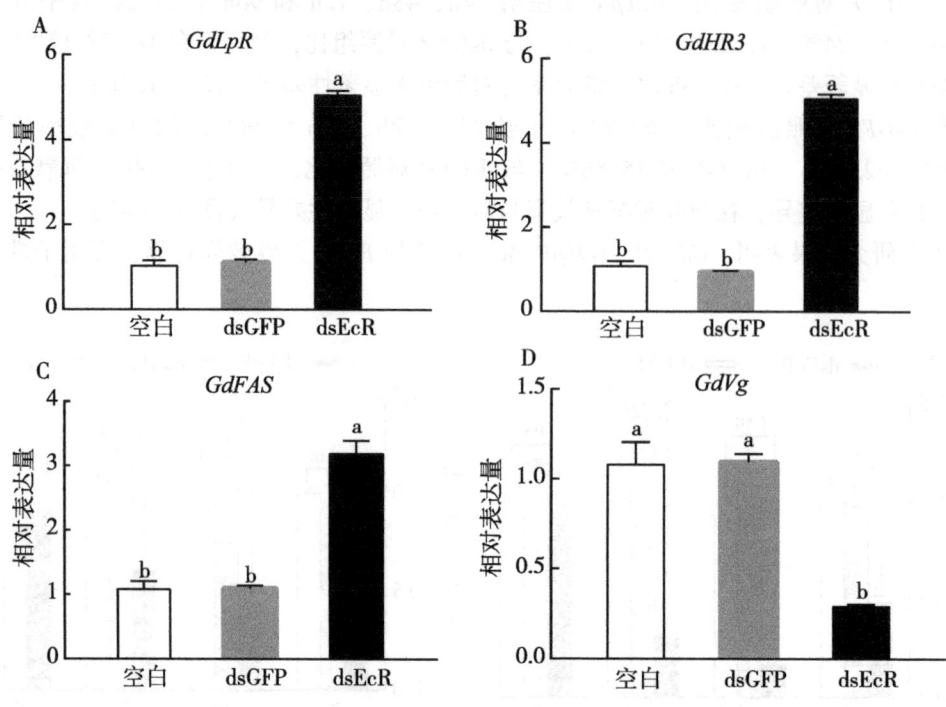

图3-105 干扰 *GdEcR* 基因对滞育相关基因表达的影响

2. 干扰 *GdEcR* 基因对总脂含量的影响

通过沉默 *GdEcR* 基因后对总脂含量进行测定。总脂含量测定结果如图3-106所示,与注射 ds*GFP* 对照组相比,沉默 *GdEcR* 后24h,试虫的总脂含量无显著性差异;沉默 *GdEcR* 48和96h后,试虫的总脂含量显著增加($P<0.05$);沉默 *GdEcR* 72h后,试虫的总脂含量极显著增加($P<0.01$)。这说明 *GdEcR* 介导的20E通路调控了沙葱萤叶甲滞育前的脂质积累。

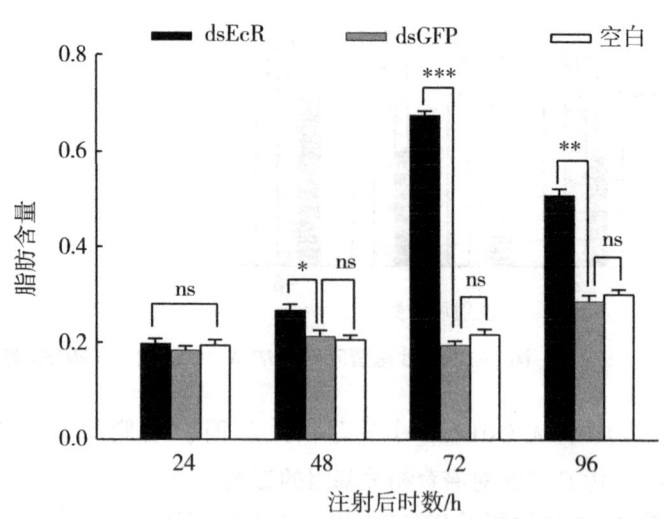

图3-106 干扰 *GdEcR* 基因对沙葱萤叶甲总脂质含量的影响

3. *GdEcR* 对滞育发生的影响

由图3-107可知,注射 ds*EcR* 的成虫在3d以后开始发生滞育,随着注射天数的增加累计滞育率逐步增多；而注射 ds*GFP* 的成虫在第 4 天以后开始发生滞育；未注射的成虫在第 5 天以后开始发生滞育。滞育率达到 50% 时的时间，注射 dsEcR 处理是第 5.44 天，分别比注射 ds*GFP* 和未注射处理的第 7.22 天和第 7.99 天提前 1.78d 和 2.55d，说明沉默 *GdEcR* 可使沙葱萤叶甲个体提前 1.78d 进入滞育。因此，*GdEcR* 介导的 20E 信号可调控沙葱萤叶甲成虫滞育的发生。

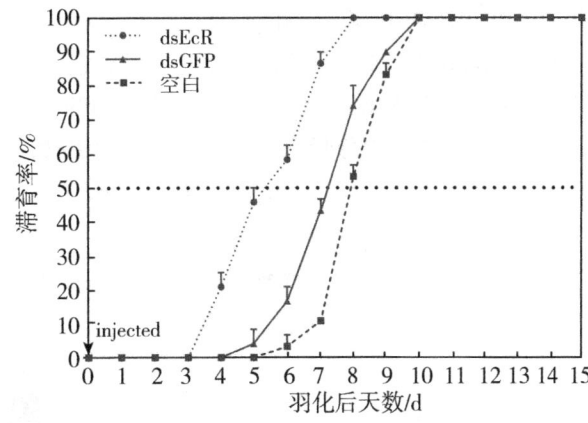

图 3-107　干扰 *GdEcR* 基因对沙葱萤叶甲滞育发生率的影响

（四）干扰 *GdLpR* 对滞育相关基因、总脂肪含量以及滞育发生的影响

1. 干扰 *GdLpR* 对滞育相关基因的影响

通过 qPCR 检测了 RNAi 干扰 *GdLpR* 的沉默效率，选择最佳沉默效率为 48h 时，检测沉默 *GdLpR* 对 20E 信号通路相关基因的影响。结果如图 3-108 所示，注射 ds*GFP* 的阴性对照与未注射的空白对照没有显著差异，说明阴性对照可靠。在注射 ds*LpR* 48h 后，与对照组 ds*GFP* 相比，*GdHR3*、*GdEcR* 和 *GdVg* 的转录水平均显著下调（$P<0.05$），相对表达量下调了 20.83%、32.2% 和 74.73%，*GdFAS* 上调了 2.8 倍（$P<0.05$）。以上结果表明 *GdLpR* 基因参与了沙葱萤叶甲成虫生殖滞育的分子调控。

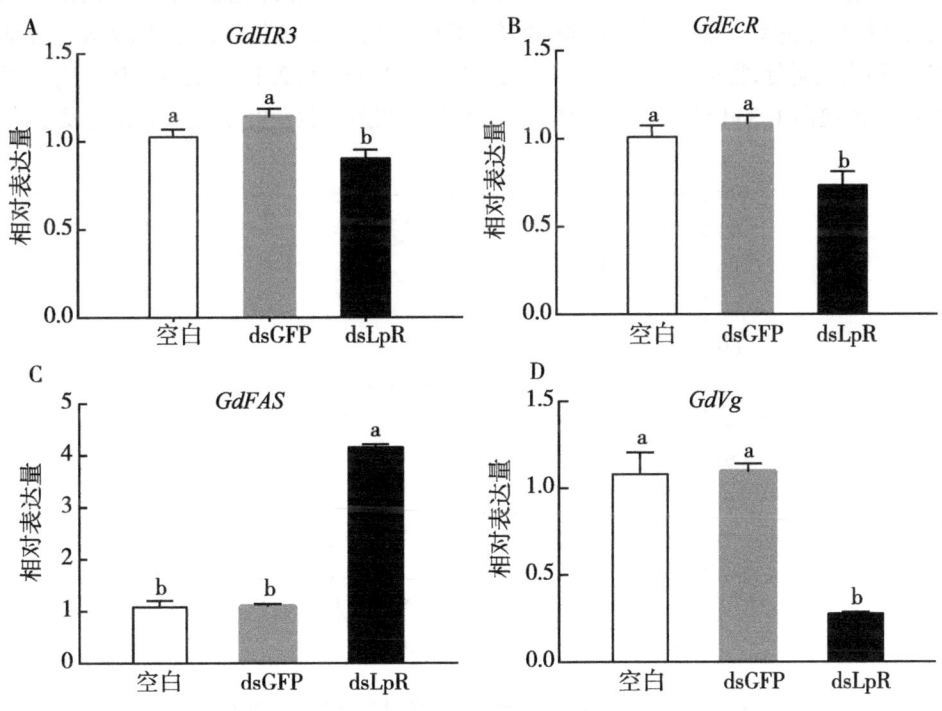

图 3-108　干扰 *GdLpR* 基因对滞育相关基因表达的影响

2. 干扰 *GdLpR* 总脂含量的影响

通过沉默 *GdLp* 基因后对总脂含量进行测定。总脂含量测定结果如图 3-109 所示，与注射 dsGFP 对照组相比，沉默 *GdLpR* 24h 和 48h 后，试虫的总脂含量无显著性差异；沉默 *GdLpR* 72h 后，试虫的总脂含量极显著增加（$P<0.01$）；沉默 *GdLpR* 96h 后，试虫的总脂含量显著增加（$P<0.05$）。这说明 *GdLpR* 调控了沙葱萤叶甲滞育前的脂质积累。

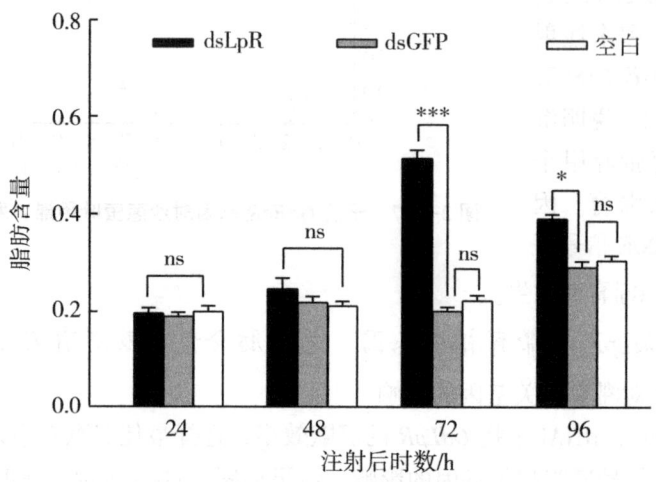

图 3-109 干扰 *GdLp* 基因对沙葱萤叶甲总脂质含量的影响

3. 干扰 *GdLpR* 对滞育发生的影响

由图 3-110 可知，注射 ds*LpR* 的成虫在 3d 以后开始发生滞育，随着注射天数的增加，累计滞育率逐步增多；而注射 ds*GFP* 的成虫在第 4 天以后开始发生滞育；未注射的成虫在第 5 天以后开始发生滞育。滞育率达到 50% 时的时间，注射 ds*LpR* 处理是第 5.89 天，分别比注射 ds*GFP* 和未注射处理的第 7.22 天和第 7.99 天提前 1.33d 和 2.1d，说明沉默 *GdLpR* 可使沙葱萤叶甲个体提前 1.33d 进入滞育。因此，*GdLpR* 可调控沙葱萤叶甲成虫滞育的发生。

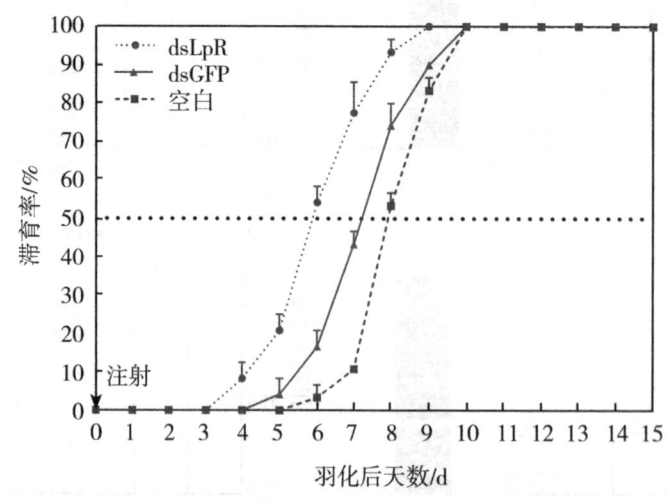

图 3-110 干扰 *GdLpR* 基因对沙葱萤叶甲滞育发生率的影响

(五) 干扰 GdHR3 对滞育相关基因、总脂肪含量以及滞育发生的影响

1. 干扰 GdHR3 滞育相关基因表达的影响

通过 qPCR 检测了 RNAi 干扰 GdHR3 的沉默效率，选择最佳沉默效率为 48h 时，检测沉默 GdHR3 对滞育相关基因的影响。结果如图 3-111 所示，注射 dsGFP 的阴性对照与未注射的空白对照没有显著差异，说明阴性对照可靠。在注射 dsHR3 48h 后，与对照组 dsGFP 相比，GdLpR 和 GdVg 的转录水平均显著下调（$P<0.05$），相对表达量分别下调了 4.43% 和 49.75%。GdFAS 的转录水平显著上调（$P<0.05$），相对表达量上调了 1 倍。但对 GdEcR 的转录水平没有影响。

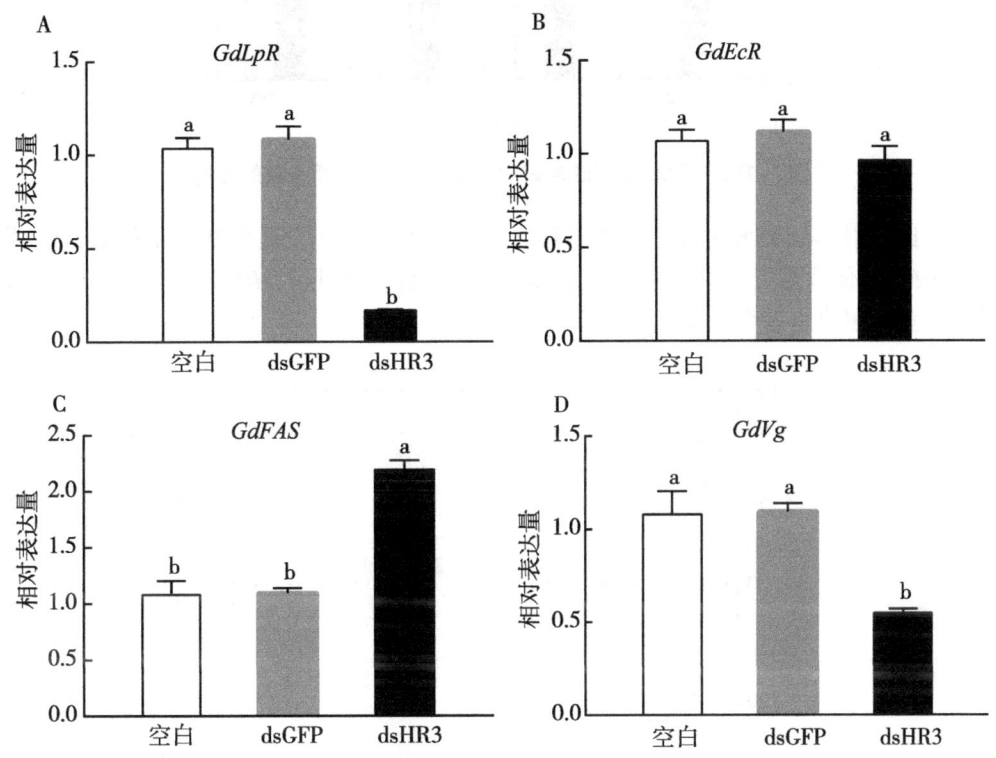

图 3-111 干扰 GdHR3 基因对滞育相关基因表达的影响

2. 干扰 GdHR3 基因对总脂含量的影响

通过沉默 GdHR3 基因后对总脂含量进行测定如图 3-112 所示。与注射 dsGFP 对照组相比，沉默 GdHR3 后 24 和 48h 后，试虫的总脂含量无显著性差异；沉默 GdHR3 72h 后，试虫的总脂含量显著增加（$P<0.05$）；沉默 GdHR3 96h 后，试虫的总脂含量极显著增加（$P<0.01$）。说明沉默 GdHR3 可以促进脂质的积累，GdHR3 介导的 20E 通路调控了沙葱萤叶甲滞育前的脂质积累。

3. 干扰 GdHR3 对滞育发生的影响

由图 3-113 可知，注射 dsHR3 的成虫在第 3 天以后开始发生滞育，随着注射天数的增加累计滞育率逐步增多；而注射 dsGFP 的成虫在第 4 天以后开始发生滞育；未注射的成虫在第 5 天以后开始发生滞育。滞育率达到 50% 时的时间，注射 dsHR3 处理是第 6.49

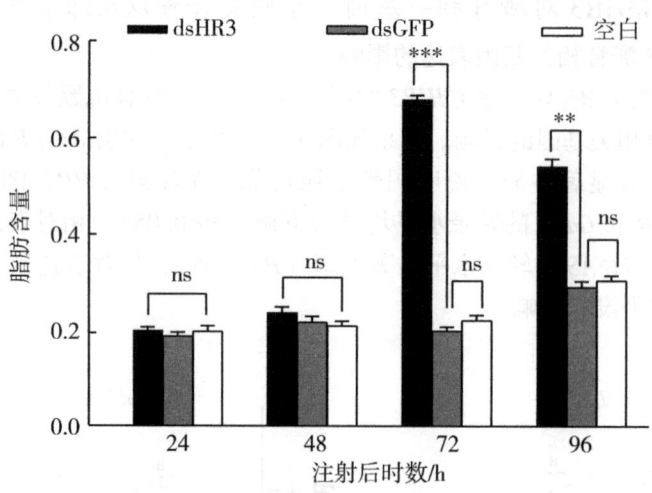

图 3-112　干扰 *GdHR3* 基因对沙葱萤叶甲总脂质含量的影响

天，分别比注射 ds*GFP* 和未注射处理的第 7.22 天和第 7.99 天提前 0.73d 和 1.5d，说明沉默 *GdHR3* 可使沙葱萤叶甲个体提前 0.73d 进入滞育。因此，*GdHR3* 介导的 20E 信号可调控沙葱萤叶甲成虫滞育的发生。

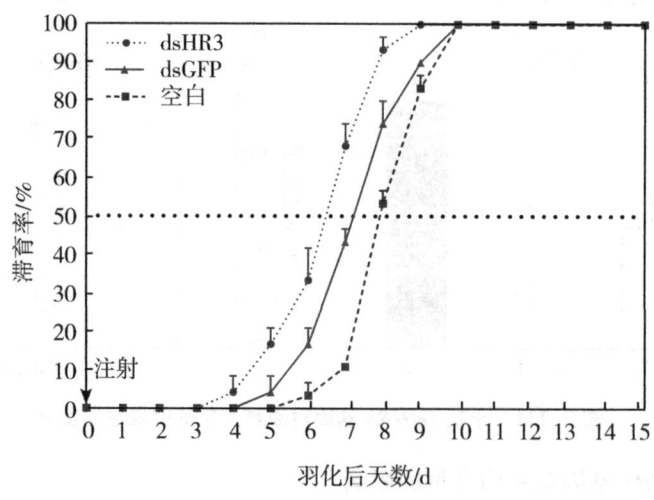

图 3-113　干扰 *GdHR3* 基因对沙葱萤叶甲滞育发生率的影响

第七节　MicroRNA 在沙葱萤叶甲成虫夏滞育中的调控作用及其机理

一、沙葱萤叶甲成虫不同滞育阶段的小 RNA 测序及 miRNA 鉴定

（一）数据质控

测序得到的原始数据为图像文件经过碱基判定，得到以 FASTQ 格式存储的结果文件，

称为 Raw data 或 Raw reads。FASTQ 文件存储 reads 的序列及测序质量信息。通过测序获得的数据质量是 Sanger 格式，它可以使用 ASC Ⅱ 表里的字母从第 33~126 位来表示从 0~93 的测序质量值。测序质量值越高，碱基测序错误率越小。表 3-13 显示了 Illumina 测序错误率和测序质量值（CASAVA1.8+）之间的逐一对应关系。具体来说，如果测序错误，用 "??" 表示，Q_{sanger} 代表碱基质量值，则存在以下关系：

$$Q_{\text{sanger}} = -10 \log_{10} P$$

表 3-13　测序错误率与测序质量

测序错误率（P）	测序质量（Q_{sanger}）	相应 ASC Ⅱ 字符
5%	13	
1%	20	5
0.10%	30	
0.01%	40	I

在对 Read 进行上述处理之后，对有效数据进行了质量评估。考虑到高通量测序错误率对结果的影响，需要评估优化后的数据的质量。如图 3-114 所示，横坐标代表测序序列的碱基位置，纵坐标代表碱基质量值（Q 值）。在测序开始时，测序质量非常高。随着反应的进行，测序质量会有所下降。在本次测序中，9 个库的 Q 值都在 36 左右，测序碱基错误率在 0.01%~0.1%，说明测序结果可靠，可用于后续分析（图 3-114）。

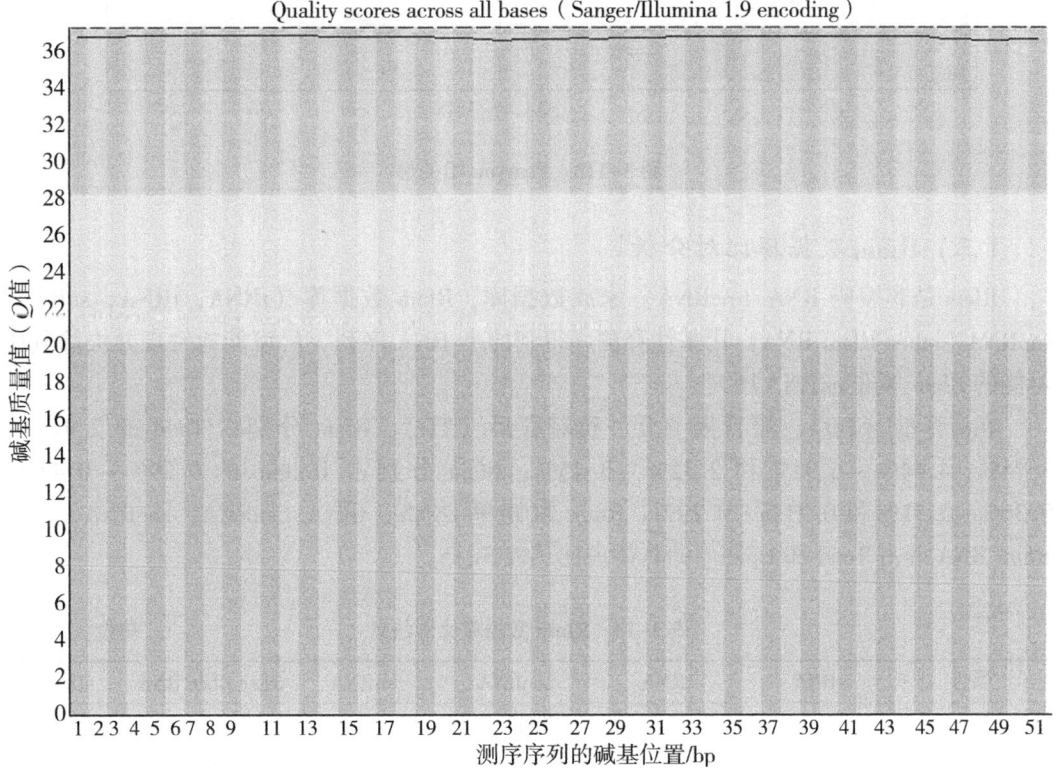

图 3-114　测序质量图

(二) 样品间重复性分析

Pearson 相关用于双变量正态分布的资料，其相关系数称为积矩相关系数（Coefficient of product-moment correlation）。结果表明（图 3-115），总体上，处理内样品的重复性高于处理间样品的重复性，且处理内样品的 R 值绝大多数大于 0.9。说明测序结果可用于进一步数据分析。

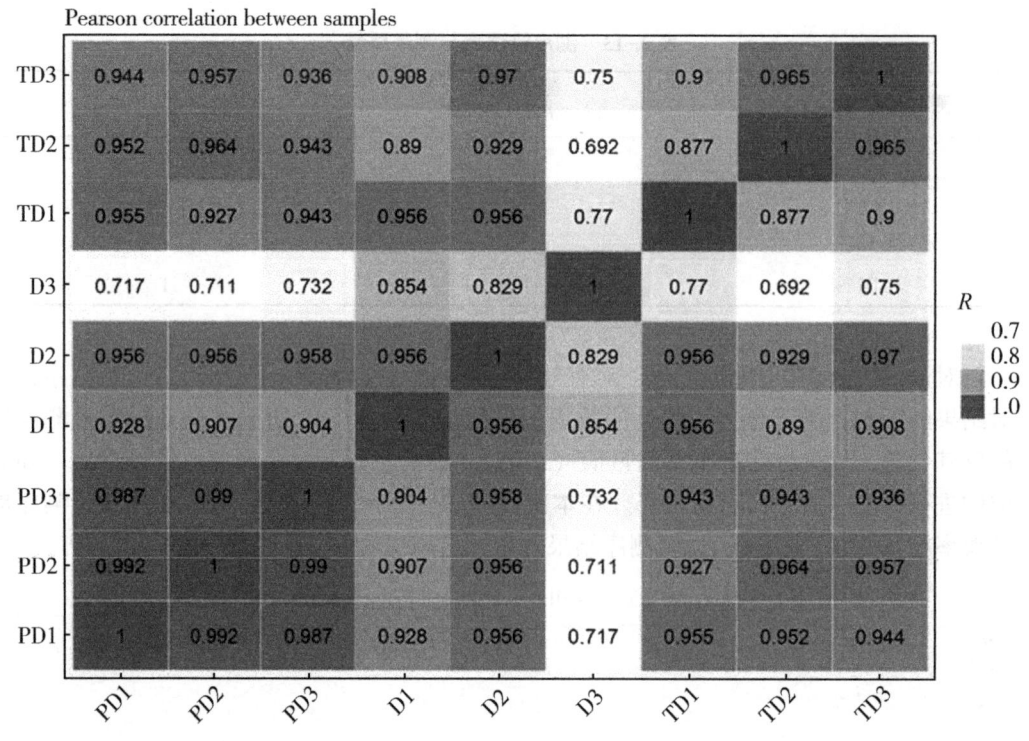

图 3-115　Pearson 相关性

(三) Rfam 数据库比对分析

Rfam 是非编码 RNA（ncRNA）家族数据库，Rfam 数据库（rRNA，tRNA，snRNA，snoRNA，other Rfam RNA）用来注释测序得到的小 RNA 序列，尽可能地发现并去除其中可能的 Rfam 等非 miRNA 序列。

在滞育前（PD）、滞育期（D）和滞育后（TD），Rfam 分别占 Total 的 2.94%~3.74%、4.64%~6.91% 和 2.32%~3.45%；Rfam 分别占 Unique 的 0.29%~0.44%、0.36%~0.51% 和 0.21%~0.29%。Rfam 家族里 rRNA，tRNA，snRNA，snoRNA，other Rfam RNA 等占 Total 和 Unique 的具体占比见表 3-15。

表 3-14　Rfam 数据库比对统计　　　　　　　　　　单位：条

项目	rRNA	tRNA	snoRNA	snRNA	other Rfam RNA	Rfam
			Total			
PD_1	238064	134072	4858	3343	32506	412843

（续表）

项目	rRNA	tRNA	snoRNA	snRNA	other Rfam RNA	Rfam
占比/%	1.69	0.95	0.03	0.02	0.23	2.94
PD_2	269054	147435	5957	4647	34622	461715
占比/%	2.07	1.13	0.05	0.04	0.27	3.55
PD_3	229141	209819	7322	4512	17713	468507
占比/%	1.83	1.68	0.06	0.04	0.14	3.74
D_1	863164	245344	2798	5093	99128	1215527
占比/%	4.91	1.40	0.02	0.03	0.56	6.91
D_2	341650	122024	1349	1441	31097	497561
占比/%	3.19	1.14	0.01	0.01	0.29	4.64
D_3	629521	353958	1203	649	63384	1048715
占比/%	3.47	1.95	0.01	0.00	0.35	5.78
TD_1	168073	52941	1790	3671	20723	247198
占比/%	1.58	0.50	0.02	0.03	0.19	2.32
TD_2	478236	208190	5609	5103	57704	754842
占比/%	2.19	0.95	0.03	0.02	0.26	3.45
TD_3	558163	250713	6172	5501	42397	862946
占比/%	2.04	0.91	0.02	0.02	0.15	3.15
Unique						
PD_1	6715	1275	93	261	1125	9469
占比/%	0.21	0.04	0.00	0.01	0.03	0.29
PD_2	7094	1267	105	328	1192	9986
占比/%	0.30	0.05	0.00	0.01	0.05	0.43
PD_3	5551	1943	154	219	767	8634
占比/%	0.28	0.10	0.01	0.01	0.04	0.44
D_1	9216	2995	75	335	1522	14143
占比/%	0.33	0.11	0.00	0.01	0.06	0.51
D_2	6430	1861	67	147	1078	9583
占比/%	0.24	0.07	0.00	0.01	0.04	0.36
D_3	8359	2454	51	65	1277	12206
占比/%	0.25	0.07	0.00	0.00	0.04	0.37
TD_1	4736	842	66	186	754	6584
占比/%	0.15	0.03	0.00	0.01	0.02	0.21
TD_2	9082	1891	102	387	1461	12923
占比/%	0.19	0.04	0.00	0.01	0.03	0.27
TD_3	7679	1873	133	336	1216	11237
占比/%	0.20	0.05	0.00	0.01	0.03	0.29

在 PD、D 和 TD，rRNA、tRNA、snRNA、和 snoRNAs 占 Total Rfam 数量的范围分别为 92.13%~96.22%、91.74%~93.96%和 91.62%~95.09%；rRNA、tRNA、snRNA 和 snoRNAs 占 Unique Rfam 数量范围分别为 88.06%~91.12%、88.75%~89.54%和 88.55%~89.18%。在 PD、D 和 TD，other Rfam RNA 分布占 Total Rfam 数量的 3.78%~7.87%、6.04%~8.16%和 4.91%~8.38%，占 Unique Rfam 数量的 8.88%~11.94%、10.46%~11.25%和 10.82%~11.45%（图 3-116）。

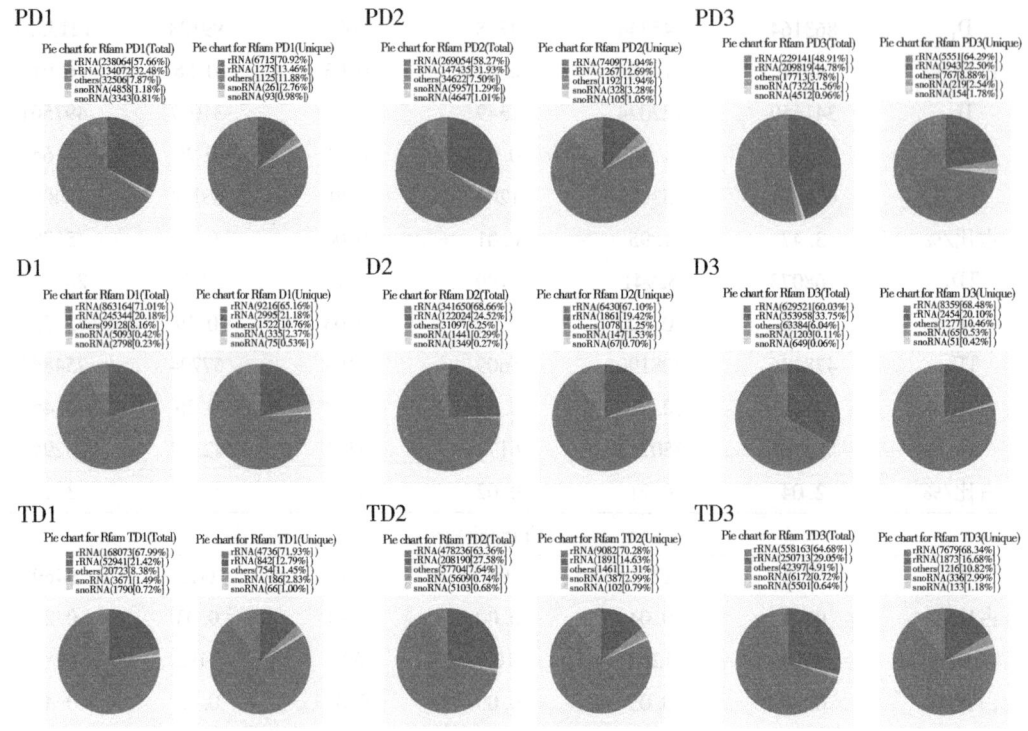

图 3-116 Rfam 数据库比对饼状图

（四）沙葱萤叶甲 miRNA 测序比对分析

为了了解沙葱萤叶甲成虫生殖滞育 miRNA 的调控机制，利用高通量测序技术构建了沙葱萤叶甲成虫不同滞育阶段（PD，D 和 TD）的 9 个测序小 RNA 文库。原始数据已保存在 NCBI 的 Short Read 中，其生物项目 ID 为 PRJNA660157。对总的测序数据总数（Total）以及种数（Unique）进行统计后结果表明，Total 中总共得到了 145967341 条原始序列（Raw reads），每个库的序列从 10648877~27423647 条不等（表 3-15）。去除 5′和 3′衔接子序列、低质量序列、少于 18 个核苷酸和长于 25 个核苷酸的 RNA（ACGT101-miR）后，有效数据（Valid reads）减少到 76519407 条，每个库的范围在 5568246~11625173 条不等。Unique 中共得到了 28126678 条 Raw reads，每个库的序列从 1975641~4865426 条不等，去除 5′和 3′衔接子序列、低质量序列、少于 18 个核苷酸和长于 26 个核苷酸的 RNA 和重复序列后，Valid reads 减少到 12426910 条，数据的数量从 81757~2155762 条不等（表 3-15）。

表 3-15 沙葱萤叶甲成虫滞育不同阶段小 RNA 文库序列总结

项目	Raw reads	3ADT & length filter	Junk reads	Rfam	Repeats	Valid reads
Total						
PD_1	14060009	5003425	28614	412843	30328	8589318
占比/%	100.00	35.59	0.20	2.94	0.22	61.09
PD_2	13007379	5803974	14667	461715	20760	6711501
占比/%	100.00	44.62	0.11	3.55	0.16	51.60
PD_3	12512489	5933232	16024	468507	24349	6076735
占比/%	100.00	47.42	0.13	3.74	0.19	48.57
D_1	17581038	7071382	27215	1215527	17237	9262140
占比/%	100.00	40.22	0.15	6.91	0.10	52.68
D_2	10716289	4619864	24435	497561	12355	5568246
占比/%	100.00	43.11	0.23	4.64	0.12	51.96
D_3	18151757	6806367	44830	1048715	14930	10248092
占比/%	100.00	37.50	0.25	5.78	0.08	56.46
TD_1	10648877	3049507	50455	247198	4669	7298075
占比/%	100.00	28.64	0.47	2.32	0.04	68.53
TD_2	21865856	9901578	59519	754842	14723	11140127
占比/%	100.00	45.28	0.27	3.45	0.07	50.95
TD_3	27423647	14839606	85539	862946	14687	11625173
占比/%	100.00	54.11	0.31	3.15	0.05	42.39
Unique						
PD_1	3224652	1449064	15477	9469	227	1750505
占比/%	100.00	44.94	0.48	0.29	0.01	54.29
PD_2	2335026	1476445	6559	9986	195	841945
占比/%	100.00	63.23	0.28	0.43	0.01	36.06
PD_3	1975641	1142737	6597	8634	188	817577
占比/%	100.00	57.84	0.33	0.44	0.01	41.38
D_1	2764973	1486473	9193	14143	296	1255080
占比/%	100.00	53.76	0.33	0.51	0.01	45.39
D_2	2646352	1273467	12824	9583	248	1350361
占比/%	100.00	48.12	0.48	0.36	0.01	51.03
D_3	3300694	1763165	13382	12206	211	1511866
占比/%	100.00	53.42	0.41	0.37	0.01	45.80
TD_1	3091116	1166207	20392	6584	123	1897856
占比/%	100.00	37.73	0.66	0.21	0.00	61.40
TD_2	4865426	2669388	27237	12923	244	2155762
占比/%	100.00	54.86	0.56	0.27	0.01	44.31

（续表）

项目	Raw reads	3ADT & length filter	Junk reads	Rfam	Repeats	Valid reads
TD$_3$	3922798	2317750	11855	11237	293	1581778
占比/%	100.00	59.08	0.30	0.29	0.01	40.32

（五）沙葱萤叶甲 miRNA 测序长度分析

在对测序原始数据进行分析与统计的基础上，进一步对过滤后的 Valid 数据的总数（Total）以及 Unique 进行了长度分布统计。总数和种数的核苷酸长度主要集中在 22~26nt（图 3-117、图 3-118），符合 Dicer 酶切割的典型特征，说明测序结果可靠。其中 Total 小 RNA 的序列长度有 2 个分布高峰，分别在 21~22nt、24~26nt 处（图 3-117）。Unique 小 RNA 的长度分布呈现双峰模式，峰值出现在 21nt 和 24~26nt 处（图 3-118）。

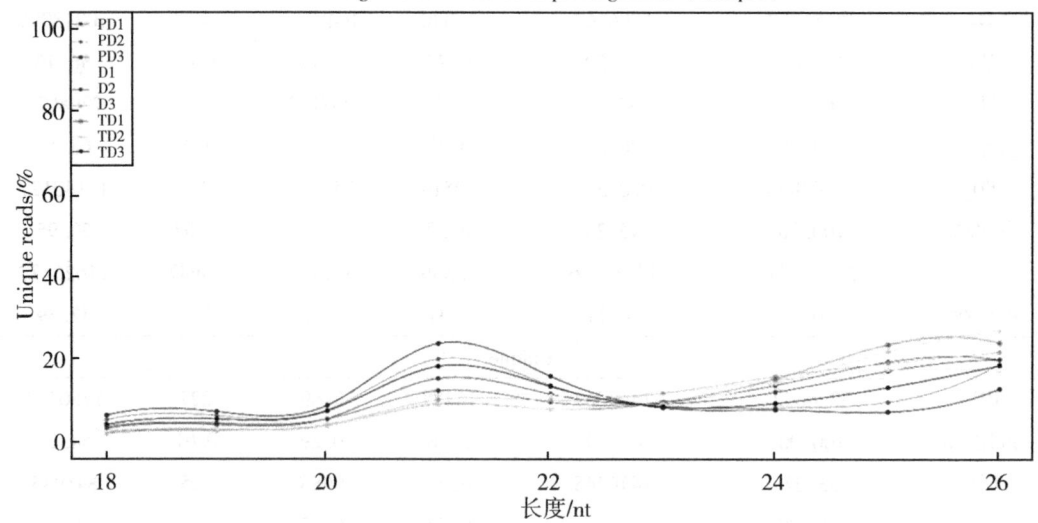

图 3-117 小 RNA（总数）长度分布图

（六）沙葱萤叶甲 miRNA 鉴定

1. miRNA 的命名规则

miRNA 的命名参照 miRBase 数据库，动物物种拉丁名 3 字母缩写为-miR/mir 编号，miR 表示的是 miRNA 成熟体，mir 表示的是动物的前体，使用"-3p"与"-5p"作为区分 miRNA 于其发夹前体互补配对位置的互补序列。为了明确测序样本中的 miRNA 与已报道 miRNA/mir 以及在 mir 上的臂端位置的关联性。对于与 miRBase 有联系的 miRNA 采用如下规则：

L-n 和 R-n 分别表示在已报道 miRNA 左端或右端少掉 n 个碱基；L+n 和 R+n 分别代表在已报道 miRNA 左端或右端多出 n 个碱基；2ss5TC13TA 则表示第 5 个碱基 T 由 C 替换，第 13 个碱基 T 由 A 替换共计 2 个替换，ss 表示替换（Substitution）。若没有以上注释则表示与 rep_miRNA、rep_mir 完全比对上。如果只与 mir 比对上，而与 miR 未比对上，

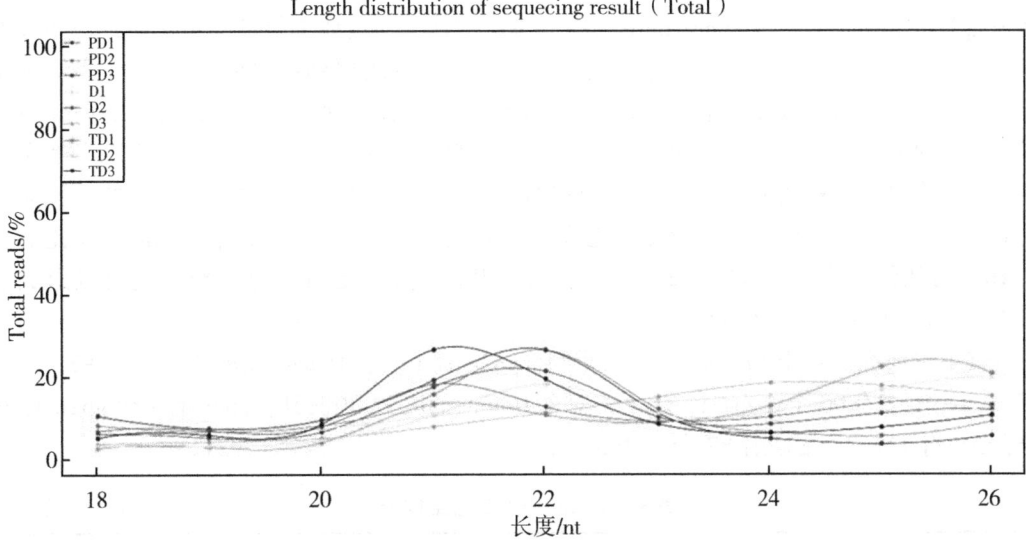

图 3-118 小 RNA（种数）长度分布

用 mir/MIR-"p3""p5"来表示位于 mir/MIR 的臂端位置，与 miR-3p/5p 区分开来。全新的 miRNA 则采用 PC（Predicted Candidate）标记，注明 3p 或 5p 臂端位置即可。

2. 沙葱萤叶甲 miRNA 鉴定

将沙葱萤叶甲测序获得的 Valid reads 与 miRBase 数据库中的已知序列（known miRNA）进行比对。结果显示，9 个 miRNA 文库共得到 222 个 miRNA，包括 135 个保守的（conserved）和 87 个新的（novel）miRNA。其中在 PD 期最多高达 130 个，在 D 期和 TD 期都存在 103 个。其序列长度分布在 21~22nt 有一高峰（图 3-119）。

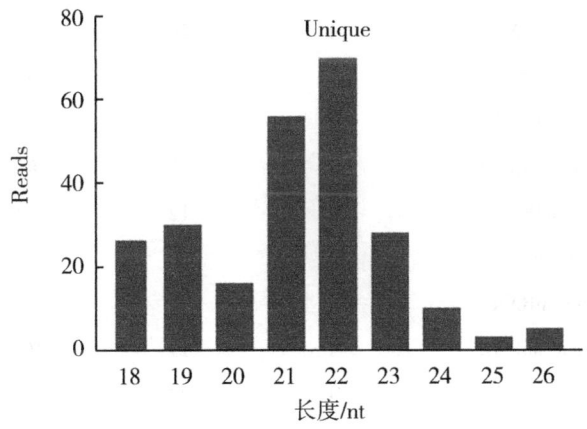

图 3-119 沙葱萤叶甲小 RNA 长度分布

（七）miRNA 二级结构分析

Reads 与前体和基因组的比对情况如下。

Reads 能够比对到已知物种的前体上，而前体可以进一步比对到基因组，称为 gp1a；

Reads 若能比对到 miRBase 已知的选择物种的前体，并且前体可以进一步比对到基因组，称为 gp1b；Reads 可比对到 miRBase 选择物种的前体，但前体不能进一步比对到该物种的基因组，但是 Reads 可以比对到基因组上。延伸的基因组序列可以形成满足 11 条原则发夹结构，称为 gp2a；Reads 能够比对到 miRbase 已知物种的前体，并且比对到的前体不会进一步比对到基因组，而是将 Reads 比对到基因组。延伸的基因组序列不能形成满足 11 条原则发夹结构，称为 gp2b；Reads 能够比对到 miRbase 中已知物种的前体。并且比对到的前体没有比对到基因组，而 Reads 也没有比对到基因组，称为 gp3；Reads 不能比对到 miRBase 到所选物种的前体，reads 可以比对到基因组上。延伸的基因组序列可以形成满足 11 条原则发夹结构，称为 gp4。

其中本研究中对于 Pre-miRNA 预测到：gp2a 有 1 个，是 $tca\text{-}miR\text{-}12\text{-}5p\_R+2$，gp2b 有 30 个，gp3 有 90 个，gp4 有 87 个；对于 Unique miRNA 预测到：gp2a 有 1 个 gp2b 有 29 个，gp3 有 113 个，gp4 有 87 个（表 3-16）。

表 3-16 miRNA 二级结构分析　　　　　　　　　　　单位：个

项目		gp2a	gp2b	gp3	gp4
PD_1	Pre-miRNA	1	19	83	37
	Unique miRNA	1	16	103	37
PD_2	Pre-miRNA	1	21	84	30
	Unique miRNA	1	17	104	30
PD_3	Pre-miRNA	1	18	81	30
	Unique miRNA	1	16	99	30
D_1	Pre-miRNA	1	18	79	16
	Unique miRNA	1	17	93	16
D_2	Pre-miRNA	1	20	78	15
	Unique miRNA	1	18	92	15
D_3	Pre-miRNA	1	20	73	15
	Unique miRNA	1	17	85	15
TD_1	Pre-miRNA	1	12	72	13
	Unique miRNA	1	11	86	13
TD_2	Pre-miRNA	1	22	86	26
	Unique miRNA	1	19	108	26
TD_3	Pre-miRNA	1	23	85	33
	Unique miRNA	1	21	106	33
Total	Pre-miRNA	1	30	90	87
	Unique miRNA	1	29	113	87

（八）沙葱萤叶甲 miRNA 的表达分析

为了揭示沙葱萤叶甲成虫滞育不同阶段的表达模式，进行了时间序列（STEM）分析。如图 3-120 所示，根据 $P<0.05$ 得到了 3 个重要的图谱（图谱 0、图谱 3、图谱 4），图谱 0、图谱 3、图谱 4 分别有 27 个、40 个和 21 个 miRNA。这些 miRNA 在滞育期间都是下调的，滞育解除后又是上调的。采用热图聚类上述这些 miRNA 的表达谱如图 3-121 所示。

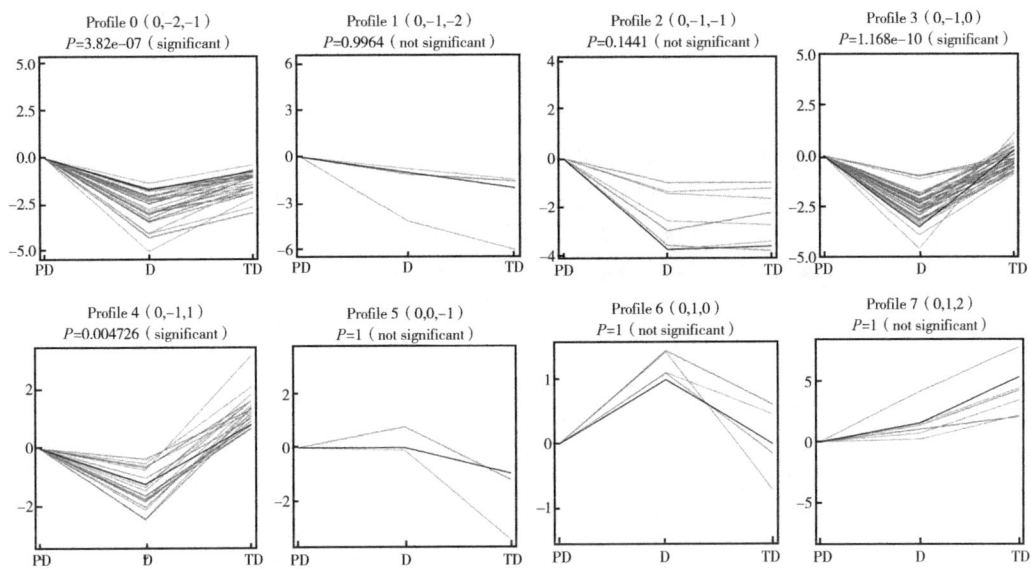

图 3-120　沙葱萤叶甲成虫滞育不同阶段 miRNA 表达谱的时间序列聚类分析

注：纵坐标表示时间序列分析；PD 为滞育前；D 为滞育期；TD 为滞育解除后。下同。

（九）沙葱萤叶甲 miRNA 的保守性分析

miRNA 在各个物种间具有高度的进化保守性，并且在茎部的保守性更强。对于一个物种鉴定出来 miRNA，可能在进化关系上具有保守性。在分析获得检出的 miRNA 基础上，进一步对选定的物种进行了 miRNA 保守性分析，对该物种中报道的 miRNA 在其他物种中的出现频率进行了数目统计并且绘制了柱状图，结果显示沙葱萤叶甲 miRNA 与许多物种的 miRNA 具有保守性，其中，和赤拟谷盗（tca：*Tribolium castaneum*）的跨物种保守性最接近，高达 76 个，其次是家蚕（bmo：*Bombyx mori*）和埃及伊蚊（aae：*Aedes aegypti*）各有 54 个（图 3-122）。

二、沙葱萤叶甲成虫不同滞育阶段差异表达 miRNA 分析

（一）沙葱萤叶甲成虫不同滞育阶段差异表达 miRNA 分析

分析滞育不同阶段差异表达 miRNA，结果显示，有 30 个 miRNA（18 个上调、12 个下调）在 D/PD 比较中差异表达（图 3-123）。其中前三名上调的 miRNA 是 *PC-5p-328334_16*、*PC-5p-274369_21* 和 *miR-2779*，而前三名下调的 miRNA 是 *miR-2765-3p*、*miR-2788-3p* 和 *PC-3p-117645_62*（表 3-17）。在 TD/D 比较中，13 个 miRNA（1 个上

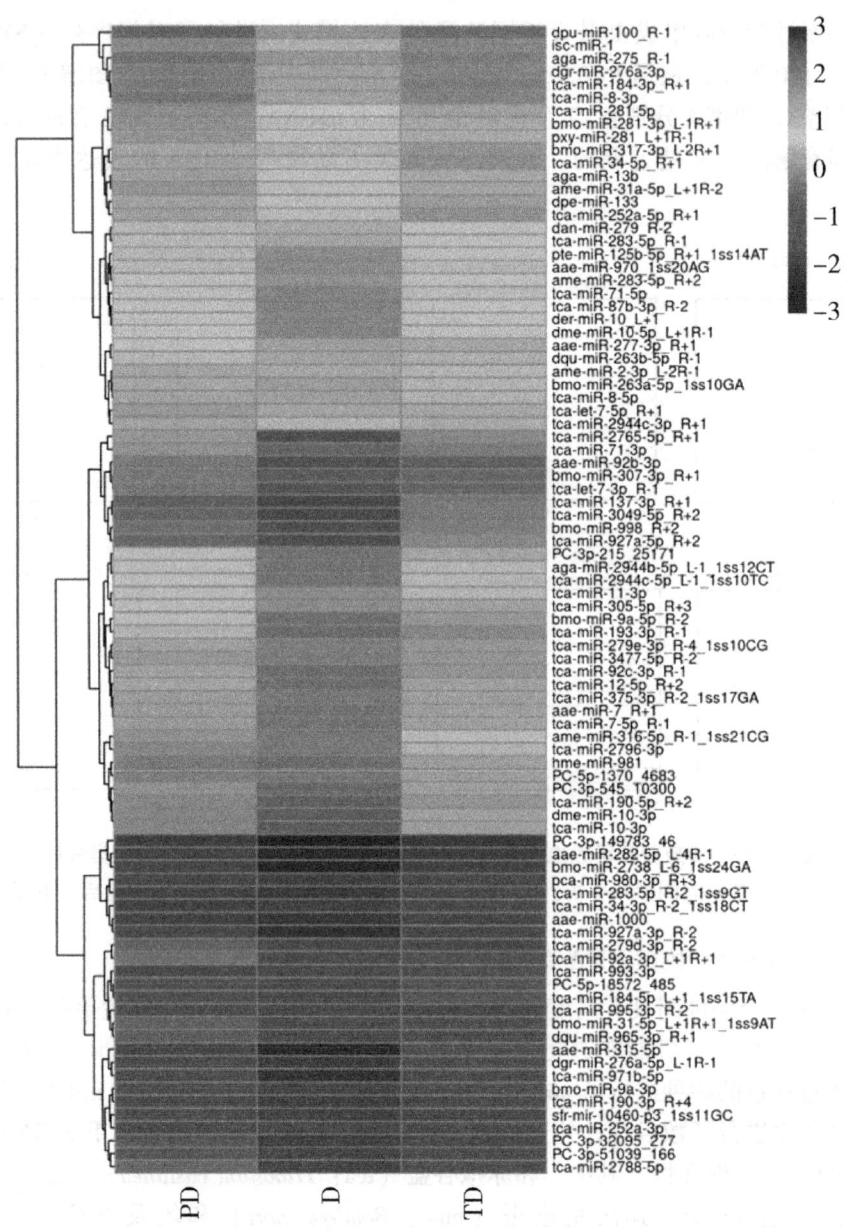

图3-121 沙葱萤叶甲成虫不同滞育期0号、3号、4号谱 miRNA 的热图分析

注：表达数据表示为每个阶段（PD、D 和 TD）三个生物重复的平均归一化数据。

调、12个下调）差异表达。在这些 miRNA 中，唯一上调的 miRNA 是 *tca-miR-932-3p_R+1*，前三个显著下调的 miRNA 是 *PC-5p-328334_16*、*PC-5p-117266_63* 和 *miR-3759-3p*（表3-17）。其中，有8个共同调控的差异 miRNA（Differentially expressed miRNA, DEM）在滞育期间上调，滞育结束后下调，两次比较（D/PD 和 TD/D）共获得35个 DEM。这些 DEM 可能在沙葱萤叶甲成虫的夏季滞育中起重要作用。

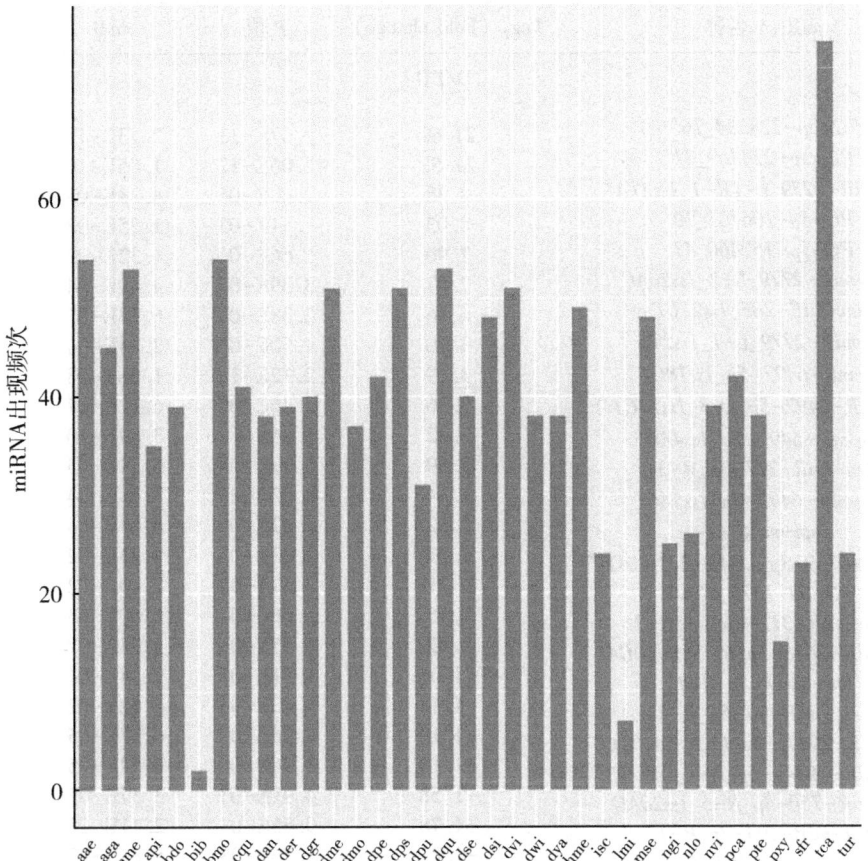

图 3-122 miRNA 跨物种保守性分析

注：tca 为赤拟谷盗 *Tribolium castaneum*；bmo 为家蚕 *Bombyx mori*；aae 为埃及伊蚊 *Aedes aegypti*。

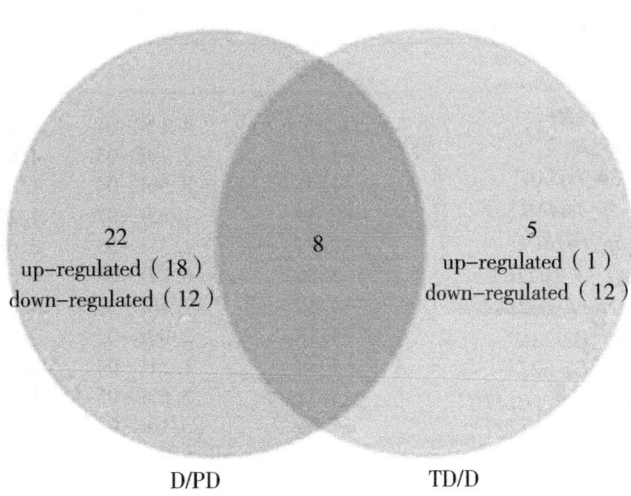

图 3-123 D/PD 和 TD/D 比较中差异表达 miRNA 的维恩图

表 3-17　沙葱萤叶甲成虫滞育不同阶段 miRNA 的差异表达

miRNA 名称	Log_2 (Fold change)	P 值	Padj	上调/下调
D/PD				
PC-5p-328334_16*	21.69	1.37E-13	2.73E-11	上调
PC-5p-274369_21	21.58	1.06E-12	1.05E-10	上调
bmo-miR-2779_L-1R-1_1ss2TA*	8.38	2.20E-06	4.38E-05	上调
PC-3p-106701_70	8.03	1.51E-03	1.25E-02	上调
PC-3p-159460_43	7.90	1.66E-03	1.32E-02	上调
bmo-miR-2779_L-2_1ss20AG	7.87	3.39E-05	4.49E-04	上调
dan-miR-285_1ss21GT	6.16	2.38E-08	6.12E-07	上调
bmo-miR-2779_L-1_1ss2TA*	3.70	1.50E-05	2.14E-04	上调
bmo-mir-6497-5p_1ss18CT*	3.69	2.12E-10	1.06E-08	上调
bmo-miR-6497-5p_L-3_1ss11CT*	3.36	2.46E-08	6.12E-07	上调
bmo-mir-6497-5p_1ss4AG*	3.32	5.86E-12	3.89E-10	上调
tca-miR-277-3p_R-3	2.80	5.79E-04	5.24E-03	上调
bmo-mir-6497-3p_1ss3AG*	2.44	8.52E-05	8.48E-04	上调
api-miR-14	2.32	5.67E-05	6.63E-04	上调
ame-miR-3759-3p_L-4R-2_1ss14TC*	2.07	3.03E-03	2.23E-02	上调
PC-5p-1370_4683	1.71	3.37E-03	2.40E-02	上调
bmo-miR-317-3p_L-2R+1	1.55	1.69E-04	1.60E-03	上调
tca-miR-263a-5p_R-5_1ss10GA	1.42	6.55E-03	4.34E-02	上调
tca-let-7-5p_R+1	-1.06	1.51E-05	2.14E-04	下调
bmo-miR-9a-5p_R-2	-1.12	7.43E-03	4.62E-02	下调
tca-miR-2944c-5p_L-1_1ss10TC	-1.19	3.96E-06	6.57E-05	下调
aga-miR-2944b-5p_L-1_1ss12CT	-1.19	3.96E-06	6.57E-05	下调
tca-miR-750-3p_R-5_1ss20AG	-1.58	4.91E-03	3.37E-02	下调
tca-miR-193-3p_R-1	-1.78	9.55E-07	2.11E-05	下调
bmo-miR-281-5p	-1.81	1.76E-08	5.84E-07	下调
tca-miR-2765-5p_R+1	-1.82	3.99E-05	4.96E-04	下调
tca-miR-2788-5p	-2.76	8.00E-05	8.38E-04	下调
PC-3p-117645_62	-5.35	7.29E-03	4.62E-02	下调
tca-miR-2788-3p_R+3	-5.90	9.97E-04	8.62E-03	下调
tca-miR-2765-3p_L+1R-1_1ss9CT	-6.48	6.40E-05	7.07E-04	下调
TD/D				
tca-miR-932-3p_R+1	6.41	4.12E-04	1.02E-02	上调
dan-miR-279_R-2	-1.12	2.79E-03	4.85E-02	下调
bmo-mir-6497-3p_1ss3AG*	-1.94	8.56E-04	1.88E-02	下调
bmo-mir-6497-5p_1ss4AG*	-2.39	1.85E-07	1.22E-05	下调
bmo-mir-6497-5p_1ss18CT*	-2.77	1.35E-05	6.68E-04	下调
bmo-miR-6497-5p_L-3_1ss11CT*	-3.36	6.12E-08	6.05E-06	下调
bmo-miR-2779_L-1R-1_1ss2TA*	-3.69	3.18E-03	4.85E-02	下调
bmo-mir-6497-3p_1ss12AG*	-4.18	2.00E-03	3.97E-02	下调
bmo-miR-2779_L-1_1ss2TA	-4.30	1.31E-04	3.72E-03	下调
ame-miR-3759-3p_L-4R-2_1ss14TC*	-5.73	3.66E-05	1.45E-03	下调
ame-miR-3759-3p_L-4R-2_1ss5CT	-7.66	3.10E-03	4.85E-02	下调
PC-5p-117266_63	-9.03	6.99E-05	2.31E-03	下调
PC-5p-328334_16*	-22.43	6.48E-12	1.28E-09	下调

注：Padj 为矫正后 P 值；* 为在两种比较中均差异表达。

(二) 沙葱萤叶甲差异表达 miRNA 靶基因预测

Target Scan 50 和 Miranda3.3a 对 35 个差异 miRNA（DEM）进行预测，共得到 22533 个靶基因。进一步对预测到的靶基因通过 GO 和 KEGG 通路分析进行功能注释。

(三) D/PD 差异表达 miRNA 靶基因富集分析

1. D/PD 差异表达 miRNA 靶基因 GO 富集分析

滞育期比滞育前（D/PD），GO 分析显示 30 个 DEM 的预测靶基因在 31 个 GO terms 显著富集（图 3-124）。对于生物过程（Biological process），前三个显著富集的 terms 是核小体组装（Nucleosome assembly）、呼吸电子传递链（Respiratory electron transport chain）和卵泡上皮极性的建立或维持（Establishment or maintenance of polarity of follicular epithelium）。对于分子功能（Molecular function），3 个最显著富集的 terms 包括金属离子跨膜转运蛋白活性（Metal ion transmembrane transporter activity）金属内肽酶活性（Metalloendopeptidase activity）和蛋白质异二聚活性（Protein heterodimerization activity）。对于细胞成分（Cellular component），3 个最显著富集的 terms 包括核小体（Nucleosome）液泡质子运输 V 型 ATP 酶（Vacuolar proton-transporting V-type ATPase）、V1 结构域（V1 domain）和核糖体小亚基（Small ribosomal subunit）。

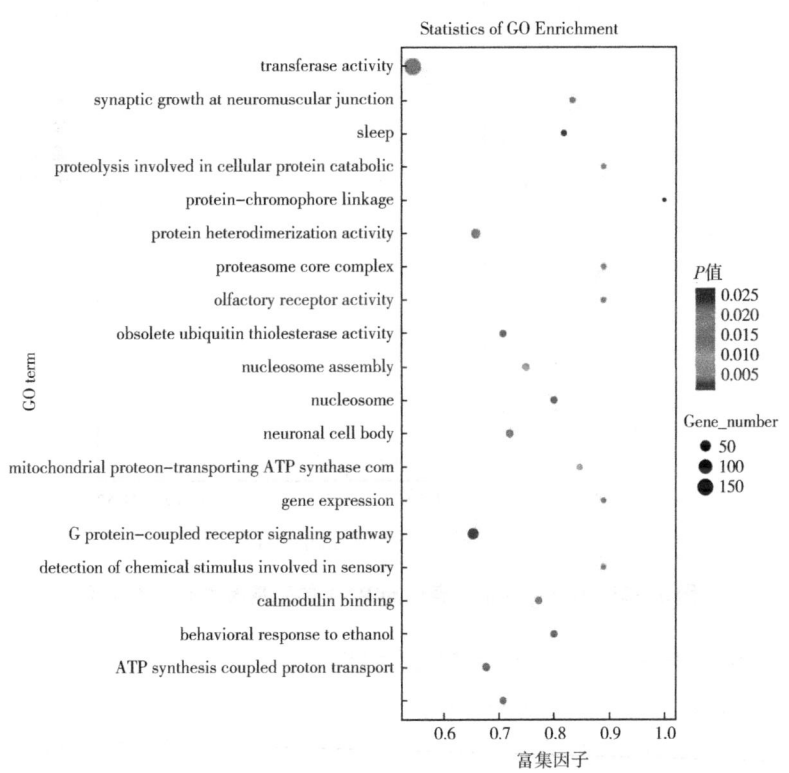

图 3-124 D/PD 中差异表达 miRNA 的靶基因的 GO 富集

2. D/PD 差异表达 miRNA 靶基因 KEGG 富集分析

对于 KEGG 分析，12 条通路显著富集（图 3-125）。3 种最显著富集的途径包括核苷酸切除修复（Nucleotide excision repair）氨酰 tRNA 生物合成（Aminoacyl-tRNA biosynthesis）和 DNA 复制（DNA replication）。此外，MAPK 信号通路还显著富集了 20 个 DEM 的靶基因，包括 let-7-5p、miR-9a-5p、miR-193-3p、miR-263a-5p、miR-277-3p、miR-281-5p、miR-285、miR-317-3p、miR-750-3p、miR-2765-5p、miR-2779、miR-3759-3p、miR-660。

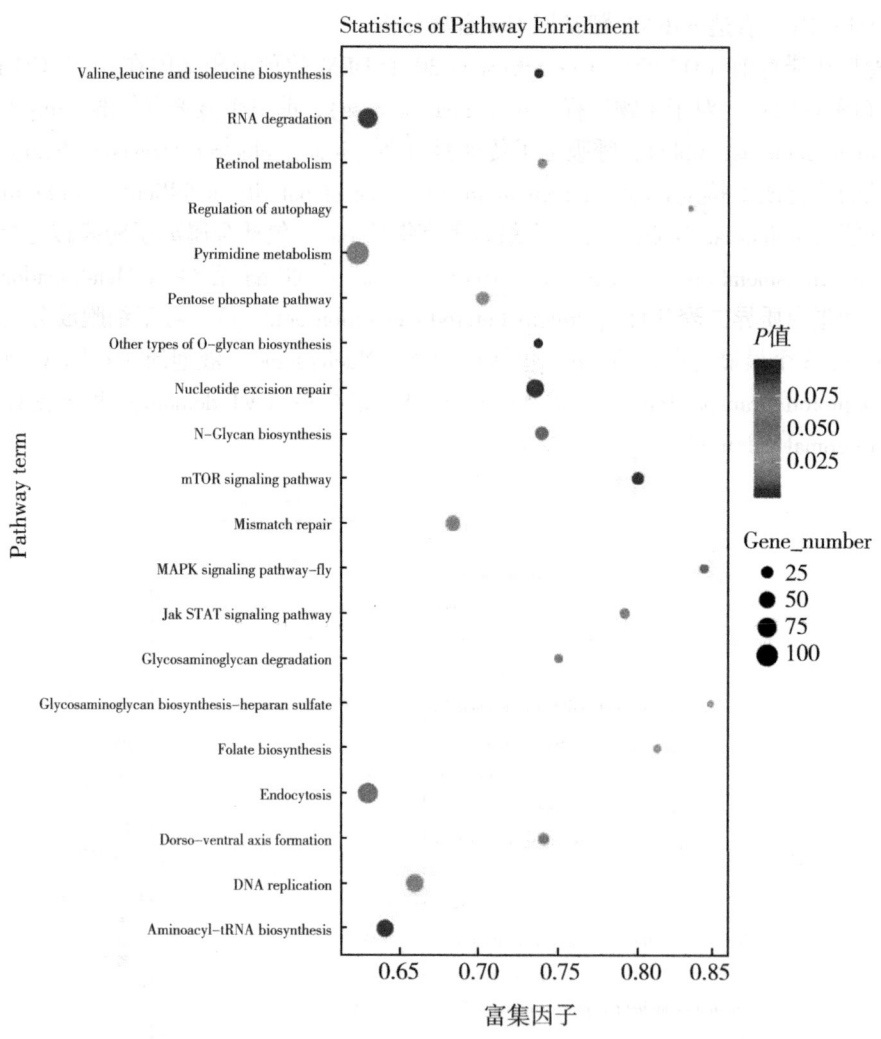

图 3-125　D/PD 中差异表达 miRNA 的靶基因的 KEGG 富集

（四）TD/D 差异表达 miRNA 靶基因富集分析

1. TD/D 差异表达 miRNA 靶基因 GO 富集分析

当比较滞育解除期和滞育期时（TD/D），GO 分析显示 13 个 DEM 的预测靶基因在 37 个 GO terms 中显著富集（图 3-126）。对于生物过程，3 个最显著富集的 terms 包括线粒体电子传递（Mitochondrial electron transport）、泛醇到细胞色素 c（Ubiquinol to cytochrome c）、自噬（Autophagy）和成虫的椎间盘源性腿部形态发生（Imaginal discderived leg morphogenesis）。就分子功能而言，3 个最显著富集的 terms 包括谷胱甘肽过氧化物酶活性（Glutathione peroxidase activity）、半乳糖基木糖基蛋白 3-β-葡萄糖醛酸基转移酶活性

（Galactosyl galactosyl xylosyl protein 3-beta-glucuronosyltransferase activity）和质子转运 ATP 酶活性（Proton-transporting ATPase activity），旋转机制（Rotational mechanism）。对于细胞成分，3 个最显著富集的 terms 包括线粒体呼吸链复合体三（Mitochondrial respiratory chain complex Ⅲ）、液泡质子运输 V 型 ATP 酶（Vacuolar proton-transporting V-type ATPase）、V1 结构域（V1 domain）和微管相关复合体（Microtubule associated complex）。

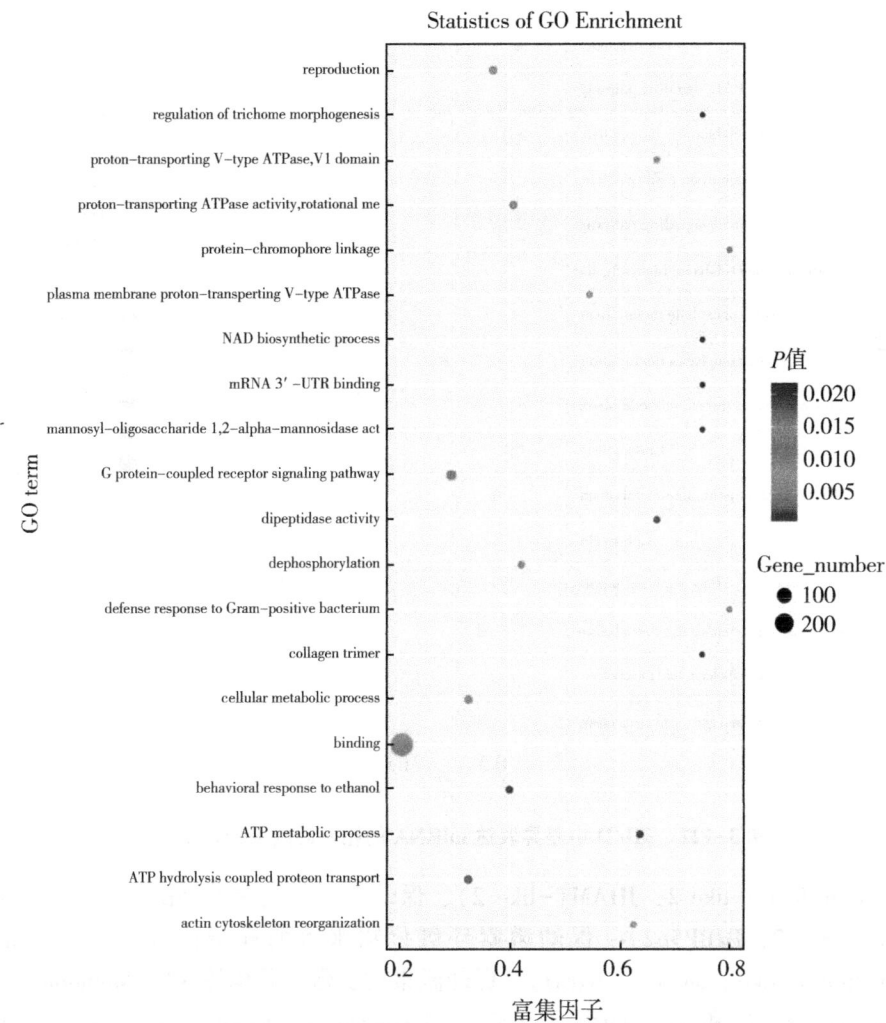

图 3-126 TD/D 中差异表达 miRNA 的靶基因的 GO 富集

2. D/PD 差异表达 miRNA 靶基因 KEGG 富集分析

对于 KEGG 分析，4 条通路显著富集（图 3-127）。最显著的 3 个富集通路包括内质网中的蛋白质加工（Protein processing in endoplasmic reticulum）、胞吞作用（Endocytosis）和氨基糖和核苷酸糖代谢（Amino sugar and nucleotide sugar metabolism）。

（五）差异表达 miRNA 在保幼激素通路的靶基因预测分析

保幼激素（JH）在调节昆虫滞育中起着重要作用。获得了 8 个 DEM，靶向 5 个可能参与保幼激素途径调控的 mRNA，如保幼激素酸甲基转移酶类似物 2（Juvenile hormone

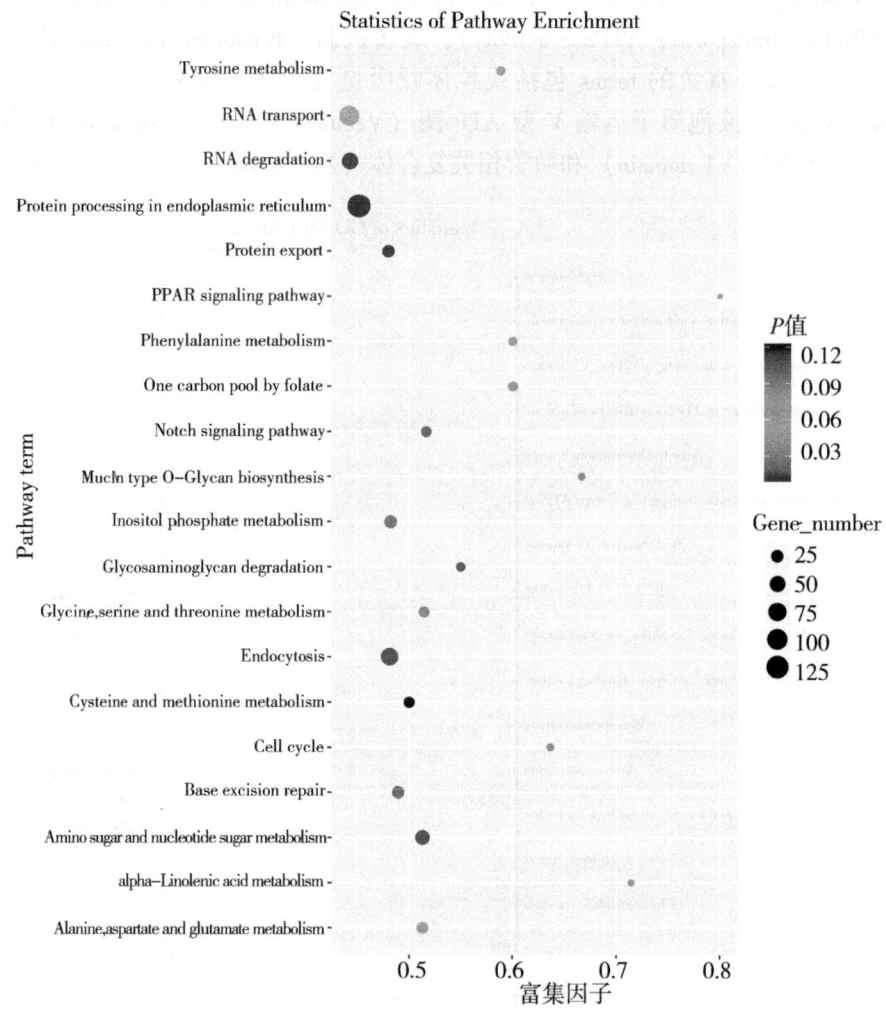

图 3-127 TD/D 中差异表达 miRNA 的靶基因的 KEGG 富集

acid methyltransferase-like 2, JHAMT-like 2)、保幼激素结合蛋白 5p2（Juvenile hormone binding protein 5p2, JHBP5p2)、保幼激素环氧化物水解酶样蛋白 3（Juvenile hormone epoxide hydrolase-like protein 3, JHEH)、保幼激素耐受蛋白异构体 X1（Methoprene-tolerant isoform X1, Met）和锌指转录因子（Krüppel homolog 1, Kr-h1)（表 3-18）。这些差异 miRNA 包括 *let-7-5p*、*miR-14*、*miR-263a-5p*、*miR-277-3p*、*miR-2788-5p*、*miR-6497-5p*、*PC-5p-1370_4683* 和 *PC-3p-159460_43*。

表 3-18 参与 JH 信号通路的差异表达 miRNA 及其靶基因

序号	转录 ID	注释	miRNA
1	c55173.graph_c0	juvenile hormone binding protein 5p2, partial	*tca-let-7-5p_R+1*
2	c57253.graph_c0	jhamt-like 2	*api-miR-14*

(续表)

序号	转录 ID	注释	miRNA
3	c60081.graph_c0	PREDICTED: methoprene-tolerant isoform X1	*tca-let-7-5p_R+1*, *tca-miR-277-3p_R-3*
4	c60715.graph_c0	Kruppel-like protein 1	*bmo-miR-6497-5p_L-3_1ss11CT*, *tca-let-7-5p_R+1*
5	c68533.graph_c0	juvenile hormone epoxide hydrolase-like protein 3	*PC-3p-159460_43*, *PC-5p-1370_4683*, *tca-miR-263a-5p_R-5_1ss10GA*, *tca-miR-277-3p_R-3*, *tca-miR-2788-5p*

（六）qPCR 验证测序结果

为了验证小 RNA 测序的结果，随机选择了 10 个 miRNA，并对其进行了 qPCR 分析（图 3-128）。结果显示，除 *miR-970* 外，10 个 miRNA 中有 9 个表现出与小 RNA 测序相似的表达模式，这表明小 RNA 的测序数据是可靠的。

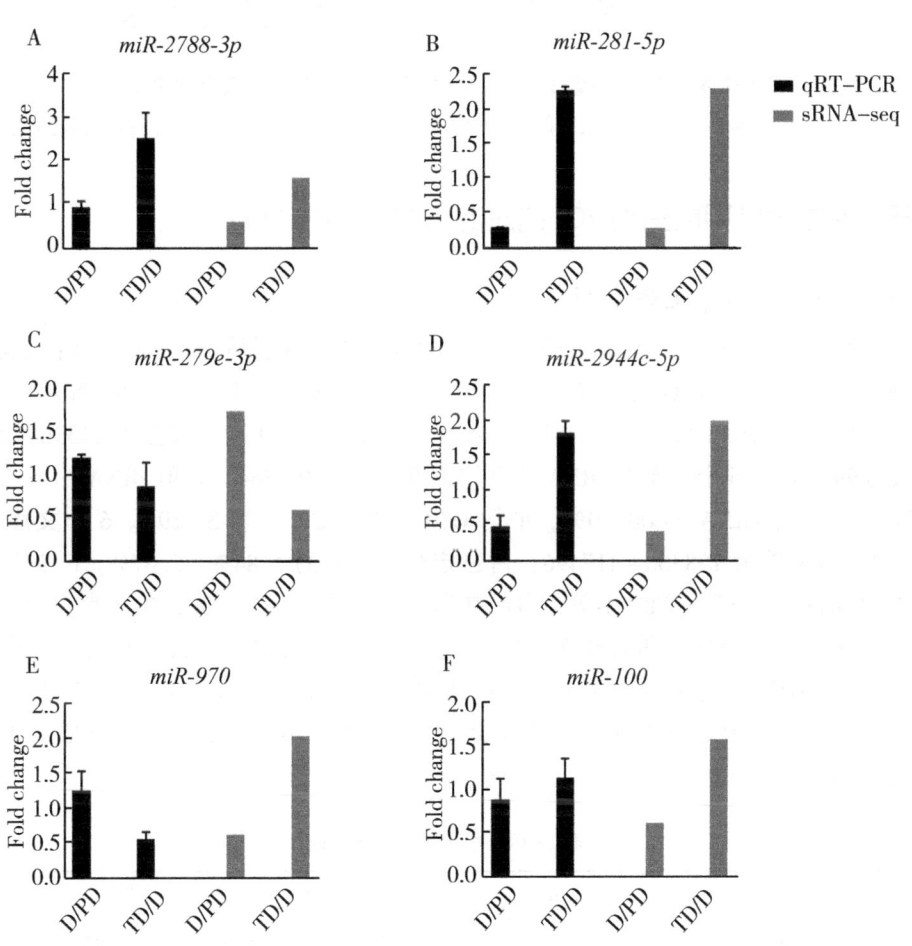

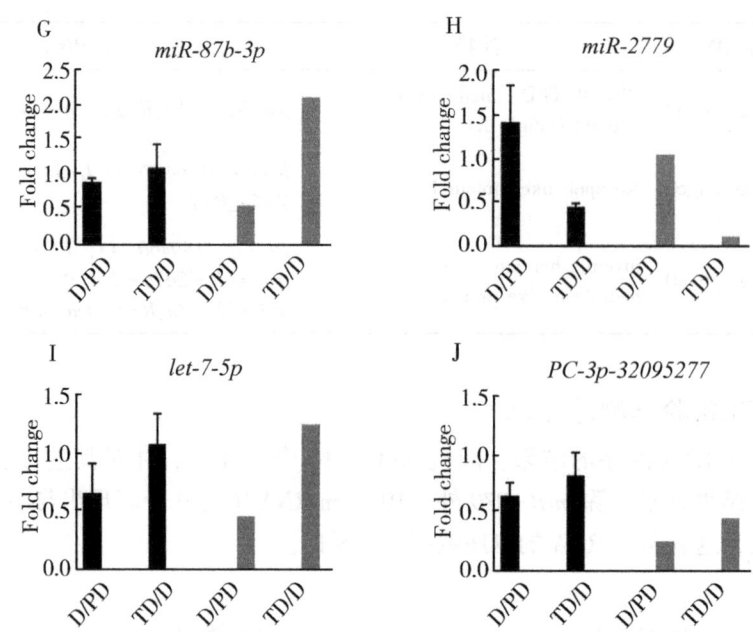

图 3-128　qPCR 验证 10 个 miRNA 的小 RNA 测序的转录水平变化

注：Fold change 为小 RNA 测序数据的归一化值和基于 $2^{-\Delta\Delta Ct}$ 法的 qPCR 获得的相对表达值。

三、沙葱萤叶甲成虫对 20E 响应的小 RNA 测序分析

（一）sRNA 测序文库分析

为了在成虫中获得对 20E 有响应的 microRNAs，20E 注射后 2d 的成虫样本共构建了 6 个测序文库。原始数据已存放在 NCBI 短读档案（SRP）中，生物项目 ID 为 PRJNA783724。6 个文库的平均总阅读数为 14466421，平均干净阅读数为 14336872，占总阅读数的 99.10%。6 个文库中 sRNA 的平均读取数为 12197364，映射 sRNA 的平均读取数为 8324575，占总 sRNA 的 68.30%。平均 Q30 为 97.15%（表 3-19）。6 个文库中已知 miRNA 的 reads 数为 158366~417496，占已定位 sRNA 的 1.84%~5.47%。6 个文库中新 miRNA 的 reads 从 6650~9787 不等，占已映射 sRNA 的 0.08%~0.13%（表 3-20）。3 个文库（DMSO_1、DMSO_2 和 E20_2）的 sRNAs 在 21~22nt 和 27~28nt 处有两个峰，而其他 3 个文库（DMSO_3、E20_1 和 E20_3）的 sRNAs 在 18nt、21~22nt 和 27~28nt 处有 3 个峰（图 3-129）。在这 6 个组合文库中共鉴定出 183 个 miRNAs，其中包括 140 个已知 miRNAs 和 43 个新 miRNAs。

表 3-19　小 RNA 测序概述

样品	Reads	Clean reads	Total sRNA	Mapped sRNA	Q30/%
DMSO_1	14679597	14537866（99.03%）	12793136	8427755（65.88%）	97.14
DMSO_2	13814545	13690383（99.10%）	12826428	8610694（67.13%）	97.04

(续表)

样品	Reads	Clean reads	Total sRNA	Mapped sRNA	Q30/%
DMSO_3	14767593	14641797 (99.15%)	11384938	7568042 (66.47%)	97.32
E20_1	14249022	14134025 (99.19%)	11483959	8406387 (73.20%)	97.34
E20_2	14953133	14831128 (99.18%)	13543685	9297493 (68.65%)	97.17
E20_3	14334636	14186031 (98.96%)	11152040	7637080 (68.48%)	96.90
Average	14466421	14336872 (99.10%)	12197364	8324575 (68.30%)	97.15

表 3-20 sRNA 参考基因组对比统计

类型	DMSO_1	DMSO_2	DMSO_3	E20_1	E20_2	E20_3
total	8427755 (100.00%)	8610694 (100.00%)	7568042 (100.00%)	8406387 (100.00%)	9297493 (100.00%)	7637080 (100.00%)
known_miRNA	316568 (3.76%)	158366 (1.84%)	293977 (3.88%)	163054 (1.94%)	375714 (4.04%)	417496 (5.47%)
rRNA	68750 (0.82%)	93717 (1.09%)	115652 (1.53%)	139712 (1.66%)	87987 (0.95%)	112041 (1.47%)
tRNA	4 (0.00%)	5 (0.00%)	79 (0.00%)	25 (0.00%)	2 (0.00%)	12 (0.00%)
snRNA	475 (0.01%)	686 (0.01%)	1176 (0.02%)	3273 (0.04%)	1089 (0.01%)	557 (0.01%)
snoRNA	1498 (0.02%)	1396 (0.02%)	1526 (0.02%)	3592 (0.04%)	1969 (0.02%)	2046 (0.03%)
repeat	0 (0.00%)	0 (0.00%)	0 (0.00%)	0 (0.00%)	0 (0.00%)	0 (0.00%)
novel_miRNA	8668 (0.10%)	6650 (0.08%)	9069 (0.12%)	7494 (0.09%)	9070 (0.10%)	9787 (0.13%)
其他	8031792 (95.30%)	8349874 (96.97%)	7146563 (94.43%)	8089237 (96.23%)	8821662 (94.88%)	7095141 (92.90%)

(二) 差异表达 miRNA (DEM) 的鉴定

20E 处理条件下的沙葱萤叶甲成虫，发现在所有的 miRNA 中，共有 52 个 miRNA 发生显著变化。其中上调表达的 miRNA 有 21 个，下调表达的有 31 个 (图 3-130)。主要上调的 miRNA 包括 *miR-277*、*miR-277-3p*、*miR-1*、*miR-1a*、*miR-1a-3p*、*miR-1b-3p*、*miR-1b-5p*、*miR-10* 和 *miR-10-5p*，而主要下调的 miRNA 包括 *nova-8*、*nova-7*、*nova-58*、*miR-283*、*miR-283-5p*、*miR-281-5p*、*miR-281-3p*、*miR-3477-5p* 和 *novel-5*。这些差异表达的 miRNA 的发现，表明这些 miRNA 在蜕皮激素通路中参与调控，从而进一步在昆虫的生长发育及变态发育过程中发挥重要作用。

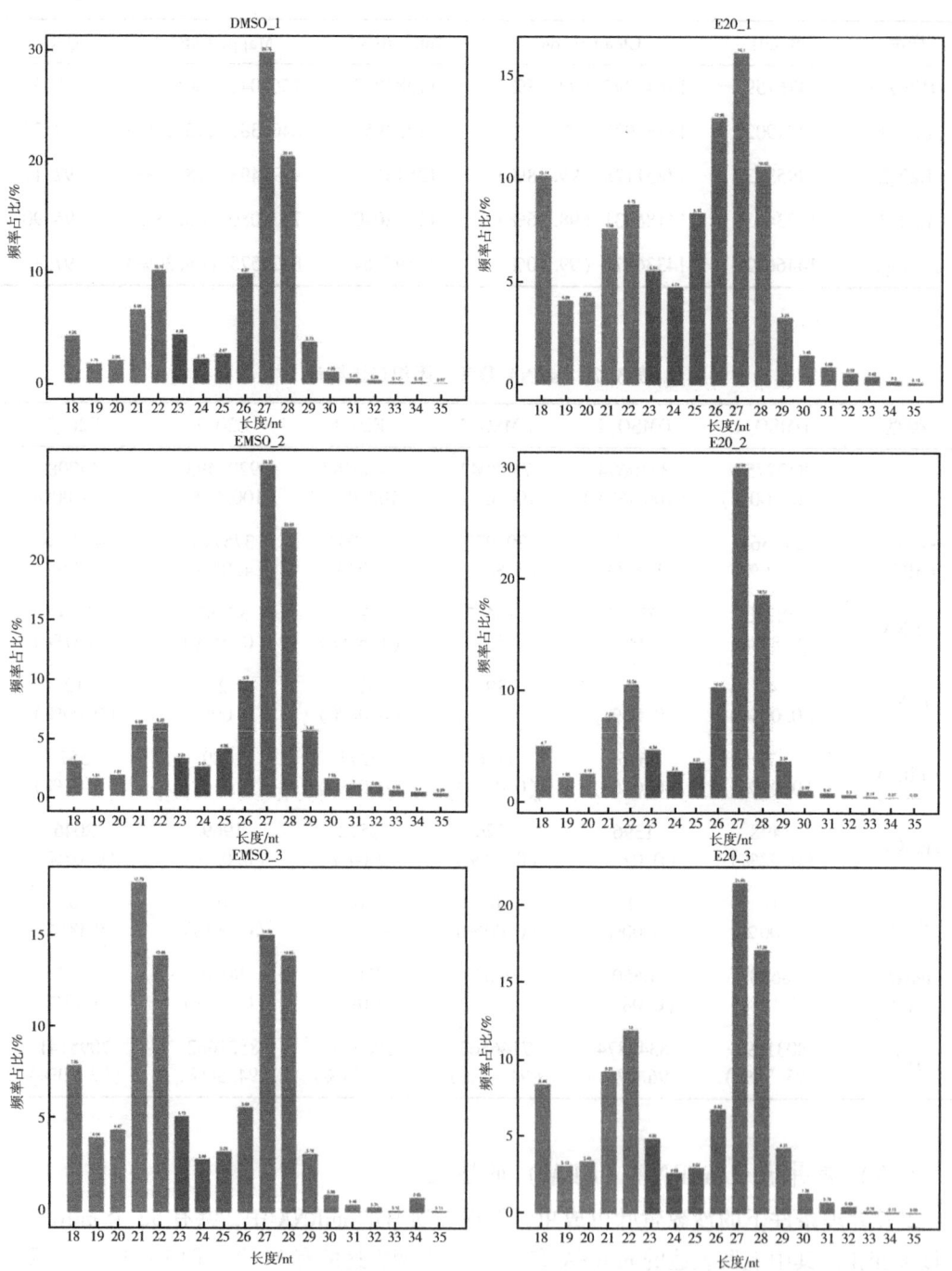

图 3-129 沙葱萤叶甲 6 个文库 sRNA 片段长度分布统计

(三) 差异表达 miRNA 靶标的预测和功能分析

为了更好地了解 DEM 对 20E 的响应功能,对这些 DEM 的靶标基因进行鉴定是极其必要的。通过结合两种软件 miRanda 和 PITA,我们共预测得到了 52 个差异 miRNA 的假

第三章 沙葱萤叶甲成虫夏滞育调控的分子机理

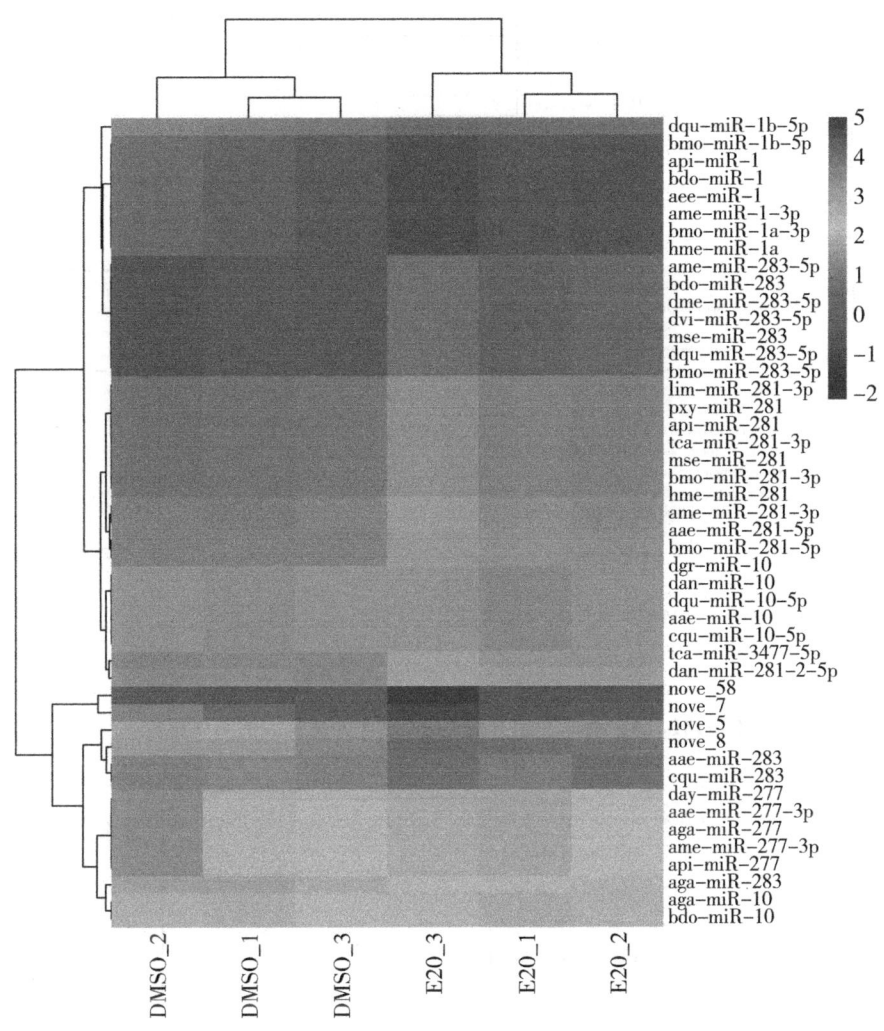

图3-130 20E处理后差异表达的miRNA热图

定靶标基因共351个。

为了进一步了解DEM可能的作用,我们对这些预测的靶基因进行了功能富集分析(图3-131)。GO分析结果表明,543个GO terms共富集了95个预测靶基因,其中98个GO条目显著富集。排名前5位的terms分别富集在己糖生物合成过程(Hexose biosynthetic process)、单糖生物合成过程(Monosaccharide biosynthetic process)、细胞代谢复合物回收过程(Cellular metabolic compound salvage)、高尔基膜(Golgi membrane)和醇生物合成过程(Alcohol biosynthetic process)。

KEGG富集分析(图3-132)结果表明,共有40条KEGG通路富集,两条代谢途径显著富集,分别是果糖和甘露糖代谢和其他多糖降解途径($P<0.05$)。在果糖和甘露糖代谢途径中,涉及了3个预测靶标基因,包括醛糖还原酶(Aldose reductase,TRINITY_DN29775_c0_g1)、磷酸甘露糖变位酶(Phosphomannomutase,TRINITY_DN29146_c0_g1)和磷酸丙糖异构(Triosephosphate isomerase,TRINITY_DN30443_c0_g1)。在其他多糖

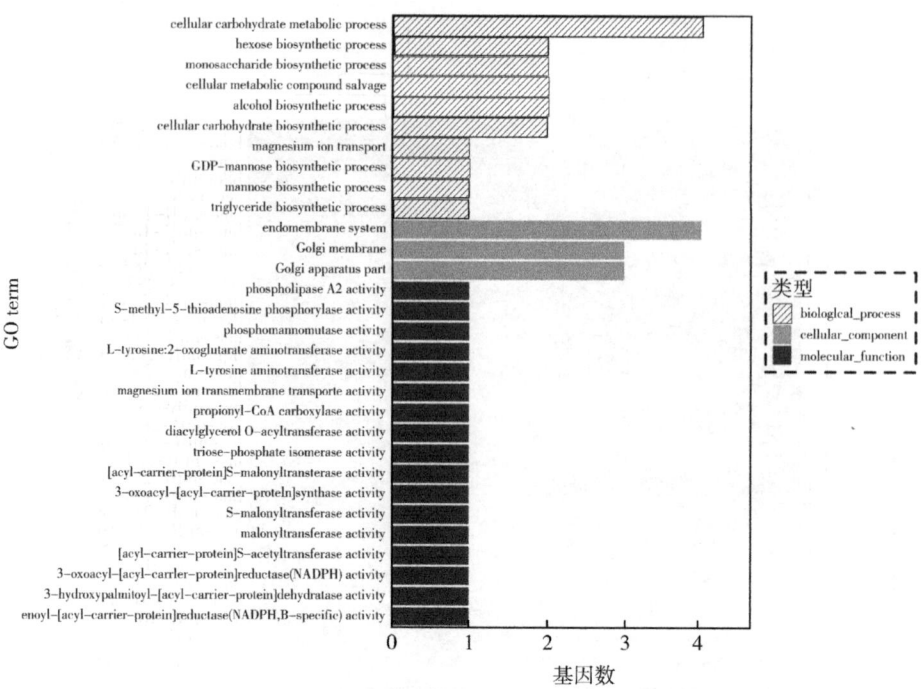

图 3-131　20E 处理后差异表达 miRNA 的靶基因的 GO 富集

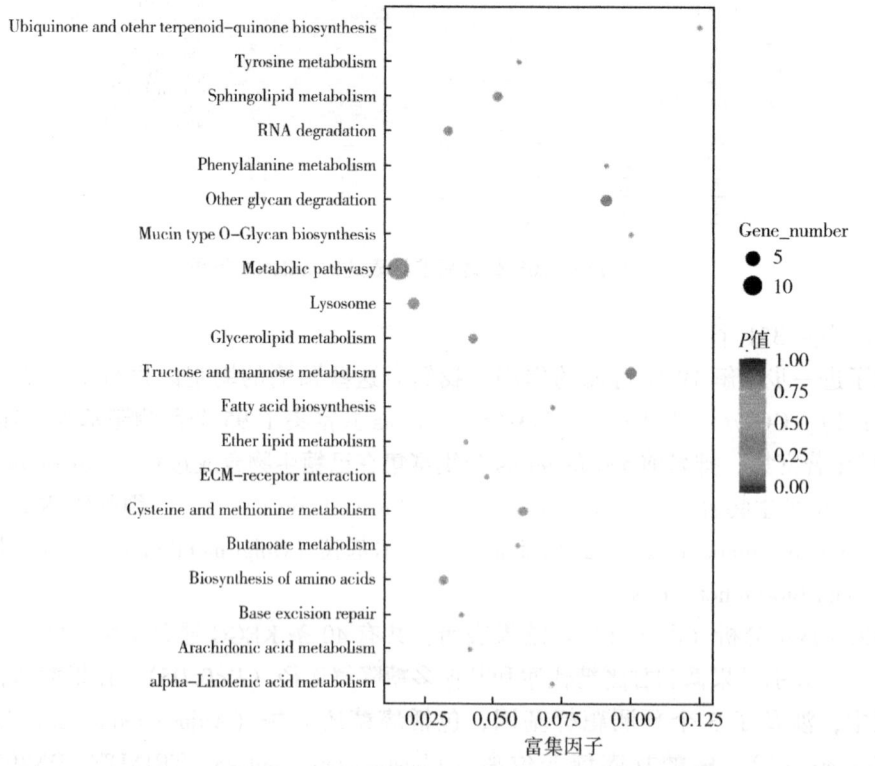

图 3-132　20E 处理下差异表达 miRNA 的靶基因的 KEGG 富集

降解途径中,有 3 个靶标基因被预测,其中包括溶小体 α 甘露糖水解酶(Lysosomalalpha-mannosidase,TRINITY_DN38245_c6_g1)、葡糖苷酰鞘氨醇酶(Glucosylceramidase-like,TRINITY_DN29330_c0_g1)和 β-葡糖脑苷脂(Beta-glucocerebrosidase,TRINITY_DN6594_c0_g1)。此外,除上述两个代谢途径编码的 6 个基因外,还有 9 个预测的靶基因也被其他代谢途径富集,包括脂肪酸合酶 2(Fatty acid synthase 2,TRINITY_DN38416_c10_g1)、二酰基甘油酰基转移酶(Diacylglycerol O-acyltransferase,TRINITY_DN29467_c0_g1)、s-甲基-5′-硫代腺苷磷酸化酶亚型 X2(S-methyl-5′-thioadenosine phosphorylase isoform X2,TRINITY_DN28_c0_g1)、酪氨酸转氨酶(Tyrosine aminotransferase,TRINITY_DN28786_c0_g1)、细胞色素 c1 血红素蛋白(Cytochrome c1 heme protein,TRINITY_DN29052_c0_g1)、N-乙酰氨基半乳糖转移酶 7(N-acetylgalactosaminyltransferase 7,TRINITY_DN30362_c4_g3)、XIIA 组分泌磷脂酶 A2(Group XIIA secretory phospholipase A2,TRINITY_DN6449_c0_g1)、甲基淀粉酰辅酶 a 羧化酶 β 链(Methylcrotonoyl-CoA carboxylase beta chain,TRINITY_DN29041_c0_g1)和尿苷胞苷激酶样 1 亚型 X2(Uridine-cytidine kinase-like 1 isoform X2,TRINITY_DN30392_c0_g1)。这些结果表明,20E 主要影响沙葱萤叶甲的代谢途径。

(四)iRNA 表达谱的验证

从 52 个差异表达的 miRNA 中选取 10 个进行测序结果准确性的验证。通过 qPCR 进行分析,结果发现 10 个 miRNA 的表达模式与测序中的 miRNA 表达模式一致,这个结果也表明了 miRNA 测序结果的可靠性(图 3-133)。

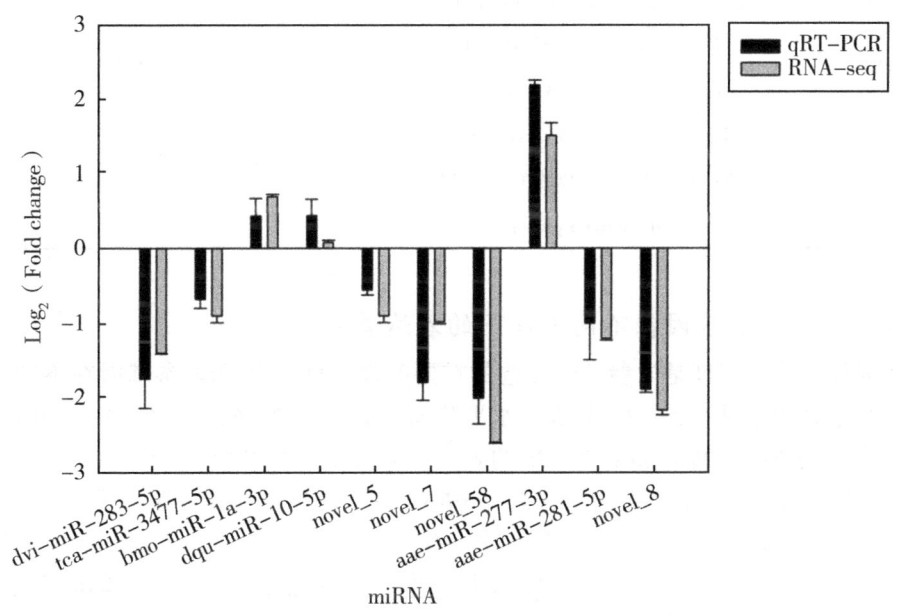

图 3-133　qPCR 验证 10 个 miRNA 的小 RNA 测序的转录水平变化

四、沙葱萤叶甲 miRNA 内参基因的筛选

（一）候选内参基因引物扩增效率及特异性

将 11 个候选内参基因和 1 个目标基因的 cDNA 模板分别以 10 浓度梯度进行稀释后，进行 qPCR 试验，得到各内参基因标准曲线的相关参数。从表 3-21 可知，12 个基因标准曲线的决定系数（R^2）变化范围为 0.9741~0.9968，表明 cDNA 浓度与其相应 Ct 值的线性关系可靠。除 5S rRNA 的扩增效率（E）为 88.91%外，其余均在 90.40%~110.09%，表明各引物 RT-qPCR 反应的有效性。

表 3-21 候选内参基因引物序列及扩增特性

内参基因	引物序列（5′→3′）	扩增效率/%	决定系数（R^2）	斜率
miR-100-5p	F：ACCCGTAGATCCGAACTTGTG	108.63	0.9964	-3.130
miR-92a-3p	F：TTGCACTAGTCCCGGCCTAT	111.09	0.9845	-3.082
miR-998-3p	F：CACCATGGGATTCAGCTCAA	109.13	0.9968	-3.121
miR-279d-3p	F：GCGTGACTAGATCCATACTCGTCTAT	95.24	0.9976	-3.441
miR-305-5p	F：TTGTACTTCATCAGGTGCTCTGG	91.64	0.9741	-3.540
miR-276a-3p	F：GTAGGAACTTCATACCGTGCTCT	102.21	0.9925	-3.270
miR-275-3p	F：AGGTACCTGAAGTAGCGCGC	107.04	0.9827	-3.164
miR-9a-5p	F：CGCTCTTTGGTTATCTAGCTGTAT	107.28	0.9957	-3.159
miR-2a-3p	F：CTCACAGCCAGCTTTGATGAG	96.57	0.9898	-3.407
Let-7-5p	F：CCGCTGAGGTAGTAGGTTGTATAGT	108.49	0.9927	-3.134
U6 snRNA	F：TGGAGGGCACAGCTCATTT R：ACACCTCTCGGAATATCGCC	101.50	0.9914	-3.286
5S rRNA	F：GCAGTCCACCGAAGTTAAGC R：AGGCGGTCACCCATCCAAGTA	88.91	0.9921	-3.621
	R：mRQ 3′primer			

（二）候选内参基因在不同条件下的表达差异

内参基因的表达丰度是内参基因筛选的首要条件。11 个候选内参基因在不同处理条件下的平均表达水平见表 3-22。其表达水平范围在 12.33~24.62。表明 11 个候选内参基因的表达水平均较高，其中 miR-2a-3p 的表达水平最高，平均 Ct 值为 12.33；miR-998-3p 的表达水平最低，平均 Ct 值为 24.62。5SrRNA 在不同条件下的表达水平差异最大，Ct 值间的标准差（SD）为 2.40；其次是 miR-100-5p 和 miR-9a-5p，其 Ct SD 值分别为 1.48 和 0.99；miR-275-3p 和 U6 snRNA 变化最小，Ct SD 值分别为 0.57 和 0.58，其他候选内参基因的 Ct SD 值范围在 0.61~0.89。

表 3-22 不同处理下沙葱萤叶甲候选内参基因的 Ct 值

基因	Ct 最大值	Ct 最小值	Ct 差值	Ct 平均值	标准差
miR-100-5p	21.78	15.24	6.54	17.17	1.48

(续表)

基因	Ct 最大值	Ct 最小值	Ct 差值	Ct 平均值	标准差
miR-92a-3p	22.10	18.15	3.96	20.40	0.89
miR-998-3p	24.62	20.10	4.52	23.16	0.86
miR-279d-3p	20.65	17.19	3.46	18.71	0.84
miR-305-5p	18.99	15.37	3.62	17.19	0.84
miR-276a-3p	17.69	14.49	3.20	16.08	0.82
miR-275-3p	18.89	16.15	2.75	16.90	0.57
miR-9a-5p	18.15	14.60	3.55	16.12	0.99
miR-2a-3p	14.92	12.33	2.59	13.94	0.61
U6 snRNA	22.04	19.73	2.31	20.49	0.58
5S rRNA	22.74	14.79	7.95	20.18	2.40

(三) 候选内参基因在不同条件下的稳定性分析

1. 温度处理

通过 GeNorm 算法得到的 3 个最稳定的内参基因为 *miR-100-5p*、*miR-305-5p* 和 *miR-276a-3p*；在 BestKeeper 中，最稳定的内参基因为 *miR-100-5p*、*miR-305-5p* 和 *miR-275-3p*；对于 NormFinder 算法，其给定的最稳定的内参基因为 *miR-275-3p*、*miR-100-5p*、*miR-276a-3p*；△Ct 算法测定最稳定的内参基因为 *miR-100-5p*、*miR-998-3p* 和 *miR-275-3p*；在四种算法中最不稳定的基因为 *5S rRNA*，除 NormFinder 外，其余 3 种算法中最稳定的内参基因为 *miR-100-5p*（表3-23）。

表3-23 候选内参基因在不同试验条件下的表达稳定性

内参基因	GeNorm M 值	NormFinder 稳定性	BestKeeper SD 值	△Ct 平均值	RefFinder	排序
温度						
miR-100-5p	0.154（1）	0.085（2）	0.10（1）	0.416（1）	1.14	1
miR-92a-3p	0.351（9）	0.232（7）	0.40（8）	0.541（8）	7.97	8
miR-998-3p	0.256（4）	0.112（4）	0.28（6）	0.418（2）	3.72	5
miR-279d-3p	0.303（7）	0.284（9）	0.43（10）	0.508（7）	7.91	7
miR-305-5p	0.154（1）	0.190（6）	0.16（2）	0.445（6）	2.91	3
miR-276a-3p	0.248（3）	0.086（3）	0.23（4）	0.425（4）	3.13	4
miR-275-3p	0.267（5）	0.067（1）	0.18（3）	0.421（3）	2.59	2
miR-9a-5p	0.319（8）	0.329（10）	0.40（9）	0.541（9）	8.97	10
miR-2a-3p	0.274（6）	0.179（5）	0.27（5）	0.430（5）	5.23	6

(续表)

内参基因	GeNorm M 值	NormFinder 稳定性	BestKeeper SD 值	△Ct 平均值	RefFinder	排序
U6 snRNA	0.385 (10)	0.256 (8)	0.38 (7)	0.590 (10)	8.91	9
5S rRNA	0.580 (11)	0.995 (11)	0.89 (11)	1.262 (11)	11.00	11
发育阶段						
miR-100-5p	1.157 (11)	1.491 (11)	1.52 (11)	2.239 (11)	11.00	11
miR-92a-3p	0.515 (4)	0.401 (8)	0.65 (9)	1.006 (8)	6.93	8
miR-998-3p	0.823 (9)	0.873 (10)	1.00 (10)	1.412 (10)	9.74	10
miR-279d-3p	0.352 (1)	0.350 (6)	0.57 (6)	0.940 (4)	3.46	4
miR-305-5p	0.916 (10)	0.811 (9)	0.57 (7)	1.396 (9)	8.68	9
miR-276a-3p	0.642 (6)	0.322 (3)	0.56 (5)	1.006 (7)	5.01	7
miR-275-3p	0.729 (8)	0.341 (5)	0.29 (1)	0.991 (6)	3.94	5
miR-9a-5p	0.352 (1)	0.309 (2)	0.59 (8)	0.931 (3)	2.63	2
miR-2a-3p	0.453 (3)	0.326 (4)	0.51 (4)	0.925 (2)	3.13	3
U6 snRNA	0.591 (5)	0.219 (1)	0.40 (3)	0.902 (1)	1.97	1
5S rRNA	0.698 (7)	0.359 (7)	0.29 (2)	0.976 (5)	4.71	6
羽化天数						
miR-100-5p	0.225 (1)	0.351 (8)	0.79 (10)	0.605 (7)	4.71	5
miR-92a-3p	0.360 (4)	0.313 (5)	0.74 (9)	0.600 (6)	6.00	9
miR-998-3p	0.539 (8)	0.347 (7)	0.32 (1)	0.660 (9)	5.05	6
miR-279d-3p	0.502 (7)	0.256 (4)	0.62 (6)	0.596 (5)	5.69	8
miR-305-5p	0.225 (1)	0.398 (10)	0.85 (11)	0.656 (8)	5.31	7
miR-276a-3p	0.313 (3)	0.196 (2)	0.64 (7)	0.503 (2)	3.03	2
miR-275-3p	0.566 (9)	0.335 (6)	0.43 (3)	0.576 (4)	4.43	4
miR-9a-5p	0.592 (10)	0.369 (9)	0.73 (8)	0.693 (10)	9.46	11
miR-2a-3p	0.423 (5)	0.139 (1)	0.49 (5)	0.498 (1)	2.12	1
U6 snRNA	0.473 (6)	0.209 (3)	0.33 (2)	0.540 (3)	3.22	3
5S rRNA	0.630 (11)	0.486 (11)	0.49 (4)	0.765 (11)	9.03	10
性别						
miR-100-5p	0.050 (5)	0.274 (6)	0.64 (6)	0.684 (2)	4.36	4
miR-92a-3p	0.000 (1)	0.364 (8)	0.69 (8)	0.714 (6)	4.43	6
miR-998-3p	0.031 (4)	0.325 (7)	0.67 (7)	0.097 (5)	5.60	9
miR-279d-3p	0.173 (7)	0.000 (2)	0.45 (4)	0.695 (3)	3.60	3

(续表)

内参基因	GeNorm M 值	NormFinder 稳定性	BestKeeper SD 值	△Ct 平均值	RefFinder	排序
miR-305-5p	0.000（1）	0.365（9）	0.70（9）	0.717（8）	5.05	8
miR-276a-3p	0.143（8）	0.000（1）	0.45（3）	0.695（4）	3.13	1
miR-275-3p	0.289（10）	0.148（4）	0.12（1）	1.015（10）	4.47	7
miR-9a-5p	0.080（6）	0.164（5）	0.59（5）	0.676（1）	3.50	2
miR-2a-3p	0.016（3）	0.389（10）	0.71（10）	0.738（9）	7.21	10
U6 snRNA	0.195（9）	0.015（3）	0.42（2）	0.717（7）	4.41	5
5S rRNA	1.100（11）	3.290（11）	2.82（11）	4.746（11）	11.00	11
成虫组织						
miR-100-5p	0.303（1）	0.223（1）	0.61（6）	0.695（1）	1.57	1
miR-92a-3p	0.392（3）	0.279（3）	0.51（3）	0.715（2）	2.71	3
miR-998-3p	0.815（10）	0.747（10）	0.66（8）	1.223（10）	9.46	10
miR-279d-3p	0.555（7）	0.511（9）	0.85（11）	0.918（7）	9.35	9
miR-305-5p	0.303（1）	0.275（2）	0.65（7）	0.752（3）	2.55	2
miR-276a-3p	0.450（4）	0.280（4）	0.30（1）	0.761（4）	2.83	4
miR-275-3p	0.617（8）	0.497（8）	0.58（5）	0.945（8）	7.11	8
miR-9a-5p	0.523（6）	0.396（6）	0.66（9）	0.832（6）	6.64	7
miR-2a-3p	0.704（9）	0.484（7）	0.46（2）	0.962（9）	5.80	6
U6 snRNA	0.492（5）	0.332（5）	0.57（4）	0.779（5）	4.73	5
5S rRNA	0.893（11）	0.763（11）	0.79（10）	1.224（11）	10.74	11
合计						
miR-100-5p	1.008（10）	1.363（10）	1.08（10）	1.630（10）	10.00	10
miR-92a-3p	0.735（5）	0.840（8）	0.71（8）	1.175（8）	7.11	7
miR-998-3p	0.839（8）	0.932（9）	0.58（4）	1.250（9）	7.14	8
miR-279d-3p	0.530（1）	0.409（2）	0.63（5）	1.001（3）	2.34	2
miR-305-5p	0.767（6）	0.665（6）	0.65（6）	1.129（6）	6.00	5
miR-276a-3p	0.873（9）	0.627（5）	0.66（7）	1.128（5）	6.30	6
miR-275-3p	0.686（4）	0.575（4）	0.37（1）	1.080（4）	2.83	4
miR-9a-5p	0.802（7）	0.705（7）	0.79（9）	1.149（7）	7.45	9
miR-2a-3p	0.589（3）	0.452（3）	0.46（3）	0.996（2）	2.77	3
U6 snRNA	0.530（1）	0.396（1）	0.81（11）	0.981（1）	1.19	1
5S rRNA	1.270（11）	2.330（11）	0.43（2）	2.445（11）	11	11

2. 不同发育阶段

GeNorm 中，稳定性最靠前的排名为 $miR-9a-5p$、$miR-279d-3p$ 和 $miR-2a-3p$；在 NormFinder 算法中，最稳定的内参基因为 $U6\ snRNA$，其次是 $miR-9a-5p$ 和 $miR-276a-3p$；BestKeeper 算法中呈现的排名为 $miR-275-3p$、$5S\ rRNA$ 和 $U6\ snRNA$；△Ct 显示最稳定的内参基因是 $U6\ snRNA$、$miR-2a-3p$ 和 $miR-9a-5p$；在这个生物学处理中，四个算法统一认定 $miR-100-5p$ 是最不稳定的内参基因（表3-23）。

3. 成虫羽化后不同时期

在成虫羽化后不同时期，NormFinder 和△Ct 算法中，测定的最稳定的内参基因都为 $miR-2a-3p$、$miR-276a-3p$ 和 $U6\ snRNA$；而在 BestKeeper 和 GeNorm 中，两种算法所得到的结果完全不同，BestKeeper 排名前三的为 $miR-998-3p$、$U6\ snRNA$ 和 $miR-275-3p$，而 GeNorm 算法则 $miR-100-5p$、$miR-305-5p$ 和 $miR-276a-3p$；该生物学处理中最不稳定的内参基因结果与温度处理后的结果一致，都为 $5S\ rRNA$（表3-23）。

4. 成虫不同组织

$MiR-100-5p$、$miR-305-5p$ 和 $miR-92a-3p$ 在 GeNorm 和 NormFinder 算法中一致被认为是最稳定的内参基因；在△Ct 算法中，$miR-305-5p$ 和 $miR-92a-3p$ 的排列顺序与前两个算法相似；在 BestKeeper 中，$miR-276a-3p$、$miR-2a-3p$ 和 $miR-92a-3p$ 被列为最稳定的内参基因；除BestKeeper 外，其余3种算法都将 $miR-100-5p$ 列为最稳定的内参基因，$5S\ rRNA$ 被列为最不稳定的内参基因（表3-23）。

5. 雌雄成虫

在这个生物学实验中，四种算法所得到的最适内参基因完全不同。在 GeNorm 算法中，最适内参基因为 $miR-305-5p$、$miR-92a-3p$ 和 $miR-2a-3p$；NormFinder 的排名中，$miR-279d-3p$、$miR-276a-3p$ 和 $U6\ snRNA$ 排在前三的位置；而 $miR-275-3p$、$U6\ snRNA$ 和 $miR-276a-3p$ 这3个内参基因则作为 BestKeeper 算法的结果；对于△Ct 算法，最稳定的内参基因为 $miR-9a-5p$、$miR-100-5p$ 和 $miR-279d-3p$；但是在最不稳定的内参基因排名中，GeNorm、NormFinder 和△Ct 三种算法的最终结果都为 $5S\ rRNA$（表3-23）。

6. 不同处理集合

在以上所有的条件中，GeNorm 和 NormFinde 算法都认为 $U6\ snRNA$、$miR-279d-3p$ 和 $miR-2a-3p$ 是最稳定的内参基因；而△Ct 算法得到的总排名中，仅仅转换了 $miR-279d-3p$ 和 $miR-2a-3p$ 的位置；$miR-275-3p$、$5S\ rRNA$ 和 $miR-2a-3p$ 则是作为 BestKeeper 总排名得到的结果；在总的排名中，GeNorm、NormFinder 和△Ct 算法一致认为 $5S\ rRNA$ 是最不稳定的内参基因。

综上所述，在不同的软件算法下会产生不同的排名结果。因此，就必须要对所有的数据进行整合和归一化，使用在线软件 RefFinder 对候选内参基因的稳定性进行综合分析。通过 RefFinder 分析后，在温度处理后得到的最适内参基因为 $miR-100-5p$、$miR-275-3p$ 和 $miR-305-5p$；$U6\ snRNA$、$miR-9a-5p$ 和 $miR-2a-3p$ 则是不同发育阶段最稳定的内参基因；$miR-2a-3p$、$miR-276a-3p$ 和 $U6\ snRNA$ 在成虫羽化后不同时期表达最稳定；雌雄成虫条件组中 $miR-276a-3p$、$miR-9a-5p$ 和 $miR-279d-3p$ 被确定为最稳定的内参基因；成虫不同组织中，经过分析得到的最是内参基因为 $miR-100-5p$、$miR-305-5p$ 和 $miR-92a-3p$；经过整合后发现，在所有的条件下，排名前三的内参基因为 $U6\ snRNA$、$miR-$

$279d$-$3p$ 和 miR-$2a$-$3p$。

(四) 最优内参基因数目及组合确定

利用 GeNorm 软件通过判断配对变异值（V）来确定内参基因最佳数目，即当 $V_{n/n+1}<0.15$ 时，说明该条件下最佳内参基因组合的数目为 n 个。从图 3-134 可以看出，除不同发育阶段的 $V_{2/3}$ 值则大于 0.15 外，其余处理条件下的 $V_{2/3}$ 值都小于 0.15，因此除不同发育阶段条件外，其余处理条件的最佳内参基因数目都为 2 个。根据综合排序结果，温度条件下，最适内参基因组合为 miR-100-$5p$+miR-275-$3p$；成虫不同组织中，最适内参基因的组合为 miR-100-$5p$+miR-305-$5p$；雌雄成虫中最适的内参基因组合为 miR-$276a$-$3p$+miR-$9a$-$5p$；miR-$2a$-$3p$+miR-$276a$-$3p$ 则是作为成虫羽化后不同时期的最佳内参基因组合；在成虫的不同发育阶段中，由于其内参基因数为 3 个，因此最佳内参基因组合为 $U6\ snRNA$+miR-$9a$-$5p$+miR-$2a$-$3p$；在所有的条件下，最适内参基因组合为 $U6\ snRNA$+miR-$279d$-$3p$。

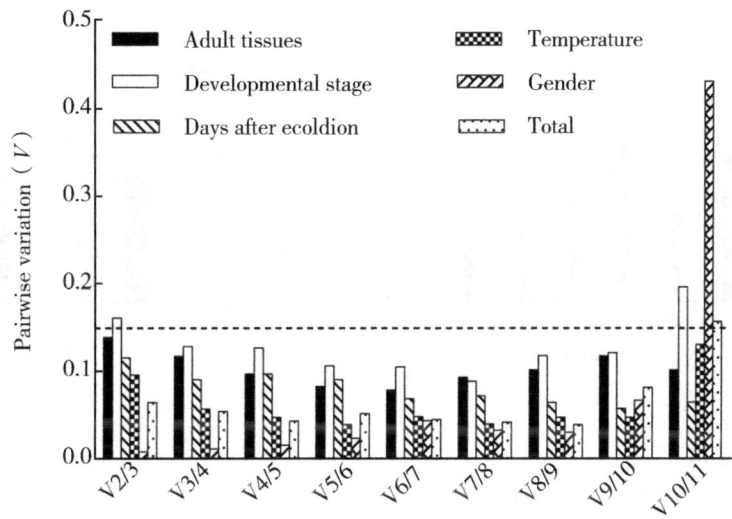

图 3-134　沙葱萤叶甲不同处理下内参基因的最佳数量评估

注：沙葱萤叶甲归一化的两两变异分析。通过 GeNorm 软件分析标准化因子 NFn 与 NF（n+1）之间的两两变异（V_n/V_{n+1}），确定内参基因的最优数量。每对变异值与 0.15 比较，低于 0.15 则不需要加入额外的内参基因（为 n 个）；高于 0.15 则需要加入额外的内参基因（n+1）个。

(五) 内参基因筛选结果验证

为了进一步证实候选内参基因的可靠性，我们选择 let-7-$5p$ 作为靶基因进行验证。在不同温度条件下，当使用 NF1（miR-100-$5p$）和 NF（1-2）（miR-100-$5p$ 和 miR-275-$3p$）作为内参基因时，let-7-$5p$ 的相对表达量在不同温度下都是稳定的。然而，当使用 NF11（$5S\ rRNA$）作为内参将 let-7-$5p$ 归一化时，let-7-$5p$ 在 20℃ 和 30℃ 的表达量显著高于使用 NF1 和 NF（1-2），并且在 10℃ 时的表达水平要比两种最适内参的结果要低（图 3-135A）。

在不同发育阶段，当使用最佳内参基因 NF1（$U6\ snRNA$）和最佳内参基因组合 NF（1-3）（$U6\ snRNA$、miR-$9a$-$5p$ 和 miR-$2a$-$3p$）时，可以发现，let-7-$5p$ 随着虫体的生

长，表达水平从卵至成虫逐渐升高，并且可以看出，使用这两种内参基因时，表达水平无差异。但是当使用最不稳定的内参基因 NF11（*miR-100-5p*）时，其表达水平并不是呈现逐渐上升的趋势，而是在 1 龄期间表达量呈现最低的状态，并且与 NF1 和 NF（1-3）这两种最适内参基因之间有显著的差异（图 3-135B）。

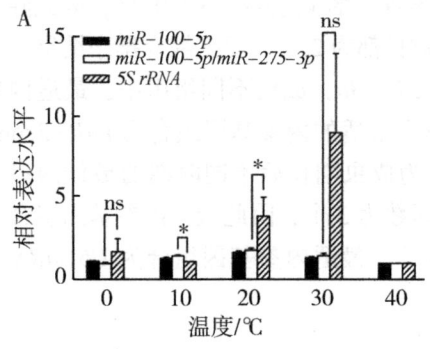
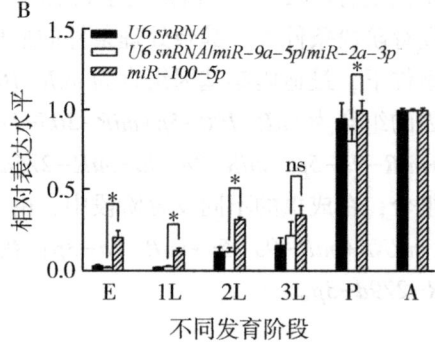
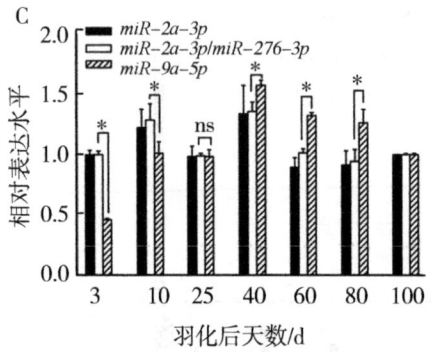
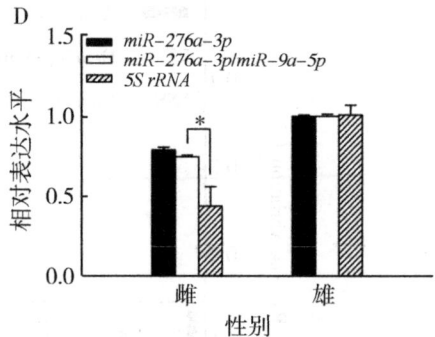
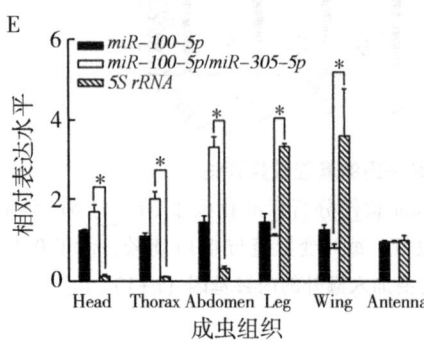

图 3-135 内参基因筛选验证

注：沙葱萤叶甲内参基因选择的验证。A. 不同温度处理（0℃、10℃、20℃、30℃、40℃）。B. 幼虫不同发育阶段（E 为卵；1L 为 1 龄幼虫；2L 为 2 龄幼虫；3L 为 3 龄幼虫；P 为蛹；A 为成虫）。C. 羽化后不同天数（羽化后 3d、10d、25d、40d、60d、80d、100d）。D. 雌雄成虫。E. 为成虫组织（Head 为头；Thorax 为胸；Abdomen 为腹；Leg 为腿；Wing 为翅；Antenna 为触角）。

在羽化后不同时期，最佳内参基因 NF1（*miR-2a-3p*）和最佳内参基因组合 NF（1-2）（*miR-2a-3p* 和 *miR-276a-3p*）的表达谱相似，当 NF（1-2）与 NF11 分别做内参基因时，发现在 25d 和 100d 无显著差异，但是在其他时期却存在明显的差异（图 3-135C）。

在雌雄成虫条件下，发现 let-7-5p 在雄性中的表达水平要高于雌雄，NF1（miR-276a-3p）和 NF（1-2）（miR-276a-3p 和 miR-9a-5p）当做内参时，发现两者之间无差异，并且表达水平相近，但是当使用最差内参基因 NF11（5S rRNA）时，发现 NF11 的表达水平要显著低于 NF（1-2）（图3-135D）。

在成虫不同组织条件下，当使用 NF1（miR-100-5p）和 NF（1-2）（miR-100-5p 和 miR-305-5p）时，发现在成虫腹部 let-7-5p 的表达水平最高，在这个条件下，发现 NF1 与 NF（1-2）的表达量相差较大，但是二者在不同组织之间的表达趋势一致。但是当使用 NF11（5S rRNA）时，发现在成虫腿部和翅膀中表达量最高，其表达与两种最适内参基因相比趋势不一致。并且发现 NF11 与 NF（1-2）在各个组织之间都存在显著差异（图3-135E）。

五、Let-7-5p 靶向 Kr-h1 调控沙葱萤叶甲的生殖滞育

（一）鉴定与靶基因 Kr-h1 结合的 miRNA

在实验室前期已获得沙葱萤叶甲 Kr-h1 基因的中间片段序列的基础上，通过 RACE 技术扩增克隆了 Kr-h1 基因的完整 3′UTR，GenBank 登录号为 OK490374，其中开放阅读框长（ORF）长为 1464 bp，3′UTR 长为 736bp。为了探讨以 Kr-h1 为靶基因的 miRNA 在沙葱萤叶甲生殖滞育中的作用，利用沙葱萤叶甲 miRNA 数据，预测与 Kr-h1 结合的 miRNA 及其作用位点，综合 miRanda、TargetScan 和 RNAhybrid 三种算法的预测结果，预测到有两个 miRNA 与 Kr-h1 序列结合。let-7-5p 的结合位点在 3′UTR（图3-136A），而 miR-6497-5p 可能与 Kr-h1 的 CDS 结合（图3-136B）。利用双荧光素酶报告系统，对 miRNA 能否与 Kr-h1 结合进行体外检测，与阴性对照组相比（mimic NC），miR-6497-5p mimic 与 Kr-h1 CDS 区 pmirGLO 重组质粒共转染时，相对荧光值无显著性变化（图3-136C）；let-7-5p mimic 与 Kr-h1 3′UTR 区 pmirGLO 重组质粒共转染时，相对荧光值下降了43%（图3-136C）。上述结果表明，let-7-5p 能够在离体水平上调控 Kr-h1 表达，而 miR-6497-5p 不能与 Kr-h1 结合调控其表达。由于知道 let-7-5p 抑制 Kr-h1 的报告活性，我们对 Kr-h1 中与 let-7-5p 的"种子"序列互补的结合位点进行了突变（图3-136A），构建 Kr-h1 3′UTR MT pmirGLO 重组质粒，let-7-5p 与 Kr-h1 3′UTR MT pmirGLO 重组质粒共转染时，相对荧光值与对照组（野生型，Kr-h1 3′UTR WT pmirGLO）相比无显著性变化，let-7-5p 抑制 Kr-h1 报告活性的能力被完全阻断（图3-136D）。Kr-h1 不是 miR-6497-5p 的靶基因，let-7-5p 通过结合 Kr-h1 的 3′UTR 调控 Kr-h1 的表达。

（二）let-7-5p 和 Kr-h1 在成虫期的表达谱

我们进一步研究了 let-7-5p 和 Kr-h1 在沙葱萤叶甲雌成虫发育过程中的表达模式。采用 qPCR 检测了 let-7-5p 和 Kr-h1 在沙葱萤叶甲雌虫羽化后 1d、3d、7d、10d、15d、25d、40d、60d、80d 和 100d 的整个虫体的表达水平。与之前的报道一致，Kr-h1 在羽化后的前 7d 在滞育前高表达，在羽化后的第 10 天滞育开始时突然下调，在滞育的早期和中期低表达。在滞育后期，其表达量从羽化后第 60 天开始再次升高，并在滞育结束时达到最高。在沙葱萤叶甲成虫发育过程中，let-7-5p 的表达与 Kr-h1 相反（图3-137）。这种相关性进一步表明，Kr-h1 受到 let-7-5p 的调控。

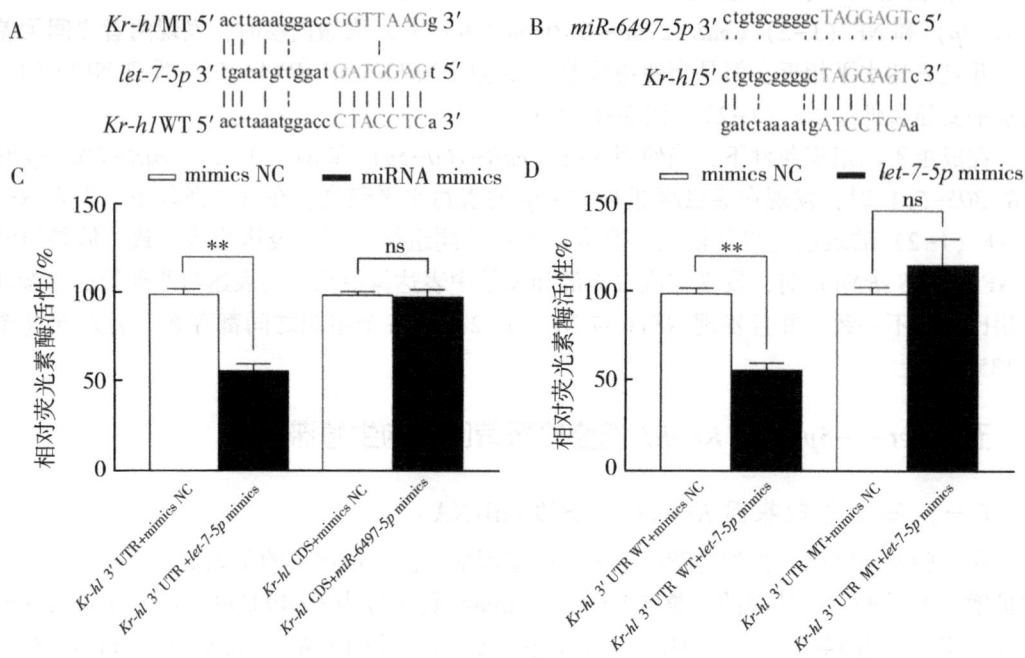

图 3-136 鉴定靶标 *Kr-h1* 的 miRNA

注：（A）*let-7-5p* 和 *Kr-h1* 3'UTR 结合位点信息，包括野生型和突变型；（B）*miR-6497-5p* 和 *Kr-h1* CDS 结合位点信息；（C）双荧光素酶报告基因检测，使用 HEK293T 细胞共转染 miRNA 类似物和分别含有 *Kr-h1* 3'UTR 中 *let-7-5p* 的结合位点和 *Kr-h1* CDS 中 *miR-6497-5p* 的结合位点的重组 pmirGLO 载体；（D）双荧光素酶报告基因检测，使用 HEK293T 细胞共转染 *let-7-5p* 类似物和含有 *let-7-5p* 野生型（WT）或突变型（MT）结合位点的重组 pmirGLO 载体。数据表示为平均值±SE，显著性分析采用 Student't-test，ns 表示 $P>0.05$ 无显著性，** 表示 $P<0.01$ 为极显著。

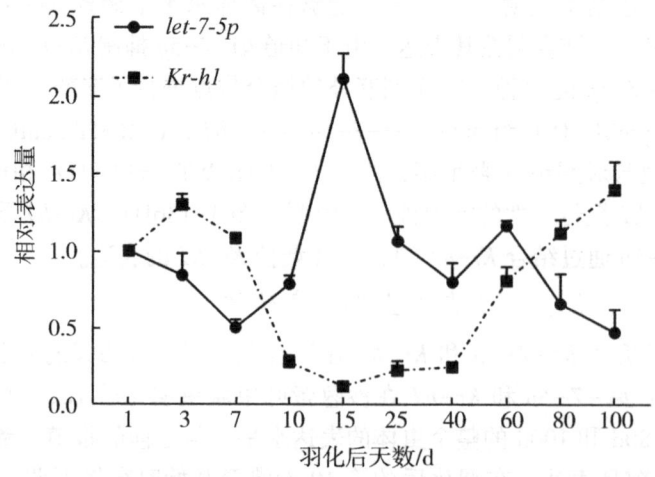

图 3-137 *let-7-5p* 和 *Kr-h1* 在沙葱萤叶甲成虫发育阶段的表达谱

注：在羽化后 1d、3d、7d、10d、15d、25d、40d、60d、80d 和 100d 采集雌成虫。数据表示为平均值±SE。*let-7-5p* 相对表达水平归一化至 *U6*，*Kr-h1* 相对表达水平归一化至 *SDHA*。

（三）let-7-5p agomir 和 antagomir 调控 Kr-h1 表达和生殖滞育

为了研究 let-7-5p 与 Kr-h1 在沙葱萤叶甲体内的相互作用，分别在滞育前和滞育期的雌虫体内注射 let-7-5p agomir（Ago let-7-5p）和 antagomir（Ant let-7-5p）来研究 Kr-h1 的表达。对于滞育前的雌虫，在注射 Ago let-7-5p 后 let-7-5p 的表达水平显著增加，Kr-h1 的表达水平显著下降（图 3-138A 和图 3-138B）。注射 Ago let-7-5p 后，雌虫滞育

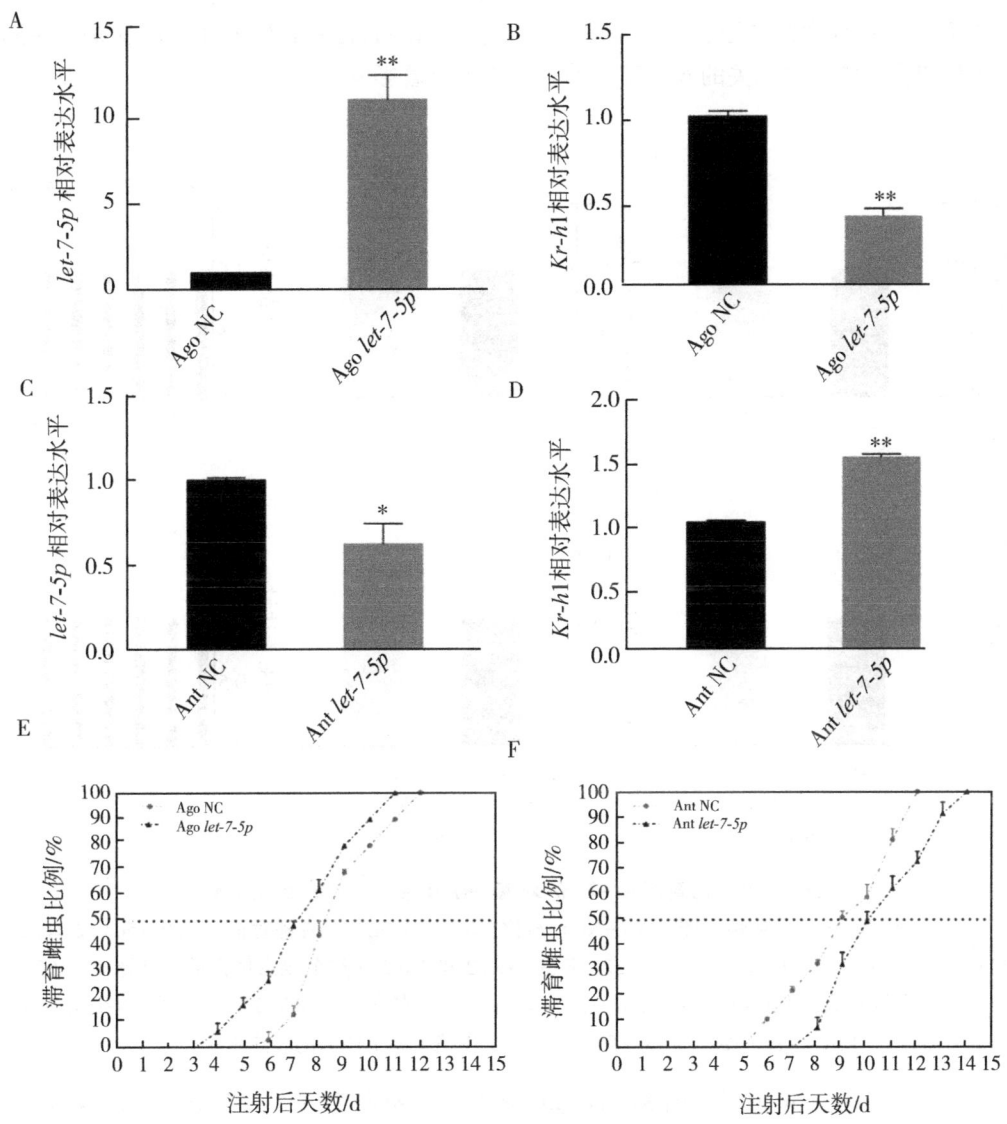

图 3-138 滞育前 let-7-5p 对 Kr-h1 及滞育雌虫比例的影响

注：（A，B）let-7-5p agomir 处理后，let-7-5p 和 Kr-h1 在整个虫体的表达水平；（C，D）let-7-5p antagomir 处理后，let-7-5p 和 Kr-h1 在整个虫体的表达水平；（E，F）let-7-5p agomir 和 antagomir 对滞育雌虫比例的影响。数据表示为平均值±SE。显著性分析采用 Student't-test，ns 表示 $P>0.05$ 为不显著，* 表示 $P<0.05$ 为显著，** 表示 $P<0.01$ 为极显著，下同。

比例达到50%时的天数为7.12d，而注射agomir NC（Ago NC）的对照组，雌虫滞育比例达到50%时的天数为8.25d。说明注射 let-7-5p agomir 可使雌虫比对照组早1.13d进入滞育（图3-138E）。相反，注射Ant let-7-5p 后，let-7-5p 的表达水平显著下降，而 Kr-h1 的表达水平提高（图3-138C 和 3-138D）。与注射 antagomir NC（Ant NC）对照组相比，抑制 let-7-5p 使成虫延迟1.06d进入滞育（图3-138F）。这些结果表明，let-7-5p 介导沙葱萤叶甲的 Kr-h1 转录水平，从而在滞育前调控沙葱萤叶甲的生殖滞育。

然而对于滞育中的雌虫，注射 let-7-5p agomir 和 antagomir 对成虫发育及 let-7-5p、Kr-h1 和卵巢、脂肪体相关的6个基因的表达均无显著影响（图3-139）。

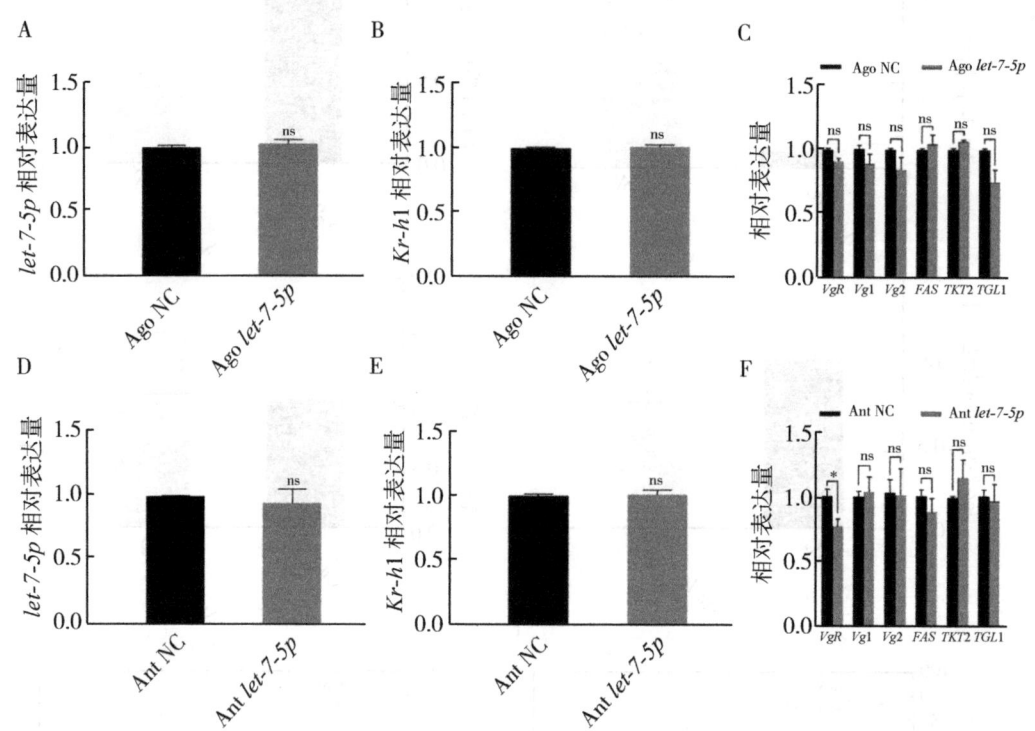

图3-139　滞育期 let-7-5p 对 Kr-h1 及滞育相关基因的影响

注：（A，B，C）与阴性对照（Ago-NC）相比，let-7-5p agomir 在滞育前（羽化15d）处理后48h 对 let-7-5p、Kr-h1、VgR、Vg1、Vg2、FAS、TKT2 和 TGL1 在整个雌虫体内的表达水平；（D，E，F）与阴性对照（Ant-NC）相比，let-7-5p antagomir 在滞育前（羽化15d）处理后48h 对 let-7-5p、Kr-h1、VgR、Vg1、Vg2、FAS、TKT2 和 TGL1 在整个雌虫体内的表达水平。

为了确认 let-7-5p 通过靶向 Kr-h1 基因在调控生殖滞育方面的功能，在沙葱萤叶甲雌虫滞育前注射 Ago let-7-5p 和 Ant let-7-5p 后的第2天检测了生殖滞育相关基因 VgR、Vg1、Vg2、FAS、TKT2 和 TGL1 的表达水平。注射 let-7-5p agomir 提高了 FAS 和 TKT2 的转录水平，降低了 VgR、Vg1、Vg2 和 TGL1 的转录水平（图3-140A）。在雌虫羽化后第3天应用 Ago let-7-5p，在处理后的第4天，Ago let-7-5p 组的脂质含量著高于 agomir NC 对照组（图3-140B）。在注射 Ago let-7-5p 和 Ago NC 后的第4天，观察雌虫的卵巢和脂肪体以评估 let-7-5p 对卵巢和脂肪体发育的影响。经 let-7-5p agomir 处理的雌虫在注射后第4天卵巢发育显著受到抑制，而脂肪体则显著增加（图3-140C和图3-140D）。

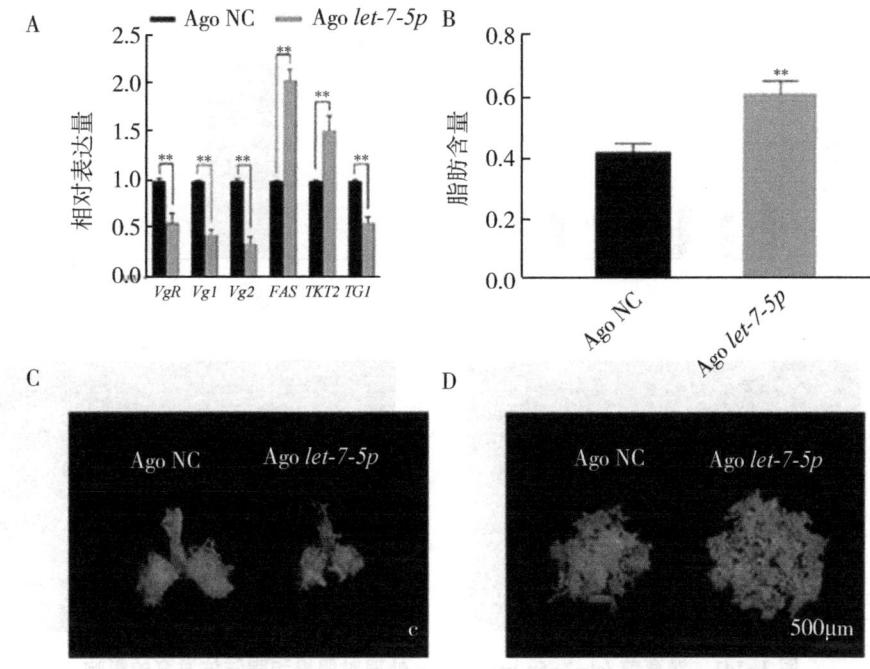

图3-140　滞育前 *let-7-5p* agomir 处理对卵巢和脂肪体发育的影响

注：（A）与阴性对照（Ago-NC）相比，注射 *let-7-5p* agomir 后在雌成虫体内 *VgR*、*Vg1*、*Vg2*、*FAS*、*TKT2* 和 *TGL1* 的相对表达量。（B）*let-7-5p* agomir 注射后第4天对脂质含量的影响。（C，D）*let-7-5p* agomir 注射后第4天对卵巢（C）和脂肪体（D）发育的影响。比例尺表示 500μm，下同。

抑制 *let-7-5p* 的表达则导致了相反的结果（图3-141A）。在羽化后第3天应用 Ant *let-7-5p*，在处理后的第4天抑制处理的脂质含量显著低于 antagomir NC 对照组（图3-141B）。结果显示，与 antagomir NC 相比，注射 *let-7-5p* antagomir 后的第4天会促进卵巢发育，抑制脂肪体发育（图3-141C和图3-141D）。这些结果表明 *let-7-5p* 通过调控靶基因 *Kr-h1* 的表达进而调控沙葱萤叶甲的生殖发育。

（四）干扰 *Kr-h1* 影响生殖滞育及其相关基因

为了研究 *Kr-h1* 在调节沙葱萤叶甲生殖滞育中的作用，分别在滞育前（羽化3d）和滞育期（羽化15d）雌虫体内注射了 *Kr-h1* 的双链 RNA（dsRNA）。对于滞育前的雌性，与阴性对照（dsGFP）相比，注射后24h和48h，*Kr-h1* 转录水平分别减少了 51.87% 和 75.10%（图3-142A）。在注射后48h，获得了较好的干扰效率。因此，注射后48h用于后续试验。注射 ds*Kr-h1* 48h后，雌虫滞育比例达到50%的天数为 7.03d，而注射 dsGFP 的对照组为 8.57d。因此，与注射 *let-7-5p* agomir 一样，干扰 *Kr-h1* 使成虫滞育时间比对照组提前 1.54d（图3-142B）。与注射 dsGFP 对照组相比，*Kr-h1* 被干扰后，*VgR*、*Vg1*、*Vg2* 和 *TGL1* 的表达分别显著下调了 32.54%、61.17%、46.20% 和 41.63%（图3-142C），而 *FAS* 和 *TKT2* 的表达分别上调了 38.86% 和 38.46%（图3-142C）。在干扰 *Kr-h1* 4d后，总脂质含量显著增加（图3-142D）。ds*Kr-h1* 处理的雌虫的脂肪体在注射后第4天显著增

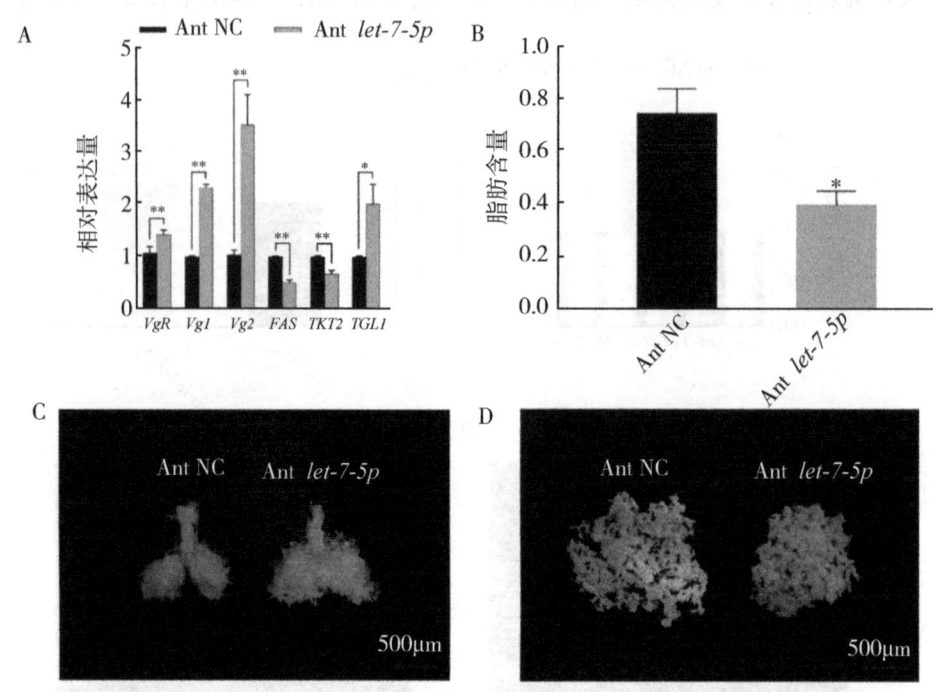

图 3-141 滞育前 *let-7-5p* antagomir 处理对卵巢和脂肪体发育的影响

注：(A) 与阴性对照 (Ant-NC) 相比，注射 *let-7-5p* antagomir 后在雌成虫体内 *VgR*、*Vg1*、*Vg2*、*FAS*、*TKT2* 和 *TGL1* 的相对表达量。(B) *let-7-5p* antagomir 注射后第 4 天对脂质含量的影响。(C, D) *let-7-5p* antagomir 注射后第 4 天对卵巢 (C) 和脂肪体 (D) 发育的影响。

大（图3-142F），而 ds*Kr-h1* 处理的雌虫的卵巢明显小于阴性对照组（图3-142E）。ds*Kr-h1* 处理引起的卵巢缩小和脂肪体增大表型与 *let-7-5p* agomir 处理相似。然而，对于处于滞育期的雌虫，注射 ds*Kr-h1* 48h 后 *Kr-h1* 没有被有效的干扰（图3-143）。

（五）JH 抑制 *let-7-5p* 的表达

由于 *Kr-h1* 是 JH 的初级应答基因，而 *Kr-h1* 是 *let-7-5p* 的靶基因，我们想知道 *let-7-5p* 的表达是否受 JH 的调控。将 2.5μg/μL 的 JHA（烯虫酯 Methoprene）分别注射 1μL 和 2μL 于滞育前（羽化 3d）雌虫体内。与对照组相比，在注射 1μL Methoprene 后的第 48h *let-7-5p* 的表达水平显著下调约 54.92%（图3-144A），而 *Kr-h1* 的表达水平显著上调约 50.11%（图3-144B）。注射 2μL Methoprene 48h 后，*let-7-5p* 表达水平较对照组显著降低约 78.74%（图3-144A），而 *Kr-h1* 表达水平显著升高约 67.18%（图3-144B）。总之，这些结果表明，JH 确实抑制了 *let-7-5p* 的表达，并正向调节了 *Kr-h1* 的表达。且调节强度随 Methoprene 剂量的增加而增加。利用 qPCR 进一步分析了在 Methoprene 处理后的第 48 天 6 个与生殖滞育相关基因的相对表达谱。qPCR 分析结果显示，2μL（2.5μg/μL）的 Methoprene 对 6 个基因的表达均有显著影响（$P<0.05$）。Methoprene 可促进 *VgR*、*Vg1*、*Vg2* 和 *TGL1* 的表达，抑制 *FAS* 和 *TKT2* 的表达（图3-144C）。

（六）JH 挽救了 *let-7-5p* agomir 引起的发育缺陷

为了证明 JH 参与了 *let-7-5p* 的调控通路，进行了拯救试验：在滞育前的雌虫体内注

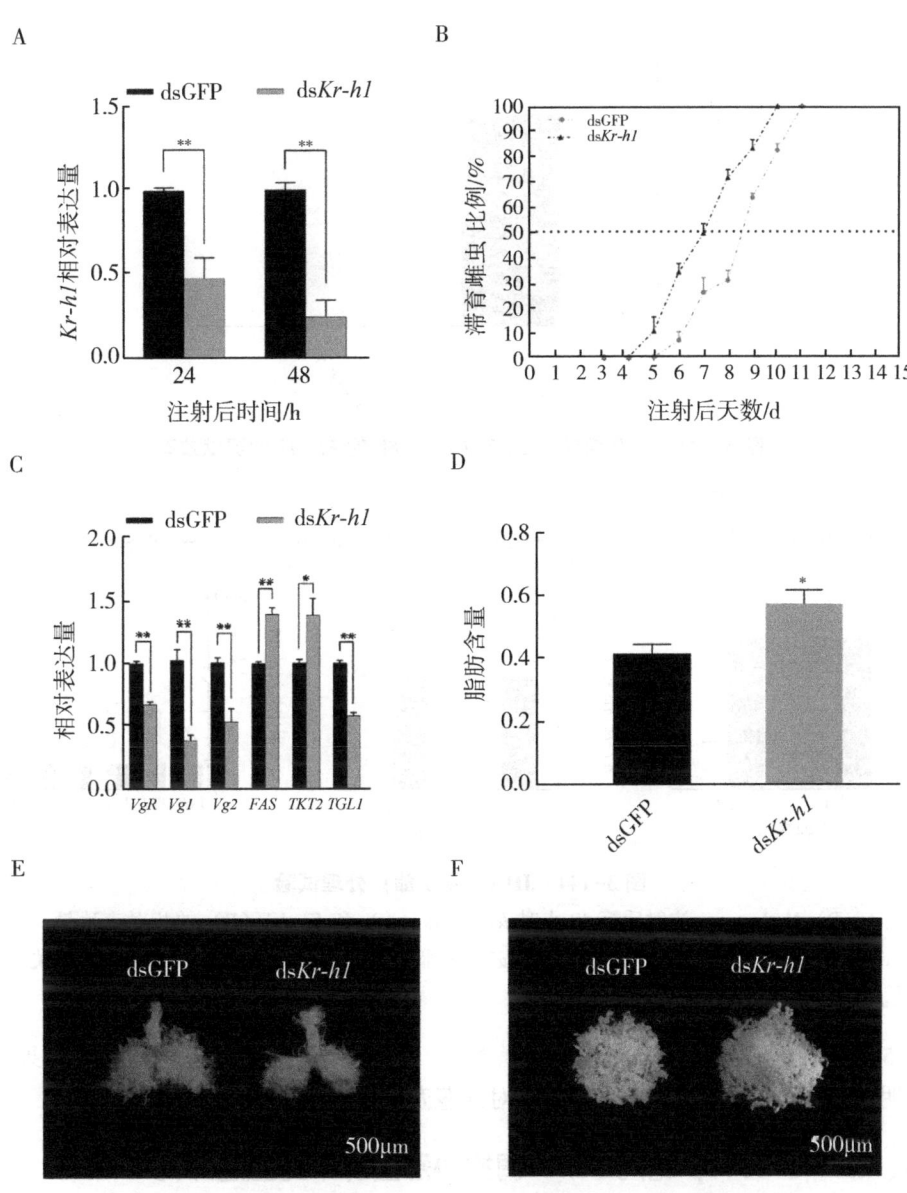

图 3-142 滞育前干扰 *Kr-h1* 对卵巢和脂肪体发育的影响

注：(A) 注射 ds*Kr-h1* 后在 24h 和 48h 的干扰的效率；(B) 干扰 *Kr-h1* 对滞育雌虫比例的影响；(C) 注射 ds*Kr-h1* 48h 后，对 *VgR*、*Vg1*、*Vg2*、*FAS*、*TKT2* 和 *TGL1* 基因相对表达量的影响；(D) 注射 ds*Kr-h1* 后第 4 天，对总脂质含量的影响；(E，F) 注射 ds*Kr-h1* 后第 4 天，对卵巢 (E) 和脂肪体 (F) 发育的影响。

射 *let-7-5p* agomir，24h 后注射 Methoprene，对照组注射等量的 DMSO。结果显示，与 DMSO 相比，Methoprene 挽救了卵巢的延缓发育现象（图 3-145A）。采用 qPCR 检测 *let-7-5p*、*Kr-h1*、*VgR*、*Vg1*、*Vg2* 的表达水平。结果发现，与 Ago *let-7-5p*+ DMSO 相比，Ago *let-7-5p*+ Methoprene 中 *Kr-h1*、*VgR*、*Vg1*、*Vg2* 的表达水平显著升高（图 3-145B 和

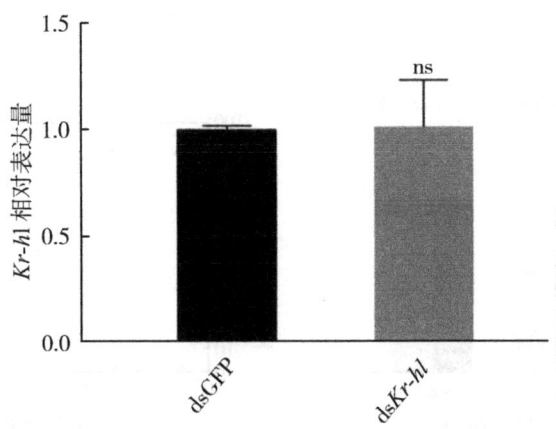

图 3-143 滞育期注射 dsKr-h1 后 48h 的 Kr-h1 的沉默效率

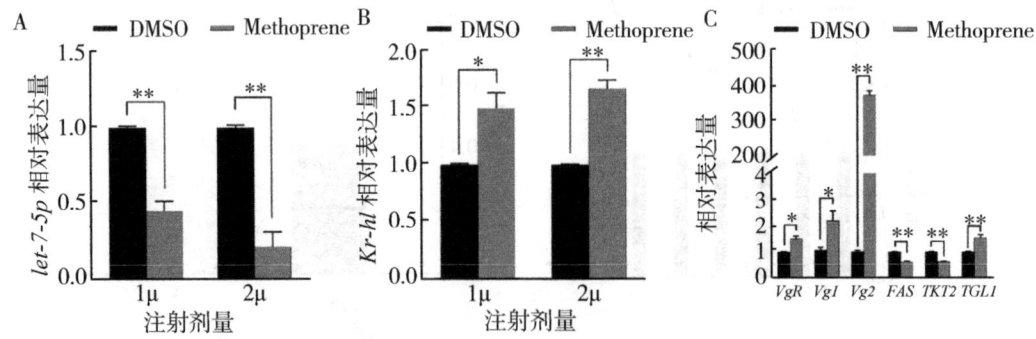

图 3-144 JHA（烯虫酯）处理试验

注：（A，B）Methoprene 注射后第 48 小时 let-7-5p（A）和 Kr-h1（B）的相对表达量；（C）2μL Methoprene 处理后第 4 天与卵巢（VgR、Vg1、Vg2）和脂肪体（FAS、TKT2、TGL1）发育相关基因的相对表达量。DMSO 作为对照。

图 3-145C），而 let-7-5p 的表达水平显著降低（图 3-145D），有显著的挽救效果。上述结果表明，JH 可以挽救 let-7-5p agomir 对沙葱萤叶甲卵巢发育的影响。

六、miR-2765-3p 靶向 FoxO 调控沙葱萤叶甲的生殖滞育

（一）miR-2765-3p 与 FoxO 的靶标预测及表达分析

用 RACE 技术验证了 FoxO（GenBank：OK490375）的 3′UTR 序列。以沙葱萤叶甲成虫的 miRNA 和 mRNA 数据库为基础，通过 miRanda、TargetScan 和 RNAhybrid 3 种算法均预测到 miR-2765-3p 与 FoxO 的 3′UTR 区域存在结合位点，说明 miR-2765-3p 可能靶标 FoxO 基因（图 3-146A）。为了进一步证实 miR-2765-3p 与 FoxO 的表达模式之间的相关性，采用 qPCR 方法定量分析了不同发育天数的沙葱萤叶甲雌成虫中 miR-2765-3p 和 FoxO 的表达水平。结果表明 miR-2765-3p 的表达水平在成虫羽化后的滞育前阶段的第 1 天至第 7 天升高，从进入滞育的第 7 天开始下降，第 25 天达到最低，然后再次上升，在第 80 天接近滞育终止时达到最高值，在第 100 天终止滞育后再次下降（图 3-146B）。与

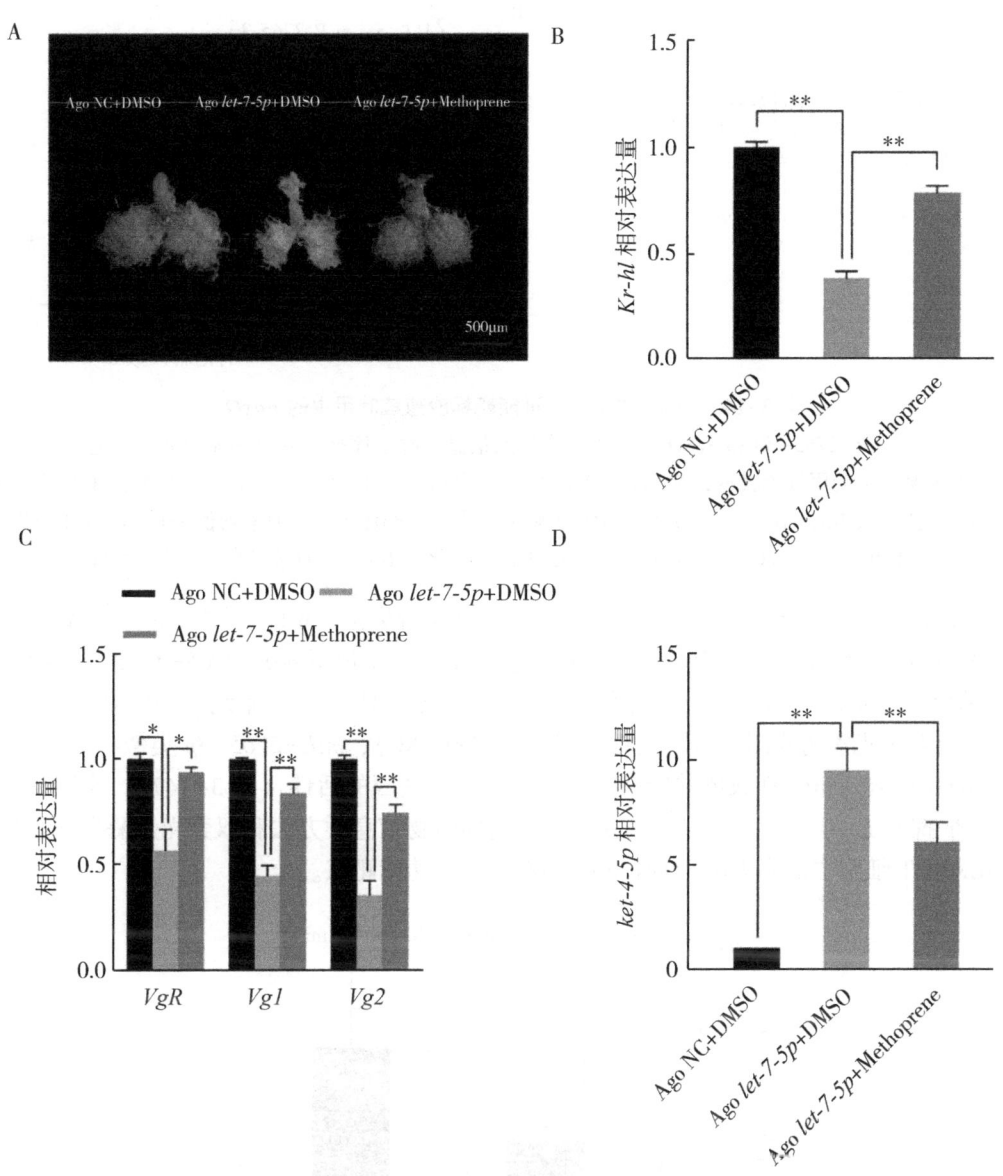

图 3-145 JHA（烯虫酯）挽救 let-7-5p agomir 的效果

注：（A）Methoprene 挽救处理对注射后第 4 天卵巢发育的影响；（B，C，D）let-7-5p agomir 注射 24h 后补注 Methoprene，48h 后，Kr-h1（B）、与卵巢发育相关的 3 个基因（C）和 let-7-5p（D）的相对表达量。

miR-2765-3p 相比，FoxO 表现出几乎相反的表达模式。这些结果表明 miR-2765-3p 和 FoxO 之间可能存在调控关系。

（二）miR-2765-3p 在体外调控 FoxO 的表达

为了证实 miR-2765-3p 和 FoxO 在体外的相互作用，将 miR-2765-3p 类似物和含有结合位点 222bp 的 FoxO 3′UTR 片段的重组 pmirGLO 载体共转染到 HEK293T 细胞中，采用双荧光素酶报告系统检测。与共转染 miRNA 阴性对照类似物（mimic NC）的细胞相

A

FoxO MT 5' tctatctgt tgtgcaGTTATCAa 3'
          | | ||| ||||||
miR-2765-3p 3' aattccttgaggagt TGGCGACc 5'
                                ||||||||
FoxO WT 5' tctatctgt tgtgcaACCGCTGa 3'

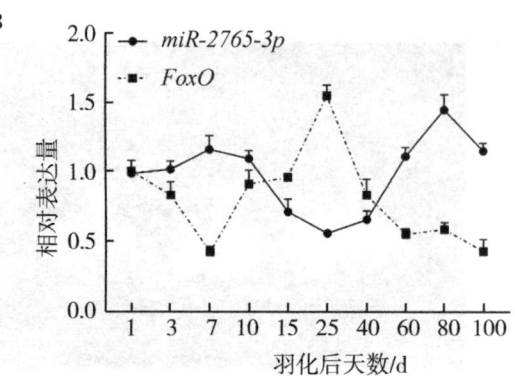

图 3-146 *miR-2765-3p* 可能靶标沙葱萤叶甲中的 *FoxO*

注：（A）*miR-2765-3p* 和 *FoxO* 3′UTR 结合位点信息。种子序列和互补碱基分别用绿色和蓝色表示，互补碱基的突变用红色表示；WT 表示野生型，MT 表示突变型；（B）沙葱萤叶甲雌虫羽化第 1 天至第 100 天整个虫体的 *miR-2765-3p* 和 *FoxO* 的表达水平。每个数据表示为平均值±SE，显著性分析采用 Duncan 氏多重比较（$P<0.05$）。*miR-2765-3p* 表达归一化至 *U6*，*FoxO* 表达归一化至 *SDHA*。

比，当共转染 *miR-2765-3p* 类似物和 *FoxO* 3′UTR（野生型，WT）重组 pmirGLO 载体时，荧光素酶活性下降了约 46.33%（图 3-147）。为了进一步证明 *miR-2765-3p* 是与 *FoxO* 3′UTR 结合，将 *miR-2765-3p* 类似物和 *FoxO* 3′UTR 突变型（MT）重组 pmirGLO 载体与共转染进行双荧光素酶检测。与阴性对照相比（mimic NC），*miR-2765-3p* 类似物与突变型的 *FoxO* 3′UTR pmirGLO 载体共转染时并不影响报告基因的活性（图 3-147），说明 *miR-2765-3p* 抑制 *FoxO* 的能力被显著阻断。结合前面生物信息学方法和双荧光素酶报告系统，在 HEK293T 细胞中证明 *FoxO* 具有 *miR-2765-3p* 的功能靶点。

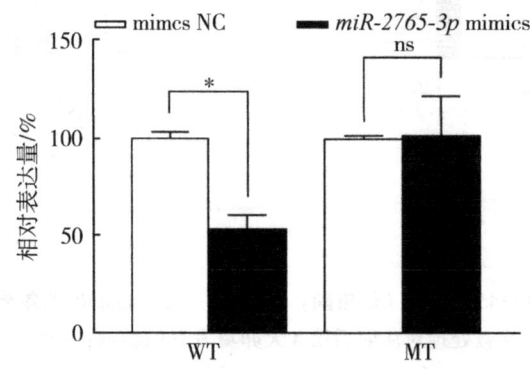

图 3-147 *miR-2765-3p* 在体外直接靶标 *FoxO* 的 3′UTR

注：使用 HEK293T 细胞共转染 *miR-2765-3p* 类似物和含有结合位点的 *FoxO* 基因野生型（WT）或突变型（MT）重组 pmirGLO 载体。数据表示为平均值±SE，显著性分析采用 Student't-test，ns 表示 $P>0.05$ 无显著性，* 表示 $P<0.05$ 为显著，** 表示 $P<0.01$ 为极显著，下同。

（三）*miR-2765-3p* 在体内调控 *FoxO* 的表达

为了进一步确定 *miR-2765-3p* 是否在体内调控 *FoxO* 的表达，分别在滞育前（羽化 3d）和滞育期（羽化 15d）雌成虫体内注射了 *miR-2765-3p* agomir（过表达）或

antagomir（抑制）。对照组注射 agomir NC 或 antagomir NC。处理后 48h，用 qPCR 检测 *miR-2765-3p* 和 *FoxO* 的表达水平。对于在滞育前处理的雌虫，结果显示，与对照组相比，注射 *miR-2765-3p* agomir 和 antagomir 分别显著上调和下调了 *miR-2765-3p* 在沙葱萤叶甲中的表达水平（图 3-148A 和图 3-148B），相反的分别显著下调和上调了 *FoxO* 的表达水平（图 3-148C 和图 3-148-D）。这些结果表明，*miR-2765-3p* 在体内调控 *FoxO* 的表达。

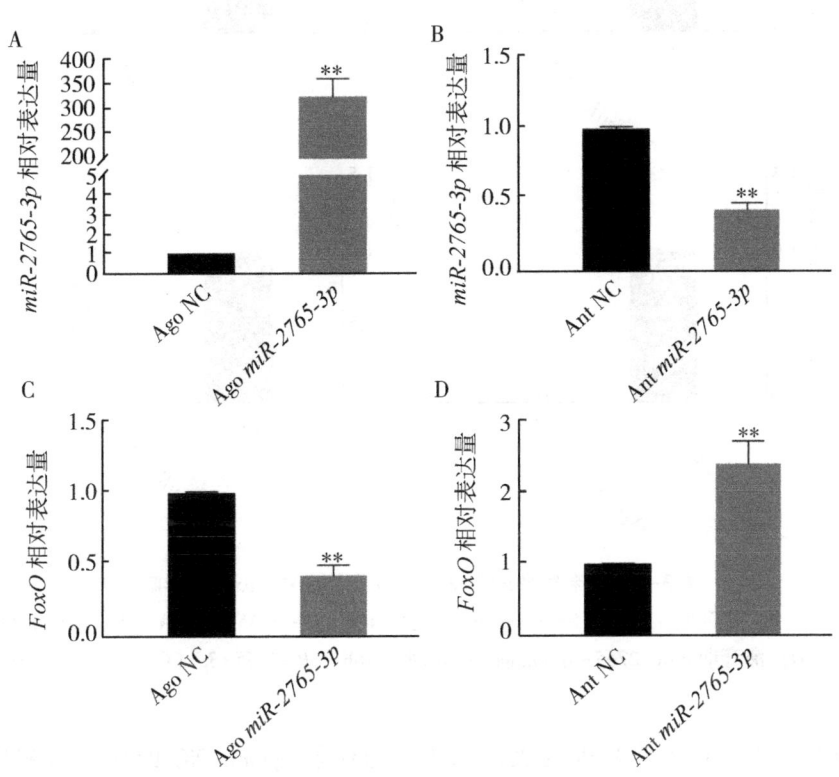

图 3-148 滞育前，*miR-2765-3p* 在体内对 *FoxO* 的影响

注：(A，B) 滞育前 *miR-2765-3p* agomir（A）或 *miR-2765-3p* antagomir（B）处理后 48h *miR-2765-3p* 的表达水平。滞育前 *miR-2765-3p* agomir（C）或 *miR-2765-3p* antagomir（D）处理后 48h *FoxO* 的表达水平。

对于滞育期处理的雌虫，结果显示，与对照组相比，过表达处理 48h 后，*miR-2765-3p* 的表达显著上调，*FoxO* 的表达显著下调（图 3-149A 和图 3-149B）。然而，抑制剂处理对 *miR-2765-3p* 和 *FoxO* 的表达没有显著影响（图 3-149C 和图 3-149D）。

（四）*miR-2765-3p* 调控沙葱萤叶甲的生殖滞育

我们发现，在滞育前的雌成虫中过表达 *miR-2765-3p*，当 50% 雌虫进入滞育的时间与对照组相比推迟了 2.07d（图 3-150A）。成虫滞育又称生殖滞育，在滞育期间主要是卵巢停止发育，脂肪积累。为了研究 *miR-2765-3p* 在卵巢发育和脂质储存中的作用，采用 qPCR 检测注射 *miR-2765-3p* agomir 48h 后雌成虫卵巢（*VgR*，*Vg1*，*Vg2*）和脂肪体

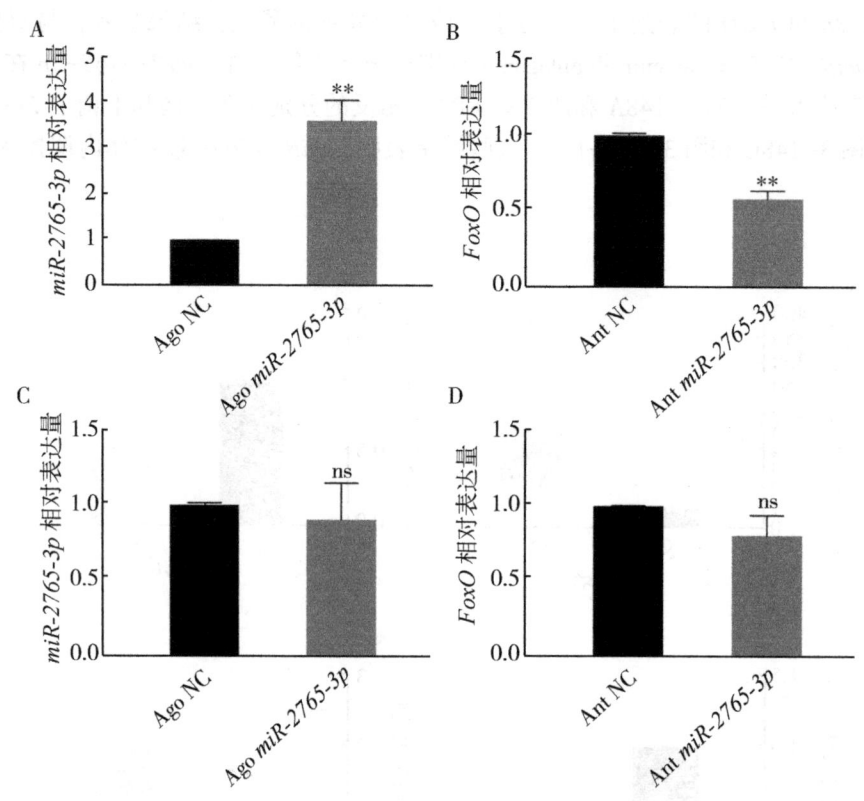

图 3-149 滞育期 *miR-2765-3p* 在体内对 *FoxO* 的影响

注：（A，B）滞育期 *miR-2765-3p* agomir 处理后 48h *miR-2765-3p*（A）和 *FoxO*（B）的表达水平；（C，D）滞育期 *miR-2765-3p* antagomir 处理后 48h *miR-2765-3p*（C）和 *FoxO*（D）的表达水平。

（*FAS*，*TKT2*，*TGL1*）相关基因的表达水平。与注射 agomir NC 的对照组相比，*miR-2765-3p* agomir 处理组的卵巢相关基因和 *TGL1* 表达上调，而 *FAS* 和 *TKT2* 的表达被下调（图 3-150B）。随后在处理后第 4 天测定了沙葱萤叶甲总脂含量。结果显示，在滞育前使用 *miR-2765-3p* agomir 时，在处理后第 4 天，*miR-2765-3p* agomir 处理组的脂质含量显著低于对照组（图 3-150C）。为了分析对卵巢和脂肪体发育表型的影响，在注射后第 4 天解剖了卵巢和脂肪体，与对照组相比，发现 *miR-2765-3p* agomir 处理后卵巢变大，脂肪体变小（图 3-150D 和图 3-150E）。由此可见，*miR-2765-3p* agomir 处理沙葱萤叶甲雌虫后，使脂肪体生长受损，促进卵巢发育。

此外，在滞育前的雌成虫体内注射 *miR-2765-3p* antagomir 后，与对照组相比，沙葱萤叶甲的滞育率提前 1.87d 达到 50%（图 3-151A）。与注射 antagomir NC 对照相比，*miR-2765-3p* antagomir 处理抑制了雌成虫体内 *VgR*、*Vg1*、*Vg2* 和 *TGL1* 的表达，同时它促进了 *FAS* 和 *TKT2* 的表达（图 3-151B）。在注射后第 4 天解剖卵巢，发现 *miR-2765-3p* antagomir 的应用导致卵巢生长受阻，*miR-2765-3p* antagomir 处理的雌成虫的卵巢明显小于阴性对照（图 3-151D）。此外观察了 *miR-2765-3p* antagomir 处理后的脂肪体形态。显

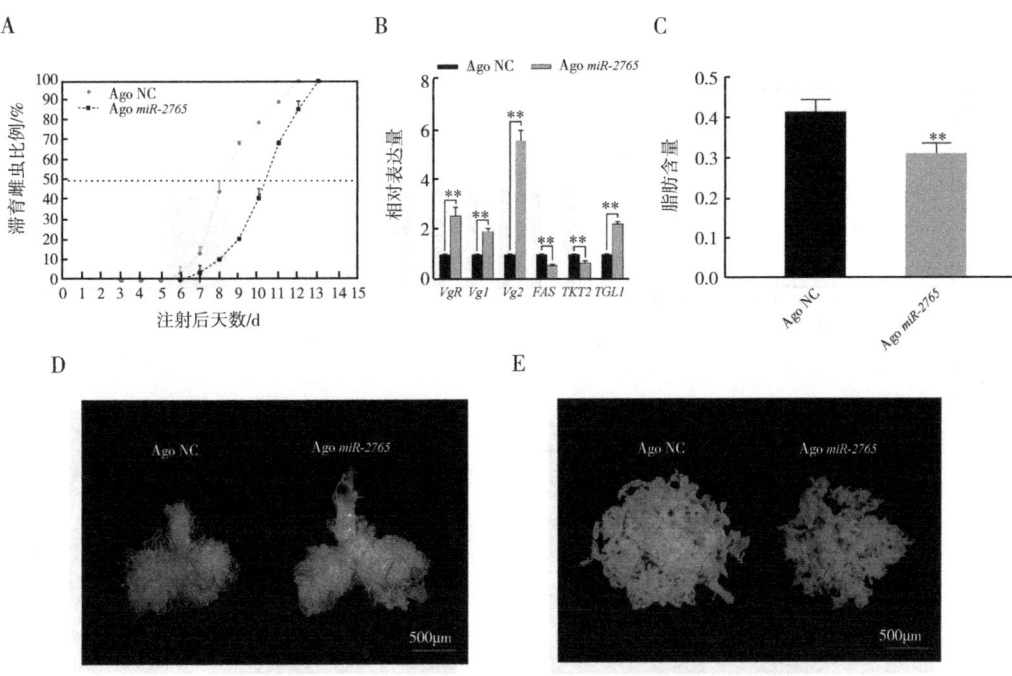

图 3-150　*miR-2765-3p* agomir 对沙葱萤叶甲成虫滞育的影响

注：（A）*miR-2765-3p* agomir 在滞育前对沙葱萤叶甲雌成虫滞育比例的影响；（B）与阴性对照（Ago-NC）相比，在滞育前注射 *miR-2765-3p* agomir 后成虫雌虫体内 *VgR*、*Vg1*、*Vg2*、*FAS*、*TKT2* 和 *TGL1* 的相对表达量；（C）*miR-2765-3p* agomir 注射后第 4 天对总脂质含量的影响；（E，F）*miR-2765-3p* agomir 注射后第 4 天对卵巢（D）和脂肪体（E）发育的影响。比例尺表示 500μm，下同。

微照片显示，与对照组相比，注射 *miR-2765-3p* antagomir 后的第 4 天脂肪体肥大且结块（图 3-144E），且脂质含量增加（图 3-151C）。这些结果表明，抑制 *miR-2765-3p* 会促进脂肪体中脂质的积累并抑制卵巢发育。

检测了在处于滞育期的雌成虫注射 *miR-2765-3p* agomir 后 48h 的卵巢和脂肪体相关的基因的表达水平。与对照组相比，对 *miR-2765-3p* 过表达没有引起显著差异（图 3-152）。这表明，滞育期间对 *miR-2765-3p* 的过表达不会影响卵巢和脂肪体相关基因的表达水平。

（五）*FoxO* 介导 *miR-2765-3p* 调控沙葱萤叶甲的生殖滞育

为了研究 *miR-2765-3p* 是否通过 *FoxO* 调节沙葱萤叶甲的生殖滞育，在滞育前（羽化 3d）在沙葱萤叶甲雌成虫中用 RNAi 干扰 *FoxO*。为了验证 RNAi 的干扰效率，在 ds*FoxO* 注射后 24h 和 48h 测定了 *FoxO* 在全身的表达水平。与 dsGFP 对照组相比，*FoxO* 的表达水平在注射后 24h 和 48h 分别降低了 40.08% 和 83.59%（图 3-153A）。在注射后 48h 获得了更好的干扰效率。因此，在 *FoxO* 干扰后 48h 检测了与卵巢和脂肪体相关的基因的表达水平。结果表明，*FoxO* 干扰促进了 *VgR*、*Vg1*、*Vg2* 和 *TGL1* 的表达，同时抑制了 *FAS* 和 *TKT2* 的表达（图 3-153B）。在注射后第 4 天的检测中发现 ds*FoxO* 促进卵巢发育（图 3-

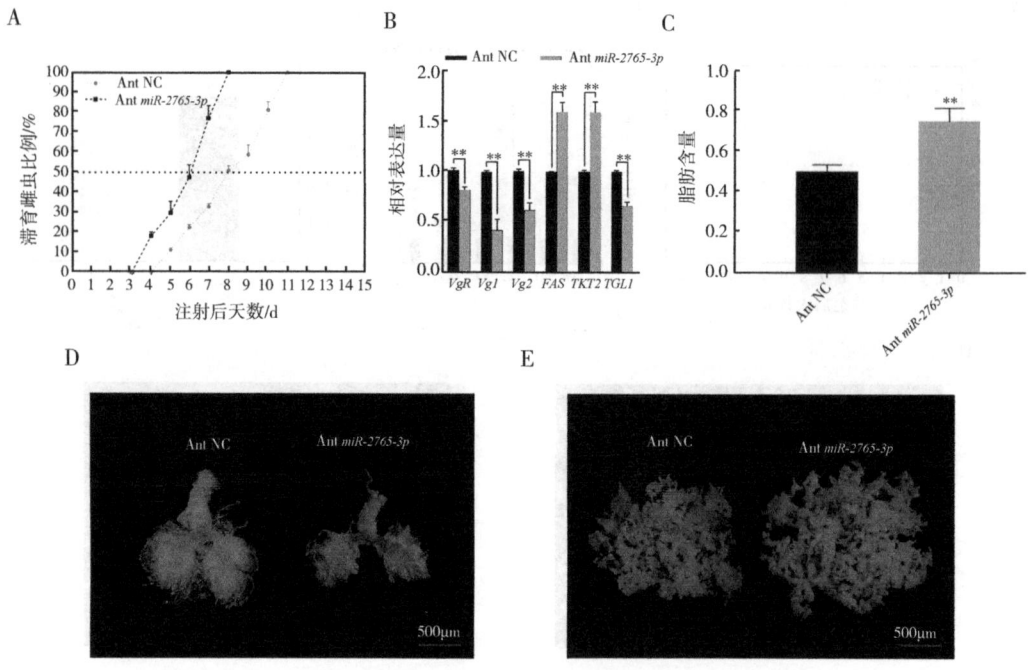

图 3-151 *miR-2765-3p* antagomir 对沙葱萤叶甲成虫滞育的影响

注：（A）*miR-2765-3p* antagomir 在滞育前对沙葱萤叶甲雌成虫滞育比例的影响；（B）与阴性对照（Ant-NC）相比，在滞育前注射 *miR-2765-3p* antagomir 后在雌成虫体内 *VgR*、*Vg1*、*Vg2*、*FAS*、*TKT2* 和 *TGL1* 的相对表达量；（C）*miR-2765-3p* antagomir 注射后第 4 天对总脂质含量的影响；（E，F）*miR-2765-3p* antagomir 注射后第 4 天对卵巢（E）和脂肪体（F）发育的影响。

153D），抑制脂肪体发育（图 3-153E），减少脂质积累（图 3-153C）。此外，注射 ds*FoxO* 会导致沙葱萤叶甲延迟 2.01d 进入滞育（图 3-153F）。这与注射 *miR-2765-3p* agomir 的结果相似。这些结果表明，*miR-2765-3p* 是通过调控 *FoxO* 的转录来控制沙葱萤叶甲的滞育过程。

（六）JH 影响 *miR-2765-3p* 和 *FoxO* 的表达

为了阐明 JH 和 20E 在调节 *miR-2765-3p* 及其靶基因 *FoxO* 中的作用，通过注射 JHA（Methoprene）和外源激素 20E 研究了雌成虫在滞育前（羽化 3d）*miR-2765-3p* 和 *FoxO* 的表达水平。在注射 1μL 和 2μL 的 2.5μg/μL JH 激动剂后，与 DMSO 对照组相比，*miR-2765-3p* 的表达水平在注射后 48h 分别显著升高约 142% 和 30%（图 3-154A），而 *FoxO* 则显著下调约 69% 和 39%（图 3-154B）。该 JH 注射试验证明 JH 可以诱导 *miR-2765-3p* 的转录，而作为靶基因 *FoxO* 的转录水平被转录水平增加的 *miR-2765-3p* 抑制。将 1μL 和 2μL 的 2.5μg/μL 外源 20E 分别注射到羽化 3d 的雌成虫体内，在注射后 48h 沙葱萤叶甲中的 *FoxO* 转录物分别减少了约 69% 和 31%（图 3-154B），但没有改变 *miR-2765-3p* 的转录水平（图 3-154A）。结果表明 JH 可以促进 *miR-2765-3p* 的表达，但 20E 对 *miR-2765-3p* 的表达无影响，20E 可能通过其他途径调节 *FoxO* 的表达。

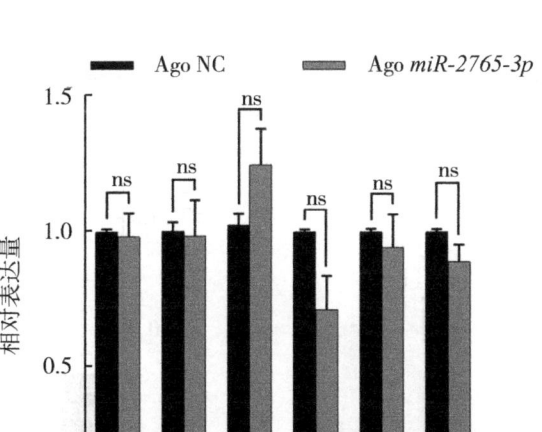

图3-152　*miR-2765-3p* agomir 对滞育期沙葱萤叶甲滞育相关基因表达的影响

注：与阴性对照（Ago-NC）相比，在滞育期注射 *miR-2765-3p* agomir 后 48h 成虫雌虫体内 *VgR*、*Vg1*、*Vg2*、*FAS*、*TKT2* 和 *TGL1* 的相对表达量。

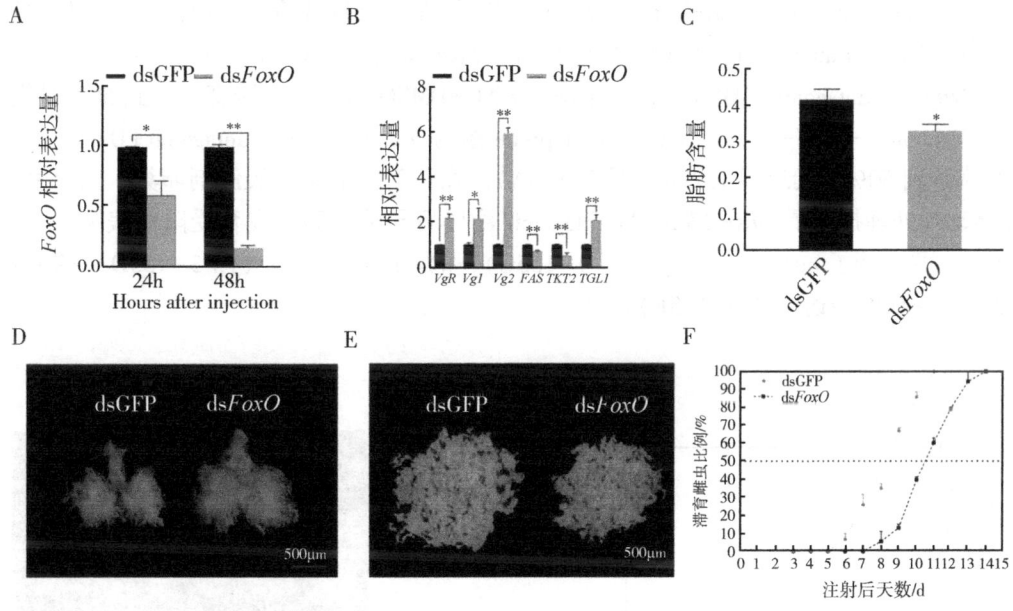

图3-153　干扰 *FoxO* 对沙葱萤叶甲成虫滞育的影响

注：（A）滞育前，注射 ds*FoxO* 后在 24h 和 48h 的干扰效率；（B）注射 ds*FoxO* 48h 后，对 *VgR*、*Vg1*、*Vg2*、*FAS*、*TKT2* 和 *TGL1* 基因相对表达量的影响；（C）注射 ds*FoxO* 后第 4 天，对总脂质含量的影响；（D，E）注射 ds*FoxO* 后第 4 天，对卵巢（D）和脂肪体（E）发育的影响；（F）干扰 *FoxO* 对滞育雌虫比例的影响。

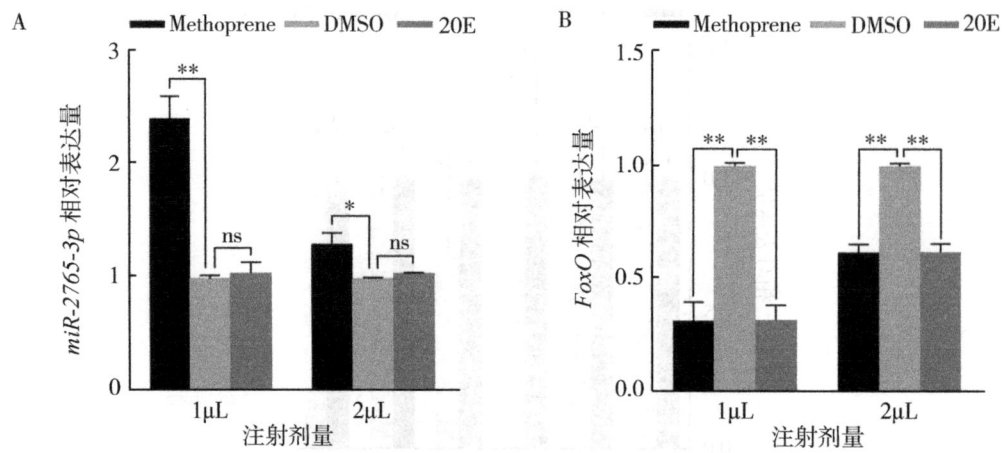

图 3-154　激素对 *miR-2765-3p* 和 *FoxO* 表达谱的影响

注：(A, B) JHA (Methoprene) 和外源 20E 注射 1μL 或 2μL 后 48h *miR-2765-3p* (A) 和 *FoxO* (B) 的相对表达量。DMSO 作为对照。

（七）JH 拯救了 *miR-2765-3p* antagomir 引起的发育缺陷

为了证明 JH 是通过调控 *miR-2765-3p* 影响下游基因表达来调控沙葱萤叶甲的卵巢发育，在 *miR-2765-3p* 被抑制的背景下进行了 JH 处理的拯救试验。对羽化 3d 的雌成虫注射 *miR-2765-3p* antagomir，24h 后用 1μL 的 2.5μg/μL JH 激动剂 Methoprene 处理。注射 *miR-2765-3p* antagomir+DMSO 组与 antagomir NC+DMSO 组相比，滞育率达到 50%时提前了 3.01d，*miR-2765-3p* antagomir+Methoprene 组与 *miR-2765-3p* antagomir+DMSO 相比，滞育率达到 50%时延迟了 1.29d（图 3-155A）。在注射后的第 4 天解剖卵巢。结果显示，JH 激动剂处理挽救了 *miR-2765-3p* antagomir 注射后导致的卵巢发育受阻的表型（图 3-155B），并上调了 *miR-2765-3p*（图 3-155C）和卵巢相关基因（图 3-155D）的表达，抑制了 *FoxO* 的表达（图 3-155E）。

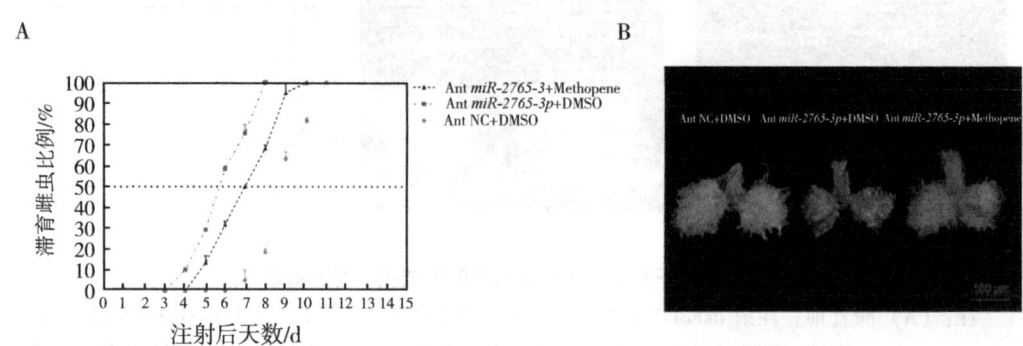

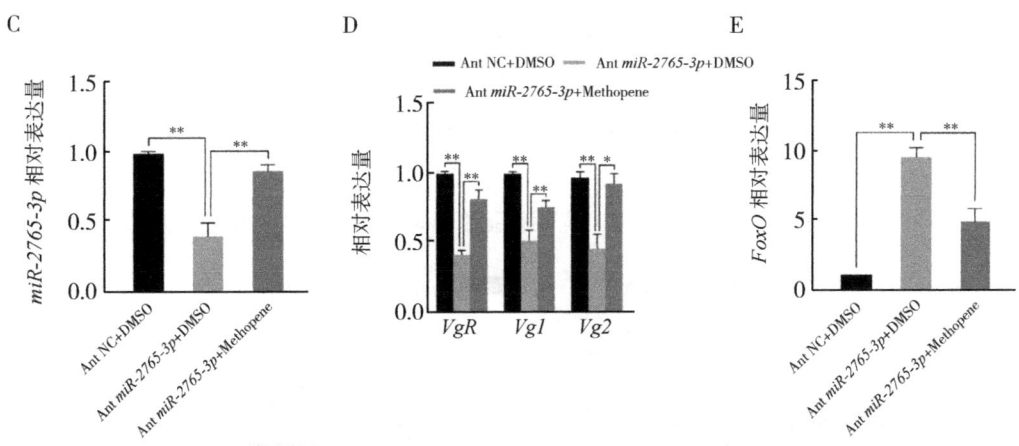

图 3-155　JH 挽救 *miR-2765-3p* antagomir 的效果

注：(A) Methoprene 挽救处理对沙葱萤叶甲雌虫滞育比例的影响；(B) Methoprene 挽救处理对注射后第 4 天卵巢发育的影响；(C、D、E) *miR-2765-3p* antagomir 注射 24h 后补注 Methoprene 48h 后，*miR-2765-3p*（C）、与卵巢发育相关的 3 个基因（D）和 *FoxO*（E）的相对表达量。

七、*miR-285* 靶向 *Br-C* 调控沙葱萤叶甲的生殖滞育

（一）*miR-285* 与靶标基因 *Br-C* 的结合位点预测与鉴定

根据实验室前期的转录组数据库获得 *Br-C* 基因序列，在此基础上，我们扩增得到了 *Br-C* 基因的中间片段，GenBank 登录号为 OR665713，ORF 区片段长度为 1458 bp，共编码 485 个氨基酸。我们想知道以 *Br-C* 为靶标基因的 miRNA 能否调控沙葱萤叶甲的生长发育，我们进行靶标位点预测。我们利用 miRanda 和 RNAhybrid 两种算法进行预测，发现 *miR-285* 与 *Br-C* 的 CDS 区存在结合位点（图 3-156A）。为了验证 *miR-285* 与 *Br-C* 是否存在相互作用的关系，我们进行了双荧光素酶报告试验，*miR-285* mimic 与 *Br-C* CDS 区 pmirGLO 重组质粒共转染时，形成野生型重组质粒，与阴性对照组相比（mimic NC），野生型（*Br-C* CDS MT pmirGLO）荧光素酶活性降低了 57%，说明 *miR-285* 可以作用于野生型 *Br-C* 抑制荧光素酶的活性（图 3-156B）。对结合位点进行突变后，形成突变型重组质粒，与对照组相比，突变型（*Br-C* CDS WT pmirGLO）荧光素酶活性无显著变化，说明 *miR-285* 不能与 *Br-C* 相互作用干扰酶活性的变化。试验结果表明，*miR-285* 可以通过与 *Br-C* CDS 区域相互作用调控 *Br-C* 的表达。

（二）*miR-285* 和 *Br-C* 在沙葱萤叶甲生长发育过程中的表达谱

为了阐明 *miR-285* 和 *Br-C* 在幼虫期和成虫期的表达模式，我们采用 qPCR 技术检测了 *miR-285* 和 *Br-C* 在幼虫末龄至成虫羽化后 3d 10 个时间点的表达水平。分别为幼虫 1d、3d、5d、7d、9d、11d，蛹期 1d、3d、5d 和成虫 3d。*Br-C* 在末龄第 3 天呈高表达，随后呈下降趋势，随后逐渐升高，至第 11 天达到最高表达水平。*Br-C* 基因的表达水平在蛹期前 1d 达到峰值，随后缓慢下降，而 *miR-285* 在蛹期的表达水平与 *Br-C* 的表达趋势相反（图 3-157A）。这种表达模式说明 *miR-285* 与 *Br-C* 呈负调控的作用方式。

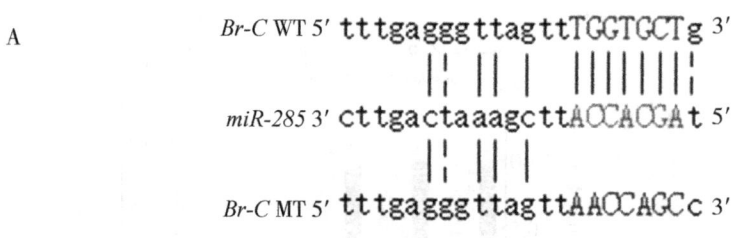

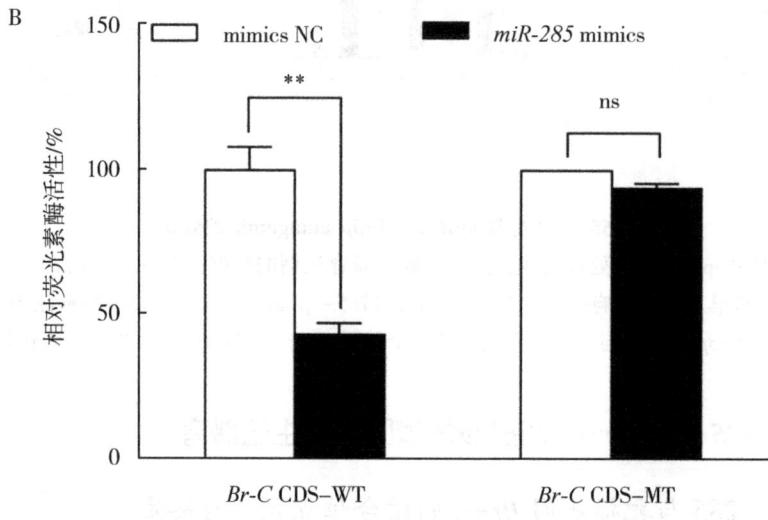

图 3-156 *miR-285* 和 *Br-C* 靶标关系的预测与鉴定

注：（A）*miR-285* 与 *Br-C* 靶点的结合位点；WT 代表野生型结合区，MT 代表结合位点的突变区；（B）双荧光素酶活性测定。将含有 *Br-C* 基因野生型（WT）或突变型（MT）的 PmirGLO 载体与 *miR-285* 模拟物共转染 HEK293T 细胞，检测活性；经 Student't-test 检验，** 表示 $P<0.01$，ns 表示 $P>0.05$ 无差异显著性。柱状图表示平均值±SE。

成虫阶段选取成虫羽化后的 10 个时间节点进行 qPCR 的检测。发现 *Br-C* 表达量在滞育初期呈高表达趋势，在第 7 天达到峰值后迅速下降，随后保持稳定表达状态，滞育结束后缓慢上升，在第 80 天迅速下降，第 100 天又迅速上升（图 3-157B）。*miR-285* 的表达水平与 *Br-C* 的表达模式呈现相反的趋势。初步说明在成虫期间，*miR-285* 可能调控 *Br-C* 的表达水平。

（三）在成虫期 *miR-285* 调控 *Br-C* 表达和生殖滞育

为了证明 *miR-285* 在成虫期间调控 *Br-C* 的表达及滞育过程，我们在沙葱萤叶甲成虫羽化后 3d 进行 Ago *miR-285* 和 Ant *miR-285* 的注射。48h 后，进行 *miR-285* 和 *Br-C* 表达量的检测。发现注射 Ago *miR-285* 后，*miR-285* 的表达水平上升了 66.57%，相应地 *Br-C* 的表达水平降低了 41.17%（图 3-158A 和图 3-158B）；被试昆虫开始进入滞育的时间与对照组 Ago NC 相比要延迟 2d，50%个体进入滞育的时间推迟 0.49d，并且处理组 Ago *miR-285* 从开始进入滞育到所有被试昆虫完成滞育的时间比对照组要多 2d（图 3-158C）；过表达 *miR-285* 可显著降低滞育相关基因 *FAS* 和 *FoxO* 的表达水平，显著上调 *Kr-h1* 和 *Vg* 的表达水平（图 3-158E）。同时促进卵巢发育，降低虫体内脂质含量（图 3-158G）；

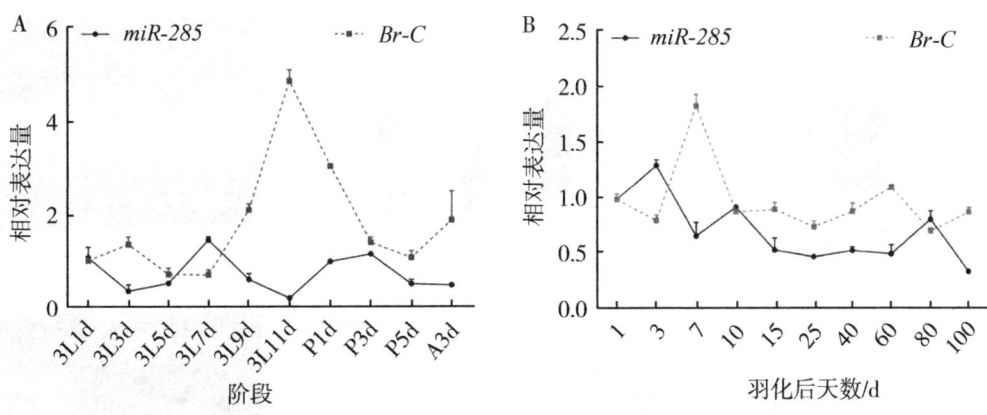

图3-157　miR-285 和 Br-C 在沙葱萤叶甲生长发育阶段的表达谱

注：（A）沙葱萤叶甲幼虫期间 miR-285 和 Br-C 的表达谱，在沙葱萤叶甲 3 龄幼虫蜕皮后 1d、3d、5d、7d、9d、11d 以及预蛹 1d、3d、5d 和成虫 3d 的样本表达量测定；（B）在沙葱萤叶甲羽化后成虫 1d、3d、7d、10d、15d、25d、40d、60d、80d 和 100d 进行样本采集，miR-285 和 Br-C 的内参分别为 U6 和 SDHA。所有数据显示平均值±SE。

总糖、还原糖和海藻糖的含量也呈下降趋势（图3-158I）。相反，当 Ant miR-285 被注射时，处理组 Ant miR-285 滞育开始时间点比对照组早 1d，成虫 50% 的个体进入滞育的时间为 6.71d，而对照组为 7.2d，处理组比对照早 0.52d，滞育完成时间也比对照组早 1d（图3-158D）。滞育相关基因表达谱显示，与对照组相比 FAS 和 FoxO 转录组水平呈上调趋势，而 Kr-h1 和 Vg 表达水平呈下降趋势（图3-158F）。与对照组相比，脂肪含量显著增加，卵巢发育迟缓，碳水化合物含量降低（图3-158J 和图3-158L）。

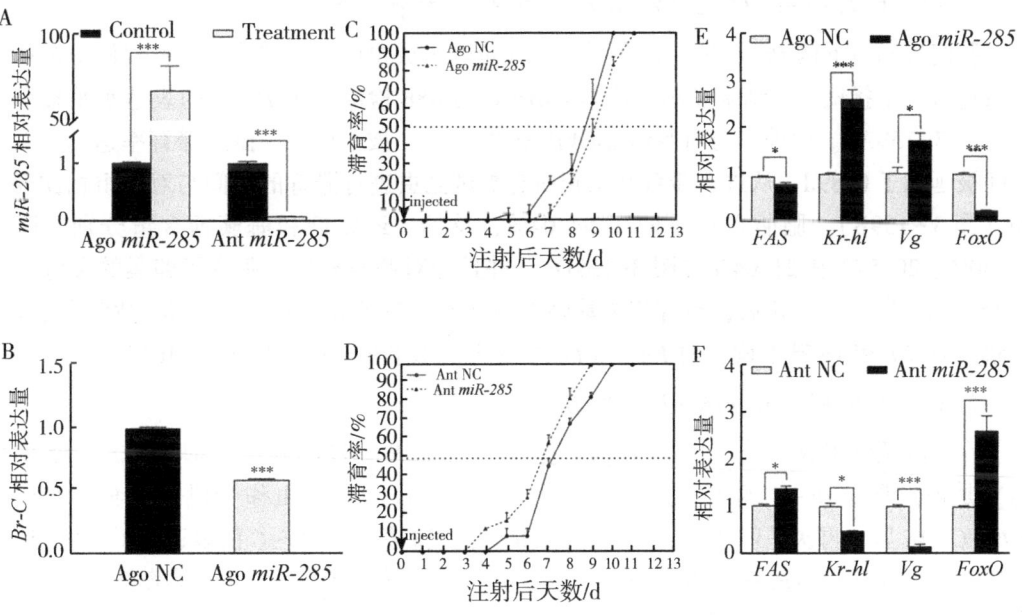

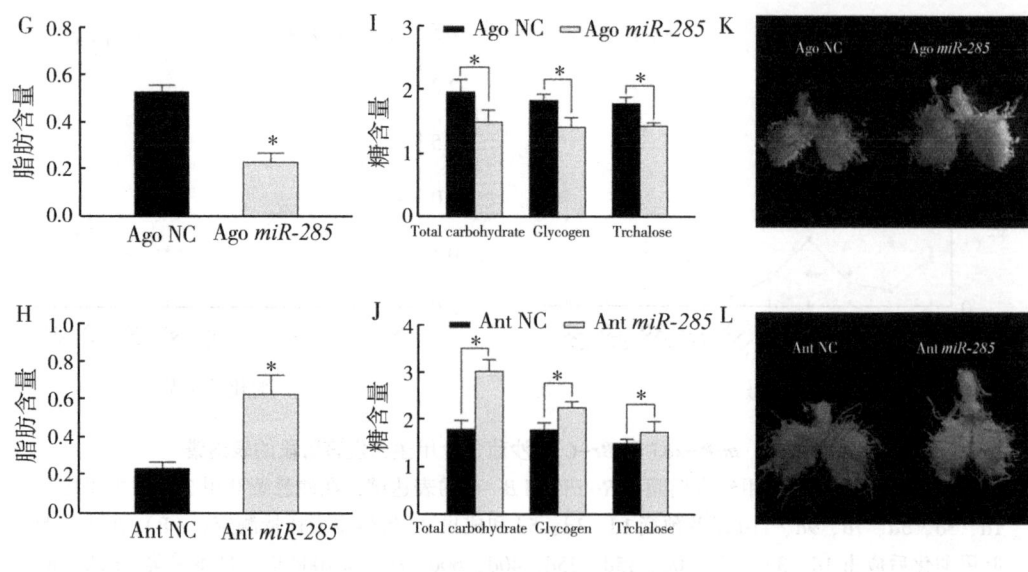

图 3-158　miR-285 对成虫滞育的影响

注：(A) 注射 Ago miR-285 和 Ant miR-285 对 miR-285 表达的影响；(B) Ago miR-285 注射后 Br-C 的表达水平；(C, D) Ago miR-285 (C) 和 Ant miR-285 (D) 注射后的滞育率；(E, F) Ago miR-285 (E) 和 Ant miR-285 (F) 注射后对滞育相关基因表达的影响；(G, H) 注射 Ago miR-285 (G) 和 Ant miR-285 (H) 对脂质含量的影响；(I, J) 注射 Ago miR-285 (I) 和 Ant miR-285 (J) 对糖含量的影响；(K, L) 注射 Ago miR-285 (K) 和 Ant miR-285 (L) 对卵巢发育的影响。所有数据显示平均值±SE。显著性分析采用 Student' t-test，* 表示 $P<0.05$ 为有差异；*** 表示 $P<0.001$ 为极显著。

(四) 干扰 Br-C 对生殖滞育及其相关基因表达的影响

我们想知道下调 Br-C 是否也会影响沙葱萤叶甲成虫的生殖滞育，因此对滞育前的雌成虫进行了干扰试验。结果显示，注射 dsBr-C 后 48h 检测发现 Br-C 的表达水平显著降低（图 3-159A）。此外，与对照组 dsGFP 相比，Br-C 被干扰后，昆虫滞育率达到半数的时间被延迟了 0.89d，从进入滞育开始到所有被试昆虫进行滞育的时间与对照组相比要多 2d（图 3-159B）。脂肪含量下降了 54.04%，总糖、还原糖和海藻糖含量分别下降了 33.50%、20.57%和 21.04%（图 3-159D）。并且与对照组相比，刺激了卵巢的发育（图 3-159F）。Br-C 被干扰后，滞育相关基因的表达水平的变化与过表达 miR-285 后的情况一致，Kr-h1 和 Vg 被上调，而 FAS 和 FoxO 的表达水平被降低（图 3-159E）。

(五) 成虫期 Ant miR-285 对 Br-C 的拯救

在沙葱萤叶甲成虫滞育前 Br-C 被干扰后，Ant miR-285 的施加（抑制 miR-285 的表达）是否会改变 Br-C 的干扰效果。因此，选取 3 日龄雌成虫作为供试对象，在注射 dsBr-C 24h 后，再次注射 Ant miR-285，48h 后，我们检测了 Br-C 的表达水平。发现 Ant miR-285 可以补偿 dsBr-C 注射对 Br-C 的干扰，与对照组相比，上调了被降低的 Br-C 的表达（图 3-160A）。与对照组（dsGFP + Ant NC）相比，处理组（dsBr-C + Ant NC）50%进入滞育的时间推迟了 0.48d，而处理组（dsBr-C+Ant miR-285）50%进入滞育的时

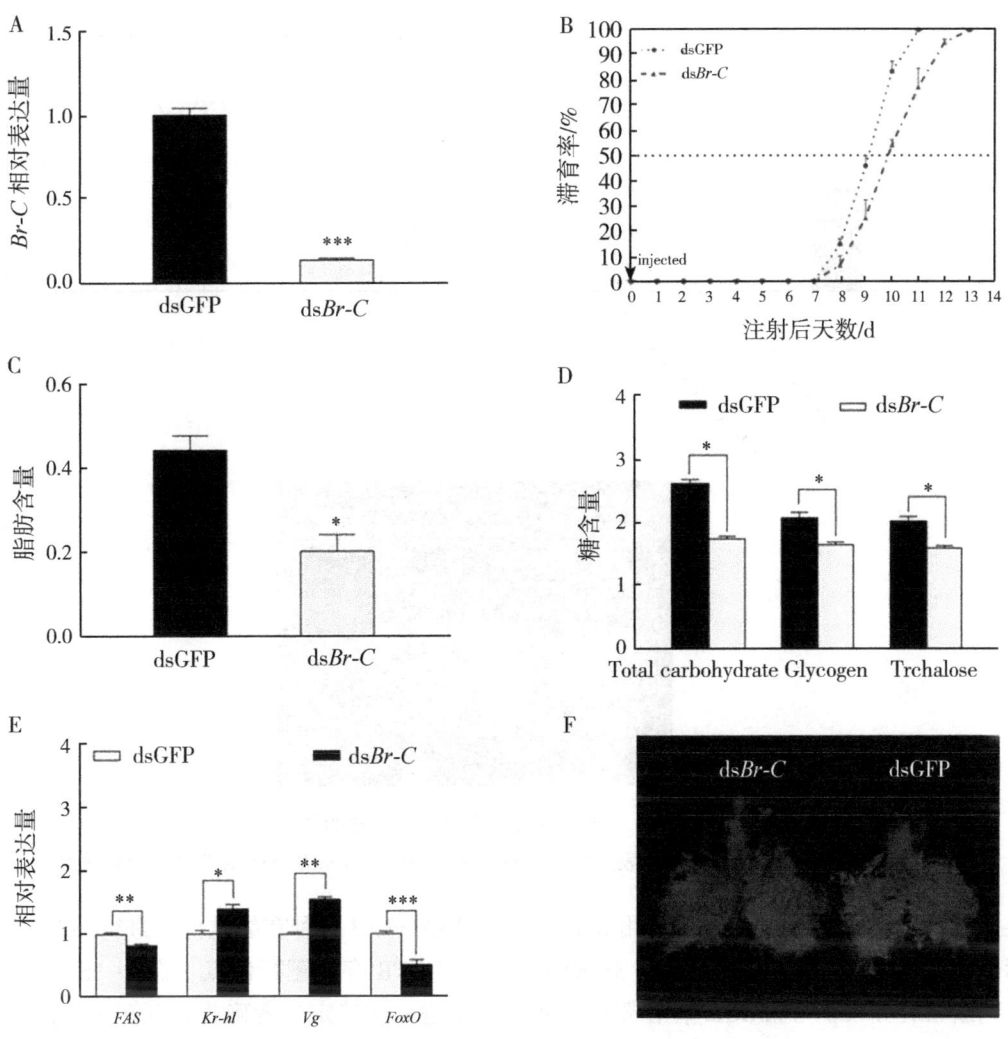

图 3-159 Br-C 对成虫滞育的影响

注：(A) 注射 dsBr-C 对 Br-C 表达的影响；(B) 注射 dsBr-C 后对成虫滞育的影响；(C) 注射 dsBr-C 对脂质的影响；(D) 注射 dsBr-C 对糖类的影响；(E) 注射 dsBr-C 后对滞育相关基因表达的影响；(F) 注射 dsBr-C 对卵巢发育的影响。所有数据显示平均值±SE。显著性分析采用 Student' t-test，* 表示 $P<0.05$ 为有差异；** 表示 $P<0.01$ 为显著；*** 表示 $P<0.001$ 为极显著。

间提前了 0.69d（图 3-160B）。结果说明，抑制 miR-285 可以拯救干扰 Br-C 引起的对滞育的抑制作用。并且抑制 miR-285 可以挽救干扰 Br-C 对卵巢造成的影响，使卵巢恢复到正常水平（图 3-160C）。

八、miR-7-5p 靶向 MARK2 调控沙葱萤叶甲的生殖滞育

（一）miR-7-5p 与靶标基因 MARK2 的结合位点预测与鉴定

本实验室已经克隆了 MARK2 基因的中间片段（1962bp）和 3′UTR（906bp）序列，

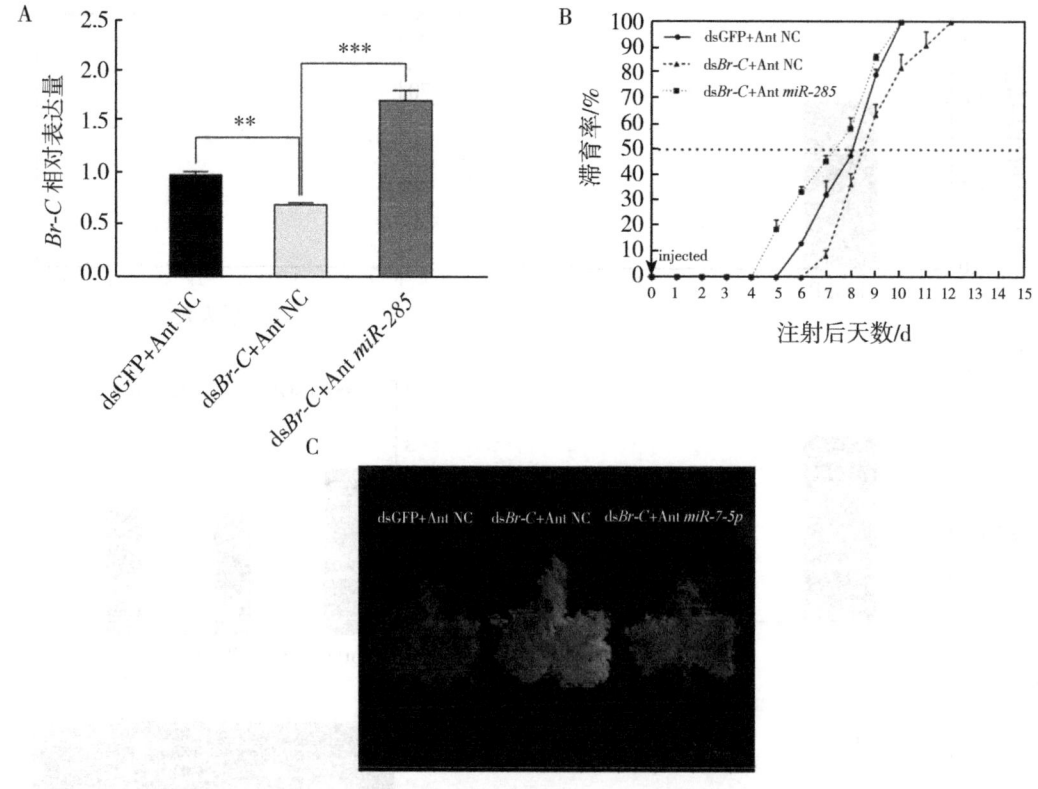

图 3-160 Ant miR-285 对 Br-C 拯救的效果

注：（A）Ant miR-285 对 Br-C 表达量的拯救效果；（B）Ant miR-285 对滞育的拯救效果。

GenBank 登录号为 OR665714。利用 miRanda 和 RNAhybrid 两种在线软件，进行 miRNA 靶标位点的预测。发现 miR-7-5p 与 MARK2 基因的 3'UTR 存在靶标位点（图 3-161A）。初步判断 miR-7-5p 与 MARK2 存在靶标关系。为了进一步确定二者确为相互靶标，进行了双荧光素酶试验。野生型 pmirGLO 重组载体包含结合位点的 MARK2 3'UTR 部分片段（117bp），突变型 pmirGLO 重组载体包含突变位点的 MARK2 3'UTR 部分片段（117bp），重组载体分别与 miR-7-5p mimic 共转染构成处理组，与 mimic NC 共转染形成对照组。在多功能酶标仪中检测各自处理组的酶活性。野生型 pmirGLO 重组载体与对照组相比，荧光素酶活性显著降低，而突变型 pmirGLO 重组载体的荧光素酶活性与对照无显著差异（图 3-161B）。说明 miR-7-5p 可以结合 MARK2，抑制了萤火虫荧光素酶的活性。这一结果证明在离体条件下，miR-7-5p 可以成功靶标 MARK2 基因。

（二）miR-7-5p 和 MARK2 的表达模式分析

为了明确 miR-7-5p 和 MARK2 基因在幼虫体内的表达模式，我们进行了表达水平分析，发现 miR-7-5p 与 MARK2 在幼虫阶段表达上呈现相反的表达模式。miR-7-5p 在 3 龄幼虫第 3 天（3L3d）表达水平突然降低后呈现较平稳的表达趋势，于化蛹 1d 时表达水平呈现最低状态后，在化蛹第 3 天突然升高并达到表达巅峰后迅速下降。而 MARK2 的表达量要显著高于 miR-7-5p，在整个表达阶段表达水平与之相反（图 3-162A）。结果表明，

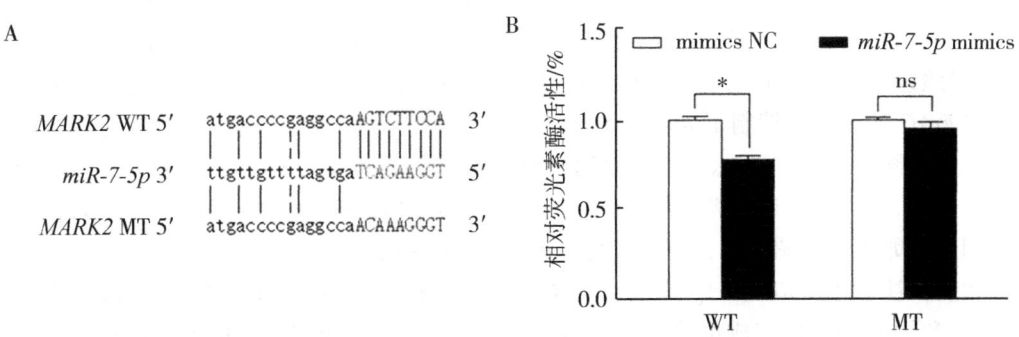

图 3-161 miR-7-5p 和 MARK2 靶标关系的预测与鉴定

注：（A）miR-7-5p 与 MARK2 靶点的结合位点；WT 代表野生型结合区，MT 代表结合位点的突变区；（B）双荧光素酶活性测定。经 Student' t-test 检验，* 表示 $P<0.05$，ns 表示 $P>0.05$ 无差异显著性，柱状图表示平均值±SE。

miR-7-5p 和 MARK2 基因在 3 龄幼虫至成虫的发育过程中呈现负调控的模式。

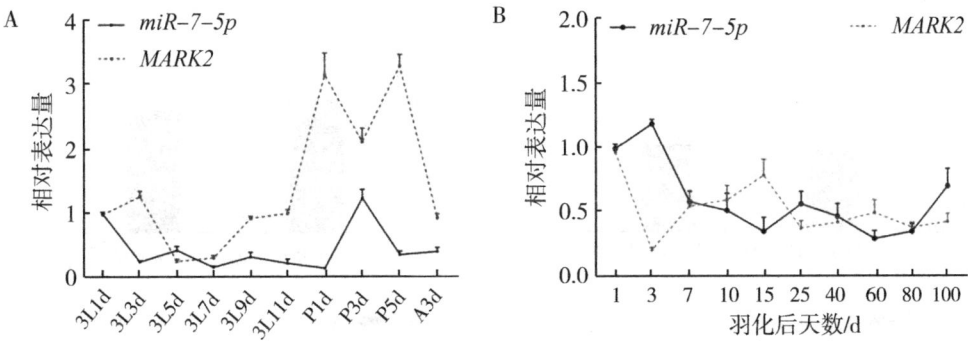

图 3-162 miR-7-5p 和 MARK2 在沙葱萤叶甲生长发育过程中的表达谱

注：（A）沙葱萤叶甲幼虫期间 miR-7-5p 和 MARK2 的表达谱，在沙葱萤叶甲 3 龄幼虫蜕皮后 1d、3d、5d、7d、9d、11d 以及预蛹 1d、3d、5d 和成虫 3d 的样本表达量测定；（B）在沙葱萤叶甲羽化后成虫 1d、3d、7d、10d、15d、25d、40d、60d、80d 和 100d 进行样本采集。miR-7-5p 和 MARK2 的内参分别为 U6 和 SDHA。所有数据显示平均值±SE。

为了探究 miR-7-5p 和 MARK2 在成虫各个阶段的表达情况，我们对收集的沙葱萤叶甲不同天数的成虫样本进行了 qPCR 检测。结果显示，MARK2 基因在羽化 3d 的表达水平最低后缓慢上升，于羽化 15d 达到最高点后迅速下降后又缓慢上升保持稳定；而 miR-7-5p 的表达水平与 MARK2 呈现相反的趋势，先迅速升高于第 3 天达到最高点后迅速下降，于 15d 降低至最低点后缓慢上升，在 40d 达到又一个高峰，后迅速下降，在 100d 时又达到一个高峰（图 3-162B）。根据表达模式分析，初步判定 miR-7-5p 可能在成虫期间也参与 MARK2 的调控。

（三）miR-7-5p 调控 MARK2 的表达和生殖滞育

为了证实 miR-7-5p 和 MARK2 在成虫期间也存在调控关系，并且调控过程可以影响沙葱萤叶甲的滞育。在滞育前的雌成虫（3 日龄）体内，分别注射 Ago miR-7-5p 或 Ant miR-7-5p，对照组则注射等量的 Ago NC 或 Ant NC。48h 后进行检测发现，注射 Ago miR-7-5p 使 miR-7-5p 的表达水平显著提高，并降低了 MARK2 的表达水平（图 3-163A 和图 3-163B）。Ago miR-7-5p 处理组昆虫滞育率达到 50% 时的天数为 6.18d，而注射 Ago NC 的对照组则为 8.41d，提前了 2.23d（图 3-163E）。并且 miR-7-5p 的过表达促进了 FAS 和 FoxO 的表达，抑制了 Kr-h1 和 Vg 的表达（图 3-163C）。脂质含量较对照组提高了 1.1 倍（图 3-163H），总糖、还原糖以及海藻糖的含量也呈现上升趋势，其中总糖含量上升了 21.34%，而还原糖和海藻糖各自上升了 40.48% 和 40.18%（图 3-163G）；与对照组相比，卵巢解剖图显示，卵巢发育被抑制（图 3-163J）。

相反，注射 AntmiR-7-5p 降低了 miR-7-5p 的表达，增加了 MARK2 的转录水平（图 3-163A 和图 3-163B）。成虫滞育率达 50% 时，注射 Ant miR-7-5p 的实验组比对照组要延迟 1.54d（图 3-163F）。FAS 和 FoxO 下调表达，而 Kr-h1 和 Vg 上调表达（图 3-163D）。能源物质的含量均下降，其中脂质降低了 45.85%（图 3-163H）；总糖、还原糖和海藻糖的含量分别下降了 22.86%、15.59% 和 27.31%（图 3-163I），并且刺激了卵巢的发育（图 3-163K）。

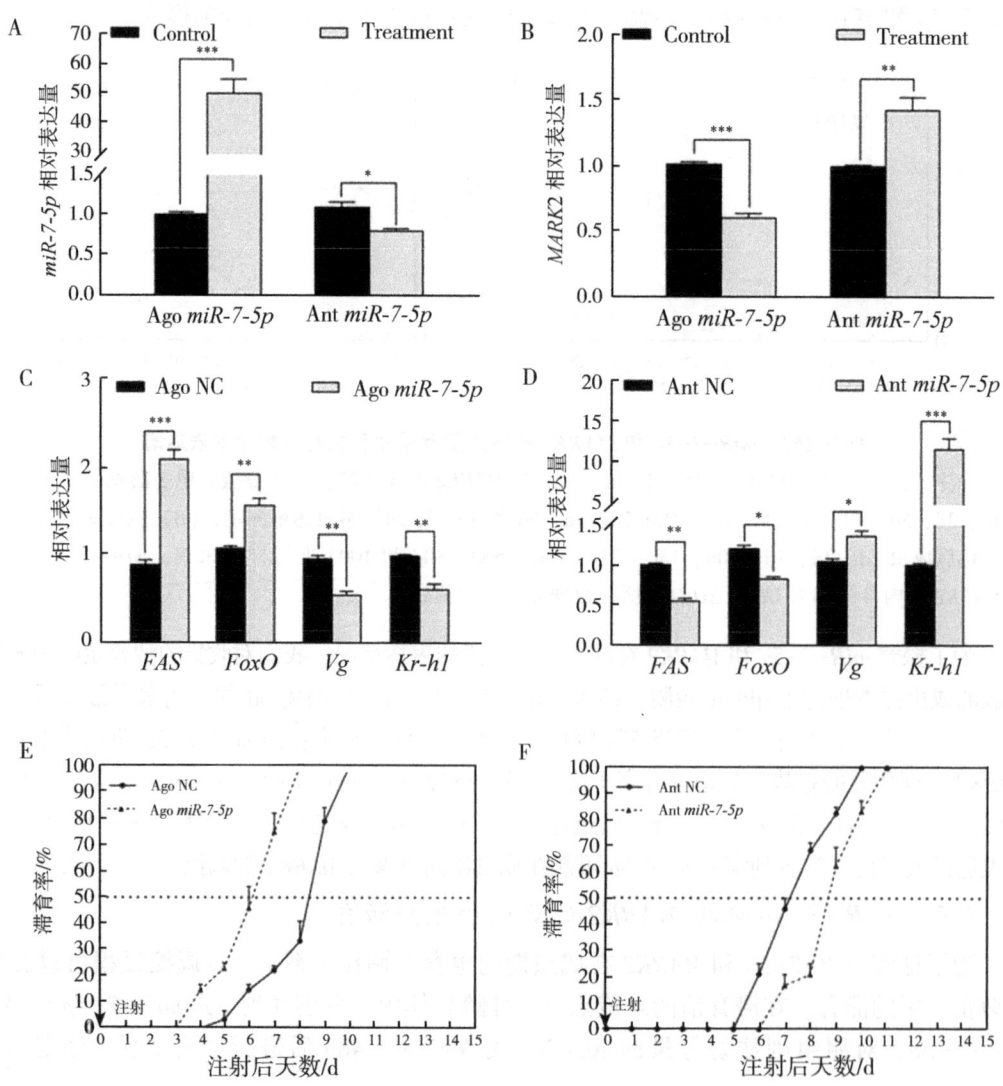

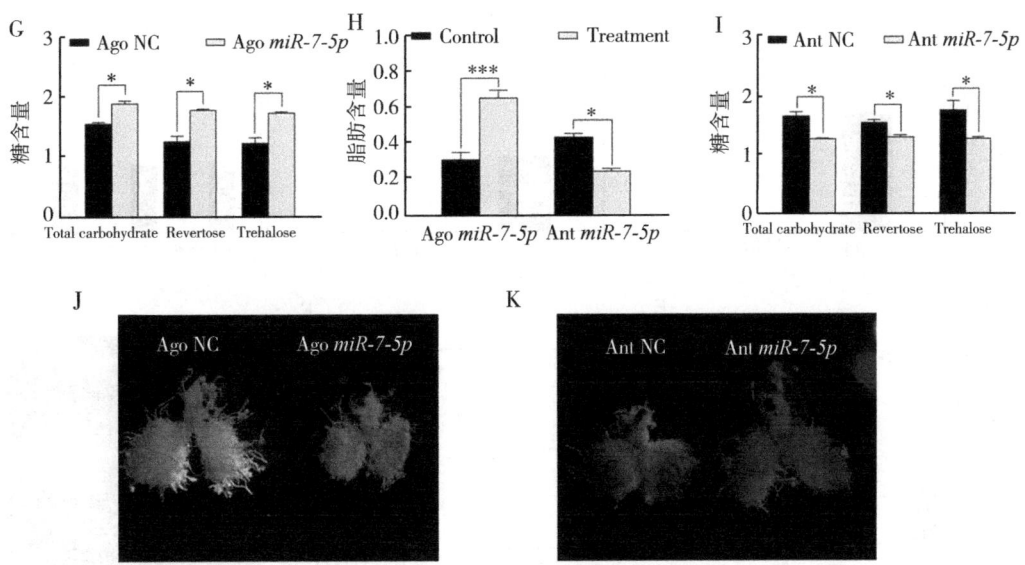

图3-163 *miR-7-5p* 对成虫滞育的影响

注：(A) 注射 Ago *miR-7-5p* 和 Ant *miR-7-5p* 对 *miR-7-5p* 表达的影响；(B) Ago *miR-7-5p* 和 Ant *miR-7-5p* 注射后 *MARK2* 的表达水平；(C, D) Ago *miR-285* (C) 和 Ant *miR-7-5p* (D) 注射后对滞育相关基因表达的影响；(E, F) Ago *miR-7-5p* (E) 和 Ant *miR-7-5p* (F) 注射后的滞育率；(G, I) Ago *miR-7-5p* (G) 和 Ant *miR-7-5p* (I) 注射后对糖含量的影响；(H) Ago *miR-7-5p* 和 Ant *miR-7-5p* 注射后对脂质含量的影响；(J, K) Ago *miR-7-5p* (J) 和 Ant *miR-7-5p* (K) 注射后对卵巢发育的影响。所有数据显示平均值±SE。所有数据显示平均值±SE。显著性分析采用 Student' t-test，* 表示 $P<0.05$ 为有差异；*** 表示 $P<0.001$ 为极显著。

（四）成虫滞育前干扰 *MARK2* 对生殖滞育的影响

为了证明 *miR-7-5p* 是通过 *MARK2* 来发挥作用调控沙葱萤叶甲的生殖滞育，在羽化后的 3d 雌成虫体内注射 ds*MARK2*，48h 后采样进行检测发现，*MARK2* 的表达水平被抑制了 82.91%，证明了干扰的有效性（图3-164A）。在注射 ds*MARK2* 后，成虫 50%的个体进入滞育比对照组要提前 1.40d（图3-164E）。昆虫体内的脂质含量比对照处理多 37%（图3-164B），而总糖、还原糖和海藻糖的含量也分别上升了 32.78%、51.58% 及 59.97%（图3-164C），并且抑制了卵巢的发育（图3-164E）。而且在注射 ds*MARK2* 后，滞育相关基因的表达水平也相应的发生了变化，使 *FAS* 和 *FoxO* 上调，下调了 *Kr-h1* 和 *Vg* 的表达（图3-164D）。上述结果与过表达 *miR-7-5p* 后的效果相同。

（五）*miR-7-5p* 对 *MARK2* 的拯救

上述试验结果已经证明了 *miR-7-5p* 是通过 *MARK2* 发挥调控作用，我们想知道，在 *MARK2* 先被干扰后，*miR-7-5p* 是否能拯救 *MARK2* 被干扰后的影响，于是进行了验证试验。羽化后 3d 的雌成虫作为试验对象，在其体内注射 ds*MARK2* 后，保持 24h，再次进行 Ant *miR-7-5p* 的注射作为处理组，对照组注射相同剂量的 Ant NC。结果表明，与对照组（dsMARK2+Ant NC）相比，*MARK2* 的表达水平被上调了 67.91%（图3-165A），说明 Ant *miR-7-5p* 可以部分挽救注射 ds*MARK2* 对 *MARK2* 表达的影响。与对照组（dsGFP+Ant

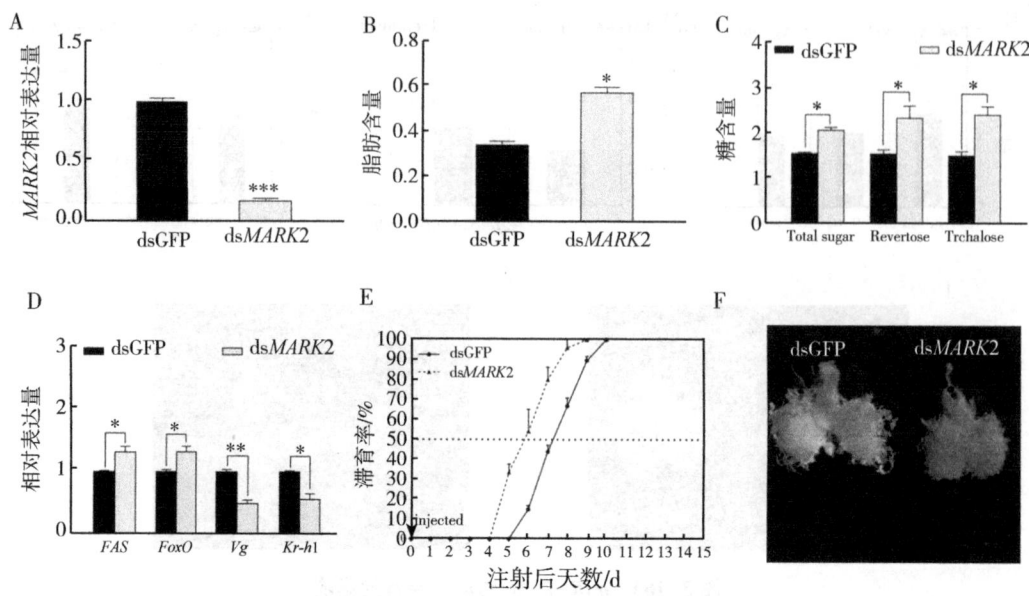

图 3-164 MARK2 对成虫滞育的影响

注：（A）注射 dsMARK2 对 MARK2 表达的影响；（B）注射 dsMARK2 后对脂质的影响；（C）注射 dsMARK2 后对糖类的影响；（D）注射 dsMARK2 后对滞育相关基因表达的影响；（E）注射 dsMARK2 后对滞育的影响；（F）注射 dsMARK2 后对卵巢发育的影响。所有数据显示平均值±SE。显著性分析采用 Student' t-test，* 表示 $P<0.05$ 为有差异；*** 表示 $P<0.001$ 为极显著。

NC）相比，干扰 MARK2（dsMARK2+Ant NC）使 50% 的个体进入滞育的时间提前了 2.40d，而拯救组（dsMARK2+Ant miR-7-5p）中 50% 的个体进入滞育的时间只提前了 0.28d（图 3-158B），同时卵巢发育也得以恢复（图 3-165C），说明抑制 miR-7-5p 的表达（Ant miR-7-5p）可以基本抵消干扰 MARK2 对滞育的诱导作用。

九、miR-277-3p 靶向 α-Man-Ⅱ 调控沙葱萤叶甲的生殖滞育

（一）双荧光素酶试验鉴定分析

我们已经对与 miR-277-3p 存在结合位点的相关靶标基因进行了荧光定量的检测，并结合在线靶标软件的预测，选择 α-Man-Ⅱ 作为 miR-277-3p 的待定靶标基因进行双荧光素酶试验的验证。根据实验室前期的转录组数据库获得 α-Man-Ⅱ 基因序列，在此基础上，我们扩增得到了 α-Man-Ⅱ 基因的中间片段，GenBank 登录号为 PP266592。结果发现，α-Man-Ⅱ 与 miR-277-3p 的结合位点存在相互作用，包含结合位点的野生型 pmirGLO 重组载体与 miR-277-3p mimics 共转染后酶活性与对照组 mimics NC 相比显著下调，而突变型 pmirGLO 重组载体转染后与对照组相比无明显差异，初步确定 α-Man-Ⅱ 是 miR-277-3p 靶标基因（图 3-166A）。

（二）Ant miR-277-3p 注射后相关靶标基因的表达量变化

在沙葱萤叶甲羽化 3d 后进行 Ant miR-277-3p 注射，48h 后检测发现，miR-277-3p

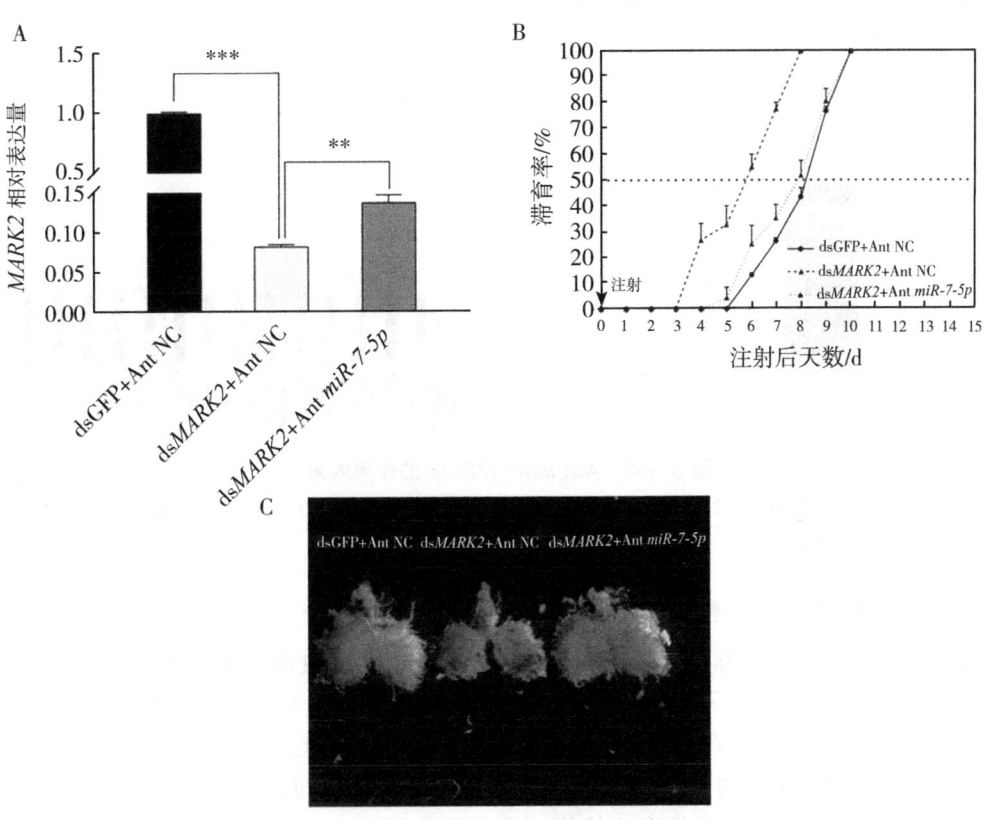

图 3-165　Ant *miR-7-5p* 对干扰的 *MARK2* 拯救效果

注：（A）Ant *miR-7-5p* 对 *MARK2* 表达量的拯救效果；（B）Ant *miR-7-5p* 对滞育的拯救效果；（C）Ant *miR-7-5p* 对卵巢发育的拯救效果。

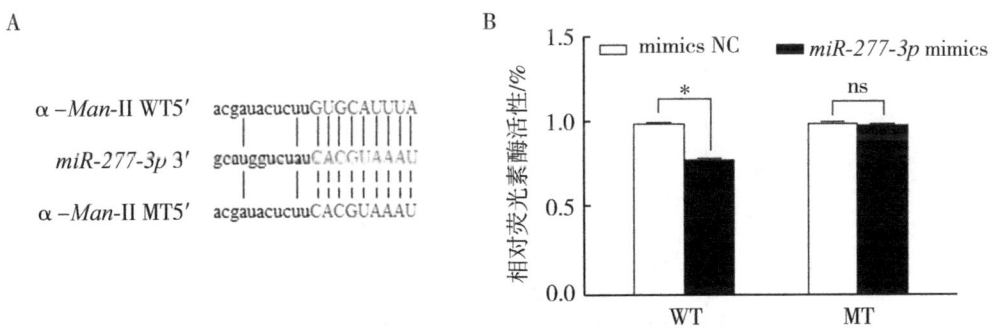

图 3-166　miRNA 和靶标基因关系的鉴定

注：（A）*miR-277-3p* 与 α-*Man*-Ⅱ 靶点的结合位点；（B）双荧光素酶活性检测。WT 代表野生型结合区，MT 代表结合位点的突变区。

的表达水平显著降低，说明 Ant *miR-277-3p* 试剂的有效性（图 3-167A）。我们对预测的 *miR-277-3p* 的靶标基因进行 qPCR 的检测，结果显示，*STPK*、*SOD*、*GLRX5*、*GPRK1* 和 *Perid* 的表达没有显著的变化；而显著下调的基因只有 *PDK1*；其余基因 α-*Man*-Ⅱ、

PFKFB、*GH48*、*JHIP*、*TREH*、*FAS*、*JHEH* 和 *OZFP* 均显著上调（图 3-167B）。

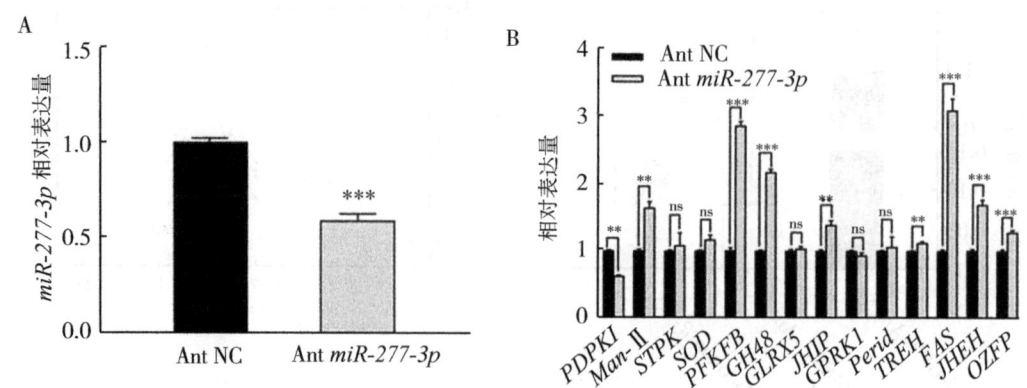

图 3-167　Ant *miR-277-3p* 的作用效果

注：（A）注射 Ant*miR-277-3p* 对 *miR-277-3p* 表达的影响；（B）注射 Ant *miR-277-3p* 对其预测靶标基因的影响。

（三）*miR-277-3p* 和 α-Man-Ⅱ在沙葱萤叶甲成虫不同发育天数的表达谱

为了阐明 *miR-277-3p* 和 α-Man-Ⅱ在沙葱萤叶甲成虫期的表达模式，我们采用 qPCR 技术对羽化后成虫在不同时间节点（1d、3d、5d、7d、10d、15d、25d）的表达水平进行了分析。α-Man-Ⅱ在羽化后表达水平逐渐下降，并在羽化后 5d 时上升达到最高点后迅速下降，并保持平稳的表达趋势，于 25d 处于上升状态。而 *miR-277-3p* 在大部分发育阶段与 α-Man-Ⅱ呈现相反的表达趋势，成虫羽化后 *miR-277-3p* 一直处于下降状态，于羽化后 7d 迅速上升后又急速下降，在羽化 10d 呈现缓慢上升的趋势。二者的表达模式初步说明 *miR-277-3p* 和 α-Man-Ⅱ的作用模式为负调控（图 3-168）。

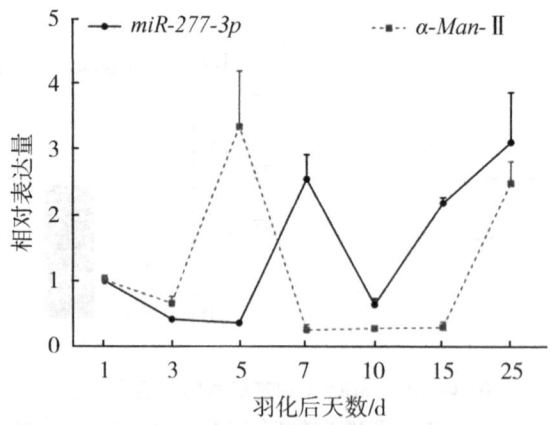

图 3-168　*miR-277-3p* 和 α-Man-Ⅱ在沙葱萤叶甲生长发育阶段的表达谱

（四）*miR-277-3p* 对滞育相关基因表达的调控

为了确认 *miR-277-3p* 对沙葱萤叶甲生殖滞育相关基因也具有调控作用，我们在羽化 3d 的雌性成虫体内注射了 Ant *miR-277-3p* 和 Ant NC，48h 检测了生殖滞育相关基因

FAS、*FoxO*、*Vg* 和 *Kr-h1* 的表达水平（图 3-169）。注射 Ant *miR-277-3p* 提高了 *FAS* 和 *FoxO* 的表达水平，与对照相比分别上调了 66.50% 和 36.90%；降低了 *Vg* 和 *Kr-h1* 的表达水平，其中 *Vg* 被下调了 63.80%，*Kr-h1* 被下调了 53.08%。

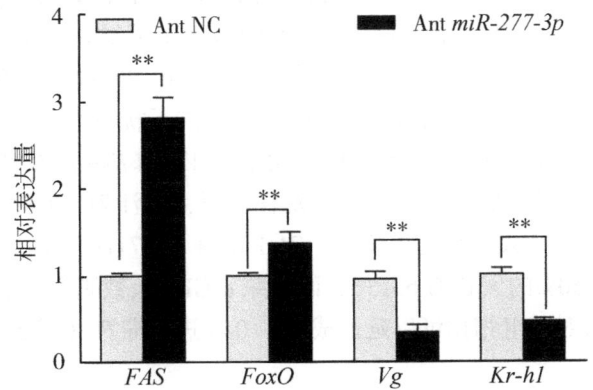

图 3-169　注射 Ant *miR-277-3p* 对滞育相关基因表达的影响

（五）Ant *miR-277-3p* 对沙葱萤叶甲生殖滞育的影响

在羽化后 3d 对沙葱萤叶甲进行 Ant *miR-277-3p* 注射，处理后的昆虫单独饲养，发现 50% 被处理昆虫个体进入滞育的时间比对照提前了 2.08d（图 3-170A）；脂质含量与对照相比增加了 2.13 倍（图 3-170C）；总糖、还原糖和海藻糖的含量分别增加了 1.29 倍、1.53 倍和 1.58 倍（图 3-170B）。

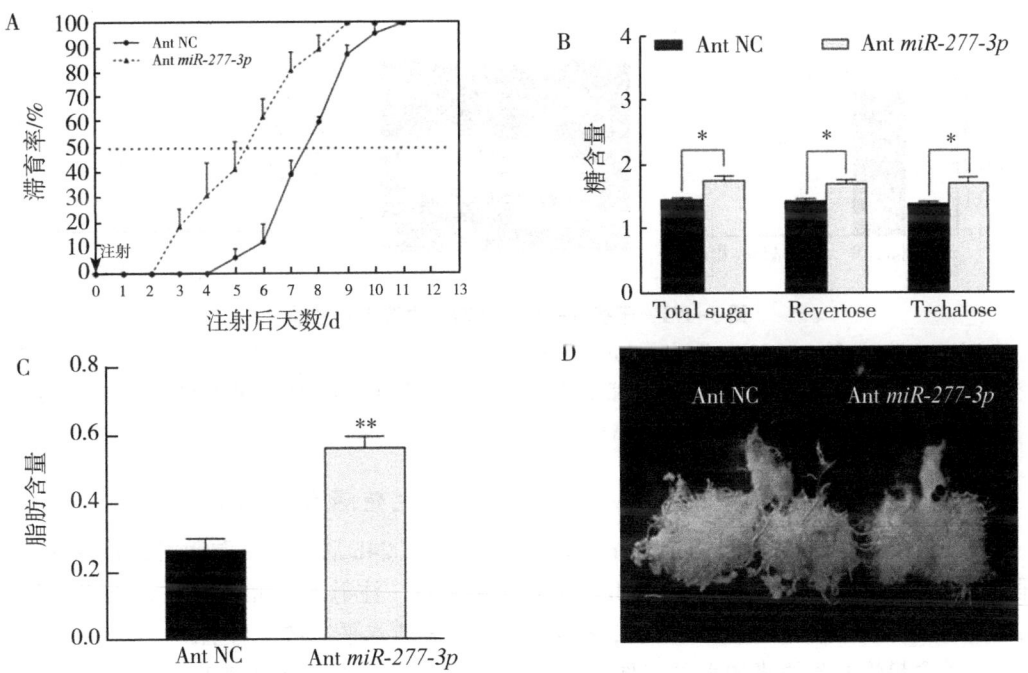

图 3-170　Ant *miR-277-3p* 对沙葱萤叶甲生殖滞育的影响

注：（A）注射 Ant *miR-277-3p* 对滞育率的影响；（B）注射 Ant *miR-277-3p* 对糖含量的影响；（C）注射 Ant *miR-277-3p* 对脂质含量的影响；（D）注射 Ant *miR-277-3p* 对卵巢的影响。

（六）干扰 α-Man-Ⅱ 对生殖滞育及其相关基因表达的影响

为了研究 *miR-277-3p* 是否是通过介导 α-Man-Ⅱ 来调控沙葱萤叶甲的生殖滞育，我们在羽化 3d 雌成虫体内对 α-Man-Ⅱ 进行 RNAi 试验。在 dsα-Man-Ⅱ 被注射 48h 后，进行了效率检测，与对照 dsGFP 相比，α-Man-Ⅱ 的表达水平被显著降低了 87.27%，这个结果表明干扰的有效性（图3-171A）。因此在 α-Man-Ⅱ 被干扰 48h 检测了卵巢发育及脂质合成相关基因的表达水平，结果表明，α-Man-Ⅱ 被干扰可以降低脂质合成相关基因 *FAS* 和 *FoxO* 的表达，并且上调了卵巢发育相关基因 *Vg* 和 *Kr-h1* 的表达（图3-171B）。α-Man-Ⅱ 被干扰 4d 检测了脂质含量和卵巢发育情况，与注射 dsGFP 相比，脂质含量被降低了 47.72%，卵巢处于发育状态（图3-171C 和图3-171D）。dsα-Man-Ⅱ 被注射后，雌成虫滞育个体达到 50% 的天数为 6.13d，而对照 dsGFP 天数则为 5.09d，结果表明，α-Man-Ⅱ 被干扰后，与对照组相比可以延迟成虫 1.04d 进入滞育（图3-171E）。

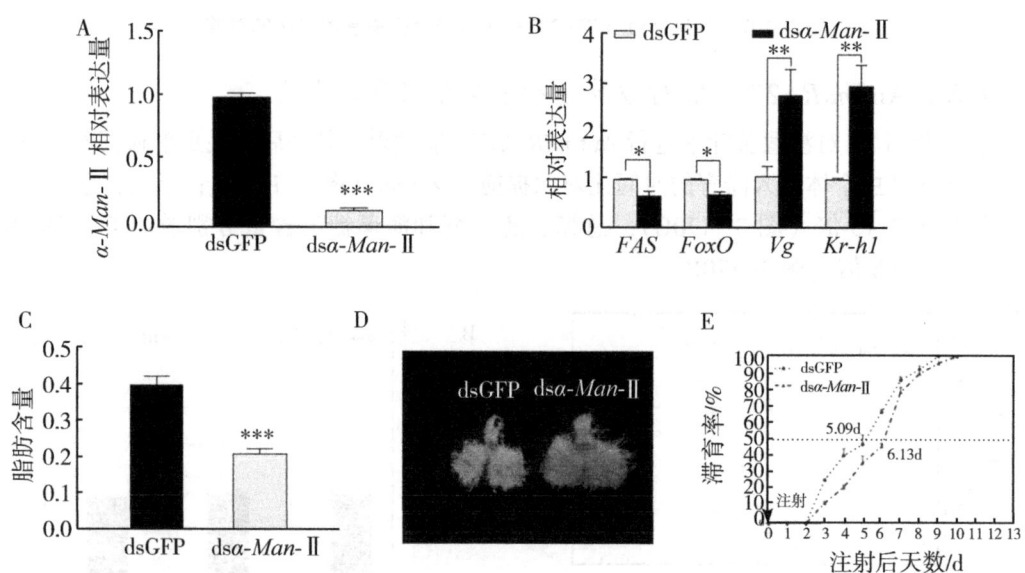

图3-171 干扰 α-Man-Ⅱ 对成虫滞育的影响

注：（A）注射 dsα-Man-Ⅱ 对 α-Man-Ⅱ 表达的影响；（B）注射 dsα-Man-Ⅱ 后对滞育相关基因的影响；（C）注射 dsα-Man-Ⅱ 对脂质的影响；（D）注射 dsα-Man-Ⅱ 对卵巢发育的影响；（E）注射 dsα-Man-Ⅱ 对成虫滞育的影响。

（七）20E 拯救 *miR-277-3p* 对沙葱萤叶甲生殖滞育的影响

以 3 日龄成虫作为供试，注射 Ant*miR-277-3p*，在 24h 后进行外源激素 20E 的继续处理，对照组则注射等量的 DMSO。48h 后进行检测发现，注射 Ant *miR-277-3p* 显著下调了 *miR-277-3p* 的表达，而注射 20E 后，*miR-277-3p* 表达水平又被显著上调（图3-172A）；脂质和糖含量恢复到原来的水平（图3-172C 和 D），50% 个体进入滞育的时间也恢复到原有水平（图3-172B）；卵巢发育也得以恢复（图3-172E）。

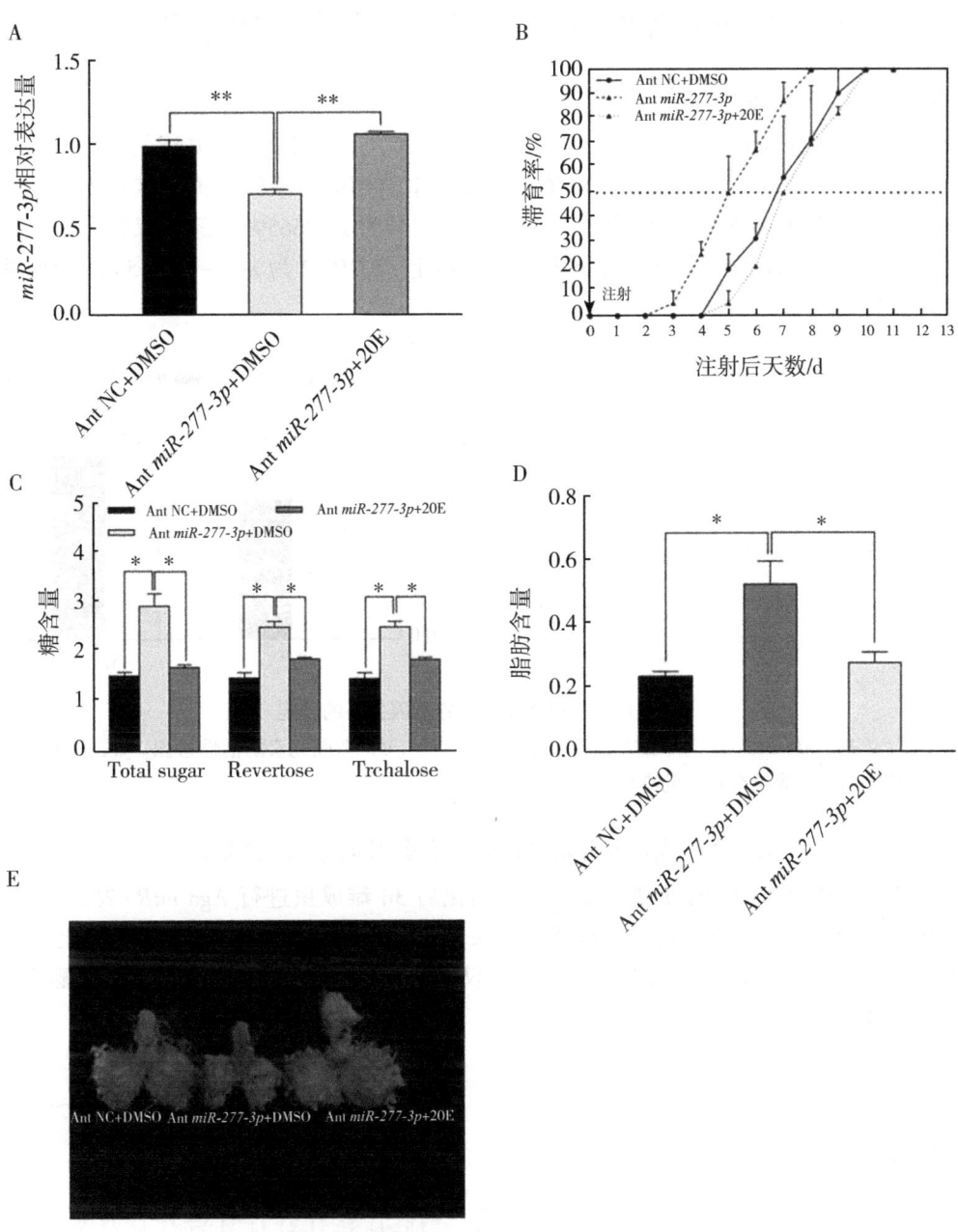

图 3-172　20E 对 Ant miR-277-3p 的拯救效果影响

注：（A）20E 对 Ant miR-277-3p 拯救对表达量的影响；（B）20E 对滞育率拯救的影响；（C）20E 对糖含量拯救的效果；（D）20E 对脂质含量拯救的效果；（E）20E 对卵巢发育拯救的效果。

十、miR-281-5p 靶向 PCDP-2 调控沙葱萤叶甲的生殖滞育

（一）双荧光素酶试验鉴定分析

我们通过靶标预测软件与 qPCR 结果分析的方式，进行候选靶标基因的筛选，初步筛选得到 PCDP-2 作为下一步试验的对象，在实验室前期的转录组数据库基础上，我们扩增得到了 PCDP-2 基因的中间片段，GenBank 序列号为 PP266593。经过双荧光素酶试验验证，发现荧光素酶的荧光值显著下降，初步确定 PCDP-2 为 miR-281-5p 的靶标基因（图 3-173）。

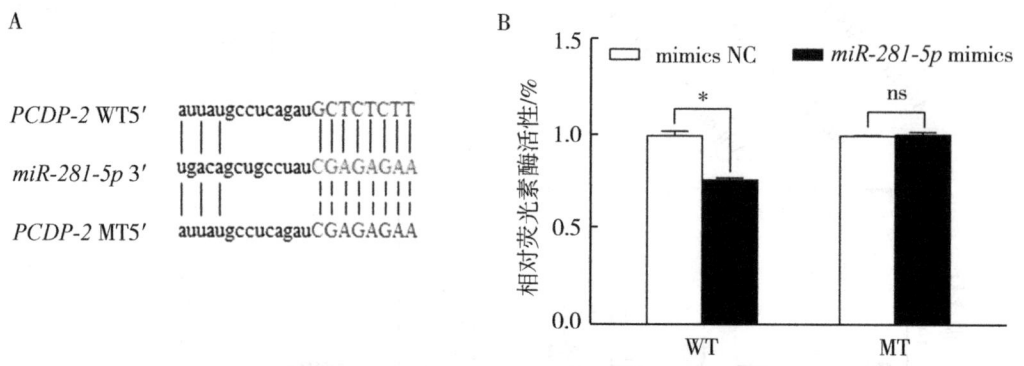

图 3-173 miRNA 和靶标基因关系的鉴定

注：（A）miR-281-5p 与 PCDP-2 靶点的结合位点；（B）双荧光素酶活性检测。WT 代表野生型结合区，MT 代表结合位点的突变区。

（二）Ago miR-281-5p 注射后相关靶标基因的表达量变化

与 Ant miR-277-3p 的处理一致，选择羽化后 3d 雌成虫进行 Ago miR-281-5p 的注射。在注射 48h 后，进行表达量的检测，结果表明 miR-281-5p 的表达水平显著上调（图 3-174A），未有显著变化的基因只有 GK；也仅有 TTPAL 显著上调，其余基因均显著下调（图 3-174B）。

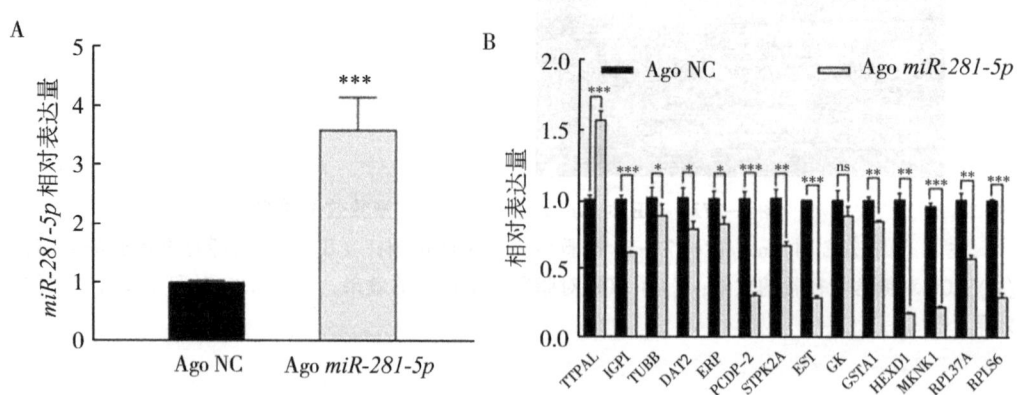

图 3-174 Ago miR-281-5p 的作用效果

注：（A）注射 Ago miR-281-5p 对 miR-281-5p 表达的影响；（B）注射 Ago miR-281-5p 对其预测靶标基因表达的影响。

(三) miR-281-5p 和 PCDP-2 在沙葱萤叶甲成虫不同发育天数的表达谱

为了明确 miR-281-5p 和 PCDP-2 在沙葱萤叶甲成虫期的表达模式，我们对羽化1d、3d、5d、7d、10d、15d、25d 二者的表达水平进行了检测。发现 PCDP-2 在羽化后表达水平迅速上升后，于羽化3d持续下降，至羽化15d一直保持稳定表达，并在羽化25d呈现上升趋势；而 miR-281-5p 与 PCDP-2 的表达完全呈现相反的趋势，羽化后表达水平缓慢降低，羽化3d后持续上升至羽化7d到达表达巅峰，之后迅速下降，又迅速上升处于下降状态。根据二者的表达模式，我们初步判断 miR-281-5p 可能参与 PCDP-2 的调控（图3-175）。

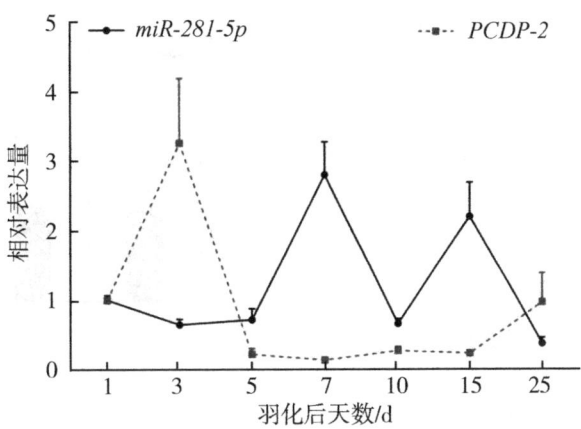

图3-175　miR-281-5p 和 PCDP-2 在沙葱萤叶甲成虫不同发育天数的表达谱

(四) Ago miR-281-5p 注射后相关靶标基因的表达量变化

在羽化3d的雌性成虫体内注射 Ago miR-281-5p 和 Ago NC 48h 进行 qPCR 检测滞育相关基因的表达（图3-176）。注射 Ago miR-281-5p 后，FAS 的表达与对照组相比增加了1.16倍，FoxO 增加了0.36倍；并下调了 Vg 和 Kr-h1 的转录水平，分别降低了65.39%和92.28%。结果表明，miR-281-5p 可以调控沙葱萤叶甲生殖滞育相关基因的表达。

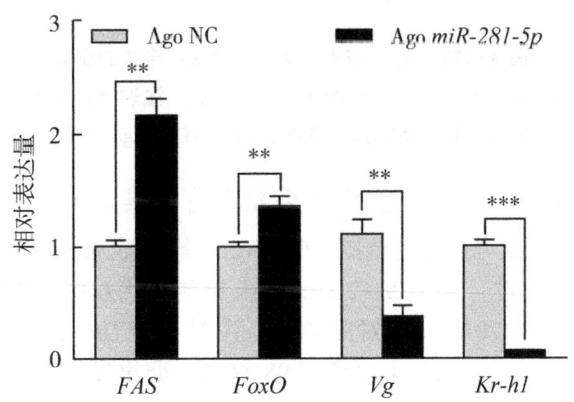

图3-176　miR-281-5p 调控生殖滞育相关基因

（五）Ago miR-281-5p 对沙葱萤叶甲生殖滞育的影响

进行 Ago miR-281-5p 处理的昆虫与 Ant miR-277-3p 注射的处理有类似的结果。羽化 3d 的昆虫体内注射 Ago miR-281-5p 后 48h，检测发现 miR-281-5p 的表达水平显著升高，雌性成虫的滞育率达到 50% 时的天数为 6.25d，与对照相比，提前了 2.25d（图 3-177A）；脂质含量和糖含量也全部呈现上升趋势，其中脂质含量上升了 1.85 倍（图 3-177C）；而糖含量中总糖、还原糖以及海藻糖的含量分别上升了 1.34 倍、1.29 倍和 1 倍（图 3-177B）。两种试剂的注射后，进行卵巢解剖试验发现，与对照相比全部都抑制了卵巢的发育（图 3-177D）。

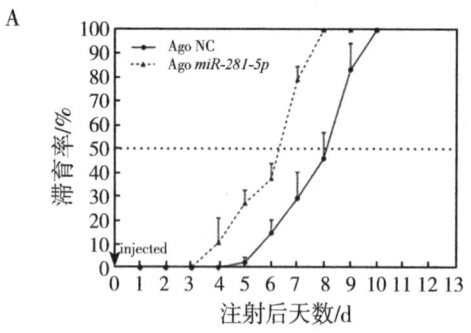
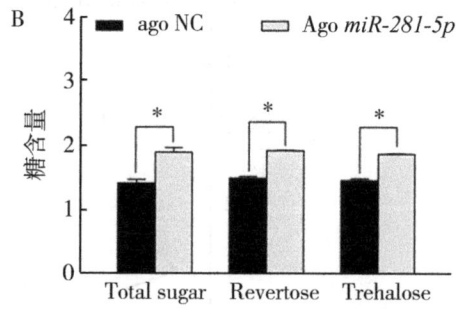
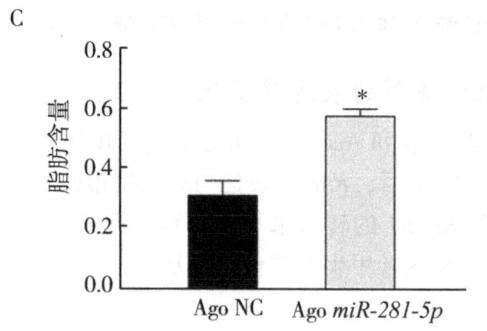

图 3-177　Ago miR-281-5p 对成虫滞育的影响

注：(A) 注射 Ago miR-281-5p 对滞育率的影响；(B) 注射 Ago miR-281-5p 对糖含量的影响；(C) 注射 Ago miR-281-5p 对脂质含量的影响；(D) 注射 Ago miR-281-5p 对卵巢的影响。

（六）干扰 PCDP-2 对沙葱萤叶甲生殖滞育及其相关基因表达的影响

为了表明 miR-281-5p 可以通过调控 PCDP-2 来影响成虫的滞育，同样在羽化 3d 雌成虫进行 dsPCDP-2 的注射。dsPCDP-2 注射 48h 检测干扰效率，PCDP-2 的表达水平显著降低了 63.07%（图 3-178A）。与对照相比，注射 dsPCDP-2 后，脂质合成相关基因 FAS 和 FoxO 的表达被显著上调了 44.86% 和 98.69%；卵巢发育相关基因 Vg 和 Kr-h1 被显著下调了 50.67% 和 85.89%（图 3-178B）。干扰 PCDP-2 后 4d，脂质含量与对照相比增加 84.12%，卵巢发育受到抑制（图 3-178C 和图 3-178D）。dsPCDP-2 处理后，成虫滞育比例达到 50% 的天数为 3.94d，对照组成虫滞育比例达到 50% 的天数为 5.15d，说明干扰 PCDP-2 后,可以使雌性成虫进入滞育的时间比对照提前 1.21d(图 3-178E)。

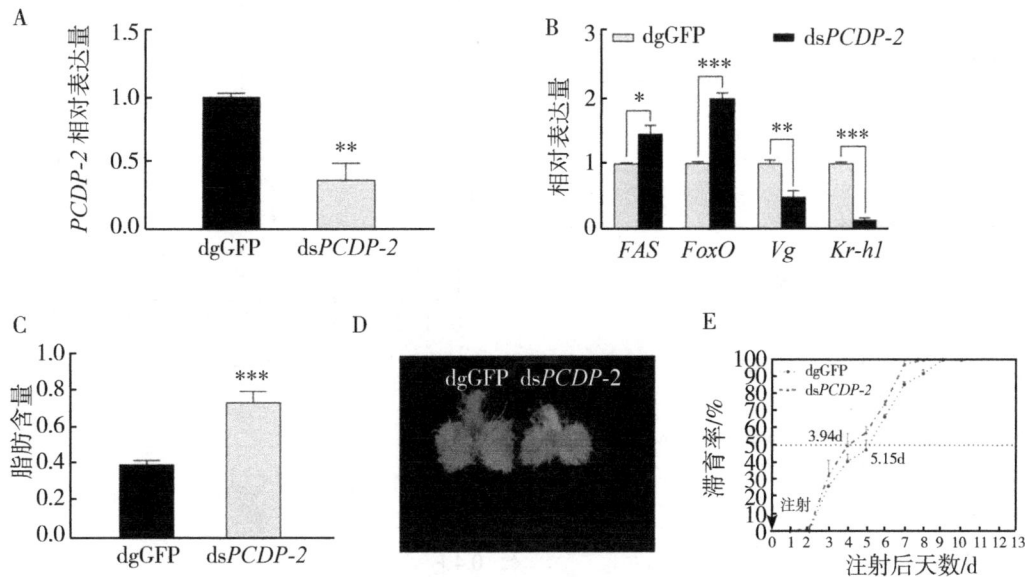

图 3-178　干扰 PCDP-2 对沙葱萤叶甲生殖滞育的影响

注:(A)注射 dsPCDP-2 对 PCDP-2 表达的影响;(B)注射 dsPCDP-2 后对滞育相关基因的影响;(C)注射 dsPCDP-2 对脂质的影响;(D)注射 dsPCDP-2 对卵巢发育的影响;(E)注射 dsPCDP-2 对成虫滞育的影响。

(七)20E 拯救 miR-281-5p 对沙葱萤叶甲生殖滞育的影响

以 3 日龄成虫作为供试,注射 AgomiR-281-5p,在 24h 后进行外源激素 20E 的继续处理,对照组则注射等量的 DMSO。48h 后进行检测发现,注射 Ago miR-281-5p 显著下调了 PCDP-2 的表达,而注射 20E 后,PCDP-2 表达水平又被显著上调(图 3-179A);脂质和糖含量恢复到原来的水平(图 3-179C,D),50%个体进入滞育的时间也恢复到原有水平(图 3-179B);卵巢发育也得以恢复(图 3-179E)。上述结果表明,20E 能够拯救过表达 miR-281-5p 对其靶基因表达及生殖滞育的影响。

AgomiR-281-5p + 20E 与 Ago miR-281-5p + DMSO 的对照组相比,miR-281-5p 表达水平被显著降低了 27.02%(图 3-179A);昆虫个体 50%达到滞育的时间被延迟了 1.47d(图 3-179B);脂质含量也降低了 40.41%(图 3-179D);总糖含量分别降低了 35.27%;还原糖和海藻糖含量分别降低了 39.74%和 35.18%(图 3-179C);20E 补救后,卵巢也持续发育(图 3-179E)。

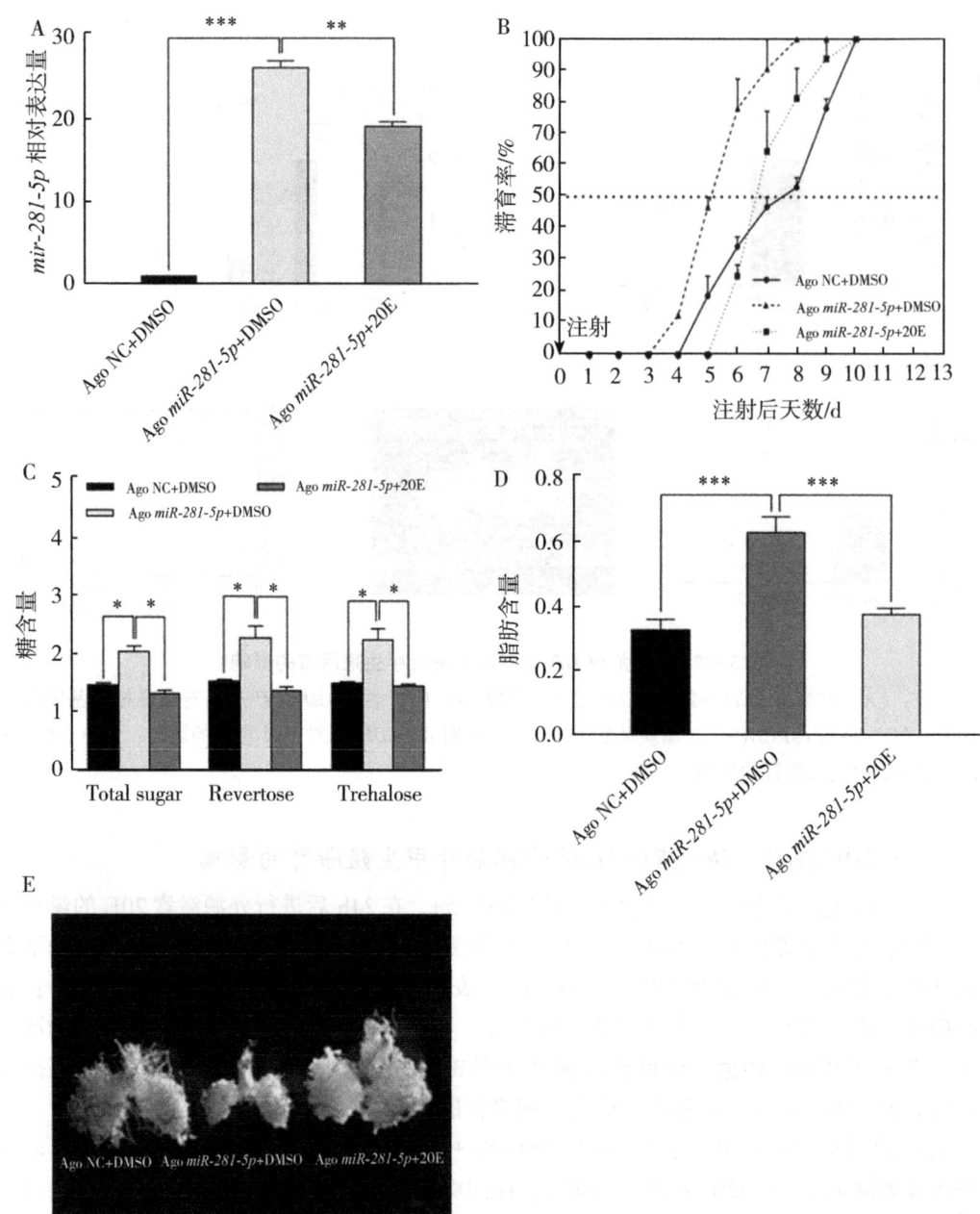

图 3-179 20E 对 Ago *miR-281-5p* 的拯救效果

注：(A) 20E 对 Ago *miR-281-5p* 拯救对表达量的影响；(B) 20E 对滞育率拯救的影响；(C) 20E 对糖含量拯救的效果；(D) 20E 对脂质含量拯救的效果；(E) 20E 对 Ago *miR-281-5p* 拯救卵巢的效果。

第四章 沙葱萤叶甲变态发育调控的分子机制

昆虫变态发育是指昆虫从卵孵化到成虫死亡，在每个发育阶段都要经历不一样的变化，所表现出的形态结构、生理功能、生活习性皆不相同的过程。昆虫通过变态发育转为成虫后，才具备生殖和飞翔的能力，扩大了其生活范围，增强了其繁殖能力。因此，变态发育对昆虫来说具有至关重要的意义。目前对昆虫变态发育调控的生理生化机制已有深入的了解。昆虫变态发育的过程错综复杂，其中涉及多个激素共同协同调控，保幼激素（Juvenile hormone，JH）和蜕皮激素（20E）作为昆虫生长发育的主要调节激素，在昆虫的变态发育过程中也发挥着重要的调控作用。完全变态昆虫在转变为成虫期前要经历蜕皮及变态的过程，在这些过程中，JH 和 20E 分别参与了各自的调控。在幼虫与幼虫期间的转变中，JH 滴度始终保持在较高的水平，而 20E 的滴度在此期间维持在较低的水平；在幼虫与蛹之间的转变过程中，JH 滴度逐渐降低，后趋向消失，而 20E 则在此过程中滴度逐渐上升。JH 在幼虫期间高滴度是为了抑制幼虫向蛹的转变，在昆虫蜕皮后，使其仍保持幼虫的形态，其后，20E 在变态期高滴度是为了促进昆虫从幼虫期向蛹的转化。20E 在昆虫的变态发育中主要发挥促进作用，而 JH 在其过程中发挥着维持昆虫的生长但抑制昆虫的变态的作用。

然而，目前对昆虫变态发育调控的分子机制还缺乏深入的了解。20E 合成后，在蜕皮激素信号通路发挥作用，蜕皮激素受体（Ecdysone receptor，EcR）与超气门蛋白（Ultraspiracle protein，USP）所形成异源二聚体后，与 20E 相结合，共同诱导下级基因转录。在级联过程中包括早中晚 3 个时期，并涉及多个基因之间的调控。首先，结合体对早期响应基因 *E74*、*E75* 及 *Br-C* 进行诱导，促使这些关键的调控因子开始表达。在这个过程中，*E74* 和 *E75* 作为血红素传感器，在昆虫的变态发育中起到调节蜕皮的作用，而 *Br-C* 则是作为蛹期信号因子，在幼虫—蛹的转变过程中起到警示物的作用；早期响应因子表达后诱导早晚期响应因子 *HR3*、*HR4*、*HR39* 及 *FTZ-F1* 转录，这些早晚期响应基因来自核受体家族，参与昆虫的变态调控。*HR3*、*HR4* 和 *HR39* 在转录过程中，其表达模式与 20E 滴度变化相一致，而 *FTZ-F1* 受到 20E 的抑制，在转录后表达趋势与 20E 相反。后对晚期调控因子 *E93* 进行基因表达的启动。*E93* 作为成虫特异性因子，在幼虫—成虫或蛹—成虫过程中发挥重要作用。JH 在昆虫的变态发育中也参与着其调控作用，JH 通过受体 Met 激活下级基因 *Kr-h1* 的转录，使其与 20E 信号通路中的 *Br-C* 基因进行相互作用，共同调节昆虫变态发育。在所有真核生物中，Ca^{2+} 是各种细胞信号通路中重要的第二信使，Ca^{2+} 信号调节许多细胞和生理过程，对生命活动至关重要。在昆虫中，Ca^{2+} 参与发育与变态、性激素合成、繁殖、冷感应、神经递质释放和脂质积累。钙结合蛋白（Calcium binding protein, CBP）组成一个十分巨大且多样化的蛋白家族，不仅调控 Ca^{2+} 稳态，而且控制各种 Ca^{2+} 信号途径。目前研究表明，miRNA 在昆虫的生长发育、变态发育、免疫调节、昼夜节律、表型可塑等各个方面都发挥着重要的调控作用。在果蝇的幼虫体内，过表达 *miR-252* 会引起幼虫的脂肪含量减少，脂肪的细胞数目降低，并且导致在幼虫向蛹的变态过程中发育受到延迟。在蝗虫体内，发现 *miR-184* 靶标 *CYP303A1* 基因，通过在若虫体内注射 *miR-184* 的类似物，使 *miR-184* 的表达水平显著上升后，致使蝗虫蜕皮异常，而这个结果与干扰掉 *CYP303A1* 后的结果一致。miRNA 与靶标基因的作用方式可以是多种类型的，一个 miRNA 可以同时靶标多个 mRNA，而同一个 mRNA 也可被多个 miRNA 所调控。在家蚕体内，发现了 *miR-14* 前体编码 *miR-14-5* 和 *miR-14-3p*，这两个 miRNA 虽然来自同一个前体，但是靶标基因及功能存在一定的差异。*miR-14-5* 可以调控蜕皮激素通路中的 9 个基因，而 *miR-14-3p* 则可以调控 2 个基因；并且发现，在过表达 *miR-14-5* 后，20E 滴度受到严重影响，并且蜕皮时间延长。棉铃虫在变态发育中，多巴脱羧酶（DDC）发挥了重要的作用，经过研究发现，*miR-277* 可以靶标调控 *DDC* 的表达水平，并且在过表达 *miR-277* 后，可以显著抑制 *DDC* 的蛋白水平，相反在注射 *miR-277* 抑制剂后，*DDC* 的表达被上调，并伴随着化蛹和羽化异常情况出现。

本章内容主要包括 4 种钙结合蛋白基因的鉴定及其在沙葱萤叶甲生长发育中的作用和 miRNA 在沙葱萤叶甲生长发育过程中的作用及其调控机制，不仅有助于深入揭示昆虫生长发育及变态调控的分子机制，而且为筛选沙葱萤叶甲绿色防控分子标靶提供必要的基础。

第一节 四种钙结合蛋白基因的鉴定及在沙葱萤叶甲生长发育中的作用

一、沙葱萤叶甲钙结合蛋白基因的鉴定与分析

通过对沙葱萤叶甲成虫转录组数据的 BlastX 比对分析，经 RT-PCR 克隆、测序验证及生物信息学分析获得 4 个具有完整开放式阅读框（Open-reading frame，ORF）钙结合蛋白基因序列，依次命名为 *GdCaM*、*GdCAPSL*、*GdTnCl* 和 *GdCRT*（表 4-1）。根据 EF-hand 基序的共有序列，运用 Scan Prosite 在线软件分析显示，GdCaM 有 4 个典型的结构和功能性 EF-hand 基序（图 4-1）。GdCAPSL 有 3 个 EF-hand 基序，其中 EF-hand 4 基序缺失[EF-hand 基序氨基酸被替代，其中位置 1 中甘氨酸（Gly）替代了天冬氨酸（Asp），位置 3 中苏氨酸（Thr）替代了天冬氨酸/天冬酰胺（Asn）/谷氨酸（Glu）]。GdTnCl 只有 2 个 EF-hand 基序，其中 EF-hand 1 和 EF-hand 3 基序均缺失[位置 12 中，谷氨酸均被甲硫氨酸（Met）和亮氨酸（Leu）所替代]。GdCRT 不具有 EF-hand 基序，但 GdCRT 具有 2 条典型的钙网蛋白（CRT）家族标签序列（K^{97}HEQNIDCGGGYVKVF^{112} 和 L^{129}MFG-PDiCG^{137}）、三重复序列（I^{207}kDPEAKKPEDWD^{219}、I^{224}PDPDDTKPEDWD^{236} 和 I^{241}PDPDAT-KPDDWD^{253}）及内质网前导序列 HDEL。

表 4-1 沙葱萤叶甲钙结合蛋白基因列表

基因名称	GdCaM	GdCAPSL	GdTnCl	GdCRT
登录号	MN695412	MN695413	MN695414	MN695415
ORF 长度/bp	450	648	516	1209
蛋白长度/aa	149	215	171	402
分子量/kDa	16.8076	24.3410	19.6730	46.4301
等电点	3.84	4.57	3.95	4.17
信号肽	无	无	无	1–18
基因注释	Calmodulin isoform X2	Calcyphosin-like	Troponin C-like	Calreticulin
物种	*Diabrotica virgifera virgifera*	*Diabrotica virgifera virgifera*	*Diabrotica virgifera virgifera*	*Leptinotarsa decemlineata*
蛋白登录号	XP_028144676	XP_028151337.1	XP_028130421.1	XP_023011672.1
得分	297	340	288	611
E 值	7e-102	1e-116	2e-97	0
一致性/%	100.0	74.0	88.2	92.5

二、沙葱萤叶甲钙结合蛋白系统进化树构建

将沙葱萤叶甲钙结合蛋白氨基酸序列与 NCBI 数据库中已知的其他鞘翅目钙结合蛋白氨基酸序列构建系统树（图 4-1）。结果表明，具有 EF-hand 基序的 GdCaM、GdCAPSL 和 GdTnCl 分别与其他鞘翅目昆虫的 CaM、CAPSL 和 TnCl 各构成一个分支，其中 GdCaM 置信度均为 100%，在进化过程中具有高度保守的进化特征；不同昆虫 TnCl 间保守性较高，置信度介于 47%～99%，其中 GdTnCl 与玉米根萤叶甲（*Diabrotica virgifera virgifera*）的 TnCl 亲缘关系最近，最先聚在一起。这 3 类具有 EF-hand 基序的钙结合蛋白亲缘关系较近，共同聚为一个大分支，最后与 CRT 聚在一起。GdCRT 与其他鞘翅目昆虫

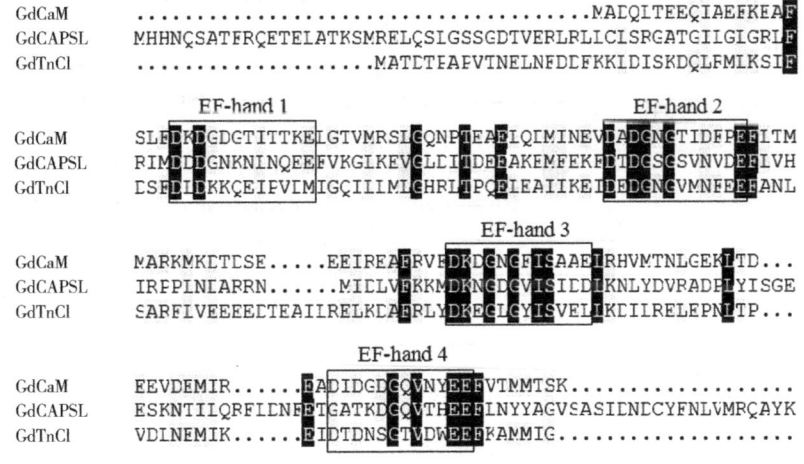

图 4-1 沙葱萤叶甲钙结合蛋白序列分析

注：方框显示预测的 4 个 EF-hand 基序。

的 CRT 单独聚为一个分支，但不同昆虫 CRT 间的亲缘关系较远，置信度较低。

三、沙葱萤叶甲钙结合蛋白基因在成虫不同发育时期的表达分析

qPCR 结果表明（图 4-2），*GdCaM*、*GdCAPSL*、*GdTnCl* 和 *GdCRT* 在成虫不同发育阶段的表达量存在显著差异（$P<0.05$），且表达模式不同。*GdCaM* 在成虫滞育前（羽化后 3d）表达量最高，开始进入夏滞育后（羽化后 7d）表达量降低，在整个滞育期间变化较小，而解除滞育后（羽化后 90d）表达量又显著下调（图 4-3A）。*GdCAPSL* 在成虫羽化后表达量逐渐下降，在滞育前期维持在最低水平，进入滞育中后期（羽化后 40d 和 60d）开始回升，滞育解除后又突然下调至最低水平，而羽化后 120d 急剧上升至最高水平（图 4-3B）。*GdTnCl* 随成虫发育上调表达，在滞育初期（羽化后 15~20d）达最高水

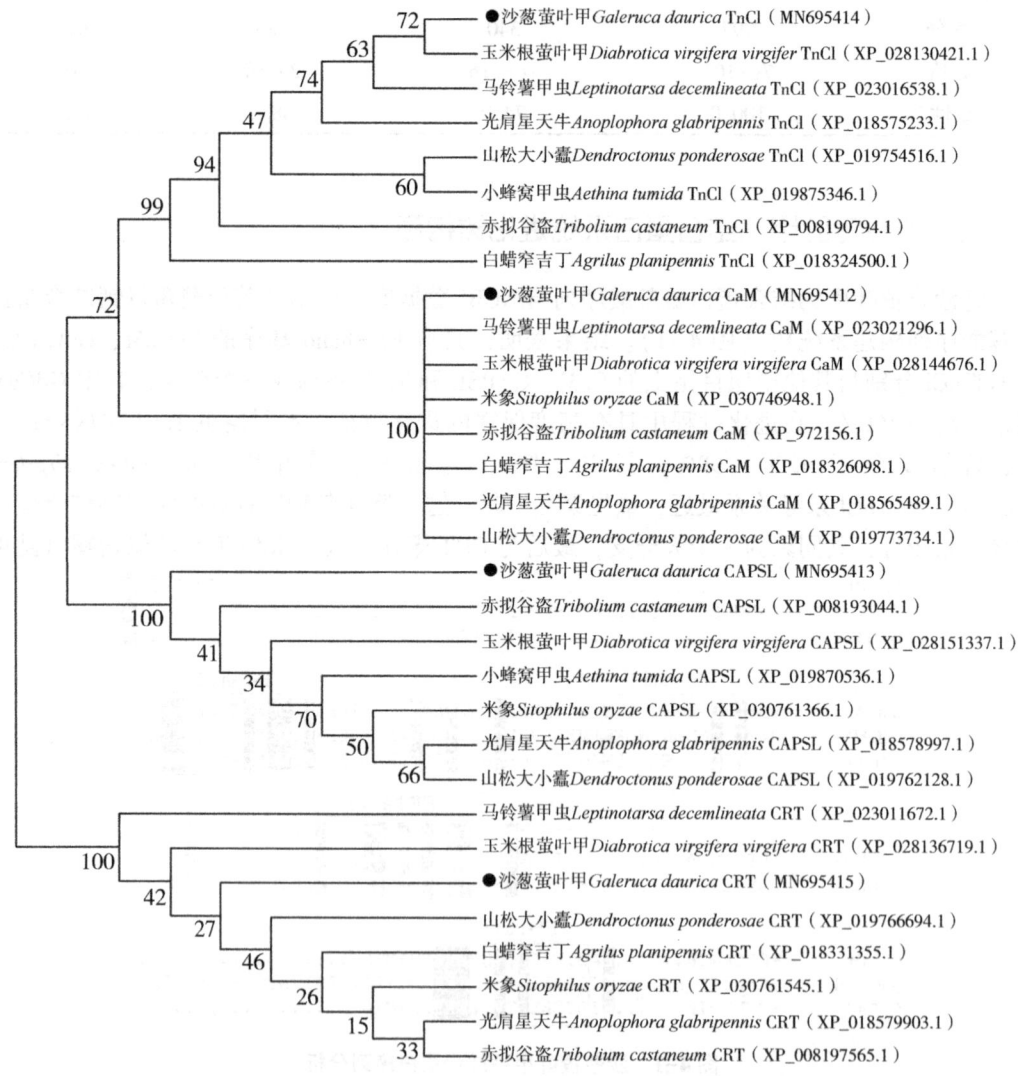

图 4-2 基于沙葱萤叶甲及其他鞘翅目昆虫钙结合蛋白序列的系统进化树

平，进入滞育中期和后期后急剧下降至最低水平，滞育解除后（羽化后 90d）再次上调，但和羽化后 120d 突然下调至最低水平（图 4-3C）。*GdCRT* 在进入滞育后（羽化后 7d）表达量开始逐渐下调，在滞育期间（羽化第 15~60 天）维持在低水平，滞育解除后（羽化后 90d）又开始上升（图 4-3D）。

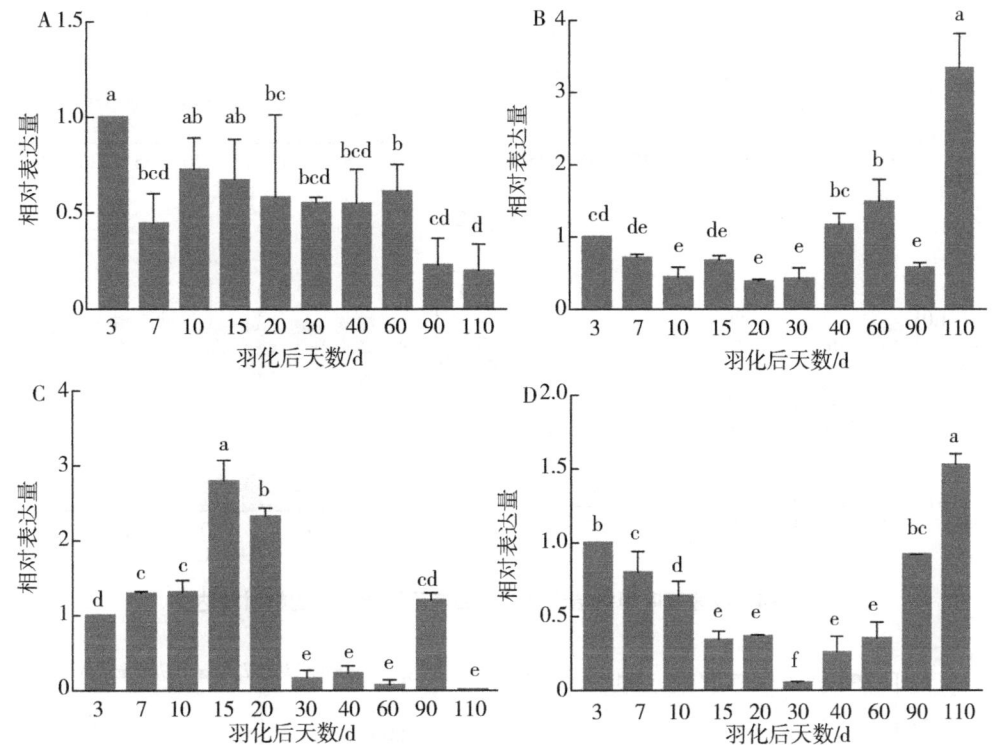

图 4-3 沙葱萤叶甲钙结合蛋白基因在成虫不同发育阶段的相对表达量

注：A 为 GdCaM；B 为 GdCAPSL；C 为 GdTnCl；D 为 GdCRT。

四、沙葱萤叶甲钙结合蛋白在不同温度胁迫下的表达分析

从图 4-4 可知，除 *GdCRT* 外，温度对其他 3 种钙结合蛋白基因（*GdCaM*、*GdCAPSL* 和 *GdTnCl*）表达量均有显著影响（$P<0.05$）。当温度高于 20℃，随着温度的逐渐上升，*GdCaM* 的表达量逐渐上升；当温度低于 20℃ 时，随着温度的逐渐降低，*GdCaM* 的表达量上调，在 5℃ 达到最高值，但 0℃ 时又突然下降到最低值（图 4-4A）。*GdCAPSL* 的表达量随着温度的升高而呈现上升的趋势，25℃ 时达到最高，然后下降（图 4-4B）。*GdTnCl* 在 0℃ 时表达量最高，随着温度的升高，表达量呈现整体降低的趋势（图 4-4C）。

五、四种钙结合蛋白基因的功能

（一）RNAi 干扰效率检测

与注射 ds*GFP* 阴性和未处理空白对照相比，注射不同 dsRNA，干扰效率及最佳干扰时间不同（图 4-5）。注射 ds*GdCaM*、ds*GdCAPSL*、ds*GdTnCL* 和 ds*GdCRT* 后，干扰效率最

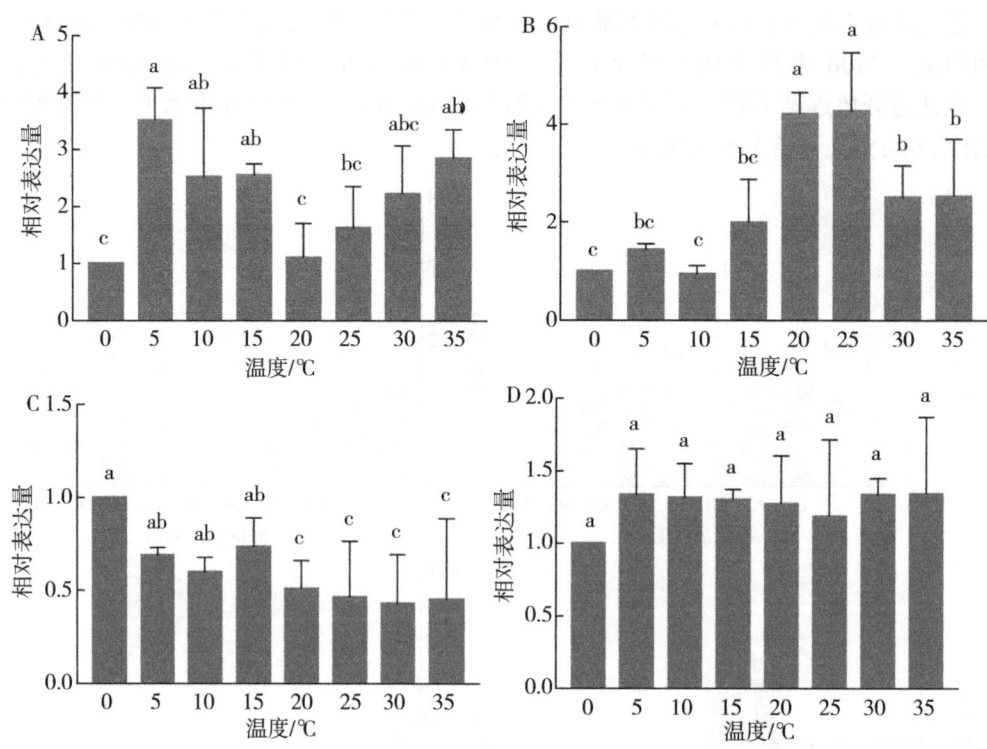

图 4-4 沙葱萤叶甲钙结合蛋白基因在不同温度下的相对表达量

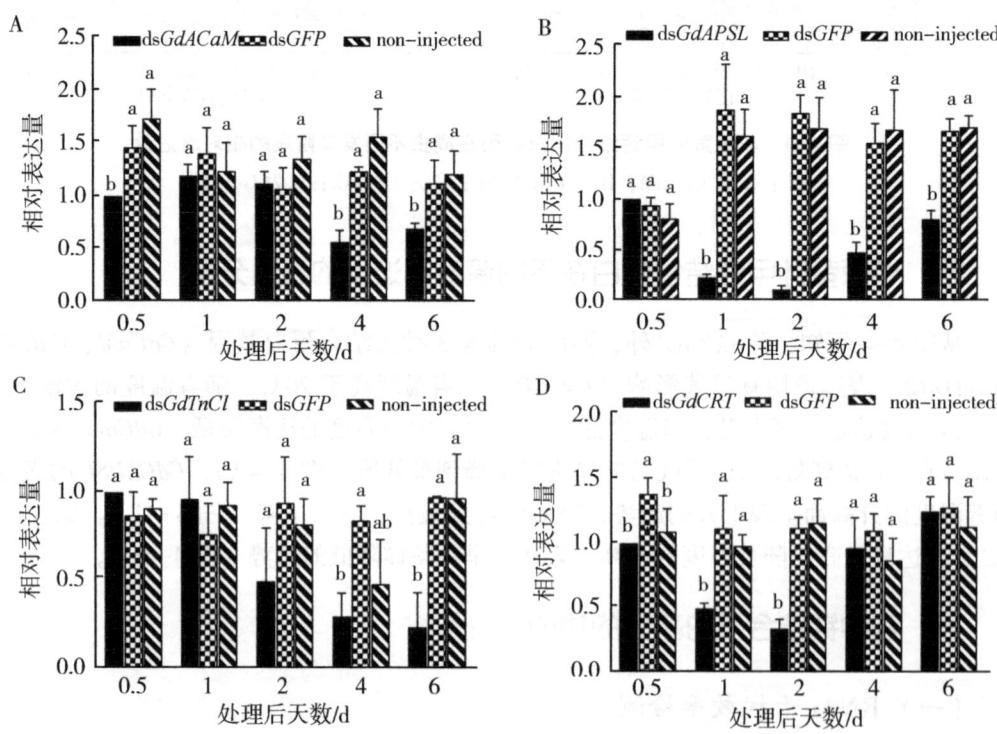

图 4-5 RNAi 后不同时间沙葱萤叶甲 3 龄幼虫体内靶标基因的相对表达量

佳时间分别为干扰后第 4、第 2、第 6 和第 2 天,与 ds*GFP* 阴性对照相比,沙葱萤叶甲 3 龄幼虫体内靶标基因 *GdCaM*、*GdCAPSL*、*GdTnCl* 和 *GdCRT* 相对表达量分别下降了 54.5%、94.4%、76.2%和 70.5%。

(二) RNAi 对沙葱萤叶甲 3 龄幼虫体重的影响

分别沉默 4 个钙蛋白结合基因均显著降低了沙葱萤叶甲 3 龄幼虫体重(图 4-6)。其中,注射 ds*GdCAPSL* 对体重影响最大,与注射 ds*GFP* 阴性对照相比,在注射 ds*GdCAPSL* 后第 2~6 天,分别显著降低了 31.5%、30.8%、34.9%、21.0%和 21.4%(图 4-6B);其次为 ds*GdCRT*,在注射 ds*GdTnCl* 后第 3~6 天,体重分别显著降低了 25.0%、13.0%、10.5%和 12.4%(图 4-6C);再次为 ds*GdCaM*,在注射 ds*GdCaM* 后第 3~4 天,分别显著下降了 5.9%和 6.6%(图 4-6A);最后为 ds*GdCRT*,只在注射后第 4 天,体重下降了 6.2%(图 4-6D)。

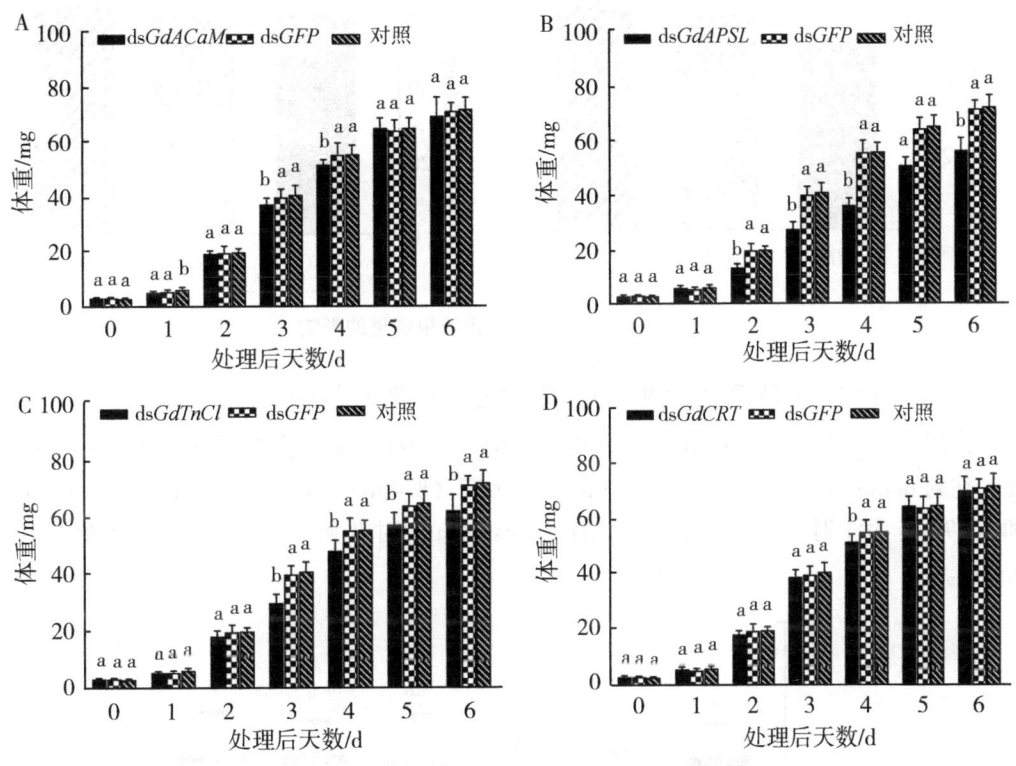

图 4-6　RNAi 对沙葱萤叶甲 3 龄幼虫体重的影响

(三) RNAi 对沙葱萤叶甲蛹重的影响

注射 ds*GdCAPSL* 和 ds*GdTnCl* 过的 3 龄幼虫化蛹后,化蛹当日蛹重均显著低于 ds*GFP* 阴性和空白对照;而注射 ds*GdCaM*(图 4-7A)和 ds*GdCRT*(图 4-7D)对蛹重影响不显著。与注射 ds*GFP* 阴性和空白对照相比,ds*GdCAPSL* 处理的蛹重分别下降了 15.8%和 20.5%(图 4-7B),ds*GdTnCl* 处理的蛹重分别下降了 11.0%和 15.9%(图 4-7C)。

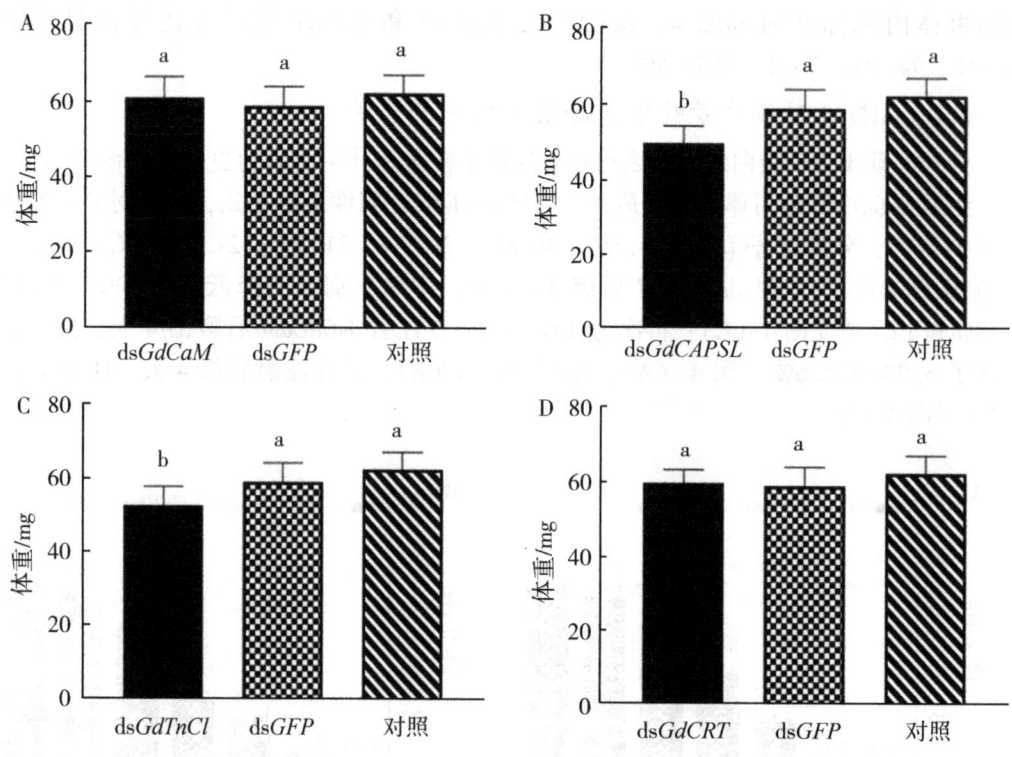

图4-7 RNAi对沙葱萤叶甲蛹重的影响

(四) RNAi对沙葱萤叶甲3龄幼虫发育历期的影响

由图4-8可知,与注射 ds*GFP* 阴性 (9.95d±1.28d) 和空白对照 (9.90d±1.67d) 相比,注射 ds*GdCAPSL* 后沙葱萤叶甲3龄发育历期 (8.45d±1.47d) 分别显著缩短了15.1%和14.7%;而注射 ds*GdCaM*、ds*GdCRT* 和 ds*GdTnCl* 对3龄发育历期无显著影响 ($P > 0.05$)。

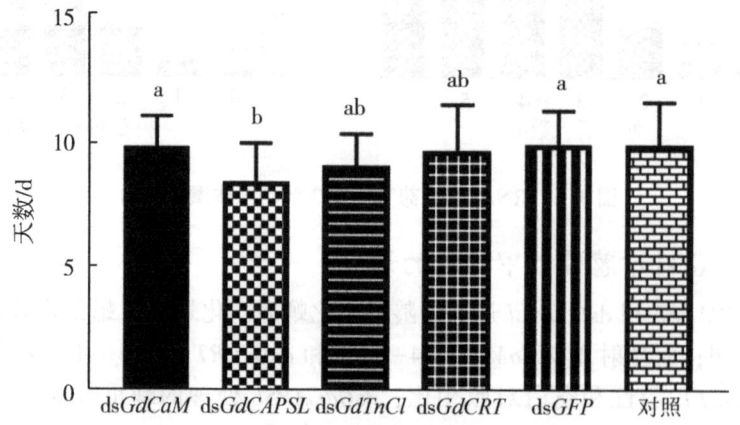

图4-8 RNAi对沙葱萤叶甲3龄幼虫发育历期的影响

(五) RNAi 对沙葱萤叶甲 3 龄幼虫存活率的影响

由图 4-9 可知,与注射 dsGFP 阴性 (96.77%±2.36%) 和空白 (98.33%±2.36%) 对照相比,干扰 GdCAPSL 对 3 龄幼虫存活率影响最大,干扰 GdCAPSL 后幼虫存活率 (45.00%±4.08%) 分别显著下降了 53.50% 和 54.24%;其次为干扰 GdTnCl (78.33%±2.36%),幼虫存活率分别显著下降了 19.06% 和 20.34%;干扰 GdCaM (88.33%±6.24%),幼虫存活率分别显著下降了 8.72% 和 10.17%;而干扰 GdCRT 后存活率 (96.67%±2.36%) 与对照组无显著差异 ($P>0.05$)。

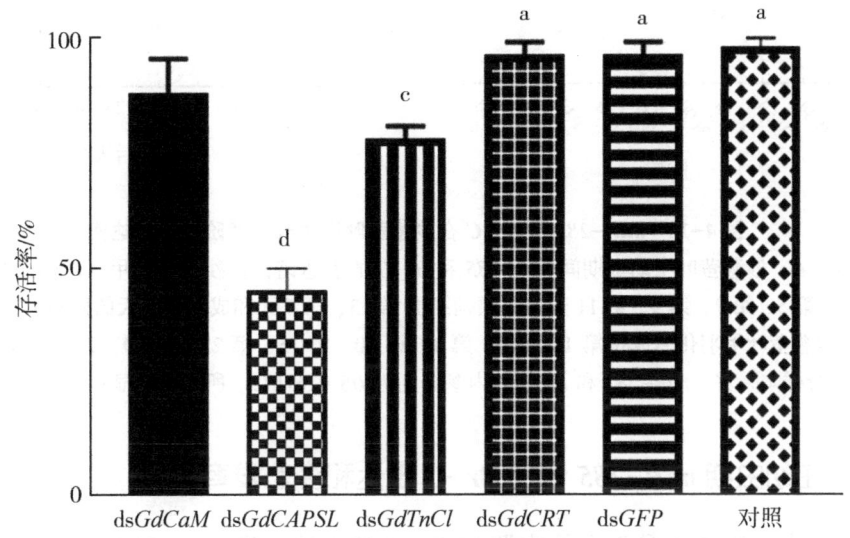

图 4-9　RNAi 对沙葱萤叶甲 3 龄幼虫存活率的影响

第二节　miR-285 对沙葱萤叶甲变态发育的调控作用及其分子机制

一、miR-285 和 Br-C 在沙葱萤叶甲生长发育过程中的表达谱

为了阐明 miR-285 及其靶基因 Br-C 在幼虫期和成虫期的表达模式,我们采用 qPCR 技术检测了 miR-285 和 Br-C 在幼虫末龄至成虫羽化后 3d 10 个时间点的表达水平。分别为幼虫第 1、第 3、第 5、第 7、第 9、第 11 天,蛹期第 1、第 3、第 5 天和成虫第 3 天。Br-C 在末龄第 3 天呈高表达,随后呈下降趋势,随后逐渐升高,至第 11 天达到最高表达水平。Br-C 基因的表达水平在蛹期前 1d 达到峰值,随后缓慢下降,而 miR-285 在蛹期的表达水平与 Br-C 的表达趋势相反 (图 4-10A)。这种表达模式说明 miR-285 与 Br-C 呈负调控的作用方式。

成虫阶段选取成虫羽化后的 10 个时间节点进行 qPCR 的检测。发现 Br-C 表达量在滞育初期呈高表达趋势,在第 7 天达到峰值后迅速下降,随后保持稳定表达状态,滞育结束后缓慢上升,在第 80 天迅速下降,第 100 天又迅速上升 (图 4-10B)。miR-285 的表达水

平与 *Br-C* 的表达模式呈现相反的趋势。初步说明在成虫期间，*miR-285* 可能调控 *Br-C* 的表达水平。

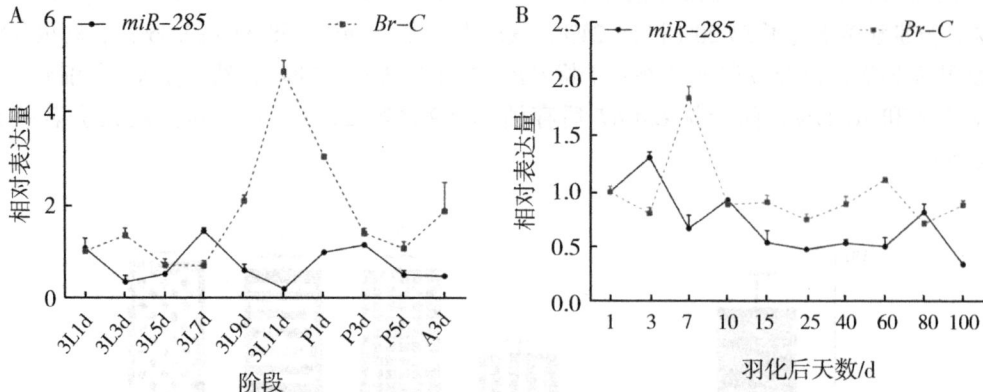

图 4-10 *miR-285* 和 *Br-C* 在沙葱萤叶甲生长发育阶段的表达谱

注：（A）沙葱萤叶甲幼虫期间 *miR-285* 和 *Br-C* 的表达谱，在沙葱萤叶甲 3 龄幼虫蜕皮后第 1、第 3、第 5、第 7、第 9、第 11 天以及预蛹第 1、第 3、第 5 天和成虫第 3 天的样本表达量测定；（B）在沙葱萤叶甲羽化后成虫第 1、第 3、第 7、第 10、第 15、第 25、第 40、第 60、第 80 和第 100 天进行样本采集。*miR-285* 和 *Br-C* 的内参分别为 *U6* 和 *SDHA*。所有数据显示平均值±SE。

二、在幼虫期 *miR-285* 调控 *Br-C* 表达和变态发育

为了确认 *miR-285* 是否在体内调节 *Br-C* 的表达，将 *miR-285* agomir（Ago *miR-285*）和 *miR-285* antagomir（Ant *miR-285*）分别注射入 3 日龄 3 龄幼虫（3L3d）体内。根据以往的研究，我们选择 48h 进行检测。注射 Ago *miR-285* 后 48h，*miR-285* 的表达水平显著升高，而 *Br-C* 表达量显著下调（图 4-11A 和图 4-11C）；并且注射 Ago *miR-285* 后，与对照组 agomir NC（Ago NC）相比，延长了幼虫期间的整个发育历期，说明 Ago *miR-285* 可以延迟幼虫在变态发育过程的时间（图 4-12A）；并且与对照组相比，幼虫不能完全化蛹，化蛹出现畸形，Ago *miR-285* 注射后的幼虫化蛹率为 10%，而对照组则为 77.78%，幼虫的化蛹率降低了 87.14%（图 4-12C 和图 4-12D）。而且注射 Ago *miR-285* 后的昆虫羽化率为 0%，而对照组的羽化率则为 61.13%（图 4-12D）。

相反，注射 Ant*miR-285* 后，*miR-285* 的表达量显著下降，而 *Br-C* 的表达水平显著上升（图 4-11B 和图 4-11D）。被试昆虫在注射 Ant *miR-285* 后 3 龄幼虫的发育时间显著减少（图 4-12A）。说明 Ant *miR-285* 可以缩短幼虫发育的时间。并且注射后的幼虫化蛹率也降低了 79.16%，大多数的被试幼虫化蛹失败（图 4-12G 和图 4-12F）。Ant *miR-285* 组幼虫的羽化率为 60%，而对照组的羽化率为 6.67%，极大的降低了幼虫羽化程度（图 4-12G）。说明沙葱萤叶甲幼虫期间 Ago *miR-285* 和 Ant *miR-285* 的注射虽然可以改变幼虫发育的时间，但是 *miR-285* 的过多或过少都会打乱昆虫体内的稳态平衡，降低幼虫的化蛹率和羽化率。

为了确认 *miR-285* 可以通过靶标 *Br-C* 基因调控变态发育方面的功能，我们在沙葱萤

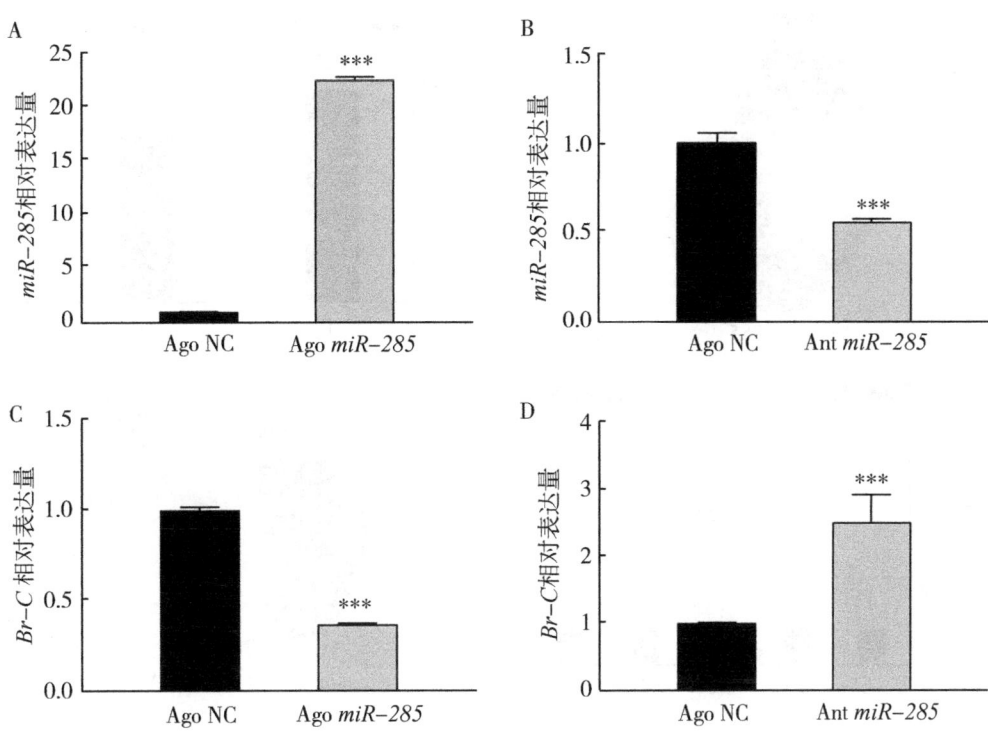

图 4-11 *miR-285* 对 *Br-C* 表达的影响

注：(A) Ago*miR-285* 处理后 *miR-285* 的表达水平；(B) Ant *miR-285* 处理后 *miR-285* 的表达水平；(C) Ago *miR-285* 处理后 *Br-C* 的表达水平；(D) Ant *miR-285* 处理后 *Br-C* 的表达水平。所有数据显示平均值±SE。显著性分析采用Student't-test，*** 表示 $P<0.001$ 为极显著，下同。

叶甲幼虫注射 Ago *miR-285* 和 Ant *miR-285* 后的 48h 检测了蜕皮激素通路相关基因 *ECR*、*E74*、*E75*、*FTZ-F1* 和 *HR3* 的表达水平。发现在注射 Ago *miR-285* 后，与对照组 Ago NC 相比，相关基因的表达水平均下降；而注射 Ant *miR-285* 后，相关基因的转录水平均上升（图 4-12B 和图 4-12E）

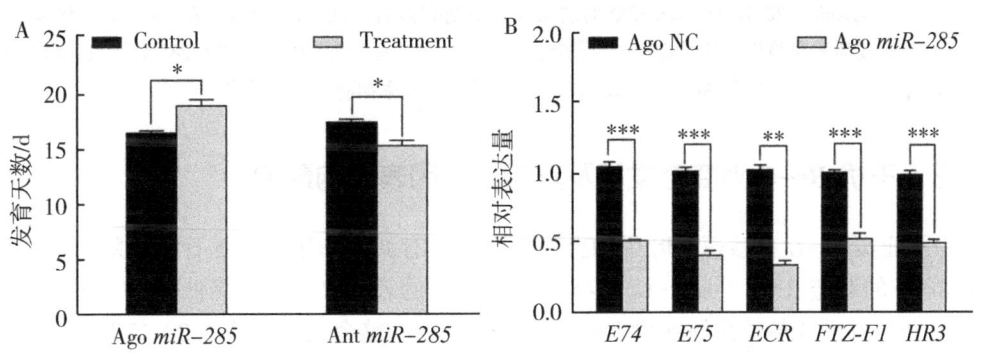

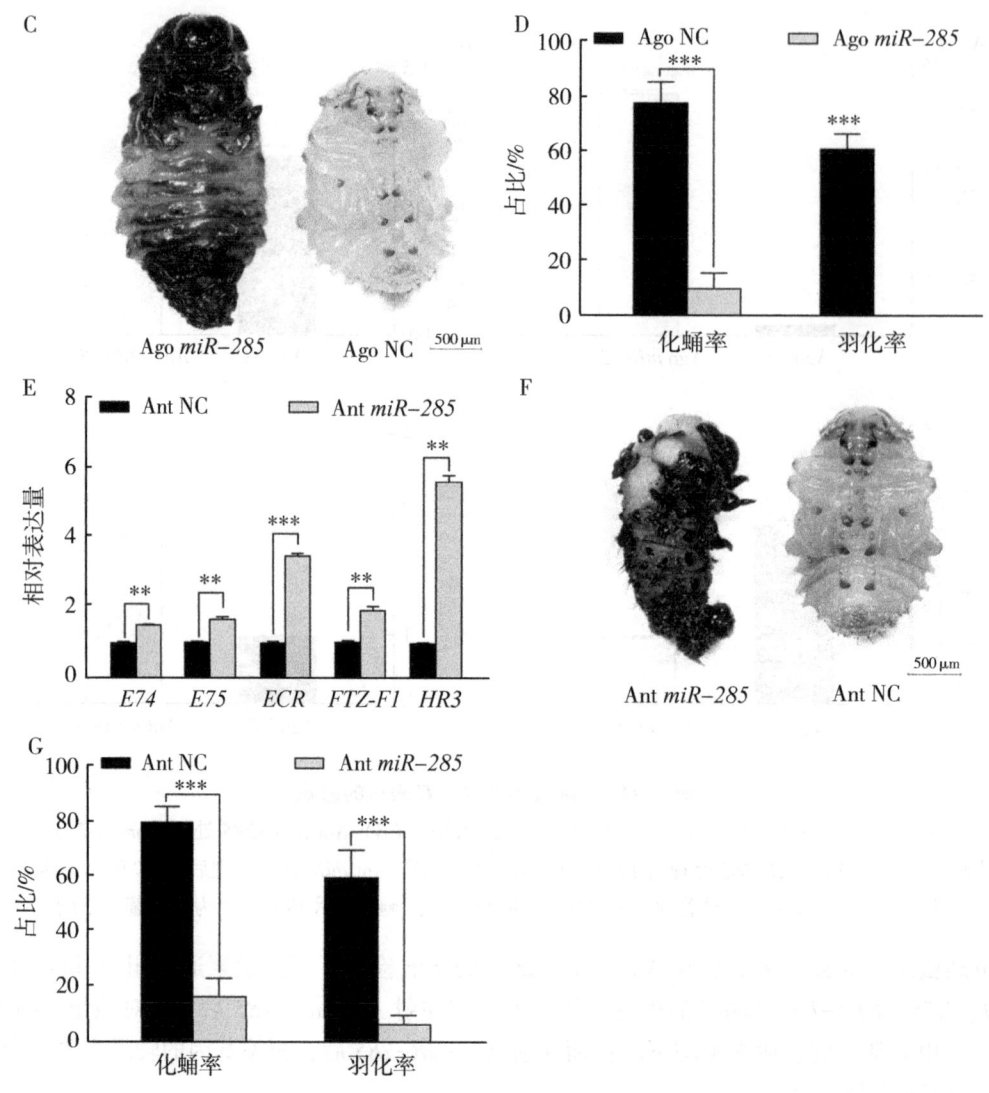

图 4-12　miR-285 对变态发育的影响

注：(A) Ago miR-285 和 Ant miR-285 对幼虫发育历期的影响；(B, E) Ago miR-285 (B) 和 Ant miR-285 (E) 对蜕皮激素通路相关基因的表达的影响；(C, F) Ago miR-285 和 Ant miR-285 对幼虫化蛹的影响；(D, G) Ago miR-285 (D) 和 Ant miR-285 (G) 注射后对化蛹率和羽化率的影响。

三、干扰 Br-C 对变态发育及其相关基因表达的影响

为了证实 Br-C 在沙葱萤叶甲幼虫变态发育具有调控作用，在 3 日龄 3 龄幼虫体内注射了 Br-C 的双链 RNA（dsBr-C）。48h 后，Br-C 的表达水平显著降低了 67.02%（图 4-13A）；并且发现 3 龄幼虫注射后 3 龄幼虫至羽化前的整个发育历期为 20.17d，对照组 ds-GFP 的发育历期为 16.07d，处理组的羽化时间比对照组延迟 4.1d（图 4-13C）；并且幼虫在注射 dsBr-C 后的化蛹率为 13.33%，而对照组为 86.67%，化蛹率显著降低了

84.62%，并且大部分幼虫表现为化蛹失败的现象（图 4-13E）；ds*Br-C* 组的羽化率与对照相比降低了 89.09%（图 4-13D）。与对照组相比，*Br-C* 基因被干扰后，蜕皮激素通路基因的表达水平均下降（图 4-13B）。可以发现，*Br-C* 基因被干扰后与注射 Ago *miR-285* 后的结果一致，都可以延长 3 龄幼虫发育的时间，降低幼虫的化蛹率和羽化率。

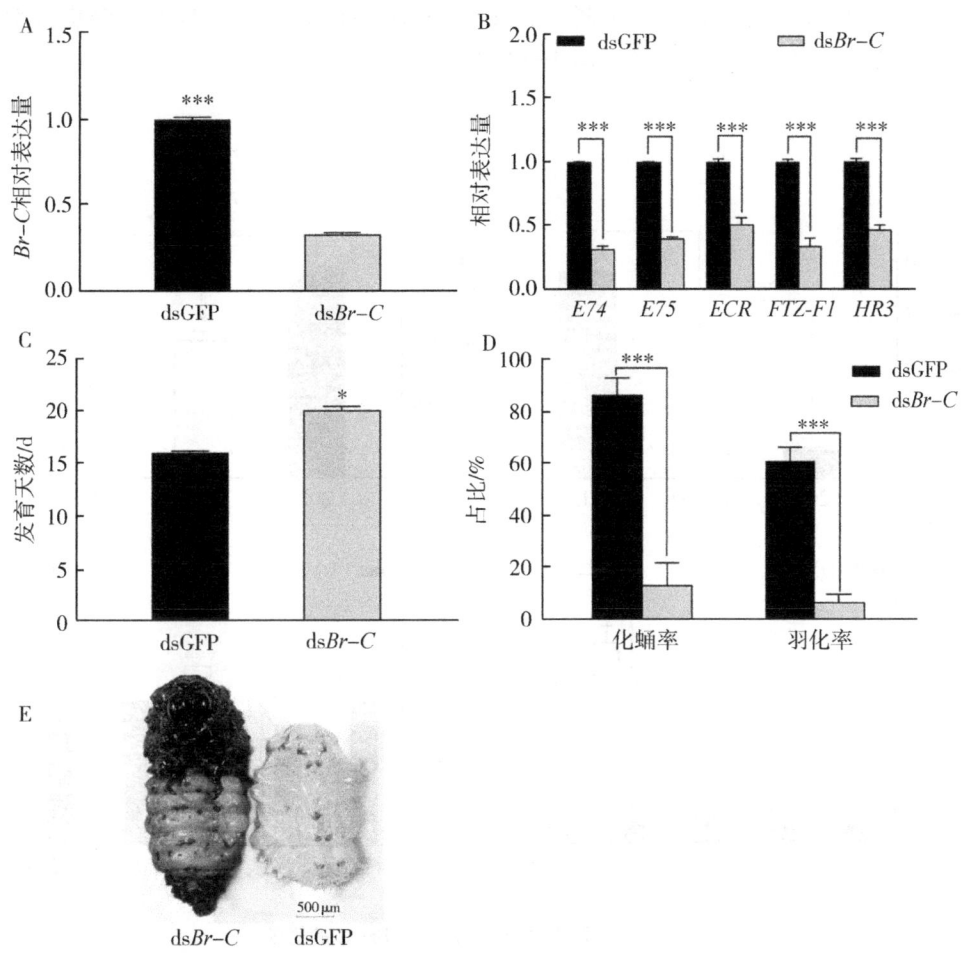

图 4-13 *Br-C* 对变态发育的影响

注：(A) 沙葱萤叶甲幼虫注射 ds*Br-C* 后对 *Br-C* 表达的影响；(B) ds*Br-C* 注射后对蜕皮激素相关基因表达的影响；(C) ds*Br-C* 注射后对 3 龄幼虫至羽化前整个发育历期的影响；(D) 注射 ds*Br-C* 后对幼虫化蛹率和羽化率的影响。(E) ds*Br-C* 注射后对幼虫化蛹表型的影响。所有数据显示平均值±SE。显著性分析采用 Student't-test，* 表示 $P<0.05$ 为有差异；*** 表示 $P<0.001$ 为极显著。

四、激素影响幼虫中 *miR-285* 和 *Br-C* 的表达

由于 *Br-C* 基因是蜕皮激素通路中的主要应答基因，在昆虫变态发育过程中充当蛹指示因子的作用。之前的研究已经证明，在保幼激素通路中，*Br-C* 可以受到保幼激素初级应答因子 *Kr-h1* 的调控，而且 *Br-C* 是 *miR-285* 的靶标基因。因此，我们想知道，两种激素是否也能参与调控 *miR-285* 和 *Br-C* 基因的表达。将 1 μL 2.5μg/μL 的 20E 或 JHA 注

射到沙葱萤叶甲幼虫体内。注射 20E 后，与注射 DMSO 对照组相比，miR-285 表达水平降低，下降了 73.61%，而 Br-C 的表达水平被上调，上升了 51.44%（图 4-14A 和图 4-14B）；并且发现蜕皮激素通路相关基因的表达水平均被上调（图 4-14C）。相反，注射 JHA 后 48h 检测 miR-285 的表达水平，与对照组 DMSO 相比，miR-285 表达水平被上调了 90.17%，Br-C 的表达水平被下调了 76.65%（图 4-14A 和图 4-14B）；蜕皮激素通路相关基因的转录水平全部被抑制（图 4-14D）。

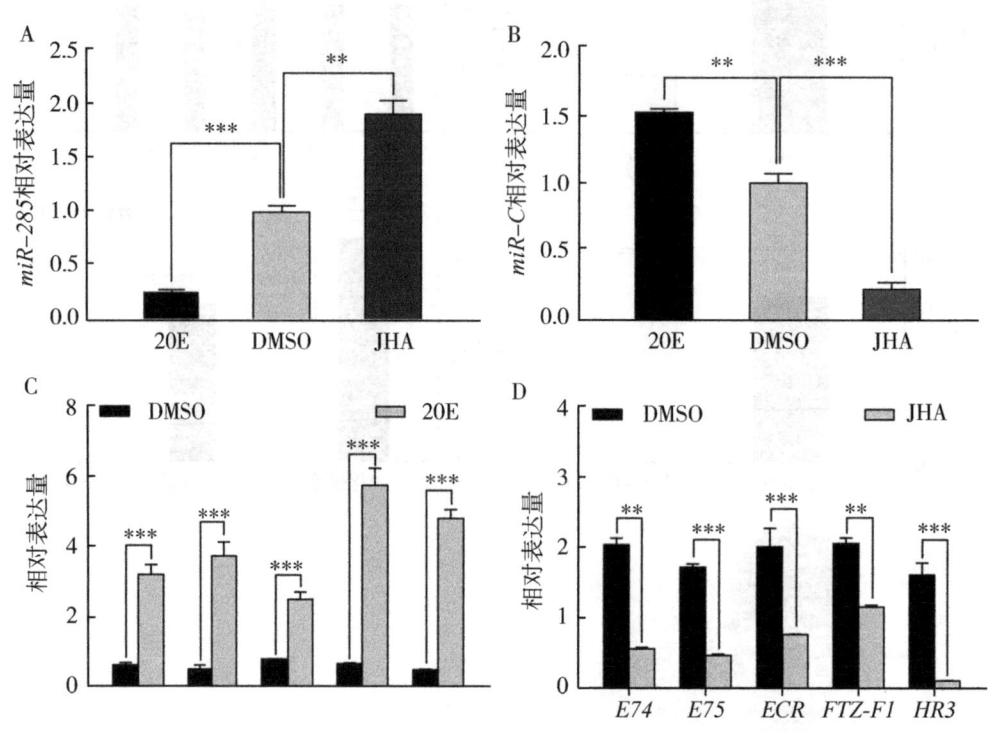

图 4-14　激素对 miR-285 和 Br-C 的影响

注：（A）沙葱萤叶甲幼虫注射 20E 和 JHA 后对 miR-285 的表达水平的影响；（B）幼虫期间注射 20E 和 JHA 后对 Br-C 表达水平的影响；（C）20E 注射后对蜕皮激素通路相关基因的表达水平的影响；（D）JHA 注射后对蜕皮激素通路相关基因表达水平的影响。

第三节　miR-285 对沙葱萤叶甲变态发育的调控作用及其分子机制

一、miR-7-5p 和 MARK2 沙葱萤叶甲生长发育过程中的表达模式

为了明确 miR-7-5p 及其靶基因 MARK2 在幼虫体内的表达模式，我们进行了表达水平分析，发现 miR-7-5p 与 MARK2 在幼虫阶段表达上呈现相反的表达模式。miR-7-

5p 在 3 龄幼虫第 3 天（3L3d）表达水平突然降低后呈现较平稳的表达趋势，于化蛹 1d 时表达水平呈现最低状态后，在化蛹第 3 天突然升高并达到表达巅峰后迅速下降。而 MARK2 的表达量要显著高于 miR-7-5p，在整个表达阶段表达水平与之相反（图 4-15A）。结果表明，miR-7-5p 和 MARK2 基因在 3 龄幼虫至成虫的发育过程中呈现负调控的模式。

为了探究 miR-7-5p 和 MARK2 在成虫各个阶段的表达情况，我们对收集的沙葱萤叶甲不同天数的成虫样本进行了 qPCR 检测。结果显示，MARK2 基因在羽化 3d 的表达水平至最低后缓慢上升，于羽化 15d 达到最高点后迅速下降后又缓慢上升保持稳定；而 miR-7-5p 的表达水平与 MARK2 呈现相反的趋势，先迅速升高，于第 3 天达到最高点后迅速下降，于 15d 降低至最低点后缓慢上升，在 40d 达到又一个高峰，后迅速下降，在 100d 时又达到一个高峰（图 4-15B）。根据表达模式分析，初步判定 miR-7-5p 可能在成虫期间也参与 MARK2 的调控。

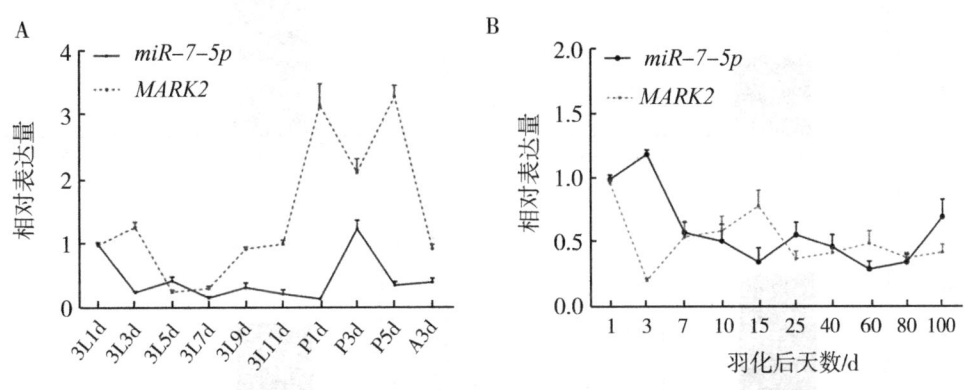

图 4-15　miR-7-5p 和 MARK2 在沙葱萤叶甲生长发育过程中的表达谱

注：（A）沙葱萤叶甲幼虫期间 miR-7-5p 和 MARK2 的表达谱，在沙葱萤叶甲 3 龄幼虫蜕皮后第 1、第 3、第 5、第 7、第 9、第 11 天以及预蛹第 1、第 3、第 5 天和成虫 3d 的样本表达量测定；（B）在沙葱萤叶甲羽化后成虫第 1、第 3、第 7、第 10、第 15、第 25、第 40、第 60、第 80 和第 100 天进行样本采集。miR-7-5p 和 MARK2 的内参分别为 U6 和 SDHA。所有数据显示平均值±SE。

二、幼虫期 miR-7-5p 调控 MARK2 表达和变态发育

为了证明 miR-7-5p 可以在幼虫中调控 MARK2 表达，选择 3 日龄沙葱萤叶甲 3 龄幼虫为试验对象，对虫体进行 Ago miR-7-5p 和 Ant miR-7-5p 的注射。以 Ago NC 和 Ant NC 作为对照处理进行注射；注射计量均为 0.8μL（40μM）。qPCR 结果表明，在进行 Ago miR-7-5p 注射 24h 后，miR-7-5p 的表达水平与对照相比显著上升了 18.03 倍，说明激动剂的有效性；而 MARK2 的表达水平显著降低，表明了 miR-7-5p 可以负调控 MARK2 基因的表达（图 4-16A 和图 4-16B）。相反，Ant miR-7-5p 注射后得到了相反的结果，miR-7-5p 的表达量降低，MARK2 的表达水平显著升高（图 4-16C 和图 4-16D）。而且注射后第 3 天，进行了脂肪含量及总糖含量的测定，发现与对照组相比，注射 Ago miR-7-

5p 后幼虫体内的糖含量显著升高了 49.92%，而脂肪含量与对照相比也升高了 2.09 倍（图 4-17E 和图 4-17F）。同时，蜕皮激素相关基因的表达水平与对照组相比也有显著上升，*E74*、*E75*、*ECR*、*FTZ-F1* 和 *HR3* 的表达水平分别增加了 0.32 倍、1.48 倍、0.33 倍、0.87 倍和 2.45 倍（图 4-17A）。而注射 Ant *miR-7-5p* 后的结果与前面的结果正好相反。在注射后第 3 天，相比较对照组，Ant *miR-7-5p* 处理组的糖含量降低了 18.12%，脂肪含量也降低了 43.12%（图 4-17E 和图 4-17F）。蜕皮激素通路相关基因的表达水平也与注射 Ago *miR-7-5p* 后的表达模式相反，降低了 *E74*、*E75*、*ECR*、*FTZ-F1* 和 *HR3* 的表达水平（图 4-17B）。

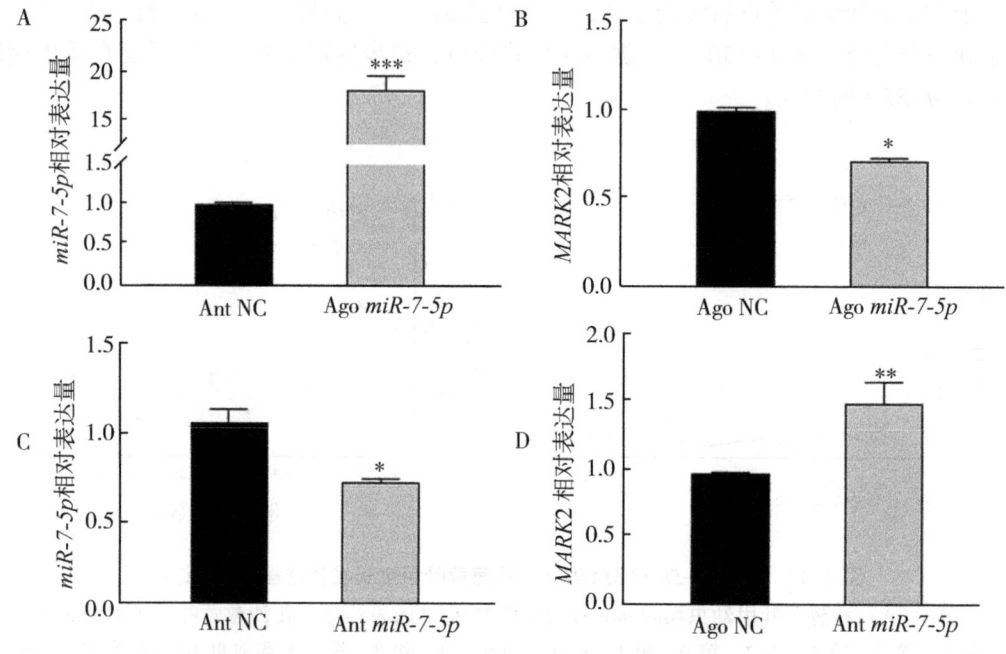

图 4-16 *miR-7-5p* 对 *MARK2* 表达的影响

注：(A) Ago*miR-7-5p* 处理后，*miR-7-5p* 的表达水平；(B) Ago *miR-7-5p* 处理后，*MARK2* 的表达水平；(C) Ant *miR-7-5p* 处理后，*miR-7-5p* 的表达水平；(D) Ant *miR-7-5p* 处理后，*MARK2* 的表达水平。所有数据显示平均值±SE。显著性分析采用 Student' t-test，* 表示 $P<0.05$ 有差异，** 表示 $P<0.01$ 为显著，*** 表示 $P<0.001$ 为极显著。

而且相对于对照组，两个处理组的大部分幼虫不能完成化蛹而死亡，化蛹率分别降低了 65.71% 和 62.5%，并极大地降低了羽化率（图 4-17C 和图 4-17D）。其中 Ago *miR-7-5p* 处理组的羽化率与对照相比降低了 67.28%，而 Ant *miR-7-5p* 处理组的羽化率与对照相比降低了 61.11%（图 4-17C 和图 4-17D）。说明 *miR-7-5p* 的过高或过低都会影响幼虫的正常变态（图 4-17G 和图 4-17H）。

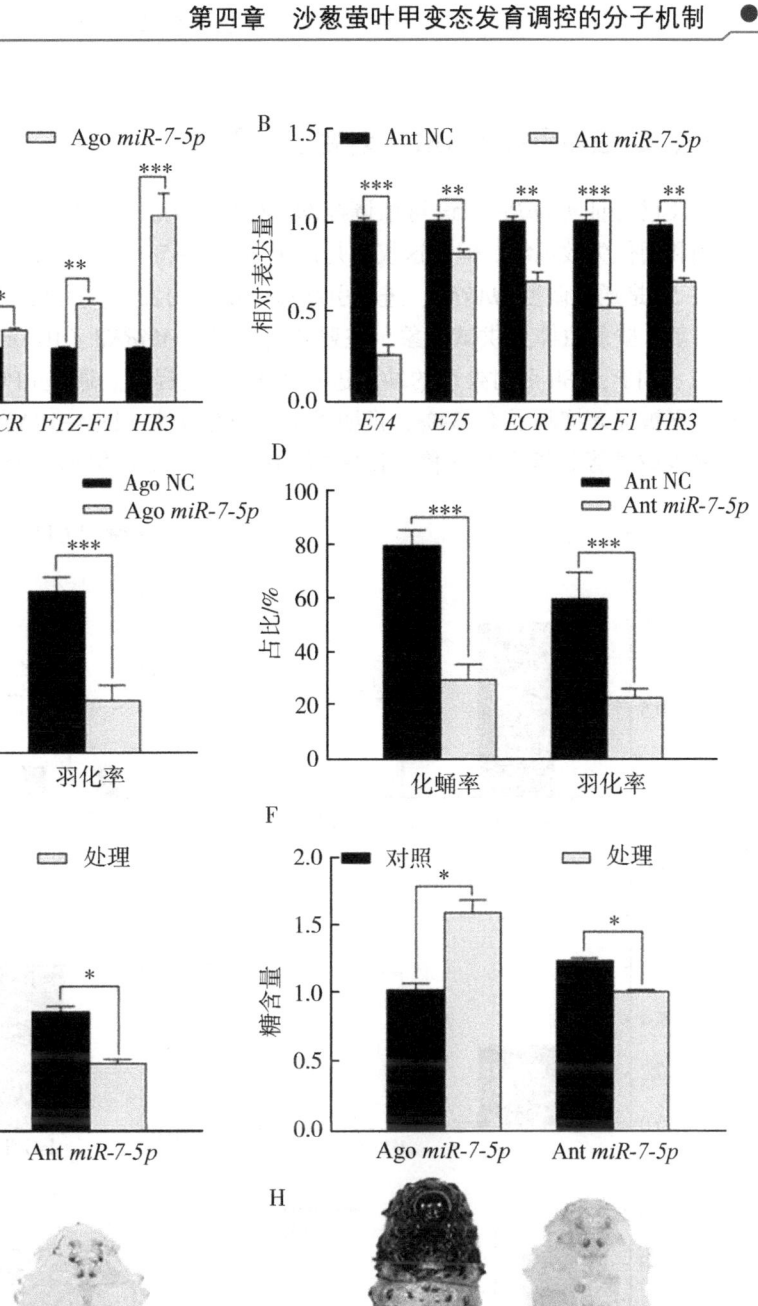

图 4-17 *miR-7-5p* 对变态发育的影响

注：（A，B）Ago *miR-7-5p*（A）和 Ant *miR-7-5p*（B）对蜕皮激素通路相关基因表达的影响；（C，D）Ago *miR-7-5p*（C）和 Ant *miR-7-5p*（D）注射后对化蛹率和羽化率的影响；（E）Ago *miR-7-5p* 和 Ant *miR-7-5p* 对幼虫脂质含量的影响；（F）Ago *miR-7-5p* 和 Ant *miR-7-5p* 对幼虫糖含量的影响；（G，H）Ago *miR-7-5p*（G）和 Ant *miR-7-5p*（H）对幼虫化蛹的影响。

三、幼虫期干扰 MARK2 对变态的影响

上文已经证实 miR-7-5p 可以调控幼虫体内 MARK2 的表达，并引起幼虫在变态过程中的化蛹和羽化失败现象，但是这仅仅是由于 miR-7-5p 的变化引起的这一现象，并不能证明 miR-7-5p 是通过调控 MARK2，进而引起这一现象的发生。因此，又进行了 RNA 干扰试验。以 3 日龄 3 龄幼虫体为供试对象，注射 0.8μL 的 dsMARK2（1000ng/μL），对照组注射相同剂量的 dsGFP，48h 后对处理的幼虫进行了 RNA 的提取。通过 qPCR 检测，发现 MARK2 的表达水平被显著抑制了 43.39%，证明了干扰的有效性（图 4-18A）。蜕皮激素相关基因的表达水平也被显著上调了 0.32 倍、1.48 倍、0.33 倍、0.84 倍和 2.45 倍（图 4-18B）。而且，

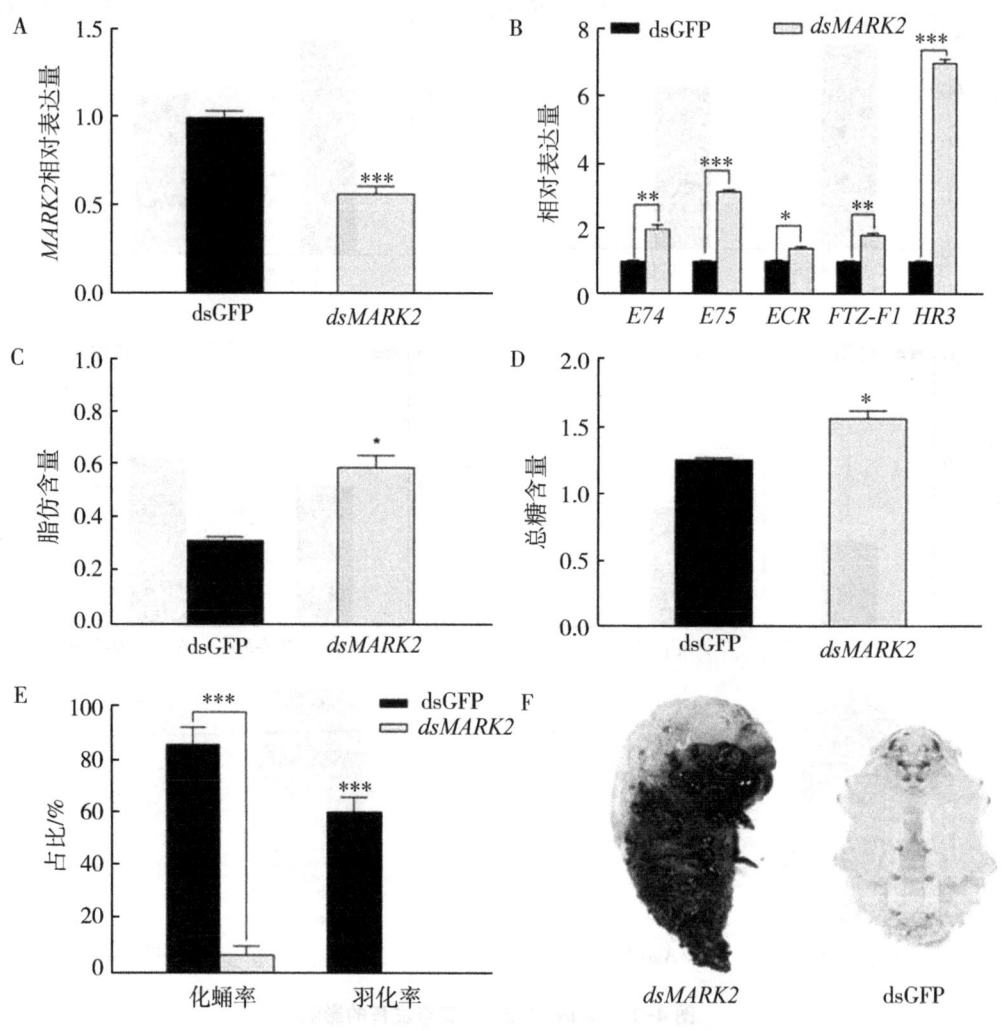

图 4-18 MARK2 对变态发育的影响

注：（A）沙葱萤叶甲幼虫注射 dsMARK2 后对 MARK2 的表达水平的影响；（B）dsMARK2 注射后对蜕皮激素相关基因表达的影响；（C）dsMARK2 注射后对脂质含量的影响；（D）dsMARK2 注射后对糖类含量的影响；（E）注射 dsMARK2 后对幼虫化蛹率和羽化率的影响；（F）dsMARK2 注射后对幼虫化蛹表型的影响。

注射 dsMARK2 的幼虫总糖含量和脂肪含量也明显增多，分别增加了 24.76% 和 86.99%（图 4-18C 和图 4-18D）。大部分幼虫不能正常完成化蛹而导致死亡，化蛹率与对照相比也大幅度减少了 92.31%，并且在羽化之前蛹全部死亡（图 4-18E 和图 4-18F）。

四、激素影响 *miR-7-5p* 和 *MARK2* 的表达

昆虫进行蜕皮变态的过程主要是通过激素之间的相互协调，为明确 *miR-7-5p* 和 *MARK2* 是否也受到 20E 的调控，我们在沙葱萤叶甲 3 龄幼虫期间进行了 20E 注射试验。结果表明，在 20E 注射 48h 后，*miR-7-5p* 的表达水平与注射 DMSO 的对照组相比，显著升高了 1.51 倍，而 *MARK2* 的表达水平显著降低了 41.79%。这一试验结果证实了 20E 可以调节 *miR-7-5p* 和 *MARK2* 的表达（图 4-19）。

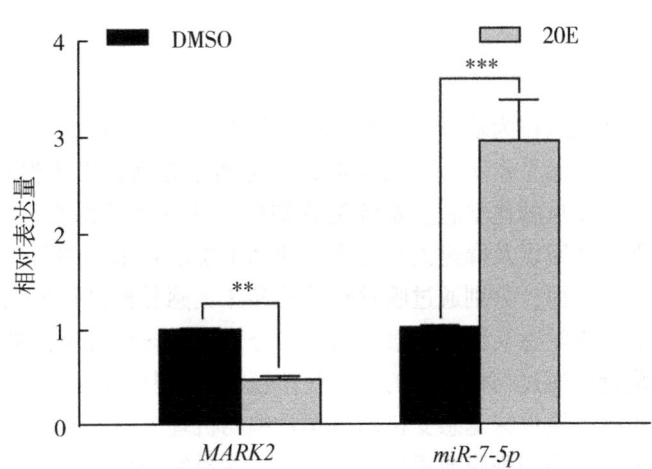

图 4-19 激素对 *miR-7-5p* 和 *MARK2* 的影响

第五章　沙葱萤叶甲的化学感受系统

昆虫作为地球上种类和数量最多的生物群体，经过长期的生物进化，形成了高度灵敏的化学感受系统，包括嗅觉和味觉两个方面，以确保种群的生存和繁衍。大量的研究表明，昆虫的化学感受系统是感知外界化学物质的媒介，该系统在昆虫定位寄主、寻觅配偶、产卵以及躲避天敌等生命活动中扮演着重要的角色。昆虫的化学感觉包括嗅觉和味觉两个方面，分别通过嗅觉感受器和味觉感受器进行感知。昆虫的嗅觉编码起始于气味分子进入嗅觉感受器，脂溶性的气味分子与气味结合蛋白结合后，被输送到嗅觉神经元的树突附近，通过与树突上的气味受体蛋白形成复合物，导致嗅觉神经元的轴突输出至中枢神经系统。昆虫味觉感受机理与嗅觉编码机理类似，味觉刺激物通过与味觉受体结合使味觉神经元树突细胞膜通透性发生改变，并最终产生动作电位。本章内容主要包括沙葱萤叶甲触角感器的扫描电镜观察、化学感受蛋白基因的鉴定及生物信息学分析、化学感受相关蛋白基因的表达谱分析、嗅觉相关基因的分子克隆和原核表达、嗅觉相关蛋白与寄主植物挥发物的结合特性及触角电位反应、嗅觉相关基因的 RNA 干扰效应以及沙葱萤叶甲对寄主植物代谢物响应的转录组学分析。

第一节　沙葱萤叶甲触角感器的扫描电镜观察

一、沙葱萤叶甲触角基本形态特征

沙葱萤叶甲雌雄成虫触角均为线状，共 11 节，由柄节、梗节和鞭节组成。柄节和梗节表皮较为平滑，感器分布较少。鞭节表皮呈鱼鳞状，分布着大量感器，且从第一节到末节感器数量逐渐增多。

二、沙葱萤叶甲触角感器类型、特征及分布情况

通过扫描电镜观察发现沙葱萤叶甲触角上分布的感器类型主要有 5 种，包括毛形感器（Sensilla trichodea，ST）、刺形感器（Sensilla chaetica，SC）、锥形感器（Sensilla basiconica，SB）、钟形感器（Sensilla campaniformia，SCa）、Böhm 氏鬃毛（Böhm bristle，BB）。此外，在触角表面还发现许多表皮孔（Epidermal pore，P），触角各节均有分布（图 5-1）。

（1）毛形感器根据形态和大小可分为 3 类，即毛形感器 1、毛形感器 2 和毛形感器 3。毛形感器 1（ST1）呈长毛状，基部到端部逐渐变尖细，近端部弯曲呈弧形，与触角

表面形成角度较小，多呈匍匐状。长度为 95.24~123.81μm，主要分布在梗节和柄节（图 5-1A）。

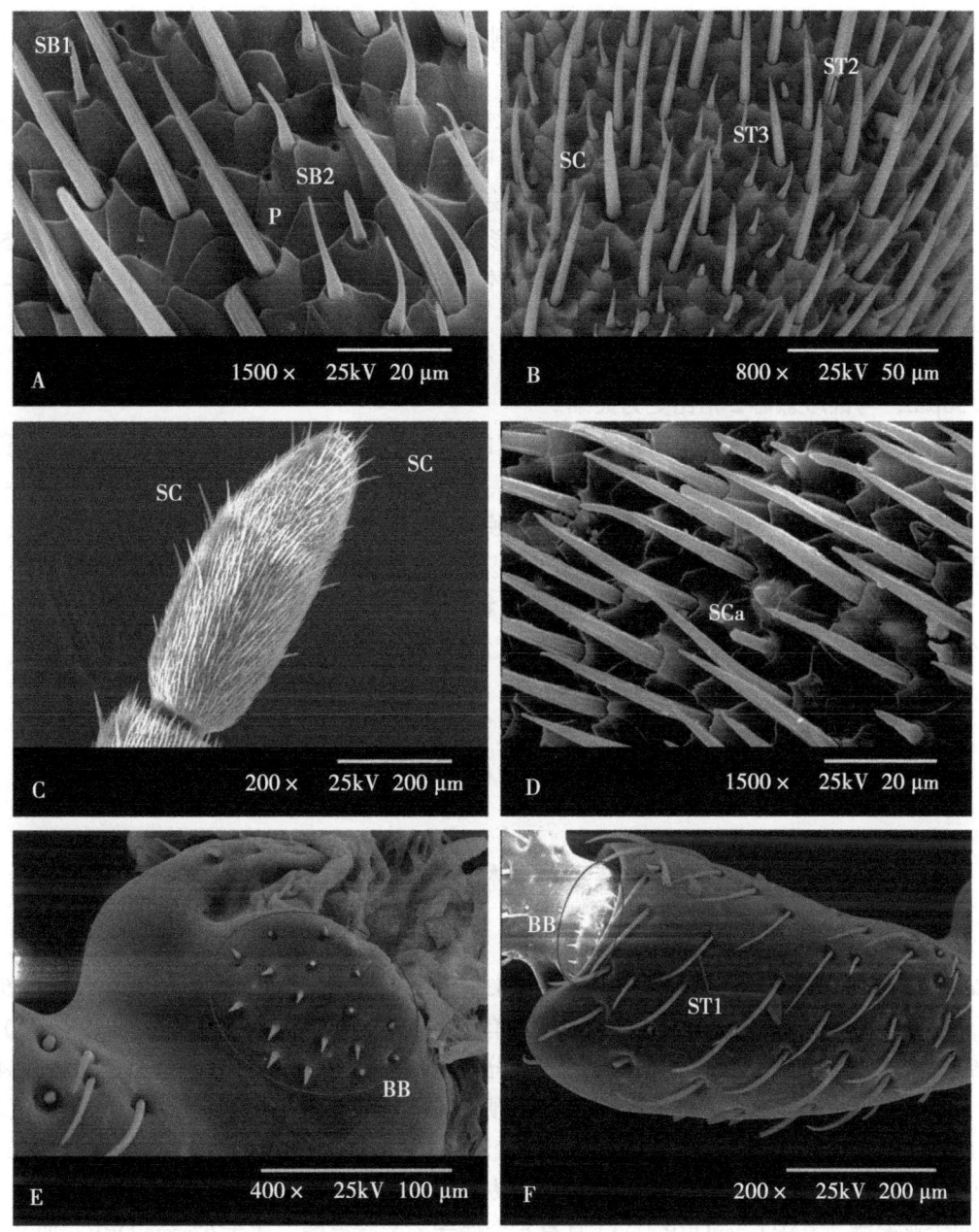

图 5-1 沙葱萤叶甲触角感器类型

注：A 为雌虫触角第 7 鞭节；B 为雄虫触角第 6 鞭节；C 为雌虫触角鞭节最末节；D 为雄虫触角鞭节最末节；E 为雄虫触角柄节；F 为雄虫触角梗节；ST1 为毛形感器 1；ST2 为毛形感器 2；ST3 为毛形感器 3；SC 为刺形感器；SB1 为锥形感器 1；SB2 为锥形感器 2；SCa 为钟形感器；BB 为 Böhm 氏鬃毛；P 为表皮孔。

毛形感器2（ST2）细长呈针状，径直向前，与触角表面呈30~40°角，长为28.05~47.56μm，具有明显的纵纹。主要分布在鞭节，基部位于鳞片缝隙中，数量较多（图5-1B）。

毛形感器3（ST3）长度较短，尖细如刺，表面光滑，长度为9.76~14.63μm。主要分布在鞭节第5~9节（图5-1B）。

（2）刺形感器（SC）与毛形感器2形状相似，但其端部较为钝圆。着生于触角表皮的凹穴内，与触角表面呈60°左右夹角，明显高于其他类型感器。长度为44.44~74.07μm，主要分布在鞭节，在鞭节末节顶端分布最密（图5-1C）。

（3）锥形感器（SB）比毛形感器和刺形感器都短，其表面光滑，端部钝圆（图5-1A）。根据形态可分为锥形感器1（SB1）和锥形感器2（SB2）。零散分布于鞭节第6~9节，数量较少。

锥形感器1（SB1）顶端钝圆，基部向端部逐渐变细，向前弯曲如指状，长度为11.56μm，与锥形感器2相比更为尖细。

锥形感器2（SB2）着生于四周表皮隆起的凹窝内，表面光滑，端部钝圆，近圆柱形，长度为10.67μm。

（4）钟形感器（SCa）边缘隆起略高于触角表皮，中间呈锥形突起。在雌雄触角鞭节最后一节均只发现一个此类感器（图5-1D）。

（5）Böhm氏鬃毛（BB）呈刺状垂直于触角表面，基部深陷于触角表皮内，成簇地着生于柄节和梗节基部，每簇约15根，长度为9.3~11.32μm（图5-1E、F）。

第二节 沙葱萤叶甲化学感受蛋白基因的鉴定及生物信息学分析

一、气味结合蛋白基因的鉴定与分析

从沙葱萤叶甲成虫转录组中鉴定出29个编码气味结合蛋白的基因，分别命名为 *GdauOBP1~29*（GenBank登录号为KX900453~KX900481）。序列分析结果表明（表5-1），除 *GdauOBP29* 外，其他28个基因均具有完整的开放阅读编码框ORF，长度在360~609bp之间，编码氨基酸个数119~202个，分子量范围为12~22kDa，等电点3.88~8.84。除OBP6、OBP13、OBP29外，其他OBP均预测出15~22个氨基酸的信号肽。29条氨基酸序列之间的相似性为8.33%~71.83%，表现出高度分化的特性（表5-2）。29条OBP氨基酸序列比对结果可以发现（图5-2），根据保守的半胱氨酸残基数可将29个OBP分为两个亚家族，其中GdauOBP 1~12具有6个保守的半胱氨酸，属于Classic OBP；而其余的OBP具有4个保守的半胱氨酸，属于Minus-C OBP，与Classic OBP相比缺少了第2个和第5个半胱氨酸。

表 5-1 沙葱萤叶甲转录组中 *OBP* 基因列表

基因名称	登录号	ORF长度/aa	分子量/kDa	PI	信号肽(SP)	BLAST注释	分数	覆盖率/%	E值	相似性/%	Accession
GdauOBP1	KX900453	131	15.1998	4.60	19	odorant-binding protein 3 [Batocera horsfieldi]	59.3	87	8E-09	29	AHA33381.1
GdauOBP2	KX900454	147	16.4622	4.50	16	odorant-binding protein 3 [Phyllotreta striolata]	169	99	2E-51	51	ANQ46502.1
GdauOBP3	KX900455	135	15.4943	4.85	15	odorant binding protein 17 [Colaphellus bowringi]	186	94	2E-58	61	ALR72505.1
GdauOBP4	KX900456	119	13.5361	3.88	22	odorant binding protein 14 [Colaphellus bowringi]	104	90	1E-26	45	ALR72502.1
GdauOBP5	KX900457	136	14.9087	4.23	21	odorant-binding protein 2 [Phyllotreta striolata]	162	93	4E-49	56	ANQ46501.1
GdauOBP6	KX900458	119	12.9294	7.77	—	odorant-binding protein 4 [Monochamus alternatus]	161	99	7E-49	59	AHA39269.1
GdauOBP7	KX900459	124	13.5234	4.90	19	odorant binding protein, partial [Lissorhoptrus oryzophilus]	57	75	6E-08	32	SHE13795.1
GdauOBP8	KX900460	126	14.1288	4.62	20	Odorant binding protein 8 [Colaphellus bowinqi]	61.2	54	1E-09	35	ALR72496.1
GdauOBP9	KX900461	146	16.8615	4.43	20	Odorant binding protein 11 [Colaphellus bowinqi]	62.4	99	1E-09	27	ALR72499.1
GdauOBP10	KX900462	146	16.6495	7.72	22	Odorant binding protein 1 [Phyllotreta striolata]	199	97	2E-63	65	ANQ46500.1
GdauOBP11	KX900463	178	20.0584	4.89	18	Odorant binding protein 18 [Colaphellus bowinqi]	245	86	2E-80	72	ALR72506.1
GdauOBP12	KX900464	202	22.6722	4.32	18	Odorant binding protein 12 [Colaphellus bowinqi]	157	99	1E-44	39	ALR72500.1

(续表)

基因名称	登录号	ORF长度/aa	分子量/kDa	PI	信号肽(SP)	BLAST 注释	分数	覆盖率/%	E值	相似性/%	Accession
GdauOBP13	KX900465	152	17.1199	7.87	—	Odorant binding protein 21 [Dastarcas helophoroides]	132	86	6E-37	47	AIX97067.1
GdauOBP14	KX900466	140	15.6669	4.13	19	Odorant binding protein 15 [Colaphellus bowinqi]	75.5	73	9E-15	43	ALR72503.1
GdauOBP15	KX900467	143	16.3362	5.03	17	Odorant binding protein 11 [Colaphellus bowinqi]	94.4	97	4E-22	38	ALR72499.1
GdauOBP16	KX900468	143	16.6513	6.91	19	Odorant binding protein 16 [Colaphellus bowinqi]	73.2	96	7E-14	31	ALR72504.1
GdauOBP17	KX900469	129	14.4022	5.92	16	Odorant binding protein 13 [Dendroctonus armandi]	62.0	99	1E-09	34	ALM64971.1
GdauOBP18	KX900470	141	15.8448	6.52	18	Odorant binding protein 16 [Tenebrio molitor]	86.7	83	3E-19	35	AJM71490.1
GdauOBP19	KX900471	135	15.0176	5.32	18	Odorant binding protein29 [Dendroctonus ponderosae]	97.4	86	2E-23	38	AGI05182.1
GdauOBP20	KX900472	139	15.4643	7.39	16	Odorant binding protein [Chilo suppressalis]	77.8	95	9E-16	30	AGM38609.1
GdauOBP21	KX900473	137	15.345	8.38	16	Odorant binding protein [Colaphellus bowinqi]	146	99	1E-42	50	ALR72494.1
GdauOBP22	KX900474	136	15.2027	8.34	18	Odorant binding protein 15 [Colaphellus bowinqi]	84.3	75	3E-18	39	ALR72503.1
GdauOBP23	KX900475	144	16.388	4.85	17	Odorant binding protein 11 [Colaphellus bowinqi]	106	97	9E-27	42	ALR72499.1
GdauOBP24	KX900476	140	16.1109	7.34	20	Odorant binding protein [Rhynchophorus ferrugineus]	76.3	87	8E-15	32	AMK48596.1

(续表)

基因名称	登录号	ORF 长度/aa	分子量/kDa	PI	信号肽(SP)	BLAST 注释	分数	覆盖率/%	E 值	相似性/%	Accession
GdauOBP25	KX900477	137	15.5374	8.84	16	Odorant binding protein [Colaphellus bowinqi]	150	99	3E-44	51	ALR72494.1
GdauOBP26	KX900478	142	15.7641	7.01	17	Odorant binding protein 15 [Colaphellus bowinqi]	88.6	72	7E-20	42	ALR72503.1
GdauOBP27	KX900479	145	17.0476	5.21	19	Odorant binding protein 83b [Drosophila ananassae]	55.1	94	6E-07	27	XP_001955184.1
GdauOBP28	KX900480	130	14.8516	5.81	17	Odorant binding protein 14 [Tenebrio molitor]	55.8	94	2E-07	27	AJM71488.1
GdauOBP29	KX900481	5' missing	12.9264	5.73	—	Odorant binding protein 21 [Dastarcus helophoroides]	137	97	8E-40	57	AIX97067.1

注:"—"表示未检测到。

表 5-2 29 个 GdauOBP 氨基酸序列一致性分析

	OBP1	OBP2	OBP3	OBP4	OBP5	OBP6	OBP7	OBP8	OBP9	OBP10	OBP11	OBP12	OBP13	OBP14
OBP2	21.85													
OBP3	19.83	21.26												
OBP4	18.27	15.74	15.18											
OBP5	18.80	17.46	26.52	22.94										
OBP6	19.00	17.80	18.42	21.51	25.66									
OBP7	24.79	17.24	20.00	14.15	20.54	21.00								
OBP8	27.12	17.95	22.61	19.39	20.35	15.38	31.03							
OBP9	12.20	17.78	18.52	11.30	18.66	16.67	12.50	13.22						

(续表)

	OBP1	OBP2	OBP3	OBP4	OBP5	OBP6	OBP7	OBP8	OBP9	OBP10	OBP11	OBP12	OBP13	OBP14
OBP10	17.74	18.25	19.26	19.66	21.97	54.62	16.26	13.82	15.83					
OBP11	12.10	17.61	13.64	15.04	11.45	12.71	9.92	14.75	11.89	14.08				
OBP12	15.52	17.27	11.11	22.43	17.60	16.24	13.27	17.54	14.39	15.79	21.15			
OBP13	14.16	17.74	17.50	18.81	21.14	15.74	16.67	14.81	20.47	17.46	17.29	13.60		
OBP14	19.47	17.69	16.10	15.00	21.19	10.38	14.81	18.35	10.85	9.45	21.01	16.79	17.32	
OBP15	15.00	11.19	19.70	18.58	18.32	17.54	14.53	15.38	23.94	20.44	15.60	17.69	25.81	18.25
OBP16	12.40	15.27	20.30	14.91	20.00	15.18	24.37	15.00	20.57	18.12	9.35	12.50	19.84	13.39
OBP17	13.89	21.85	12.61	13.00	19.82	19.00	14.29	16.33	15.25	16.95	18.90	16.13	19.33	36.72
OBP18	14.02	17.56	13.33	16.00	22.03	14.81	15.09	16.82	19.05	16.67	17.16	13.95	28.79	20.31
OBP19	20.18	21.14	19.33	14.00	23.33	13.08	18.69	18.69	19.05	13.60	18.05	13.60	52.24	19.84
OBP20	17.09	12.21	19.38	19.09	24.81	17.70	17.54	15.65	15.33	22.39	17.39	16.80	22.31	18.33
OBP21	18.18	20.47	19.66	15.31	16.24	12.38	11.43	10.48	14.29	13.60	19.26	15.50	16.67	24.26
OBP22	13.89	12.90	16.67	9.90	18.33	12.04	14.29	15.24	17.60	12.80	15.67	15.50	23.66	30.00
OBP23	13.33	9.63	21.21	17.86	19.85	15.65	15.38	14.53	25.35	16.79	16.78	14.62	23.39	17.46
OBP24	11.61	14.29	11.11	12.00	14.53	14.00	15.60	16.36	12.50	11.90	18.25	12.70	21.26	24.24
OBP25	14.55	16.54	21.37	17.35	18.80	16.19	13.33	10.48	14.29	16.00	19.26	17.83	23.02	23.53
OBP26	14.68	17.83	19.83	12.75	21.49	12.04	16.04	14.95	15.75	14.29	16.18	16.42	22.73	27.48
OBP27	12.20	12.03	22.22	15.52	20.45	12.28	19.01	13.93	18.88	14.29	11.35	12.31	18.25	16.54
OBP28	18.52	18.64	15.79	12.12	14.78	8.74	19.05	21.15	10.74	11.67	17.19	12.82	17.60	22.13
OBP29	15.38	20.18	22.33	18.60	25.24	13.46	16.48	20.65	18.87	14.95	15.04	10.81	41.59	24.55

（续表）

	OBP15	OBP16	OBP17	OBP18	OBP19	OBP20	OBP21	OBP22	OBP23	OBP24	OBP25	OBP26	OBP27	OBP28
OBP16	25.36													
OBP17	17.24	16.24												
OBP18	24.80	15.87	23.73											
OBP19	25.20	16.80	18.64	28.91										
OBP20	29.41	20.30	12.73	21.49	22.50									
OBP21	15.32	14.40	24.41	25.40	20.00	16.10								
OBP22	22.95	14.52	28.23	24.22	16.92	21.85	21.71							
OBP23	71.83	23.91	16.38	24.80	26.02	27.54	14.52	20.49						
OBP24	14.52	11.90	26.67	21.26	12.70	13.22	21.88	23.44	12.90					
OBP25	13.71	16.00	29.92	26.98	20.80	16.95	70.07	24.03	12.90	27.34				
OBP26	21.14	12.80	25.00	23.13	18.32	18.33	26.36	55.15	21.14	22.14	27.91			
OBP27	22.86	63.64	12.82	15.08	16.80	20.74	11.20	12.90	20.00	15.87	13.60	12.80		
OBP28	17.80	8.33	20.34	25.20	19.35	14.66	19.83	17.74	14.41	23.77	19.83	24.00	10.00	
OBP29	17.92	17.92	24.30	33.63	33.04	18.45	21.10	17.70	16.98	26.42	21.10	23.89	17.92	18.02

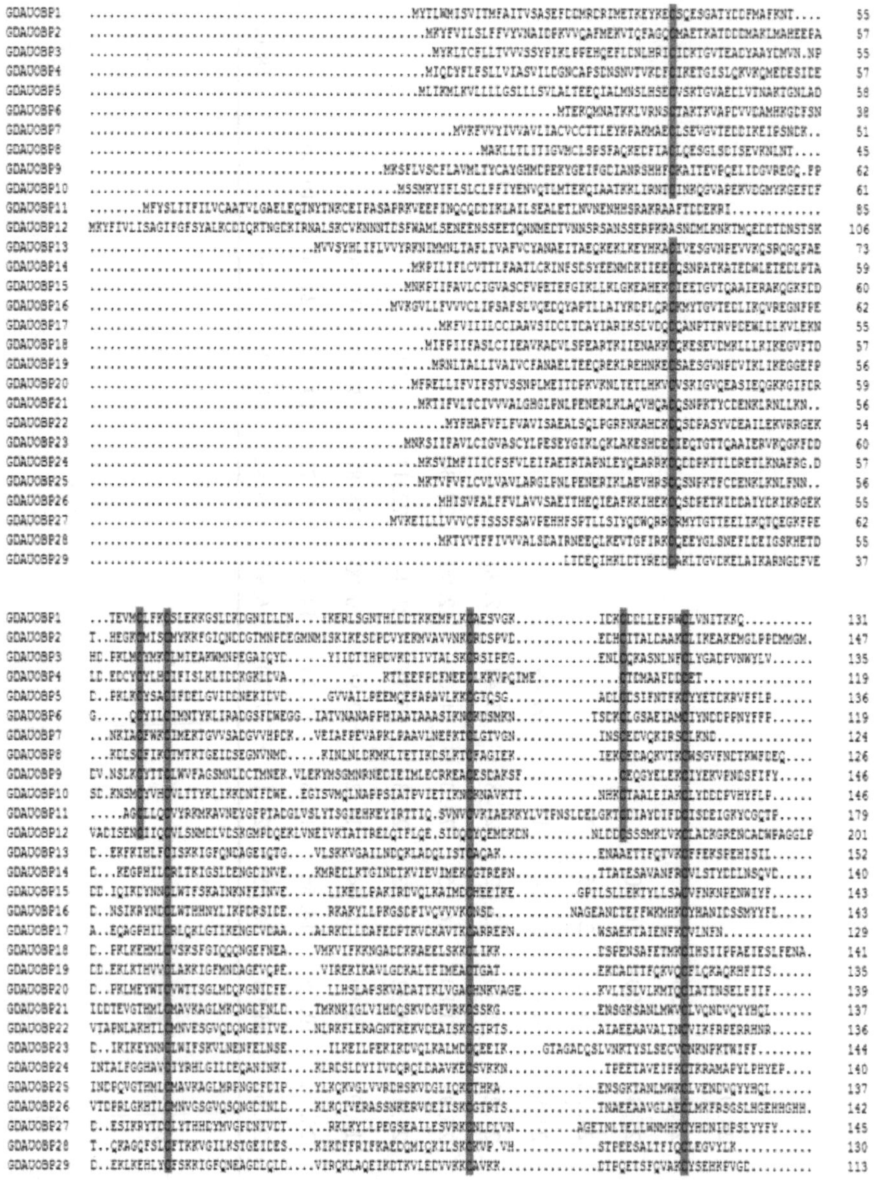

图 5-2 沙葱萤叶甲 29 个 OBP 氨基酸序列比对

注：灰色代表保守半胱氨酸残基。

系统发育分析显示（图 5-3），沙葱萤叶甲 29 个 OBP 没有聚到同一分支上，而有 6 对 GdauOBP 聚在同一小支上，且自展支持率在 59%～96%，包括 GdauOBP14 和 GdauOBP17、GdauOBP15 和 GdauOBP23、GdauOBP16 和 GdauOBP27、GdauOBP21 和 GdauOBP25、GdauOBP22 和 GdauOBP26、GdauOBP24 和 GdauOBP28。同时，沙葱萤叶甲的 10 个 OBP 分别与大猿叶甲 10 个 OBP 聚到同一小分支上，包括 Gdau2 和 Cbow26、Gdau3 和 Cbow17、Gdau4 和 Cbow14、Gdau5 和 Cbow20、Gdau6 和 Cbow2、Gdau11 和 Cbow18、Gdau12 和 Cbow12、Gdau18 和 Cbow3、Gdau20 和 Cbow21、Gdau29 和 Cbow13。

然而有一些 OBP 并没有与同种内的其他 OBP 聚到同一分支中，例如，GdauOBP1、GdauOBP7~GdauOBP9 和 GdauOBP19。

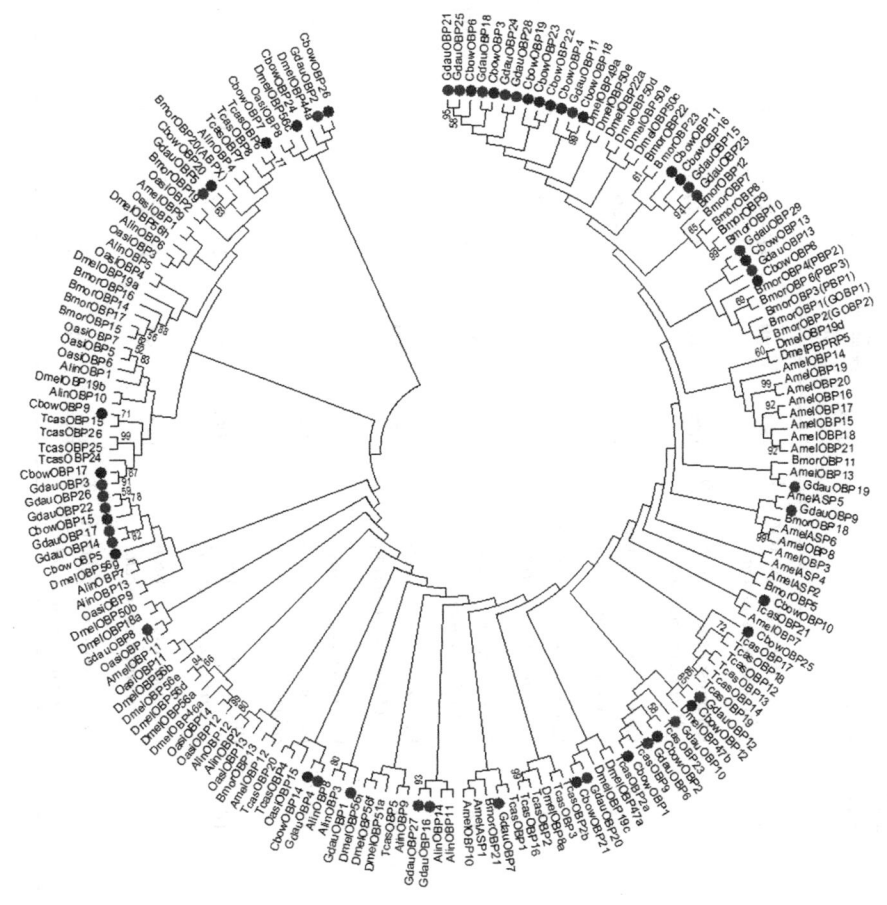

图 5-3 沙葱萤叶甲 OBP 系统发育分析

注：红点代表沙葱萤叶甲 OBP，蓝点代表大猿叶甲 OBP；自展支持率（Bootstrap）大于 50% 予以显示；Gdau 为沙葱萤叶甲 *G. daurica*；Cbow 为大猿叶甲 *Colaphellus bowringi*；Tcas 为赤拟谷盗 *Tribolium castaneum*；Bmor 为家蚕 *Bombyx mori*；Oasi 为亚洲小车蝗 *Oedaleus asiaticus*；Dmel 为黑腹果蝇 *Drosophila melanogaster*；Amel 为意大利蜜蜂 *Apis mellifera*；Alin 为苜蓿盲蝽 *Adelphocorid lineolatus*。

二、化学感受蛋白基因的鉴定与分析

从沙葱萤叶甲转录组数据中鉴定出 10 条编码化学感受蛋白的基因，命名为 *GdauCSP1~10*（GenBank 登录号 KY885471~KY885480）。序列分析结果（表 5-3）表明，它们均具有完整的 ORF，长度在 297~822bp，编码氨基酸个数 98~273 个，分子量范围为 11.53~30.07kDa。等电点为 5.36~9.46，其中 GdauCSP1 和 GdauCSP9 等电点分别为 5.36 和 5.78，属于弱酸性蛋白；而其他 GdauCSP 的等电点 7.09~9.46，属于弱碱性蛋白。信号肽预测发现，除 GdauCSP2 外，其他 GdauCSP 均具有 16~21 个氨基酸的信号肽。NCBI 网站 BlastX 比对结果显示，GdauCSP 与榆绿毛萤叶甲 PaenCSP 和榆黄毛萤叶甲 PmacCSP

表 5-3 沙葱萤叶甲转录组中 CSP 基因列表

基因	登录号	ORF 长度/aa	分子量/kDa	等电点	Signal-peptide	BLAST 注释	Best Blastxmatch				Accession
							分数	覆盖率/%	E 值	相似性/%	
GdauCSP1	KY885471	129	14.7536	5.36	18	Chemosensory protein 1 [Pyrrhalta aenescens]	183	89	1E−57	74	APC94294.1
GdauCSP2	KY885472	98	11.5254	7.91	—	Chemosensory protein 9 [Pyrrhalta maculicollis]	162	98	9E−50	72	APC94215.1
GdauCSP3	KY885473	136	15.8186	8.12	21	Chemosensory protein 9 [Pyrrhalta aenescens]	161	99	8E−49	72	APC94297.1
GdauCSP4	KY885474	124	14.5553	9.46	18	Chemosensory protein 6 [Colaphellus bowringi]	150	97	1E−44	52	ALR72520.1
GdauCSP5	KY885475	134	15.3239	7.09	16	Chemosensory protein 5 [Pyrrhalta maculicollis]	256	99	2E−86	90	APC94218.1
GdauCSP6	KY885476	130	15.1869	7.81	18	Chemosensory protein 3 [Colaphellus bowringi]	160	99	2E−48	58	ALR72517.1
GdauCSP7	KY885477	121	14.0759	9.09	18	Chemosensory protein 6, partial [Pyrrhalta maculicollis]	203	90	3E−65	89	APC94220.1
GdauCSP8	KY885478	130	14.8688	8.19	18	Chemosensory protein 2 [Pyrrhalta maculicollis]	206	99	2E−66	80	APC94214.1
GdauCSP9	KY885479	119	13.5263	5.78	20	Chemosensory protein 8 [Pyrrhalta aenescens]	132	87	1E−37	56	APC94296.1
GdauCSP10	KY885480	273	30.0678	8.67	17	Chemosensory protein 3 [Pyrrhalta maculicollis]	303	98	2E−100	62	APC94216.1

注:"—"表示未检测到。

氨基酸序列相似度较高。沙葱萤叶甲 10 条 CSP 氨基酸序列之间的相似性范围从 17.27%（GdauCSP5 和 GdauCSP9）到 62.79%（GdauCSP1 和 GdauCSP8），分化程度较大（表 5-3）。10 个 GdauCSP 氨基酸序列比对结果发现，它们具有 CSP 典型的结构特征，即具有四个保守的半胱氨酸（图 5-4、表 5-4）。

```
GdauCSP1   ....MKLSLVVCVILAVVVVSAKFE.EKYTTKYDNINICEIINNDRLLRSYVDCLLGT..KPCTKDGEELKKVFKEALCSKCSK.CSDACKE       84
GdauCSP2   ..............................MNILRNARMLKRYVECLLDEVP.CTCTKDGDYLKCVLFEAIKTNCAE.CCAKCCD      52
GdauCSP3   MNRWCISVVLMVLVVVAAVHCAPKSFDENLKVLKKIDINCVLNNDRIIRNYVDCVLGK..KRCTNEGNALKESWKCGLDKGCCD.CDEECKR       89
GdauCSP4   .....MGLIRLIFLFAVVVCSLACTYNTRYENICIRILGSKRLILDNYLDCLLEENVKRCSFEGREFKRYIFEAISTNCAK.CSCSCKR      83
GdauCSP5   ......MFSLVVVLCLAGLSSAAVTERAKYTTKYDNVNLEEIVHSDRLLKSYVDCLLEK.GKCTFDGLELKKNMFCLAIATDCSK.CSEKCRE      84
GdauCSP6   ......MNFVFVLCAFSLIAVVSAEENNEKYTTKYDNVCVERILCSDRLLRNYIDCLLGK.TCCTKDGCELKNVLTCALKTKCEK.CSEICRK      85
GdauCSP7   .........MKTFLLIFIAATGSYVFAEKYTTKYDNVCIDTIIKSDRLLLNYVNCLLEN..GKCTFDGLELKRVLPDALLTDCSK.CDALTCKR      81
GdauCSP8   .........MKLAIVVCVSLVIVAVAAAFADEKYTSKYENINLCDIIRSDRLLTNYIDCLLGT..PKCTKDAEELKRVLPCALKTKCAK.CTEACKN      85
GdauCSP9   .MNFFCVSILIGFLMVVAVSGAPKFTFEENVATLKKVCLKAVLCNTRIMRAYVDCVVHN..THCTFESTALKESWKEGLCCGCADPCDEEAKK      89
GdauCSP10  .MVPLICILVALSGLVVSAFVPECKECYYTTKYDHVCIEMILSNRRLIYYYTACMLNK..GPCSFEGLEFKRLIPCAIQTNCKR.CTERCKV      88

GdauCSP1   AAKKIGIYLIKNKRPWFCDELVEVFCPDHTKLECYKDELKAEGIEL.....................................     129
GdauCSP2   TAVRVMAYLMKYHDDWWKKIDARYCASTSEFLLARKAKIEEYKNTIL....................................     98
GdauCSP3   KVKKILKMMYTKHRDLYDELAAHLDKDGKYRDKYCACIDEILKDPTL....................................     136
GdauCSP4   IVRKTAKYIITNRPCDEWEKIKCRFDPCGKYHCSFNCFLNSP........................................     124
GdauCSP5   GSEYMMRFLICNKFDYWNFLCEKYFDPSGAYKCRYLESKKCEVKVEPITKT...............................     134
GdauCSP6   CAIKVITYLLKNKRSWWNEVAVYCFPTHNYRCLYCKEIKEAGLEL.....................................     130
GdauCSP7   GSKKIIRHLIDNKPNWYKELEEYCKNGTYKIKYEKEIRA...........................................     121
GdauCSP8   GAKKILRHLIKNKREWFNELEAVYCPEHVYVKSYEKELKEEGIEL.....................................     130
GdauCSP9   RVCIIAKYVYTECPEWYKEIIEALDKDKKI....................................................     119
GdauCSP10  GTVRAIKGLMKEYFKVWDCLKAEWDPDCIIYVEKFLATHGNFFPNINMISNRFCADEPSEPTCTSVSNSTESSNCDSSTTFPNASSKFSSTTFRQ  180

GdauCSP1   .................................................................................     129
GdauCSP2   .................................................................................      98
GdauCSP3   .................................................................................     136
GdauCSP4   .................................................................................     124
GdauCSP5   .................................................................................     134
GdauCSP6   .................................................................................     130
GdauCSP7   .................................................................................     121
GdauCSP8   .................................................................................     130
GdauCSP9   .................................................................................     119
GdauCSP10  SSTTSSTTLGIYYPPSLDPGTIPIANTIGCGIKATVSLGNNIVRKVIKDIETIGNTVVLTGAKIAENIGNSVICTRNRIATVLREATRPCRK    272
```

图 5-4 沙葱萤叶甲 10 个 CSP 氨基酸序列比对

注：灰色代表保守半胱氨酸残基。

表 5-4　10 个 GdauCSP 氨基酸序列一致性分析

	CSP1	CSP2	CSP3	CSP4	CSP5	CSP6	CSP7	CSP8	CSP9
CSP2	29.67								
CSP3	31.50	20.43							
CSP4	35.54	30.34	27.73						
CSP5	43.31	33.33	19.69	31.40					
CSP6	51.94	37.36	30.40	32.79	42.19				
CSP7	48.33	31.82	30.00	39.83	52.94	51.24			
CSP8	62.79	32.97	32.00	34.43	43.75	60.00	54.55		
CSP9	28.83	23.46	51.69	25.00	17.27	27.68	28.18	25.00	
CSP10	28.35	28.87	28.03	37.50	34.35	30.47	34.45	28.91	20.18

为了研究 GdauCSPs 与其他昆虫 CSPs 之间的系统发育关系，我们构建了系统发育树。

通过系统发育树（图 5-5）可以发现，GdauCSP 与其他昆虫 CSP 不同，其在进化树中的分布比较分散，只有 GdauCSP3 和 GdauCSP9 聚在了同一小分支上，自展支持率为 90%，其余 CSP 分散到了不同的分支上。沙葱萤叶甲 GdauCSP 与榆黄毛萤叶甲 PmacCSP 的亲缘关系最近，二者大部分 CSPs 都聚在了同一小分支上，包括 GdauCSP5 与 PmacCSP5，GdauCSP7 与 PmacCSP6，GdauCSP10 与 PmacCSP3，GdauCSP2 与 PmacCSP9，GdauCSP1 与 PmacCSP8。此外，GdauCSP6 与 TcasCSP12 聚到同一小支，自展支持率为 60%。

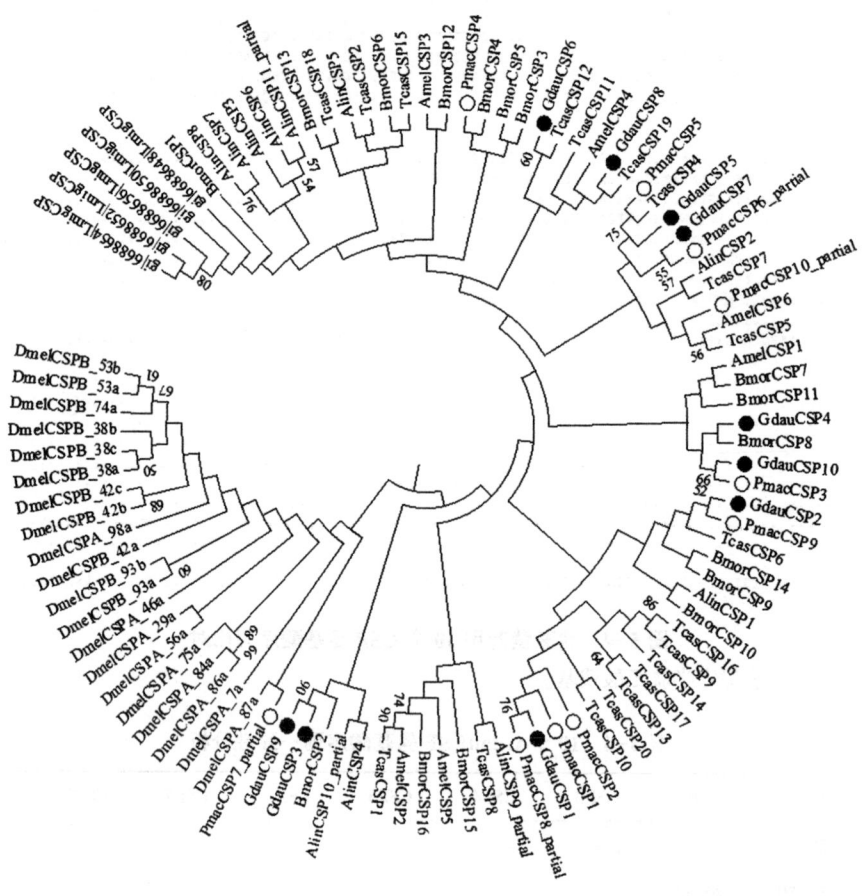

图 5-5　沙葱萤叶甲 CSP 系统发育分析

注：黑点代表沙葱萤叶甲 CSP，圆圈代表榆黄毛萤叶甲 CSP；自展支持率（Bootstrap）大于 50% 予以显示；Gdau 为沙葱萤叶甲 *G. daurica*；Pmac 为榆黄毛萤叶甲 *Pyrrhalta maculicollis*；Tcas 为赤拟谷盗 *Tribolium castaneum*；Bmor 为家蚕 *Bombyx mori*；Lmig 为东亚飞蝗 *Locusta migratoria*；Dmel 为黑腹果蝇 *Drosophila melanogaster*；Amel 为意大利蜜蜂 *Apis mellifera*；Alin 为苜蓿盲蝽 *Adelphocorid lineolatus*。

三、嗅觉受体基因的鉴定与分析

从沙葱萤叶甲转录组数据中鉴定出 21 条嗅觉受体基因，其中包括 1 条 *ORco* 基因，分别命名为 *GdauOR1~20* 和 *GdauORco*（GenBank 登录号为 MK691770~MK691790）。结合 ORF 预测和 BlastX 比对结果（表 5-5）发现，*GdauOR1~20* 长度为 168~780bp，编码 55~

259个氨基酸，在5'和3'序列两端有不同程度的缺失，均没有完整的ORF。跨膜结构预测显示，GdauOR1、GdauOR2、GdauOR4~6和GdauOR10具有1~3个跨膜区，其他GdauOR均没有跨膜结构。GdauORco仅有465个碱基，编码154个氨基酸，5'缺失较为严重，仅存在3个跨膜结构域。根据BlastX比对结果，GdauORco与白蜡窄吉丁AplaORco基因序列相似度高达95%。

表5-5 沙葱萤叶甲转录组中 *OR* 基因列表

基因名称	登录号	ORF长度/aa	跨膜结构域	BLAST注释	分数	覆盖率/%	E值	相似性/%	Accession
GdauOR1	MK691770	259	3	odorant receptor 2 [Pyrrhalta maculicollis]	187	98	3E-53	38	APC94225.1
GdauOR2	MK691771	228	3	odorant receptor 2 [Pyrrhalta aenescens]	323	98	5E-107	68	APC94306.1
GdauOR3	MK691772	145	—	odorant receptor 2 [Pyrrhalta aenescens]	132	93	4E-34	47	APC94306.1
GdauOR4	MK691773	119	2	odorant receptor 22 [Pyrrhalta maculicollis]	206	100	4E-63	81	APC94232.1
GdauOR5	MK691774	116	1	odorant receptor 83a-like [Anoplophora glabripennis]	59.3	100	7E-08	33	XP_023310752.1
GdauOR6	MK691775	105	1	odorant receptor 25 [Pyrrhalta aenescens]	120	92	1E-30	54	APC94326.1
GdauOR7	MK691776	94	—	odorant receptor 21 [Pyrrhalta maculicollis]	102	85	9E-24	56	APC94243.1
GdauOR8	MK691777	91	—	odorant receptor 2 [Pyrrhalta aenescens]	77.8	91	1E-14	45	APC94306.1
GdauOR9	MK691778	89	—	dorant receptor 25 [Pyrrhalta aenescens]	107	95	1E-25	59	APC94326.1
GdauOR10	MK691779	88	1	odorant receptor 22 [Pyrrhalta maculicollis]	154	100	9E-44	76	APC94232.1
GdauOR11	MK691780	84	—	odorant receptor 5 [Pyrrhalta maculicollis]	154	96	3E-43	86	APC94229.1
GdauOR12	MK691781	81	—	odorant receptor 5 [Pyrrhalta maculicollis]	138	97	2E-37	82	APC94229.1
GdauOR13	MK691782	79	—	odorant receptor 12 [Pyrrhalta aenescens]	114	88	2E-28	77	APC94320.1
GdauOR14	MK691783	78	—	odorant receptor Or2-like [Leptinotarsa decemlineata]	84	85	5E-19	57	XP_023024059.1

(续表)

基因名称	登录号	ORF长度/aa	跨膜结构域	BLAST 注释	分数	覆盖率/%	E 值	相似性/%	Accession
GdauOR15	MK691784	77	—	odorant receptor 3, partial [Pyrrhalta aenescens]	110	100	1E-26	65	APC94308.1
GdauOR16	MK691785	76	—	odorant receptor 23, partial [Pyrrhalta aenescens]	107	100	1E-25	68	APC94324.1
GdauOR17	MK691786	74	—	odorant receptor 25 [Pyrrhalta aenescens]	99.8	100	4E-23	57	APC94326.1
GdauOR18	MK691787	71	—	odorant receptor [Anoplophora chinensis]	67.4	97	2E-11	43	AUF73043.1
GdauOR19	MK691788	70	—	odorant receptor OR38 [Colaphellus bowringi]	85.5	94	2E-18	54	ALR72581.1
GdauOR20	MK691789	55	—	odorant receptor 25 [Pyrrhalta aenescens]	67.8	100	8E-12	56	APC94326.1
GdauORco	MK691790	154	3	odorant receptor coreceptor, partial [Agrilus planipennis]	307	100	1E-103	95	XP_025831003.1

注："—"表示未检测到。

系统进化树结果显示（图5-6），GdauOR1~3、GdauOR5、GdauOR8 和 GdauOR10 聚在独立的一支，自展支持率为87%；GdauOR6、GdauOR7、GdauOR9、GdauOR17 和 GdauOR20 聚在独立的一支，自展支持率为93%；GdauOR11 和 GdauOR12 聚在同一小支，自展支持率为81%。其他 GdauOR 分别与鞘翅目大猿叶甲 CbowORs 聚到同一小支，自展支持率为55%~97%，如 GdauOR16 与 CbowOR15 和 CbowOR33、GdauOR4 与 CbowOR17、GdauOR18 与 CbowOR32。GdauORco 与鳞翅目、双翅目、半翅目、直翅目以及鞘翅目其他昆虫的 ORco 独立地形成一支，自展支持率为99%，表现出极度保守的进化机制。

四、感觉神经元膜蛋白基因的鉴定与分析

从沙葱萤叶甲转录组数据中鉴定出6条感觉神经元膜蛋白基因（表5-6），根据 Blast 比对结果和系统发育树聚类结果分别将它们命名为 GdauSNMP1a、GdauSNMP1b、GdauSNMP2a、GdauSNMP2b、GdauSNMP2c 和 GdauSNMP2d。基因序列已上传至 NCBI，GenBank 登录号为 MK691791~MK691796。其中 GdauSNMP1a 和 GdauSNMP1b 具有完整的 ORF，分别编码518个氨基酸和533个氨基酸，均含有2个跨膜结构域。与其他昆虫的 SNMP 氨基酸序列比对结果显示（图5-7），GdauSNMP1a 和 GdauSNMP1b 具有 CD36 受体家族的典型特征，即含有6个保守的半胱氨酸残基。其他4个 GdauSNMP 均有不同程度的缺失，编码氨基酸个数为121~361个，序列中只含有1个跨膜结构域。BlastX 比对结果显示，GdauSNMP 分别与鞘翅目昆虫榆绿毛萤叶甲、黄曲条跳甲、大猿叶甲和光肩星天牛的

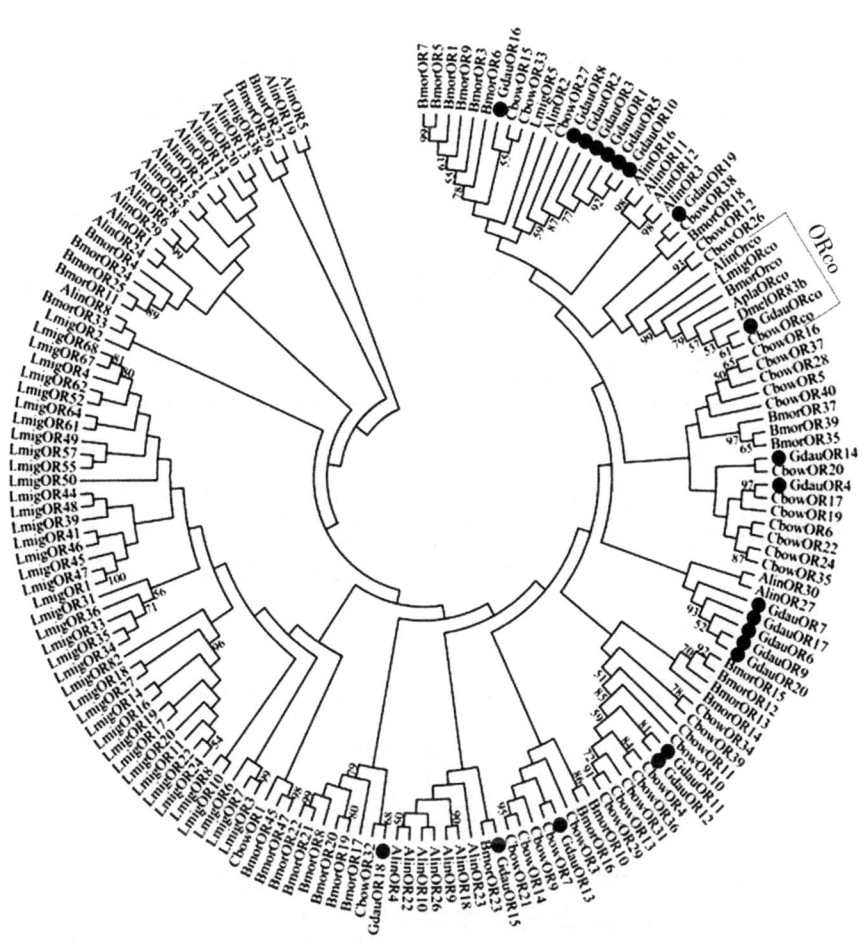

图 5-6 沙葱萤叶甲 OR 系统发育分析

注：黑点代表沙葱萤叶甲 OR；自展支持率（Bootstrap）大于 50% 予以显示；Gdau 为沙葱萤叶甲 *G. daurica*；Cbow 为大猿叶甲 *Colaphellus bowringi*；Apla 为白蜡窄吉丁 *Agrilus planipennis*；Lmig 为东亚飞蝗 *Locusta migratoria*；Bmor 为家蚕 *Bombyx mori*；Alin 为苜蓿盲蝽 *Adelphocorid lineolatus*；Dmel 为黑腹果蝇 *Drosophila melanogaster*。

SNMP 序列相似度最高，分别为 87%、63%、49% 和 46%。

表 5-6 沙葱萤叶甲转录组中 *SNMP* 基因列表

基因名称	登录号	ORF 长度/aa	跨膜结构域	BLAST 注释	分数	覆盖率/%	E 值	相似性/%	Accession
GdauSNMP1a	MK691791	518	2	sensory neuron membrane protein 1a [*Pyrrhalta aenescens*]	939	100	0.0	87	APC94303.1
GdauSNMP1b	MK691792	533	2	sensory neuron membrane protein 1 [*Phyllotreta striolata*]	702	100	0.0	63	ANQ46504.1
GdauSNMP2a	MK691793	361	1	sensory neuron membrane protein SNMP3 [*Colaphellus bowringi*]	488	97	7E-168	63	ALR72545.1

(续表)

基因名称	登录号	ORF 长度/aa	跨膜结构域	BLAST 注释	分数	覆盖率/%	E 值	相似性/%	Accession
GdauSNMP2b	MK691794	297	1	sensory neuron membrane protein SNMP2 [Colaphellus bowringi]	294	100	5E-93	46	ALR72544.1
GdauSNMP2c	MK691795	232	1	sensory neuron membrane protein 2 [Anoplophora glabripennis]	241	96	1E-73	49	XP_018566911.1
GdauSNMP2d	MK691796	121	1	sensory neuron membrane protein 2 [Phyllotreta striolata]	175	100	6E-50	63	ANQ46505.1

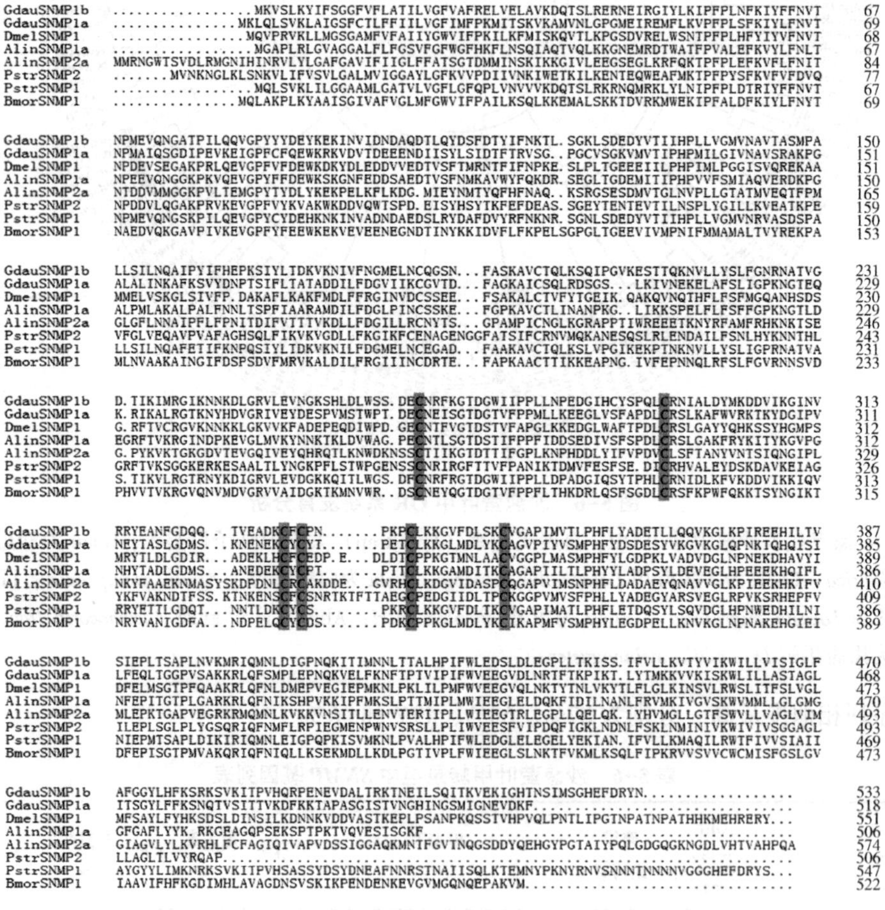

```
GdauSNMP1b   ..............MKVSLKYIFSGGFVFLATILVGFVAFRELVELAVKDQTSLRERNEIRGIYLKIPFPLNFKIYFFNVT   67
GdauSNMP1a   ..............MKLQLSVKLAIGSFCTLFFIILVGFIMFPKMITSKVKAMVNLGPGMEIREMFLKVPFFPSLSFKIYLD   69
DmelSNMP1    ..............MQVPRVKLLMGSGAMFVFAIIYGWVIFPKILKFMISKQVTLKPGSDVRELWSNTPFPLHFYIYVFNVT   68
AlinSNMP1a   ..............MGAPLRLGVAGGALFLFGSVFGFWGPHKFLNSQIAQTVQLKKGNEMRDTWATFPVALEFKVYLFNLT   67
AlinSNMP2a   MMRNGWTSVDLRMGNIHINRVLYLGAFGAVIFIIGLFFATSGFDMMINSKIKVLKEEGSEGLKRFQKTPFPLFEFKVFLFNIT   84
PstrSNMP2    ..............NTDDVMMGGKPVLTEMGPYTYDLVKEPKELKFLKDG..MIEYNMTYQFHFNAQ..KSRSGESDMVTGLNVPLLGTATMVEQTFPM   77
PstrSNMP1    ..............MQLSVKLILGGAAMLGATVLVGFLGFQPLVNVVFGLSRGNMRKLYLNIPPFLDIRIYFFNVT   67
BmorSNMP1    ..............MQLAKPLKYAAISIVAFVGLMFGWVIFPAILKSQLKKEMALSKKTDVRKMWEKIPFALDFRIYLFNYT   69

GdauSNMP1b   NPMEVQNGATPILQQVGPYYYDEYKEKINVIDNDAQDTLQYDSFDTYIFNKTL.SGKLSDEDYVTIIHPLLVGMVNAVTASMPA   150
GdauSNMP1a   NPMAIQSGDIPEVKEIGPFCFQEWKRKVDVTDEEENDIISYLSIDTFTRVSG.PGCVSGKVMVIPHPMILGIVNAVSRAKPG   151
DmelSNMP1    NPDEVSEGAKPRLQEVGPFTFDEWDKDYLDDDVVEDTVSFTMRNTFIFNPKE.SLPLTGEEEIILPVIHPVIPHPFVALEFKIYLF   151
AlinSNMP1a   NPEEVGNGGKPKVQEVGPYFFDEWKSKGNFEDDSAEDTVSFNMKAVWYFQKDR.SEGLTGDEMIIIPHPVVFSMIAQVERDKPG   150
AlinSNMP2a   NTDDVMMGGKPVLTEMGPYTYDLVKEPKELKFLKDG..MIEYNMTYQFHFNAQ..KSRSGESDMVTGLNVPLLGTATMVEQTFPM   165
PstrSNMP2    NPDDVLQGAKPRVKEVGPFVYKVAKWKDDVQWTSPD.EISYHSYTKFEFDEAS.SGEYTENTEVTIILNSPLYGILLKVEATKPE   159
PstrSNMP1    NPMEVNGSKPILQEVGPYCYDEHKNKLVADEDSLRYDAFDVYRFNKNR.SGNLSDEDYVTIIHPLLVGMVNRVASDSPA   150
BmorSNMP1    NAEDVQKGAVPIVKEVGPFYFEEWKEKVEVEENEGNDTINYKKIDVLFKPELSGPGLTGEEVIVMPNIFMMAMALTVYREKPA   153

GdauSNMP1b   LLSILNQAIPYIFHEPKSIYLIDKVKNIVFNGMELNCQGSN...FASKAVCTQLKSQIPGVKESTTQKNVLLYSLFGNRNATVG   231
GdauSNMP1a   ALALINKAFKSVYDNPTSIFLTATADDILFDGVIIKCGVTD...FAGKAICSQLRDSGS..LKIVNEKELAFSLIGPKNGTEQ   229
DmelSNMP1    MMELVSKGLSIVFP.DAKAFLKAKFMDLFFRGINVDCSSEE...FSAKALCTVFYTGEIK.QAKQVNQTHFLFSFMGQANHSDS   230
AlinSNMP1a   ALPMLAKALPALFNNLTSPFIAARAMDILFDGLPINCSKE...FGPKAVCTILINANPKG..LLKKSPELFLFSFGPKNGTLD   229
AlinSNMP2a   GLGFLNNAINPFLFPNITDIFVTITVKDLLFDGILLRCNYTS..GPAMPICNGLKGRAPPTIWREEETKNYRFAMFRHKNKISE   246
PstrSNMP2    VFGLVEQAVPVAFAGHSQLFIFIKNVGKVKGDLLFKGIKFCENAGENGGFATSIFCRNVMQKANESQSLRLENDAILFSNLHYKNNTHL   243
PstrSNMP1    LLSILNVAFETIFIKNPGSIYLIKNVLNIFDGMELNCEGAD...FAAKAVCTQLKSLVPGIKEKPTNKNVLLYSLIGPRNATVA   231
BmorSNMP1    MLNVAAKAINGIFDSPSDVFMRVKALDILFRGIIINCDRTE...FAPKAACTTIKKEAPNG.IVFEPNNQLRFSLFGVRNNSVD   233

GdauSNMP1b   D.TIKIMRGIKNNKDLGRVLEVNGKSHLDLWSS..DECNRFKGTDGWIIPPLLNPEDGIHCYSPQLCRNIALDYMKDDVIKGINV   313
GdauSNMP1a   K.RIKALRGTKNYHDVGRIVEYDESPVELFKNFIPTVIPFKMLKKEEGLVSFAPDLCKSLKAFWVRKTKYDGIPV   311
DmelSNMP1    G.RFTVCRGVKNNKKLGKVVKFADEPEQDIWPD.GECNTILSGTIDSTIFPPFIDDSEDIVSFSPDLCRSLGAYYQHKSSYHGMPS   312
AlinSNMP1a   EGRFTVKRGINDPKEVGLMVKNVKKIPFMKSLKTPTKIMYNDNSSCSTIIKGIDTIFCPLKNPHDDLYIFVPDVELSFTKNVYNISGCNLFIL   315
AlinSNMP2a   G.PYTVKFTGKGDVIEVGGIVENGVHRQTLKNWDNNSSCSTIIKGIDTIFCPLKNPHDDLYIFVPDVELSFTKNVYNISGCNLFIL   329
PstrSNMP2    GRFIVKSGGKERKESAALITLYNGKPFLSTWPGENSSCNVRIRFGFTIVFPANIKTDMVFESFSE.DLCKFVHALEYDSKDAVKEIAG   326
PstrSNMP1    S.TIKIMKNYDIGRVLEVNGKSHL..DFCNRFGTDGWIIPPLLDPADGIQSYTPHLCKFKVKDDVIKKIQV   313
BmorSNMP1    PHVVIVKRGVQNVMDVGRVVAIDGKTKMNVWR..DGCNEYQGTIDGTVIPPLDTHKDRLQSFSGDLCRSFKPWFQKKTSYNIGKT   315

GdauSNMP1b   RRYEANFGDQQ...TVEADKCFCFPN...PKPCLKKGVFDLSKCVGAPIMVTLPHFLYADETLLQQVKGLKPIREEHILTV   387
GdauSNMP1a   NEYTASLGDMS...KNENEKCYCYI...PETCLKKGLMDLYKCAGVPIYVSMPHFYDSDESYVKGVKGLQPNKTQHQISI   385
DmelSNMP1    MRYTLDLGDIR...ADEKLHCFCEDP.E...DLDTCPPKGTMNLAACVGGPLMASMPHFYLGDPKVLADVDGLNPNEKDHAVYI   389
AlinSNMP1a   NHYTADLGDLMS...ANEDEKCYCFPI...PTICLKKGAMDITKCGAPIILTLPHYYLADPSYLDEVGEGLHPEEEKHQIFL   386
AlinSNMP2a   NKYFAAEKNMASYSKDPDNLCRKKRGDV...GVRHCLKKGDVIDASPCQGAPVTMLAAGVGGPVMVSPFHLLDADAEYQNAVVGLKPTEEHKIYI   410
PstrSNMP2    YKFVAKNDTFSS.KTNKENSCFCSNRTKIFTTAEGCPEDGIIDLTPCKGGPVMVSPFHLLYADEGYARSEVGLRPVKSRHEPFV   409
PstrSNMP1    RRYEITLGDQT...NNTLDKCYCS...PKRCLKKGVFDLSMCVGAPIMATLPHFLETDQSYLGQDGLHPNEDHILNI   386
BmorSNMP1    NRYVANIGDFA...NDPELQCYCSS...PDKCPKGLMDLYKCIKAPMFVSMPHYLEGDPELLKNVKGLNPNAKEHGIEI   389

GdauSNMP1b   SIEPLTSAPLNVKMRIQMNLDIGPNQKITIMNNLTTALHPIFWLEDSLDLEGPLLTKISS.IFVLLKVTYVIKWILLVISIGLF   470
GdauSNMP1a   LFEQLTGGPVSAKKRLQFSMPLEPNQKLKNFIPTVIPIFWVEEGVQDLNRTFTFTKPIKT.LYTMEKVVKSIKSKWLILLASTAGL   468
DmelSNMP1    DFELMSGTPFQAAKRLQFNLDMEPVEGIEPMKNLPKLILPMFWVEEGVQLNKTYTNLVKYTLFLGLKINSVLRWSLITFSLVGL   473
AlinSNMP1a   NFEPITGTPLAPKRLQFNIKSHPVKKIPFMKSLKTPTIMIPLMWIEEGLELDQKFIDILNANLFRMVKIVGVSKWVMMLLGLGMG   470
AlinSNMP2a   MLEPKTGAPVEGRKRMQMNLKVKKVNSITLLENVTERIIPLLWIEEGTRLEGPLLQELQK.LYHVMGLLGTFSWVLLVAGLVIM   493
PstrSNMP2    ILEPLSGLPLYGSQFQNMFLRPIEGMENPWNVSRSLLSPLIWVEESFVINDPQFSLKLNMINIVKWIVIVSGGAGL   493
PstrSNMP1    NIEPMTSAPLDIKIRIQMNLEIGPQPKISVMKNLPVALHPIFWLEDGLELEGELYEKIAN.IFVLLKMAQLILRWFIFVVSIAII   469
BmorSNMP1    DFEPISGTPMVAKQRIQFNIQLLKSEKMDLLKDLPGTLPIFWEEGLSLNKTFVKMLKSQLFIPKVSVVCWCMISFGSLGV   473

GdauSNMP1b   AFGGYLHFKSRKSVKIIPVHQRPENEVDALTRKTNEILSQITKVEKIGHTNSIMSGHEFDRYN.   533
GdauSNMP1a   ITSGYLFFKSNQTVSITTVKDPFKLKTAPASGISTVNVHGINGSMIGNEVDKF...............   518
DmelSNMP1    MFSVLFYHKSDSLDINSILKDNNKVDDVASTKEPLPSANPKQSSTVHPVQLPNTLIPGTNPATNPATHHKMEHRERY...   551
AlinSNMP1a   GFGAFLYYK..RKGEAGGPSEKSPTPKTVQVESISGKF...............   506
AlinSNMP2a   LCVLKVRHLFCFAGTGIVAPVDSSIGGAQKMNTFGVTNQGSDDYQEHGYPGTAIYPQLGDGQGKNGDLVHTVAHPQA   574
PstrSNMP2    LLAGLTLVYRQAP...............   506
PstrSNMP1    AYGGYYLIMKNRKSVKIIPVHSASSYDSYDNEAFNNRSTNAIISQLKTEMNYPKNYRNVSNNNINNNNVGGGHEFDRYS.   547
BmorSNMP1    IAAVIFHFKGDIMHLAVAGDNSVSKIKPENDENKEVQVMGQNQEPAKVM...............   522
```

图 5-7 沙葱萤叶甲 SNMP 与其他昆虫氨基酸序列比对

注：灰色代表保守半胱氨酸残基。

系统发育树结果显示（图5-8），沙葱萤叶甲几个 *SNMP* 基因在进化树上的位置比较分散，它们没有聚到同一分支上。GdauSNMP1a 与榆绿毛萤叶甲 PaenSNMP1a 和榆黄毛萤叶甲 PmacSNMP1a 聚到同一小分支上，自展支持率为 97%；GdauSNMP1b 与 PaenSNMP1b

聚到同一小分支，自展支持率为95%；GdauSNMP2a 与黄曲条跳甲 PstrSNMP2 聚到同一小分支，自展支持率为55%。

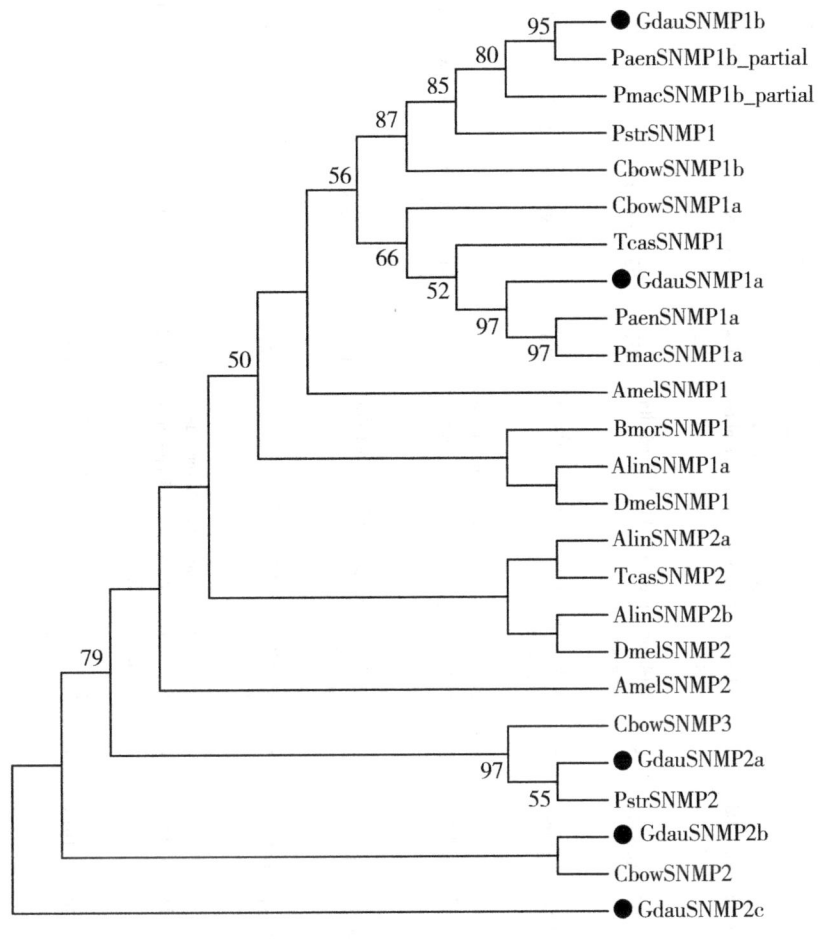

图 5-8　沙葱萤叶甲 SNMP 系统发育分析

注：黑点代表沙葱萤叶甲 SNMP；自展支持率（Bootstrap）大于50%予以显示；Gdau 为沙葱萤叶甲 *G. daurica*；Paen 为榆绿毛萤叶甲 *Pyrrhalta aenescens*；Pmac 为榆黄毛萤叶甲 *Pyrrhalta maculicollis*；Cbow 为大猿叶甲 *Colaphellus bowringi*；Pstr 为黄曲条跳甲 *Phyllotreta striolata*；Tcas 为赤拟谷盗 *Tribolium castaneum*；Bmor 为家蚕 *Bombyx mori*；Dmel 为黑腹果蝇 *Drosophila melanogaster*；Amel 为意大利蜜蜂 *Apis mellifera*；Alin 为苜蓿盲蝽 *Adelphocorid lineolatus*。

五、味觉受体基因的鉴定与分析

基于实验室前期组装的沙葱萤叶甲成虫和幼虫转录组数据，并结合 NCBI 网站共筛选出 30 个假定的味觉受体 *GR* 基因，分别命名为 *GdauGR1 ~ 30*。由于 *GdauGR2* 与 *GdauGR21*、*GdauGR5* 与 *GdauGR10*、*GdauGR9* 与 *GdauGR27* 和 *GdauGR8* 与 *GdauGR12* 的核苷酸序列存在重合，故舍去 *GdauGR5*、*GdauGR8*、*GdauGR21* 和 *GdauGR27*。

结合 ORF 预测和 BlastX 比对（表5-7），26 个 *GdauGRs* 基因的 ORF 编码氨基酸个数为

表 5-7 沙葱萤叶甲转录组中 GRs 基因序列表

基因名称	登录号	ORF长度/bp	氨基酸数量	分子量/kDa	等电点	信号肽	跨膜结构域	Blast 注释	得分	覆盖率/%	BLASTX 最佳比对结果 E 值	相似性/%	登录号（Accession）
GdauGR1	XP_023027669.1	168	55	6.4436	9.36	0.1108	1	gustatory receptor for sugar taste 64f-like [Leptinotarsa decemlineata]	67.4	35	8E−11	50	XP_023027669.1
GdauGR2	4425FS5K01N	675	224	34.5605	9.67	0.3547	5	gustatory receptor 11 [Pyrrhalta aenescens]	401	55	6E−135	72.49	APC94336.1
GdauGR3	442B7U1V01N	390	129	25.5484	7.66	0.0695	3	gustatory receptor 6 [Pyrrhalta aenescens]	268	84	9E−85	72.43	APC94342.1
GdauGR4	442H22AD013	735	244	33.5704	7.12	0.2667	4	gustatory receptor for sugar taste 64b-like [Anoplophora glabripennis]	164	91	4E−43	37.84	XP_023312177.1
GdauGR6	442VFMHT013	240	79	9.1167	8.82	0.2115	0	gustatory receptor 14 [Pyrrhalta aenescens]	113	91	2E−27	69.23	APC94341.1
GdauGR7	4430Y05U01N	633	210	25.5886	9.51	0.0475	3	gustatory receptor 6 [Pyrrhalta aenescens]	287	86	3E−92	64.35	APC94342.1
GdauGR9	443942WV01N	156	51	11.3666	9.43	0.0909	1	gustatory receptor for bitter taste 66a-like isoform X1 [Diabrotica virgifera virgifera]	83.2	75	1E−17	44.19	XP_050505927.1
GdauGR10	APC94345	1242	413	50.1462	9.38	0.1918	7	Gustatory receptor 7 \ [Pyrrhalta aenescens]	559	66	0.0	90.14	APC94345.1
GdauGR11	APC94337.1	195	64	7.3166	9.50	0.0724	0	gustatory receptor 4 [Pyrrhalta aenescens]	133	98	1E−36	84.51	APC94337.1

(续表)

基因名称	登录号	ORF长度/bp	氨基酸数量	分子量/kDa	等电点	信号肽	跨膜结构域	Blast 注释	BLASTX 最佳比对结果			
									得分	覆盖率/%	E值	相似性/%	登录号(Accession)
GdauGR12	APC94246.1	252	83	11.0710	6.05	0.1881	0	gustatory receptor 1 [Pyrrhalta maculicollis]	111	59	3E-28	63.86	APC94246.1
GdauGR13	XP_050507867.1	282	93	9.7816	9.51	0.0358	0	putative gustatory receptor28b [Diabrotica virgifera virgifera]	106	47	1E-25	51.11	XP_050507867.1
GdauGR14	APC94331.1	288	95	12.5148	4.46	0.11	2	gustatory receptor 1 [Pyrrhalta aenescens]	124	63	2E-33	61.80	APC94331.1
GdauGR15	XP_050507867.1	195	64	10.8476	6.74	0.2204	1	putative gustatory receptor 28b [Diabrotica virgifera virgifera]	123	71	2E-33	57.61	XP_050507867.1
GdauGR16	XP_006567173	315	104	15.5983	9.75	0.0805	2	gustatory receptor 10 isoform X2 [Apis mellifera]	77.0	66	4E-13	44.21	XP_006567173.2
GdauGR17	XP_018563765.1	618	205	36.4610	7.15	0.0137	7	gustatory and odorant receptor 22-like [Anoplophora glabripennis]	506	80	2E-175	77.81	XP_018563765.1
GdauGR18	XP_050518350.1	129	42	10.7175	8.06	0.1011	2	gustatory receptor for sugar taste 64a-like [Diabrotica virgifera virgifera]	108	100	2E-25	54.84	XP_050518350.1
GdauGR19	APC94346.1	117	38	9.6925	6.37	0.1295	2	gustatory receptor 8 [Pyrrhalta aenescens]	143	97	2E-40	81.25	APC94346.1
GdauGR20	APC94336.1	270	89	10.2250	4.79	0.0548	1	gustatory receptor 11 [Pyrrhalta aenescens]	399	63	3E-135	72.12	APC94336.1

(续表)

基因名称	登录号	ORF 长度/bp	氨基酸数量	分子量/kDa	等电点	信号肽	跨膜结构域	Blast 注释	得分	覆盖率/%	E 值	相似性/%	登录号(Accession)
													BLASTX 最佳比对结果
GdauGR22	XP_028135243.2	180	59	8.7485	9.92	0.0828	2	putative gustatory receptor 28b [Diabrotica virgifera virgifera]	84	35	1E-15	75.51	XP_028135243.2
GdauGR23	XP_050518348.1	294	97	13.8220	5.47	0.1141	2	gustatory receptor 5a for trehalose [Diabrotica virgifera virgifera]	161	98	3E-45	64.91	XP_050518348.1
GdauGR24	XP_050504649.1	234	77	9.9839	8.68	0.195	1	gustatory receptor 68a-like [Diabrotica virgifera virgifera]	130	88	3E-37	80.77	XP_050504649.1
GdauGR25	APC94248.1	267	88	8.2318	10.02	0.0235	0	gustatory receptor 3 [Pyrrhalta maculicollis]	148	63	5E-42	77.78	APC94248.1
GdauGR26	QUP79577.1	234	77	11.0920	6.54	0.3166	1	gustatory receptor 1 [Monochamus saltuarius]	79.7	39	1E-15	48.68	QUP79577.1
GdauGR28	APC94342.1	1206	401	47.4637	9.15	0.0824	6	gustatory receptor 6 [Pyrrhalta aenescens]	546	97	0.0	67.58	APC94342.1
GdauGR29	APC94331.1	258	85	9.8687	7.75	0.2079	0	gustatory receptor 1 [Pyrrhalta aenescens]	114	59	2E-29	87.34	APC94331.1
GdauGR30	APC94339.1	183	60	7.0772	5.05	0.2587	1	gustatory receptor 12 [Pyrrhalta aenescens]	118	59	8E-30	90.32	APC94339.1

38~413个，长度为117~1242bp，在5'和3'序列两端都有不同程度的缺失，大部分序列都没有完整的ORF。分子量和等电点的结果显示，26个 *GdauGRs* 基因的分子量范围在6~50kDa，等电点的范围为4.46~10.02。除 *GdauGR10* 和 *GdauGR17* 拥有7个跨膜结构域外，其他 *GdauGRs* 的跨膜结构域较少或没有。

氨基酸序列一致性分析结果（表5-8）显示，26条 *GdauGRs* 的氨基酸序列相似性为0.19%~40.19%，*GdauGR7* 与 *GdauGR28* 的氨基酸序列相似性最高，其他大部分的氨基酸序列相似性较低，表现出高度分化的特性。

为了揭示 GdauGRs 与其他昆虫 GRs 之间的系统发育关系，我们利用邻接法构建了系统发育树。系统进化树结果显示（图5-9），大部分分支的自展支持率都较低，表明不同昆虫的 GR 之间进化模式是高度动态的。同时，通过系统发育分析及 Blastx 比对可知，沙葱萤叶甲的 GdauGRs 与同属鞘翅目的玉米根萤叶甲（*Diabrotica virgifera virgifera*）的 DvirGRs 聚到一支的序列较多，说明这两种昆虫的 GRs 亲缘关系较近。

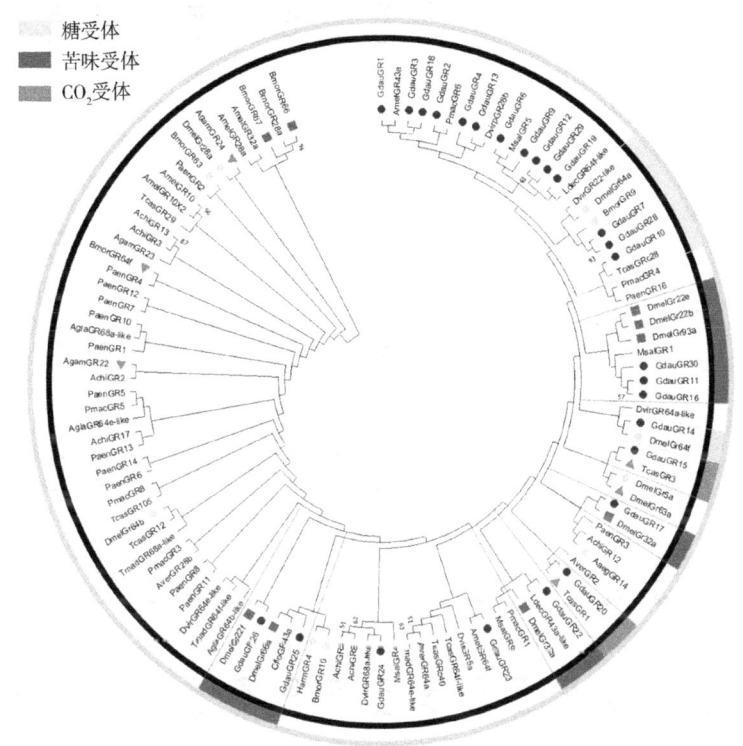

图5-9　沙葱萤叶甲和其他昆虫 GRs 序列的系统进化树

注：●代表沙葱萤叶甲 GRs；●代表已知的糖受体；■代表已知的苦味受体；▲代表已知的 CO_2 受体；Gdau 为沙葱萤叶甲 *G. daurica*，Paen 为榆绿毛萤叶甲 *Pyrrhalta aenescens*，Pmac 为榆黄毛萤叶甲 *Pyrrhalta maculicollis*，Msal 为云杉花墨天牛 *Monmchamus saltuariusgeble*，Tcas 为赤拟谷盗 *Tribolium castaneum*，Ldec 为马铃薯甲虫 *Leptinotarsa decemlineata*，Agla 为光肩星天牛 *Anoplophora glabripennis*，Tmad 为黑拟谷盗 *Tribolium madens*，Aver 为沙漠铁甲虫 *Asbolus verrucosus*，Achi 为柑橘星天牛 *Anoplophora chinensis*，Dvir 为玉米根萤叶甲 *Diabrotica virgifera virgifera*，Amel 为意大利蜜蜂 *Apis mellifera*，Cflo 为佛罗里达弓背蚁 *Camponotus floridanus*，Bmor 为家蚕 *Bombyx mori*，Harm 为棉铃虫 *Helicoverpa armigera*，Dmel 为黑腹果蝇 *Drosophila melanogaster*，Agam 为冈比亚按蚊 *Anopheles gambiae*，Aaeg 为埃及伊蚊 *Aedes aegypti*。

表 5-8 26 个 GdauGR 氨基酸序列一致性分析

	GdauGR1	GdauGR2	GdauGR3	GdauGR4	GdauGR6	GdauGR7	GdauGR9	GdauGR10	GdauGR11	GdauGR12	GdauGR13	GdauGR14	GdauGR15
GdauGR2	1.13												
GdauGR3	0.75	3.77											
GdauGR4	0.94	4.91	5.85										
GdauGR6	1.32	2.64	1.13	2.64									
GdauGR7	1.13	3.21	3.77	2.45	1.89								
GdauGR9	1.13	3.77	3.02	3.58	1.13	0.75							
GdauGR10	2.64	4.15	3.58	3.77	2.08	3.21	1.51						
GdauGR11	0.38	3.21	1.32	1.70	2.08	0.57	2.08	0.19					
GdauGR12	1.13	4.53	2.45	3.40	2.83	1.51	6.04	1.13	1.89				
GdauGR13	0.57	0.75	1.13	0.94	1.13	1.89	0.94	1.70	0.75	1.51			
GdauGR14	1.13	4.53	3.21	3.21	2.45	2.26	5.85	1.89	2.83	8.87	1.32		
GdauGR15	0.75	4.91	3.02	3.21	2.64	0.75	5.28	1.51	3.02	4.53	1.51	4.72	
GdauGR16	0.19	1.70	1.89	2.45	1.51	2.26	1.70	2.08	0.94	1.32	1.13	0.75	1.13
GdauGR17	0.75	5.66	4.34	5.28	2.08	2.83	2.83	3.40	1.51	3.40	1.32	4.91	3.40
GdauGR18	0.75	1.51	0.57	1.70	1.51	1.89	1.89	2.08	1.13	2.08	0.57	1.89	1.32
GdauGR19	0.57	1.51	1.13	1.32	0.75	0.57	1.51	1.32	0.57	0.75	1.70	0.75	1.70
GdauGR20	1.13	4.53	3.21	3.02	1.51	1.13	4.15	0.94	2.08	3.77	1.32	3.21	4.91
GdauGR22	1.32	2.83	1.89	2.64	2.26	1.13	4.15	1.32	1.51	3.58	0.75	3.21	2.64
GdauGR23	0.75	1.32	0.94	2.08	0.38	2.45	1.70	0.75	0.57	1.89	0.57	1.70	1.70
GdauGR24	1.13	3.77	2.64	2.64	1.89	0.57	7.36	1.51	2.08	5.66	0.19	7.17	4.15

(续表)

	GdauGR1	GdauGR2	GdauGR3	GdauGR4	GdauGR6	GdauGR7	GdauGR9	GdauGR10	GdauGR11	GdauGR12	GdauGR13	GdauGR14	GdauGR15
GdauGR25	0.38	0.57	1.13	0.94	0.57	0.94	1.51	0.94	0.57	0.75	0.38	0.94	0.75
GdauGR26	0.75	4.72	2.26	3.58	3.21	1.51	4.91	1.13	3.40	4.72	0.75	4.72	5.09
GdauGR28	1.13	3.21	4.15	2.45	2.64	40.19	0.75	6.04	0.57	1.51	1.89	2.26	0.75
GdauGR29	1.32	4.34	2.45	2.83	1.89	1.32	5.85	0.75	2.64	10.19	0.57	10.38	5.85
GdauGR30	0.38	2.45	2.26	2.45	1.32	0.75	2.26	0.75	0.57	3.21	1.13	2.83	3.21

	GdauGR16	GdauGR17	GdauGR18	GdauGR19	GdauGR20	GdauGR22	GdauGR23	GdauGR24	GdauGR25	GdauGR26	GdauGR28	GdauGR29
GdauGR17	1.70											
GdauGR18	0.94	0.57										
GdauGR19	0.75	0.57	1.32									
GdauGR20	1.51	3.58	1.13	1.32								
GdauGR22	1.51	2.83	0.38	1.51	2.64							
GdauGR23	0.57	1.32	1.51	1.32	1.70	0.57						
GdauGR24	1.51	3.02	1.89	0.57	3.40	3.77	1.70					
GdauGR25	1.13	1.32	0.75	0.94	0.57	0.94	0.94	0.75				
GdauGR26	1.51	2.45	1.13	1.89	4.34	3.58	1.51	3.58	0.57			
GdauGR28	2.26	2.83	1.89	0.57	1.13	1.13	2.45	0.57	0.94	1.51		
GdauGR29	0.94	3.02	1.70	0.75	3.77	2.83	1.32	6.79	0.94	5.09	1.32	
GdauGR30	1.89	4.34	0.38	1.32	2.26	3.77	0.57	2.45	0.75	2.26	0.75	2.45

GdauGR3 和 GdauGR8、GdauGR4 和 GdauGR13、GdauGR12 和 GdauGR29、GdauGR7 和 GdauGR28、以及 GdauGR11、GdauGR16 和 GdauGR30 分别聚到一支，说明它们的序列与其他 GdauGRs 相比同源性较高。其中，GdauGR12 与 GdauGR29 的自展支持率为 61%，GdauGR7 和 GdauGR28 的自展支持率为 93%，GdauGR11 和 GdauGR16 的自展支持率为 57%。此外，有的 GdauGRs 基因与其他鳞翅目、膜翅目和双翅目昆虫的 GRs 聚到一支，说明 GdauGRs 的功能可能与其 GR 的功能相似。

与其他昆虫已鉴定出种类的 GRs 进行聚类分析，发现 GdauGR7、GdauGR10、GdauGR28 与果蝇的糖受体 DmelGR64a 和家蚕的糖受体 BmorGR9 聚到一支；GdauGR14 与果蝇糖受体 DmelGR64f 聚到一支。GdauGR11、GdauGR16 和 GdauGR30 与果蝇的苦味受体 DmelGR22b、DmelGR22e 和 DmelGR93a 聚到一支；GdauGR17 与果蝇苦味受体 DmelGR32a 聚到了一支；GdauGR22 与果蝇苦味受体 DmelGR33a 聚到一支，GdauGR25 和 GdauGR26 与果蝇的苦味受体 DmelGR22f 和 DmelGR66a 聚到了一支。GdauGR15 和 GdauGR20 分别与赤拟谷盗的 CO_2 受体 TcasGR3 和 TcasGR1 聚到了一支。因此我们将沙葱萤叶甲的味觉受体进行功能分类，分别是糖受体：GdauGR7、GdauGR10、GdauGR14、GdauGR28；苦味受体：GdauGR11、GdauGR16、GdauGR17、GdauGR22、GdauGR25、GdauGR26 和 GdauGR30；CO_2 受体：GdauGR15 和 GdauGR20。

第三节　沙葱萤叶甲化学感受相关蛋白基因的表达谱分析

一、气味结合蛋白基因的表达谱分析

（一）*GdauOBP* 基因的组织表达谱分析

通过半定量的方法分析各 OBP 基因在沙葱萤叶甲成虫不同组织中的表达情况，结果显示（图 5-10），*GdauOBP2*、*GdauOBP4*、*GdauOBP8*、*GdauOBP11*、*GdauOBP13~15*、*GdauOBP17*、*GdauOBP19*、*GdauOBP21~26* 和 *OBP28* 广泛表达于所有供试的组织中，其中 *OBP15*、*OBP17* 和 *OBP22* 在触角中的表达量最低。此外，*OBP17* 在雌虫腹部有表达，而在雄虫腹部未见表达。*OBP24* 在雄虫翅中有表达而在雌虫翅中未见表达，*OBP7* 在雌虫翅中有表达而在雄虫翅中未表达。*OBP7* 和 *OBP12* 广泛表达于触角、头、胸、足和翅中，在腹部未见表达。*OBP9* 和 *OBP18* 在胸部未表达，而在其他部位均有表达。*OBP10* 和 *OBP20* 特异性的表达于雌雄成虫触角中，而 *OBP16* 主要在胸部和翅中表达。*OBP27* 仅表达于触角和翅中，且根据 PCR 扩增产物显示，在翅中的表达量远远高于在触角中的表达量。*OBP3*、*OBP5* 和 *OBP6* 主要在触角中表达，在其他组织中的 PCR 条带非常微弱，如 *OBP3* 在腹部和足中的表达，*OBP5* 在头和足中的表达与 *OBP6* 在头中的表达均较弱。

（二）*GdauOBP* 基因的性别偏好表达分析

通过实时荧光定量 PCR 分析 *OBP1~28* 在沙葱萤叶甲雌雄触角中的表达水平，以雄虫触角作为对照，即各个基因在雄虫触角中的表达量定为 1。结果显示，*OBP15*、*OBP20* 和 *OBP23* 在雄虫触角中的表达量显著高于雌虫。*OBP1*、*OBP6*、*OBP11*、*OBP14*、*OBP22*、*OBP24*、*OBP26* 和 *OBP28* 这 8 个基因在雌虫触角中的表达量显著高于雄虫（图 5-11）。

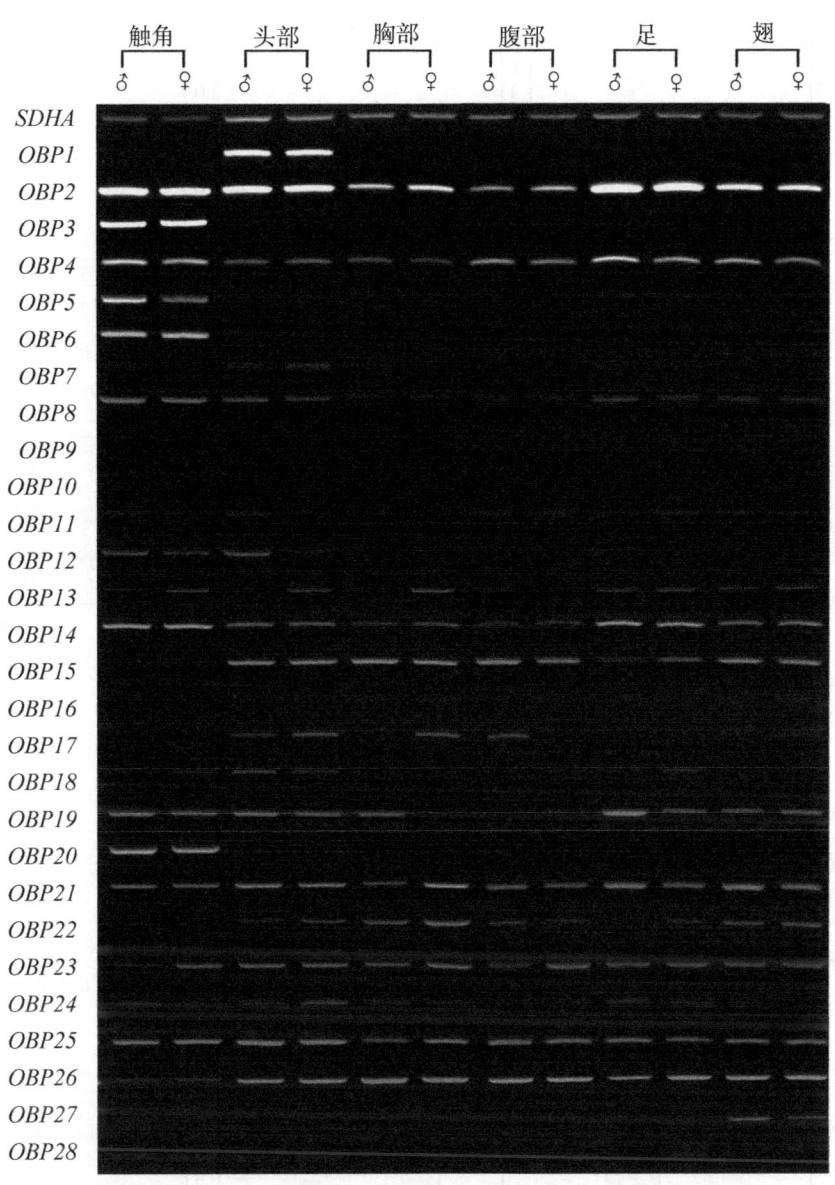

图 5-10 沙葱萤叶甲 28 个 *OBP* 基因组织表达分析

注：♂代表雄虫，♀代表雌虫。

其余 17 个 *OBP* 在雌雄触角中的表达量没有显著差异，包括 *OBP2 ~ 6*、*OBP7 ~ 10*、*OBP12*、*OBP13*、*OBP16 ~ 19*、*OBP21*、*OBP25* 和 *OBP27*。

（三）*GdauOBP* 基因的不同发育阶段表达量分析

我们进一步通过实时荧光定量 PCR 的方法检测了 *GdauOBP* 基因在沙葱萤叶甲不同发育阶段的表达情况，包括卵、1~3 龄幼虫、蛹和成虫触角，以在蛹中的表达量为对照，即各个基因在蛹中的表达量定为 1。如图 5-12 和图 5-13 所示，在 28 个 *OBP* 基因中，15 个 *OBP* 在成虫触角中的表达量显著高于在其他发育阶段的表达量，包括 *OBP2 ~ 6*、

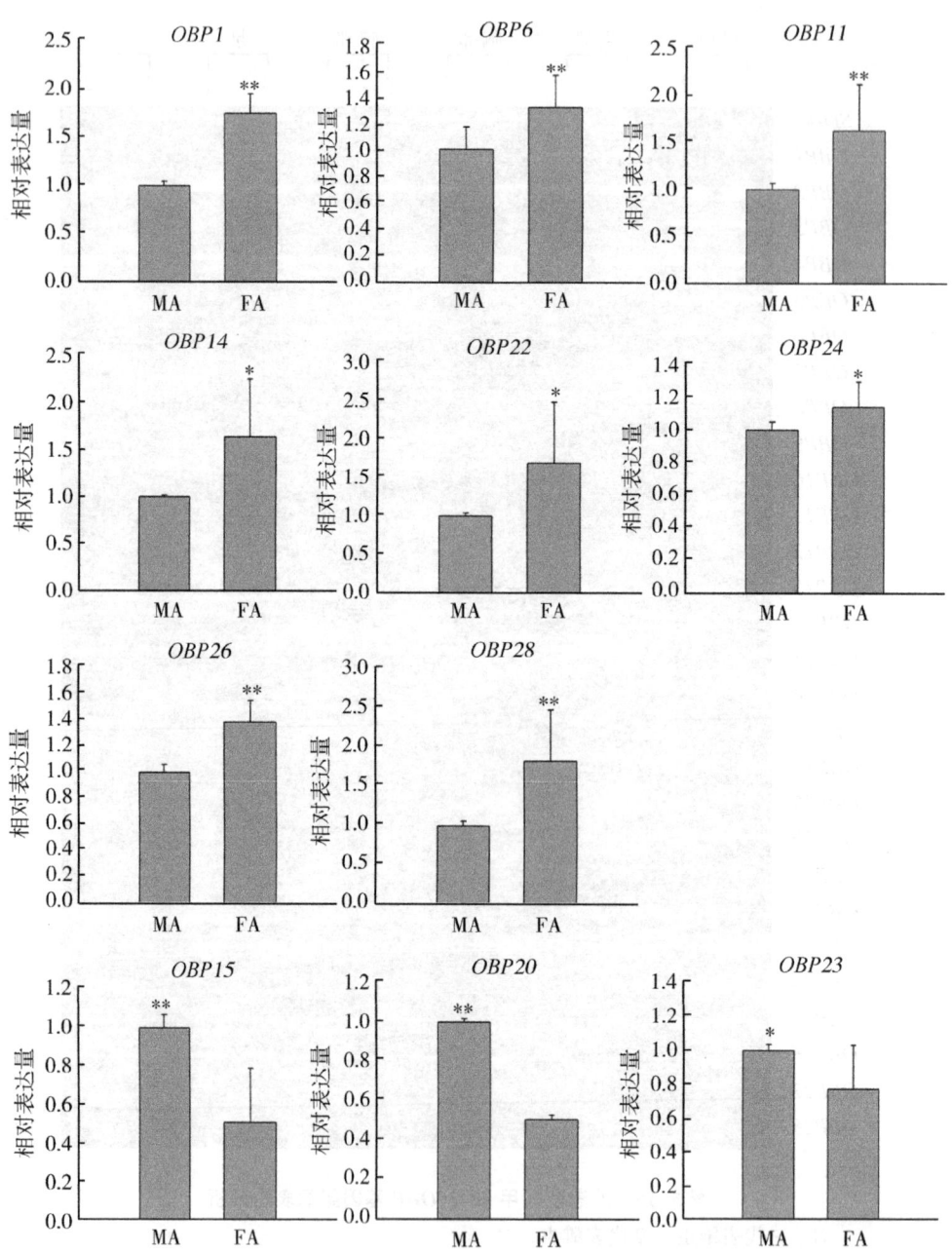

图 5-11 沙葱萤叶甲 OBP 基因在雌雄触角中的偏好表达

注：MA 为雄虫触角，FA 为雌虫触角；统计分析所用方法为成对样本 t 检验（$P<0.05$ 差异显著，用 * 表示；$P<0.01$ 差异极显著，用 ** 表示）；误差棒代表 3 次生物学重复试验的标准误。

OBP8、OBP10、OBP12~14、OBP18~20、OBP24 和 OBP27。OBP15~17、OBP23 和 OBP25 这 5 个基因在蛹中的表达量显著高于其他阶段。此外，OBP28 在卵中的表达量是其他阶段的 12~2800 倍。OBP9 在幼虫期的表达量最高，且随着幼虫的生长发育其表达量逐渐降低。OBP21 在 3 龄幼虫和成虫触角中的表达量约为其他发育阶段的 2500 倍。OBP7

在1龄、2龄幼虫和成虫触角中的表达水平是其他阶段的160~300倍。

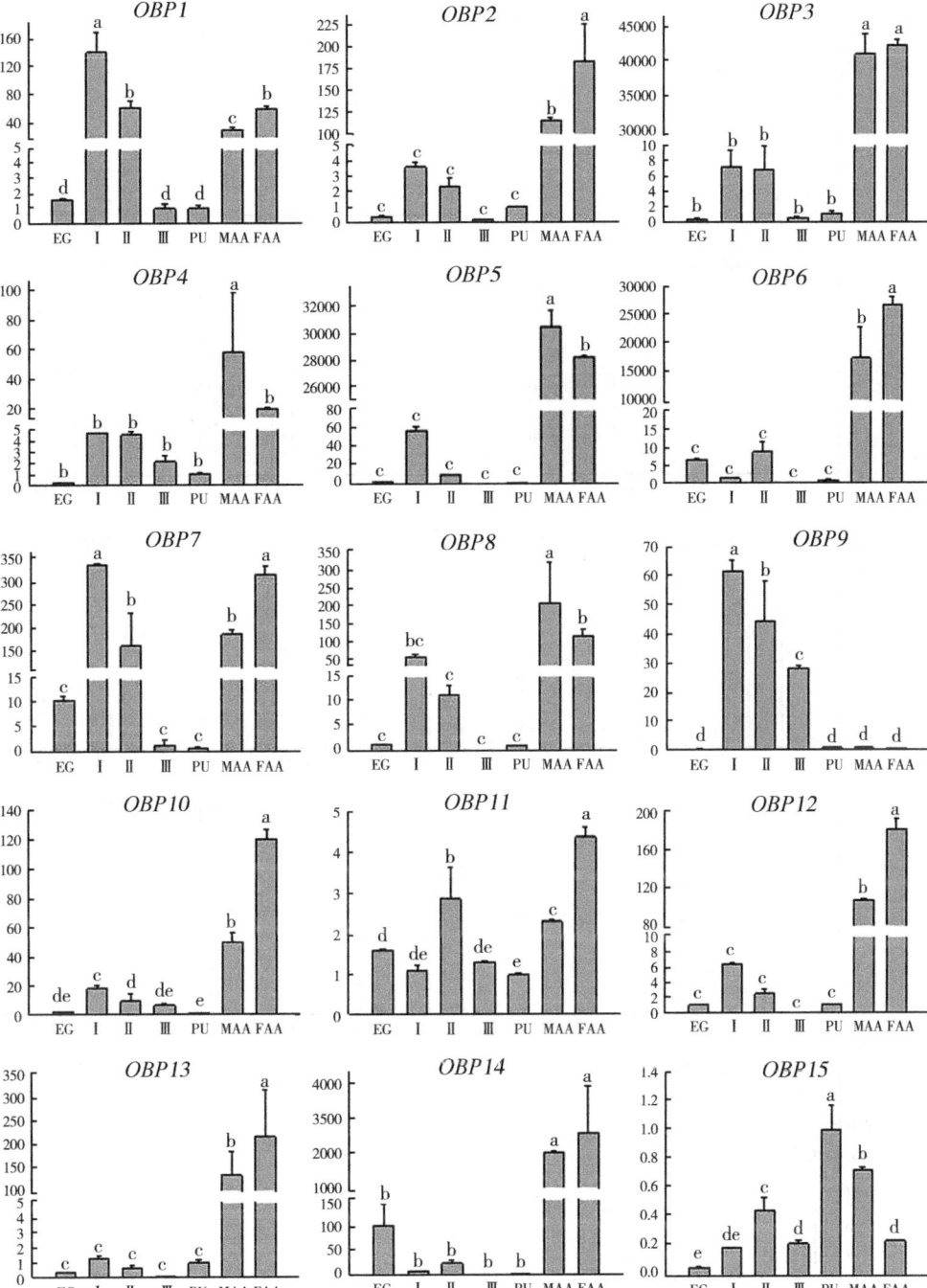

图 5-12 沙葱萤叶甲 *OBP1~15* 基因在不同发育阶段的表达谱分析

注：纵坐标为相对表达量；EG 为卵，Ⅰ为1龄幼虫，Ⅱ为2龄幼虫，Ⅲ为3龄幼虫，PU 为蛹，MAA 为雄虫触角，FAA 为雌虫触角；统计分析所用方法为单因素方差分析（Duncan 检验，不同字母代表差异显著，$P<0.05$）；误差棒代表3次生物学重复试验的标准误。下图同。

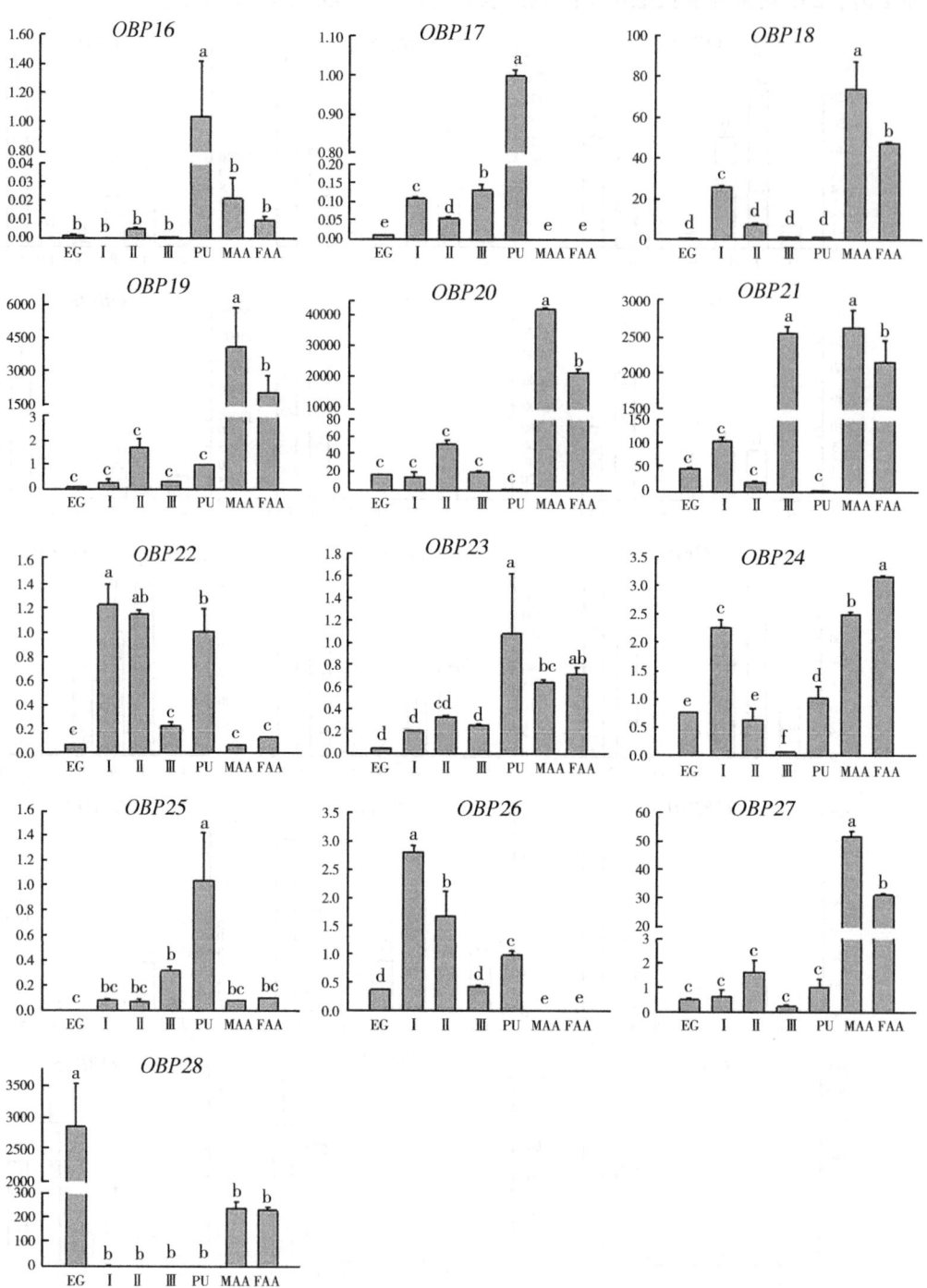

图 5-13 沙葱萤叶甲 *OBP16~28* 基因在不同发育阶段的表达谱分析

二、化学感受蛋白基因的表达谱分析

（一）沙葱萤叶甲 CSP 基因在不同组织中的表达分析

为了探索其功能，利用 RT-qPCR 技术检测了各 CSP 基因在沙葱萤叶甲不同部位的相对表达量差异（图5-14），以雄虫触角作为参照，即各个基因在雄虫触角中的表达量定为1。结果显示，沙葱萤叶甲 10 个 CSP 基因在成虫触角中均有表达，且表达水平不同。CSP2~5 和 CSP8~9 在雌虫触角中的表达量显著高于雄虫触角（$P<0.05$），其他 3 个 CSP（CSP1、CSP6 和 CSP7）在雌雄触角中的表达量无显著差异（$P>0.05$）。除触角外，CSP 基因在其他部位也有表达，但 CSP2、CSP4、CSP5、CSP8 和 CSP9 这 5 个基因在雌虫触角中的表达量显著高于其他组织。CSP1 在成虫头部表达量显著高于其他部位（$P<0.05$），超过雄虫触角表达量的 140 倍；CSP5 主要表达于触角，在其他部位的表达量相对较低；CSP3、CSP 7 和 CSP 10 在翅中的表达量相对较高。CSP6 特异性的表达于雌虫腹部，相对表达量为雄虫触角的 1600 倍左右。

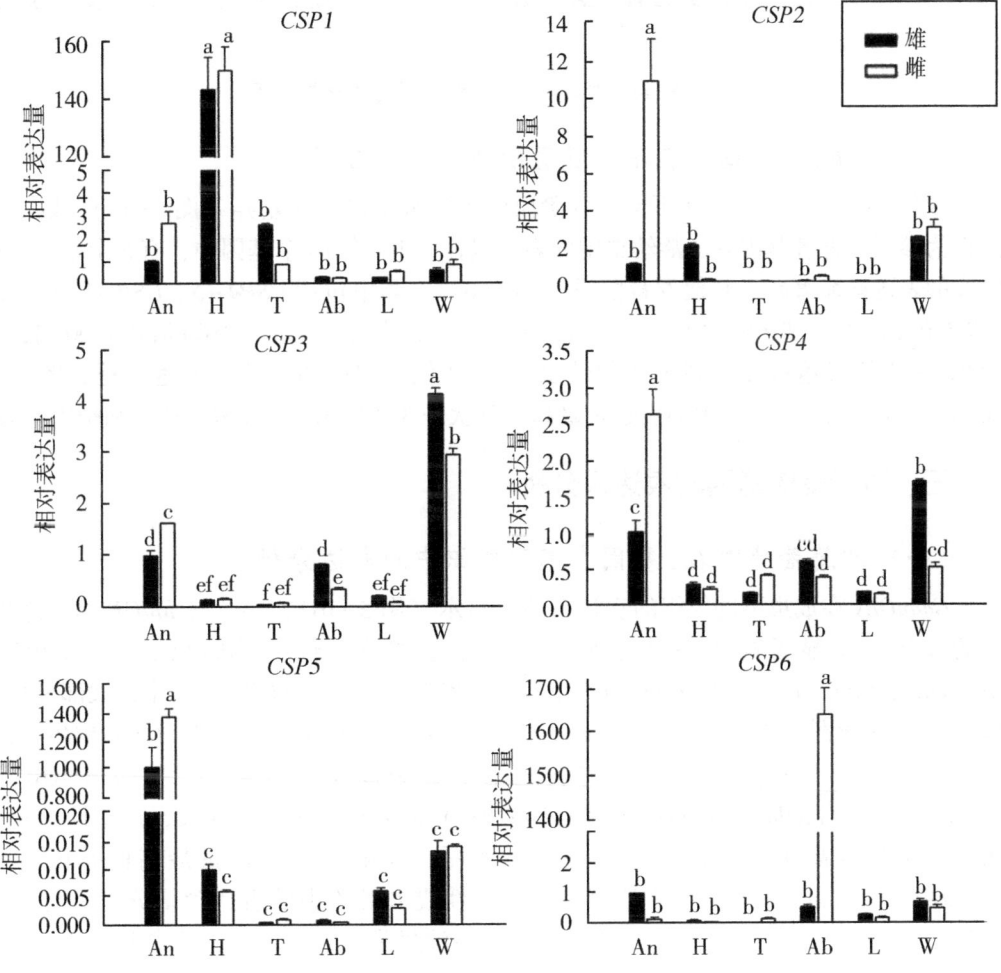

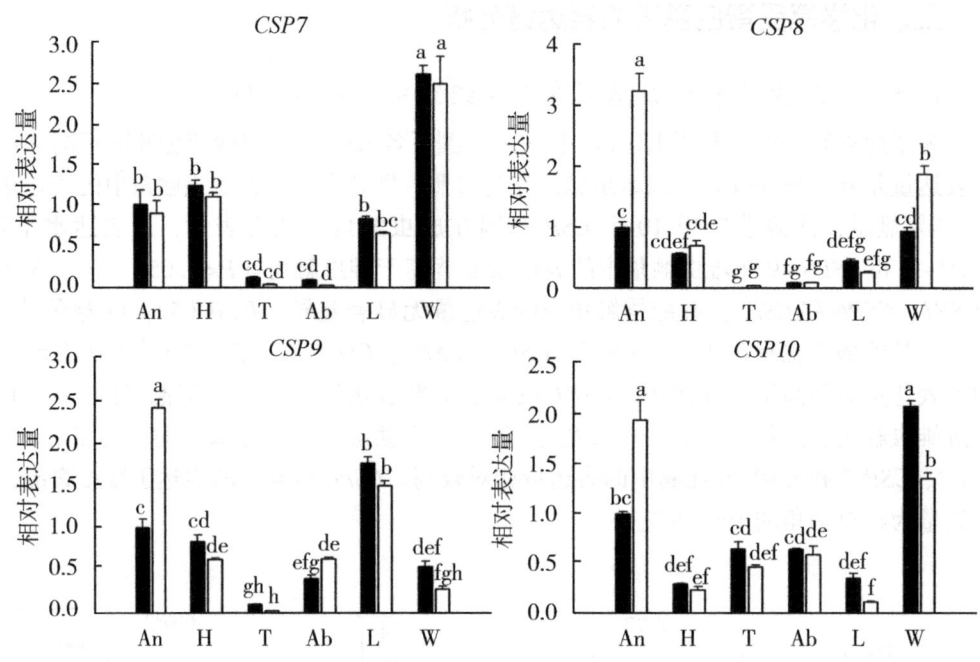

图 5-14 沙葱萤叶甲 CSP 基因组织表达分析

(二) GdauCSP 基因在不同发育阶段的表达分析

沙葱萤叶甲 CSP 基因在不同发育阶段的表达水平也存在差异（图5-15），以3龄幼虫作为参照，即各基因在3龄幼虫中的表达量作为1。在10个基因中，有5个基因在成虫阶段的表达量显著高于其他发育阶段（$P<0.05$），其中包括 CSP4~5、CSP~8 和 CSP10。CSP1 在1龄幼虫和2龄幼虫中高表达，分别是3龄幼虫表达量的2800倍和1700倍，且在1龄幼虫中的表达量显著高于2龄幼虫。CSP2 仅在卵中高表达，表达量是3龄幼虫的1000倍左右。CSP3 在蛹中的表达量最高，其次是3龄幼虫；而 CSP6 在卵和蛹中不表达。

三、嗅觉受体基因的表达谱分析

（一）沙葱萤叶甲 OR 基因在不同组织中的表达分析

GdauORs 在成虫不同组织的表达谱结果显示（图5-16），15个 GdauORs 基因在触角中的表达水平显著高于在其他组织中的表达水平，包括 GdauOR1、GdauOR3~6、GdauOR8、GdauOR11~13、GdauOR15、GdauOR17~20 和 GdauORco。其中，大部分嗅觉受体基因表现出性别间的差异，GdauOR1、GdauOR5~6、GdauOR17、GdauOR19~20 和 GdauORco 这7个在雌性触角中的表达水平显著高于雄性触角，有4个 OR 基因（GdauOR3、GdauOR8、GdauOR11 和 GdauOR12）的表达水平与其相反，在雄性触角中的表达水平显著高于在雌性触角中的表达水平。在触角中表达量最高的基因分别为 GdauOR4 和 GdauORco，它们在沙葱萤叶甲雌性成虫触角中的表达含量分别是对照组的1320.52倍和1541.76倍。此外，有6个基因在沙葱萤叶甲组织表达模式中未显示出触角特异性，GdauOR3、GdauOR7、GdauOR16、GdauOR18 和 GdauOR20 在沙葱萤叶甲翅中的

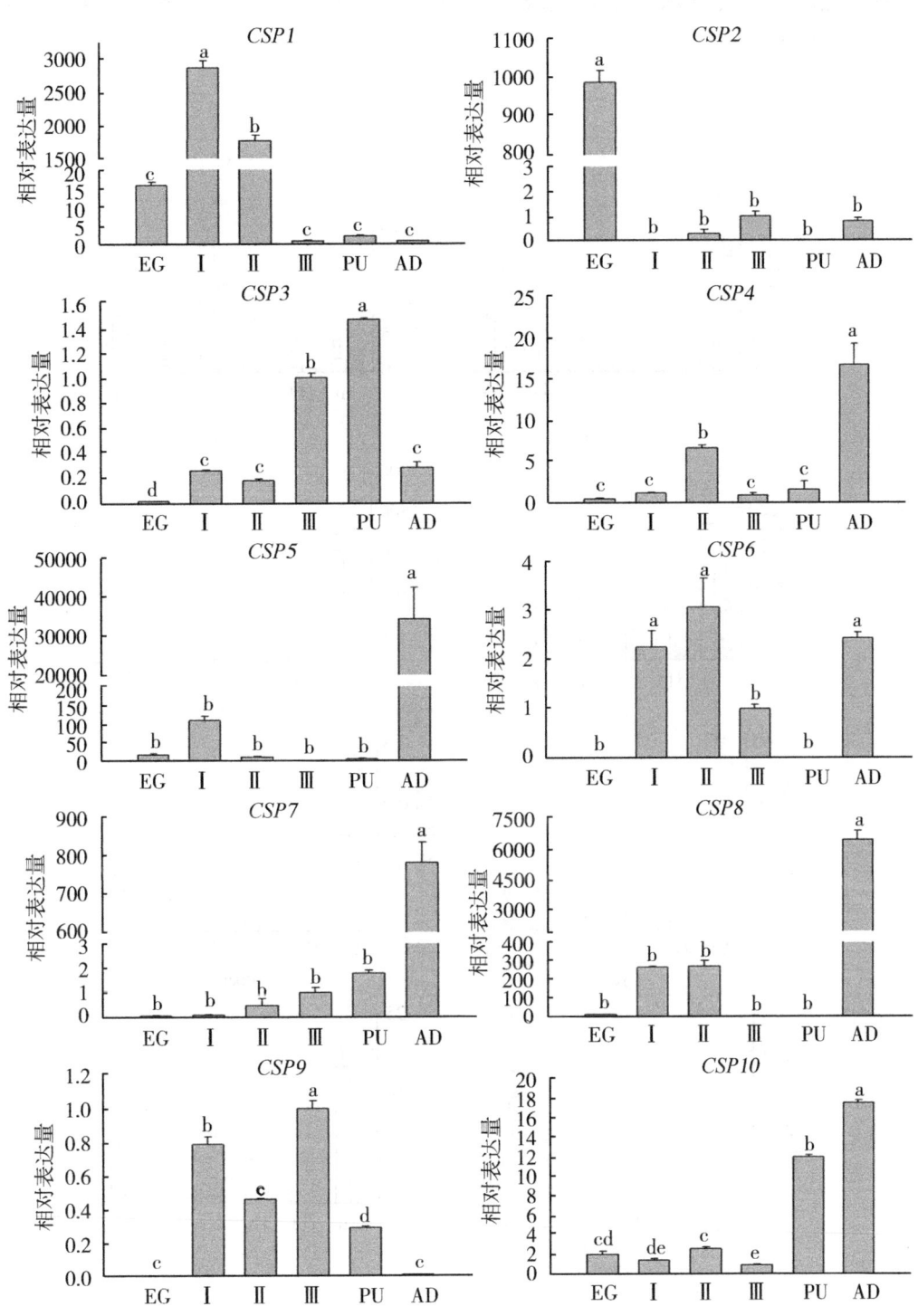

图 5-15 沙葱萤叶甲 *CSP* 基因在不同发育阶段的表达谱分析

表达水平较高，而 *GdauOR2* 在腹部有较高的表达含量，且雄性的表达水平显著高于雌性。另外 *GdauOR9*、*GdauOR10* 和 *GdauOR14* 由于它们在沙葱萤叶甲各组织中的表达水平过低，所以在图中没有展示。

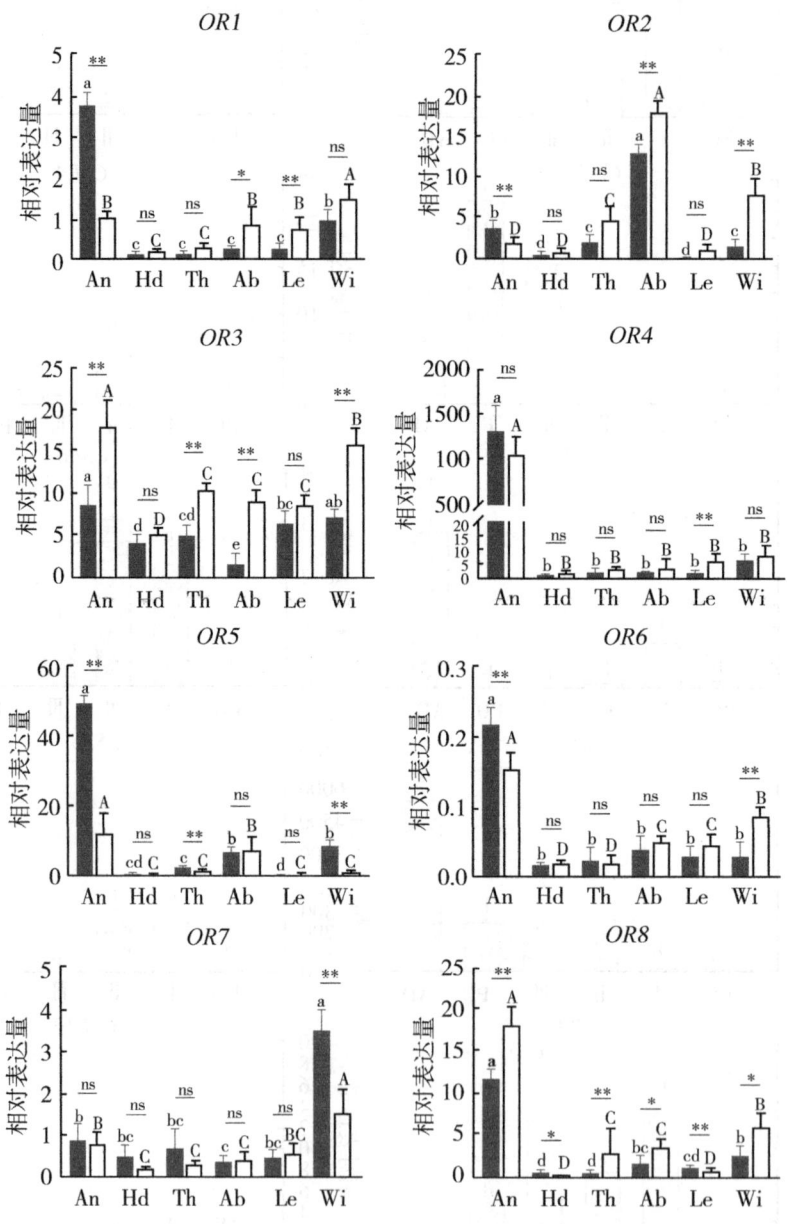

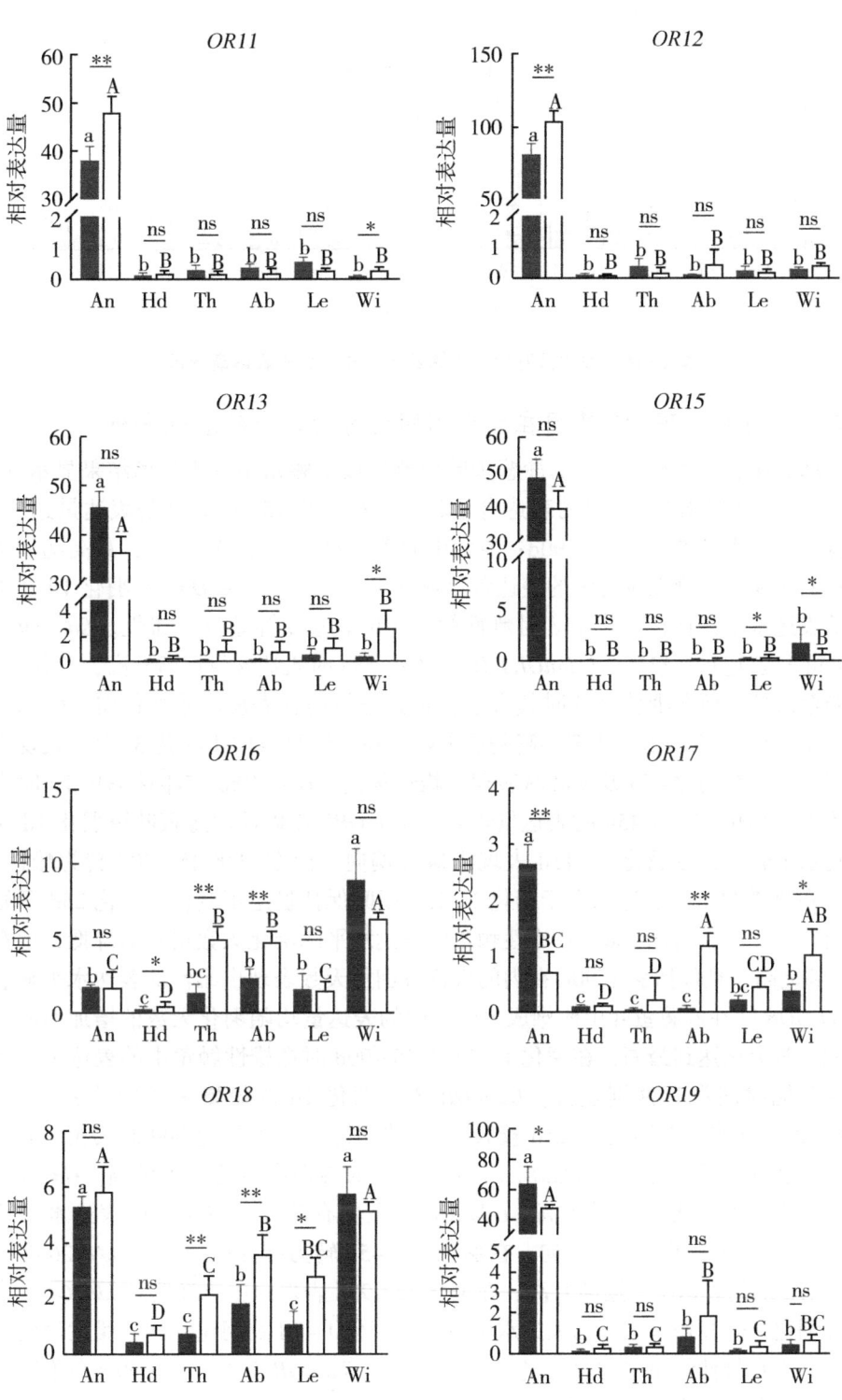

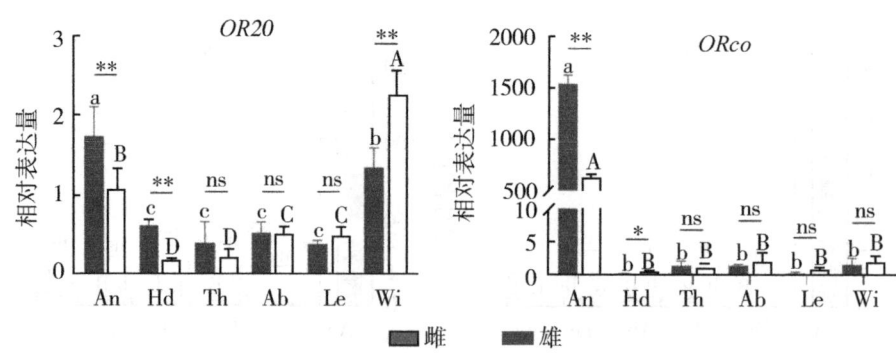

图 5-16 沙葱萤叶甲 *OR* 基因在不同组织的表达谱分析

(二) 沙葱萤叶甲 OR 基因在成虫不同发育时期中的表达分析

GdauORs 在羽化后不同天数的沙葱萤叶甲雌雄成虫触角中的表达谱结果显示（图5-17），*GdauOR1* 在羽化 1~7d 时的表达含量较低，在羽化 15d 时雄性的表达量达到最高，随后降低至一定水平维持到羽化 90d；雌性中的表达量在羽化 25d 时达到最高随后逐渐降低，且在羽化 90d 时雄性触角中的表达含量显著高于雌性。*GdauOR2* 在羽化 1d 及 15d 时有较高的表达水平，且在羽化 15d 时雌性触角中的表达量显著高于雄性。*GdauOR3* 在雌性羽化 45d 时表达水平较高。*GdauOR4* 在羽化 1~15d 时表达含量逐渐升高，羽化 25~45d 表达量降至最低，但在羽化 90d 时其表达含量升至最高且表现出雌性偏向。*GdauOR5* 在雌性羽化 1~25d 的表达水平逐渐升高随后下降，在雄性触角中于羽化 3~90d 表现出逐渐升高的趋势，并在羽化 45d 及 90d 时表现出雄性偏向。*GdauOR6* 在雌性羽化 7d 时表达量较高，雄性在羽化 25d 及 45d 时表达量较高。*GdauOR7* 在雄性沙葱萤叶甲羽化 1d 时触角中的表达水平较高，在羽化 7~15d 表现出雄性偏向，而在羽化 45~90d 转为雌性偏向。*GdauOR8* 在雌性触角中表达水平于羽化 1~15d 期间保持稳定不变，在羽化 25d 开始随时间推移而升高，直至羽化 90d，在雄性触角中表达水平随羽化天数增加而降低，但在羽化 90d 时升到最高，且包括羽化 90d 在内的大部分羽化天数表现出雄性的表达水平显著高于雌性。*GdauOR11* 在沙葱萤叶甲雌雄成虫触角中的表达量均随羽化天数的增加而降低，并于羽化 90d 时突然达到最高，在羽化 1~7d 及 45~90d 时在雄性触角中的表达量显著高于雌性，而其他时间没有性别差异。*GdauOR13* 在羽化 1d 的雌雄触角中的表达量最高。*GdauOR15* 的表达水平在羽化 1~25d 较低且没有性别差异，在羽化 90d 时其相对表达水平达到最高且表现出雌性偏向。*GdauOR16* 在 45d 时的雄性中表达水平较高。*GdauOR18* 在羽化 25d 时在雄性中表达水平较高。*GdauOR19* 在所有阶段的成虫中的表达水平几乎不变，在羽化 1~15d 表现出雌性偏向，在羽化 25~45d 转为雄性偏向。*GdauOR20* 在雌雄成虫羽化 1~7d 期间表达水平逐渐升高，在羽化 15~90d 表现出逐渐降低。*GdauORco* 在雌性触角中除羽化 45d 外均有较高的表达水平，且在羽化 1~7d 及羽化 90d 在雌性触角中的表达量显著高于在雄性触角中的表达量。*GdauOR12*、*GdauOR17* 及 *GdauOR18* 在不同羽化天数的雄、雌触角之间存在显著差异。*GdauOR9*、*GdauOR10* 及 *GdauOR14* 在成虫触角中未测定到表达。

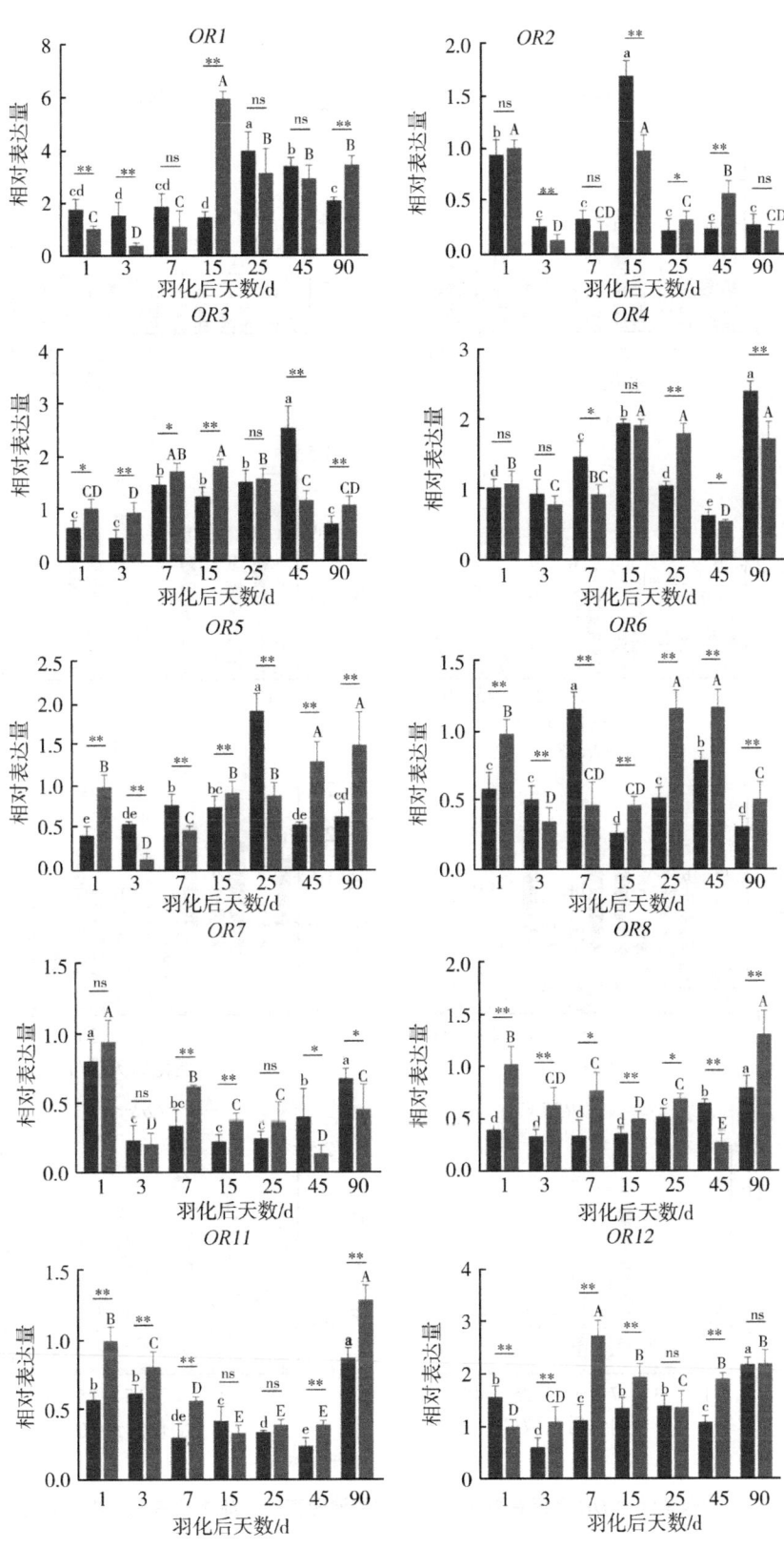

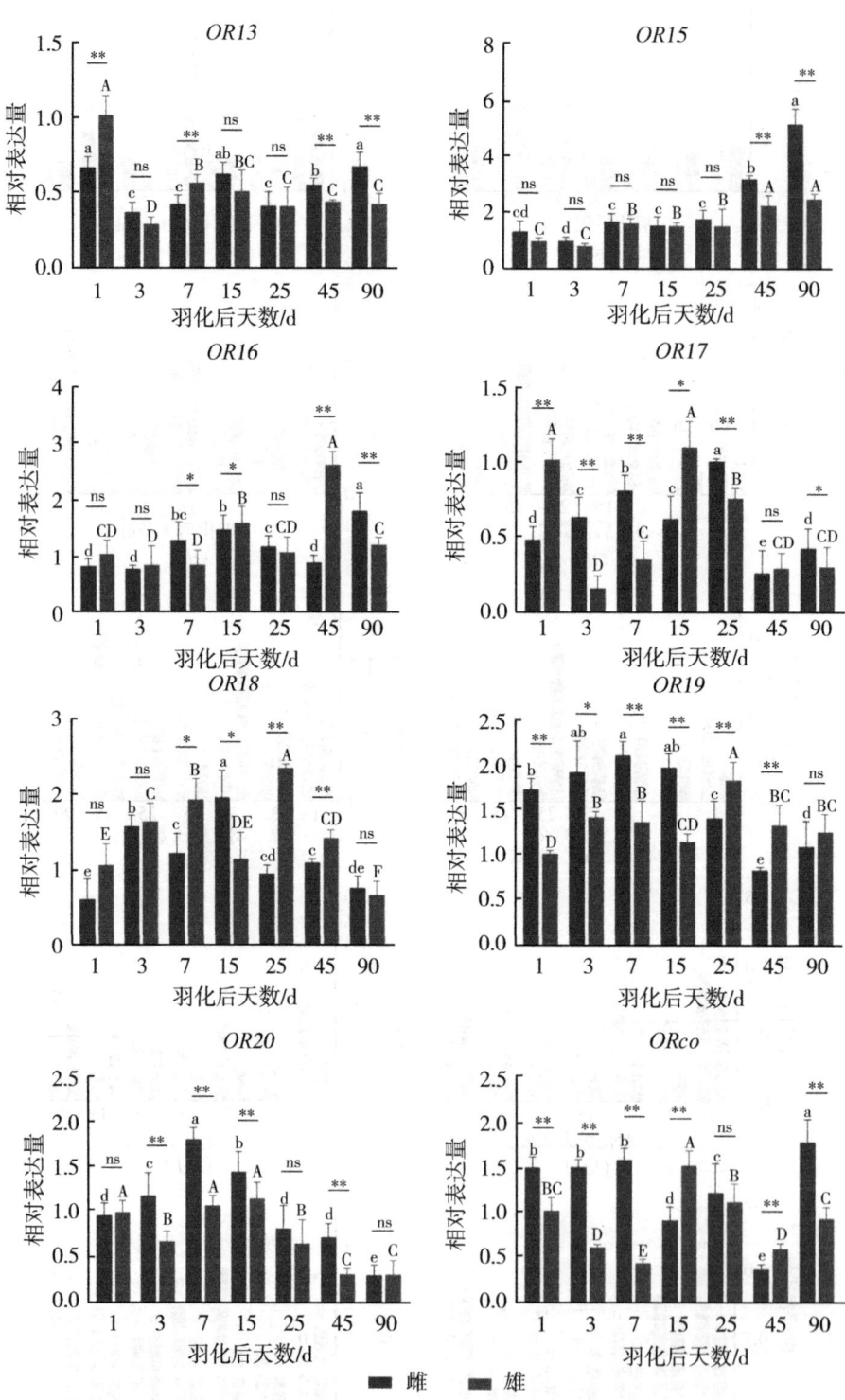

图5-17 沙葱萤叶甲 OR 基因在羽化不同天数的沙葱萤叶甲雌雄成虫触角中的表达模式

四、味觉受体的表达谱分析

（一）幼虫味觉受体基因表达谱分析

通过实时荧光定量PCR的方法检测了 *GdauGRs* 在1龄、2龄和3龄幼虫体内的相对表达情况（图5-18）。以1龄幼虫 *GdauGR1* 的表达量为对照，即视为 *GdauGR1* 在1龄幼虫中的表达量为1。结果显示，*GdauGR20* 在幼虫各个龄期内的相对表达量是最高的，其在1~3龄幼虫中的表达量分别是 *GdauGR1* 的162.07倍、120.26倍和101.26倍；表达量比较低的是 *GdauGR11*、*GdauGR13*、*GdauGR23*、*GdauGR24*、*GdauGR25* 和 *GdauGR30*。

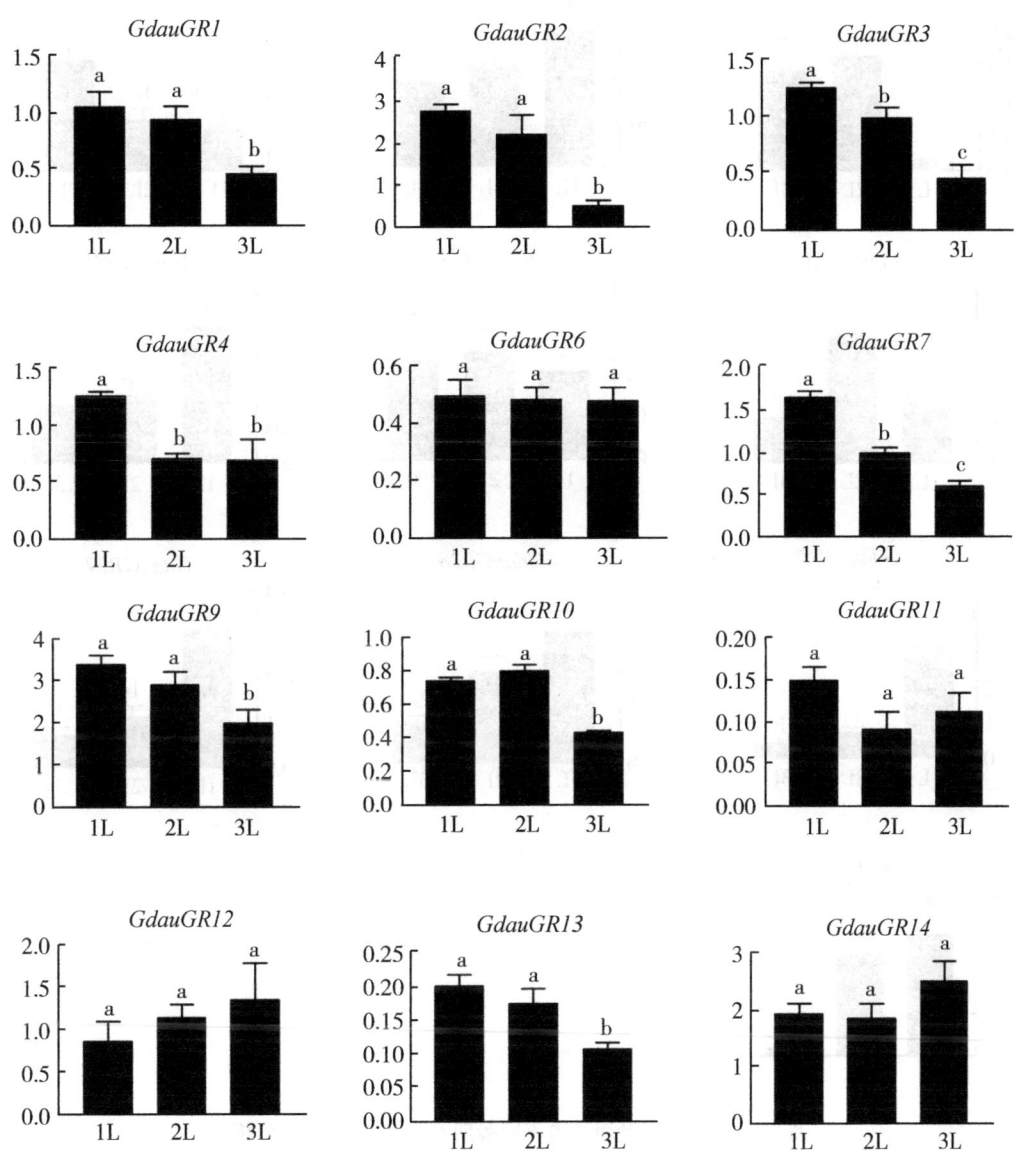

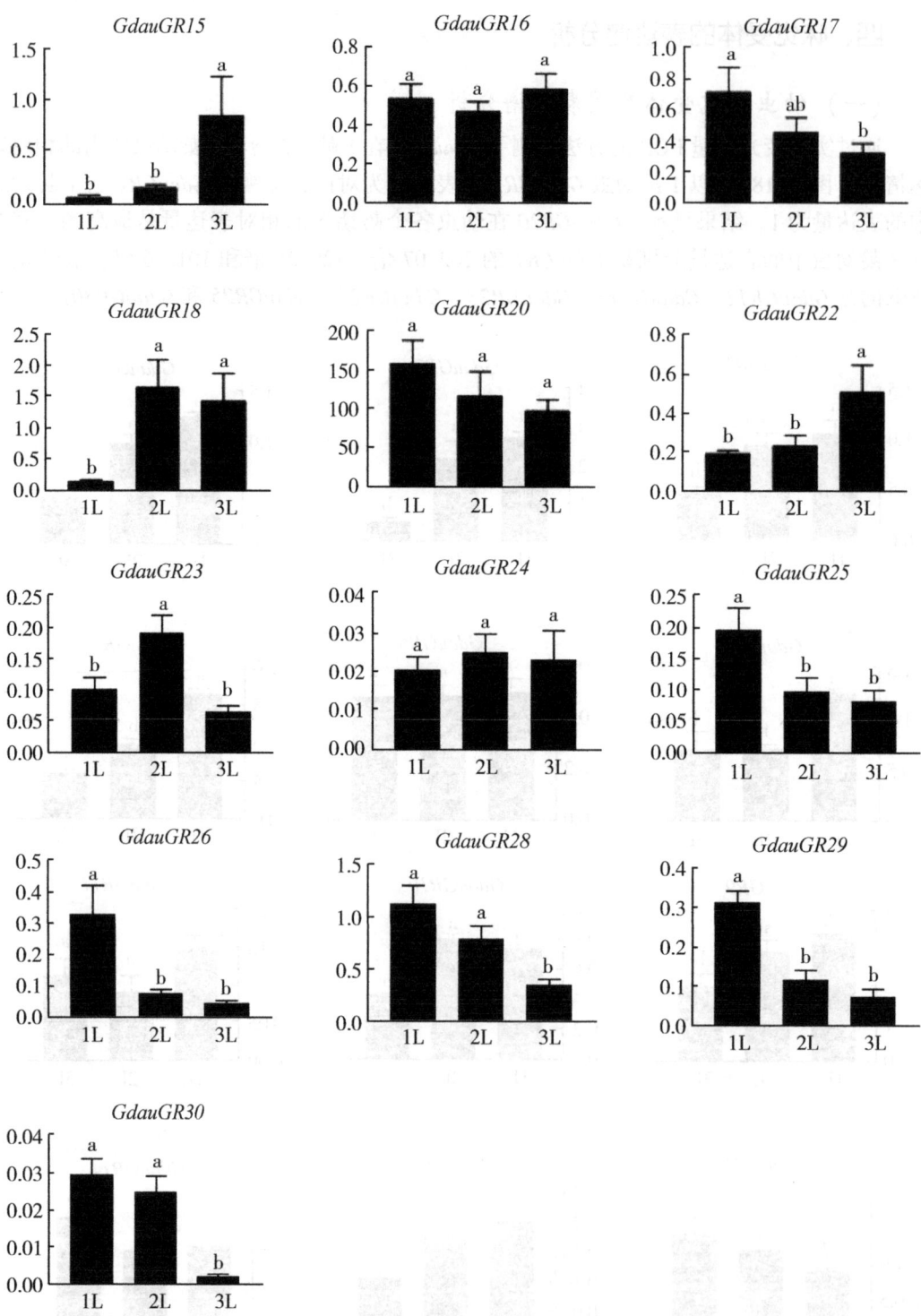

图 5-18 沙葱萤叶甲幼虫不同龄期 *GdauGRs* 表达谱分析

注：1L 为 1 龄幼虫，2L 为 2 龄幼虫，3L 为 3 龄幼虫。以 1 龄幼虫 *GdauGR1* 的表达量为对照。纵坐标为相对表达量。

有14个基因的相对表达量随着幼虫龄期的增长而降低，包括 *GdauGR1~4*、*GdauGR7*、*GdauGR9*、*GdauGR13*、*GdauGR17*、*GdauGR20*、*GdauGR25~26*、*GdauGR28~30*。*GdauGR1*、*GdauGR2*、*GdauGR9*、*GdauGR10*、*GdauGR13*、*GdauGR28* 和 *GdauGR30* 在3龄幼虫的相对表达量显著低于在1龄和2龄幼虫；*GdauGR4*、*GdauGR25*、*GdauGR26* 和 *GdauGR29* 在1龄幼虫中的相对表达量显著高于2龄和3龄幼虫；*GdauGR23* 在2龄幼虫中的相对表达量显著高于其他龄期；*GdauGR15* 和 *GdauGR22* 在3龄中的相对表达量显著高于其他龄期；*GdauGR18* 在2龄和3龄中的相对表达量显著高于1龄；*GdauGR17* 在1龄中的相对表达量高于3龄。*GdauGR6*、*GdauGR11*、*GdauGR12*、*GdauGR14*、*GdauGR16*、*GdauGR20* 和 *GdauGR24* 在幼虫各个龄期内的相对表达差异不显著。

（二）成虫味觉受体基因的表达谱分析

为探究 *GdauGRs* 在雌雄成虫不同组织内的相对表达情况，利用实时荧光定量 PCR 进行检测。以雌虫头部 *GdauGR1* 的表达量为对照，即视为 *GdauGR1* 在雌雄成虫头部中的表达量为1。结果显示（图5-19），所有的 *GdauGRs* 在雌雄成虫不同组织都有表达。其中，*GdauGR20* 在雌雄成虫各个组织的相对表达量最高，其次为 *GdauGR14*；相对表达量最低的是 *GdauGR24* 和 *GdauGR30*。大部分 *GdauGRs* 主要在雌雄成虫的触角、腹部和翅中的表达量较高，少数 *GdauGRs* 在胸部或头部也有较高的表达。大部分的 *GdauGRs* 在雌雄成虫不同组织中的相对表达量表现出明显的性别差异。

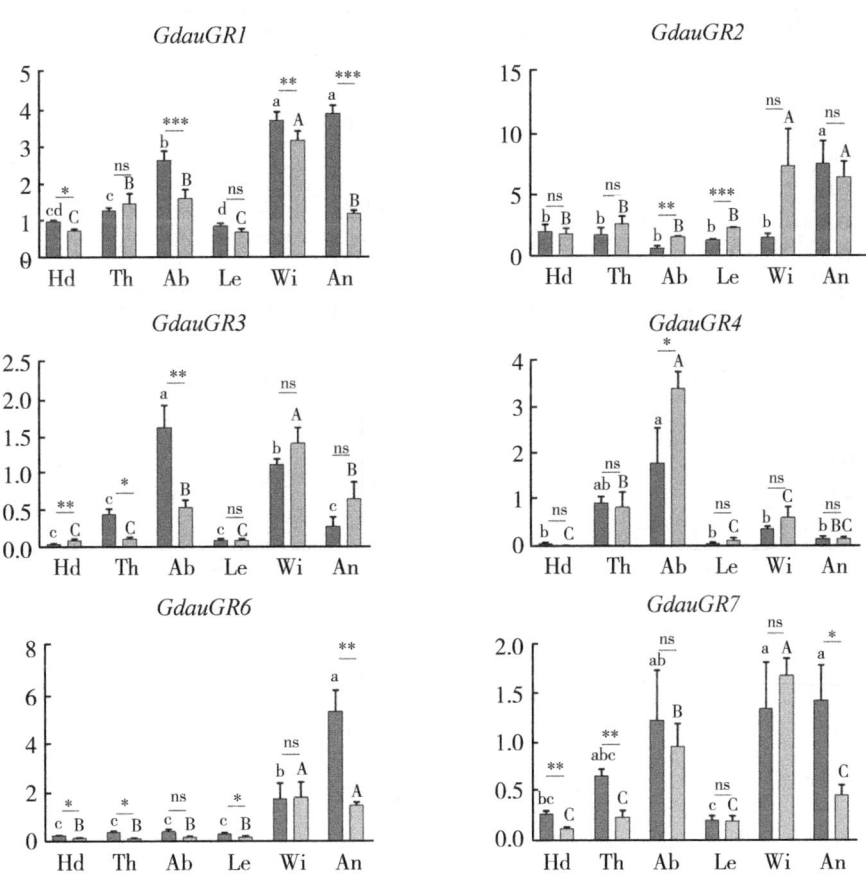

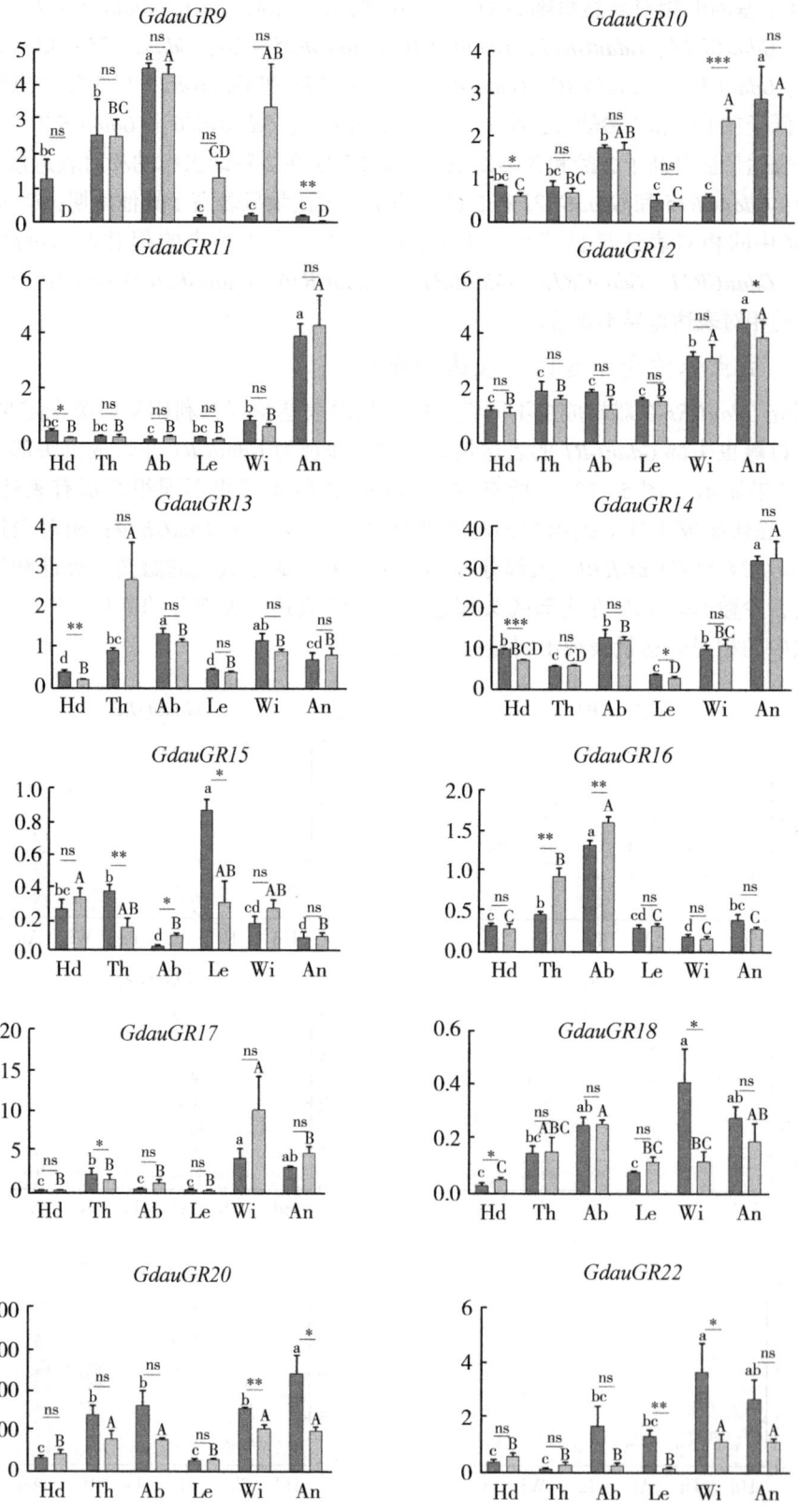

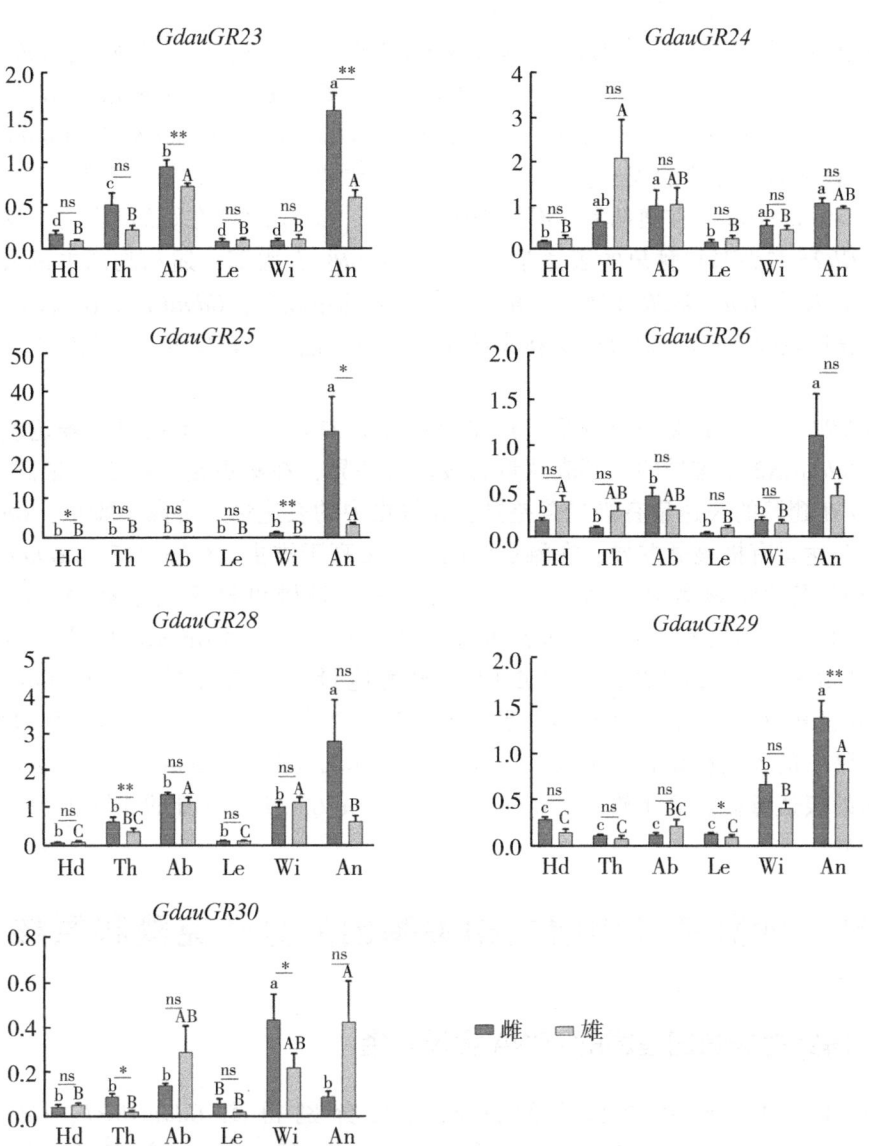

图 5-19 沙葱萤叶甲成虫不同组织 *GdauGRs* 表达谱分析

注：Hd 为头部（不含触角）；Th 为胸部；Ab 为腹部；Le 为足；Wi 为翅；An 为触角。以雌虫头部 *GdauGR1* 的表达量为对照。纵坐标为相对表达量。

在雌成虫的不同组织中，*GdauGR2*、*GdauGR11*、*GdauGR14*、*GdauGR25*、*GdauGR26* 和 *GdauGR28* 在触角中表达量较高；*GdauGR30* 在翅膀中高表达；*GdauGR3*、*GdauGR10* 和 *GdauGR13* 在腹部和翅膀中的表达量较高；*GdauGR4* 和 *GdauGR16* 在腹部和胸部表达量比较高；*GdauGR23* 和 *GdauGR24* 在腹部和触角的表达量相对较高；*GdauGR6*、*GdauGR12*、*GdauGR17*、*GdauGR22* 和 *GdauGR29* 在触角和翅中表达量比较高；*GdauGR15* 在足部和胸部的表达量比较高；*GdauGR9* 在腹部、胸部和头部的表达量相对较高；*GdauGR1*、*GdauGR7* 和 *GdauGR18* 在腹部、触角和翅中表达量相对较高；*GdauGR20* 在触角、腹部、

翅和胸部的表达量高于头部和足部的表达。

在雄成虫不同组织中，*GdauGR1* 和 *GdauGR3* 在翅膀中的表达量较高；*GdauGR4* 和 *GdauGR8* 在腹部高表达；*GdauGR13* 在胸部高表达；*GdauGR11*、*GdauGR14* 和 *GdauGR25* 在触角的表达量较高；*GdauGR2*、*GdauGR6*、*GdauGR12*、*GdauGR17*、*GdauGR22* 和 *GdauGR29* 在翅膀和触角的表达量较高；*GdauGR7* 和 *GdauGR28* 在翅膀和腹部表达较高；*GdauGR16* 和 *GdauGR24* 在腹部和胸部的表达量较高；*GdauGR23* 在腹部和触角的表达量较高；*GdauGR26* 在头部和触角的表达量较高；*GdauGR9* 在腹部、翅和胸部中的表达量较高；*GdauGR10* 和 *GdauGR30* 在翅、触角和腹部的表达量较高；*GdauGR15* 在头部、足部和翅膀中的表达量较高；*GdauGR20* 除在头部和足部的表达量比较低外，其他组织上的表达量较高。

GdauGR1 在雌雄的腹部和触角表达量有极显著差异，且在雌虫中的表达量显著高于雄虫；*GdauGR2* 在雌雄的足部表达量有极显著差异，在雄虫足中的表达量高于雌虫；*GdauGR10* 在翅膀的表达量有极显著差异，在雄虫中的表达量显著高于雌虫；*GdauGR14* 在头部的表达量有极显著差异，在雌虫中的表达量高于雄虫。*GdauGR7* 和 *GdauGR13* 在雌虫头部的表达量显著高于雄虫，而 *GdauGR3* 则是雄虫显著高于雌虫；*GdauGR7*、*GdauGR15* 和 *GdauGR28* 在雌虫胸部表达量显著高于雄虫，而 *GdauGR16* 则是雄虫高于雌虫；*GdauGR3* 和 *GdauGR23* 在雌虫腹部的表达量显著高于雄虫，而 *GdauGR2* 和 *GdauGR16* 正相反；*GdauGR22* 在雌虫足部表达量显著高于雄虫；*GdauGR1* 和 *GdauGR20* 在雌虫翅膀中的表达量显著高于雄虫；*GdauGR6*、*GdauGR9*、*GdauGR23* 和 *GdauGR29* 在雌虫触角的表达量显著高于雄虫。*GdauGR24* 和 *GdauGR26* 在雌雄的相同组织中表达量无明显差异。

第四节　沙葱萤叶甲嗅觉相关基因的分子克隆和原核表达

一、嗅觉相关蛋白基因的 cDNA 全长克隆

经 3′ 和 5′ RACE 克隆和中间片段拼接分别得到 *GdauOBP1*、*GdauOBP6*、*GdauOBP10*、*GdauOBP20*、*GdauCSP4* 和 *GdauCSP5* 的 cDNA 全长序列，以及 *GdauOBP15* 的 ORF 全长序列和 3′非编码区。其中 *GdauOBP1* 的 cDNA 全长序列 503bp，开放阅读框全长 396bp，编码 131 个氨基酸，5′非编码区 25bp，3′非编码区 82bp（图 5-20）。*GdauOBP6* 的 cDNA 全长序列 557bp，开放阅读框全长 360bp，编码 119 个氨基酸，5′非编码区 52bp，3′非编码区 145bp，具有 ployA 尾结构（图 5-21）。*GdauOBP10* 的 cDNA 全长序列 593bp，开放阅读框全长 441bp，编码 146 个氨基酸，5′非编码区 25bp，3′非编码区 127bp（图 5-22）。*GdauOBP15* 开放阅读框全长 432bp，编码 143 个氨基酸，3′非编码区 125bp，具有 ployA 尾结构（图 5-23）。*GdauOBP20* 的 cDNA 全长序列 567bp，开放阅读框全长 420bp，编码 139 个氨基酸，5′非编码区 24bp，3′非编码区 123bp，具有 ployA 尾结构（图 5-24）。

```
  1 CTCGATAGTTACCACACCAATCAACATGTATACGCTATGGATGATTTCTGTTATCACTATGTTCGCAATCACAGTGTCAGCATCAGAATT
                             M  Y  T  L  W  M  I  S  V  I  T  M  F  A  I  T  V  S  A  S  E  F
 91 CGACGATATGAGAGATAGGATAATGAAACCAAGGAATACAAAGAATGTTCTCAAGAATCCGGCGCTACTTACGATGATTTTATGGCTTT
     D  D  M  R  D  R  I  M  E  T  K  E  Y  K  E ⓒ  S  Q  E  S  G  A  T  Y  D  D  F  M  A  F
181 TAAAAATACTACAGAAGTGATGTGCTTATTCAAATGTTCACTTGAAAAAAAGGATCACTGGATAAAGATGAAATATCGATTTGGATAA
     K  N  T  T  E  V  M ⓒ  L  F  K ⓒ  S  L  E  K  K  G  S  L  D  K  D  G  N  I  D  L  D  N
271 TATTAAAGAAAGGCTTTCGGGAAATACCCACTTGGATGACACGAAAAAGAAATGTTTCTGAAGTGCGCAGAATCGGTCGGTAAAATAGA
     I  K  E  R  L  S  G  N  T  H  L  D  D  T  K  K  E  M  F  L  K ⓒ  A  E  S  V  G  K  I  D
361 TAAATGCGATGATCTACTAGAATTTAGATGGTGTCTCGTGAATATTACTAAAAAACAATAATAGACATAGTCTTTATAAAACTTTAATTG
     K ⓒ  D  D  L  L  E  F  R  W ⓒ  L  V  N  I  T  K  K  Q  *
451 GAATATATGTTTGAATAATTGGCTCATTTATTTAGAAAAGCTGGACATAATAA
```

图 5-20 *GdauOBP1* cDNA 核苷酸序列和氨基酸序列

注：起始密码子和终止密码子用方框标注，信号肽用下划线标注，保守的半胱氨酸用圆圈标注。下图同。

```
  1 GTTAGTAGTTGGACTATGTTTATATTTTATTACGCTAGATGGATGGTGTGCAATGACGGAAAAACAAATGAACGCGACAAAAAGTTGGT
                                                    M  T  E  K  Q  M  N  A  T  K  K  L  V
 91 TAGAAATTCGTGCACTGCCAAAACAAAAGTTGCTCCTGATGTGGTAGATGCAATGCATAAAGGAGATTTCAGTAATGGACAGTGCTATAT
     R  N  S ⓒ  T  A  K  T  K  V  A  P  D  V  V  D  A  M  H  K  G  D  F  S  N  G  Q ⓒ  Y  I
181 CCTCTGCATTATGAATACATACAAATTGATAAGAGCTGACGGTTCTTTCGATTGGGAAGGTGGAATAGCAACCGTTAACGAAATGCTCC
     L ⓒ  I  M  N  T  Y  K  L  I  R  A  D  G  S  F  D  W  E  G  G  I  A  T  V  N  A  N  A  P
271 TCCAACAATTGCAGCTACTGCCCGCAAGCATTAAGATTGTAAAGATTCAAGATCAAAAATACAAGTGTCTTGGTTCCGCAGA
     P  H  I  A  A  T  A  A  A  S  I  K  N ⓒ  K  D  S  M  K  N  T  S  D  K ⓒ  L  G  S  A  E
361 AATAGCTATGTGTATATACAATGATGACCCTCCAAATTATTTCTTTCCATAATGGTCGATTATGGATCCACTTCCAATGTCTAAAAAT
     I  A  M ⓒ  I  Y  N  D  D  P  P  N  Y  F  F  P  *
451 TACTAAATTTGTAAAATATAATTTATAAGCGATAATATTTATTATACGTGCCTAAATAATAAAGCATCAAAAAAAAAAAAA
541 AAAAAAAAAAAAAAAAA
```

图 5-21 *GdauOBP6* cDNA 核苷酸序列和氨基酸序列

```
  1 CAGAGTACATGGGGATTCACAAGGATGTCAAGTATGAAGTATATTTTCTATCTTTATGTTTATTTTTATATATGAAAACGTTCAGAC
                            M  S  S  M  K  Y  I  F  L  S  L  C  L  F  F  I  Y  E  N  V  Q  T
 91 ACTTATGACTGAAAAACAAATTGCTGCAACAAAGAAACTCAAGAGGAACTGCATTAACAAGCAAGGAGTAGCTCCCGAAAAGGTAGA
     L  M  T  E  K  Q  I  A  A  T  K  K  L  I  R  N  T ⓒ  I  N  K  Q  G  V  A  P  E  K  V  D
181 TGGGATGTATAAGGGAGAATTTGATTTCTCTGATAAAAATTCAATGTGCTATGTGCATTGCGTTCTGACAACCTACAAATTGATAAAAA
     G  M  Y  K  G  E  F  D  F  S  D  K  N  S  M ⓒ  Y  V  H ⓒ  V  L  T  T  Y  K  L  I  K  K
271 AGACAACACATTTGACTGGGAAGAAGGTATAAGTGTTATGCAACTTAATGCTCCTCCTAGTATTGCTACACCCGTTATTGAAACTATTAA
     D  N  T  F  D  W  E  E  G  I  S  V  M  Q  L  N  A  P  P  S  I  A  T  P  V  I  E  T  I  K
361 AAACTGTAAAAATGCAGTTAAGACAAACCATAAATTGTACAGCTGCTCTTGAGATTGCCAAGTGTTTATATGATGACGATCCTGTTCA
     N ⓒ  K  N  A  V  K  T  T  N  H  K ⓒ  T  A  A  L  E  I  A  K ⓒ  L  Y  D  D  D  P  V  H
451 TTATTTCTTGCCCTGAAAACACACCCAAACCAGTAGACTGCTAAAAATTTATCACAATATGATGACATGTATTGTCTTTATTTTAGCA
     Y  F  L  P  *
541 CATAATTCATAAGAAATAACAATTATTGTGTGGTTGGATTAAATGTAGTAAAG
```

图 5-22 *GdauOBP10* cDNA 核苷酸序列和氨基酸序列

GdauCSP4 的 cDNA 全长序列 460bp，开放阅读框全长 375bp，编码 124 个氨基酸；5′非编码区 28bp，3′非编码区 57bp，具有 ployA 尾结构（图 5-25）。*GdauCSP5* 的 cDNA 全长序列 540bp，开放阅读框全长 405bp，编码 134 个氨基酸；5′非编码区 52bp，3′非编码区 83bp（图 5-26）。

```
  1 ATGAACAAACCGATTATATTCGCAGTACTCTGCATTGGTGTTGCTAGCTGCTTTGTTCCAGAGACGGAATTTGGAATAAAACTACTTAAG
     M  N  K  P  I  I  F  A  V  L  C  I  G  V  A  S  C  F  V  P  E  T  E  F  G  I  K  L  L  K
 91 CTAGGCAAAGAAGCTCACGAAAAATGCATTGAAGAGACTGGTGTGACACAAGCAGCGATAGAGAGCCAAACAAGGAAAATTCGATGAT
     L  G  K  E  A  H  E  K (C) I  E  E  T  G  V  T  Q  A  A  I  E  R  A  K  Q  G  K  F  D  D
181 GATGATATACAAATTAAGGATTACAATTGCCTTTGGACATTCAGCAAGGCGATCAACAAGAATTTTGAGATTAATGTGGAATTAATA
     D  D  I  Q  I  K  D  Y  N  N (C) L  W  T  F  S  K  A  I  N  K  N  F  E  I  N  V  E  L  I
271 AAAGAATTGTTACCTGCAAAAATCAGAGATGTGCAACTTAAAGCTATAATGGACTGCCATGAAGAAATCAAAGAAGGACCTATACTGAGT
     K  E  L  L  P  A  K  I  R  D  V  Q  L  K  A  I  M  D (C) H  E  E  I  K  E  G  P  I  L  S
361 TTACTAGAAAAGACTTACTTACTCTCAGCATGTGTCTTCAATAAAAATCCAGAGAACTGGATCTACTTCTAGTCTCGCCGATGCCGATGG
     L  L  E  K  T  Y  L  L  S  A (C) V  F  N  K  N  P  E  N  W  I  Y  F  *
451 TCACAATAATGTCTAATTAAATCTAAACTATATTTTTATTATTCATATCTTATTGTTGTGGTAAGAAAAATAAATGACATTTCAACAGTA
541 AAAAAAAAAAAAAAAAAA
```

图 5-23 *GdauOBP15* cDNA 核苷酸序列和氨基酸序列

```
  1 ACATGGGAGAAAAGTCACACACCATGTTTCGGGAGCTTCTAATTTTTGTTATATTTTCAACTGTATCTTCAAATCCCTTAATGGAGATT
                            M  F  R  E  L  L  I  F  V  I  F  S  T  V  S  S  N  P  L  M  E  I
 91 ACGGATCCAAAAGTGAAAAATCTAACAGAAACATTGCATAAAGTATGTAGTAAAATCGGTGTTCAAGAAGCATCTATAGAGCAAGGC
     T  D  P  K  V  K  N  L  T  E  T  L  H  K  V (C) V  S  K  I  G  V  Q  E  A  S  I  E  Q  G
181 AAAAAAGGAATTTTCGACCGTGACCCAAAACTAATGGAATATTGGACTTGCGTATGGACGACATCTGGTTTGATGGATCAAAAAGGAAAT
     K  K  G  I  F  D  R  D  P  K  L  M  E  Y  W  T (C) V  W  T  T  S  G  L  M  D  Q  K  G  N
271 ATGGATTTTGAATTATTGCATAGTTTGGCCCCATCTAAAGTTGCCGACGCAACAACAAAGCTGGTTGGAGCTTGTCACAACAAAGTCGCA
     I  D  F  E  L  L  H  S  L  A  P  S  K  V  A  D  A  T  T  K  L  V  G  A (C) H  N  K  V  A
361 GGTGAAAAAGTTCTTACTAGTCTTGTTTTGAAGATGACGCAATGTATTGCAACAACAAATTCTGAACTCTTTATAATATTCTAACAAAGG
     G  E  K  V  L  T  S  L  V  L  K  M  T  Q (C) I  A  T  T  N  S  E  L  F  I  I  F  *
451 AAAAATTATATTTGATTTATCATGGATCATATTTATACAGAAATTATAAACTAATCTCTTTGTAGAAATAAATAAAAATCAAACAAAAA
541 AAAAAAAAAAAAAAAAAAAAAAAAAAAA
```

图 5-24 *GdauOBP20* cDNA 核苷酸序列和氨基酸序列

```
  1 ATAATTATTCCGAATAAATAGTAGTAACATGGGTTTAATACGATTAATTTTTTTATTTGCAGTGGTATCTTGTAGCTTAGCTCAAACGTA
                                  M  G  L  I  R  L  I  F  L  A  V  V  S  C  S  L  A  Q  T  Y
 91 CAATACAAGATATGATAATATTGACGGAATTTTAGGCAGTAAAAGATTGTTAGATAATTATTTACAGTGTCTTTTAGATGAAAA
     N  T  R  Y  D  N  I  D  I  D  R  I  L  G  S  K  R  L  L  D  N  Y  L  Q (C) L  L  D  E  N
181 CGTTAAAAGGTGCTCACCGGAAGGACGAGAATTTAAAGATACATACCTGAAGCAATTAGTACCAACTGCGCTAAATGTTCAGATTCACA
     V  K  R (C) S  P  E  G  R  E  F  K  R  Y  I  P  E  A  I  S  T  N (C) A  K (C) S  D  S  Q
271 AAAAAGAATTGTTAAAAAAACTGCCAAGTACATAATAACCAATAGACCACAAGATTGGAAAAAATTAACAGAGGTTTGATCCTCAAGG
     K  R  I  V  K  K  T  A  K  Y  I  I  T  N  R  P  Q  D  W  E  K  I  K  Q  R  F  D  P  Q  G
361 AAAATACCATCAAAGTTTCAATGATTTCTTAAATAGTCCTTAAAATGTGATTTTTATATTATGTAAATAAAGACATAATATTATAAA
     K  Y  H  Q  S  F  N  D  F  L  N  S  P  *
451 AAAAAAAAAA
```

图 5-25 *GdauCSP4* cDNA 核苷酸序列和氨基酸序列

```
  1 TGGGGAGTTGTTTTGTAAATTTTTTATAGTGATTTATATTTCATAAAACAGAATGTTTTCTTTGGTTGTGGTCTTATGTCTTGCTGGATT
                                                      M  F  S  L  V  V  V  L  C  L  A  G  L
 91 ATCTTCGGCTGCAGTTACCGAAAAAGCCAAGTACACAACAAAGTATGATAATGTTAATCTAGAAGAAATCGTACATAGTGATAGACTTTT
     S  S  A  A  V  T  E  K  A  K  Y  T  T  K  Y  D  N  V  N  L  E  E  I  V  H  S  D  R  L  L
181 GAAAAGTTACGTGGATTGTCTTCTAGAAAAAGGAAAATGCACTCCGGATGGATTGGAATTGAAAAAGAATATGCCTGACGCCATTGCAAC
     K  S  Y  V  D (C) L  L  E  K  G  K (C) T  P  D  G  L  E  L  K  K  N  M  P  D  A  I  A  T
271 CGATTGCAGTAAATGCAGCGAAAAGCAGAGAAGGGTCTGAATATATGATGAGATTTTTAATTGACAATAAACCTGATTACTGGAATCC
     D (C) S  K (C) S  E  K  Q  R  E  G  S  E  Y  M  M  R  F  L  I  D  N  K  P  D  Y  W  N  P
361 TTTGCAGGAAAAGTACGACCCTTCAGGTGCTTATAAACAGAGATATCTTGAAAGCAAGAAGCAAGAGGTTAAAGTTGAACCTATTACCAA
     L  Q  E  K  Y  D  P  S  G  A  Y  K  Q  R  Y  L  E  S  K  K  Q  E  V  K  V  E  P  I  T  K
451 AACCTAAATAACTTACCAGTGAAACGAGAACCTTGAAGAATGCTTCAAATTAAGAATTATGTTTAATTAAGTTGTATTTGCATGTAGGT
     T  *
```

图 5-26 *GdauCSP5* cDNA 核苷酸序列和氨基酸序列

二、嗅觉相关蛋白的诱导表达与纯化

以沙葱萤叶甲雄虫触角 cDNA 为模板，以带有酶切位点的引物进行 PCR 扩增，得到了 *GdauOBP1*、*GdauOBP6*、*GdauOBP10*、*GdauOBP15*、*GdauOBP20*、*GdauCSP4* 和 *GdauCSP5* 基因的 ORF（不含信号肽），琼脂糖凝胶电泳出现与目的片段大小一致的条带。

PCR 产物回收后连接载体 pMD19-T、转化到感受态细胞 DH5α 培养后挑取白色单菌落进行菌液 PCR 验证后进行测序。测序结果经 DNAMAN 软件比对后发现与 *GdauOBP1*、*GdauOBP6*、*GdauOBP10*、*GdauOBP15*、*GdauOBP20*、*GdauCSP4* 和 *GdauCSP5* 核苷酸序列一致，说明成功构建了重组克隆载体 pMD19-T/OBP1、pMD19-T/OBP6、pMD19-T/OBP10、pMD19-T/OBP15、pMD19-T/OBP20、pMD19-T/CSP4 和 pMD19-T/CSP5。

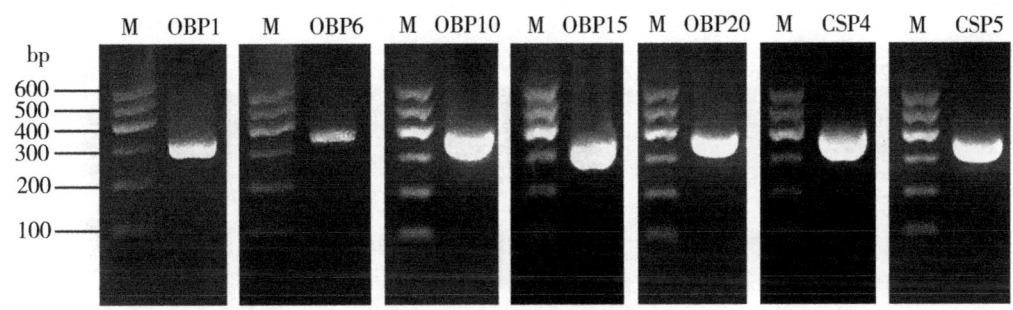

图 5-27 菌液 PCR 电泳检测

注：M 为 DNA Marker。

将重组克隆质粒和表达载体 pET-28a（+）用相应的限制性内切酶分别进行双酶切，将目的条带回收后分别与 pET-28a（+）回收片段连接，培养后再经菌液 PCR（图 5-27）和双酶切验证（以图 5-28 中 OBP1 和 OBP6 双酶切图谱为例）。结果显示，PCR 产物与酶切后的目的片段大小一致，并且经测序后序列比对发现插入的片段与目的片段碱基序列完全一致，证明成功构建了重组表达载体 pET-28a（+）/OBP1、pET-28a（+）/OBP6、pET-28a（+）/OBP10、pET-28a（+）/OBP15、pET-28a（+）/OBP20、pET-28a（+）/CSP4、pET-28a（+）/CSP5。

将重组表达质粒转化到大肠杆菌 BL21（DE3）中诱导表达，以 pET-28a（+）空载体转化的表达体系和未经 IPTG 诱导体系为对照，经 SDS-PAGE 检测，诱导后的 pET-28a（+）/OBP1、pET-28a（+）/OBP6、pET-28a（+）/OBP10、pET-28a（+）/OBP15、pET-28a（+）/OBP20、pET-28a（+）/CSP4、pET-28a（+）/CSP5 均在 15kDa 左右处出现蛋白条带。将大量诱导的菌体沉淀经超声波破碎处理后进行 SDS-PAGE 检测，结果发现重组蛋白 CSP4 和 CSP5 在上清液和包涵体中均有表达，而重组蛋白 OBP1、OBP6、OBP10、OBP15 和 OBP20 只在包涵体中表达。

将上清液和复性处理后的包涵体用 Ni-NTA 亲和层析柱将蛋白进行纯化，通过透析除盐后分别得到了单一的蛋白条带（图5-28）。

三、蛋白浓度测定

采用BCA蛋白浓度测定法测定了纯化后目的蛋白的浓度，绘制了BSA蛋白标准曲线（图5-29），相关系数为0.9948。根据标准曲线公式计算得出OBP1、OBP6、OBP10、OBP15、OBP20、CSP4和CSP5蛋白浓度分别为66.92μmol/L、10.83μmol/L、11.41μmol/L、26.32μmol/L、21.99μmol/L、39.85μmol/L和48.29μmol/L（图5-30、表5-9）。

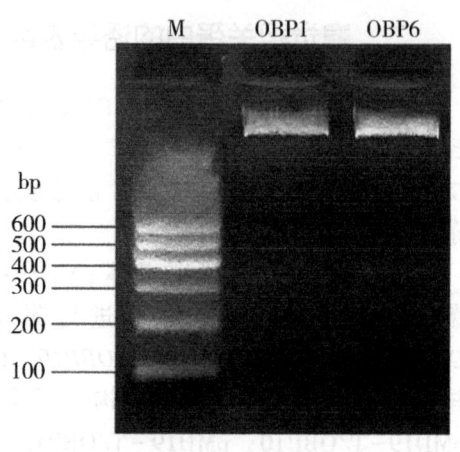

图5-28 双酶切电泳检测

注：M为DNA Marker。

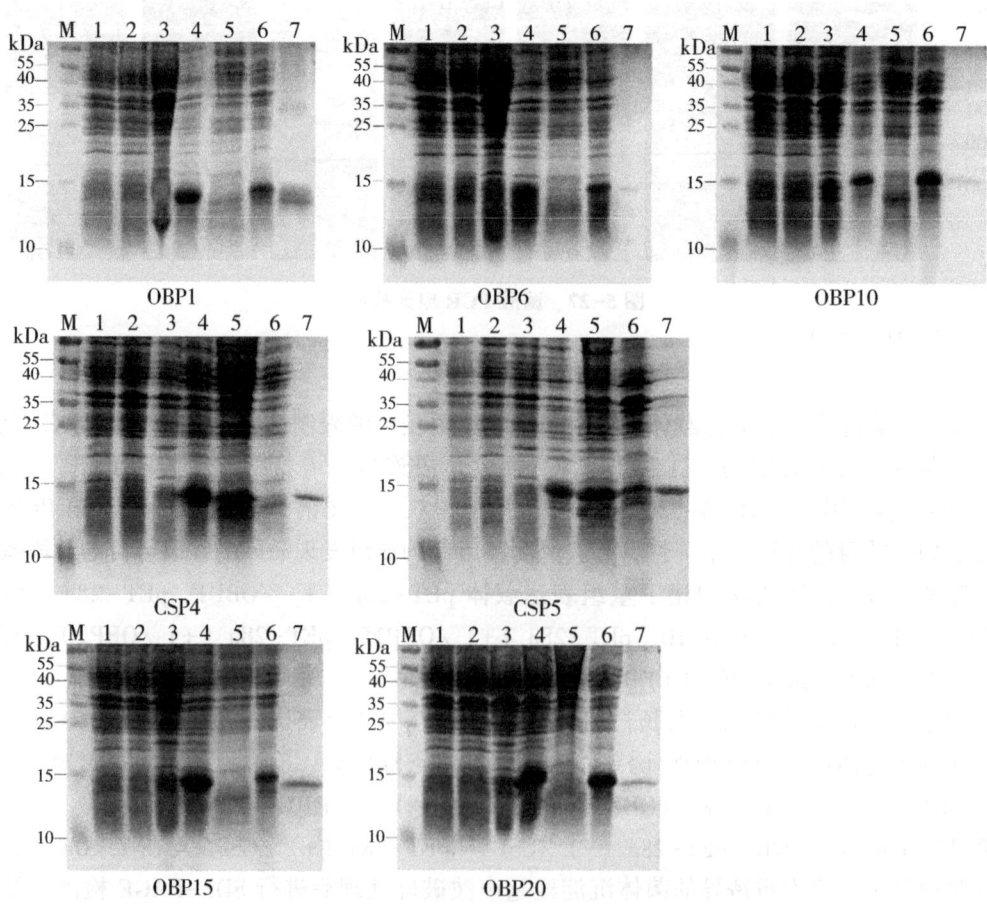

M—蛋白分子量标准；1—未诱导空载体对照组；2—诱导空载体对照组；3—未诱导试验组；4—诱导试验组；5—上清液；6—包涵体；7—纯化的重组蛋白。

图5-29 7个重组蛋白的诱导表达及纯化

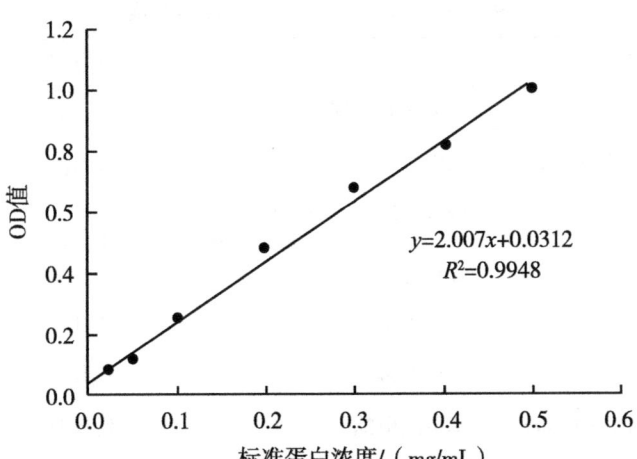

图 5-30　BSA 蛋白标准曲线

表 5-9　重组蛋白的浓度测定

纯化蛋白	质量浓度/（mg/mL）	摩尔浓度/（μmol/L）
GdauOBP1	1.02	66.92
GdauOBP6	0.14	10.83
GdauOBP10	0.19	11.41
GdauOBP15	0.43	26.32
GdauOBP20	0.34	21.99
GdauCSP4	0.58	39.85
GdauCSP5	0.74	48.29

第五节　沙葱萤叶甲嗅觉相关蛋白与寄主植物挥发物的结合特性及触角电位反应

一、沙葱挥发物成分分析

采用顶空动态收集法和 GC-MS（气-质联用仪）技术测定了沙葱萤叶甲的最适寄主植物——沙葱的挥发物成分。结果显示，沙葱挥发物主要由 32 种化合物组成（表 5-10），其中含量最高的为二烯丙基二硫，其次为烯丙基甲基二硫醚，前两个组分均为含硫化合物，占总量的 43.16%，其他组分相对含量均不到 10%。含硫化合物共有 9 种，占总量的 49.3%。

表 5-10　沙葱挥发物组分及相对含量

编号	英文名称	中文名称	分子式	相对含量/%
1	Diallyl disulphide	二烯丙基二硫或二硫化二丙烯	$C_6H_{10}S_2$	25.06
2	Disulfide, methyl 2-propenyl	烯丙基甲基二硫醚	$C_4H_8S_2$	18.10
3	(Z) -1, 3, 6-Octatriene, 3, 7-dimethyl-	(Z) -3, 7-二甲基-1, 3, 6-十八烷三烯或罗勒烯异构体混合物	$C_{10}H_{16}$	9.04
4	p-Xylene	对二甲苯	C_8H_{10}	7.42
5	2-Hexenal	2-己烯醛	$C_6H_{10}O$	5.44
6	Benzoic acid, methyl ester	苯甲酸甲酯	$C_8H_8O_2$	4.72
7	(E) -3-Hexen-1-ol, acetate	(E) -3-己烯-1-醇乙酸酯	$C_8H_{14}O_2$	3.59
8	Stearic acid, 3-(octadecyloxy) propyl ester		$C_{39}H_{78}O_3$	2.53
9	(Z) -2-Hexen-1-ol	(Z) -2-己烯-1-醇	$C_6H_{12}O$	2.26
10	2-Isopropyl-5-methyl-1-heptanol		$C_{11}H_{24}O$	2.20
11	beta.-Myrcene	月桂烯	$C_{10}H_{16}$	1.97
12	Pentanoic acid, 2, 2, 4-trimethyl-3-carboxyisopropyl, isobutyl ester		$C_{16}H_{30}O_4$	1.96
13	Hexanal	己醛	$C_6H_{12}O$	1.79
14	1-Butanol, 3-(1-ethoxyethoxy) -2-methyl-		$C_9H_{20}O_3$	1.48
15	Diallyl sulfide	二烯丙基硫醚	$C_6H_{10}S$	1.31
16	Trisulfide, di-2-propenyl	二烯丙基三硫醚	$C_6H_{10}S_3$	1.26
17	Dimethyl trisulfide	二甲基三硫醚	$C_2H_6S_3$	0.98
18	trans-beta-Ocimene		$C_{10}H_{16}$	0.97
19	S-Methyl methanethiosulfinate	S-甲基甲烷硫代磺酸盐	$C_2H_6OS_2$	0.96
20	(Z) -2-Penten-1-ol, acetate	(Z) -2-戊烯醇乙酸酯	$C_7H_{12}O_2$	0.82
21	1, 3-Dithiane	1, 3-二噻烷	$C_4H_8S_2$	0.79
22	D-Limonene	右旋柠檬烯	$C_{10}H_{16}$	0.68
23	Cyclotetrasiloxane, octamethyl-	八甲基环四硅氧烷或八甲基硅油	$C_8H_{24}O_4Si_4$	0.68
24	Silanediol, dimethyl-	二甲基硅烷二醇	$C_2H_8O_2Si$	0.66

(续表)

编号	英文名称	中文名称	分子式	相对含量/%
25	1-Octanol, 2-butyl-	2-丁基辛醇	$C_{12}H_{26}O$	0.59
26	Disulfide, dimethyl	二甲基二硫醚	$C_2H_6S_2$	0.42
27	3-Vinyl-1, 2-dithiacyclohex-5-ene	3-乙烯基-1, 2-二硫环己-5-烯	$C_6H_8S_2$	0.42
28	1-Butanol, 3-methyl-, acetate	乙酸异戊酯	$C_7H_{14}O_2$	0.39
29	4-Penten-1-ol, 3-methyl-		$C_6H_{12}O$	0.39
30	Pentanoic acid, 2, 2, 4-trimethyl-3-hydroxy-, isobutyl ester		$C_{12}H_{24}O_3$	0.39
31	1, 3, 5-Cycloheptatriene	1, 3, 5-环庚三烯或环庚三烯	C_7H_8	0.38
32	Pentanoic acid, 2, 2-dimethyl-, 1, 2, 3-propanetriyl ester		$C_{24}H_{44}O_6$	0.34

二、沙葱萤叶甲对沙葱挥发物的触角电位反应

我们从沙葱挥发物中挑选了13种化合物进行触角电位（EAG）试验，其中包括6种含硫化合物。从图5-31中可看出雌虫触角对二烯丙基硫醚、二烯丙基二硫、二烯丙基三硫醚、顺-2-己烯-1-醇、2-己烯醛、苯甲酸甲酯和己醛表现出较强的触角电位反应，EAG值均大于0.5，其中对2-己烯醛的反应最为强烈，显著高于其他化合物。雄虫触角对2-己烯醛和二烯丙基二硫也表现出较强的电位反应，EAG反应值大于0.5。除二甲基二硫醚外，雌虫对多数气味化合物的触角电位反应均强于雄虫，且雌虫触角对二烯丙基硫醚的触角电位反应值显著高于雄虫（$P<0.05$），其余气味化合物在雌雄之间的差异不显著（$P>0.05$）。

从沙葱萤叶甲对不同气味化合物的触角电位试验中筛选了6种反应值较强的化合物（包括二烯丙基硫醚、顺-2-己烯-1-醇、2-己烯醛、苯甲酸甲酯、己醛、二烯丙基二硫），将其稀释成不同浓度梯度，检测沙葱萤叶甲对各化合物在不同浓度下的触角电位反应。结果显示（图5-32），随着二烯丙基硫醚浓度的增加，雌雄成虫的EAG反应值均呈上升趋势，且雄虫在浓度为0.1mol/L和1mol/L的EAG值显著高于其他浓度梯度（$P<0.05$）；顺-2-己烯-1-醇在0.01mol/L浓度下的EAG值下降，且该浓度下雌雄之间的反应值存在显著性差异（$P<0.05$），之后随着浓度的增加，EAG值逐渐上升；沙葱萤叶甲对2-己烯醛在浓度为0.1mol/L时的触角电位反应最强，显著高于其他浓度梯度（$P<0.05$），雌雄之间差异不显著（$P>0.05$）。苯甲酸甲酯和二烯丙基二硫在浓度为0.01mol/L时达到饱和值之后不再上升，不同浓度之间的反应值无显著差异，雌雄之间的差异也不显

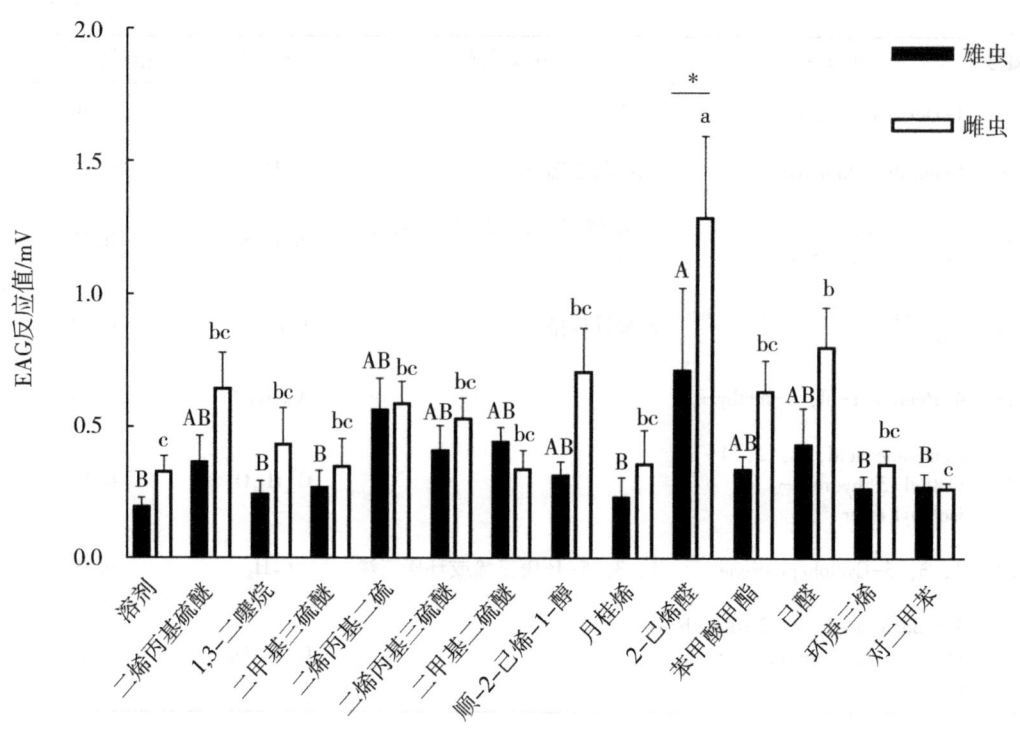

图 5-31　沙葱萤叶甲对寄主植物挥发物的触角电位反应

注：雌雄之间统计所用方法为成对样本 t 检验（$P<0.05$ 差异显著，用 * 表示）；雌雄不同化合物之间统计分析所用方法为单因素方差分析（Duncan 检验，不同字母代表差异显著 $P<0.05$，雄虫用大写字母表示，雄虫用小写字母表示）；误差棒代表 6 个生物学重复试验的标准误。

著（$P>0.05$）。沙葱萤叶甲对己醛的 EAG 反应值随着浓度的增加呈上升趋势，在 1mol/L 时的反应值显著高于其他浓度梯度，且浓度在 0.01~1mol/L 时，雌虫的反应值显著高于雄虫。总体来说，当化合物浓度在 0.1mol/L 和 1mol/L 时，沙葱萤叶甲的触角电位反应较强，说明在这个浓度范围内，触角对化合物的反应较为敏感。

三、重组蛋白与 1-NPN 的结合常数测定

使用 1-NPN 作为荧光探针分别对 7 个蛋白样品进行测定，发现各重组蛋白与 1-NPN 均有很好的荧光结合现象。随着 1-NPN 浓度的增加，荧光强度逐渐增强，最后达到饱和。采用 GraphPad Prism 7 软件对 1-NPN 浓度及其对应的荧光强度值进行非线性回归拟合分析，结果显示，各重组蛋白与荧光探针 1-NPN 的结合曲线符合非线性增长模型（图 5-33A 至图 5-39A）。同时利用 Scatchard 方程线性化拟合验证，线性相关系数分别为 0.9103、0.9047、0.9401、0.9377、0.9414、0.9159 和 0.9448（图 5-33B 至图 5-39B）。重组蛋白 OBP1、OBP6、OBP10、OBP15、OBP20、CSP4 和 CSP5 与 1-NPN 的结合常数分别为 11.36μmol/L、11.83μmol/L、6.543μmol/L、14.59μmol/L、12.8μmol/L、18.87μmol/L 和 5.335μmol/L。

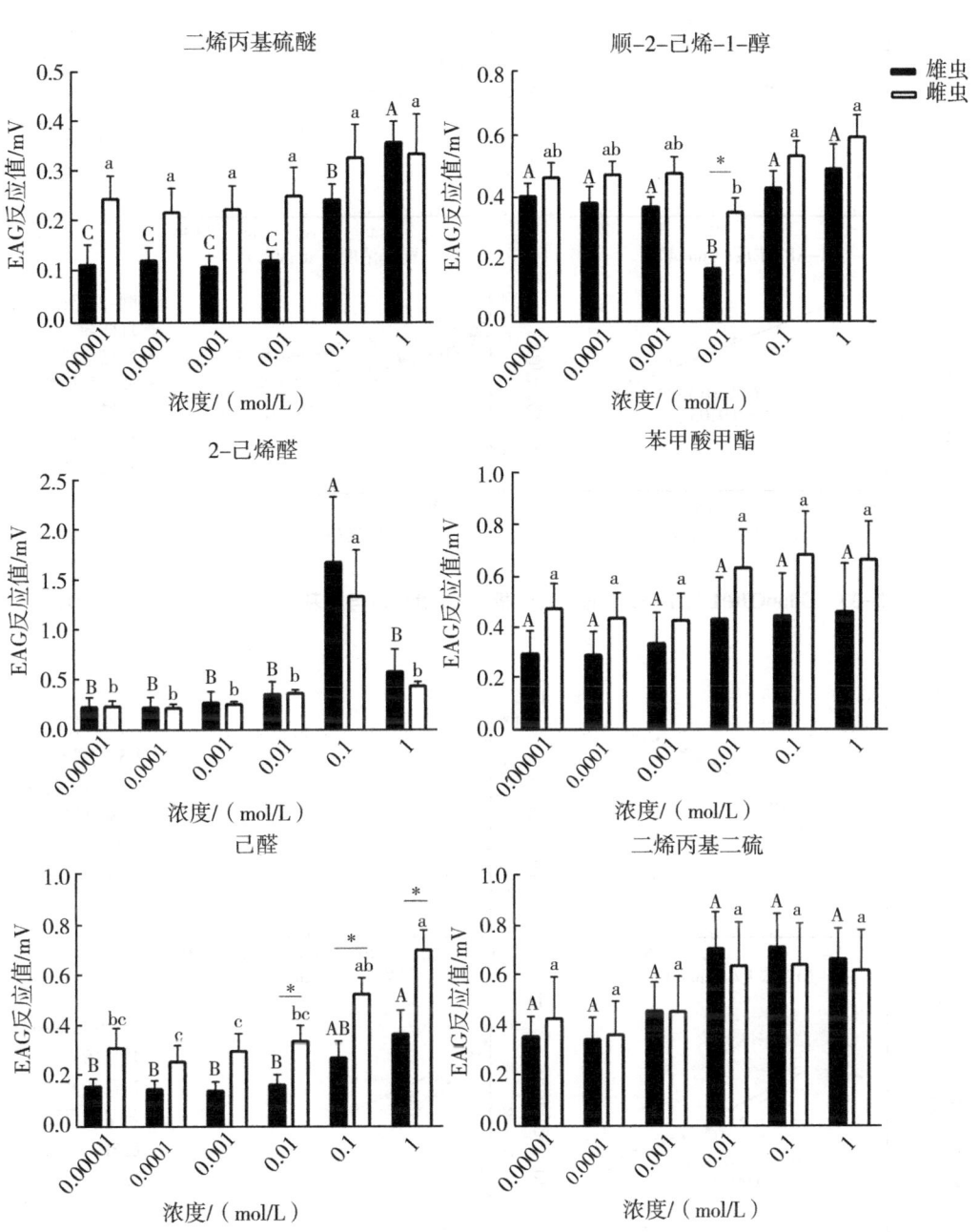

图 5-32 沙葱萤叶甲对不同浓度化合物的触角电位反应

注：雌雄之间统计所用方法为成对样本 t 检验（$P<0.05$ 差异显著，用 * 表示）；雌雄不同化合物之间统计分析所用方法为单因素方差分析（Duncan 检验，不同字母代表差异显著 $P<0.05$，雄虫用大写字母表示，雄虫用小写字母表示）；误差棒代表 6 个生物学重复试验的标准误。

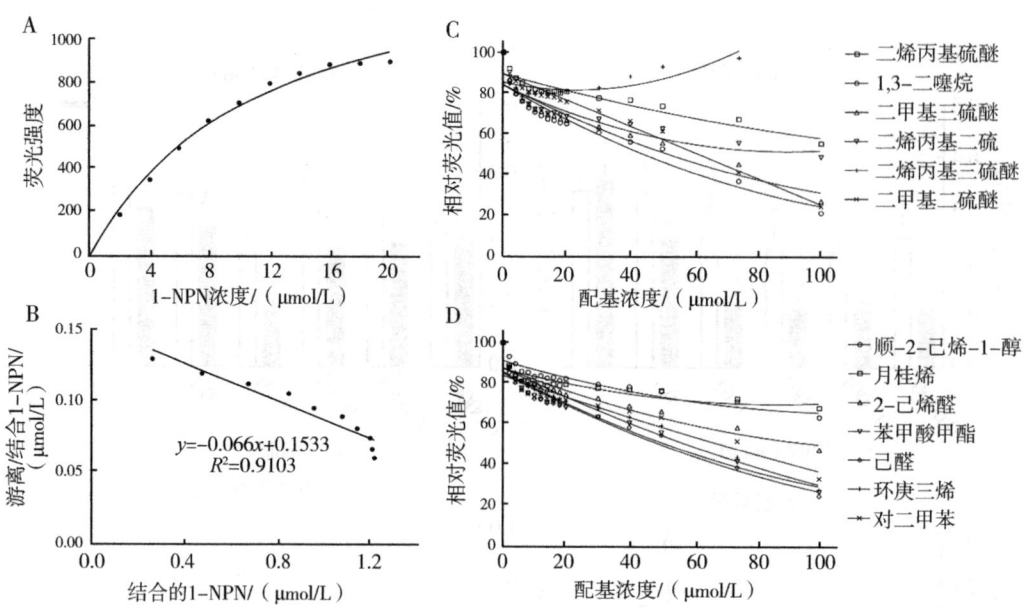

图 5-33　GdauOBP1 与 1-NPN 的结合分析（A、B）及与配基的荧光竞争结合（C、D）

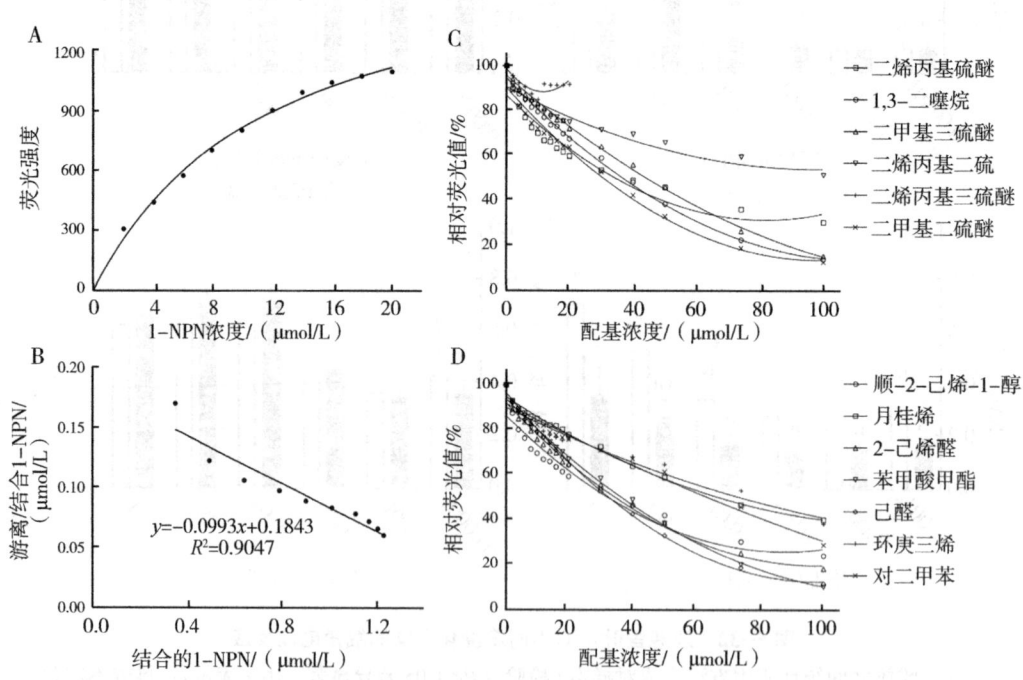

图 5-34　GdauOBP6 与 1-NPN 的结合分析（A、B）及与配基的荧光竞争结合（C、D）

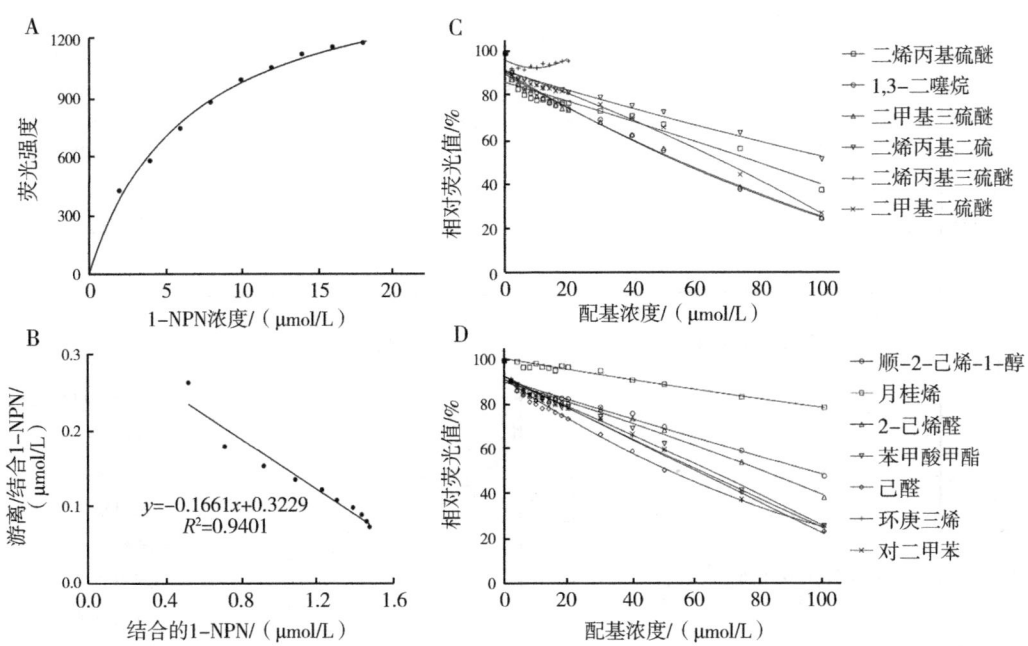

图 5-35　GdauOBP10 与 1-NPN 的结合分析（A、B）及与配基的荧光竞争结合（C、D）

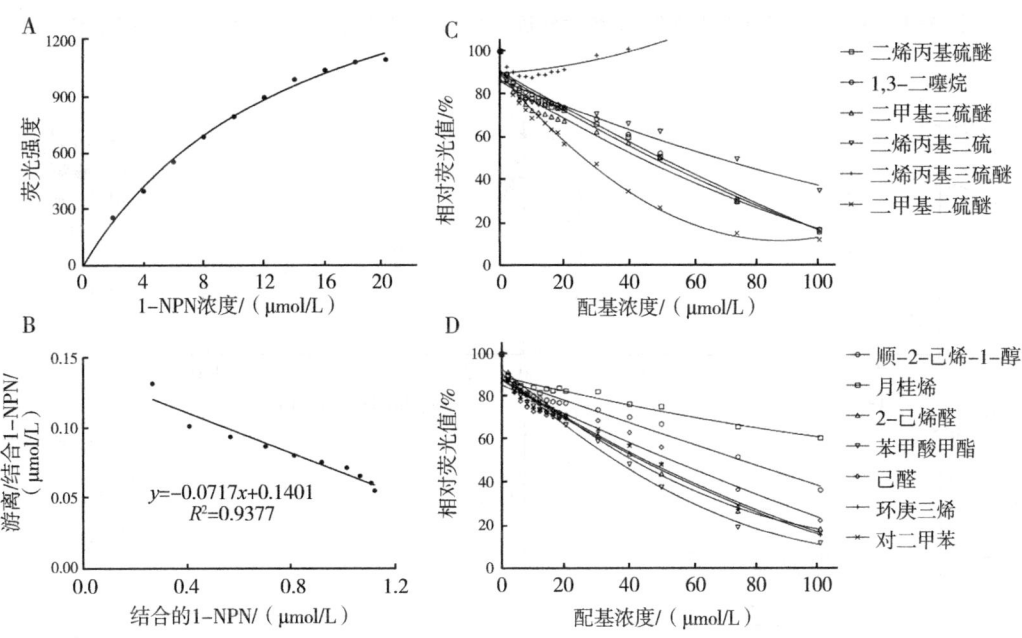

图 5-36　GdauOBP15 与 1-NPN 的结合分析（A、B）及与配基的荧光竞争结合（C、D）

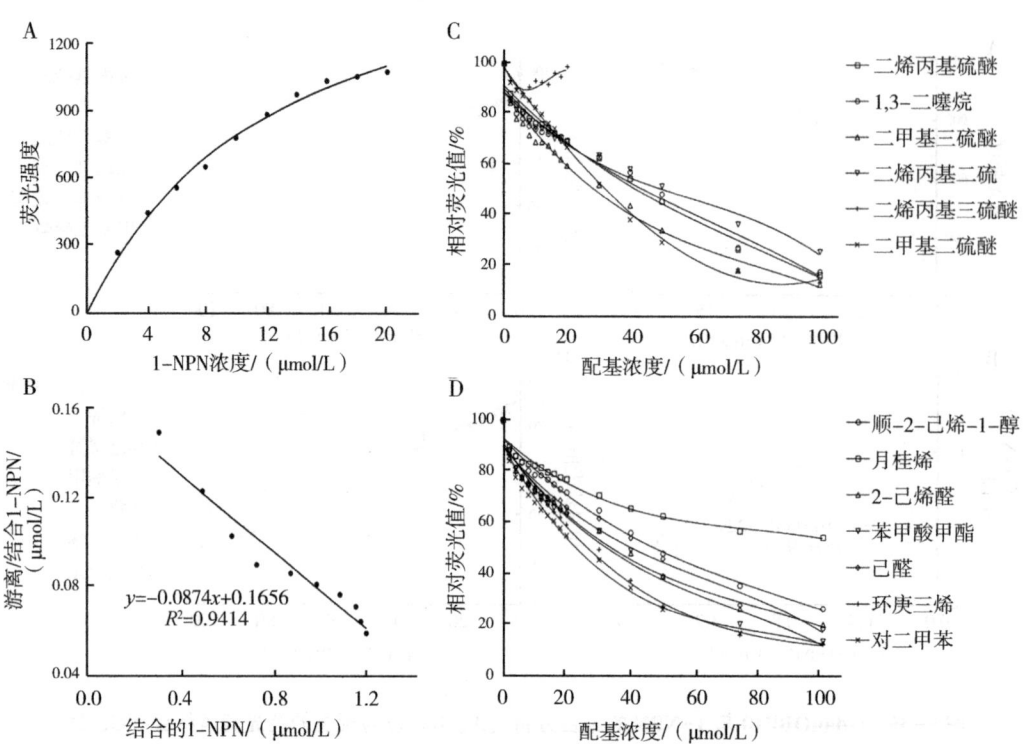

图 5-37 GdauOBP20 与 1-NPN 的结合分析（A、B）及与配基的荧光竞争结合（C、D）

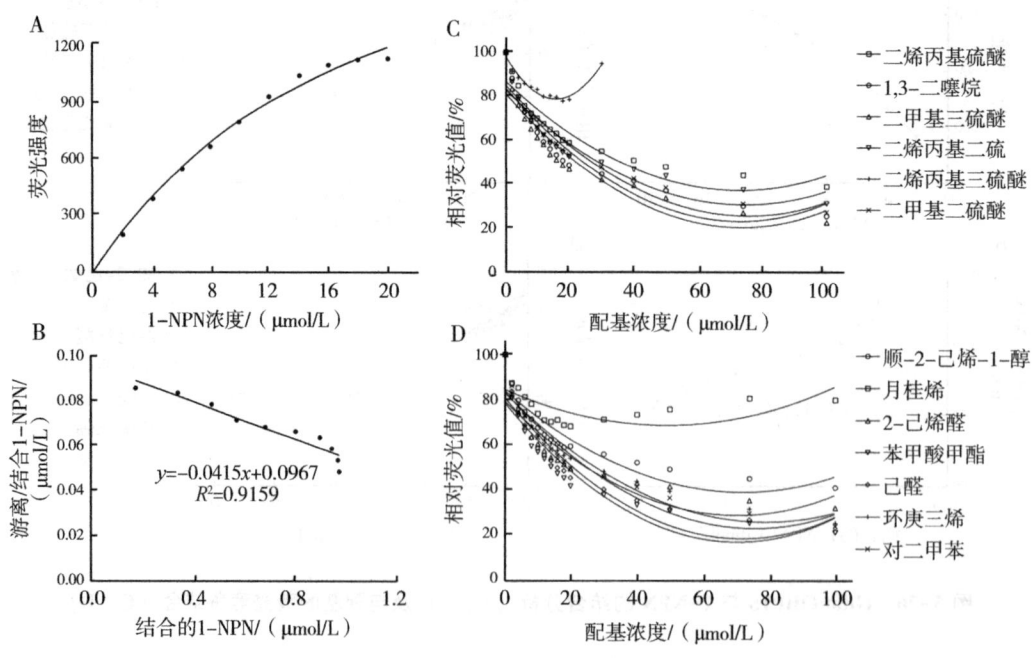

图 5-38 GdauCSP4 与 1-NPN 的结合分析（A、B）及与配基的荧光竞争结合（C、D）

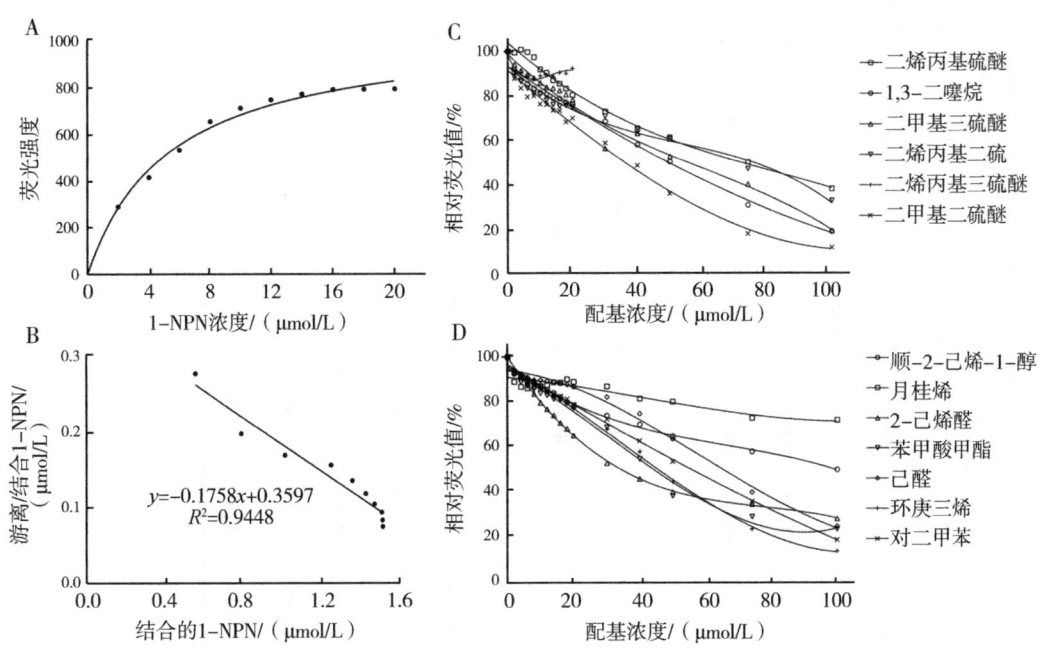

图 5-39 GdauCSP5 与 1-NPN 的结合分析（A、B）及与配基的荧光竞争结合（C、D）

四、气味配体与重组蛋白的竞争结合分析

以 1-NPN 为探针，测定了 13 种沙葱挥发物与 7 个重组蛋白的结合能力，其中包括 5 个 GdauOBP 和 2 个 GdauCSP。结果显示（图 5-33C、D 至图 5-39C、D），7 个重组蛋白与二烯丙基硫醚、月桂烯和二烯丙基三硫醚的结合能力均较弱或不结合（$Ki>30\mu mol/L$ 或在测定浓度范围内无法计算 Ki 值），而与其他 10 种寄主植物挥发物均有不同程度的结合能力（表 5-11）。

GdauOBP1 和 GdauOBP10 对所有供试的寄主植物挥发物表现出弱的结合能力或不结合，即 Ki 值大于 $30\mu mol/L$，或配体在测定浓度范围内无法使蛋白与 1-NPN 体系的荧光强度降至 50% 以下。GdauOBP6 与二甲基二硫醚、己醛、2-己烯醛和顺-2-己烯-1-醇有较强的结合能力，Ki 值分别为 $25.65\mu mol/L$、$27.72\mu mol/L$、$29.09\mu mol/L$ 和 $28.37\mu mol/L$，而与其他 8 种挥发物的结合能力较弱（$Ki>30\mu mol/L$），与二烯丙基三硫醚不结合。GdauOBP15 能特异性地结合二甲基二硫醚，Ki 值为 $23.09\mu mol/L$，与二烯丙基三硫醚和月桂烯没有结合能力，与其他 10 种挥发物的结合能力较弱（$Ki>30\mu mol/L$）。GdauOBP20 对测试的寄主植物挥发物结合谱较窄，仅与对二甲苯和环庚三烯有较强的结合能力，Ki 值分别为 $22.91\mu mol/L$ 和 $26.55\mu mol/L$，与二烯丙基三硫醚和月桂烯不结合，与其余 9 种挥发物的结合能力较弱（$Ki>30\mu mol/L$）。

表 5-11 重组蛋白与所测配基的亲和力

配基名称	GdauOBP1 IC_{50}	GdauOBP1 Ki	GdauOBP6 IC_{50}	GdauOBP6 Ki	GdauOBP10 IC_{50}	GdauOBP10 Ki	GdauOBP15 IC_{50}	GdauOBP15 Ki	GdauOBP20 IC_{50}	GdauOBP20 Ki	GdauCSP4 IC_{50}	GdauCSP4 Ki	GdauCSP5 IC_{50}	GdauCSP5 Ki
二烯丙基硫醚	—	—	55.03	47.29	77.82	60.13	48.07	42.41	42.30	42.10	43.79	39.69	72.23	53.09
1,3-二噻烷	70.65	60.34	36.66	31.50	59.45	45.93	57.18	50.46	49.86	49.63	18.46	16.73	49.99	36.74
二甲基三硫醚	63.20	53.98	44.45	38.19	67.40	52.07	56.69	50.03	31.16	31.01	16.58	15.03	53.71	39.47
二烯基三硫	97.08	82.91	72.13	61.98	—	—	42.30	37.32	50.97	50.73	23.52	21.32	61.57	45.25
二烯丙基三硫醚	—	—	—	—	—	—	—	—	—	—	—	—	—	—
二甲基二硫醚	64.87	55.41	29.85	25.65	61.87	47.80	26.17	23.09	31.79	31.64	23.12	20.96	36.02	26.47
顺-2-己烯-1-醇	86.39	73.78	33.02	28.37	95.58	73.84	76.04	67.10	47.01	46.80	49.96	45.29	—	73.49
月桂烯	82.62	70.56	68.71	59.04	—	—	—	—	—	—	—	—	84.17	61.86
2-己烯醛	95.89	81.89	33.86	29.09	85.47	66.03	41.74	36.83	37.97	37.80	17.55	15.91	34.40	25.28
苯甲酸甲酯	65.37	55.83	36.44	31.31	73.92	57.11	35.87	31.65	37.37	37.19	13.30	12.06	44.30	32.56
己醛	70.78	60.45	32.26	27.72	52.01	40.18	68.77	60.69	49.05	48.83	15.41	13.97	61.44	45.15
环庚三烯	63.02	53.82	80.51	69.17	59.85	46.24	51.66	45.59	26.68	26.55	23.41	21.22	45.51	33.45
对二甲苯	84.67	72.32	72.51	62.30	58.03	44.83	49.90	44.03	23.07	22.91	19.74	17.90	55.71	40.94

注：IC_{50}>100μmol/L，Ki值不予计算，用"—"表示。

GdauCSP4 对所测试的寄主植物挥发物具有广谱的结合能力，能较好地结合二烯丙基二硫、二甲基二硫醚、二甲基三硫醚、1,3-二噻烷、己醛、2-己烯醛、苯甲酸甲酯、对二甲苯和环庚三烯 9 种配体（$Ki<30\mu mol/L$），其中结合能力最强的是苯甲酸甲酯，Ki 值为 12.06μmol/L；其次为己醛，Ki 值为 13.97μmol/L。当苯甲酸甲酯和己醛浓度分别达到 14μmol/L 和 16μmol/L 时，能使蛋白与 1-NPN 复合体系中的荧光强度值降至 50% 以下。GdauCSP4 对二烯丙基硫醚和顺-2-己烯-1-醇的结合能力较弱（$Ki>30\mu mol/L$），与二烯丙基三硫醚和月桂烯不结合。GdauCSP5 与 GdauCSP4 明显不同，它的结合谱较窄，仅能较好地结合二甲基二硫醚和 2-己烯醛，Ki 值分别为 26.47μmol/L 和 25.28μmol/L，而与其他 10 种挥发物的结合能力较弱（$Ki>30\mu mol/L$），与二烯丙基三硫醚不结合。

第六节 沙葱萤叶甲嗅觉相关基因的 RNA 干扰效应

一、RNA 干扰后对嗅觉相关靶标基因表达水平的影响

为了探究注射法干扰沙葱萤叶甲嗅觉相关基因的干扰效率，以 *GdauORco* 作为预试验干扰靶标基因，并采用 qRT-PCR 方法检测 RNAi 的效率。结果显示注射 dsRNA 显著降低了靶基因的表达水平。与 ds*GFP* 注射组相比，注射 dsRNA*GdauORco* 后的 24h、48h、72h 和 96h，雌性触角中 *ORco* 的相对表达水平分别降低了 56%、76%、89% 和 87%，雄性触角中 *GdauORco* 的相对表达水平分别降低了 45%、80%、83% 和 88%（图 5-40）。这一结果表明，*GdauORs* 在注射 dsRNA 48h 后，RNAi 效率将达到 75% 以上。

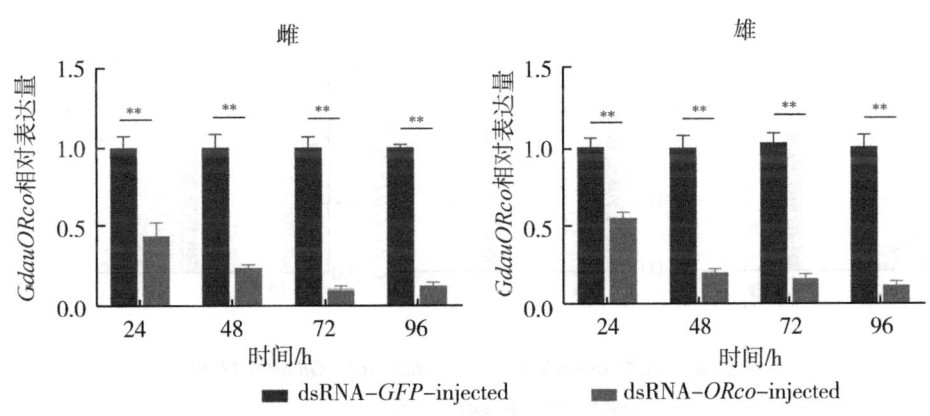

图 5-40 注射 dsRNA 不同时间后 *GdauORco* 在沙葱萤叶甲触角中的相对表达量

将 48h 作为沙葱萤叶甲注射法干扰嗅觉受体靶基因的干扰时间，分别对沙葱萤叶甲雌雄成虫注射 dsRNA-*GdauOBP15*、dsRNA-*GdauCSP5*、dsRNA-*GdauOR4*、dsRNA-*GdauOR11* 和 dsRNA-*GdauOR15*，以期沉默目标基因。结果如图 5-41 和图 5-42 所示，与对照组相比，注射法 RNA 干扰 *GdauOBP15*、*GdauCSP5*、*GdauOR4*、*GdauOR11* 和 *GdauOR15* 后，雌雄触角的表达水平均降低到 30% 以下。其中，注射 dsRNA-*GdauOBP15*

2d 后，*GdauOBP15* 在成虫雌雄触角中的表达水平分别下降至 28.65% 和 10.74%；注射 dsRNA-*GdauCSP5* 2d 后检测到 *GdauCSP5* 在成虫雌雄触角中的表达水平分别降低至 2.93% 和 3.31%。干扰 *GdauOR4* 时，使其在雌性和雄性触角中的表达水平分别降低到 19.9% 和 27%，同时对 *GdauOR11* 和 *GdauOR15* 的表达水平没有显著影响（图 5-42A）；注射 ds*GdauOR11* 后，*GdauOR11* 在雌性和雄性触角中降低到 14.5% 和 19.5%，同样对 *GdauOR4* 及 *GdauOR15* 在雌雄触角中的表达含量没有显著影响（图 5-42B）；而沉默 *GdauOR15* 时，其表达量在雌性和雄性触角中分别降低到 20.6% 和 25.8%，同样也不影响其他两个基因的表达（图 5-42C）。

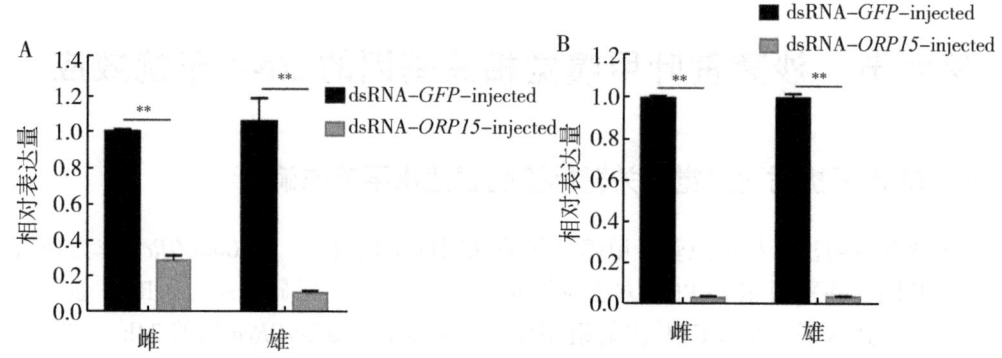

图 5-41　注射 dsRNA 48h 后，*GdauOBP15* 和 *GdauCSP5* 基因的相对表达水平

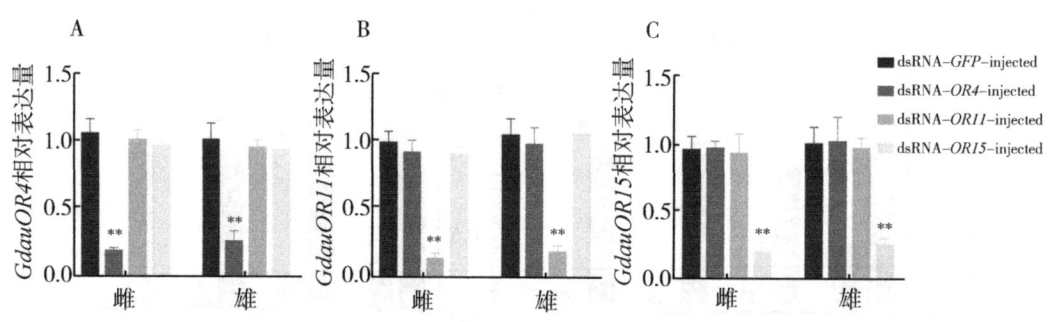

图 5-42　注射 dsRNA 48h 后，*GdauOR4*、*GdauOR11* 和 *GdauOR15* 基因的相对表达水平

二、嗅觉相关靶标基因干扰后对寄主挥发物的 EAG 反应

为了阐明嗅觉相关基因 *GdauOBP15*、*GdauCSP5*、*GdauOR4*、*GdauOR11*、*GdauOR15* 和 *GdauORco* 在寄主植物挥发物感知过程中的功能，使用触角电位仪 EAG 检测 RNAi 前后沙葱萤叶甲雌雄成虫对 13 种寄主挥发物的电生理反应差异。结果显示，当 *GdauOBP15* 和 *GdauCSP5* 基因被沉默后，沙葱萤叶甲雄性和雌性之间存在不同的 EAG 反应。与对照组相比，注射 dsRNA-*OBP15* 的雌虫对所有测试挥发物的电生理反应均降低，其中对 2-己烯

醛的反应显著降低（图 5-43A），而注射后的雄虫 EAG 反应上升（图 5-43B）。dsRNA-*CSP5* 注射后雌虫对 8 种挥发物的电生理反应显著降低，即 1,3-二噻烷、2-己烯醛、苯甲酸甲酯、二甲基三硫醚、月桂烯、己醛、1,3,5-环庚三烯和对二甲苯（图 5-43C），注射后的雄虫对大多数挥发物的 EAG 反应值均升高（图 5-43D）。

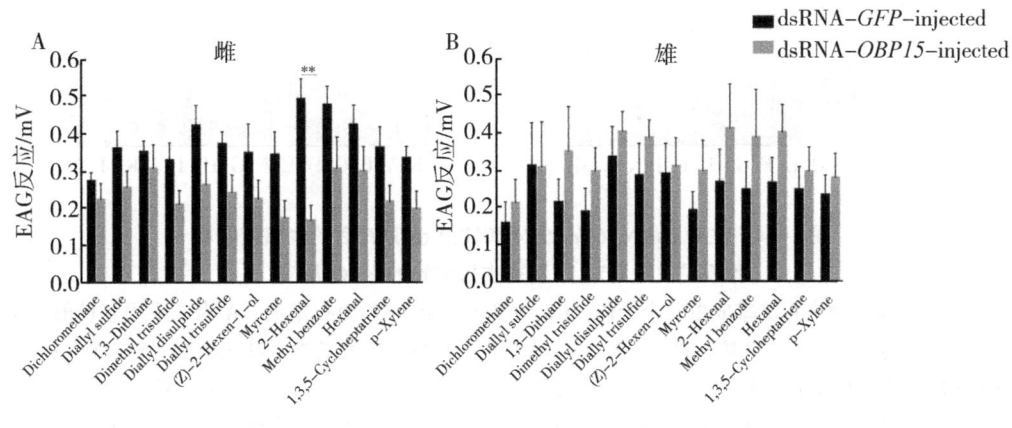

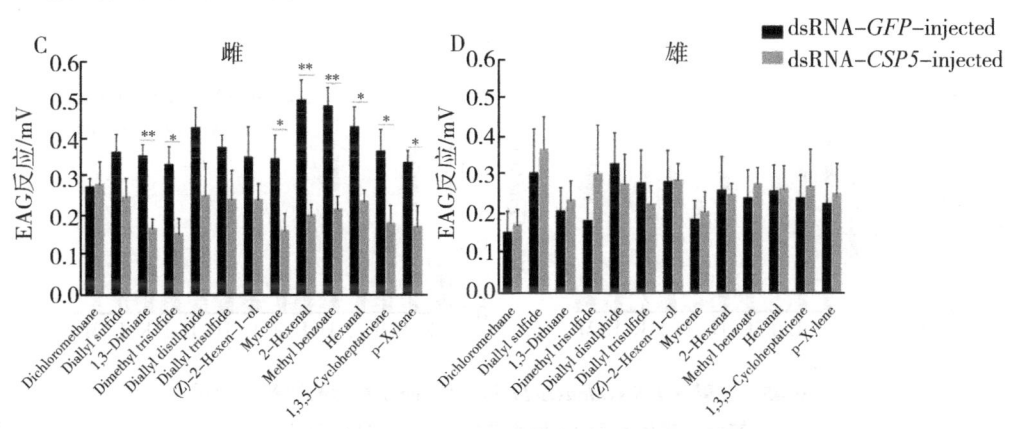

图 5-43 注射 dsRNA-*OBP15* 和 dsRNA-*CSP5* 后的沙葱萤叶甲雌雄成虫触角对 13 种寄主挥发物的 EAG 反应

注射 ds*OR4* 48h 后，雌性触角对 6 种挥发性物质反应的 EAG 活性显著降低，包括二烯丙基硫醚、二烯丙基二硫醚、二烯丙基三硫醚、2-己烯醛、烯丙基甲基二硫醚和二甲基三硫醚，而雄性仅对其中 4 种气味的 EAG 反应明显降低，包括二烯丙基硫醚、二烯丙基二硫醚、二烯丙基三硫醚及 2-己烯醛（图 5-44）。

在 ds*OR11* 注射组中，沙葱萤叶甲雌雄成虫对 13 种挥发性化合物的触角电位反应都没有显著差异（图 5-45）。

在 ds*OR15* 注射组中，雌虫对 3 种寄主挥发物的电生理活性显著降低，即二甲基三硫醚、月桂烯和烯丙基甲基二硫醚。然而，当 ds*OR15* 注射到雄性体内时，对电生理反应没有显著影响（图 5-46）。

当 *GdauORco* 被沉默时，雌性对 8 种挥发物的电生理反应显著降低，包括二烯丙基硫

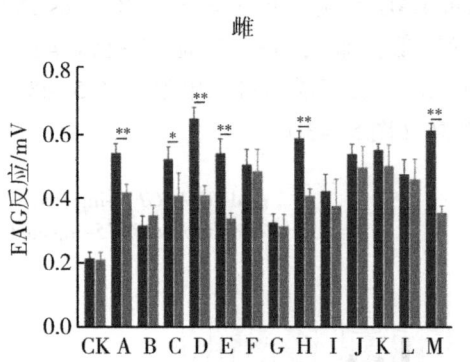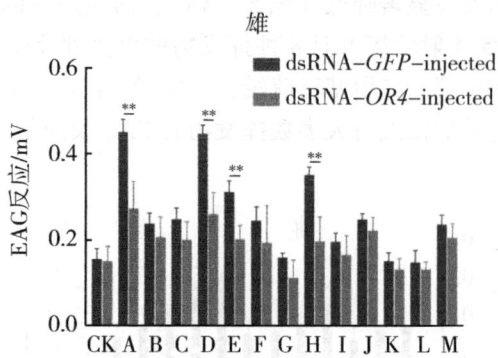

**图 5-44　注射 dsRNAGdauOR4 和注射 dsGFP 后的沙葱萤叶甲
雌雄成虫触角对 13 种寄主挥发物的 EAG 反应**

注：记录分别来自雌雄成虫 6 个个体。CK 为溶剂对照。CK 为石蜡油；A 为二烯丙基硫醚；B 为 1，3-二噻烷；C 为二甲基三硫醚；D 为二烯丙基二硫醚；E 为二烯丙基三硫醚；F 为顺-2-己烯-1-醇；G 为月桂烯；H 为 2-己烯醛；I 为苯甲酸甲酯；J 为己醛；K 为环庚三烯；L 为对二甲苯；M 为烯丙基甲基二硫醚。条形图上方星号表示相同化合物的不同处理间的显著差异（** 为 $P<0.01$；* 为 $P<0.05$；ns 为 No significant difference；t-test）。下同。

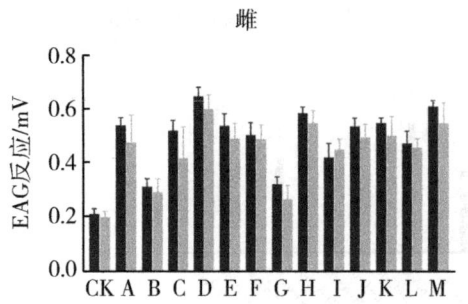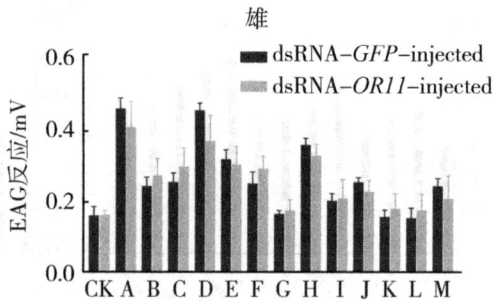

**图 5-45　注射 dsRNAGdauOR11 和注射 dsGFP 后的沙葱萤叶甲
雌雄成虫触角对 13 种寄主挥发物的 EAG 反应**

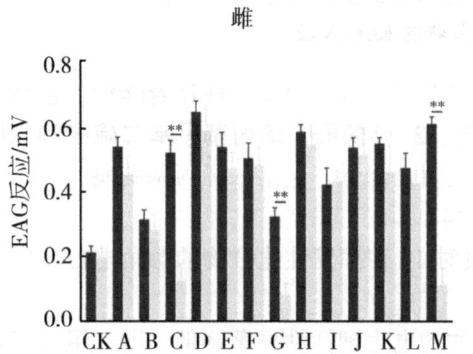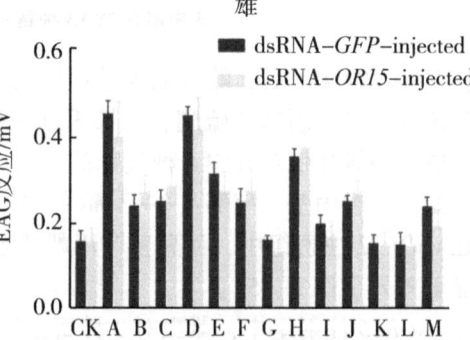

**图 5-46　注射 dsRNAGdauOR15 和注射 dsGFP 后的沙葱萤叶甲
雌雄成虫触角对 13 种寄主挥发物的 EAG 反应**

醚、二甲基三硫醚、二烯丙基二硫醚、顺-2-己烯-1-醇、2-己烯醛、环庚三烯、烯丙基甲基二硫醚及二烯丙基三硫醚，同时，雄性对6种挥发物的EAG反应显著降低，包括二烯丙基硫醚、1,3-二噻烷、二甲基三硫醚、二烯丙基二硫醚、二烯丙基三硫醚和2-己烯醛（图5-47）。

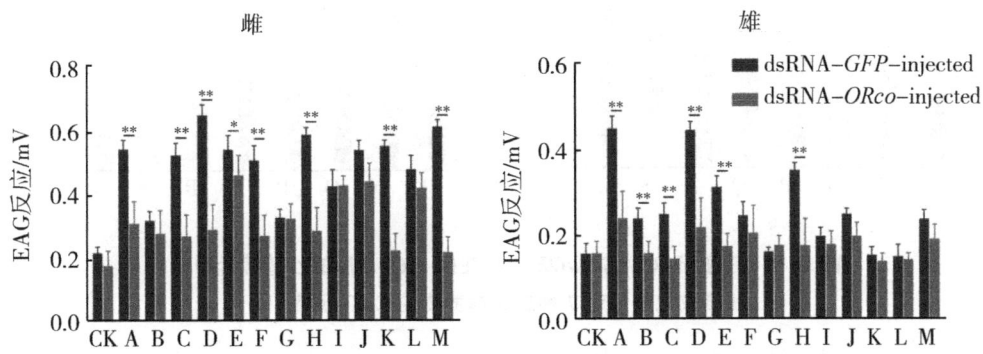

图 5-47 注射 dsRNAGdauORco 和注射 dsGFP 后的沙葱萤叶甲雌雄成虫触角对 13 种寄主挥发物的 EAG 反应

三、RNA 干扰后对虫体挥发物的 EAG 反应

为了进一步挖掘沙葱萤叶甲在寻找配偶及聚集行为中起识别气味作用的嗅觉受体基因，采用 EAG 检测干扰 GdauOR4、GdauOR11、GdauOR15 及 GdauORco 前后雌雄成虫对 7 种虫体挥发物（包括 2 种雌性虫体挥发物和 5 种雄性虫体挥发物）的电生理反应变化。结果发现，与注射 dsGFP 的对照组相比，仅有分别沉默 OR11 及 ORco 的雄性对 1 种雌性虫体挥发物（六甲基环三硅氧烷）的 EAG 反应显著降低（图 5-48 和图 5-49），其余试验组对 7 种挥发物的电生理反应均无显著差别（图 5-50 和图 5-51）。

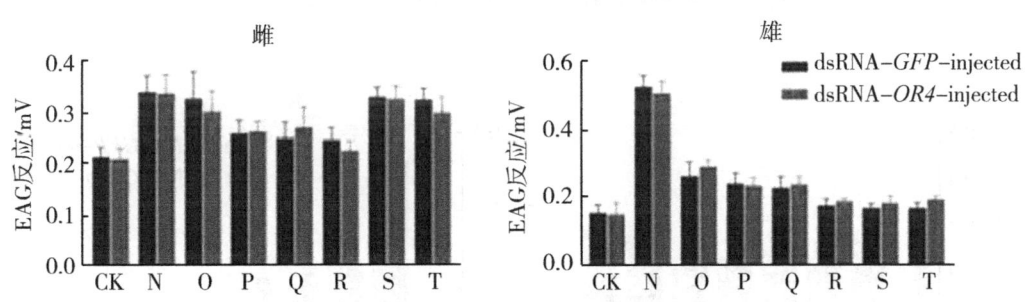

图 5-48 注射 dsRNAGdauORco 和注射 dsGFP 后的沙葱萤叶甲雌雄成虫触角对 7 种虫体挥发物的 EAG 反应

注：记录分别来自雌雄成虫6个个体。CK 为溶剂对照，N、O 为雌性虫体挥发物，P~T 为雄性虫体挥发物。CK 为石蜡油；N 为六甲基环三硅氧烷；O 为邻苯二甲酸单乙基己基酯；P 为 β-谷甾醇；Q 为二十八烷；R 为 3-叔丁基-4-羟基苯甲醚；S 为正十四烷；T 为 2,4-二叔丁基苯酚。条形图上方的星号表示相同化合物的不同处理之间的显著差异（** 为 $P<0.01$；* 为 $P<0.05$；ns 为 No significant difference；t-test）。下同。

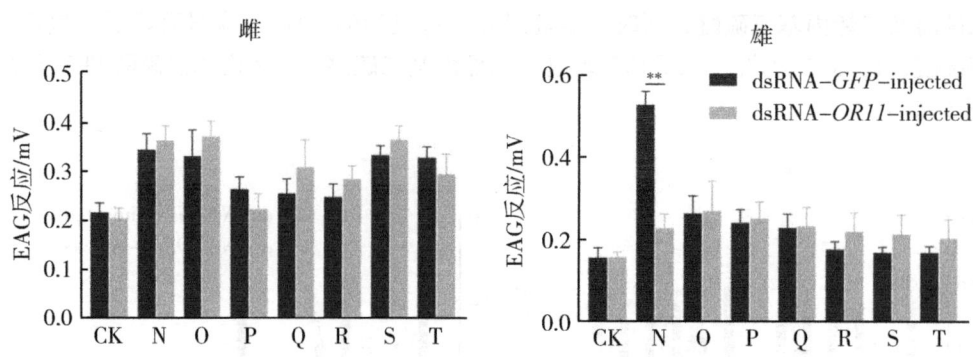

图 5-49 注射 dsRNA*GdauOR11* 和注射 ds*GFP* 后的沙葱萤叶甲
雌雄成虫触角对 7 种虫体挥发物的 EAG 反应

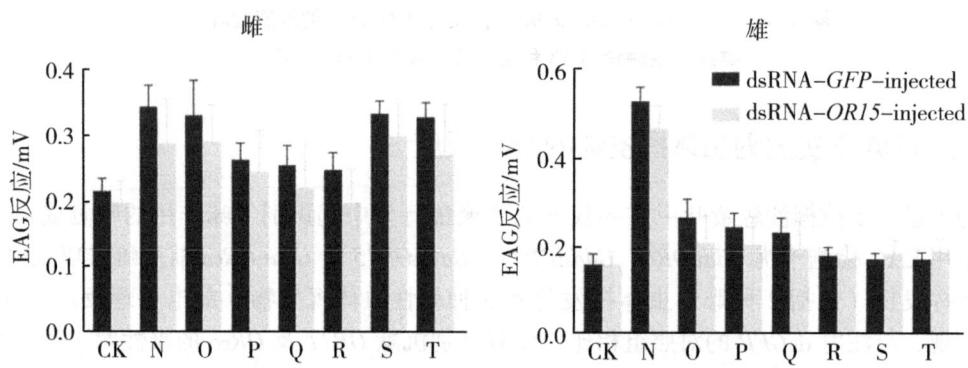

图 5-50 注射 dsRNA*GdauOR15* 和注射 ds*GFP* 后的
沙葱萤叶甲雌雄成虫触角对 7 种虫体挥发物的 EAG 反应

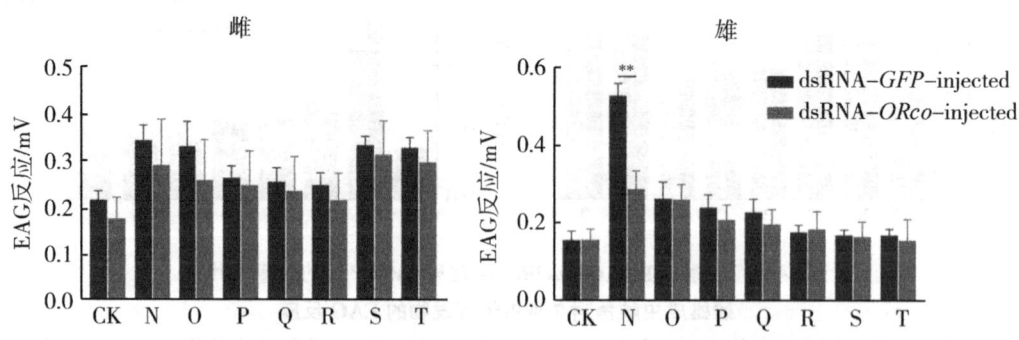

图 5-51 注射 dsRNA*GdauORco* 和注射 ds*GFP* 后的沙葱萤叶甲
雌雄成虫触角对 7 种虫体挥发物的 EAG 反应

第七节 沙葱萤叶甲对寄主植物代谢物响应的转录组学分析

一、测序数据统计

对取食 6 种化学物质的沙葱萤叶甲 3 龄幼虫的 21 个样本进行了转录组测序,采用 Illumina 第二代高通量测序平台和 PE150 测序策略,共测量得到 472847958 个 Raw reads,经过质量控制后获得 469646761 个 Clean reads。

各样本的 clean data 为 5.36~7.05Gb,G+C 含量为 34.68%~37.13%,错误率为 0.02%~0.03%,Q20 碱基比例为 97.89%~98.28%,Q30 碱基比例为 93.78%~94.76%(表 5-12)。

表 5-12 测序数据统计表

样品名称	Raw reads	Raw bases /G	Clean reads /个	Clean bases /G	Error rate /%	Q20 /%	Q30 /%	GC /%
IQ_1	37762394	5.67	37522202	5.67	0.03	98.08	94.04	35.57
IQ_2	39040988	5.87	38852494	5.87	0.03	98.04	94.02	36.82
IQ_3	34899332	5.25	34679098	5.24	0.03	97.90	93.78	35.65
ISO_1	40206856	6.03	39889606	6.02	0.02	98.18	94.41	37.13
ISO_2	46908650	7.05	46262464	6.99	0.02	98.03	94.76	36.43
ISO_3	38240394	5.75	37998342	5.74	0.03	97.95	94.02	35.99
RT_1	38912168	5.86	38717084	5.85	0.03	97.97	93.91	35.60
RT_2	36591854	5.51	36430798	5.5	0.03	97.98	93.84	36.13
RT_3	40319392	6.06	40097582	6.05	0.03	97.93	93.90	35.84
Gal_1	40296876	6.06	40102698	6.06	0.02	98.28	94.64	36.82
Gal_2	38630970	5.80	38373902	5.79	0.03	97.97	93.91	35.67
Gal_3	44671300	6.72	44440026	6.71	0.03	98.10	94.26	36.02
Glc_1	41653336	6.27	41452756	6.26	0.03	98.07	94.10	36.25
Glc_2	39553034	5.93	39220522	5.92	0.03	98.05	94.03	34.68
Glc_3	35857230	5.36	35460672	5.35	0.02	98.27	94.65	36.43
Pham_1	38872526	5.85	38678066	5.84	0.03	98.04	94.03	35.63
Pham_2	38441528	5.78	38217226	5.77	0.03	98.05	94.01	35.69
Pham_3	38284406	5.76	38097704	5.75	0.03	98.04	93.99	34.56
DMSO_1	38013462	5.71	37746128	5.7	0.03	98.02	94.01	35.57
DMSO_2	38097304	5.73	37867212	5.72	0.03	97.89	93.79	36.74
DMSO_3	38653974	5.78	38211284	5.77	0.03	97.98	93.97	35.58

注:Raw reads、Raw bases 为原始测序数据 Reads 数以及总碱基量(以 G 为单位);Clean reads、Clean bases 为质控后得到的 Reads 数以及碱基量(以 G 为单位);Error rate 为 clean reads 平均测序错误率;Q20、Q30 为 Phred 质量值大于 20、30 的碱基数占总碱基数(clean data)的比例;GC 为测序数据中 GC 占总碱基数(clean data)的比例。

拼接 unigene 与转录本长度分布结果显示（图 5-52），unigene 拼接长度为 300~500bp 的序列有 61079 个，500~1000bp 的序列有 36605 个，1000~2000bp 的序列有 16919 个，大于 2000bp 的序列有 9745 个，没有小于 300bp 的序列，表明测序组装结果准确可靠，可以用于进一步分析。

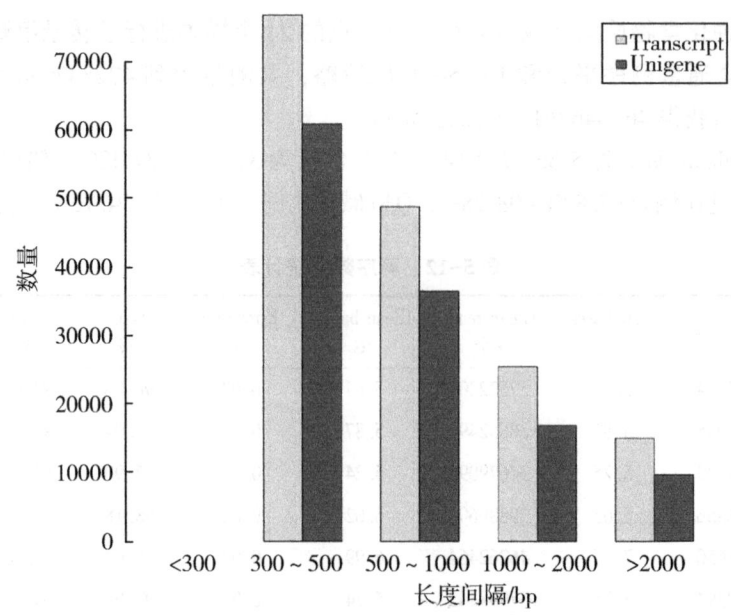

图 5-52　拼接 unigene 与转录本长度分布

注：图中横坐标为拼接转录本/unigene 的长度区间，纵坐标为每种长度的拼接转录本/unigene 出现的次数。

二、基因集中差异表达基因数量统计

为了筛选出不同样本之间差异显著的基因，我们对校正后的表达数据进行了统计学分析（图 5-53），以 FPKM>1 为判断基因表达的标准，绘制了维恩图（图 5-54）。结果表明，与对照组相比，异槲皮苷、异黄酮、芦丁、D-半乳糖、β-D-葡萄糖和 L-鼠李糖处理组分别有 130 个、34 个、29 个、21 个、72 个、97 个差异基因。其中，各个处理的上调基因分别有 110 个、29 个、6 个、17 个、40 个和 43 个，下调基因分别有 20 个、5 个、23 个、4 个、32 个和 54 个。

三、基因差异表达分析

（一）差异表达基因分析及注释

表 5-13 中，异槲皮苷处理后的主要差异基因有 26 个（上调基因 22 个，下调基因 4 个；带有功能注释）。上调的基因主要包括脱氢酶、糖苷水解、细胞色素 P450、细胞色素 b、转座酶和溶质载体等。下调基因包括延伸因子 1α、C 型凝集素前体、外壳蛋白和细胞色素 c 氧化酶亚基 I。

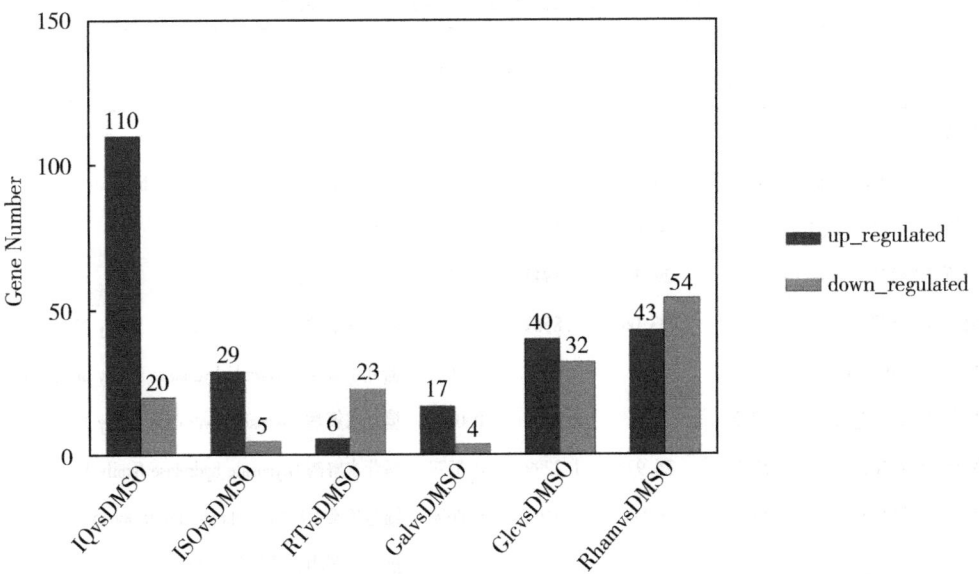

图 5-53 差异表达基因集基因数统计图

注：深灰色 up_regulated 代表上调基因的数量，浅灰色 down_regulated 代表下调基因的数量；横坐标代表差异组合，纵坐标代表差异基因的数量。

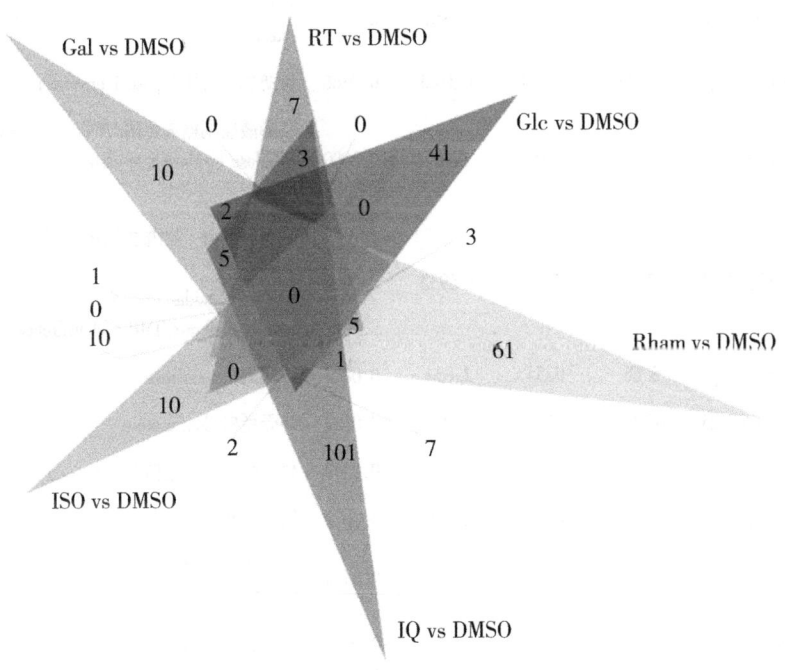

图 5-54 差异表达基因维恩图

表 5-13 异槲皮苷处理后沙葱萤叶甲幼虫的主要差异表达基因

基因代码	YHP (FPKM)	DMSO (FPKM)	Log_2 (FC)	FDR	功能注释
TRINITY_DN13589_c0_g1	70.40	28.15	1.5065	0.0093	脱氢酶 Dehydrogenase
TRINITY_DN46503_c4_g1	216.73	93.98	1.3745	0.0106	甲醛脱氢酶 Formaldehyde dehydrogenase
TRINITY_DN47215_c2_g1	11.88	4.60	1.5249	0.0132	酯酶 Esterase
TRINITY_DN44215_c0_g1	68.33	29.90	1.3942	0.0173	酯酶 Esterase
TRINITY_DN36270_c0_g1	449.29	133.06	1.8569	0.0203	糖苷水解酶 Glycoside hydrolase family 28
TRINITY_DN28963_c0_g1	6.22	1.42	2.2037	0.0023	糖苷水解酶 Glycoside hydrolase family protein 48
TRINITY_DN44492_c1_g1	30.23	7.11	2.2266	0.0000	糖苷水解酶 Glycoside hydrolase family 1
TRINITY_DN46481_c0_g2	58.02	26.97	1.2299	0.0379	糖苷水解酶 Glycoside hydrolase family 1
TRINITY_DN35455_c0_g1	14.97	3.11	2.4102	0.0000	细胞色素 P450 cytochrome P450 6bq15
TRINITY_DN47138_c1_g1	23.77	8.52	1.6453	0.0044	抗杀虫剂相关细胞色素 P450 Insecticide resistance-associated cytochrome P450
TRINITY_DN47138_c2_g2	5.54	1.34	2.2137	0.0070	抗杀虫剂相关细胞色素 P450 Insecticide resistance-associated cytochrome P450
TRINITY_DN39747_c1_g1	1.94	0.00	Inf	0.0191	叶绿素 a-b 结合蛋白 Chlorophyll a-b binding protein 40
TRINITY_DN41133_c0_g6	3.80	0.34	3.7992	0.0163	蛹角质层结合蛋白 Pupal cuticle protein Edg-84A-like Protein
TRINITY_DN43601_c0_g1	48.79	21.93	1.3103	0.0366	脂肪酶 1 前体 Lipase 1 precursor
TRINITY_DN1891_c0_g1	11.60	0.00	Inf	0.0000	二磷酸核酮糖羧化酶/加氧酶小亚基 Ribulose bisphosphate carboxylase/oxygenase small subunit 1
TRINITY_DN46182_c0_g4	73.13	27.93	1.5932	0.0020	5-氨基咪唑-羧酰胺核糖核苷酸转移酶/IMP 环水解酶 5-aminoimidazole-4-carboxamide ribonucleotide formyltransferase/IMP cyclohydrolase
TRINITY_DN46936_c3_g1	3.68	0.55	2.834	0.0027	转座酶 Transposase
TRINITY_DN54094_c0_g3	65.01	325.02	-2.2349	0.0004	外壳蛋白 Coat protein
TRINITY_DN48138_c2_g2	1.57	0.14	3.7885	0.0257	整合酶核心域蛋白 Integrase core domain protein
TRINITY_DN39680_c0_g2	0.52	0.07	2.9422	0.0072	细胞色素 b Cytochrome b
TRINITY_DN48195_c0_g1	2.88	0.11	5.0849	0.0444	蛹角质层结合蛋白 Pupal cuticle protein Edg-84A-like Protein
TRINITY_DN66982_c0_g1	3.12	0.00	Inf	0.0000	溶质载体 Solute carrier family 13 member 3
TRINITY_DN44105_c0_g1	0.00	2.15	-Inf	0.0000	细胞色素 C 氧化酶亚基 Cytochrome c oxidase subunit I
TRINITY_DN53288_c6_g1	1.18	6.20	-2.2359	0.0023	c 型凝集素前体 C-type lectin precursor

(续表)

基因代码	YHP (FPKM)	DMSO (FPKM)	Log$_2$ (FC)	FDR	功能注释
TRINITY_DN50797_c3_g2	0.02	6.68	-8.1315	0.0099	延长因子1α elongation factor 1-alpha
TRINITY_DN68016_c0_g1	1.59	0.00	Inf	0.0421	半乳糖醇合成酶 Galactinol synthase 1

由表5-14可知，异黄酮处理组主要差异基因有15个（上调基因14个、下调基因1个）。上调基因主要包括核糖体蛋白、溶质载体、甘油醛-3-磷酸脱氢酶、细胞色素b和细胞色素c氧化酶亚基Ⅱ等。下调的基因包括细胞色素c氧化酶亚基Ⅰ。

表5-14 异黄酮处理后沙葱萤叶甲幼虫的主要差异表达基因

基因代码	YHT (FPKM)	DMSO (FPKM)	Log$_2$ (FC)	FDR	功能注释
TRINITY_DN1891_c0_g1	14.77	0.00	Inf	0.0000	二磷酸核酮糖羧化酶/加氧酶小亚基 Ribulose bisphosphate carboxylase/oxygenase small subunit 1
TRINITY_DN35578_c0_g1	6.21	0.23	4.7583	0.0000	细胞色素c氧化酶亚基Ⅰ Cytochrome c oxidase subunit Ⅰ
TRINITY_DN41293_c2_g1	2.42	0.02	6.9468	0.0000	NADH脱氢酶亚基1 NADH Dehydrogenase subunit 1
TRINITY_DN85148_c0_g1	8.56	0.22	5.2893	0.0001	细胞色素c氧化酶亚基Ⅱ Cytochrome c oxidase subunit Ⅱ
TRINITY_DN37441_c0_g1	3.51	0.00	Inf	0.0028	60S核糖体蛋白 60S Ribosomal protein L7a
TRINITY_DN38584_c0_g3	1.68	0.00	Inf	0.0183	核糖体蛋白 Ribosomal protein L3
TRINITY_DN38912_c1_g1	2.56	0.00	Inf	0.0030	核糖体蛋白 Ribosomal protein rpl13a
TRINITY_DN39947_c0_g4	3.48	0.00	Inf	0.0008	40S核糖体蛋白 40S Ribosomal protein S2
TRINITY_DN39246_c0_g1	3.14	0.15	4.3733	0.0033	甘油醛-3-磷酸脱氢酶 Glyceraldehyde-3-phosphate dehydrogenase
TRINITY_DN39680_c0_g2	3.71	0.07	5.5852	0.0000	细胞色素b Cytochrome b
TRINITY_DN39707_c1_g1	2.66	0.00	Inf	0.0233	铁蛋白，重亚基 Ferritin, heavy subunit
TRINITY_DN41795_c1_g2	126.47	22.71	2.2889	0.0250	外壳蛋白 Coat protein
TRINITY_DN66982_c0_g1	3.31	0.00	Inf	0.0000	溶质载体 Solute carrier family 13 member 3
TRINITY_DN68016_c0_g1	1.91	0.00	Inf	0.0295	半乳糖醇合成酶 Galactinol synthase 1
TRINITY_DN44105_c0_g1	0.00	2.15	-Inf	0.0000	细胞色素C氧化酶亚基Ⅰ Cytochrome c oxidase subunit Ⅰ

由表5-15可知，芦丁处理后的主要差异基因有7个（3个上调基因、4个下调基因）。上调基因包括铁蛋白、糖苷水解酶和溶质载体，下调基因包括细胞色素c氧化酶亚基Ⅰ、肽聚糖识别蛋白-SC2、多聚蛋白和31kDa抗原。

表 5-15 芦丁处理后沙葱萤叶甲幼虫的主要差异表达基因

基因代码	LD（FPKM）	DMSO（FPKM）	Log₂（FC）	FDR	功能注释
TRINITY_DN39707_c1_g1	3.12	0.00	Inf	0.0084	铁蛋白，重亚基 Ferritin, heavy subunit
TRINITY_DN44492_c1_g1	22.48	7.11	1.5603	0.0193	糖苷水解酶 Glycoside hydrolase family 1
TRINITY_DN48140_c0_g2	255.74	835.37	-1.7312	0.0000	肽聚糖识别蛋白 Peptidoglycan-recognition protein-SC2
TRINITY_DN44105_c0_g1	0.00	2.15	-Inf	0.0000	细胞色素 c 氧化酶亚基Ⅰ Cytochrome c oxidase subunit Ⅰ
TRINITY_DN55709_c2_g1	3.85	203.49	-5.9183	0.0000	多聚蛋白 Polyprotein
TRINITY_DN66982_c0_g1	3.14	0.00	Inf	0.0355	溶质载体 Solute carrier family 13 member 3
TRINITY_DN9403_c0_g1	0.00	6.03	-Inf	0.0033	31kDa 抗原 31kDa antigen

由表 5-16 可知，D-半乳糖处理后的主要差异基因有 3 个，分别是 TRINITY_DN35455_c0_g1（细胞色素 P450）、TRINITY_DN44890_c0_g1（化学感受蛋白）和 TRINITY_DN46621_c2_g1（逆转录酶同源物），且这 3 个基因表达都显著上调。

表 5-16 D-半乳糖处理后沙葱萤叶甲幼虫的主要差异表达基因

基因代码	BRT（FPKM）	DMSO（FPKM）	Log₂（FC）	FDR	功能注释
TRINITY_DN35455_c0_g1	10.62	3.11	1.6903	0.000005	细胞色素 P450 Cytochrome P450 6bq15
TRINITY_DN44890_c0_g1	959.30	344.43	1.3127	0.000006	化学感受蛋白 Chemosensory protein 2
TRINITY_DN46621_c2_g1	28.50	6.50	2.0635	0.000002	逆转录酶同源物 Reverse transcriptase homolog

表 5-17 中，β-D-葡萄糖处理后的主要差异基因有 24 个（10 个上调基因和 14 个下调基因）。上调的基因包括叶绿素 a-b 结合蛋白、逆转录酶同源物和溶质载体。下调基因主要包括 31kDa 抗原、血红蛋白亚基、肽聚糖识别蛋白-SC2、细胞色素 c 氧化酶亚基Ⅰ、延伸因子 1α、Kruppel-like 蛋白和铁蛋白。

表 5-17 β-D-葡萄糖处理后沙葱萤叶甲幼虫的主要差异表达基因

基因代码	PTT（FPKM）	DMSO（FPKM）	Log₂（FC）	FDR	功能注释
TRINITY_DN35578_c0_g1	9.86	0.23	5.5669	0.0108	细胞色素 c 氧化酶亚基Ⅰ Cytochrome c oxidase subunit Ⅰ
TRINITY_DN38783_c0_g1	3.38	0.06	6.1528	0.0138	40S 核糖体蛋白 40S Ribosomal protein S6
TRINITY_DN39947_c0_g4	3.52	0.00	Inf	0.0274	40S 核糖体蛋白 40S Ribosomal protein S2
TRINITY_DN39680_c0_g2	3.75	0.07	5.7555	0.0105	细胞色素 b Cytochrome b
TRINITY_DN39747_c1_g1	2.36	0.00	Inf	0.0067	叶绿素 a-b 结合蛋白 Chlorophyll a-b binding protein 40

(续表)

基因代码	PTT (FPKM)	DMSO (FPKM)	Log$_2$ (FC)	FDR	功能注释
TRINITY_DN40461_c0_g1	444.15	179.80	1.3405	0.0432	谷胱甘肽 S 转移酶 Glutathione S transferase
TRINITY_DN41293_c2_g1	2.79	0.02	7.3164	0.0482	NADH 脱氢酶亚基 NADH dehydrogenase subunit 1
TRINITY_DN66982_c0_g1	3.53	0.00	Inf	0.0000	溶质载体 Solute carrier family 13 member 3
TRINITY_DN68016_c0_g1	1.99	0.00	Inf	0.0332	半乳糖醇合成酶 Galactinol synthase 1
TRINITY_DN47558_c5_g1	36.08	8.25	2.1283	0.0071	逆转录酶同源物 Reverse transcriptase homolog
TRINITY_DN48140_c0_g2	247.56	835.37	-1.6971	0.0012	肽聚糖识别蛋白 Peptidoglycan - recognition protein-SC2
TRINITY_DN50415_c1_g5	1.47	5.19	-1.7189	0.0102	几丁质合成酶 Chitin synthetase 1a
TRINITY_DN44555_c0_g1	1.54	8.50	-2.3611	0.0000	Kruppel-like 蛋白 Kruppel-like protein 1
TRINITY_DN15671_c0_g1	0.00	52.07	-Inf	0.0000	血红蛋白亚基 Hemoglobin subunit beta
TRINITY_DN16561_c0_g1	0.00	1.12	-Inf	0.0312	铁蛋白，重亚基 Ferritin, heavy subunit
TRINITY_DN18480_c0_g1	0.00	9.74	-Inf	0.0006	血红蛋白亚基 Hemoglobin subunit beta
TRINITY_DN37663_c0_g1	0.00	2.00	-Inf	0.0357	核糖体蛋白 Ribosomal protein L5
TRINITY_DN39707_c3_g1	0.00	8.98	-Inf	0.0000	铁蛋白，重亚基 Ferritin, heavy subunit
TRINITY_DN39707_c3_g2	0.00	4.35	-Inf	0.0001	铁蛋白，重亚基 Ferritin, heavy subunit
TRINITY_DN44105_c0_g1	0.00	2.15	-Inf	0.0000	细胞色素 c 氧化酶亚基 I Cytochrome c oxidase subunit I
TRINITY_DN44238_c2_g4	0.00	1.86	-Inf	0.0003	延长因子 1α-1 蛋白 Elongation factor 1-alpha 1-like Protein
TRINITY_DN61411_c0_g1	0.00	66.83	-Inf	0.0000	血红蛋白亚基 Hemoglobin subunit beta
TRINITY_DN68586_c0_g1	0.00	27.85	-Inf	0.0000	31kDa 抗原 31kDa antigen
TRINITY_DN9403_c0_g1	0.00	6.03	-Inf	0.0024	31kDa 抗原 31kDa antigen

表 5-18 中，L-鼠李糖处理后的主要差异基因有 40 个（25 个上调基因和 15 个下调基因）。上调基因主要包括细胞色素 c 氧化酶亚基 I、热激蛋白、甘油醛-3-磷酸脱氢酶、核糖体蛋白等。下调基因主要包括 31kDa 抗原、血红蛋白亚基、抗菌肽免疫蛋白、肽聚糖识别蛋白-SC2 和防御素 1 前体等。

表 5-18　L-鼠李糖处理后沙葱萤叶甲幼虫的主要差异表达基因

基因代码	SLT (FPKM)	DMSO (FPKM)	Log$_2$ (FC)	FDR	功能注释
TRINITY_DN30182_c0_g1	1.72	0.00	Inf	0.0019	膜联蛋白 B12 Annexin-B12
TRINITY_DN34343_c0_g2	1.24	0.00	Inf	0.0112	乳酸脱氢酶 LGT，LDH, L-lactate dehydrogenase

(续表)

基因代码	SLT (FPKM)	DMSO (FPKM)	Log_2 (FC)	FDR	功能注释
TRINITY_DN35578_c0_g1	9.64	0.23	5.5409	0.0000	细胞色素 c 氧化酶亚基Ⅰ Cytochrome c oxidase subunit Ⅰ
TRINITY_DN35578_c0_g2	8.60	1.99	2.1686	0.0012	细胞色素 c 氧化酶亚基Ⅰ Cytochrome c oxidase subunit Ⅰ
TRINITY_DN36995_c0_g2	10.60	1.11	3.306	0.0105	细胞色素 c 氧化酶亚基Ⅱ Cytochrome c oxidase subunit Ⅱ
TRINITY_DN85148_c0_g1	1.07	0.00	6.2732	0.0000	细胞色素 c 氧化酶亚基Ⅱ Cytochrome c oxidase subunit Ⅱ
TRINITY_DN35592_c0_g1	65.57	17.19	1.9732	0.0001	热激蛋白 Heat shock protein 23, partial
TRINITY_DN38668_c0_g1	1.61	0.08	4.3878	0.0003	热激蛋白 Heat shock protein
TRINITY_DN47629_c2_g5	1.17	0.06	4.3618	0.0275	热激蛋白 Heat shock protein 70
TRINITY_DN37331_c0_g1	1.41	0.06	4.6987	0.0372	α-烯醇化酶 Alpha-enolase
TRINITY_DN39246_c0_g1	3.69	0.15	4.6766	0.0001	甘油醛-3-磷酸脱氢酶 Glyceraldehyde-3-phosphate dehydrogenase
TRINITY_DN37534_c0_g1	5.81	0.34	4.225	0.0329	亲环蛋白 A cyclophilin A
TRINITY_DN37441_c0_g1	4.24	0.00	Inf	0.0001	60S 核糖体蛋白 60S ribosomal protein L7a
TRINITY_DN38783_c0_g1	3.61	0.06	6.2227	0.0206	40S 核糖体蛋白 40S ibosomal protein S6
TRINITY_DN38912_c1_g1	2.69	0.00	Inf	0.0009	核糖体蛋白 Ribosomal protein rpl13a
TRINITY_DN39102_c2_g1	3.28	0.00	Inf	0.0084	核糖体蛋白 Ribosomal protein l10
TRINITY_DN39947_c0_g4	4.28	0.00	Inf	0.0000	40S 核糖体蛋白 40S ribosomal protein S2
TRINITY_DN39680_c0_g2	4.71	0.07	6.0557	0.0000	细胞色素 b Cytochrome b
TRINITY_DN39680_c0_g3	1.19	0.27	2.2384	0.0410	细胞色素 b Cytochrome b
TRINITY_DN39707_c1_g1	3.49	0.00	Inf	0.0008	铁蛋白,重亚基 Ferritin, heavy subunit
TRINITY_DN41293_c2_g1	3.47	0.02	7.5866	0.0000	NADH 脱氢酶亚基 1 NADH dehydrogenase subunit 1
TRINITY_DN44238_c2_g2	10.31	2.14	2.3281	0.0000	延长因子 1α Elongation factor 1 alpha
TRINITY_DN48897_c0_g1	3.86	0.18	4.3834	0.0031	肌动相关蛋白 Actin related protein 1
TRINITY_DN69330_c0_g1	3.40	0.05	6.4442	0.0037	β-2-微球蛋白前体 Beta-2-microglobulin precursor
TRINITY_DN76569_c0_g1	8.67	1.52	2.5905	0.0432	ATP 合成酶 FO 亚基 ATP synthase FO subunit 6
TRINITY_DN44695_c0_g1	20.68	60.33	-1.4755	0.0013	肽聚糖识别蛋白 Peptidoglycan-recognition protein-SC2
TRINITY_DN48140_c0_g1	22.70	86.35	-1.8045	0.0000	肽聚糖识别蛋白 Peptidoglycan-recognition protein-SC2

(续表)

基因代码	SLT (FPKM)	DMSO (FPKM)	Log$_2$(FC)	FDR	功能注释
TRINITY_DN48140_c0_g2	37.65	835.37	-4.3905	0.0000	肽聚糖识别蛋白 Peptidoglycan-recognition protein-SC2
TRINITY_DN39997_c2_g1	1674.09	6842.12	-1.9713	0.0000	抗菌肽免疫蛋白 Attacin-like immune protein
TRINITY_DN40464_c0_g1	337.19	6012.62	-4.1714	0.0000	抗菌肽免疫蛋白 Attacin-like immune protein
TRINITY_DN48356_c2_g3	219.58	1773.29	-2.9279	0.0000	抗菌肽免疫蛋白 Attacin-like immune protein
TRINITY_DN51297_c1_g2	74.85	1895.85	-4.5705	0.0000	抗菌肽免疫蛋白 Attacin-like immune protein
TRINITY_DN45178_c0_g1	588.85	3732.20	-2.5882	0.0000	抗菌肽免疫蛋白 Attacin-like immune protein
TRINITY_DN47734_c2_g1	3.26	13.62	-1.9947	0.0009	几丁质酶 Chitinase
TRINITY_DN38999_c1_g1	1.77	16.16	-3.127	0.0000	TC3转座子转座酶 Transposable element tc3 transposase
TRINITY_DN18480_c0_g1	0.00	9.74	-Inf	0.0018	血红蛋白亚基 Hemoglobin subunit beta
TRINITY_DN54094_c0_g3	85.36	325.02	-2.0275	0.0012	外壳蛋白 Coat protein
TRINITY_DN49436_c2_g1	0.25	3.41	-3.5809	0.0021	NADH脱氢酶亚基5 NADH dehydrogenase subunit 5
TRINITY_DN51174_c0_g1	1177.29	9958.20	-3.0288	0.0000	防御素1前体 Defensin 1 precursor
TRINITY_DN9403_c0_g1	0.00	6.03	-Inf	0.0063	31kDa抗原 31kDa antigen

（二）差异表达基因GO富集分析

GO富集（图5-55）显示，大多数DEGs在生物过程（Biological process）和分子功能（Molecular fuction）中富集，在细胞组分（Cellular component）中富集较少。异槲皮苷处理组的差异基因主要富集在分子功能和生物过程中，在分子功能催化活性（Catalytic activity）上富集最多，有46个；在生物过程中显著富集的是碳水化合物代谢过程（Carbohydrate metabolic process），有13个；在分子功能上显著富集的有催化活性（46个）、氧化还原酶活性（Oxidoreductase activity，12个）、水解O-糖基化合物酶活性（Hydrolase activity, Hydrolyzing O-glycosyl compounds，9个）和作用于糖基键的水解酶活性（Hydrolase activity, Acting on glycosyl bonds，9个）。异黄酮处理组的差异基因前30个GO terms富集都比较显著，在细胞组分中富集的GO terms较多，有15条；富集数量最多的GO term是细胞质（Cytoplasm，13个）；在生物过程中富集数量最多的是代谢和能量前体的产生（Generation of precursor metabolites and energy，6个）；在分子功能中最多的是氧化还原酶活性（9个）。芦丁处理组的差异基因主要富集在分子功能和生物过程中，富集数量最多的是生物过程中对刺激的反应（Response to stimulus，5个）；在生物过程中显著富集的有防御反应（Defense response，4个）、对细菌的防御反应（Defense response to bacterium，3个）、对细菌的响应（Response to bacterium，3个）、先天免疫反应（Innate immune response，3个）、对其他有机物的防御反应（Defense response to other organism，3个）、对生物刺激的反应（Response to biotic stimulus，3个）、对外来生物刺激的反应（Response to external biotic stimulus，3个）、对其他有机物的响应（Response to other organism，3个）、免疫反应（Immune response，3个）、免疫系统过程（Immune system process，

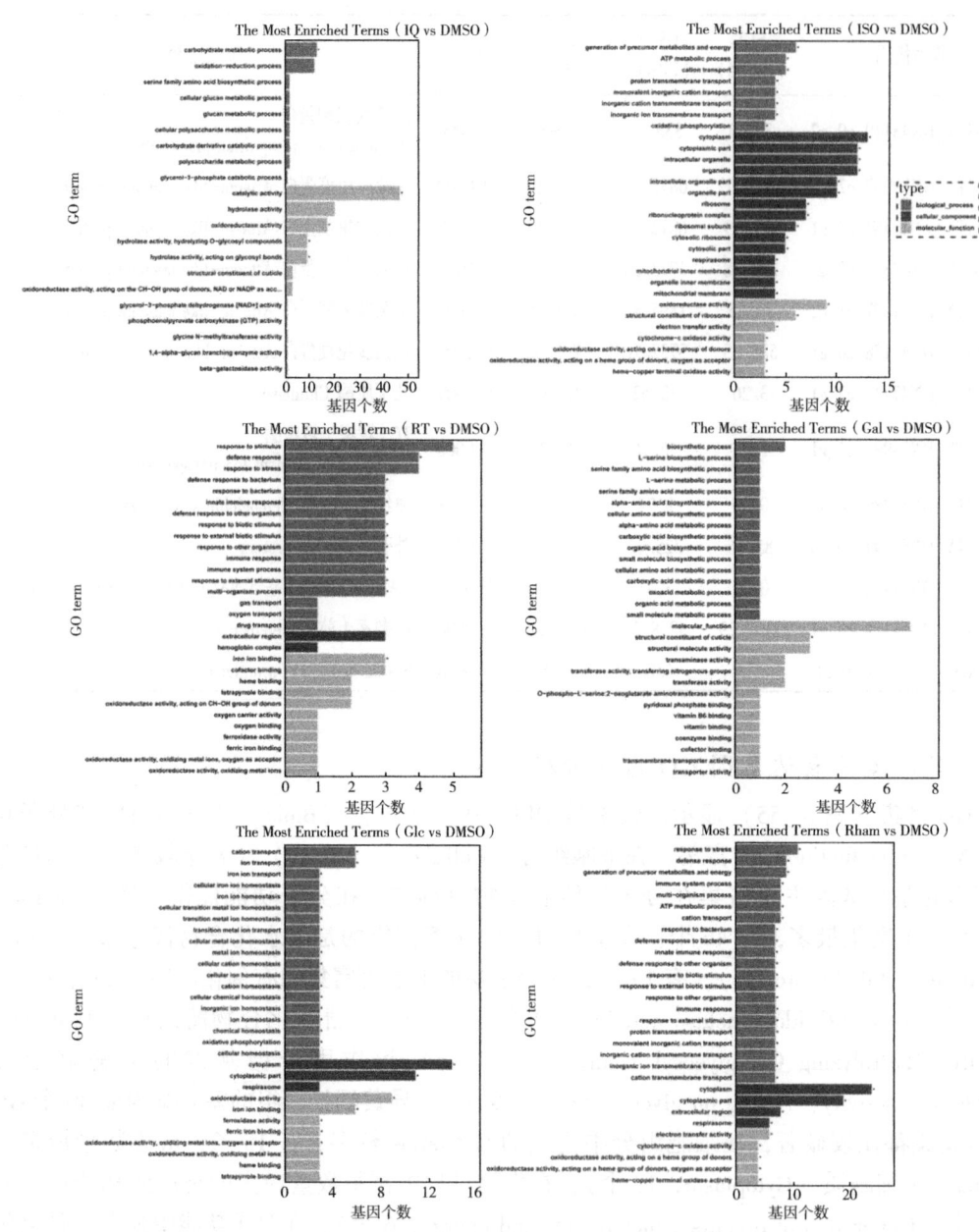

图 5-55 差异表达基因 GO 富集柱状图

注：纵坐标为富集的 GO term，横坐标为该 term 中差异表达基因个数。不同颜色用来区分生物过程、细胞组分和分子功能，带 * 为显著富集的 GO term。按照 Q 值从小到大排序，前 30 个富集的 GO term 会在如上柱形图中展示，若不足 30 个，则全部展示。

3 个）、对外来刺激的反应（Response to external stimulus，3 个）和多种生物过程（Multi-organism process，3 个）；分子功能上显著富集的是铁离子结合（Iron ion binding，3 个）。D-半乳糖处理组的差异基因主要富集在分子功能和生物过程中，富集数量最多的是分子功能（Molecular function），有 7 个；显著富集的是分子功能的角质层的结构成分

(Structural constituent of cuticle)，有 3 个。β-D-葡萄糖处理组的差异基因在生物过程中富集；但富集数量最多的是在细胞组分的细胞质中，有 14 个；在生物过程中显著富集且差异基因数量最多的是阳离子转运（Cation transport，6 个）和离子转运（Ion transport，6 个）；在分子功能中显著富集且差异基因数量最多的是氧化还原酶活性，有 9 个。L-鼠李糖处理组的差异基因前 30 个 GO terms 富集都比较显著，在生物过程中富集较多，但差异基因富集在细胞组分的细胞质中的较多，有 24 个。

（三）差异表达基因 KEGG 富集分析

由图 5-56 可知，6 个处理组主要在代谢通路里富集，富集数量最多的都是代谢途径（Metabolic pathways）。异槲皮苷处理组富集程度最大的是维生素 B_6 代谢（Vitamin B_6 me-

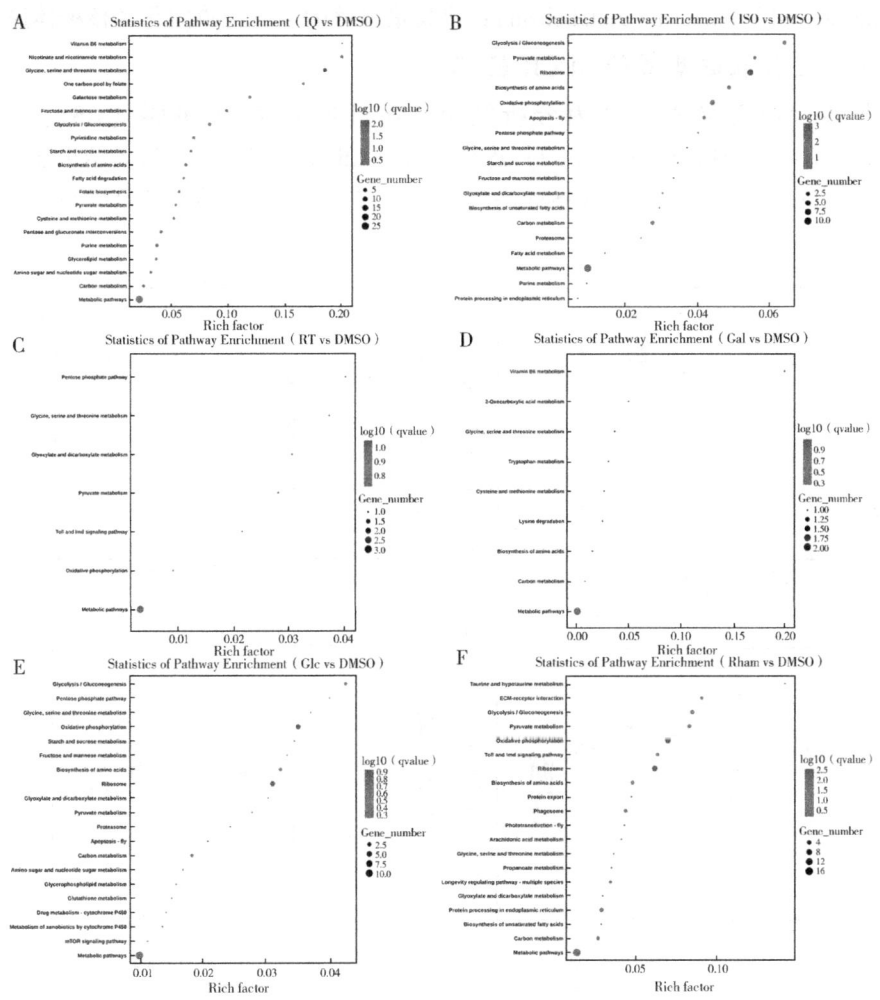

图 5-56　差异基因 KEGG 富集散点图

注：纵轴表示 pathway 名称，横轴 Rich factor 表示富集因子，点的大小表示此 pathway 中差异表达基因个数多少，而点的颜色对应于不同的 P 值范围。差异表达基因 KEGG 富集分析结果中显著富集的前 20 条通路的上下调基因数展示。

tabolism) 和烟酸和烟酰胺代谢 (Nicotinate and nicotinamide metabolism), 富集最显著的是甘氨酸、丝氨酸和苏氨酸代谢 (Glycine, serine and threonine metabolism)。异黄酮处理组富集程度最大的是糖酵解/糖异生途径 (Glycolysis/Gluconeogenesis); 富集最显著的是核糖体 (Ribosome)。芦丁处理组富集程度最大的是戊糖磷酸途径 (Pentose phosphate pathway); 富集最显著的是戊糖磷酸途径、甘氨酸、丝氨酸和苏氨酸代谢及乙醛酸盐和二羧酸盐代谢 (Glyoxylate and dicarboxylate metabolism) ($P<0.05$)。D-半乳糖处理组富集程度最大的是维生素 B_6 代谢; 富集最显著的是维生素 B6 代谢、2-氧羧酸代谢 (2-Oxocarboxylic acid metabolism) 及甘氨酸、丝氨酸和苏氨酸代谢 ($P<0.05$)。β-D-葡萄糖处理组富集程度最大的是糖酵解/糖异生途径; 富集最显著的是氧化磷酸化 (Oxidative phosphorylation) 和核糖体途径。L-鼠李糖处理组富集程度最大的是牛磺酸和次牛磺酸代谢 (Taurine and hypotaurine metabolism); 富集最显著的是氧化磷酸化和核糖体途径。

（四）差异表达基因的 qPCR 验证

根据转录组差异表达基因分析结果，随机抽取 7 个 DEGs (GST、CP、ef1α、CYP450、GH48、CSP2 和 PGRPSC2) 进行 qRT-PCR 验证 (图 5-57)。结果显示, 7 个差异表达基因的 qRT-PCR 和 RNA-Seq 趋势完全一致, 表明该试验的转录组测序结果可靠。

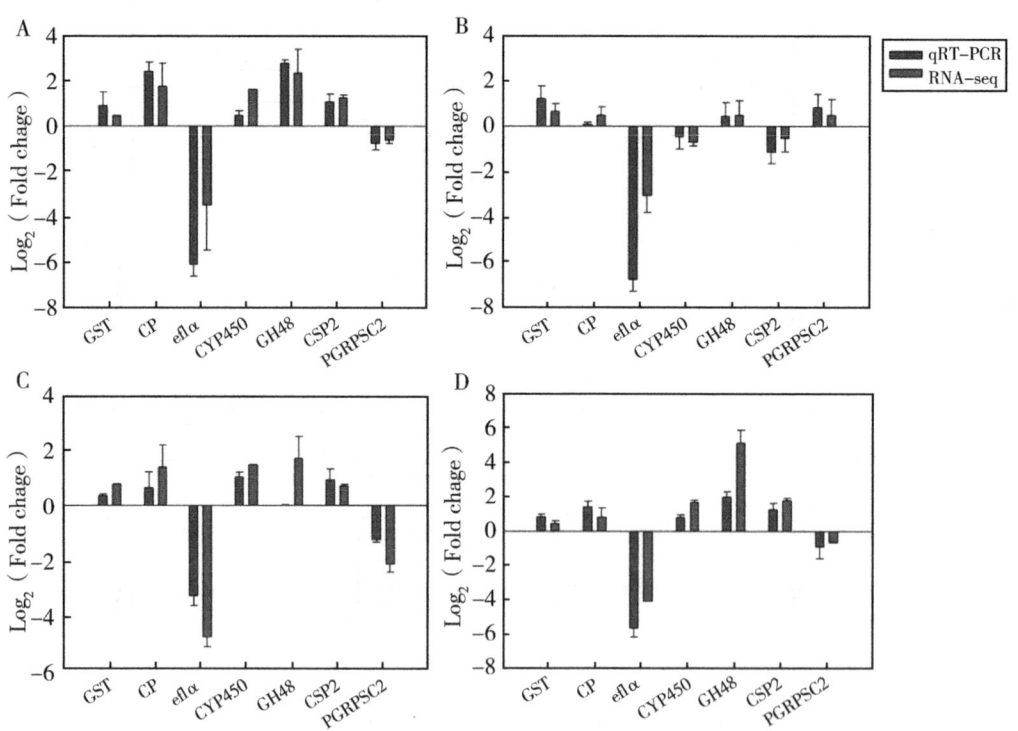

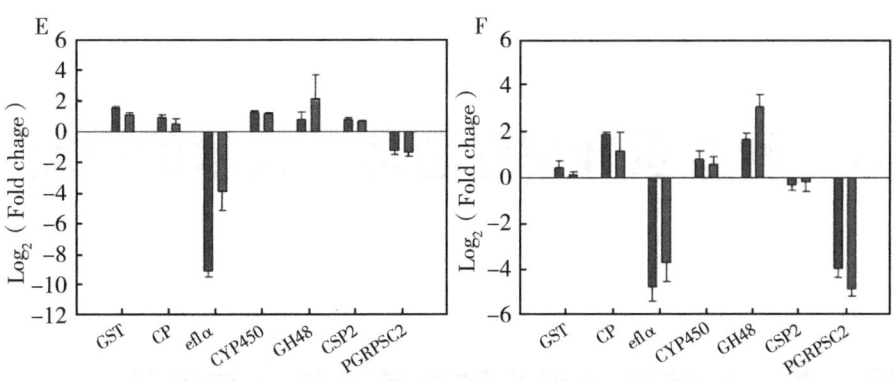

图 5-57 取食诱导后沙葱萤叶甲差异基因 RNA-Seq 数据的 qPCR 验证

注：qRT-PCR 表示实时荧光定量表达的数据，RNA-seq 表示转录组测序结果，误差棒表示标准误差。A~F 分别表示异槲皮苷、异黄酮、芦丁、D-半乳糖、β-D-葡萄糖和 L-鼠李糖处理组。横坐标中，GST 表示谷胱甘肽 S 转移酶；CP 表示蛹角质层结合蛋白；ef1α 表示延伸因子 1α；CYP450 表示抗虫剂相关细胞色素 P450；GH48 表示糖苷水解酶；CSP2 表示化学感受蛋白；PGRP-SC2 表示肽聚糖识别蛋白。纵坐标中，Log_2（Fold change）表示 Log_2（处理组/对照组）。

第六章 沙葱萤叶甲绿色防控技术的研究

第一节 沙葱萤叶甲生防真菌的筛选与评价

一、沙葱萤叶甲致病白僵菌的分离与鉴定

（一）菌株的形态学鉴定

利用显微镜对 Gdj-1 菌株菌落、菌丝和孢子形态特征进行观察。Gdj-1 菌落正面为白色，位于中间的菌丝较为发达，菌落边缘不规则，呈现多个单菌落聚集在一起，菌落背面呈现黄色，随着菌落的生长，黄色逐渐加深，中间颜色较边缘颜色深，菌丝有隔，分生孢子呈圆形或椭圆形。因此，形态学鉴定 Gdj-1 为球孢白僵菌（图6-1）。

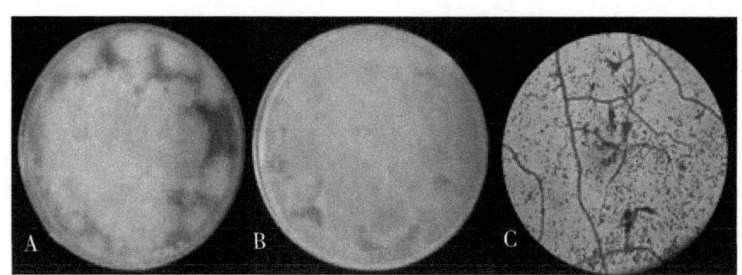

A—Gdj-1 菌落正面图；B—Gdj-1 菌落背面图；C—Gdj-1 菌丝和孢子图。
图 6-1　Gdj-1 菌株的菌落形态

（二）菌株的生物学测定

将菌株测序所得的序列在 NCBI 数据库中进行 BLAST 比对，选择相关序列通过 MEGA 11 使用邻接法（NJ）进行 1000 次 bootstrap 计算，构建系统发育树。结果显示 Gdj-1 为白僵菌属 *Beauveria* 的球孢白僵菌（图6-2）。

二、球孢白僵菌对沙葱萤叶甲的致病力测定

（一）球孢白僵菌对沙葱萤叶甲 3 龄幼虫的半数致死时间

利用各菌株对沙葱萤叶甲 3 龄幼虫进行接种毒力测定，试验结果表明，6 株菌株中仅有 2 个菌株在幼虫感染后形成僵虫（图6-3），分别为 ND-10 和 Gdj-1，并能从僵虫中分离到与菌株的菌落形态、分生孢子形态一致的病原菌。

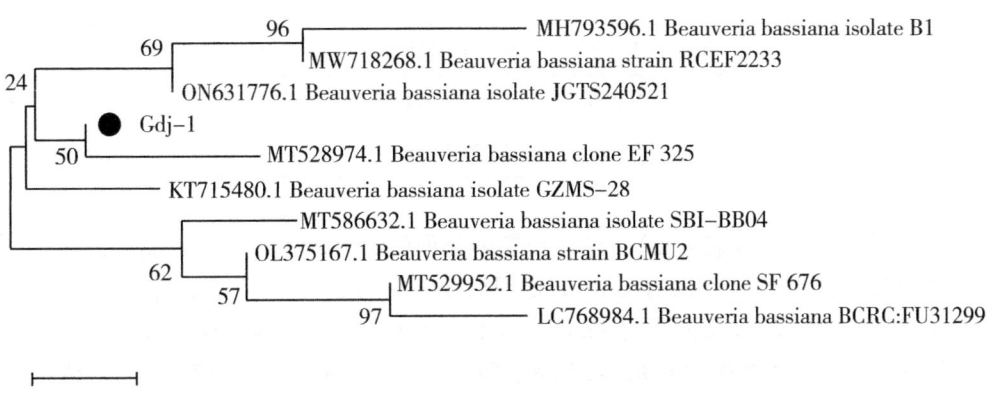

图6-2 球孢白僵菌Gdj-1的rDNA IST序列构建的系统发育树

注：分支上的数字为支持率，字母和数字为该菌株在GenBank中的登录号，菌株编号用黑色圆点标出。

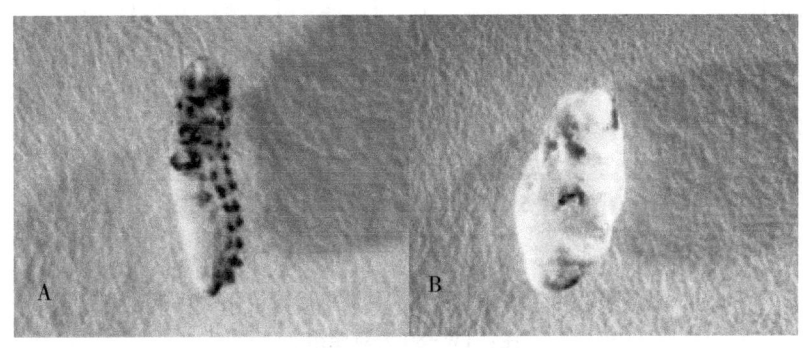

A—Gdj-1；B—ND-10。
图6-3 沙葱萤叶甲3龄幼虫经不同菌株接种后形成的僵虫

在实验室条件下，分别对6株菌株开展了对沙葱萤叶甲3龄幼虫的毒力测定，致死中时LT_{50}值见表6-1。同浓度下不同菌株对沙葱萤叶甲2龄幼虫的LT_{50}值各不相同。LT_{50}值从小到大排列依次为ND-10、Gdj-1、KS-11、GQS-6、WJ-14、HYO-6。其中通过ND-10处理的LT_{50}值最小，为9.4541d，效果最好，致死速率最快，致死能力最强，而WJ-14的LT_{50}最大，效果最差，致死速率与能力都最差。

表6-1 6株菌株的LT_{50}值

菌株	孢子浓度/（孢子/mL）	LT_{50}/d	95%置信区间/d	卡方值	斜率±SE
ND-10	1×10^8	9.454	8.837~10.139	26.516	3.752±0.328
Gdj-1	1×10^8	10.686	9.474~12.332	16.363	3.093±0.298
HYO-6	1×10^8	19.554	14.895~29.706	19.554	2.317±0.315
WJ-14	1×10^8	56.365	30.642~270.042	2.775	1.1664±0.235

(续表)

菌株	孢子浓度/(孢子/mL)	LT_{50}/d	95%置信区间/d	卡方值	斜率±SE
GQS-6	1×10^8	11.226	10.392~14.711	8.173	2.367±0.258
KS-11	1×10^8	35.191	22.740~96.665	4.722	1.2881±0.237

结果表明（图6-4和表6-2），经过白僵菌处理后的沙葱萤叶甲3龄幼虫，死亡率随着时间的增长逐渐增长，但仅有Gdj-1处理后14d的沙葱萤叶甲死亡率达到68.30%，ND-10处理后的14d的致死量达到65.86%以上，HYO-6、WJ-14、GQS-6、WMS-12处理14d后的累计矫正致死率分别是34.13%、21.93%、46.30%和24.37%，均未达到50%以上，并且这4种处理之间没有显著差异。

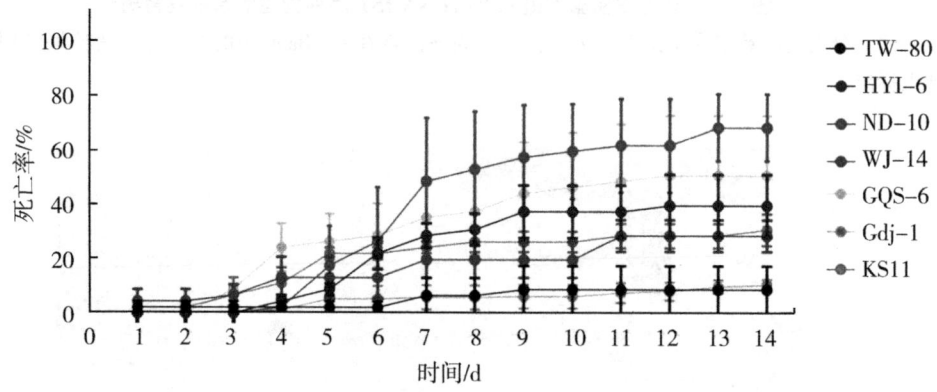

图6-4 沙葱萤叶甲3龄幼虫接种6种菌株后累计死亡率随时间变化

注：TW-80为对照组。

表6-2 沙葱萤叶甲3龄幼虫累计校正死亡率

处理时间/d	校正死亡率/%					
	ND-10	Gdj-1	HYO-6	WJ-14	GQS-6	KS-11
3	0.00±0.00a	0.00±2.27a	0.00±0.00a	4.60±3.93a	6.87±2.27a	4.57±6.81a
6	4.57±0.00a	4.57±3.93a	20.47±5.99a	11.38±7.87a	27.30±12.02a	20.47±2.27a
9	24.38±12.91a	9.74±6.45a	24.37±6.44a	12.18±7.32a	39.00±20.86a	19.50±4.23a
12	58.53±19.06a	51.2±24.76a	34.13±12.67a	21.93±6.44a	46.30±24.40a	21.93±4.87a
14	65.86±13.58a	68.30±15.99a	34.13±12.67a	21.93±6.44a	46.30±24.4a	24.37±6.44a

注：表中数据为平均值±标准误差，同一列后字母表示在0.05水平显著差异。

（二）球孢白僵菌悬液对沙葱萤叶甲3龄幼虫半数致死浓度

根据图6-5和图6-6可知，Gdj-1和ND-10两种白僵菌均在高浓度下对沙葱萤叶甲3龄幼虫有较高的致病力，并且浓度越高致死效果越好。Gdj-1孢子悬液在1×10^8个/mL的浓度下治病效果最好。浓度在1×10^7个/mL时，最后累计死亡率接近60%以上。沙葱萤叶甲对菌种 ND-10 的浓度要求更高，在浓度为 $1×10^8$ 个/mL 时累计死亡率为 65.86%，而浓度低于 $1×10^6$ 个/mL 后死亡率出现断崖式下降。

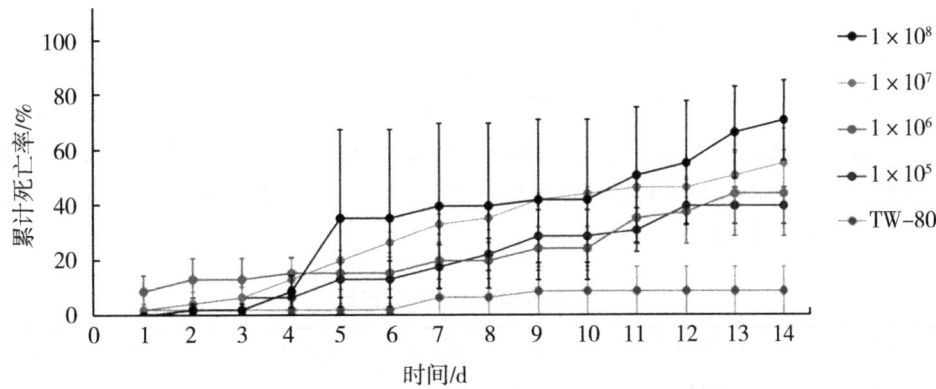

图 6-5　沙葱萤叶甲 3 龄幼虫接种不同浓度 Gdj-1 孢子悬液后累计死亡率随时间变化

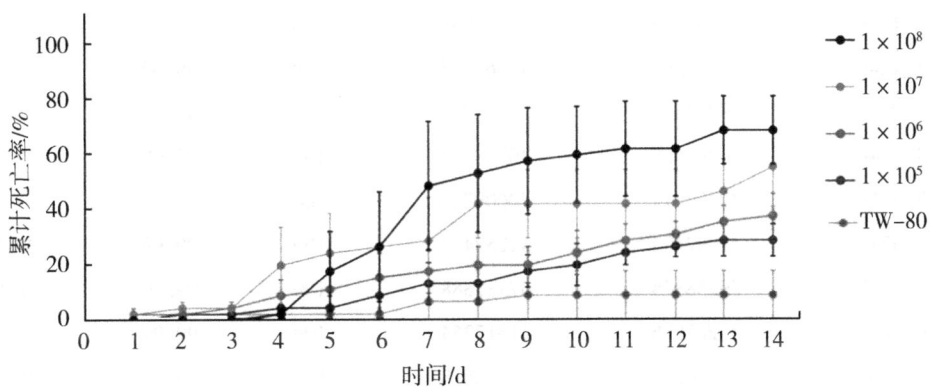

图 6-6　沙葱萤叶甲 3 龄幼虫接种不同浓度 ND-10 孢子悬液后累计死亡率随时间变化

致病白僵菌分离株 Gdj-1 和 ND-10 对沙葱萤叶甲幼虫的 Probit 回归方程和对应的 LC_{50} 如表所示。虽然两种菌株都对沙葱萤叶甲有高致病性，但 Cdj-1 的 LC_{50} 为 $1.685×10^6$ 个/mL，明显低于 ND-10 的 LC_{50} 值，说明在消灭同等数量的沙葱萤叶甲幼虫所需要的 Gdj-1 浓度含量小于 ND-10 的浓度含量。Gdj-1 对沙葱萤叶甲幼虫的防治效果更好（表 6-3）。

表 6-3　2 种高效真菌对沙葱萤叶甲 3 龄幼虫的 LC_{50} 值

菌种	毒力回归方程	R^2 值	LC_{50}	95%置信区间/（个/mL）
ND-10	$Y=-2.406+0.361x$	0.702	$4.633×10^6$	$1.283×10^6 \sim 2.047×10^7$
Gdj-1	$Y=-1.677+0.269x$	0.921	$1.685×10^6$	$1.387×10^5 \sim 9.754×10^6$

三、沙葱萤叶甲对球孢白僵菌侵染响应的转录组学分析

(一) 转录组测序结果

在2株球孢白僵菌感染24h、48h和72h后,分别取健康和感染的沙葱萤叶甲幼虫,共27个转录本,从转录组的原始数据(Raw data)中通过数据质控和过滤后得到高质量的有效数据。由表6-4可知,各处理样品的Clean data均超过3700万条,所有样品的Q20均在100%,Q30均在99.99%,GC含量在37%以上,最高长度为26728bp,平均长度为4409.5bp,N50数量为6478(图6-7)。

表6-4 测序数据统计

样品	原始数据/bp	碱基总数/bp	Q20/%	Q30/%	GC含量/%
G_124h	40241314	38609840	100	99.99	37.0
G_224h	44594252	42680454	100	99.99	37.0
G_324h	44320174	42634534	100	99.99	37.0
N_124h	41338916	39490048	100	99.99	37.0
N_224h	43212592	41361868	100	99.99	38.0
N_324h	39297468	37565788	100	99.99	37.0
T_124h	42497628	40718254	100	99.99	37.0
T_224h	42104814	40609782	100	99.99	37.0
T_324h	42992494	41257452	100	99.99	37.0
G_148h	39558844	37931888	100	99.99	38.0
G_248h	43285836	41617254	100	99.99	38.0
G_348h	39270268	37612618	100	99.99	38.0
N_148h	40323514	38552640	100	99.98	38.0
N_248h	42977236	41222702	100	99.99	37.0
N_348h	43860346	42004330	100	99.99	38.0
T_148h	43059300	41271476	100	99.99	38.0
T_248h	43477446	41760700	100	99.99	38.0
T_348h	42869598	41156132	100	99.99	38.0
G_172h	40277538	38414232	100	99.99	38.0
G_272h	43244342	41449228	100	99.99	37.0
G_372h	44792068	42997904	100	99.99	37.0
N_172h	43297002	41497352	100	99.99	38.0
N_272h	44127356	42385106	100	99.99	38.0
N_372h	43460944	41732118	100	99.99	38.0
T_172h	42679328	41094828	100	99.99	38.0
T_272h	43528240	41811620	100	99.99	38.0

(续表)

样品	原始数据/bp	碱基总数/bp	Q20/%	Q30/%	GC 含量/%
T_372h	43807030	41970706	100	99.99	38.0

注：GC 含量（GC content）是指 Clean data 中 G 和 C 两种碱基占总碱基的百分比；Q20（%）是指 Clean data 质量值≥20 的碱基所占的百分比；Q30（%）是指 Clean data 质量值≥30 的碱基所占的百分比；G 为 Gdj-1 菌株处理；N 为 ND-10 菌株处理；T 为对照。

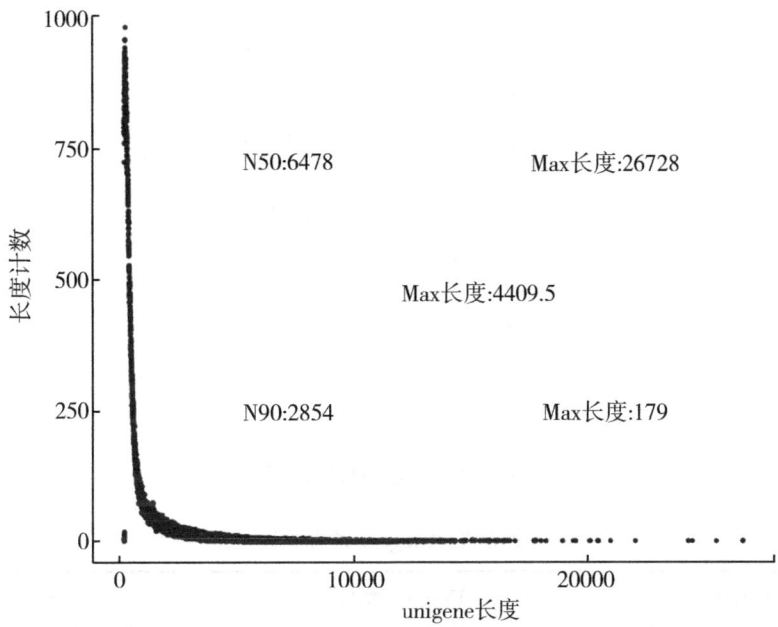

图 6-7 Unigene 长度分布

（二）基因注释结果概括

共得到 362763 条 Unigene，分别与 Nr、Nt、KEGG、GO、KOG、Swiss-prot 和 Uniprot 数据库进行比对。被注释 unigenes 总共有 158384 个，占总 unigenes 的 43.66%。在这些 unigene 中 154327 个（42.54%）、15020 个（4.14%）、73915 个（20.37%）、63029 个（17.37%）、62803 个（17.31%）unigenes 被分别注释到 Nr、Nt、KOG、Swiss-prot 和 Uniprot 中（图 6-8、表 6-5）。

（三）差异表达基因分析

本研究以 FDR<0.05 和 |log2FC|>1 为筛选差异显著基因的条件进行差异表达基因筛选。根据结果显示，白僵菌 Gdj-1 处理 24h，对照组和处理组在 mRNA 水平上共有 671 个差异表达基因，其中上调 460 个，下调 211 个。处理 48h，对照组和处理组共有 381 个差异表达基因，上调 223 个，下调 158 个。处理 72h，对照组和处理组共有 117 个差异表达基因，上调 88 个，下调仅有 29 个。白僵菌 ND-10 侵染沙葱萤叶甲幼虫 24h，共有 330 个基因在转录组水平存在显著差异表达，上调 162 个，下调 168 个。侵染 48h，共有 369 个基因显著差异表达，上调 206 个，下调 163 个。侵染 72h，共有 281 个基因显著差异表达，上调 91 个，下调 90 个（表 6-6）。

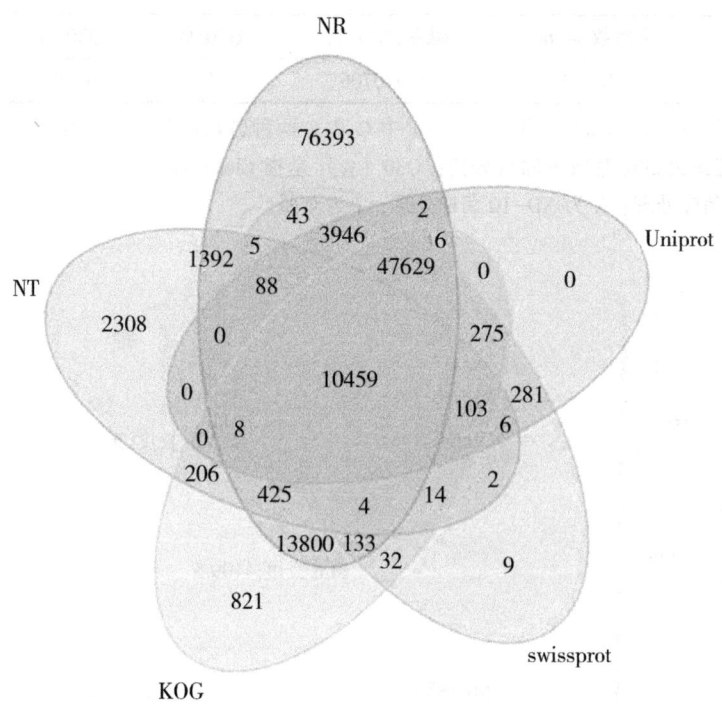

图 6-8 基因注释维恩图

表 6-5 Unigene 注释统计

数据库	Unigene 数/条	百分比/%
Nr	154327	42.54
Nt	15020	4.14
KGO	73915	20.37
Swiss-prot	63029	17.37
Uniprot	62803	17.31
有注释的基因	158384	43.66
全部 Unigenes	362763	

表 6-6 沙葱萤叶甲幼虫与对照组差异基因数目统计 单位：个

比较组	差异基因数目	上调表达数目	下调表达数目
24h Gdj-1	671	460	211
48h Gdj-1	381	223	158
72h Gdj-1	117	88	29

（续表）

比较组	差异基因数目	上调表达数目	下调表达数目
24h ND-10	330	162	168
48h ND-10	369	206	163
72h ND-10	281	191	90

注：对照组为 24hTW-80、48hTW-80、72hTW-10。

（四）转录组 GO 功能注释

本研究得到的 unigene 被注释在 60 个功能类别中（图 6-9）。在生物学过程分类中，注释基因最多的是生物过程（Biological process），其次是细胞过程（Cellular process）和分子功能（Molecular process）。在细胞组分分类中注释基因最多的是细胞组成（Cellular component）。在分子功能中注释基因最多的是分子功能（Molecular function）其次是结合（Binding）。

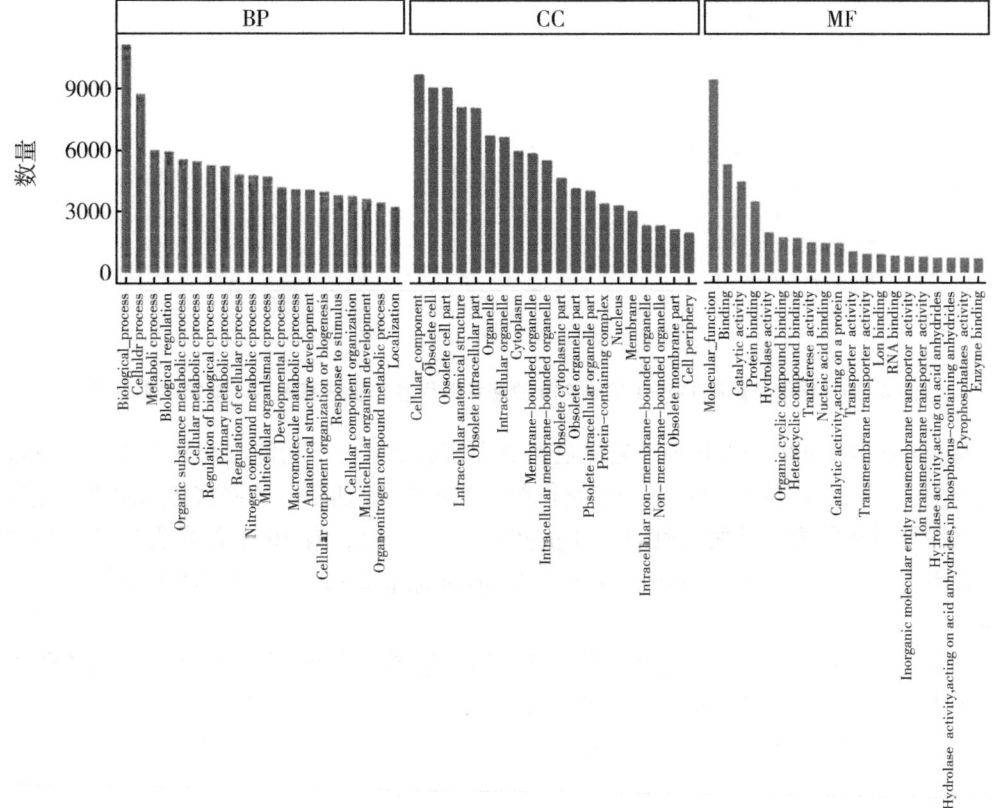

BP—biological process，生物过程；CC—cellular component，细胞组分；
MF—moleculor process，分子功能。

图 6-9　GO 统计柱形图

本研究分别对 ND-10 菌株和 Gdj-1 菌株侵染沙葱萤叶甲 3 龄幼虫 24h、48h 和 72h 筛选出的差异表达基因进行 GO 富集分析，$P \leq 0.05$ 的通路为显著富集通路。其中 Gdj-1 在侵染 24h 筛选出显著富集通路分别富集到了分子功能、细胞组成和生物进程三大类中，选取差异显著的前 20 个通路作图。结果如图 6-10 所示，富集通路中差异基因多富集在嘌呤核糖核苷酸结合（Purine ribonucleotide binding）、嘌呤核苷酸结合（Purine nucleotide binding）、核糖苷酸结合（Ribonucleotide binding）、嘌呤核糖核苷三磷酸盐（Purine ribonucleoside triphosphate oineino）。

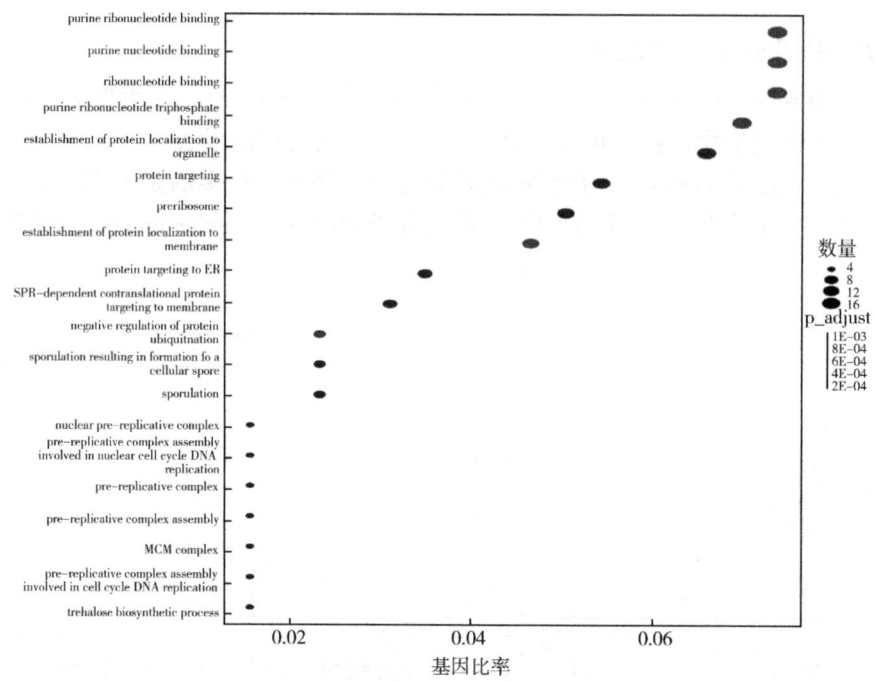

图 6-10　球孢白僵菌 Gdj-1 侵染 24h 沙葱萤叶甲差异表达基因 GO 功能富集分析

Gdj-1 在侵染 48h 筛选出显著富集通路分别富集到了分子功能、细胞组成和生物进程三大类中，选取差异显著的前 20 个通路作图。如图 6-11 所示，这些富集通路里，差异表达基因注释最多的为内肽酶活性（Endopeptidase activity），有 10 个差异表达基因得到注释。其次是 Toll 信号通路（Regulation of Toll signaling pathway）和病毒防御应答（Defense response to virus）。

Gdj-1 在侵染 72h 筛选出显著富集通路分别富集到了分子功能、细胞组成和生物进程三大类中，选取差异显著的前 20 个通路作图。如图 6-12 所示，富集通路中差异基因多富集在细胞生长负调控（Negative regulation of cell growth）、自噬正向调节（Positive regulation of autophagy）、细胞缺氧应答（Cellular response to hypoxia）、细胞对氧含量降低反应（Cellular response to decreased oxygen levels）、细胞对氧含量反应（Cellular response to oxygen levels）、基因沉默（Posttranscriptional gene silencing）。

真菌 ND-10 在侵染 24h 筛选出显著富集通路分别富集到了分子功能、细胞组成和生物进程三大类中，选取差异显著的前 20 个通路作图。如图 6-13 所示，在 20 个通路中差异基因最多的 term 为微管相关复合体（Microtubule associated complex），有 10 个差异表达

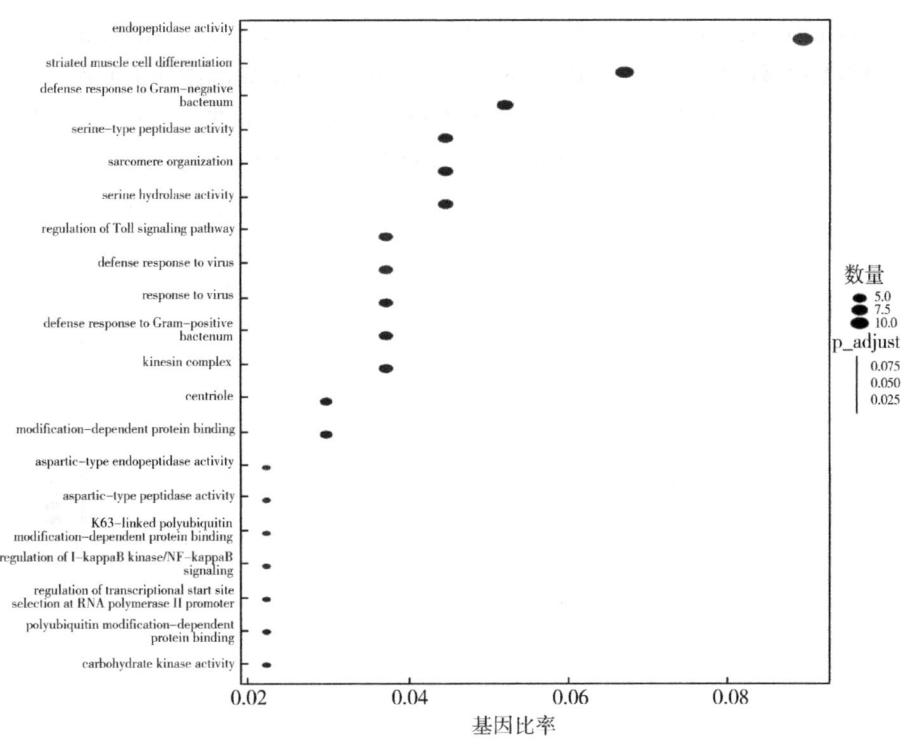

图 6-11　球孢白僵菌 Gdj-1 侵染 48h 沙葱萤叶甲差异表达基因 GO 功能富集分析

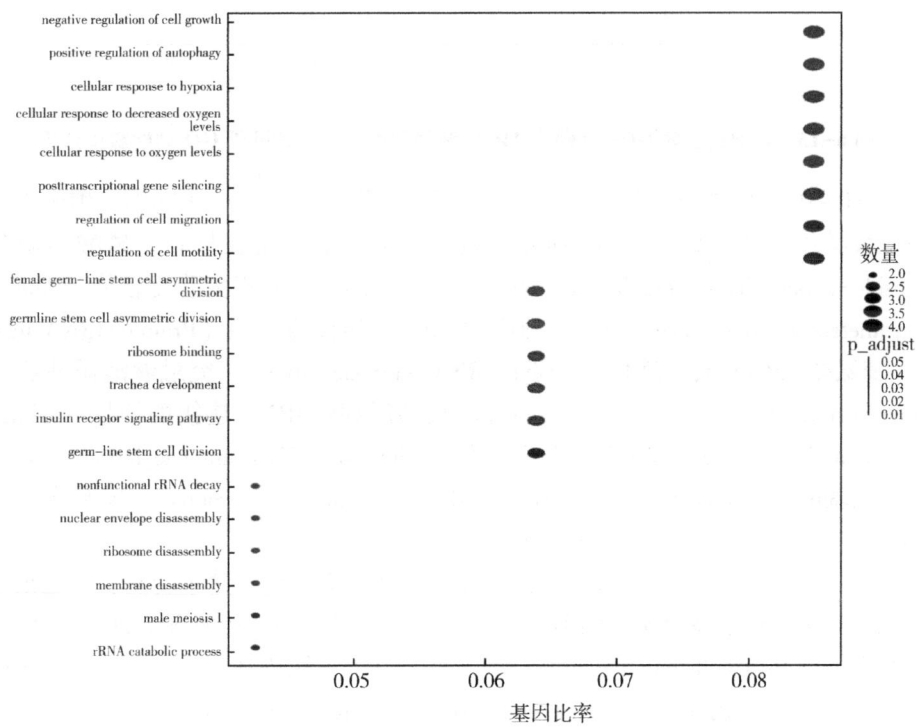

图 6-12　球孢白僵菌 Gdj-1 侵染 72h 沙葱萤叶甲差异表达基因 GO 功能富集分析

基因。其次富集差异基因较多的是氨基酰-tRNA 合成酶多酶复合体（Aminoacyl-tRNA

synthetase multienzyme complex)、脯氨酸-tRNA 连接酶活性（Proline-tRNA ligase activity)、脯氨酰-tRNA 氨基酰化（Prolyl-tRNA aminoacylation)、突出囊泡循环负向调节（Negative regulation of synaptic vesicle recycling)、谷氨酸-tRNA 连接酶活性（Glutamate-tRNA ligase activity)、谷氨酸-tRNA 氨基酰化（Glutamyl-tRNA aminoacylation)。

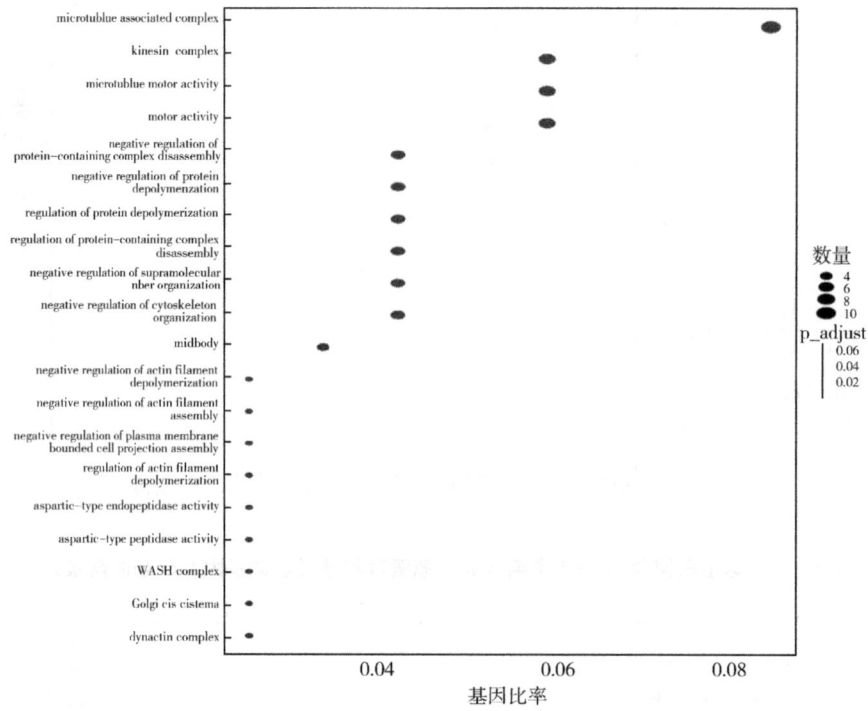

图 6-13 球孢白僵菌 ND-10 侵染 24h 沙葱萤叶甲差异表达基因 GO 功能富集分析

真菌 ND-10 在侵染 48h 筛选出显著富集通路分别富集到了分子功能、细胞组成和生物进程三大类中，结果如图 6-14 所示，差异基因显著富集在核苷三磷酸酶调节活性（Nucleoside-triphosphatase regulatoractivity)、氨酰-tRNA 合成酶多酶复合体（Aminoacyl-tRNA synthetase multienzymecomplex)、脯氨酸-tRNA 连接酶活性（Proline-tRNA ligase activity)、脯氨酰-tRNA 氨基酰化（Prolyl-tRNA aminoacylation)、突触囊泡循环负向调节（Negative regulation of synaptic vesiclerecycling)、谷氨酸-tRNA 连接酶活性（Glutamate-tRNA ligase activity)、谷氨酸-tRNA 氨基酰化（Glutamyl-tRNA aminoacylation)、转移酶活性，转移氨基酰基（Transferase activity, ransferring amino-acyl groups)、突触囊泡循环调节（Regulation of synaptic vesicle recycling)。

真菌 ND-10 在侵染 72h 筛选出显著富集通路分别富集到了分子功能、细胞组成和生物进程三大类中，选取差异显著的前 20 个通路作图。如图 6-15 所示，20 个通路中宿主细胞内膜系统（Host cell endomembrane system)、宿主细胞内质网（Host cell endoplasmic reticulum)、宿主细胞内质网膜（Host cell endoplasmic reticulum membrane)、宿主膜（Host membrane)、宿主细胞细胞质（Host cell cytoplasm part) 和其他生物细胞膜（Other organism cell membrane) 通路富集显著性最高。

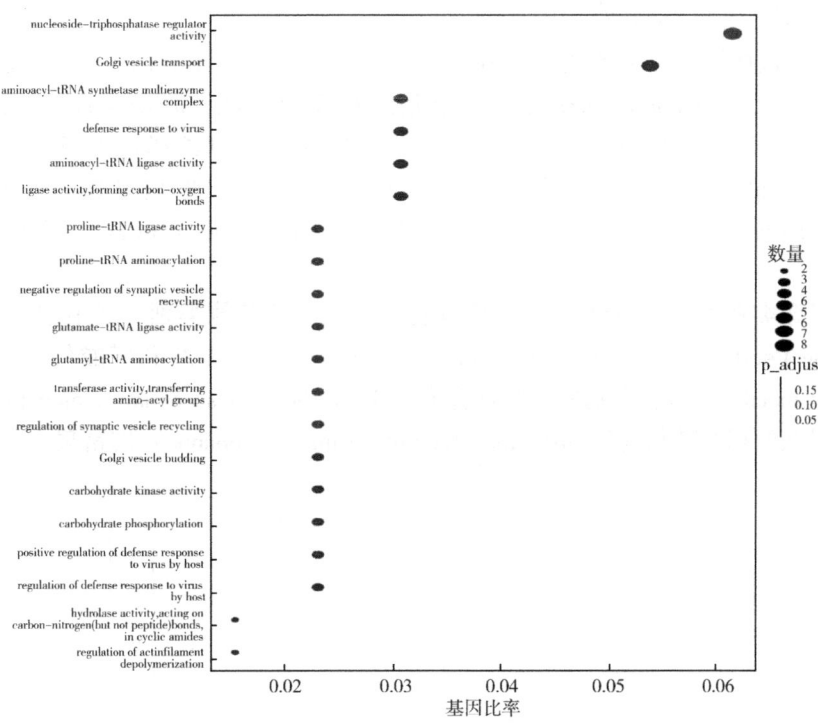

图 6-14 球孢白僵菌 ND-10 侵染 48h 沙葱萤叶甲差异表达基因 GO 功能富集分析

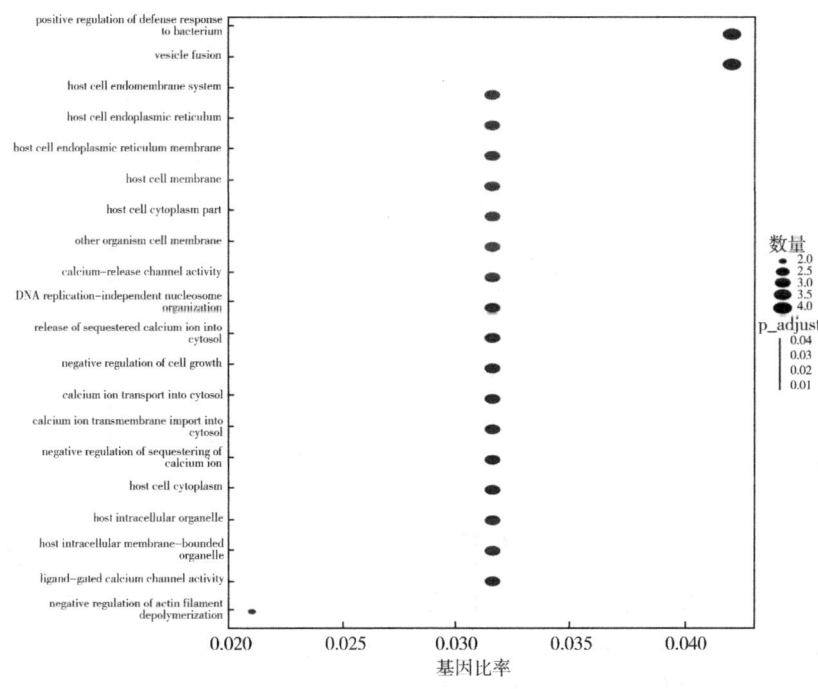

图 6-15 球孢白僵菌 ND-10 侵染 72h 沙葱萤叶甲差异表达基因 GO 功能富集分析

（五）KEGG 途径分析

KEGG 将数据结果分为 5 类，分别是细胞代谢（Cellular Processes）、环境信息处理（Environmental Information Processing）、遗传信息处理（Genetic Information Processing）、新陈代谢（Metabolism）和有机体系统（Organismal Systems），共注释到 73 个通路中。其中每个类别注释最多的分别是溶酶体（Lysosome）、PI3K-AKT 信号通路（PI3K-AKT signaling pathway）、核糖体（Ribosome）、代谢途径（Metabolic pathway）、产热（Thermogenesis）。

新陈代谢类别中，富集到的差异基因数量普遍高于其他类别。其中细胞色素 P450（Cytochrome P450）、代谢途径（Metabolic pathways）、抗坏血酸和醛酸代谢（Ascorbate and aldarate metabolism）、氨基酸的生物合成（Biosynthesis of secondary metabolites）、戊糖和葡萄糖醛酸的相互转化（Pentose and glucuronate interconversions）的富集占比较高（图 6-16）。

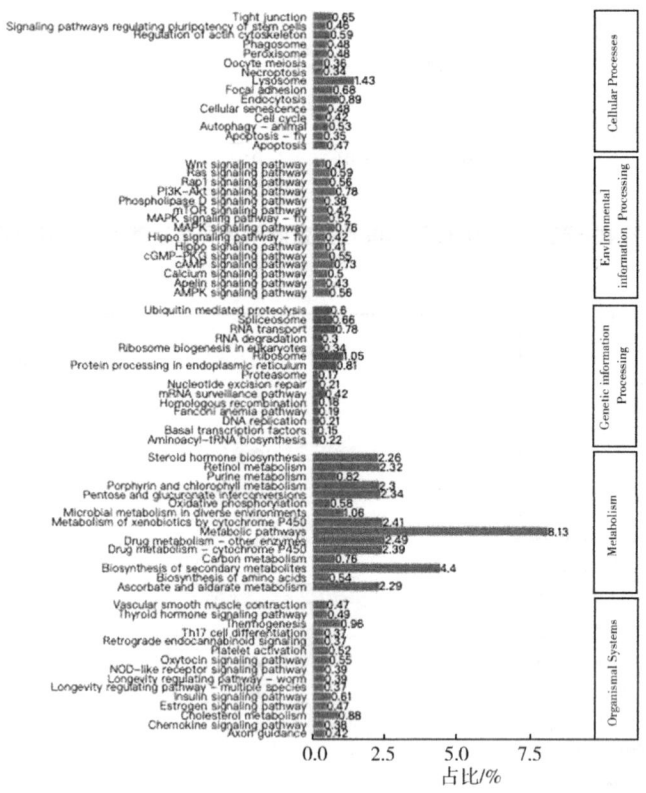

图 6-16　KEGG 分析图

对球孢白僵菌 Gdj-1 侵染沙葱萤叶甲幼虫 24h、48h、72h 获得的差异表达基因分别进行 KEGG 富集分析。侵染 24h 结果如图 6-17 所示，其中差异表达基因显著富集的前 10 个通路包括：核糖体（Ribosome）、糖酵解/糖异生（Glycolysis/Gluconeogenesis）、蛋白酶体（Proteasome）、氨基酸-tRNA 生物合成（Aminoacyl-tRNA biosynthesis）、碳代谢（Carbon metabolism）、吞噬体（Phagosome）、氨基酸生物合成（Biosynthesis of amino acids）、磷酸

戊糖途径（Pentose phosphate pathway）、核苷酸糖生物合成（Biosynthesis of nucleotide sugars）、淀粉和蔗糖代谢（Starch and sucrose metabolism）。

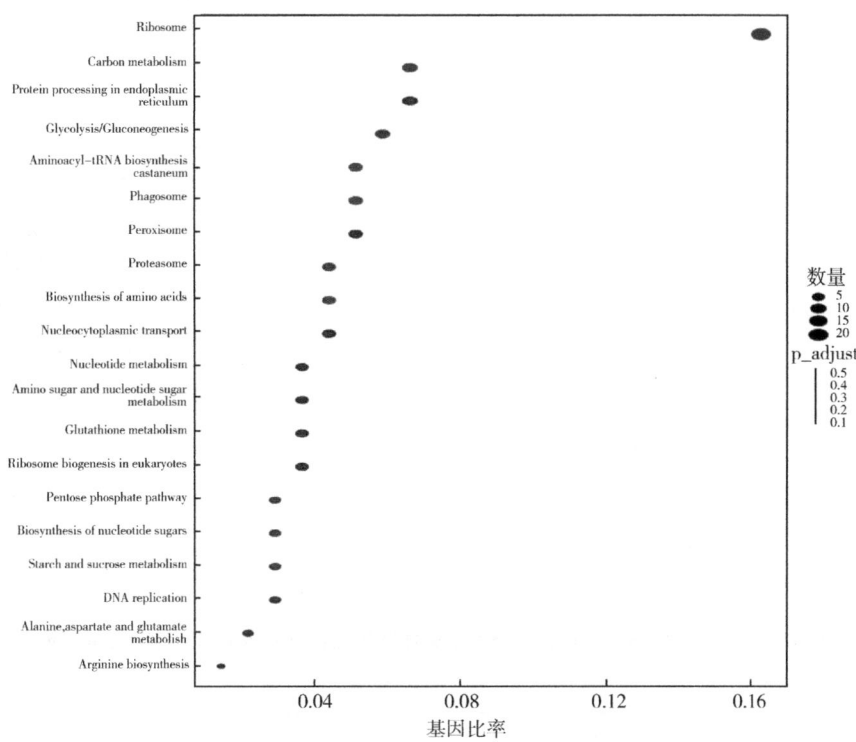

图 6-17　球孢白僵菌 Gdj-1 侵染 24h 沙葱萤叶甲差异表达基因 KEGG 通路富集分析

菌株 Gdj-1 侵染 48h 的差异表达基因显著富集的通路如图 6-18 所示，前 10 个通路分别为：糖酵解/糖蛋白生成（Glycolysis/Gluconeogenesis）、腺苷酸活化蛋白激酶信号路径（AMPK signaling pathway）、溶酶体（Lysosome）、剪接体（Spliceosome）、自噬-动物（Autophagy-animal）、内吞作用（Endocytosis）、缺氧诱导因子调节通路（HIF-1 signaling pathway）、有丝分裂-动物（Mitophagy-animal）、胰岛素信号通路（Insulin signaling pathway）、果糖和甘露糖代谢（Fructose and mannose metabolism）。

Gdj-1 侵染 72h 的差异表达基因显著富集的通路如图 6-19 所示，6 个通路为显著性聚集，分别为：溶酶体（Lysosome）、自噬-动物（Autophagy-animal）、鞘脂信号通路（Sphingolipid signaling pathway）、细胞凋亡（Apoptosis）、雷帕霉素机制性靶蛋白信号通路（mTOR signaling pathway）、细胞衰老（Cellular senescence）。

对球孢白僵菌 ND-10 侵染沙葱萤叶甲幼虫 24h、48h、72 号获得的差异表达基因分别进行 KEGG 富集分析。侵染 24h 结果如图 6-20 所示，其中差异表达基因显著富集的 6 个通路分别为：溶酶体（Lysosome）、吞噬细胞（Phagosome）、内质网蛋白加工（Protein processing in endoplasmic reticulum）、胞吞作用（Endocytosis）、真核生物核糖体生物合成（Ribosome biogenesis in eukaryotes）、抗叶酸抗药性（Antifolate resistance）。

侵染 48h 的差异表达基因显著富集的通路如图 6-21 所示，显著性富集的通路分别为：辅助因子生物合成（Biosynthesis of cofactors）、胞吞作用（Endocytosis）、碳代谢

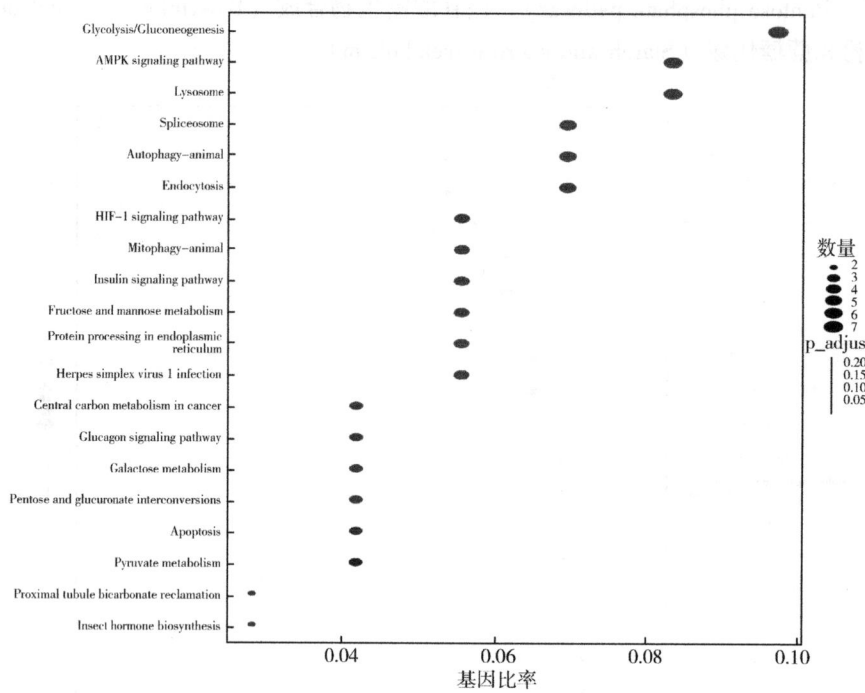

图 6-18 球孢白僵菌 Gdj-1 侵染 48h 沙葱萤叶甲差异表达基因 KEGG 通路富集分析

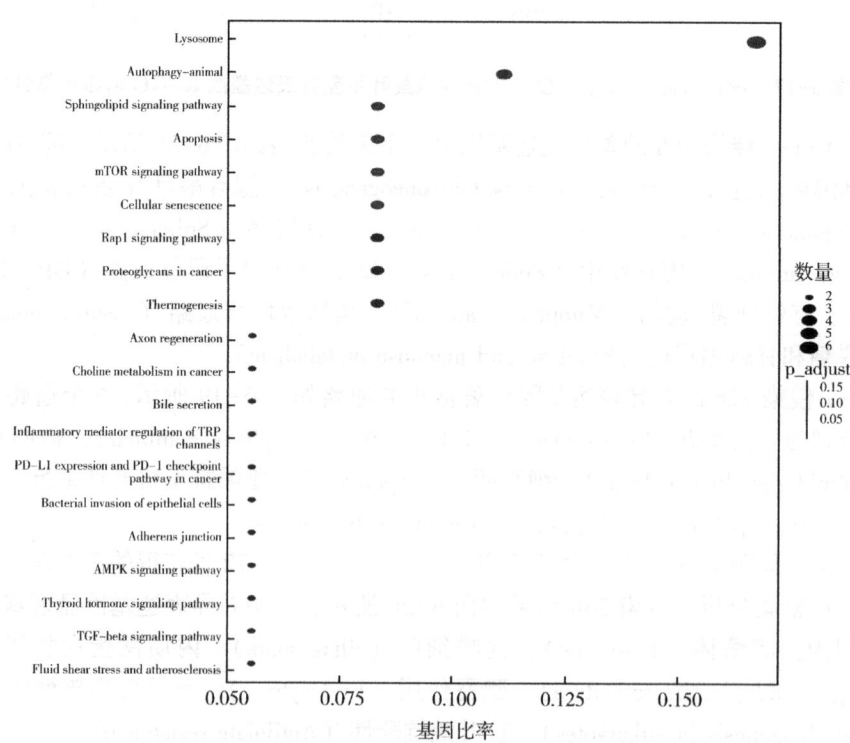

图 6-19 球孢白僵菌 Gdj-1 侵染 72h 沙葱萤叶甲差异表达基因 KEGG 通路富集分析

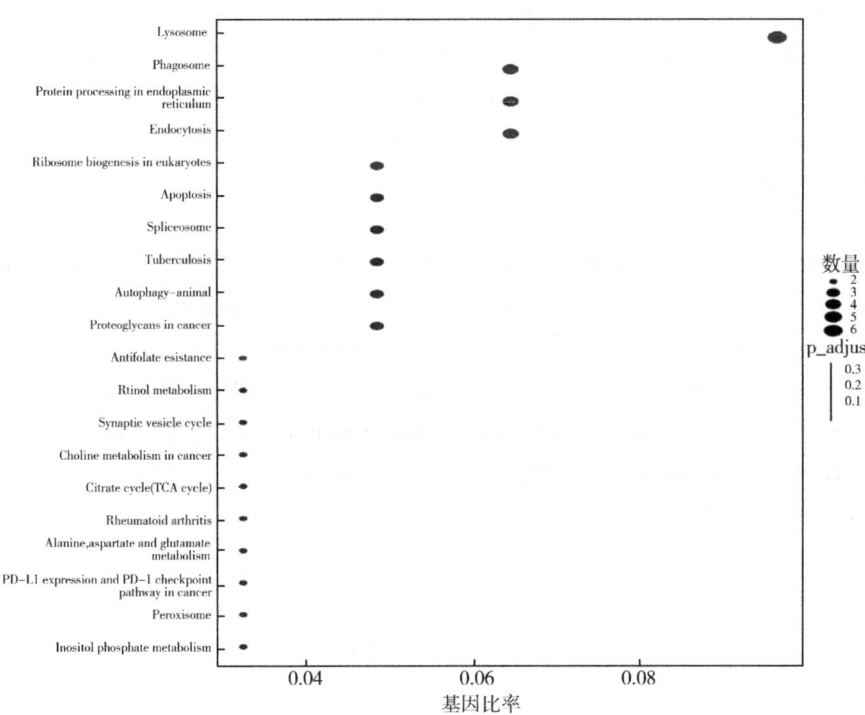

图 6-20　球孢白僵菌 ND-10 侵染 24h 沙葱萤叶甲差异表达基因 KEGG 通路富集分析

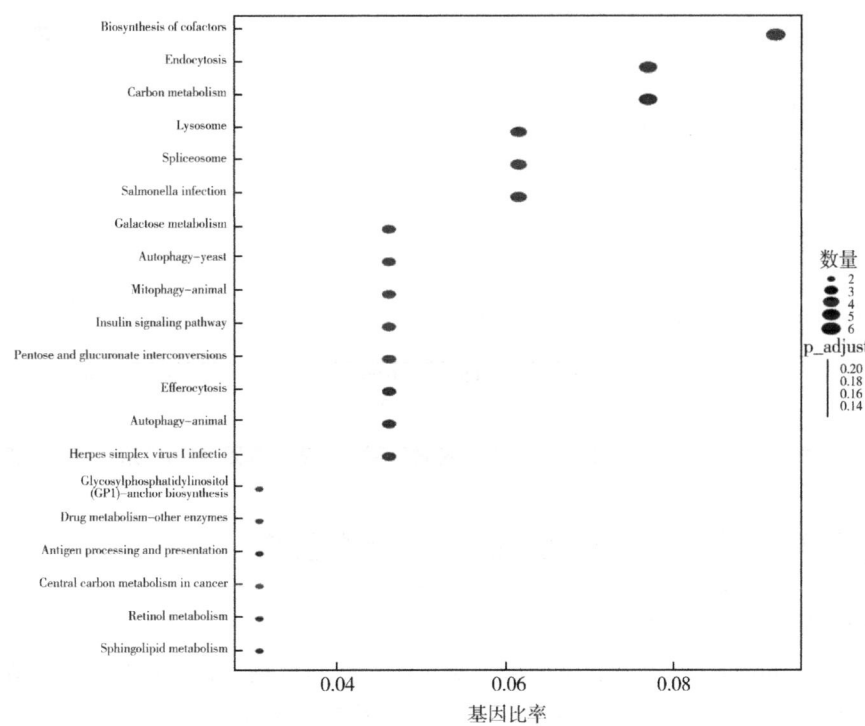

图 6-21　球孢白僵菌 ND-10 侵染 48h 沙葱萤叶甲差异表达基因 KEGG 通路富集分析

(Carbon metabolism)、溶酶体（Lysosome）、剪接体（Spliceosome）、半乳糖代谢（Galactose metabolism）、自噬-酵母菌（Autophagy-yeast）、有丝分裂-动物（Mitophagy-animal）、胰岛素信号通路（Insulin signaling pathway）、戊糖和葡萄糖醛酸的相互转化（Pentose and glucuronate interconversions）、糖基磷脂酰肌醇（GPI）锚生物合成 [Glycosylphosphatidylinositol (GPI) -anchor biosynthesis]、药物代谢-其他酶（Drug metabolism-other enzymes）。

ND-10 侵染 72h 的差异表达基因显著富集的通路如图 6-22 所示，前 10 个通路分别为：溶酶体（Lysosome）、自噬-动物（Autophagy - animal）、癌症中蛋白多糖（Proteoglycans in cancer）、胰岛素分泌（Pancreatic secretion）、生长激素合成、分泌和作用（Growth hormone synthesis, Secretion andaction）、肌肉细胞的细胞骨架（Cytoskeleton in muscle cells）、癌症中的胆碱代谢（Choline metabolism in cancer）、促性激素释放激素信号通路（GnRH signaling pathway）、唾液分泌（Salivary secretion）、胰岛素（Insulin secretion）。

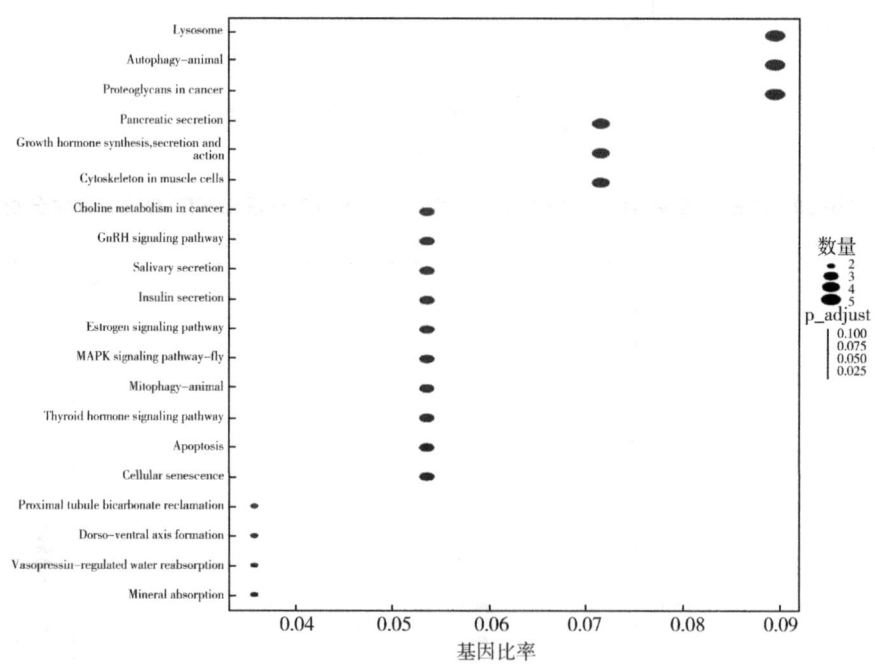

图 6-22　球孢白僵菌 ND-10 侵染 72h 沙葱萤叶甲差异表达基因 KEGG 通路富集分析

四、环境因素对球孢白僵菌生长及产孢量的影响

（一）温度对菌株生长的影响

如图 6-23 和图 6-24 所示，不同温度对于白僵菌的生长发育有明显影响，在 35℃ 环境下 Gdj-1 和 ND-10 均不生长。在 20~30℃ 条件下 2 个菌株均可以生长，但是生长情况不同，Gdj-1 在 25℃ 环境下生长情况最好。ND-10 菌株在 20℃ 和 25℃ 下菌落直径都较长。并且在 25℃ 环境下 2 个菌株的孢子含量也是最高的。

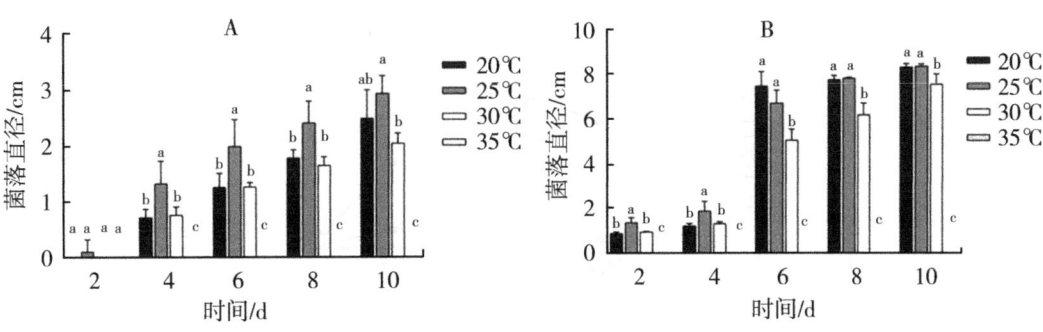

A—Gdj-1；B—ND-10。

图 6-23 不同温度对真菌 Gdj-1 和 ND-10 菌株菌落生长影响

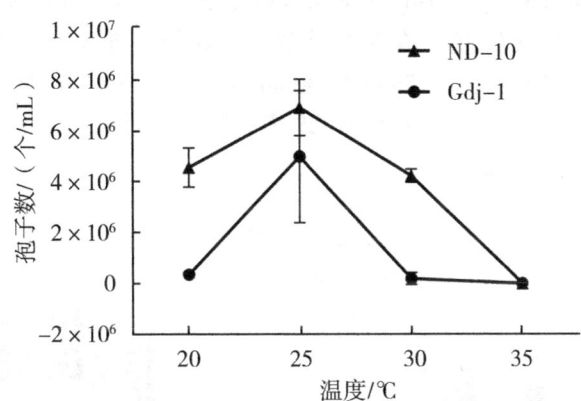

图 6-24 不同温度对真菌 Gdj-1 和 ND-10 产孢量的影响

（二）相对湿度对菌株生长的影响

从图 6-25 和图 6-26 可知，相对湿度对孢子的生长也有显著影响。培养 10d 真菌 Gdj-1 在相对湿度为 75% 的时候菌落直径最长，真菌 ND-10 在相对湿度为 65% 的时候最长。而在产孢量的测量中发现 2 种真菌产孢量最高的相对湿度分别是 85% 和 75%。

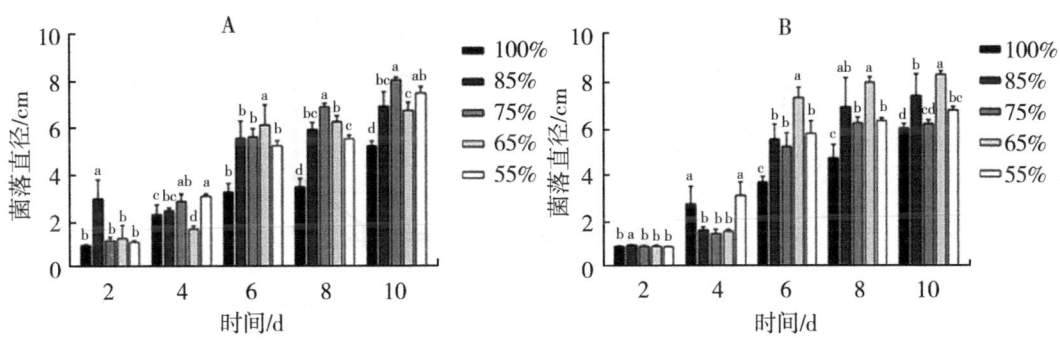

A—Gdj-1；B—ND-10。

图 6-25 不同湿度对真菌 Gdj-1 和 ND-10 菌株菌落生长影响

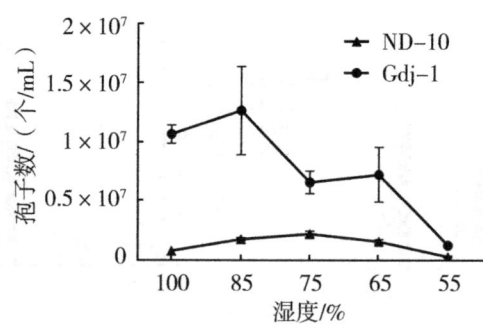

图 6-26 不同湿度对真菌 Gdj-1 和 ND-10 产孢量的影响

(三) 紫外线对菌株生长的影响

从图 6-27 和图 6-28 可知，Gdj-1 对紫外线更敏感，培养 10d 后的菌株，没有经过紫外线照射的菌落生长情况最好，菌落直径最长，直径在 5.59cm。紫外线照射 5min 和 10min 后对菌落直径的影响低于 15min 和 30min 的影响。ND-10 对于紫外线的敏感度较低，菌落直径生长无明显差异。根据图 6-28 表示紫外线对于孢子的生长有明显影响，无紫外线照射的真菌含孢量更高。

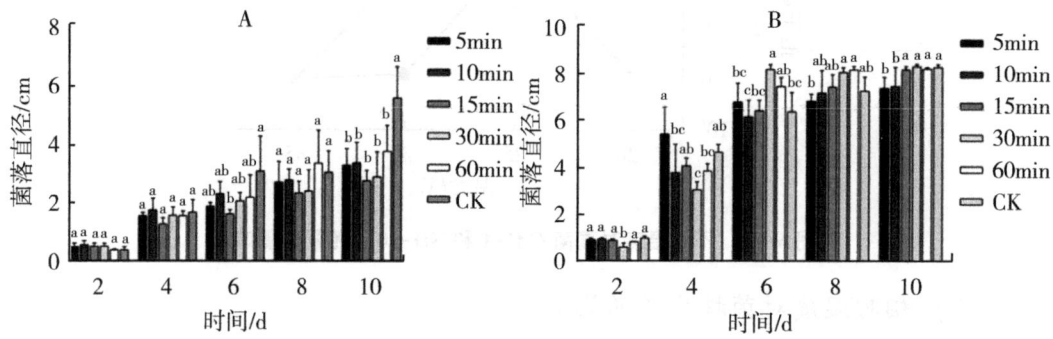

A—Gdj-1；B—ND-10。

图 6-27 不同紫外线照射时间对真菌 Gdj-1 和 ND-10 菌株菌落生长影响

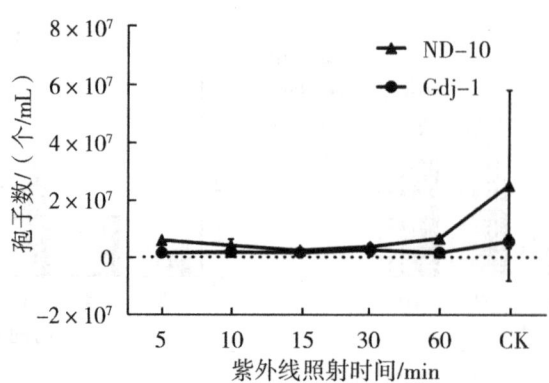

图 6-28 不同紫外线照射时间对真菌 Gdj-1 和 ND-10 产孢量的影响

五、球孢白僵菌粉剂制备与防效测定

(一) 孢子萌发率和产孢量

由表6-7可知,同一菌种粉剂在不同批次中的产孢量以及孢子萌发个数没有显著性差异。其中ND-10粉剂的孢子萌发率在36.88%~57.50%,Gdj-1粉剂的孢子萌发率在40.00%~46.67%,萌发率更稳定。但在产孢量结果上,ND-10的产孢量更多(图6-29)。

表6-7 ND-10和Gdj-1粉剂孢子萌发率和含孢量

菌种	批次	萌发数/个	总数/个	萌发率/%	产孢量/(个/mL)
ND-10	1	2.50×10^5 a	6.50×10^5 a	36.88%a	3.55×10^7 a
	2	1.50×10^5 a	2.75×10^5 a	53.34%a	3.32×10^7 a
	3	1.25×10^5 a	2.25×10^5 a	57.50%a	3.51×10^7 a
Gdj-1	1	2.75×10^5 a	6.75×10^5 a	41.67%a	8.46×10^6 a
	2	1.00×10^5 a	2.50×10^5 a	40.00%a	8.56×10^6 a
	3	1.25×10^5 a	2.75×10^5 a	46.67%a	9.70×10^6 a

注:同一列数据字母相同表示没有显著性差异。

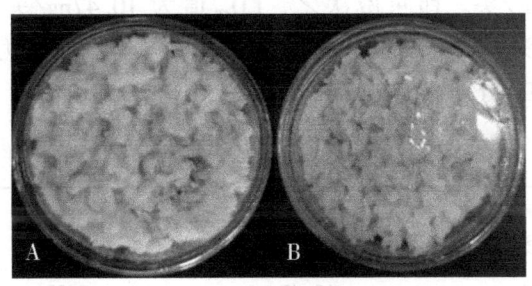

A—ND-10;B—Gdj-1。

图6-29 ND-10和Gdj-1在粮食培养基上的生长情况

(二) 盆栽试验

通过粉剂白僵菌ND-10和Gdj-1的盆栽试验结果表明两种真菌的LT_{50}值不一样,Gdj-1的半数致死时间较短,为12.36d,效果好于ND-10(表6-8、图6-30)。

表6-8 ND-10和Gdj-1粉剂LT_{50}值

处理	菌种	回归方程	半数致死时间/d
粉剂	ND-10	$Y = 1.681 + 3.090x$	15.81
	Gdj-1	$Y = 0.881 + 4.180x$	12.36

图 6-30 粉剂盆栽试验

第二节 绿僵菌与杀虫剂混用对沙葱萤叶甲的室内杀虫效果

一、3 种杀虫剂对沙葱萤叶甲 3 龄幼虫的毒力

3 种杀虫剂对沙葱萤叶甲 3 龄幼虫的毒力测定结果见表 6-9。3 种药剂相比,阿维菌素对沙葱萤叶甲 3 龄幼虫的毒力最强,LD_{50} 值为 4.80ng/头,LD_{10} 和 LD_{90} 也均最低,分别为 0.76ng/头和 30.40ng/头。茚虫威次之,LD_{50} 值为 10.47ng/头,LD_{10} 和 LD_{90} 分别为 2.42ng/头和 45.30ng/头。而鱼藤酮对沙葱萤叶甲 3 龄幼虫的毒力相对最弱,LD_{50} 值为 53.21ng/头,LD_{10} 及 LD_{90} 分别达到 2.62ng/头和 1081.78ng/头。

表 6-9 3 种杀虫剂对沙葱萤叶甲 3 龄幼虫的毒力

杀虫剂	LD_{10} (95%FL) / (ng/头)	LD_{50} (95%FL) / (ng/头)	LD_{90} (95%FL) / (ng/头)	斜率±SE	x^2
茚虫威	2.42 (1.05~3.90)	10.47 (7.63~13.25)	45.30 (33.23~75.00)	2.02±0.30	0.66
阿维菌素	0.76 (0.19~1.51)	4.80 (2.94~6.79)	30.40 (19.00~73.64)	1.60±6.80	1.07
鱼藤酮	2.62 (0.06~12.06)	53.21 (11.19~105.00)	1081.78 (676.19~2764.53)	0.98±0.21	0.77

二、3 种杀虫剂对金龟子绿僵菌分生孢子萌发的影响

表 6-10 结果显示,不同浓度的 3 种杀虫剂对绿僵菌分生孢子萌发均有不同程度的抑制作用,但抑制率均小于 20%。鱼藤酮对绿僵菌分生孢子萌发的平均抑制率无论 24h 还是 48h 均最大,分别达到 17.66 和 12.42%。茚虫威对绿僵菌分生孢子萌发的平均抑制率均最小,分别为 1.89% 和 0.89%。3 种杀虫剂对分生孢子的平均抑制率遵循如下规律:鱼藤

酮>阿维菌素>茚虫威。各农药不同浓度水平上总体表现为随着杀虫剂浓度降低，抑制率也降低。在时间水平上，与24h相比，48h时各药剂对绿僵菌分生孢子萌发的抑制率相对有明显下降趋势，表明随着时间的推移，3种农药对绿僵菌分生孢子萌发的抑制作用也下降。

表6-10 3种杀虫剂对绿僵菌菌株分生孢子萌发的抑制率　　　　单位:%

化学杀虫剂	浓度（稀释倍数）	萌发率 24h	萌发率 48h	抑制率 24h	抑制率 48h	平均抑制率 24h	平均抑制率 48h
阿维菌素	A	81.33	88.44	13.42	10.53	10.34	7.31
	B	85.56	92.22	9.03	6.69		
	C	86.00	93.11	8.57	4.70		
茚虫威	A	95.56	98.00	2.49	1.34	1.89	0.89
	B	96.22	98.67	1.81	0.67		
	C	96.67	98.67	1.36	0.67		
鱼藤酮	A	78.44	83.56	19.41	16.07	17.66	12.42
	B	80.44	87.56	17.35	12.05		
	C	81.56	90.44	16.21	9.15		

三、菌药混用室内杀虫效果生物测定

单独施用亚致死计量的茚虫威、阿维菌素及鱼藤酮处理沙葱萤叶甲3龄幼虫的LT_{50}值分别是22.31d，14.37d和24.97d，均大于10d（表6-11）。对沙葱萤叶甲第10天的累计死亡率分别为34.54%、38.18%和34.54%，并趋于平稳（图6-31）。单独施用绿僵菌$1×10^6$个/mL的孢子悬液处理杀虫萤叶甲3龄幼虫，在开始阶段绿僵菌对沙葱萤叶甲3龄幼虫致病力有一个潜伏期，一般到第4天累计死亡率才开始上升，LT_{50}值为12.84d。亚致死计量的3种杀虫剂分别与绿僵菌$1×10^6$个/mL的孢子悬液共同作用，与单独施用各药剂及绿僵菌相比，其潜伏期均缩短。茚虫威与绿僵菌混合施用LT_{50}值为4.72d，比单独施用绿僵菌LT_{50}缩短了8.12d，比单独施用茚虫威LT_{50}缩短了17.59d，第10天的累计死亡率达到83.64%。鱼藤酮与绿僵菌混合施用LT_{50}值为6.39d，比单独施用绿僵菌LT_{50}缩短了6.45d，比单独施用鱼藤酮LT_{50}缩短了18.58d，最高累计死亡率为72.73%。阿维菌素与绿僵菌混合施用LT_{50}值为5.24d，比单独施用绿僵菌LT_{50}缩短了7.60d，比单独施用阿维菌素LT_{50}缩短了9.13d。第10天的累计死亡率最低，为69.09%。

表6-11 各试验处理对沙葱萤叶甲3龄幼虫LT_{50}值的影响

处理	毒力回归方程	LT_{50}/d	相关系数
Ⅰ	$Y=5.3136x-0.8897$	12.84	0.8436
Ⅱ	$Y=0.8451x+3.8606$	22.31	0.9246

（续表）

处理	毒力回归方程	LT_{50}/d	相关系数
Ⅲ	$Y=1.1789x+3.6356$	14.37	0.9587
Ⅳ	$Y=0.7121x+4.0049$	24.97	0.8214
Ⅴ	$Y=2.245x+3.4873$	4.72	0.8939
Ⅵ	$Y=1.6064x+3.8442$	5.24	0.9891
Ⅶ	$Y=1.8123x+3.5391$	6.39	0.9512

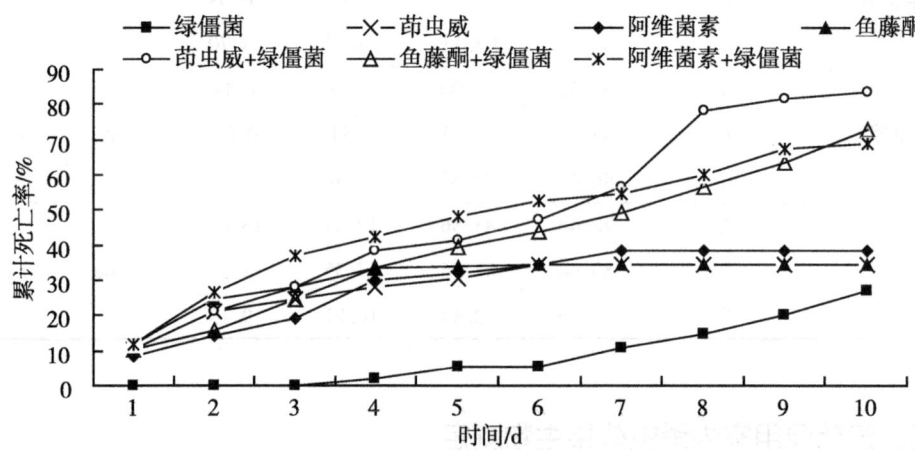

图6-31 绿僵菌与农药混用的室内杀虫效果

第三节 植物源杀虫剂对沙葱萤叶甲的室内毒力测定及田间防效

一、室内毒力测定

由表6-12可知，用点滴法测定5种杀虫剂对沙葱萤叶甲3龄幼虫24h毒力结果表明不同种类杀虫剂对沙葱萤叶甲3龄幼虫的毒性存在明显差异。5种杀虫剂对沙葱萤叶甲3龄幼虫毒力大小顺序依次为高效氯氰菊酯（$LC_{50}=0.1195$）>阿维菌素（$LC_{50}=1.0683$）>多杀霉素（$LC_{50}=2.1207$）>鱼藤酮（$LC_{50}=2.5428$）>苦参碱（$LC_{50}=3.2321$）。

表6-12 5种杀虫剂对沙葱萤叶甲3龄幼虫的室内毒力

供试药剂	毒力回归方程	LC_{50}（95%置信区间）	R^2	斜率	P值
鱼藤酮	$y=0.7839x+3.0067$	348.98（120.199~570.879）	0.9631	0.797±0.207	<0.001
阿维菌素	$y=0.6857x+4.2668$	11.70（3.974~20.009）	0.9197	0.697±0.158	<0.001

（续表）

供试药剂	毒力回归方程	LC$_{50}$（95%置信区间）	R^2	斜率	P值
苦参碱	$y=1.3795x+0.5413$	1706.48（1249.881~2328.882）	0.9743	1.366±0.219	<0.001
高效氯氰菊酯	$y=1.0997x+4.8352$	1.32（0.888~2.018）	0.9858	1.095±0.211	<0.001
多杀霉素	$y=0.8954x+3.1011$	162.44（82.002~318.349）	0.9456	0.926±0.211	<0.001

二、田间药效试验

田间试验结果表明，4.50%高效氯氰菊酯水乳剂防治效果最好，其次为3%苦参碱水剂，最差为3%甲氨基阿维菌素甲苯酸盐微乳剂；施药1d后3%苦参碱水剂防治效果为78.26%，4.50%高效氯氰菊酯水乳剂防治效果为92.46%，2.50%鱼藤酮乳油防治效果为77.66%，10%多杀霉素悬乳剂防治效果为69.37%，3%甲氨基阿维菌素甲苯酸盐微乳剂防治效果为68.82%。施药3d后3%苦参碱水剂防治效果为90.12%，4.50%高效氯氰菊酯水乳剂防治效果为87.63%，2.50%鱼藤酮乳油防治效果为84.44%，10%多杀霉素悬乳剂防治效果为86.79%，3%甲氨基阿维菌素甲苯酸盐微乳剂防治效果为77.76%。药后1d、3d观察对作物的安全性，结果显示，供试的5种杀虫剂在测试剂量下对沙葱生长安全（表6-13）。

表6-13　5种杀虫剂对草原沙葱萤叶甲的田间防效

供试药剂	有效含量/%	药前虫数/头	施药后1d			施药后3d		
			活虫数/头	虫口减退率/%	防治效果/%	活虫数/头	虫口减退率/%	防治效果/%
CK		30.33	33.40	-10.19		40.97	-34.71	
苦参碱水剂	3	88.10	11.60	78.26	80.27	8.00	86.69	90.12
鱼藤酮乳油	2.50	62.20	10.00	77.66	79.73	9.13	79.04	84.44
多杀霉素悬乳剂	10	50.43	8.03	69.37	72.20	5.33	22.20	86.79
高效氯氰菊酯水乳剂	4.50	43.37	1.80	92.46	93.16	5.80	83.33	87.63
甲氨基阿维菌素甲苯酸盐微乳剂	3	29.33	6.90	68.82	71.70	7.83	70.04	77.76

参考文献

常静，周晓榕，李海平，等，2015. 绿僵菌与 3 种杀虫剂混用对沙葱萤叶甲的协同作用. 农药学学报，17（1）：54-59.

陈龙，谭瑶，周晓榕，等，2018. 沙葱萤叶甲海藻糖酶基因 GdTre1 的克隆、分子特性和表达分析. 昆虫学报，61（3）：271-281.

陈龙，谭瑶，周晓榕，等，2019. 沙葱萤叶甲热激蛋白基因 Gdhsp10a 的克隆、分子特征与表达分析. 植物保护学报，46（2）：417-424.

陈龙，周晓榕，高利军，等，2018. 沙葱萤叶甲成虫越夏期间糖类、蛋白及脂肪含量的变化. 昆虫学报，61（7）：808-814.

陈龙，周晓榕，谭瑶，等，2020. 沙葱萤叶甲保幼激素结合蛋白基因 GdJHBP 的克隆及表达分析. 应用昆虫学报，57（3）：623-631.

段天凤，李玲，马红悦，等，2020. 沙葱萤叶甲表皮蛋白基因的鉴定及表达谱分析. 昆虫学报，63（7）：788-797.

高靖淳，周晓榕，庞保平，等，2015. 低温对沙葱萤叶甲越冬卵存活和发育的影响. 昆虫学报，58（8）：881-889.

昊翔，周晓榕，庞保平，等，2014. 寄主植物对沙葱萤叶甲幼虫生长发育及取食的影响. 草地学报，22（4）：854-858.

昊翔，周晓榕，庞保平，等，2015. 沙葱萤叶甲的形态特征和生物学特性研究. 草地学报，23（5）：1106-1108.

李浩，周晓榕，庞保平，等，2014. 沙葱萤叶甲过冷却能力与抗寒性. 昆虫学报，57（2）：212-217.

李浩，周晓榕，庞保平，等，2015. 低温胁迫对沙葱萤叶甲幼虫过冷却能力及生长发育的影响. 应用昆虫学报，52（2）：434-439.

李玲，周渊涛，谭瑶，等，2018. Identification and expression profiling of chemosensory protein genes in Galeruca daurica (Coleoptera: Chrysomelidae). 昆虫学报，61（6）：646-656.

李玲，谭瑶，周晓榕，等，2019. 沙葱萤叶甲气味结合蛋白 GdauOBP20 的基因克隆、原核表达及其结合特性. 中国农业科学，52（20）：3705-3712.

李玲，李娜，庞保平，2022. 沙葱萤叶甲成虫触角感器超微结构及对沙葱挥发物的触角电位反应. 昆虫学报，65（3）：333-342.

李玲，李爽，李娜，等，2021. 四种钙结合蛋白基因在沙葱萤叶甲幼虫生长发育中的作用. 植物保护学报，48（6）：1447-1456.

李爽, 李玲, 周晓榕, 等, 2020. 沙葱萤叶甲钙结合蛋白基因的鉴定及表达谱分析. 昆虫学报, 63 (9): 1059-1069.

李艳艳, 陈龙, 李玲, 等, 2021. 沙葱萤叶甲成虫不同夏滞育阶段的转录组分析. 昆虫学报, 64 (9): 1020-1030.

路标, 谭瑶, 周晓榕, 等, 2017. 沙葱萤叶甲海藻糖合成酶基因 *GdTPS* 的克隆及对温度胁迫的响应. 昆虫学报, 60 (12): 1384-1393.

路标, 周晓榕, 庞保平, 等, 2019. 沙葱萤叶甲海藻糖磷酸酶基因 *GdTPP* 的克隆、原核表达及对温度胁迫的响应. 应用昆虫学报, 56 (2): 253-262.

霍志家, 周晓榕, 谭瑶, 等, 2019. Molecular cloning and expression analysis of small heat shock protein gene *GdHsp*20.6 under temperature stress in *Galeruca daurica* (Celeoptera: Chrysomelidae). 植物保护学报, 46 (4): 874-884.

马红悦, 李玲, 李艳艳, 等, 2020. 沙葱萤叶甲己糖激酶基因的克隆、相对表达量及 RNA 干扰效应. 植物保护学报, 47 (6): 1210-1218.

马红悦, 李玲, 乌亚汗, 等, 2021. 沙葱萤叶甲核糖体蛋白基因 *GdRpS3a* 的克隆、分子特性及表达分析. 环境昆虫学报, 43 (5): 1220-1228.

单艳敏, 张玉, 霍志家, 等, 2018. 沙葱萤叶甲丝氨酸蛋白酶基因 *GdSP* 的克隆及对温度胁迫的响应. 昆虫学报, 61 (7): 761-770.

单艳敏, 张卓然, 周晓榕, 等, 2019. 沙葱萤叶甲表皮蛋白基因 *GdAbd* 的克隆及对温度胁迫的响应. 植物保护学报, 46 (3): 514-521.

谭瑶, 张玉, 霍志家, 等, 2017. 沙葱萤叶甲热激蛋白基因 *GdHsp70* 的克隆与表达模式分析. 昆虫学报, 60 (8): 865-875.

姚知含, 李玲, 庞保平, 等, 2023. 沙葱萤叶甲对蜕皮激素响应的转录组分析. 环境昆虫学报, 45 (1): 155-162.

张宏玲, 任浩, 李凯旋, 等, 2022. RNAi 介导的 *GdHsp60* 和 *GdHsp70* 基因沉默对沙葱萤叶甲幼虫抗寒性的影响. 昆虫学报, 65 (7): 807-817.

张宏玲, 任浩, 田羽, 等, 2023. 沙葱萤叶甲 GdHsp70-2, GdHsp70-3 的克隆鉴定与表达谱分析. 草地学报, 31 (1): 61-72.

张鹏飞, 周晓榕, 庞保平, 等, 2015. 内蒙古沙葱萤叶甲种群遗传多样性的微卫星分析. 昆虫学报, 58 (9): 1005-1011.

张鹏飞, 周晓榕, 庞保平, 等, 2016. 基于转录组数据高通量发掘沙葱萤叶甲微卫星引物. 应用昆虫学报, 53 (5): 332-341.

张鹏飞, 周晓榕, 庞保平, 等, 2017. 基于线粒体 *COI* 基因序列的内蒙古沙葱萤叶甲种群遗传多样性及遗传分化. 环境昆虫学报, 39 (2): 332-341.

周晓榕, 韩凤阳, 吴翔, 等, 2016. 变温和恒温对沙葱萤叶甲发育速率的影响. 环境昆虫学报, 38 (5): 931-935.

DUAN T F, LI L, TAN Y, et al., 2020. Identification and functional analysis of microRNAs in the regulation of summer diapause in *Galeruca daurica*. Comparative Biochemistry and Physiology-Part D: Genomics & Proteomics, 37: 100786.

DUAN T F, GAO S J, WANG H C, et al., 2022. MicroRNA let-7-5p targets the juvenile hormone primary response gene Krüppel homolog 1 and regulates reproductive diapause in *Galeruca daurica*. Insect Biochemistry and Molecular Biology, 142: 103727.

DUAN T F, WANG H C, LI L, et al., 2023. The microRNA miR-2765-3p regulates the FoxO transcript level to control diapause of *Galeruca daurica*. Insect Science, 30 (2): 279-292.

LI L, ZHOU Y T, TAN Y, et al., 2017. Identification of odorant-binding protein genes in *Galeruca daurica* (Coleoptera: Chrysomelidae) and analysis of their expression profiles. Bulletin of Entomological Research, 107 (4): 550-561.

LI L, ZHANG W B, SHAN Y M, et al., 2021. Functional characterization of olfactory proteins involved in chemoreception of *Galeruca daurica*. Frontiers in Physiology, 12: 678698.

MA H Y, ZHOU X R, TAN Y, et al., 2019. Proteomic analysis of adult *Galeruca daurica* (Coleoptera: Chrysomelidae) at different stages during summer diapause. Comparative Biochemistry and Physiology - Part D: Genomics & Proteomics, 29: 351-357.

MA H Y, LI Y Y, LI L, et al., 2021. Juvenile hormone regulates the reproductive diapause through Methoprene-tolerant gene in *Galeruca daurica*. Insect Molecular Biology, 30 (4): 446-458.

MA H Y, LI Y Y, LI L, et al., 2021. Regulation of juvenile hormone on summer diapause of *Geleruca daurica* and its pathway analysis. Insects, 12: 237.

TAN Y, ZHOU X R, PANG B P, 2017. Reference gene selection and evaluation for expression analysis using qRT-PCR in *Galeruca daurica* (Joannis). Bulletin of Entomological Research, 107 (3): 359-368.

TAN Y, ZHANG Y, ZHOU X R, et al., 2018. Molecular cloning of heat shock protein 10 (Hsp10) and 60 (Hsp60) cDNAs from *Galeruca daurica* (Coleoptera: Chrysomelidae) and their expression analysis. Bulletin of Entomological Research, 108: 510-522.

WANG H C, LI L, LI Y Y, et al., 2021. Evaluation of reference genes for miRNA expression analysis in *Galeruca daurica* (Coleoptera: Chrysomelidae) using qRT-PCR. Entomological Research, 51 (8): 393-402.

WANG H C, HAN H B, DUAN T F, et al., 2022. Transcriptome-wide identification of microRNAs in response to 20-hydroxyecdysone in *Galeruca daurica*. Comparative Biochemistry and Physiology-Part D: Genomics & Proteomics, 42: 100981.

WANG H C, LI L, ZHANG J H, et al., 2024. MicroRNA miR-285 modulates the metamorphosis in *Galeruca daurica* by targeting *Br-C*. Pest Management Science, 80 (7): 3349-3357.

WANG H C, LI C, ZHANG J H, et al., 2024. MicroRNA miR-7-5p targets MARK2 to control the metamorphosis in *Galeruca daurica*. Comparative Biochemistry and Physiology-Part B: Biochemistry & Molecular Biology, 110967.

ZHANG J H, LI L, LI N, et al., 2022. Expression profiling and functional analysis of candidate odorant receptors in *Galeruca daurica*. Insects, 13 (7): 563.

ZHANG H, SUN F, ZHANG W, et al., 2023. Comparative transcriptome analysis of *Galeruca daurica* reveals cold tolerance mechanisms. Genes, 14: 2177.

ZHOU X R, GAO J C, PANG B P, 2016. Effects of temperature on the termination of egg diapause and post-diapause embryonic development of *Galeruca daurica* (Coleoptera: Chrysomelidae). Environmental Entomology, 45 (4): 1076-1080.

ZHOU X R, HAN H B, PANG B P, 2016. The complete mitochondrial genome of *Galeruca daurica* (Joannis) (Coleoptera: Chrysomelidae). Mitochondrial DNA Part A, 27 (4): 2891-2892.

ZHOU X R, SHAN Y M, TAN Y, et al., 2019. Comparative analysis of transcriptome responses to cold stress in *Galeruca daurica* (Coleoptera: Chrysomelidae). Journal of Insect Science, 19 (6): 109.

A—卵；B—幼虫；C—蛹；D—成虫；E—雄成虫腹部末端；F—雌成虫腹部末端。

图 1-1 沙葱萤叶甲的形态特征